"十三五"国家重点出版物出版规划项目

"十三五"江苏省高等学校重点教材（编号：2016-1-099）

高等教育网络空间安全规划教材

计算机系统安全原理与技术

第4版

陈波　于泠　编著

机械工业出版社

本书全面介绍了计算机系统各层次可能存在的安全问题和普遍采用的安全机制，包括密码学基础、物理安全、操作系统安全、网络安全、数据库安全、应用系统安全、应急响应与灾备恢复、计算机系统安全风险评估、计算机系统安全管理等内容。

本书通过30多个案例引入问题，通过数十个举例帮助读者理解并掌握相关安全原理，还通过17个应用实例进行实践指导。每一章都给出了拓展知识或二维码链接，以及拓展阅读参考文献，并附有思考与实践，总计300多题，题型丰富。全书从正文内容的精心裁剪和组织，到课后思考与实践题的精心设计和安排，为具有高阶性、创新性和挑战度的教学提供帮助，也有助于读者进行深度学习和应用。

本书可以作为网络空间安全专业、计算机科学与技术专业、软件工程专业、信息管理与信息系统专业或相近专业的教材，也可作为信息安全工程师、国家注册信息安全专业人员以及相关领域的科技人员与管理人员的参考书。

本书配有授课电子课件等相关教学资源，需要的教师可登录www.cmpedu.com免费注册，审核通过后下载，或联系编辑索取（QQ：2850823885；电话：010－88379739）。

图书在版编目（CIP）数据

计算机系统安全原理与技术／陈波，于泠编著．—4版．—北京：机械工业出版社，2019.12(2023.1重印)
“十三五”国家重点出版物出版规划项目　高等教育网络空间安全规划教材
ISBN 978－7－111－64618－1

Ⅰ．①计…　Ⅱ．①陈…　②于…　Ⅲ．①计算机安全－高等学校－教材
Ⅳ．①TP309

中国版本图书馆CIP数据核字(2020)第017713号

机械工业出版社(北京市百万庄大街22号　邮政编码100037)
责任编辑：郝建伟　张翠翠　车　忱
责任校对：张艳霞
责任印制：李　昂
北京捷迅佳彩印刷有限公司印刷

2023年1月第4版·第3次印刷
184mm×260mm·25.5印张·629千字
标准书号：ISBN 978－7－111－64618－1
定价：79.00元

电话服务
客服电话：010－88361066
010－88379833
010－68326294

网络服务
机　工　官　网：www.cmpbook.com
机　工　官　博：weibo.com/cmp1952
金　　书　　网：www.golden－book.com
机工教育服务网：www.cmpedu.com

高等教育网络空间安全规划教材
编委会成员名单

前　言

在网络空间中，信息的触角延伸到社会生产和生活的每一个角落。每一个网络结点、每一台计算机、每一个网络用户都可能成为信息安全的危害者和受害者。在当前这个“无网不在”的信息社会，网络成为整个社会运作的基础，由网络引发的信息安全担忧成为全球性、全民性的问题。本书介绍的是在网络空间环境下运行的计算机信息系统的安全问题，以及安全控制原理与技术。

本书第3版出版迄今已逾6年，受到了广大读者的欢迎，被数十所高校选为教材使用，发行量在同类教材中名列前茅。但计算机信息系统安全攻防在不断发展，新的安全防护技术和安全思想不断产生，因而本书内容也必须与时俱进。在大家的期待和鼓励下，我们用了近两年的时间完成了本书的修订工作。

本书的修订工作适应国家对网络空间安全高层次人才培养的需求，具有强烈的时代背景和应用价值。2014年为我国信息安全元年。2014年2月27日，中共中央网络安全和信息化领导小组（现已更名为“中共中央网络安全和信息化委员会办公室”）成立，这标志着信息安全已成为构建我国国家安全体系和安全战略的重要组成。习近平总书记指出“没有网络安全就没有国家安全，没有信息化就没有现代化”。2015年6月，国务院学位委员会、教育部决定在“工学”门类下增设“网络空间安全”一级学科，促使高校网络空间安全高层次人才培养进入了一个新的发展阶段。2016年6月，中央网络安全和信息化领导小组办公室等六部门联合印发了《关于加强网络安全学科建设和人才培养的意见》，对网络安全学科专业和院系建设、网络安全人才培养机制、网络安全教材建设等提出了明确要求。

本书第4版在2016年被国家新闻出版广电总局列入“十三五”国家重点出版物出版规划项目“高等教育网络空间安全规划教材”。该系列教材编委会由我国网络空间安全领域的沈昌祥院士担任名誉主任，上海交通大学网络空间安全学院院长、国家教育部网络空间安全专业教学指导委员会副主任李建华教授担任主任，本书主编陈波教授担任委员。在编委会会议上，专家们对本书的第4版进行了审定，与会专家对该教材给予了高度评价。

本次修订是编者对多年来教学改革成果的总结。本书是江苏省“十三五”高等学校重点教材（修订）、江苏省高等教育教学改革重点课题（2015JSJG034）和一般课题（2019JSJG280）、江苏省教育科学十二五规划重点资助课题（泛在知识环境下的大学生信息安全素养教育——培养体系及课程化实践）、南京师范大学精品课程“计算机系统安全”及南京师范大学“信息安全素养与软件工程实践创新教学团队”建设项目的成果。

本书第4版对前3版进行了全面修订，大部分章节与第3版相比做了较大修改，突出和加强了计算机信息系统安全的新技术，以足够的广度和深度涵盖该领域的核心内容。本书在修订中力求体现以下三大特色。

1. 知识体系完整，章节内容全面

本书基于信息保障模型（PDRR）——保护、检测、响应与恢复的理论，全面介绍了计算机系统各层次可能存在的安全问题和普遍采用的安全机制，包括密码学基础、物理安全、操作系统安全、网络安全、数据库安全、应用系统安全、应急响应与灾备恢复、计算机系统安全风险评估、计算机系统安全管理等内容。

第1章为计算机系统安全概述。从什么是计算机系统讲起，然后介绍计算机系统安全概念的发展，再谈到计算机系统安全问题的产生，以及计算机系统安全问题解决的途径，最后给出计算机系统安全研究的主要内容。其中，增加介绍网络空间安全的概念和内涵以及与计算机系统安全的关系，增加介绍计算机系统安全防护体系，对全书的学习起到提纲挈领的作用。

第2章为密码学基础。从密码学基本概念、对称密码算法、公钥密码算法、密钥管理、哈希函数、数字签名和消息认证、密码算法的选择与实现、信息隐藏、密码学研究与应用新进展等多个方面阐述密码学原理与技术应用，不仅补充了这些方面新的理论和技术，尤其增加了密钥管理、密码算法的选择与实现、密码学研究与应用新进展等内容，而且更加强化密码技术的实践与应用。

第3章为物理安全。首先分析计算机设备与环境面临的安全问题，然后分别从数据中心物理安全防护、PC物理安全防护及移动存储介质安全防护展开介绍。其中，增加介绍旁路攻击、设备在线等工业控制系统面临的安全新威胁，并根据新的国家标准重新组织了环境安全技术等内容。

第4章为操作系统安全。这一章首先分析了操作系统安全的重要性及操作系统面临的安全问题，然后介绍了操作系统安全及安全操作系统的相关概念，着重介绍了操作系统中的身份认证和访问控制两大安全机制，最后以Windows和Linux两大常见系统为例，介绍了安全机制在这些系统中的实现。其中，增加了生物特征认证新技术及SELinux安全系统等内容的介绍，给出了基于口令的身份认证安全性分析及一次性口令的应用实例。

第5章为网络系统安全。首先从外在的威胁和内在的脆弱性两个方面来分析网络面临的安全问题，后续章节针对网络安全威胁以及网络协议的脆弱性，分别从网络安全设备、网络架构安全、网络安全协议、公钥基础设施和权限管理基础设施、IPv6新一代网络安全机制等方面展开。其中，除了内容完善以外，还增加了应用实例。

第6章为数据库安全。首先分析了数据库安全的重要性及数据库面临的安全问题，接着给出了数据库的安全需求和安全策略，然后针对各项安全需求介绍了数据库的访问控制、完整性控制、可用性保护、可控性实现、隐私性保护等安全控制措施。另外，补充了隐私保护新技术，并给出了4种隐私保护技术应用分析的应用实例。最后介绍了云计算时代数据库安全控制的挑战。

第7章为应用系统安全。首先从应用系统面临的软件漏洞、恶意代码及软件侵权3个安全问题讲起，接着分别从安全软件工程、软件可信验证、软件知识产权技术保护3个方面有针对性地介绍应用系统安全控制技术。其中，调整了各节的顺序，补充完善了软件漏洞、安全软件工程、软件知识产权技术保护等内容，并给出了Web应用漏洞消减模型设计的应用实例。

第8章为应急响应与灾备恢复。紧紧围绕应急响应、容灾备份和恢复两大方面组织内容。本章分别完善了应急响应、容灾备份与恢复的概念，增加了应急响应过程的介绍，以及安全应急响应预案制订的应用实例，修改并补充了应急响应、容灾备份与恢复涉及的关键技术。

第9章为计算机系统安全风险评估。本章分别介绍了安全风险评估的重要性、概念、分类、基本方法和工具，重点介绍了风险评估的实施。其中，根据新的国家标准修改了安全风险评估实施阶段的各项工作。

第10章为计算机系统安全管理。围绕计算机系统安全管理的概念、安全管理与标准、安全管理与立法三大方面展开，补充了我国计算机安全等级保护2.0的相关标准、政策体系及标准体系等新内容，介绍了最新颁布的信息安全标准，结合我国新近颁布的一系列信息安全相关法律法规，重点介绍了我国信息安全相关法律法规体系、有关恶意代码的法律惩处、有关个人信息的法律保护和管理规范，以及有关软件知识产权的法律保护等内容。

2. 编写体例创新，促进深度学习

按照建构主义的学习理论，学习者作为学习的主体在与客观环境（这里指本书内容）的交互过程中构建自己的知识结构。教学者应当引导学习者在学习和实践的过程中探索其中具有规律性的内容，将感性认识升华到理性高度，只有这样学习者才能在今后的实践中举一反三，才能有创新和发展。为此，本书第 4 版在每一章的内容组织上进行了创新，如下图所示。

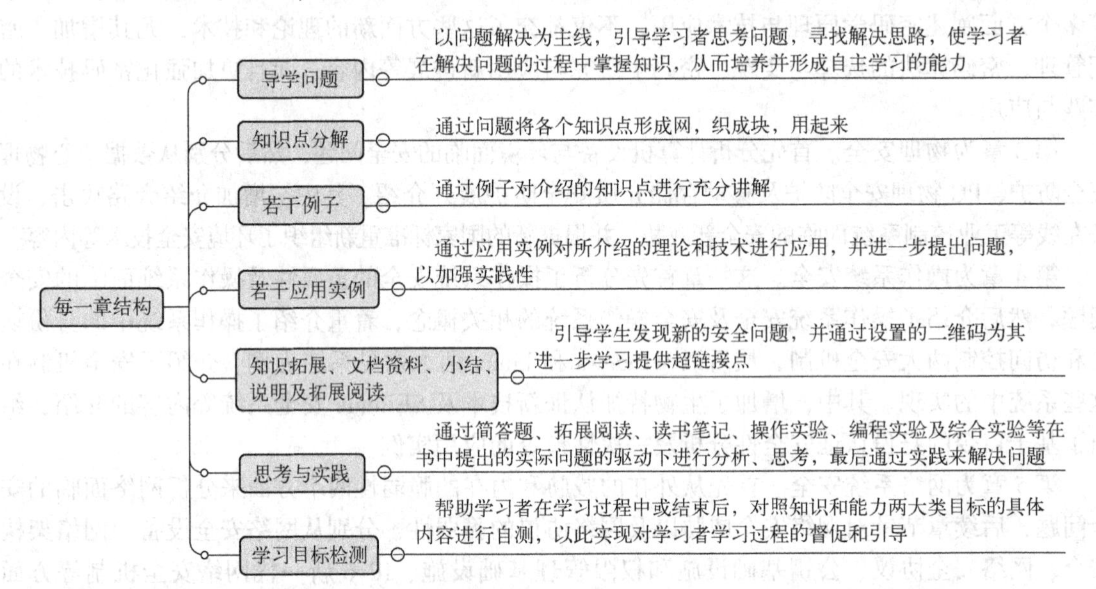

本书第 4 版从正文内容的精心裁剪和组织，到课后思考与实践题的精心设计和安排，为具有高阶性、创新性和挑战度的教学提供了帮助，教师可以对学习者进行问题引导、疑难精讲、质疑点拨、检测评估，以促进学习者的深度学习和应用。

3. 实例习题丰富，注重理实结合

本书注重理论深度和广度，内容讲述深入浅出。全书通过 30 多个案例引入问题，通过数十个举例帮助读者理解并掌握相关安全原理，每一章都给出了拓展知识或二维码链接以及拓展阅读参考文献。

本书注重实践性，理论联系实际。全书通过 17 个应用实例进行实践指导，丰富了课后思考与实践题，包括简答题、知识拓展题、操作实验题、编程实验题、综合设计题和材料分析题等多种类型，共计 300 多题。

本书由陈波和于泠执笔。朱润青、朱甲领、王英东也参与并完成了部分资料的整理工作。本书在写作过程中查阅和参考了大量的文献及资料。本书的完成也要感谢机械工业出版社的郝建伟编辑一直以来对作者的指导和支持。

由于编者水平有限，书中难免有疏漏之处，恳请广大读者批评指正。为了让读者能够直接访问相关资源进行学习了解，在书中加入了大量链接，虽然已对链接地址经过认真确认，但是可能会由于网站的变化而不能访问，请予谅解。读者在阅读本书的过程中若有疑问，也欢迎与编者联系，电子邮箱是 SecLab@ 163. com。

编者

目　　录

第1章 计算机系统安全概论

导学问题

- 本书讨论的计算机系统是指什么？☞1.1.1小节
- 计算机系统安全与信息安全、网络空间安全等概念有什么联系与区别？☞1.1.2小节
- 计算机系统安全的“安全”如何理解？☞1.1.2小节
- 安全问题产生的根源是什么？☞1.2节
- 计算机系统安全防护的基本原则有哪些？☞1.3.1小节
- 能否给出一个计算机系统安全防护基本体系？☞1.3.2小节
- 计算机系统安全研究的主要内容有哪些？☞1.4节

1.1 计算机系统安全相关概念

本节介绍计算机系统及计算机系统安全的概念。

1.1.1 计算机系统与网络空间

1. 计算机系统的定义

计算机系统（Computer System）也可称计算机信息系统（Computer Information System），按照《信息安全技术 术语》（GB/T 25069-2010）（以下简称《术语》），计算机信息系统是指“由计算机及其相关的和配套的设备、设施（含网络）构成的，按照一定的应用目标和规则对信息进行采集、加工、存储、传输、检索等处理的人机系统”。

2017年6月1日起实施的《中华人民共和国网络安全法》（以下简称《网络安全法》）将“网络”定义为“由计算机或者其他信息终端及相关设备组成的按照一定的规则和程序对信息进行收集、存储、传输、交换、处理的系统”。

不难发现，《网络安全法》中对“网络”的界定与《术语》中对“计算机信息系统”的界定基本一致。由于计算机系统、信息、网络、网络空间这几个概念的内涵与外延有着重叠和交叉，因此依据《网络安全法》和《术语》，确定了本书研究的是网络空间环境下的计算机信息系统安全问题。

2. 网络空间环境下的计算机系统的概念

（1）“网络空间”一词的来源

为了描述人类生存的信息环境或信息空间，人们创造了Cyberspace一词。早在1982年，加拿大作家威廉·吉布森（William Gibson）在其短篇科幻小说*Burning Chrome*（《燃烧的铬》）中创造了Cyberspace一词，意指由计算机创建的虚拟信息空间。后来他又在另一部小说*Neuromancer*（《神经漫游者》）中使用这个词，将Cyberspace想象成一个人与计算机交融合一的广袤空间，在这个空间里，看不到高山荒野，看不见城镇乡村，只有庞大的三维信息库和各种信息

在高速流动。

Cyberspace 体现的不仅是信息的简单聚合体，也包含了信息对人类思想认知的影响。此后，随着信息技术的快速发展和互联网的广泛应用，Cyberspace 的概念不断丰富和演化。

目前，国内外对 Cyberspace 还没有统一的定义。简单地说，它是信息时代人们赖以生存的信息环境，是所有信息系统的集合。因此，通常把 Cyberspace 翻译成网络空间，突出了客观世界与数字世界交融这一重要特征。

（2）网络空间环境下计算机系统的特点

网络空间是一个与陆、海、空、天并行存在的域，涉及电磁频谱的所有领域，包括计算机、嵌入式电子设备和各类网络化基础设施等。在网络空间环境下，计算机系统涉及的软硬件组成更加广泛，结构层次更加复杂，所承载的信息更加丰富，系统与环境的交互更加密切，信息内容的传播影响更加深远。

在网络空间中，使用电子技术完成信息的产生、存储、修改、交换和利用，通过对信息的控制，实现对物理信息系统的操控，从而影响人的认知和活动。

网络空间不再只包含传统互联网所依托的各类电子设备，还包含重要的基础设施、各类应用和数据信息，人也是构成网络空间的一个重要元素。

（3）网络空间环境下计算机系统的基本组成

本书所讨论的计算机信息系统是在网络空间环境下运行的计算机信息系统，可以是一个较小的计算机信息系统，如一台计算机，也可以是复杂庞大的信息系统，如一个 Web 信息系统、云计算系统、移动智能终端系统、工业控制网络系统及物联网系统等。

网络空间环境下的计算机系统包括软硬件支撑系统、数据及信息和人。

1）计算机信息系统涉及的软硬件支撑系统的基本组成如图 1-1 所示。

<table>
<tr><td>应用业务软件</td><td rowspan="2">网络应用服务、命令等</td></tr>
<tr><td>应用平台软件</td></tr>
<tr><td>操作平台软件</td><td>网络协议等</td></tr>
<tr><td colspan="2">硬件系统（终端设备、网络设备及配套设施）</td></tr>
</table>

图 1-1　计算机信息系统涉及的软硬件支撑系统的基本组成

硬件系统包括各类终端设备（计算机、手机等）、网络设备及其他配套设施。软件系统包括操作平台软件、应用平台软件和应用业务软件。操作平台软件通常指操作系统、语言及其编译系统；应用平台软件通常指支持应用开发的软件，如数据库管理系统及其开发工具、各种应用编程和调试工具等；应用业务软件是指专为某种应用而开发的软件。

2）软硬件支撑系统只是载体，其中产生、加工、存储、传输和处理的数据和信息才是关键内涵。在计算机应用领域，数据是以数字形式表达的信息。例如，一个数据文件在计算机中的表达只是一段 0 或 1 的组合。信息则是经过加工并对客观世界产生影响的数据。

3）计算机信息系统的最终服务对象是人。人是计算机信息系统的设计者和使用者，因而研究计算机信息系统除了考虑软硬件支撑系统、数据及信息以外，还必须考虑人的因素。

1.1.2　计算机系统安全与网络空间安全

目前在我国，信息安全、网络与信息安全、网络安全、网络空间安全等术语都常使用。例如：

- 2014 年 4 月 15 日，习近平总书记在中央国家安全委员会第一次会议上提出的总体国家安全观中，国家安全体系所涵盖的 11 种安全中包括“信息安全”。
- 2015 年 7 月 1 日通过并施行的《中华人民共和国国家安全法》中，与总体国家安全观中的“信息安全”对应的条款中采用了“网络与信息安全”的提法。

- 2016年11月7日发布的《网络安全法》中，从名称到正文，“网络安全”出现了108次，“网络空间安全”出现了一次（在第五条最后的“维护网络空间安全和秩序”这句话中）。
- 2016年12月27日，经中共中央网络安全和信息化领导小组批准，国家互联网信息办公室发布了《国家网络空间安全战略》，在标题中明确采用了“网络空间安全”，其后出现的“网络安全”只是“网络空间安全”的简称，并不等于《网络安全法》中的“网络安全”一语。

本书尝试对以上这些安全术语进行剖析和区分。

1. 网络空间安全与计算机系统安全、信息安全等概念之间的关系

在网络空间中，网络将信息的触角延伸到社会生产和生活的每一个角落。每一个网络结点、每一台计算机、每一个网络用户都可能成为信息安全的危害者和受害者。在当前这个“无网不在”的信息社会，网络成为整个社会运作的基础，由网络引发的信息安全成为了全球性、全民性的问题。

网络空间安全涉及网络空间中的电磁设备、信息通信系统、运行数据、系统应用中所存在的安全问题，既要防止、保护包括互联网、各种电信网与通信系统、各种传播系统与广电网、各种计算机系统、各类关键工业设施中的嵌入式处理器和控制器等在内的信息通信技术系统及其所承载的数据免受攻击，也要防止、应对运用或滥用这些信息通信技术系统而波及政治安全、国防安全、经济安全、文化安全、社会安全等情况的发生。

从信息论角度来看，系统是载体，信息是内涵。哪里有信息，哪里就存在信息安全问题。因此，网络空间存在更加突出的信息安全问题。网络空间安全的核心内涵仍然是信息安全。本书研究的就是网络空间（Cyberspace）中的计算机信息系统安全，即计算机系统安全。

由于计算机系统、信息、安全这几个概念的内涵与外延一直呈现不断扩大和变化的趋势，对于计算机系统安全，目前还没有一个统一的定义，为此，本小节接下来从对计算机系统安全的感性认识和安全的几大属性这两个角度，带领读者理解什么是计算机系统的“安全”。

✉ **说明：**

计算机信息系统安全、计算机系统安全、信息安全、网络空间安全等词汇中的安全在英文中通常使用的是Security，而不是Safety。这是因为，Safety侧重于对无意中造成的事故或事件进行安全保护，可以是加强人员培训、规范操作流程、完善设计等方面的安全防护工作。而Security则侧重于对人为的、有意的破坏进行防范，如部署安全设备进行防护、加强安全检测等。

不过，随着信息系统安全向网络空间安全的发展，我们既要考虑人为的、故意的针对计算机信息系统的渗透和破坏，也要考虑计算机信息系统的开发人员或使用人员无意的错误。因此，本书不对Security和Safety进行严格区分。

2. 从对安全的感性认识理解计算机系统安全

虽然迄今还没有严格的针对计算机系统安全的定义，但是当发现以下这些问题的答案时就会对此有感性认识了。

- 如果计算机的操作系统打过了补丁，那么是不是就可以说这台机器是安全的？
- 如果邮箱账户使用了强口令，那么是不是就可以说邮箱是安全的？
- 如果计算机与互联网完全断开，那么是不是就可以确保计算机安全？

从某种程度上讲，上面3个问题的答案都是“No”！因为：

- 即使操作系统及时打过补丁，但是系统中一定还有未发现的漏洞，包括0 day漏洞，这是系统商不知晓或是尚未发布相关补丁前就被掌握或者公开的一类漏洞；
- 即使使用强口令，但是如果用户对于口令保管不善（例如遭受欺骗而泄露，或是被偷窥），或者网站服务商管理不善，使用明文保存并泄露用户口令，都会造成强口令失效；
- 即使计算机完全与互联网断开，设备硬件仍有被窃或是遭受自然灾害的风险，计算机中的数据仍面临通过移动存储设备被泄露的威胁。

基于以上的分析，很难对安全给出一个完整的定义，但是可以从反面罗列一些不安全的情况。例如：

- 系统不及时打补丁；
- 使用弱口令，例如使用“1234”甚至是“password”作为账户的口令；
- 随意从网络下载应用程序；
- 打开不熟悉的人发来的电子邮件的附件；
- 使用不加密的无线网络。

读者还可以针对特定的应用列举更多的不安全因素，例如，针对一个电子文档分析它所面临的不安全因素，针对我们使用的QQ、微博等社交工具分析其所面临的不安全因素。

3. 从安全的几大属性理解计算机系统安全

计算机系统的安全属性包括典型的CIA——保密性（Confidentiality）、完整性（Integrity）和可用性（Availability），以及其他一些安全属性。

（1）保密性（Confidentiality）

保密性，也称为机密性，是指信息仅被合法的实体（如用户、进程等）访问，而不被泄露给未授权实体的特性。

这里所指的信息不但包括国家秘密，而且包括各种社会团体、企业组织的工作秘密及商业秘密，以及个人秘密和个人隐私（如浏览习惯、购物习惯等）。保密性还包括保护数据的存在性，有时存在性比数据本身更能暴露信息。特别要说明的是，对计算机的进程、中央处理器、存储设备、打印设备的使用也必须实施严格的保密措施，以免产生电磁泄漏等安全问题。

实现保密性的方法一般是物理隔离、信息加密，或是访问控制（对信息划分密级并为用户分配访问权限，系统根据用户的身份权限控制其对不同密级信息的访问）等。

（2）完整性（Integrity）

完整性是指信息在存储、传输或处理等过程中不被未授权、未预期或无意地篡改、销毁等破坏的特性。

不仅要考虑数据的完整性，还要考虑系统的完整性，即保证系统以无害的方式按照预定的功能运行，不被有意的或者意外的非法操作所破坏。

实现完整性的方法一般有预防和检测两种机制。预防机制通过阻止任何未经授权的行为，来确保数据的完整性，如加密、访问控制。检测机制并不试图阻止完整性的破坏，而是通过分析数据本身或是用户、系统的行为来发现数据的完整性是否遭受破坏，如数字签名、哈希（Hash）值计算等。

（3）可用性（Availability）

可用性是指信息、信息系统资源和系统服务可被合法实体访问并按要求使用的特性。

对信息资源和系统服务的拒绝服务攻击就属于对可用性的破坏。

实现可用性，可以采取应急响应、备份与灾难恢复等措施。

(4) 其他安全属性

除了以上介绍的一些得到广泛认可的安全属性，一些学者还提出了其他一些安全属性，如可认证性、授权、可审计性、不可否认性、可控性、可存活性等。

1）可认证性（Authenticity），又称为真实性，是指能够对信息的发送实体和接收实体的真实身份、信息的内容进行鉴别（Authentication）的特性。可认证性可以防止冒充、重放、欺骗等攻击。实现可认证性的方法主要有数字签名、哈希函数、基于口令的身份认证、生物特征认证、生物行为认证及多因素认证。

2）授权（Authority）是指在信息访问主体与客体之间介入的一种安全机制。该机制根据访问主体的身份和职能为其分配一定的权限，访问主体只能在权限范围内合法访问客体。实现授权的基础是访问控制模型，如数据库系统中常采用的基于角色的访问控制模型。

3）可审计性（Accountability 或 Auditability），也称为可审查性，是指一个实体（包括合法实体和实施攻击的实体）的行为可以被唯一地区别、跟踪和记录，从而能对出现的安全问题提供调查依据和手段的特性。审计内容主要包括谁（用户、进程等实体）、在哪里、在什么时间、做了什么。审计是一种威慑控制措施，可以潜在地威慑用户不执行未授权的动作。不过，审计也是一种被动的检测控制措施，因为审计只能确定实体的行为历史，不能阻止实体实施攻击。

4）不可否认性（Non-Repudiation），也称为抗抵赖性，是指信息的发送者无法否认已发出的信息或信息的部分内容，信息的接收者无法否认已经接收的信息或信息的部分内容。实现不可否认性的措施主要有数字签名、可信第三方认证技术等。可审计性是有效实现不可否认性的基础。

5）可控性（Controllability）是指对信息安全风险的控制能力，即通过一系列措施，对信息系统安全风险进行事前识别、预测，并通过一定的手段来防范、化解风险，以减少遭受损失的可能性。实现可控性的措施很多，例如，可以通过信息监控、审计、过滤等手段对通信活动、信息的内容及传播进行监管和控制。

6）可存活性（Survivability）是指计算机系统在面对各种攻击或错误的情况下继续提供核心的服务、及时恢复全部服务的能力。可存活性的焦点不仅是对抗计算机入侵者，还要保证在各种网络攻击的情况下业务目标得以实现，以及关键的业务功能得以保持。实现可存活性的措施主要有系统容侵、灾备与恢复等。

总之，计算机信息系统安全的最终目标就是在安全法律、法规、政策的支持与指导下，通过采用合适的安全技术与安全管理措施，确保信息系统具备上述安全属性。

拓展知识：安全与可信

与安全密切相关的一个名词是可信，常见的有可信计算、可信网络等。

可以说，安全是一种外在表现的断言。安全的属性通常由保密性、完整性、可用性等组成。信息系统安全涉及物理安全、运行安全、数据安全、内容安全和管理安全等方面。

可信则是经过行为过程分析得到的一种可度量的属性。在信息技术里，可信被定义为一种信念，是在特定的环境里对一个实体行为的可靠性、安全性、可依赖性的依赖。例如，可信网络是指在网络信息传输中服务提供者和用户的行为及其结果总是可以预期与控制的，即能够做到行为状态可监测、行为结果可评估、异常行为可控制。本书将在第3章中介绍可信计算的概念。

1.2 计算机系统安全问题的产生

可以说，一个安全事件（Security Event）的发生是由于外在的威胁（Threat）和内部的脆弱点（Vulnerability）所决定的。这里，安全事件发生的可能性称作风险（Risk）。

本书在讨论计算机信息系统安全的概念时，没有直接提及攻击（Attack），因为相对于表象具体的攻击，安全事件更具有一般性。

发生信息安全事件的根源，是因为信息是经过加工的数据，是有价值的数据，人们对信息的依赖或关注引发了对信息的外在威胁。另外，信息在产生、存储、传播的过程中具有固有的脆弱性，互联网在组建时没有从基础上考虑安全性，设计之初的公开性与对用户善意的假设也是今天安全危机的根源。由此，本节将介绍信息安全威胁和安全脆弱点。

1.2.1 安全威胁

信息系统的安全威胁是指潜在的、对信息系统造成危害的因素。威胁是客观存在的。无论多么安全的信息系统，它都存在。

威胁因素通常可分为环境因素和人为因素。

- 环境因素包括断电、静电、灰尘、潮湿、温度、鼠蚁虫害、电磁干扰、洪灾、火灾、地震、意外事故等环境危害或自然灾害，以及软件、硬件、数据、通信线路等方面的故障。
- 人为因素包括恶意的和非恶意的。黑客的行为就属于恶意的，非恶意的是指由于缺乏责任心、不关心或不专注、缺乏培训、专业技能不足、不具备岗位技能要求，或是没有遵循规章制度和操作流程而导致信息系统安全问题。

对信息系统安全的威胁是多方面的，目前还没有统一的方法对各种威胁加以区别和进行准确的分类，因为威胁是随环境的变化而变化的。

接下来首先介绍黑客，然后介绍依据威胁因素划分的威胁，最后介绍依据信息流动过程来划分的4类安全威胁。

1. 黑客

中文“黑客”一词译自英文“hacker”。英语中，动词hack意为“劈，砍”，意味着“辟出，开辟”，进一步引申为“干了一件非常漂亮的工作”。

“hacker”一词的出现可以追溯到20世纪60年代，当时麻省理工学院的一些学生把计算机难题的解决称为“hack”。在这些学生看来，解决一个计算机难题就像砍倒一棵大树，因此完成这种“hack”的过程就被称为“hacking”，而从事“hacking”的人就是“hacker”。

因此，“黑客”一词被发明的时候，完全是正面意义上的称呼。在他们看来，要完成一个“hack”，就必然具备精湛的技艺，具有高度的创新精神和独树一帜的风格。

后来，随着计算机和网络通信技术的不断发展，活跃在其中的黑客也越来越多，黑客阵营也发生了分化。人们通常用白帽、黑帽和灰帽来区分他们。

（1）白帽

简单地说，白帽是一群因为非恶意的原因侵犯网络安全的黑客。

他们对计算机非常着迷，对技术的局限性有充分认识，具有操作系统和编程语言方面的高级知识，他们热衷编程，查找漏洞，表现自我。他们不断追求更深的知识，并乐于公开他们的发现，与其他人分享，主观上没有破坏的企图。

例如，有的白帽受雇于公司来检测其内部信息系统的安全性。白帽也包括那些在合同协议允许下对公司等组织内部网络进行渗透测试和漏洞评估的黑客。

（2）黑帽

在西方的影视作品中，反派角色，如恶棍或坏人，通常会戴黑帽子，因此，黑帽被用于指代那些非法侵入计算机网络或实施计算机犯罪的黑客。

美国警方把所有涉及“利用”“借助”“通过”“干扰”计算机的犯罪行为都定为 hacking，实际上指的就是黑帽的行为。为了将黑客中的白帽和黑帽进行区分，英文中使用“Cracker”“Attacker”等词来指代黑帽，中文也译作骇客。

国内对于“黑客”一词的解释是“对计算机信息系统进行非授权访问的人员”，属于计算机犯罪的范畴。

黑帽已经成为当前网络空间的一大毒瘤。

（3）灰帽

灰帽被用于指代行为介于白帽和黑帽之间的技术娴熟的黑客。他们通常不会恶意地或因为个人利益攻击计算机或网络，但是为了使计算机或网络达到更高的安全性，可能会在发现漏洞的过程中打破法律或白帽的界限。

白帽致力于自由地、完整地公开所发现的漏洞。黑帽则利用发现的漏洞进行攻击和破坏。而灰帽则介于白帽和黑帽之间，他们会把发现的系统漏洞告知系统供应商来获得收入。

黑客阵营中的白帽、黑帽和灰帽也不是一成不变的。世界上有许多著名的黑帽原先从事着非法的活动，后来成了白帽或灰帽，当然也有一些白帽成为了黑帽，从事着网络犯罪的勾当。

目前，黑客已成为一个广泛的社会群体。在西方有完全合法的黑客组织、黑客学会，这些黑客经常召开黑客技术交流会。在因特网上，黑客组织有公开网站，提供免费的黑客工具软件，介绍黑客手法，出版网上黑客杂志和书籍，但是他们所有的行为都要在法律的框架下。

案例 1-1 凯文·米特尼克被认为是世界上最著名的黑客。他于 1964 年出生于美国洛杉矶。在他 15 岁的时候，仅凭一台计算机和一个调制解调器就闯入了北美空中防务指挥部的计算机系统主机。美国联邦调查局将他列为头号通缉犯，并为他伤透了脑筋。

1983 年，好莱坞曾以此为蓝本拍摄了电影《战争游戏》（又名《骇客追缉令》），演绎了一个同样的故事。在电影中，一个少年黑客几乎引发了第三次世界大战。

之后，在凯文·米特尼克身上还发生了很多具有传奇色彩的故事。大家可以阅读他的自传《线上幽灵》。目前，凯文·米特尼克是一名网络安全咨询师，从事着维护互联网安全的工作。

2. 依据威胁因素划分安全威胁

这里依据安全威胁的两大因素，即环境因素和人为因素，对威胁进行分类。

- 软硬件故障：对业务实施或系统运行产生影响的设备硬件故障、通信链路中断、系统本身或软件缺陷等。
- 物理环境影响：对信息系统正常运行造成影响的物理环境问题和自然灾害。
- 无作为或操作失误：应该执行而没有执行相应的操作，或无意执行了错误的操作。

- 管理不到位：安全管理无法落实或不到位，从而破坏信息系统正常有序运行。
- 恶意代码：故意在计算机系统上执行恶意任务的程序代码。
- 越权或滥用：通过采取一些措施，超越自己的权限访问了本来无权访问的资源，或者滥用自己的权限，做出破坏信息系统的行为。
- 网络攻击：利用工具和技术通过网络对信息系统进行攻击和入侵。
- 物理攻击：通过物理的接触造成对软件、硬件、数据的破坏。
- 泄密：将信息泄露给不应了解的他人。
- 篡改：非法修改信息以破坏信息的完整性，使系统的安全性降低或信息不可用。
- 抵赖：不承认收到的信息及所做的操作和交易。

更多有关威胁的分类、识别等内容在 9.2 节中介绍。

3. 依据信息流动过程划分安全威胁

这里根据 1.1.1 小节中所述的计算机信息系统的概念，依据信息流动过程来划分安全威胁的种类。正常的信息流向应当是从合法发送端源地址流向合法接收端目的地址，如图 1-2 所示。对正常信息流动的威胁通常可以分为中断、截获、篡改和伪造 4 类。

（1）中断威胁

如图 1-3 所示，中断（Interruption）威胁使得所用的信息系统毁坏或不能使用，即破坏可用性。

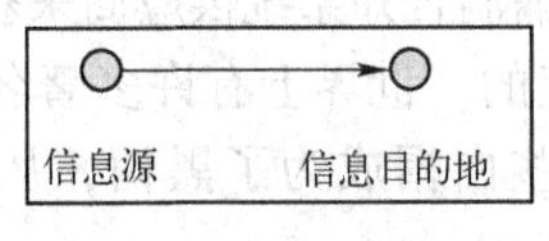

图 1-2　正常的信息流向

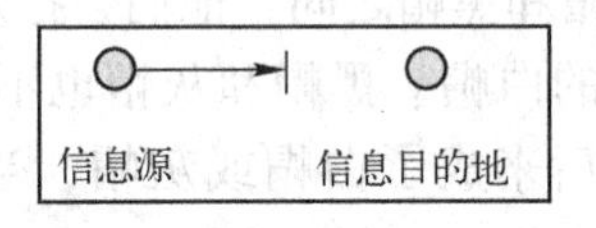

图 1-3　中断威胁

攻击者可以从下列几个方面破坏信息系统的可用性。

- 拒绝服务攻击或分布式拒绝服务攻击。使合法用户不能正常访问网络资源，或使有严格时间要求的服务不能及时得到响应。
- 摧毁系统。物理破坏网络系统和设备组件使网络不可用，或者破坏网络结构使之瘫痪等，如硬盘等硬件的毁坏、通信线路的切断、文件管理系统的瘫痪等。

（2）截获威胁

如图 1-4 所示，截获（Interception）威胁是指非授权方介入系统，使得信息在传输中丢失或泄露的攻击，它破坏了保密性。非授权方可以是一个人、一个程序或一台计算机。

这种攻击主要包括：

- 在信息传递过程中，利用电磁泄漏或搭线窃听等方式截获机密信息，或是通过对信息流向、流量、通信频度和长度等参数的分析，推测出有用信息，如用户口令、账号等；
- 在信息源端，利用恶意代码等手段非法复制敏感信息。

（3）篡改威胁

如图 1-5 所示，篡改（Modification）威胁以非法手段窃得对信息的管理权，通过未授权的创建、修改、删除和重放等操作而使信息的完整性受到破坏。

这些攻击主要包括：

- 改变数据文件，如修改数据库中的某些值等；
- 替换某一段程序，使之执行另外的功能。

（4）伪造威胁

如图 1-6 所示，在伪造（Fabrication）威胁中，非授权方将伪造的客体插入系统中，破坏信息的可认证性。例如，在网络通信系统中插入伪造的事务处理或者向数据库中添加记录。

图 1-4　截获威胁

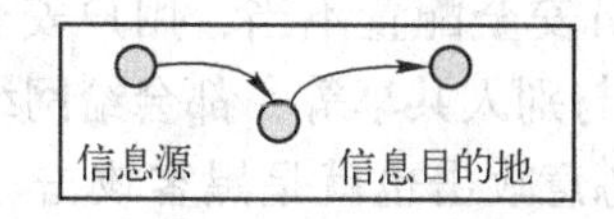

图 1-5　篡改威胁

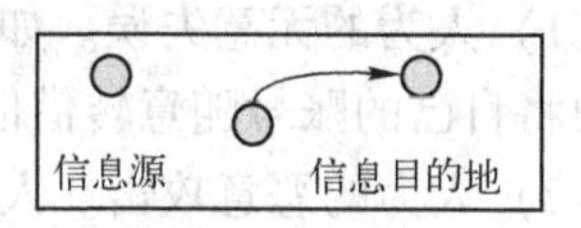

图 1-6　伪造威胁

1.2.2　安全脆弱点

信息系统中的脆弱点，有时又被称为脆弱性、弱点（Weaknesses）、安全漏洞（Holes）。在物理安全、软件系统、网络和通信协议、人的因素等各个方面都存在已知或未知的脆弱点，它们为安全事件的发生提供了条件，安全威胁通过脆弱点产生安全问题。

（1）物理安全方面的脆弱点

计算机系统物理方面的安全主要表现为物理可存取、电磁泄漏等方面的问题。此外，物理安全问题还包括设备的环境安全、位置安全、限制物理访问、物理环境安全和地域因素等。例如，移动存储器的小巧易携带、即插即用、容量大等特性实际上也是这类设备的脆弱性。本书将在第 3 章进一步讨论物理安全方面的脆弱点及对策。

（2）软件系统方面的脆弱点

计算机软件可分为操作系统软件、应用平台软件（如数据库管理系统）和应用业务软件三类，以层次结构构成软件体系。

操作系统软件处于基础层，它维系着系统硬件组件协调运行的平台，因此操作系统软件的任何风险都可能直接危及、转移或传递到应用平台软件。

应用平台软件处于中间层次，是在操作系统的支撑下运行支持和管理应用业务的软件。一方面，应用平台软件可能受到来自操作系统软件风险的影响；另一方面，应用平台软件的任何风险可以直接危及或传递给应用业务软件。

应用业务软件处于顶层，直接与用户或实体打交道。应用业务软件的任何风险，都直接表现为信息系统的风险。

随着软件系统规模的不断增大，软件组件中的安全漏洞或“后门”也不可避免地存在着，这也是信息安全问题的主要根源之一。比如常用的操作系统，无论是 Windows 还是 Mac OS（苹果计算机操作系统），几乎都存在或多或少的安全漏洞。众多的服务器软件（典型的如微软的 IIS）、浏览器、数据库管理系统等都被发现过存在安全漏洞。可以说，任何一个软件系统都会因为程序员的疏忽、开发中的不规范等原因而存在漏洞。本书将在第 4、6、7 章进一步讨论软件系统方面的脆弱点及对策。

（3）网络和通信协议方面的脆弱点

人们在享受因特网技术给全球信息共享带来的方便性和灵活性的同时还必须认识到，基于 TCP/IP 协议栈的因特网及其通信协议存在很多的安全问题。TCP/IP 协议栈在设计时，只考虑了互联互通和资源共享的问题，并未考虑也无法同时解决来自网络的大量安全问题。如 SYN Flooding 拒绝服务攻击，即是利用 TCP 三次握手中的脆弱点进行的攻击，用超过系统处理能力的消息来淹没服务器，使之不能提供正常的服务功能。本书将在第 5 章进一步讨论网络系统的脆弱点及对策。

(4) 人的因素方面的脆弱点

人是信息活动的主体，人的因素其实是影响信息安全问题的最主要因素，例如下面的3种情况。

1）人为的无意失误。如操作员安全配置不当，用户安全意识不强，用户口令选择不慎，用户将自己的账号随意转借他人或与别人共享等，都会给网络安全带来威胁。

2）人为的恶意攻击。人为的恶意攻击也就是黑客攻击。出于炫耀技术，或是对组织、国家、社会发泄不满，黑客截获、窃取、破译以获得重要机密信息，或者破坏国家重要基础设施系统的正常运行，甚至通过当前广泛存在的网络系统和终端传播谣言，引起经济、社会动荡。

3）管理上的因素。网络系统的严格管理是企业、组织机构及用户免受攻击的重要措施。事实上，很多企业、机构及用户的网站或系统都疏于安全方面的管理。此外，管理的缺陷还可能出现在系统内部，例如内部人员泄露机密，或外部人员通过非法手段截获而导致机密信息的泄露，从而为一些不法分子制造了可乘之机。

本书将在第8~10章进一步讨论信息系统安全管理措施。

✍ **小结**

攻击者利用信息系统的脆弱点对系统进行攻击（Attack）。人们使用控制（Control）进行安全防护。控制是一些动作、装置、程序或技术，它能消除或减少脆弱点。可以这样描述威胁、控制和脆弱点的关系——通过控制脆弱点来阻止或减少威胁。

1.3 计算机系统安全防护

本节首先介绍计算机系统安全防护的基本原则，然后介绍计算机系统安全防护体系及防护战略，即面向计算机系统基本组成的防护体系、基于信息保障概念的网络空间纵深防护战略。

1.3.1 计算机系统安全防护基本原则

信息系统安全威胁的来源多种多样，安全威胁和安全事件的原因非常复杂。而且，随着技术的进步及应用的普及，总会不断地有新的安全威胁产生，同时也会催生新的安全手段来防御它们。尽管没有一种完美的、一劳永逸的安全保护方法，但是从信息安全防护的发展中可以总结出一些最基本的安全防护原则，这些原则是经过长时间的检验并得到广泛认同的，可以视为保证计算机信息系统安全的一般性方法（原则）。本小节介绍这些安全防护原则中的4种：整体性原则、分层性原则、最小授权原则和简单性原则。

1. 整体性原则

整体性原则是指需要从整体上构思和设计信息系统的安全框架，合理选择和布局信息安全的技术组件，使它们之间相互关联、相互补充，达到信息系统整体安全的目标。

这里不能不提及著名的“木桶”理论，它以生动形象的比喻揭示了一个带有普遍意义的道理。如图1-7所示，一只木桶的盛水量不是取决于最长的那块木板，而恰恰取决于构成木桶的最短的那块木板。

图1-7 “木桶”理论图

其实，在实际应用中，一只木桶能够装多少水，不仅取决于每一块木板的长度，还取决于木板间的结合是否紧密，以及这个木桶是否有坚实的底板。底板不但决定这只木桶能不能容水，还能限制装多大体积和重量的水，而木板间如果存在缝隙，则同样无法装满水，甚至到最后连一滴水都没有，这就是“新木桶”理论。

计算机信息系统安全防护应当遵循这一富含哲理的“新木桶”理论。

首先，对于一个庞大而复杂的信息系统，其面临的安全威胁是多方面的，而攻击信息系统安全的途径更是复杂和多变的，对其实施信息安全保护的安全级别取决于各种保护措施中最弱的一种，该保护措施和能力决定了整个信息系统的安全保护水平。

其次，木桶的底要结实，信息安全应该建立在牢固的安全理论、方法和技术的基础之上，才能确保安全。那么信息安全的底是什么呢？这就需要深入分析信息系统的构成，分析信息安全的本质和关键要素。信息安全的底是密码技术、访问控制技术、安全操作系统、安全芯片技术和网络安全协议等，它们构成了信息安全的基础。人们需要花大力气研究信息安全的这些基础、核心和关键技术，并在设计信息安全系统时按照安全目标设计和选择这些底部的组件，使信息安全系统建立在可靠、牢固的安全基础之上。

还有，木桶能否有效地容水，除了需要结实的底板外，还取决于木板之间的缝隙，这个是大多数人不重视的。对于一个安全防护体系而言，安全产品之间的协同性不好，就如木板之间的缝隙，将会使木桶不能容水。不同产品之间的有效协作和联动就如桶箍。桶箍的妙处就在于它能把一堆独立的木条联合起来，紧紧地排成一圈。同时它消除了木条之间的缝隙，使木条之间形成协作关系，达到一个共同的目标。

不同的计算机信息系统有着不同的安全需求，必须从实际出发，根据信息系统的安全目标对信息系统进行全面分析，统筹规划信息安全保护措施，科学地设计各安全措施的保护等级，使它们具有满足要求的安全能力，具有相同的保护能力，避免出现有些保护措施能力高、有效保护措施能力低的现象，做到成本效益最大化。同时，还要综合平衡安全成本和风险，优化信息安全资源的配置，确保重点。要重点保护基础信息网络和关系信息安全等重要方面的信息系统，依据信息安全等级保护制度把系统分成几个等级，不同等级采用不同的“木桶”来管理，然后对每一个“木桶”进行安全评估和安全防护。

2. 分层性原则

分层性原则是指对信息系统设置多个防护层次，这样一旦某一层安全措施出现单点失效，不会对系统的安全性产生严重影响。同时，分层性安全防护不仅包括增加安全层次的数量，而且包括在单一安全层次上采用多种安全技术协同进行安全防护。

信息系统安全不能依赖单一的保护机制。如同银行在保险箱内保存财物的情形：保险箱有自身的钥匙和锁具；保险箱置于保险库中，而保险库的位置处于难以到达的银行建筑的中心位置或地下；仅有通过授权的人才能进入保险库；通向保险库的道路有限且有监控系统进行监视；大厅有警卫巡视且有联网报警系统。不同层次和级别的安全措施共同保证了所保存的财物的安全。同样，经过良好分层的安全措施也能够保证组织信息的安全。

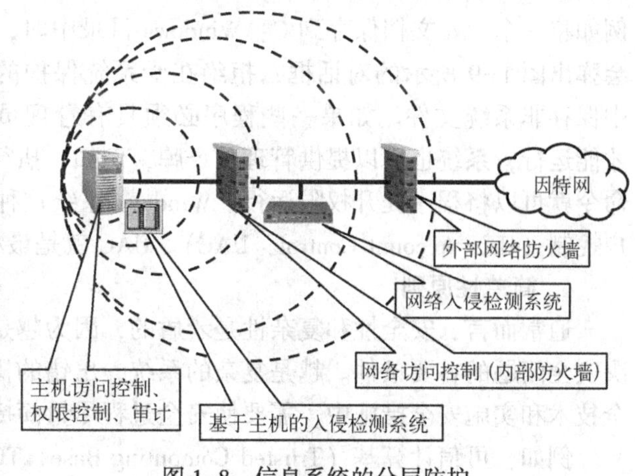

图 1-8　信息系统的分层防护

图 1-8 所示为信息系统的分层防护，一个入侵者如果企图获取组织在最内层主机上存储的信息，必须首先想方设法地绕

过外部网络防火墙，然后使用不会被入侵检测系统识别和检测的方法来登录组织内部网络。此时，入侵者面对的是组织内部的网络访问控制和内部防火墙，只有在攻破内部防火墙或采用各种方法提升访问权限后才能进行下一步的入侵。在登录主机后，入侵者将面对基于主机的入侵检测系统，而其也必须想办法躲过检测。最后，如果主机经过良好的配置，通常对存储的数据进行强制性的访问控制和权限控制，同时对用户的访问行为进行记录并生成日志文件供系统管理员进行审计，那么入侵者必须将这些控制措施一一突破才能够顺利达到其预先设定的目标。即使入侵者突破了某一层，管理员或安全人员仍有可能在下一层安全措施上拦截入侵者。

在使用分层防护时还要注重整体性的原则。不同的层级之间需要协调工作，这样，一层的工作不至于影响另外层次的正常功能，且每层之间的防护功能应能实现联动。为此，安全人员需要深刻地理解组织的安全目标，详细地划分每一个安全层次所提供的保护级别，熟知其所起到的作用，以及层次之间的协调和兼容。

3. 最小授权原则

最小授权原则是指系统仅授予实体（用户、管理员、进程、应用和系统等）完成规定任务所必需的最小权限，并且该权限的持续时间也尽可能短。最小授权原则一方面给予实体“必不可少”的特权，从而保证所有的实体都能在所赋予的特权之下完成所需要完成的任务或操作；另一方面，它只赋予实体“必不可少”的特权，这就使无意识的、不需要的、不正确的权限使用的可能性降到最低，从而确保系统安全。

例如，应用程序应该使用能够完成工作的最小特权来执行，尽量避免拥有多余的特权属性。因为如果在代码中发现了一个安全漏洞，攻击者可以在目标程序进程中注入代码或者通过目标程序加载执行代码，而这些被注入执行的代码又含有危险操作，那么这部分代码就能够以与该程序进程相同的权限运行。如果没有很高的权限，那么很多程序是无法实现其破坏功能的。不仅要防止程序被攻击，还要尽可能预防程序被攻击之后的破坏行为的实施，将损失尽可能降到最低。

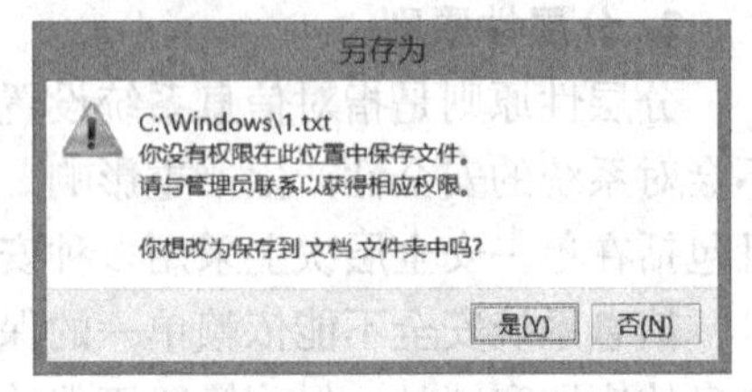

图 1-9　拒绝在系统目录中保存文件的对话框

Windows 系统中已有最小授权原则的应用。在 Windows Vista 及以后的版本中，当用户使用管理员账户登录时，Windows 会为该账户创建两个访问令牌，一个标准令牌，一个管理员令牌。大部分时候，当用户试图访问文件或运行程序时，系统会自动使用标准令牌运行，例如将一个 .txt 文档保存到 C:\Windows 目录中时，系统会弹出图 1-9 所示的对话框，拒绝在受系统保护的目录中保存非系统文件。如果一些程序必须具有管理员权限才能运行，系统也可以提供管理员令牌，例如，执行右键快捷菜单中的“以管理员身份运行”命令就可以将程序提升权限运行。Windows 系统这种将管理员权限区分对待的机制叫作用户账户控制（User Account Control，UAC）。UAC 就是最小授权原则的运用。

4. 简单性原则

通常而言，安全性和复杂性是矛盾的，因为越是复杂的东西越难理解，而理解和掌握是解决安全问题的首要条件。越是复杂的系统，出错的概率就越大。保持简单原则意味着在使用安全技术和实施安全措施中，需要使安全过程尽量简捷，安全工具尽量易于使用且易于管理。

例如，可信计算基（Trusted Computing Base，TCB）的提出，就是使安全系统的设计应该尽量简单化和小型化，以利于对其进行安全性分析和查找安全漏洞。当前通用的 PC 操作系统为了获得较高的运行效率，都采用大内核结构，把设备驱动、文件系统等功能纳入操作系统内核，导致系统安全边界过长、内核代码庞大，大大降低了系统的稳定性和安全保证等级。

再如，通常应默认对包过滤防火墙的所有出入站连接设置为拒绝，之后根据需要增加允许的出入站连接。而在服务器主机安全加固中，应将所有默认的应用服务设置为关闭，后根据应用需要启动服务。

☞ 请读者完成本章思考与实践第 12 题，了解更多有关信息系统安全保护的原则。

1.3.2 计算机系统安全防护体系及防护战略

1. 面向计算机系统基本组成的防护体系

根据 1.1.1 小节的介绍，计算机系统一般可以看作是由软硬件支撑系统、数据及信息、人 3 个要素组成的。软硬件支撑系统是提供信息系统服务的基础；数据及信息是信息系统的负载，也是信息系统的灵魂；人主要包括信息系统的生产者和消费者。

根据计算机系统的组成 3 要素，存在 5 个安全防护层次与之对应：软硬件支撑系统对应物理安全和运行安全，数据及信息部分对应数据安全和内容安全，而人的安全需要通过管理安全来保证，如图 1-10 所示。

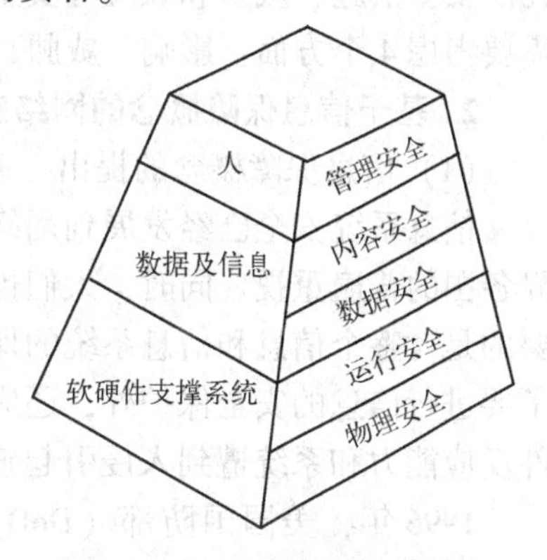

图 1-10 面向计算机系统基本组成的防护体系

(1) 物理安全

物理安全指对网络及信息系统物理设备和环境的保护。物理安全主要涉及计算机信息系统的保密性、完整性和可用性等，主要的安全技术包括环境灾难防范、电磁泄漏防范、故障防范及接入防范等。环境灾难防范包括防火、防盗、防雷击、防静电等；电磁泄漏防范主要包括加扰处理、电磁屏蔽等；故障防范涵盖容错、容灾、备份和生存型技术等内容；接入防范则是为了防止通信线路的直接接入或无线信号的插入而采取的相关技术及物理隔离措施等。

(2) 运行安全

运行安全指对计算机信息系统运行过程和运行状态的保护。运行安全主要涉及网络及信息系统的可用性、可控性及可认证性等，主要的安全技术包括身份认证、访问控制、防火墙、入侵检测、恶意代码防治、容侵技术、动态隔离、取证技术、安全审计、预警技术、反制技术等，内容繁杂且不断变化发展。

(3) 数据安全

数据安全指对数据收集、处理、存储、检索、传输、交换、显示、扩散等过程的保护，保障数据在上述过程中依据授权使用，不被非法冒充、窃取、篡改、抵赖。数据安全主要涉及信息的保密性、完整性、不可否认性、可审计性等，主要的安全技术包括密码、认证、鉴别、完整性验证、数字签名、公钥基础设施（Public Key Infrastructure，PKI）、安全传输协议及虚拟专用网（Virtual Private Network，VPN）等。

(4) 内容安全

内容安全指依据信息的具体内涵判断其是否违反特定安全策略，并采取相应的安全措施对信息的保密性、可认证性、可控性、可用性进行保护，主要涉及信息的保密性、可认证性、可控性和可用性等。内容安全主要包括两个方面：一是对合法的信息内容加以安全保护，如对合法的音像制品及软件版权的保护；二是对非法的信息内容实施监管，如对网络色情信息的过滤等。内容安全的难点在于如何有效地理解信息内容并判断信息内容的合法性，主要涉及的技术包括文本识别、图像识别、音视频识别、隐写术、数字水印及内容过滤等。

（5）管理安全

管理安全指通过对人的信息行为的规范和约束提供对信息的保密性、完整性、可用性及可控性的保护。时至今日，“在信息安全中，人是第一位的”已经成为普遍接受的理念，对人的信息行为的管理是信息安全的关键所在。管理安全主要涉及的内容包括安全策略、法律法规、技术标准、安全教育等。

基于以上5个安全防护层次构建网络安全防护体系，可以分为3个主要步骤：安全评估、防护措施选择和措施部署。其中，安全评估和防护措施选择是合理构建网络安全防护体系的重中之重。安全评估的目的是识别目前的系统类型，识别系统的位置及周围自然环境，评估已存在的安全措施、威胁和风险等安全关注点。防护措施选择根据安全评估的结果选择防护措施，需要考虑4个方面：影响、威胁、脆弱点和风险本身。

2. 基于信息保障概念的网络空间纵深防护战略

（1）信息保障概念的提出

信息系统安全已经发展到网络空间安全阶段，这已成为共识。网络空间的安全问题得到世界各国的普遍重视。同时，人们也开始认识到安全的概念已经不再局限于信息的保护，人们需要的是对整个信息和信息系统的保护及防御，包括对信息的保护、检测、反应和恢复能力。除了要进行信息的安全保护外，还应该重视提高安全预警能力、系统的入侵检测能力、系统的事件反应能力和系统遭到入侵引起破坏的快速恢复能力。

1996年，美国国防部（DoD）在 *DoD Directive S-3600.1：Information Operation*（国防部令）中提出了信息保障（Information Assurance，IA）的概念。其中对信息保障的定义为“通过确保信息和信息系统的可用性、完整性、保密性、可认证性和不可否认性等特性来保护信息系统的信息作战行动，包括综合利用保护、探测和响应能力来恢复系统的功能”。

1998年1月30日，美国国防部批准发布了 *Defense Information Assurance Program*（《国防部信息保障纲要》，DIAP），认为信息保障工作是持续不间断的，它贯穿于平时、危机、冲突及战争期间的全时域。信息保障不仅能支持战争时期的国防信息攻防，而且能够满足和平时期国家信息的安全需求。

（2）网络空间纵深防护战略

一系列的文档报告不断理清网络空间的概念，预判网络空间的严峻形势，给出网络空间安全防护的思路与框架。

1）由美国国家安全局（NSA）提出的，为保护美国政府和工业界的信息与信息技术设施提供的技术指南——*Information Assurance Technical Framework*（《信息保障技术框架》，IATF），提出了信息基础设施的整套安全技术保障框架，定义了对系统进行信息保障的过程及软硬件部件的安全要求。该框架原名为网络安全框架（Network Security Framework，NSF），于1998年公布，1999年更名为IATF，2002年发布了IATF 3.1版。

IATF从整体、过程的角度看待信息安全问题，其核心思想是“纵深防护战略”（Defense-in-Depth）。它采用层次化的、多样性的安全措施来保障用户信息及信息系统的安全，包括了主机、网络、系统边界和支撑性基础设施等多个网络环节之中如何实现保护、检测、响应和恢复（PDRR）这4个安全内容。

人、技术、操作是IATF强调的3个核心要素。

- 人（People）：人是信息体系的主体，是信息系统的拥有者、管理者和使用者，是信息保障体系的核心，是第一位的要素，同时也是最脆弱的。正是基于这样的认识，信息安全管理在安全保障体系中显得尤为重要，可以这么说，信息安全保障体系，实质上就是一个安全管理的体系，其中包括意识培养、培训、组织管理、技术管理和操作管理等多个方面。
- 技术（Technology）：技术是实现信息保障的具体措施和手段。信息保障体系所应具备的各项安全服务都是通过技术来实现的。当然，这里所说的技术，已经不单是以防护为主的静态技术体系，而是保护（Protection）、检测（Detection）、响应（Reaction）、恢复（Restore）有机结合的动态技术体系，这就是所谓的PDRR（或称PDR²）模型，如图1-11所示。之后，PDRR模型得到了发展，学者们提出了WPDRRC等改进模型。

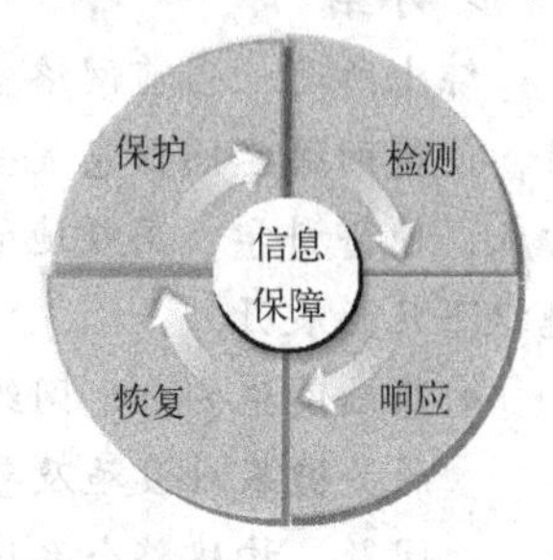

图1-11 PDRR模型

- 操作（Operation）：或者叫运行，操作将人和技术紧密地结合在一起，涉及风险评估、安全监控、安全审计、跟踪告警、入侵检测、响应恢复等内容。

☞ 请读者完成本章思考与实践第13题，了解更多有关信息系统安全保护模型。

IATF定义了对一个系统进行信息保障的过程，以及该系统中硬件和软件部件的安全需求。遵循这些原则，可以对信息基础设施进行纵深多层防护。纵深防护战略的4个技术焦点领域如下。

- 保护网络和基础设施：如主干网的可用性、无线网络安全框架、系统互联与VPN。
- 保护边界：如网络登录保护、远程访问、多级安全。
- 保护计算环境：如终端用户环境、系统应用程序的安全。
- 支撑基础设施：如密钥管理基础设施/公钥基础设施（KMI/PKI）、检测与响应。

信息保障这一概念，层次高、涉及面广、解决的问题多、提供的安全保障全面，是一个战略级的信息防护概念。组织可以遵循信息保障的思想建立一种有效的、经济的信息安全防护体系和方法。

2）2006年4月，美国国家科学和技术委员会发布 *Federal Plan for Cyber Security and Information Assurance Research and Development*（《联邦网络空间安全与信息保障研究与发展计划》）。文中将“网络空间安全”和“信息保障”放在一起，定义为保护计算机系统、网络和信息，防止未授权的访问、使用、泄露、修改及破坏。目的是提供完整性、保密性和可用性。

3）2008年1月，时任美国总统布什签署了《第54号国家安全总统令》和《第23号国土安全总统令》，其核心文件 *Comprehensive National Cybersecurity Initiative*（《国家网络安全综合计划》，CNCI）是一个涉及美国网络空间防御的综合计划，其目的是打造和构建国家层面的网络空间安全防御体系。其中提出了威慑概念，包括爱因斯坦计划、情报对抗、供应链安全、超越未来（Leap-Ahead）技术战略。

4）2011年5月，美国白宫、国务院、国防部、国土安全部、司法部、商务部六部门联合发布《网络空间国际战略》。紧接着，7月，美国国防部发布《网络空间行动战略》，是美国有关全球网络安全战略构想的集中体现。

5）2014年2月，美国NIST发布了 *Framework for Improving Critical Infrastructure Cybersecurity*

(《提升关键基础设施网络安全框架》(1.0 版)),旨在加强电力、运输和电信等“关键基础设施”部门的网络空间安全。框架分为识别(Identify)、保护(Protect)、检测(Detect)、响应(Respond)和恢复(Recover)五个层面,可以将其看作一种基于生命周期和流程的框架方法。2018 年 4 月,NIST 发布了该报告的 1.1 版本。NIST 网络安全框架已被广泛视为各类组织机构与企业实现网络安全保障的最佳实践性指南。

✍ **小结**

综上所述,当前网络空间信息存在的透明性、传播的裂变性、真伪的混杂性、网控的滞后性,使得网络空间信息安全面临着前所未有的挑战。网络战场全球化、网络攻防常态化等突出特点,使得科学、高效地管控网络空间成为亟待解决的重大课题。为此,安全防护可以着重围绕以下几点展开。

- 基础设施安全。网络空间的安全不仅包括信息系统自身的安全,更要关注信息系统支撑的关键基础设施及整个国家的基础设施的安全。应该从基础做起,自下而上地解决安全问题,构建整个系统范围内可使侵袭最小化的端对端的安全。
- 从怀疑到信任。互联网的组建没有从基础上考虑安全问题,它的公开性与对用户善意的假定是今天危机的一个根源。同样,对于信息技术基础设施的软硬件的设计与测试,无论是设计测试人员的安全知识还是设计与测试的方法都没有安全的保证,这样的基础设施再由对风险缺乏认识的人员操作,必然使网络空间处于危险之中。因此,系统与网络的每一个组成部分都要怀疑其他任何一个组件,访问数据与其他资源必须不断地重新授权。
- 改变边界防御的观念。历来的信息安全观念多基于边界防御。在这种观念指导之下,信息系统与网络的“内部”要加以保护,防止“外部”攻击者侵入并对信息与网络资源进行非法的访问与控制。实际的情况是,“内部”的威胁不仅与“外部”威胁并存,而且远超后者。而随着无线和嵌入技术及网络连接的增长,以及由系统的系统(System of System)构成网络的复杂性不断增强,已使“内部”与“外部”难以区分。
- 全新的结构与技术。已有的基础设施是在较早的年代(人们还没有意识到面临大量网络空间问题的年代)开发出来的,现在需要的是全新的结构与技术,以解决基础设施更大规模下的不安全性问题。例如,如何构建大规模、分布式的系统,使其在敌对或自然干扰条件下仍能够持续可靠地运转?如何构建能认证众多组织与地点的大量用户标识的系统?如何验证从第三方获得的软件正确地实现了其所声称的功能?如何保证个人身份、信息或合法交易的安全,以及人们存储在分布式系统或网络上传输时的隐私安全?等等。

🗁 **知识拓展:我国网络空间安全战略**

我国党和政府高度重视网络空间安全。

2013 年 11 月,中国共产党中央国家安全委员会正式成立,体现了中国最高层全面深化改革、加强顶层设计的意志,信息安全成为构建国家安全体系和国家安全战略的重要组成部分。

2014 年 2 月 27 日,中央网络安全和信息化领导小组成立,习近平主席进一步指出:“没有网络安全,就没有国家安全。没有信息化,就没有现代化。”这显示出国家高层保障网络安全、维护国家利益、推动信息化发展的决心。

2016 年 12 月 27 日,国家互联网信息办公室、中央网络安全和信息化领导小组办公室联合发布了《国家网络空间安全战略》。文件明确了确保我国网络空间安全和建设网络强国的战略目标。

2017 年 3 月 1 日，外交部和国家互联网信息办公室共同发布了《网络空间国际合作战略》。文件明确规定了我国在网络空间领域开展国际交流合作的战略目标和中国主张。

网络空间安全事关国家安全，事关社会稳定。我们必须加快国家网络空间安全保障体系建设，确保我国的网络空间安全。多年来，我国在高等教育领域大力推进信息安全的专业化教育，这是国家在信息安全领域掌握自主权、占领先机的重要举措。

2015 年 6 月，国务院学位委员会、教育部决定在“工学”门类下增设“网络空间安全”一级学科，这一举措促使高校网络空间安全高层次人才培养进入一个新的发展阶段。

2016 年 6 月，中共中央网络安全和信息化领导小组等六部门联合印发了《关于加强网络安全学科建设和人才培养的意见》，对网络安全学科专业和院系建设、网络安全人才培养机制、网络安全教材建设等提出了明确要求。

文档资料

《国家网络空间安全战略》全文

来源：中共中央网络安全和信息化领导小组办公室网站

请访问网站链接或扫描二维码查看全文。

📖 **拓展阅读**

读者要想了解网络空间的安全威胁与对抗，可以阅读以下书籍资料。

[1] Martin C Libicki. 兰德报告：美国如何打赢网络战争［M］. 薄建禄，译. 北京：东方出版社，2013.

[2] 东鸟. 监视帝国——棱镜掌握一切［M］. 长沙：湖南人民出版社，2013.

[3] Glenn Greenwald. 无处可藏：斯诺登、美国国安局与全球监控［M］. 米拉，王勇，译. 北京：中信出版社，2014.

[4] 金圣荣. 黑客间谍——揭秘斯诺登背后的高科技情报战［M］. 武汉：湖北人民出版社，2014.

[5] 张笑容. 第五空间战略：大国间的网络博弈［M］. 北京：机械工业出版社，2014.

[6] P W Singer，Allan Friedman. 网络安全——输不起的互联网战争［M］. 中国信息通信研究院，译. 北京：电子工业出版社，2015.

[7] 惠志斌，唐涛. 中国网络空间安全发展报告（2017）［M］. 北京：社会科学文献出版社，2017.

[8] 尹丽波. 世界网络安全发展报告（2016—2017）［M］. 北京：社会科学文献出版社，2017.

[9] 左晓栋. 网络空间安全战略思考［M］. 北京：电子工业出版社，2017.

1.4 计算机系统安全研究的内容

本书介绍的是在网络空间环境下运行的计算机信息系统的安全，根据图 1-1 及图 1-10 所示，必须紧紧围绕计算机信息系统的软硬件支撑系统、数据和信息以及人这 3 个要素分析其中的威胁、脆弱性并给出安全对策。

为此，基于 PDRR 模型——防护、检测、响应与恢复的理论，本书的内容从密码学基础、物理安全、操作系统安全、网络安全、数据库安全、应用系统安全、应急响应与灾备恢复、计算机系统安全风险评估、计算机系统安全管理 9 个方面展开。

1）密码学基础。分别从密码学基本概念、对称密码算法和公钥密码算法与保密性、哈希函数与完整性、数字签名和消息认证与可认证性、信息隐藏与数据存在性等多个方面全面阐述密码学原理与技术应用，尤其包含了密钥管理、密码算法的选择与实现以及密码学研究与应用新领域等内容，以强化密码技术的实践与应用。

2）物理安全。首先分析计算机设备与环境面临的安全问题，然后分别从数据中心物理安全防护、PC 物理安全防护以及移动存储介质物理安全防护展开介绍。其中，涉及了旁路攻击、设备在线等工控系统面临的安全新威胁，以及环境安全技术等内容。

3）操作系统安全。首先分析操作系统安全的重要性以及操作系统面临的安全问题，然后介绍操作系统安全以及安全操作系统的相关概念，着重介绍操作系统中的身份认证和访问控制两大安全机制，最后以 Windows 和 Linux 两大常见系统为例，介绍安全机制在这些系统中的实现。

4）网络安全。首先从外在的威胁和内在的脆弱性两个方面来分析网络面临的安全问题，然后针对网络安全威胁以及网络协议的脆弱性，分别从网络安全设备、网络架构安全、网络安全协议、公钥基础设施/权限管理基础设施、IPv6 新一代网络安全机制等方面展开。

5）数据库安全。首先分析数据库安全的重要性以及数据库系统面临的安全问题，接着给出数据库的安全需求和安全策略。然后针对各项安全需求介绍了数据库的访问控制、完整性、可用性、可控性、隐私性等安全控制措施。

6）应用系统安全。首先从剖析应用系统面临的软件安全漏洞、恶意代码攻击以及软件侵权 3 大安全问题讲起，接着分别从安全软件工程、软件可信验证、软件知识产权保护 3 个方面针对性地介绍应用系统安全控制技术。

7）应急响应与灾备恢复。首先介绍应急响应的概念、应急响应过程、应急响应关键技术，然后介绍容灾备份和恢复的概念、关键技术。给出了安全应急响应预案制定的应用实例以及网站容灾备份与恢复的实例。

8）计算机系统安全风险评估。分别介绍安全风险评估的重要性、概念、分类、基本方法和工具，重点介绍风险评估的实施。

9）计算机系统安全管理。围绕计算机系统安全管理的概念、安全管理与标准以及安全管理与立法 3 大方面展开。着重介绍我国计算机安全等级保护 2.0 的相关标准、政策体系及标准体系等新内容，还结合我国新近颁布的一系列信息安全相关法律法规，重点介绍我国信息安全相关法律法规体系、有关恶意代码的法律惩处、有关个人信息的法律保护和管理规范，以及有关软件知识产权的法律保护等内容。

1.5 思考与实践

1. 请谈谈网络空间环境下计算机系统的组成和特点。
2. 计算机系统安全的“安全”由哪些具体的属性组成？
3. 什么是系统可存活性？
4. 计算机信息系统常常面临的安全威胁有哪些？安全威胁的根源在哪里？

5. 对于一个购物网站而言，应当确保其具有哪些安全属性？

6. 什么是“新木桶”理论？如何理解计算机信息系统研究中要运用的整体性方法？

7. 信息安全防护有 3 个主要发展阶段，试从保护对象、保护内容及保护方法等方面分析各个阶段的代表性工作，并总结信息安全防护发展的思路。

8. 知识拓展：中文所说的安全，在英文中有 Safety 和 Security 两种解释，试辨析这两个英文单词的区别。

9. 知识拓展：请访问下面的攻击事件统计和攻击数据可视化站点，了解最新的安全事件和安全态势。

1）被黑站点统计系统，http://www.zone-h.org。

2）Arbor networks 数字攻击地图，http://www.digitalattackmap.com。

3）FireEye 公司网络威胁地图，https://www.fireeye.com/cyber-map/threat-map.html。

4）卡巴斯基（Kaspersky）的网络攻击实时地图，https://cybermap.kaspersky.com。

5）趋势科技的全球僵尸网络威胁活动地图，http://apac.trendmicro.com/apac/security-intelligence/current-threat-activity/global-botnet-map。

10. 知识拓展：请访问以下网站，了解最新的信息安全研究动态和研究成果。

1）中共中央网络安全和信息化委员会办公室（中华人民共和国国家互联网信息办公室），http://www.cac.gov.cn。

2）信息安全国家重点实验室，http://www.sklois.cn。

3）国家互联网应急中心，http://www.cert.org.cn。

4）国家计算机病毒应急处理中心，http://www.cverc.org.cn。

5）国家计算机网络入侵防范中心，http://www.nipc.org.cn。

11. 读书报告：阅读以下资料，了解网络空间安全的概念及学科发展，完成一篇读书报告。

[1] 颜松远．网络空间安全发展简史及英美等国的战略对策［J］．中国计算机学会通讯．2017，13（11）：63-67.

[2] 张焕国，韩文报，来学嘉，等．网络空间安全综述［J］．中国科学：信息科学．2016，46（2）：125-164.

[3] 吴建平，李星，崔勇．网络空间安全学科发展报告［R］．中国计算机学会．2016.

[4] 罗军舟，杨明，凌振，等．网络空间安全体系与关键技术［J］．中国科学：信息科学．2016，46（8）：939-968.

[5] 方滨兴．定义网络空间安全［J］．网络与信息安全学报，2018，（1）：1-5.

12. 读书报告：阅读 J. H. Saltzer 和 M. D. Schroeder 于 1975 年发表的论文 *The Protection of Information in Computer System*。该文以保护机制的体系结构为中心探讨了计算机系统的信息保护问题，提出了设计和实现信息系统保护机制的 8 条基本原则。请参考该文，进一步查阅相关文献，撰写一篇有关计算机系统安全保护基本原则的读书报告。

13. 读书报告：查阅资料，进一步了解 PDR、P^2DR、PDR^2、P^2DR^2及 WPDRRC 各模型中每个部分的含义。这些模型的发展说明了什么？完成一篇读书报告。

14. 读书报告：阅读以下报告，了解网络空间信息安全防御体系，并分析其带给我们的启示。完成一篇读书报告。

1）2008 年 1 月，美国发布的国家网络安全综合计划（Comprehensive National Cybersecurity

Initiative，CNCI）。

2）2014 年 2 月，美国 NIST 发布的《提升关键基础设施网络安全框架（1.0 版）》。2018 年 4 月发布了 1.1 版。

15. 读书报告：工业控制系统（Industrial Control System，ICS）常用在诸如石油、核电厂、化工、交通、电力等领域。ICS 已经成为国家关键基础设施的重要组成部分，它的安全关系到国家的战略安全。为此，工信部在 2011 年 10 月下发了“关于加强工业控制系统信息安全管理的通知”，要求各级政府和国有大型企业切实加强 ICS 安全管理。请阅读相关资料，了解工业控制系统面临的安全威胁及应用途径。

16. 操作实验：计算机系统安全实验环境搭建。信息安全课程中要进行相关的安全实验，实验的基本配置应该至少包含两台主机及其独立的操作系统，且主机间可以通过以太网进行通信。此外，还要考虑到安全实验对系统本身及网络中的其他主机有潜在的破坏性，所以利用虚拟机软件 VMware 在一台主机中再虚拟出一台主机，该虚拟主机可以安装 Kali Linux。完成实验报告。

1.6 学习目标检验

请对照本章学习目标列表，自行检验达到的情况。

学习目标		达到情况
知识	了解本书讨论的计算机系统的概念	
	了解计算机系统安全与信息安全、网络空间安全等概念，以及这些概念之间的联系与区别	
	了解安全问题产生的根源，明晰安全事件、威胁及脆弱点三者之间的关系	
	了解计算机系统安全防护的基本原则	
	了解计算机系统安全防护的基本模型	
	了解本书研究的主要内容	
能力	能够理解计算机系统安全的“安全”的内涵	
	能够设计一个计算机系统安全防护基本体系	

第2章　密码学基础

导学问题

- 什么是密码？什么是密码学？密码学主要是用于保密通信吗？☞2.1.1小节
- 一个密码体制有哪些基本组成部分？为什么要引入密钥？根据密钥的不同，密码体制可以分为哪几类？☞2.1.2小节
- 针对密码体制的数学形态、软件形态和硬件形态，密码算法面临的安全问题有哪些？☞2.1.3小节、2.7节
- 密码体制的安全设计方法和设计原则有哪些？☞2.1.3小节
- 对称密码算法的特点是什么？对称密码算法有哪些？其基本原理和安全性是怎样的？☞2.2节
- 对称密码体制的缺陷是什么？公钥密码体制是如何解决这些问题的？☞2.3.1小节
- 有哪些常用的公钥密码算法？算法的基本原理是什么？其安全性是如何保证的？☞2.3.2小节
- 密钥是密码体制中的一个要素，对于密码的安全性有着至关重要的作用，如何保证密钥的安全？在实际应用中，密钥有哪些分类？☞2.4.1小节和2.4.2小节
- 什么是哈希函数？哈希函数有什么作用？常见的哈希函数有哪些？其基本原理和安全性是怎么样的？☞2.5节
- 什么是数字签名和消息认证？数字签名和消息认证有什么作用？常见的数字签名算法有哪些？针对特殊的应用，有哪些特殊的数字签名算法？☞2.6节
- 在实际应用开发中，密码算法能直接拿来使用吗？密码算法在应用中面临哪些安全问题？☞2.7.1小节
- 我国有哪些商用密码算法？在一般的应用开发中可以使用哪些密码函数库提高开发的效率？☞2.7.2小节和2.7.3小节
- 信息隐藏是与密码相关的安全技术，什么是信息隐藏？它与密码技术有什么异同？有哪些基本的信息隐藏技术？☞2.8节
- 密码学目前面临哪些挑战？由此衍生出哪些研究和应用新领域？☞2.9节

2.1　密码学基本概念

本节主要介绍密码学基本内容、密码体制的基本组成及分类、密码体制的安全性等密码学的基本概念。

2.1.1　密码学基本内容

1. 密码学简史

密码学——Cryptology一词来源于希腊语，词头crypto是保密、秘密的意思，词尾logy

则表示学问、学科。Cryptology 通常包含以下两部分，这两个密码学分支既相互对立又相互依存。

- Cryptography：词尾 graphy 表示书写、记录，因此该词表示保密书写的技术或学问。现在常称为密码编码学，即把信息变换成不能破解或很难破解的密文的技术。
- Cryptanalysis：词尾 nalysis 表示分析，因此该词表示对加密后的信息进行分析和破解的技术或学问。现在常称为密码分析学，即主要研究如何攻击密码系统，从密文推演出明文或相关内容的技术。

简单地说，密码学就是关于密码的学问。那么，密码又是什么呢？其实，“密码”一词在不同场合下有着不同的含义，密码学也随着时代的发展而不断发展着。

人类的文字出现后不久，密码开始萌芽。在西方国家和我国，密码最早的系统性应用都是在军事领域。西方国家普遍使用字母文字，因此，一般通过改变文字中字母的书写方式或阅读顺序来达到信息加密的目的。而我国主要使用方块字，通常将用于联络的书信（如竹简）拆分成若干份分别发送，只有获得全部书信才能看懂其中的内容。

案例 2-1 大约在公元前 700 年，古希腊军队使用一种称为 Scytale 的棍子（如图 2-1 所示）来进行保密通信。发信人先绕棍子卷一张羊皮纸条，然后把要保密的信息写在上面，例如图中羊皮纸条上书写的是“KILL KING TOMORROW MIDNIGHT”，接着解下纸条送给收信人，此时顺序读取纸条上的内容是“KTMIOI……”，如果不使用同样直径的棍子是很难看懂其中内容的。在这个例子中，用 Scytale 棍子卷纸条可以理解成一种加密算法，如果暴露了这根棍子，也就没有秘密可言了。

图 2-1 Scytale 棍子

中国古代军事著作《六韬》中的《龙韬·阴符》和《龙韬·阴书》讲述了国君与在外征战的将领进行保密通信的两种重要方法——“阴符”和“阴书”。

文档资料

“阴符”和“阴书”
来源：本书整理
请扫描二维码查看全文。

19 世纪后期，电报的发明及其广泛使用，形成了密码学“矛”和“盾”的两个主题：研制电报密码以确保电报能可靠地传输密文，分析密码以破解密文。事实上，正是由于电报的出现，特别是它在外交及军事领域的广泛应用，才促进了密码学的飞速发展。

案例 2-2 1837 年，美国人塞缪尔·芬利·布里斯·莫尔斯（Samuel Finley Breese Morse）发明了用长—短电脉冲信号的组合（通常简记为“点—横”或“0—1”）来表示字母和数字的方法，使人们首次拥有了一种能远距离即时传输文字信息的通信工具——电报。其发明被称为“莫尔斯电码”，包括“莫尔斯电码”在内的一些电码实际上是“明码”，因为这些电码的含义是公开的，人们看到后即能读懂。显然，当人们要传送保密信息时不能使用这类明码，而必须使用特别编制的只有当事人才能看懂的“密码”。

两次世界大战是基于电报的密码学发展的繁荣时期。尤其是第二次世界大战，出现了加密和解密的机械电气装置，密码学进入了机器密码时代。

文档
资料

二战时期德国 Enigma 密码机与图灵
来源：本书整理
请扫描二维码查看全文。

20 世纪 50 年代，随着计算机的出现，密码学开始与计算机紧密结合。20 世纪 70 年代以来，计算机网络和信息数字化技术迅速发展，尤其是随着互联网的诞生，密码学经历了革命性改变：从传统的基于手写文字通信的密码学，到基于电报通信的密码学，再到基于数字化信息和网络通信的密码学。

20 世纪 70 年代，数字化的计算机文件开始大幅增长，于是美国国家标准与技术研究院（National Institute of Standard and Technology，NIST）于 1977 年正式公布实施了数据加密标准（Data Encryption Standard，DES），并广泛应用于商用数据加密。这在安全保密研究史上是第一次，它揭开了密码学的神秘面纱，极大地推动了密码学的应用和发展。1995 年，NIST 又公布实施了高级加密标准（Advanced Encryption Standard，AES）。新的加密算法不断涌现（见 2.2 节）。

20 世纪 90 年代，人们通过因特网进行保密通信、交换数据和资料、签署文件和合同。由于出现了支付和收取账款的需求，于是公钥密码成为密码学发展的新方向。RSA、椭圆曲线加密法（Elliptic Curve Cryptography，ECC）等公钥密码体系为电子商务的繁荣发展提供了保证（见 2.3 节）。

如今，密码学的研究与应用已经渗透到人类几乎所有的社会活动领域。

2. 现代密码学基本内容

传统的密码学主要用于保密通信，其基本目的是使两个在不安全信道中通信的实体，以一种使其敌手不能明白和理解通信内容的方式进行通信。

现代密码技术已不仅仅限于保密通信的应用了，其应用已经涵盖数据处理过程的各个环节，如数据加密、密码分析、数字签名、身份认证、秘密分享等，通过以密码学为核心的理论与技术来保证数据的保密性、完整性、不可否认性和可认证性等多种安全属性。本章将在接下来的章节中介绍相关技术原理及应用。

当前，现代密码学研究正受到即将出现的量子计算机的严重挑战。量子计算机的超级计算能力可以轻易地破解 RSA 和 ECC 等密码算法，威胁当前的各种密码应用系统。为了应对量子计算机的挑战，基于量子力学原理的量子密码、基于分子生物技术的 DNA 密码、基于量子计算机不擅长计算的数学问题的密码及混沌密码等，成为密码学的新主题（见 2.9 节）。

✉ **说明：**

大家似乎很熟悉“密码”一词，日常生活中登录各种账户要输入“密码”，银行 ATM 取款要输入“密码”。其实，严格来讲，这里所谓的密码应该仅被称作“口令”（Password），因为它不是本来意义上的“加密代码”，而是用于认证用户的身份。关于口令更多的相关知识将在第 4 章中介绍。

2.1.2 密码体制的基本组成及分类

1. 密码体制的基本组成

密码体制（Cryptosystem），也称为密码系统，是指明文、密文、密钥及实现加解密算法的一套软硬件机制。密码算法决定密码体制，本书对密码算法和密码体制不区分。

一个基于密码技术的保密通信基本模型如图 2-2 所示。在保密通信过程中，发送方将明文加密，只有合法的接收方才能通过相应的解密算法得到明文，而攻击者即使窃听或截取到通信的密文信息也无法还原出原始信息。

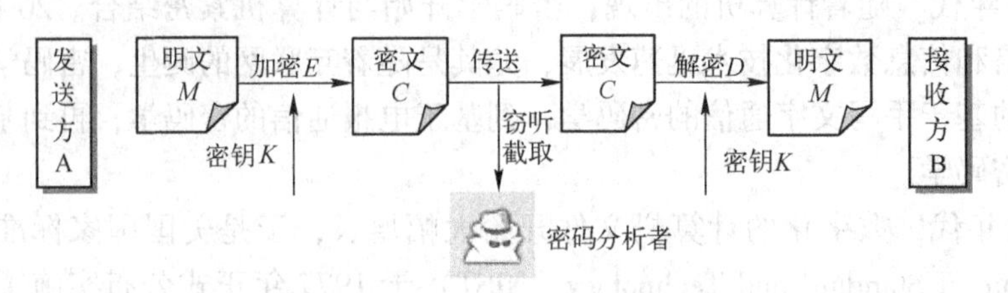

图 2-2　保密通信基本模型

在保密通信中，通信双方要商定信息变换的方法，即加密和解密算法，使得攻击者很难破解，同时要求算法高速、高效和低成本。攻击者对窃听或截取的密文会想方设法地在有效时间内进行破解，以得到有用的明文信息。

图 2-2 所示的保密通信基本模型展示了一个密码体制的基本组成，涉及以下 5 个部分。

1）明文 M：指人们可以读懂内容的原始消息，即待加密的消息（Message），也可称明文 P（Plain Text）。

2）密文 C：明文变换成一种在通常情况下无法读懂的、隐蔽后的信息称为密文（Cypher Text，Cypher 亦为 Cipher）。

3）加密 E：由明文到密文的变换过程称为加密（Encryption）。

4）解密 D：由密文到明文的变换过程称为解密（Decryption）。

5）密钥 K：密钥 K（Key）是指在加解密算法中引进的控制参数，对一个算法采用不同的参数值，其加解密结果就不同。加密算法的控制参数称为加密密钥，解密算法的控制参数称为解密密钥。

✉ **说明：**

如果算法的保密性基于保持算法的秘密，这种算法称为受限算法。受限算法存在的主要问题是，人员经常变换的组织不能使用，因为每当一个用户离开这个组织或其中有人暴露了算法的秘密，这一密码算法就得作废了。还有个问题是，受限算法不可能进行质量控制或标准化，使用受限算法的组织不可能采用流行的硬件或软件产品。为此，密码学家用“密钥”解决了这个问题。

案例 2-3　二战期间，美军征召了 29 名印第安纳瓦霍族人，人称“风语者”（Wind Talkers）。“风语者”的使命是创造一种日军无法破解的密码。他们从自然界中寻求灵感，设计了由 211 个密码组成的纳瓦霍密码本。例如，猫头鹰代表侦察机，鲨鱼代表驱逐舰，八字胡须则代表希特勒等。密码设计完成后，美国海军情报机构的军官们花了 3 周的时间力图破译用这种密码编写的一条信息，终告失败。就这样，被美军称为“无敌密码”的纳瓦霍密码终于诞生。密码本完成后，这 29 名“风语者”被锁在房间内长达 13 周，每个人必须背会密码本上的所有密码，然后将密码本全部销毁，以免落入敌人手中。

在接下来的战斗中，美军使用“人体密码机”造就了“无敌密码”的神话：“风语者”编译和解译密码的速度比密码机要快；他们的语言没有外族人能够听懂，他们开发的密码也一直未被日本人破获。

“风语者”从事的这项工作，一直被认为是美军的最高机密之一。直到1968年，这群“风语者”的故事才被解密。华裔导演吴宇森于2000年拍摄的电影《风语者》就是以这段鲜为人知的往事为背景的，让世人了解了纳瓦霍密码和这群神奇的印第安“人体密码机”。

案例2-3中的“风语者”——人体密码机，通过实施受限加密算法，将可读的信息变换成不可理解的乱码，从而起到保护信息的作用。保护人体密码机，也就是保护加解密算法，就成为确保信息机密性的关键。“风语者”被俘将可能导致这种加解密算法泄露，因而在必要时刻杀死“风语者”成了残酷的但又是不得已而为之的选择。

“风语者”的这种特殊加解密方法，在确保所传递信息保密性的同时也能确保信息的完整性和可认证性。因为没有人能够读懂他们的密文，也就无法进行篡改；没有人能够利用他们的加密方式伪造出密文，也就能确保密文的真实性。

引入密钥的加解密机制，加解密算法才会得以公开，因此确保密钥的安全性就成为确保密码安全的关键。

案例2-4 应用密钥加密数据的一个经典例子是凯撒密码。据说这是因为凯撒是率先使用加密函数的古代将领之一。凯撒密码是一种简单置换密码，密文字母表是由正常顺序的明文字母表循环左移3个字母得到的，如图2-3所示。加密过程可表示为 $C_i=E_K(M_i)=(M_i+3) \bmod 26$，这里的密钥为3。例如，将字母A换作字母D，将字母B换作字母E。明文“hello world”由此得到的密文就是“khoor zruog”。解密时只要将密文中的每个字母进行替换即可得到明文，即 $M_i=D(C_i)=(C_i-3) \bmod 26$。

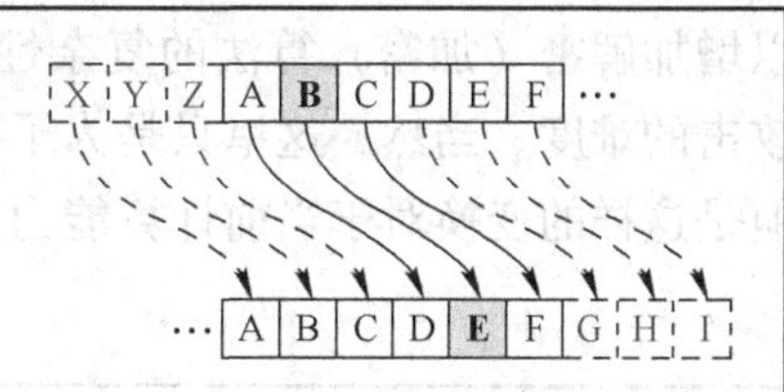

图2-3 密钥为3的凯撒密码

2. 密码体制的分类

根据加密密钥（通常记为 K_e）和解密密钥（通常记为 K_d）的关系，密码体制可以分为对称密码体制（Symmetric Cryptosystem）和非对称密码体制（Asymmetric Cryptosystem）。

- 对称密码体制，也称单钥或私钥密码体制，其加密密钥和解密密钥相同或实质上等同（$K_e=K_d$），即由其中的一个很容易推出另一个。对称密码体制模型如图2-4所示。

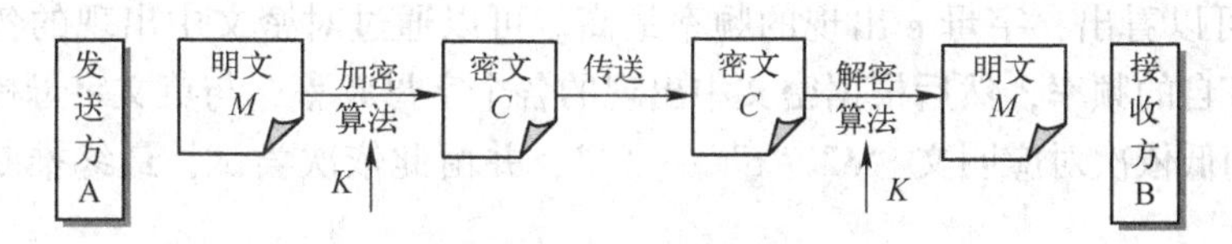

图2-4 对称密码体制模型

- 非对称密码体制，也称公钥或双密钥密码体制，其加密密钥和解密密钥不同（这里不仅 $K_e \neq K_d$，在计算上 K_d 也不能由 K_e 推出），这样将 K_e 公开也不会危及 K_d 的安全。非对称密码体制模型如图2-5所示。

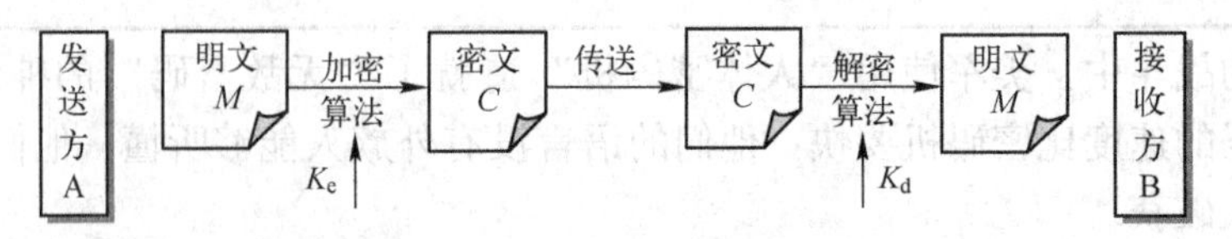

图 2-5　非对称密码体制模型

2.1.3　密码体制的安全性

1. 密码体制的常见攻击方法

如何认为一个密码体制是安全的？先来看看以下 4 种常用的密码攻击方法。

（1）穷举攻击

穷举攻击又称作蛮力（Brute Force）攻击，是指密码分析者用试遍所有密钥的方法来破译密码。例如，对于上面介绍的凯撒密码，就可以通过穷举密钥 1~25 来尝试破解。

穷举攻击所花费的时间等于尝试次数乘以一次解密（加密）所需的时间。显然，可以通过增大密钥量或加大解密（加密）算法的复杂性来对抗穷举攻击。例如，将 26 个字母扩大到更大的字符空间，这样当密钥量增大时，尝试的次数必然增多。

或者，密文与明文的变换关系不再是顺序左移，而是先选定一个单词（密钥），如 security，然后用剩余字母中不重复的字母依次对应构造一张变换表，如表 2-1 所示。这样可以增加解密（加密）算法的复杂性，完成一次解密（加密）所需的时间增加，从而增加穷举攻击的难度。当然，这里只是为了举例说明基本思想，尽管表 2-1 中有 $26!\approx4\times10^{26}$ 种变换，但是这样的变换对于当前计算能力下的穷举攻击依然不在话下。

表 2-1　字母变换表

a	b	c	d	e	f	g	h	i	j	k	l	m	n	o	p	q	r	s	t	u	v	w	x	y	z
s	e	c	u	r	i	t	y	a	b	d	f	g	h	j	k	l	m	n	o	p	q	v	w	x	z

（2）统计分析攻击

统计分析攻击是指密码分析者通过分析密文的统计规律来破译密码。例如，对于上面的凯撒密码，就可以通过分析密文字母和字母组的频率而破译。实际上，凯撒密码这种字母间的变换并没有将明文字母出现的频率掩藏起来，很容易利用频率分析法进行破解。所谓频率分析，就是基于某种语言中各个字符出现的频率不一样表现出一定的统计规律，这种统计规律可能在密文中得以保留，从而通过一些推测和验证过程来实现密码的分析。例如，英文字母的频率分布如图 2-6 所示。

从图 2-6 可以看出，字母 e 出现的频率最高。可以通过对密文中出现的各个字母进行统计，找出它们各自的频率，然后根据密文中出现的各个字母频率，与英文字母标准频率进行对比分析，从高到低依次对应明文“e”“t”…“j”，并由此依次尝试，最终推断出密钥，从而破解密文。

对抗统计分析攻击的方法是增加算法的混乱性和扩散性。

1）混乱性（Confusion）。当明文中的字符变化时，截取者不能预知密文会有什么变化，这种特性称为混乱性。混乱性好的算法，其明文、密钥和密文之间有着复杂的函数关系。这样，截取者就要花很长时间才能确定明文、密钥和密文之间的关系，从而要花很长的时间才能破译密码。

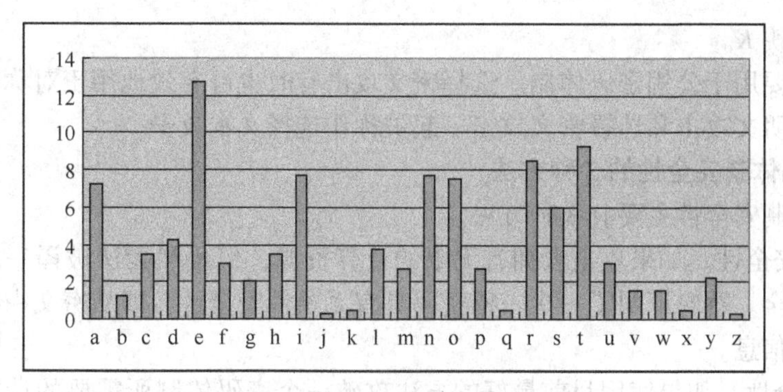

图 2-6 英文字母的频率分布

2）扩散性（Diffusion）。密码还应该把明文的信息扩展到整个密文中去，这样，明文的变化就可以影响密文的很多部分，这种特性称为扩散性。扩散性好的算法可以将明文中单一字母包含的信息散布到整个输出中，这意味着截取者需要获得很多密文才能推测加密算法。

（3）数学分析攻击

数学分析攻击是指密码分析者针对加密算法的数学依据，通过数学求解的方法来破译密码。为了对抗数学分析攻击，应选用具有坚实数学基础和足够复杂的加密算法。

（4）社会工程攻击

威胁、勒索、行贿或者折磨密钥拥有者，直到他给出密钥，这些社会工程攻击也是一种破解密码的途径。本章第 2.8 节介绍的信息隐藏技术可对付这种攻击。

此外，根据密码分析者可利用的数据来分类，可将密码体制的攻击方法分为以下 4 种。

（1）唯密文（Ciphertext Only）攻击

密码分析者已知加密算法，仅根据截获的密文进行分析得出明文或密钥。即已知：

$$C_1=E_K(M_1),C_2=E_K(M_2),\cdots,C_i=E_K(M_i)$$

推导出：M_1，M_2，…，M_i；密钥 K，或者找出一个算法从 $C_{i+1}=E_K(M_{i+1})$ 推出 M_{i+1}。

（2）已知明文（Known Plaintext）攻击

密码分析者已知加密算法，根据得到的一些密文和对应的明文进行分析得出密钥。即已知：

$$M_1,C_1=E_K(M_1);M_2,C_2=E_K(M_2);\cdots;M_i,C_i=E_K(M_i)$$

推导出：密钥 K，或者找出一个算法从 $C_{i+1}=E_K(M_{i+1})$ 推出 M_{i+1}。

（3）选择明文（Chosen Plaintext）攻击

密码分析者已知加密算法，不仅可得到一些密文和对应的明文，还可设法让对手加密一段选定的明文，并获得加密后的密文，从而分析得到密钥。即已知：

$M_1,C_1=E_K(M_1);M_2,C_2=E_K(M_2);\cdots;M_i,C_i=E_K(M_i)$，其中 M_1，M_2，…，M_i 是由密码分析者选择的。

推导出：密钥 K，或者找出一个算法从 $C_{i+1}=E_K(M_{i+1})$ 推出 M_{i+1}。

计算机文件系统和数据库特别容易受到这种攻击，因为用户可随意选择明文，并得到相应的密文文件和密文数据库。

（4）选择密文（Chosen Ciphertext）攻击

密码分析者已知加密算法，可得到所需要的任何密文所对应的明文，从而分析得到密钥。即已知：

$$C_1,M_1=D_K(C_1);C_2,M_2=D_K(C_2);\cdots;C_i,M_i=D_K(C_i)$$

推导出：密钥 K。

这种攻击主要用于公钥密码体制。选择密文攻击有时也可有效地用于对称密码算法。

有时，选择明文攻击和选择密文攻击一起被称作选择文本攻击。

2. 评估密码体制安全性的 3 种方法

评估密码体制安全性主要有 3 种方法。

1）无条件安全性。如果攻击者拥有无限的计算资源，但仍然无法破译一个密码体制，则称其为无条件安全。香农证明了一次一密密码具有无条件安全性，即从密文中得不到关于明文或者密钥的任何信息。

2）计算安全性。如果使用目前最好的方法攻破一个密码体制所需要的计算资源远远超出攻击者拥有的计算资源，则可以认为该密码体制是安全的。

3）可证明安全性。如果密码体制的安全性可以归结为某个经过深入研究的困难问题（如大整数素因子分解、计算离散对数等），则称其为可证明安全。这种评估方法存在的问题是它只说明了这个密码方法的安全性与某个困难问题相关，而没有完全证明问题本身的安全性并给出它们的等价性证明。

对于实际使用的密码体制而言，由于至少存在一种破译方法，即暴力攻击法，因此都不能满足无条件安全性，只能达到计算安全性。

3. 密码体制的设计原则

一个实用的密码体制要达到实际安全，应当遵循以下原则。

1）密码算法安全强度高。就是说，攻击者根据截获的密文或某些已知的明文密文对来确定密钥或者任意明文，在计算上不可行。

2）密钥空间足够大。使得试图通过穷举密钥空间进行搜索的方式在计算上不可行。

3）密码体制的安全不依赖于对加密算法的保密，而依赖于可随时改变的密钥。即使密码分析者知道所用的加密体制，也不能用来推导出明文或密钥。这一原则已被后人广泛接受，称为柯克霍夫原则（Kerckhoffs’ Principle），1883 年由柯克霍夫（Kerckhoffs）在其名著《军事密码学》中提出。

4）既易于实现又便于使用。主要是指加密算法和解密算法都可以高效地计算。

✍ **小结**

通过上面的分析可知，影响密码安全性的基本因素包括密码算法的复杂度、密钥机密性和密钥长度等。密码算法本身的复杂程度或保密强度取决于密码设计水平、破译技术等，它是密码系统安全性的保证。

密码算法分数学形态、软件形态和硬件形态。通常所说的“密码算法是安全的”是指密码算法在数学上是安全的，但密码算法的应用必须以软件或硬件的形态实现，而数学上的安全并不能保证算法的软硬件实现安全。

2.2 对称密码算法

本节首先介绍对称密码算法的特点和分类，然后重点介绍高级加密标准 AES。

2.2.1 对称密码算法的特点和分类

1. 对称密码算法的特点

在对称密码算法中，加密过程与解密过程使用相同或容易相互推导而得出的密钥，即加密和解密两方的密钥是“对称”的。这如同使用一个带锁的箱子收藏物品，往箱子里放入物品后用钥匙锁上，取出物品时需要用同一把钥匙开锁。

人们认为加密和解密必然使用同一个密钥，因为生活中通常上锁和开锁使用同一把钥匙。实际上，加密和解密可以不使用同一个密钥，也就是说上锁和开锁可以不使用同一把钥匙，当然这种密钥有一些特殊要求。下一节将详细介绍这类非对称密码算法。

在对称加密中，涉及对密钥的保护措施，即密钥管理机制。密钥管理必须存在于密钥的整个生存周期，需要保证密钥的安全，保护其免于丢失或损坏。在通信双方传输时，尤其需要保证密钥不会泄露。

2. 对称密码算法的分类

根据密码算法对明文信息的加密方式，对称密码体制通常包括分组密码、序列密码、消息认证码、哈希函数和认证加密算法。这里主要介绍分组密码和序列密码。

（1）分组密码

分组密码，也叫块密码（Block Cipher），是将明文数据分成多个等长的数据块（这样的数据块就是分组），对每个块以同样的密钥和同样的处理过程进行加密或解密。加解密过程一般采用混淆和扩散功能部件的多次迭代实现。

分组密码的加密过程可以表述为，将 M 划分为一系列明文块 $M_1, M_2, \cdots, M_n$，通常每块包含若干字符，对每一块 M_i（$i=1,2,\cdots,n$）都用同一个密钥 K_e 进行加密，即 $C=(C_1, C_2, \cdots, C_n)$。其中 $C_n=E(M_n, K_e)$。

分组密码不用产生很长的密钥，适应能力强，多用于大数据量的加密场景。

案例 2-5 1975 年，美国 NIST 采纳了 IBM 公司提交的一种加密算法，以“数据加密标准”（Data Encryption Standard，DES）的名称对外公布，作为美国非国家保密机关使用的数据加密标准。随后 DES 在国际上被广泛使用。

DES 属于分组密码，它以 64 位的分组长度对数据进行加密，输出 64 位长度的密文。密钥长度为 56 位，密钥与 64 位数据块的长度差用于填充 8 位奇偶校验位。DES 算法只使用了标准的算术运算和逻辑运算，所以适合在计算机上用软件来实现。DES 被认为是最早广泛用于商业系统的加密算法之一。

由于 DES 的设计时间较早，并且采用的 56 位密钥较短，因此已经研制出一系列用于破解 DES 加密的软件和硬件系统。DES 不应再被视为一种安全的加密措施。而且，由于美国国家安全局在设计算法时有行政介入的问题发生，因此很多人怀疑 DES 算法中存在后门。

3-DES（Triple DES）是 DES 的一个升级，它不是全新设计的算法，而是通过使用两个或 3 个密钥执行 3 次 DES（加密—解密—加密）。3 个密钥的 3-DES 算法的密钥长度为 168 位，两个密钥的 3-DES 算法的密钥长度为 112 位，这样通过增加密钥长度可提高密码的安全性。随着 AES 的推广，3-DES 也将逐步完成其历史使命。

案例 2-6 1990 年，中国学者来学嘉（Xuejia Lai）与著名密码学家 James Massey 共同提出了国际数据加密算法（International Data Encryption Algorithm，IDEA）。

IDEA 属于分组密码，使用 64 位分组和 128 位的密钥。IDEA 是国际公认的继 DES 之后又一个成功的分组对称密码算法。IDEA 运用硬件与软件实现都很容易，而且在实现上比 DES

快得多。IDEA 自问世以来，已经经历了大量的详细审查，对密码分析具有很强的抵抗能力。该算法也在多种商业产品中得到应用，著名的加密软件 PGP（Pretty Good Privacy）就选用 IDEA 作为其分组对称加密算法。IDEA 算法的应用和研究正在不断走向成熟。

（2）序列密码

理论上说，一次一密的方式是不可破解的，但是这种方式的密钥量巨大，不太可行，因此人们采用序列密码来模仿一次一密从而获得安全性较高的密码。

序列密码，也叫流密码（Stream Cipher），是将明文数据的每一个字符（或位）逐个与密钥的对应分量进行加密或解密计算。序列密码需要快速产生一个足够长的密钥，因为有多长的明文就要有多长的密钥。为此，序列密码的一个主要任务是快速产生一个足够长的“密钥流”。序列密码的强度依靠密钥序列的随机性和不可预测性。

序列密码的加密过程可以表述为，将 M 划分为一系列的字符或位 m_1，m_2，…，m_n，对于每一个 m_i（$i=1,2,\cdots,n$）用密钥序列 $K_e=(K_{e1},K_{e2},\cdots,K_{en})$ 的第 i 个分量 K_{ei} 来加密，即 $C=(C_1,C_2,\cdots,C_n)$，其中 $C_n=E(m_n,K_{en})$。

序列密码适用于实时性要求高的场景，如电话、视频通信等。

案例 2-7 RC（Rivest Cipher）系列算法是由著名密码学家 Ron Rivest 设计的几种算法的统称，已发布的算法包括 RC2、RC4、RC5 和 RC6。它是密钥大小可变的序列密码，使用面向字节的操作。

为网络浏览器和服务器之间安全通信定义的安全套接字层/传输层安全（Secure Sockets Layer/Transport Layer Security，SSL/TLS）协议标准中使用了 RC4。它也被用于属于 IEEE 802.11 无线局域网标准的有线等效保密（Wire Equivalent Privacy，WEP）协议及更新的 Wi-Fi 保护访问（Wi-Fi Protected Access，WPA）协议中。

目前，已有针对 WEP 中 RC4 算法的攻击。本质上，这种攻击不在于 RC4 算法本身，而在于输入到 RC4 的密钥的产生方法。这种攻击并不适用于其他使用 RC4 的应用，而且能够在 WEP 中通过改变密钥的产生方法来修补。这一问题恰恰说明，一个密码系统的安全不仅在于密码函数的设计，还在于如何正确地使用这些函数。

2.2.2 高级加密标准（AES）

1. AES 概述

2001 年，NIST 采纳了由密码学家 Rijmen 和 Daemen 设计的 Rijindael（结合两人名字）算法，称其为高级加密标准（Advanced Encryption Standard，AES）。Rijindael 算法集安全性、效率、可实现性及灵活性于一体。AES 已经成为对称加密算法中最流行的算法之一。

AES 算法是限定分组长度为 128 位、密钥长度可变（128/192/256 位）的多轮替换—置换迭代型算法，其中替换提供混乱性，置换提供了扩散性。不同的密钥长度可以满足不同等级的安全需求。根据密钥的长度，算法分别被称为 AES-128、AES-192 和 AES-256。加密和解密的轮数由明文块和密钥块的长度决定。

AES 算法中有两个重要概念：状态矩阵和加密轮数。

(1) 状态矩阵

AES 引入了“状态”(State) 的概念，即一个 $4\times N$ 的状态矩阵，明文和密钥都用状态矩阵表示，逐列填充矩阵的各位，矩阵中的每个元素为一个字节。

明文状态矩阵为 $4\times N_b$，N_b = 分组长度/32。若分组长度为 128 位，则 $N_b=4$，对于一组数据（16 个字节）$b_0, b_1, \cdots, b_{15}$，逐列填充结果如图 2-7 所示，接下来的加密操作都在这个状态矩阵上进行。

b_0	b_4	b_8	b_{12}
b_1	b_5	b_9	b_{13}
b_2	b_6	b_{10}	b_{14}
b_3	b_7	b_{11}	b_{15}

图 2-7　状态矩阵的生成方式

密钥状态矩阵为 $4\times N_k$，N_k = 分组长度/32，也是逐列填充生成的。

(2) 加密轮数

加密轮数（N_r）的值取决于明文分组和密钥分组的长度，即 N_b 和 N_k 的值，具体对应关系见表 2-2。

表 2-2　N_r 与 N_b 和 N_k 的对应关系

N_r	$N_b=4$	$N_b=6$	$N_b=8$
$N_k=4$	10	12	14
$N_k=6$	12	12	14
$N_k=8$	14	14	14

从表 2-2 可知，对于 128 位的明文分组长度和 128 位的初始密钥长度，加密和解密轮数为 10。

2. AES 算法步骤

下面介绍对 128 位明文分组长度的 AES-128 算法进行加密与解密的过程，流程图如图 2-8 所示。

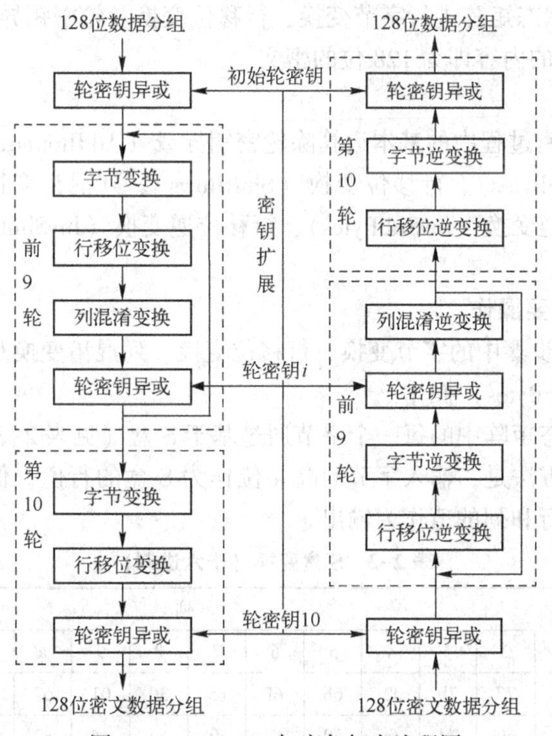

图 2-8　AES-128 加密与解密流程图

（1）加密算法步骤

① 准备工作。在进行加密前，要先把明文数据按每组 128 位进行分组，再将每组生成一个状态矩阵，128 位的初始密钥也按此规则生成一个状态矩阵。然后与初始轮密钥进行异或操作（AddRoundKey）。

例如，对于 128 位的明文分组：32 43 f6 a8 88 5a 30 8d 31 31 98 a2 e0 37 07 34。

初始加密密钥：2b 7e 15 16 28 ae d2 a6 ab f7 15 88 09 cf 4f 3c。

生成的状态矩阵以及按位异或后的结果如图 2-9 所示。

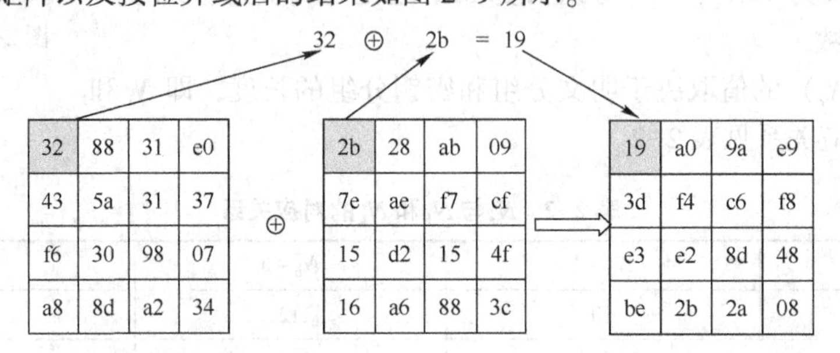

图 2-9 明文分组与初始密钥生成的状态矩阵及按位异或后的结果

图 2-9 中，进行轮密钥异或操作，与每个对应字节进行异或：32 的二进制表示为 00110010，2b 为 00101011，异或结果为 00011001 即 19，所以第一个字节为 19，其他字节以此类推。

② 前 9 轮中的每一轮都对当前状态矩阵进行字节变换（SubBytes）、行移位变换（ShiftRows）、列混淆变换（MixColumns）及轮密钥异或（AddRoundKey）这 4 种操作。轮密钥异或操作中的轮密钥是由上一轮的轮密钥经过密钥扩展算法生成的，第一轮的轮密钥由初始密钥扩展生成。

③ 第 10 轮中，对状态矩阵进行字节变换、行移位变换及轮密钥异或这 3 种操作。

④ 最后状态矩阵中的内容即为 128 位的密文。

（2）解密算法步骤

如图 2-8 所示，解密过程中的基本运算除轮密钥异或（AddRoundKey）操作不变外，其余操作，如字节变换（SubBytes）、行移位变换（ShiftRows）、列混淆变换（MixColumns），都要进行求逆变换，即字节逆变换（InvSubBytes）、行移位逆变换（InvShiftRows）和列混淆逆变换（InvMixColumns）。

3. AES 算法中的重要操作

下面介绍 AES 算法步骤中的字节变换、行移位变换、列混淆变换及密钥扩展操作。

（1）字节变换（SubBytes）操作

字节变换操作将状态矩阵中的每一个字节通过基于 S 盒（见表 2-3）的非线性置换操作映射成另一个字节。映射方法是，输入字节的高 4 位作为 S 盒的行值，低 4 位作为 S 盒的列值，然后取出 S 盒中对应的行和列的值作为输出。

表 2-3 S 盒变换（十六进制）

		列															
		0	1	2	3	4	5	6	7	8	9	a	b	c	d	e	f
行	0	63	7c	77	7b	f2	6b	6f	c5	30	01	67	2b	fe	d7	ab	76
	1	ca	82	c9	7d	fa	59	47	f0	ad	d4	a2	af	9c	a4	72	c0

（续）

	列															
	0	1	2	3	4	5	6	7	8	9	a	b	c	d	e	f
行 2	b7	fd	93	26	36	3f	f7	cc	34	a5	e5	f1	71	d8	31	15
3	04	c7	23	c3	18	96	05	9a	07	12	80	e2	eb	27	b2	75
4	09	83	2c	1a	1b	6e	5a	a0	52	3b	d6	b3	29	e3	2f	84
5	53	d1	00	ed	20	fc	b1	5b	6a	cb	be	39	4a	4c	58	cf
6	d0	ef	aa	fb	43	4d	33	85	45	f9	02	7f	50	3c	9f	a8
7	51	a3	40	8f	92	9d	38	f5	bc	b6	da	21	10	ff	f3	d2
8	cd	0c	13	ec	5f	97	44	17	c4	a7	7e	3d	64	5d	19	73
9	60	81	4f	dc	22	2a	90	88	46	ee	b8	14	de	5e	0b	db
a	e0	32	3a	0a	49	06	24	5c	c2	d3	ac	62	91	95	e4	79
b	e7	c8	37	6d	8d	d5	4e	a9	6c	56	f4	ea	65	7a	ae	08
c	ba	78	25	2e	1c	a6	b4	c6	e8	dd	74	1f	4b	bd	8b	8a
d	70	3e	b5	66	48	03	f6	0e	61	35	57	b9	86	c1	1d	9e
e	e1	f8	98	11	69	d9	8e	94	9b	1e	87	e9	ce	55	28	df
f	8c	a1	89	0d	bf	e6	42	68	41	99	2d	0f	b0	54	bb	16

例如，第1轮中的字节变换操作基于S盒的每个字节依次置换：高4位为S盒行值，低4位为S盒列值，如19的置换结果为d4，其他字节的变换操作方法与此相同，新的状态矩阵如图2-10所示。

d4	e0	b8	1e
27	bf	b4	41
11	98	5d	52
ae	f1	e5	30

图2-10　生成的状态矩阵

（2）行移位变换（ShiftRows）操作

状态矩阵的行移位变换操作是：第0行不动；第1行循环左移1个字节；第2行循环左移2个字节；第3行循环左移3个字节。

例如，第1轮的行移位变换操作结果如图2-11所示。

（3）列混淆变换（MixColumns）操作

列混淆变换操作指对状态矩阵的每一列，通过与一个给定的矩阵进行不同的位移和异或运算形成新的状态矩阵的每一列，计算过程如图2-12所示。

d4	e0	b8	1e
27	bf	b4	41
11	98	5d	52
ae	f1	e5	30

⇨

d4	e0	b8	1e
bf	b4	41	27
5d	52	11	98
30	ae	f1	e5

图2-11　第1轮的行移位变换操作结果

给定矩阵

02	03	01	01
01	02	03	01
01	01	02	03
03	01	01	02

状态矩阵

d4	e0	b8	1e
bf	b4	41	27
5d	52	11	98
30	ae	f1	e5

=

04	e0	48	28
66	cb	f8	06
81	19	d3	26
e5	9a	7a	4c

图2-12　列混淆变换操作

具体计算过程以第1个字节为例：02＊d4+03＊bf+01＊5d+01＊30＝04。

上式中的加法指异或运算。乘法的规则如下。

01＊x：等于x。

02＊x：如果x的最高位为1，则将x左移一位后异或1b，否则将x左移一位即可。

03＊x：转化为(02＊x)+x后，再按上述规则计算。

其他字节的计算与此类似（其中所有的计算都是有限域上的计算）。

（4）密钥扩展操作

整个加密过程除了初始密钥外，共涉及 N_r（本例 N_r为 10）个轮密钥。轮密钥从 128 位初始密钥通过密钥扩展算法（也称为密钥生成算法）得到。得到本轮的密钥后，再执行轮密钥异或操作。

本例中，密钥生成算法的输入是 128 位的初始密钥，输出是 10 个轮密钥 $K_1,K_2,\cdots,K_{10}$，每个轮密钥都是一个 4×4 的状态矩阵。

如图 2-13 所示，首先，将初始密钥状态矩阵的 4 列分别复制到扩展密钥数组 w 的前 4 列，即 w_0、w_1、w_2、w_3，以此为基础求出 w_4、w_5、w_6、w_7，由此构成的状态矩阵就是轮密钥 K_1。以此类推，最后 4 列 w_{40}、w_{41}、w_{42}、w_{43}构成的状态矩阵就是轮密钥 K_{10}。

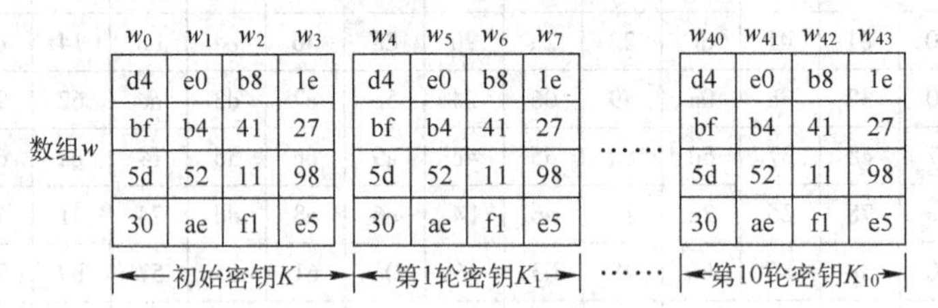

图 2-13　初始密钥和生成的 10 个轮密钥

轮密钥扩展算法中涉及的几个数组和操作如下。

- $w[i]$：存放生成的密钥。
- 轮常量表 Rcon[i]：见表 2-4。
- RotWord( )操作：循环左移一个字节，将 $b_0b_1b_2b_3$变成 $b_1b_2b_3b_0$。
- SubWord( )操作：基于 S 盒对输入的每个字节进行代替。

表 2-4　Rcon[i]中的值

i	1	2	3	4	5
Rcon[i]	01000000	02000000	04000000	08000000	10000000
i	6	7	8	9	10
Rcon[i]	20000000	40000000	80000000	1b000000	36000000

密钥扩展算法的具体步骤如下。

① 初始密钥直接被复制到数组 $w[i]$的前 4 个字节中，得到 $w[0]$、$w[1]$、$w[2]$、$w[3]$。

② 对 w 数组中下标不为 4 的倍数的元素只是简单地异或，即

$$w[i]=w[i-1]\oplus w[i-4]\quad (i\text{ 不为 4 的倍数})$$

③ 对于 w 数组中下标为 4 的倍数的元素，在使用上式进行异或前，需对 $w[i-1]$进行一系列处理，即依次进行 RotWord( )、SubWord( )操作，再将得到的结果与 Rcon[$i/4$]做异或运算。

下面以第一轮中生成轮密钥为例介绍具体计算过程。

$w[0]$=2b 7e 15 16，$w[1]$=28 ae d2 a6，

$w[2]$=ab f7 15 88，$w[3]$=09 cf 4f 3c。

接着求 $w[4]$，由于下标为 4 的倍数，则在异或之前对 $w[i-1]$也就是 $w[3]$进行处理，于是 $w[4]$的产生过程如图 2-14 所示。

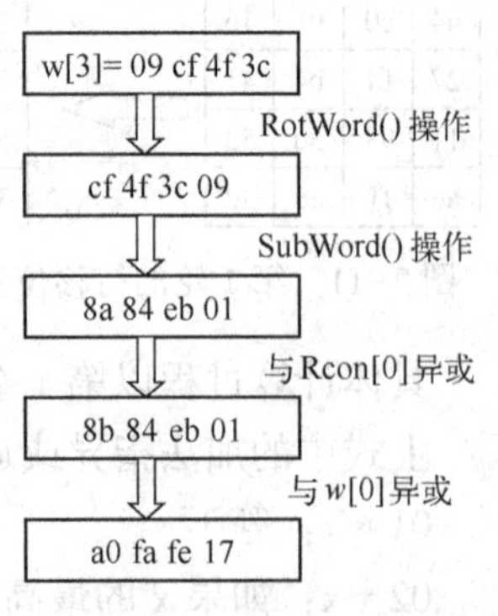

图 2-14　$w[4]$的产生过程

a0 fa fe 17 即为 $w[4]$的值。$w[5]=w[4]\oplus w[1]$ = 88 54 2c b1，$w[6]=w[5]\oplus w[2]$ = 23 a3 39 39，$w[7]=w[6]\oplus w[3]$ = 2a 6c 76 05，得到的轮密钥矩阵如图 2-15 所示。

把这个新的密钥和图 2-12 中的状态矩阵做轮密钥异或操作，结果作为第 2 轮迭代的输入。依次迭代下去，直到第 10 轮迭代结束。

注意：第 10 轮的迭代不需要执行 MixColumns 操作。

最后的结果，即 128 位的密文数据分组如图 2-16 所示。

a0	88	23	2a
fa	54	a3	6c
fe	2c	39	76
17	b1	39	05

图 2-15　得到的轮密钥矩阵

39	02	dc	19
25	dc	11	6a
84	09	85	0b
1d	fb	97	32

图 2-16　128 位的密文数据分组

即密文为 39 25 84 1d 02 dc 09 fb dc 11 85 97 19 6a 0b 32。

4. AES 算法评价

1）安全性好。到目前为止，对 AES 最大的威胁是旁路攻击，即不直接攻击加密系统，而是通过搜集和分析密码系统运行设备（通常是计算机）所发出的计时信息、电能消耗、电磁泄漏，甚至发出的声音，来发现破解密码的重要线索。

2）适用性好。由于 AES 对内存的需求低，因而适合应用于计算资源或存储资源受限制的环境中。

2.3　公钥密码算法

2.3.1　对称密码体制的缺陷与公钥密码体制的产生

本小节通过分析对称密码体制的缺陷介绍公钥密码体制的产生及公钥密码体制的内容。

1. 对称密码体制的功能和缺陷

（1）对称密码体制功能分析

一个安全的对称密码体制可以实现下列功能。

1）保护信息的机密性。明文经加密后，除非拥有密钥，外人无从了解其内容。

2）认证发送方的身份。接收方任意选择一个随机数 r，请发送方加密成密文 C，送回给接收方。接收方再将 C 解密，若能还原成原来的 r，则可确定发送方的身份无误，否则就是第三者冒充。由于只有发送方及接收方知道加密密钥，因此只有发送方能将此随机数 r 所对应的 C 求出，其他人则因不知道加密密钥而无法求出正确的 C。

3）确保信息的完整性。在许多不需要隐藏信息内容但需要确保信息内容不被更改的场合，发送方可将明文加密后的密文附加于明文之后送给接收方，接收方可将附加的密文解密，或将明文加密成密文，然后对照是否相符。若相符则表示明文正确，否则有被更改的嫌疑。通常可利用一些技术将附加密文的长度缩减，以减少传送时间及内存容量。

(2) 对称密码体制缺陷分析

对称密码体制具有如下的一些天然缺陷。

1）密钥管理的困难性。对称密码体制中，密钥为发送方和接收方所共享，分别用于消息的加密和解密。密钥需要受到特别的保护和安全传递，才能保证对称密码体制功能的安全实现。此外，任何两个用户间要进行保密通信都需要一个密钥，不同用户间进行保密通信时必须使用不同的密钥。若网络中有 n 人，则每一人都必须拥有 $n-1$ 个密钥，网络中共需有 $n(n-1)/2$ 个不同的密钥。例如当 n 等于1000时，每人须保管999个密钥，网络中共需有499500个不同的密钥。这么多的密钥会给密钥的安全管理与传递带来很大的困难。

2）陌生人之间的保密通信。电子商务等网络应用提出了互不相识的网络用户间进行秘密通信的问题，而对称密码体制的密钥分发方法要求密钥共享各方互相信任，因此由于它不能解决陌生人之间的密钥传递问题，也就不能支持陌生人之间的保密通信。

3）不具有不可否认性。对称密码体制不具有不可否认的特性，这是由于发送方与接收方都使用同一密钥，因此发送方可在事后否认先前发送过的任何信息。接收方也可以任意地伪造或篡改，而第三者并无法分辨是发送方抵赖发送的信息，还是接收方自己捏造的信息。

2. 公钥密码体制的产生

如何解决以上这些对称密码体制的问题呢？

1976年，美国斯坦福大学电气工程系的 Diffie 和 Hellman 发表了划时代的论文 *New Direction in Cryptography*（《密码学新方向》）。文中提出了一种密钥交换协议，即 Diffie-Hellman 密钥交换协议，通信双方可以在不安全的环境中通过交换信息安全地传送密钥。在此基础上，他们又提出了公钥密码体制的思想。不过，他们并没有提出一个完整的公钥密码实现方案，尽管如此，2016年，Diffie 和 Hellman 由于“使得公钥密码技术在实际中可用的创造性贡献”被授予2015年美国计算机协会颁发的图灵奖（计算机科学领域最有声望的奖项）。

拓展知识：Diffie-Hellman 密钥交换协议

Diffie-Hellman 密钥交换协议基于离散对数计算困难问题（Discrete Logarithm Problem，DLP）。

离散对数计算困难问题可简单解释如下。

如果 p 是一个素数，g 和 x 是整数，则计算 $y=g^x \bmod p$ 非常快。但是相反的过程，即知道 p、g 和 y，要求某个 x（离散对数）满足等式 $y=g^x \bmod p$，则将此相反的求离散对数的过程称为“离散对数问题”。例如，如果 $15=3^x \bmod 17$，则 $x=6$。当 p 是一个大素数时，例如是1024位时，那么计算 x 是个困难问题。

Diffie-Hellman 密钥交换协议内容如下。

1）Alice 和 Bob 先对 p 和 g 达成一致，而且公开出来。Eve 可以知道它们的值。

2）Alice 取一个私密的整数 a，不让任何人知道，发给 Bob 计算结果：$A=g^a \bmod p$。Eve 可以知道 A 的值。

3）类似的，Bob 取一个私密的整数 b，发给 Alice 计算结果：$B=g^b \bmod p$。同样，Eve 也可以知道 B 的值。

4）Alice 计算出 $K=B^a \bmod p=(g^b)^a \bmod p=g^{ab} \bmod p$。

5）Bob 也能计算出 $K=A^b \bmod p=(g^a)^b \bmod p=g^{ab} \bmod p$。

6）Alice 和 Bob 于是就拥有了一个共用的密钥 K，实现了密钥的交换。

7）虽然 Eve 能够知道 p、g、A 和 B，但是鉴于计算离散对数的困难性，他无法知道 a 和 b 的具体值，也就无从知晓密钥 K 是什么了。

Diffie 和 Hellman 提出的公钥密码体制的思想是，产生一对可以互逆变换的密钥 K_d 与 K_e，即使知道 K_d，还是无法得知 K_e，这样就可将 K_d 公开，但只有接收方知道 K_e。在此情况下，任何人均可利用 K_d 加密，而只有知道 K_e 的接收方才能解密；或只有接收方一人才能加密（加密与解密其实是一种动作），任何人均能解密。

可以发现，公钥密码体制的核心是构造一个单向陷门函数（One-way Trapdoor Function）。目前，常用的单向陷门函数构造方法基于以下两类计算问题。

- 大整数因子分解计算问题（Integer Factorization Problem，IFP）：又称素因数分解难题（Prime Factorization Problem），即计算两个大素数的乘积容易，而对乘积进行因子分解很困难。
- 离散对数计算问题（Discrete Logarithm Problem，DLP）：计算大素数的幂乘容易，而对数计算困难。

前面介绍的 Diffie-Hellman 密钥交换协议基于离散对数问题，2.3.2 小节介绍的 RSA 算法和 ECC 算法就是分别基于因子分解难题和椭圆曲线离散对数难题的。

拓展知识：单向陷门函数

单向陷门函数具有两个明显特征：一是单向性，二是存在陷门。

所谓单向性，也称不可逆性，即对于一个函数 $y=f(x)$，若已知 x，则很容易计算 y，但已知 y，却难以计算出 $x=f^{-1}(y)$。

在物质世界中，这样的例子是很普遍的。例如，将挤出的牙膏弄回管子里要比把牙膏挤出来困难得多；燃烧一张纸要比使它从灰烬中再生容易得多；把盘子摔成数千片碎片很容易，把所有这些碎片再拼成一个完整的盘子则很难。类似的，将许多大素数相乘要比将其乘积因式分解容易得多，但是，目前还没有人证明这些问题是不能求逆的，即单向函数是否存在还是未知的。

单向函数不能用作加密。因为用单向函数加密的信息是无人能解开它的。但我们可以利用具有陷门信息的单向函数构造公钥密码。

所谓陷门，也称为后门。对于单向函数，若存在一个 z，使得知道 z 则可以很容易地计算出 $x=f^{-1}(y)$，而不知道 z 则无法计算出 $x=f^{-1}(y)$，则称函数 $y=f(x)$ 为单向陷门函数，而 z 称为陷门。

在密码学中最常用的单向函数有两类，一是公开密钥密码中使用的单向陷门函数，二是消息摘要中使用的单向哈希函数。

---

3. 公钥密码体制的内容

（1）公钥密码体制的加解密原理

图 2-17 所示是公钥密码体制加解密的原理图。

加密和解密过程主要有以下几步。

1）接收方 B 产生一对公钥（PK_B）和私钥（SK_B）。

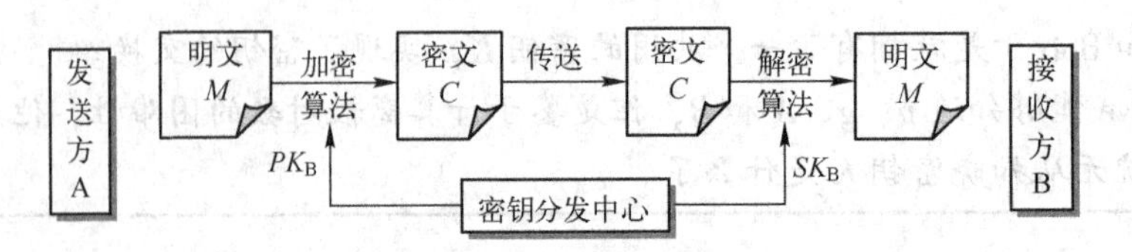

图 2-17　公钥密码体制加解密原理图

2）B 将公钥 PK_B 放在一个公开的寄存器或文件中，通常放入管理密钥的密钥分发中心。私钥 SK_B 则被用户保存。

3）A 如果要向 B 发送明文信息 M，则首先必须得到并使用 B 的公钥加密 M，表示为 $C=E_{PK_B}(M)$，其中 C 是密文，E 是加密算法。

4）B 收到 A 的密文后，用自己的私钥解密得到明文信息，表示为 $M=D_{SK_B}(C)$，其中 D 是解密算法。

（2）公钥密码体制的特点

公钥密码体制的特点如下。

- 产生的密钥对（公钥 PK_B 和私钥 SK_B）是很容易通过计算得到的。
- 发送方 A 用接收方的公钥对消息加密，即 $C=E_{PK_B}(M)$，在计算上是容易的。
- 接收方 B 用自己的私钥对密文解密，即 $M=D_{SK_B}(C)$，在计算上是容易的。
- 密码分析者或者攻击者由公钥求对应的私钥在计算上是不可行的。
- 密码分析者或者攻击者由密文和对应的公钥恢复明文在计算上是不可行的。
- 加密和解密操作的次序可以互换，也就是 $E_{PK_B}(D_{SK_B}(M))=D_{SK_B}(E_{PK_B}((M))$。

（3）公钥密码体制具有的功能

公钥密码体制具有下列功能。

1）保护信息的机密性。发送方用接收方的公钥将明文加密成密文，此后只有拥有私钥的接收方才能解密。

2）简化密钥分配及管理。保密通信系统中的每一个人只需要一对公钥和私钥。

3）密钥交换。发送方和接收方可以利用公钥密码体制传送会话密钥。

4）实现不可否认。若发送方用自己的私钥将明文加密成密文（签名），则任何人均能用公开密钥将密文解密（验证签名）以进行鉴别。这里的密文（签名）就如同发送方的亲手签名一样，日后有争执时，第三方可以很容易做出正确的判断。公钥密码算法的这种应用称为数字签名，本章第 2.6 节中将详细介绍。这种基于数字签名的方法也可提供认证功能。

2.3.2　常用公钥密码算法

1. RSA 算法

（1）算法概述

1978 年，美国麻省理工学院计算机科学实验室的 3 位研究员 Rivest、Shamir 和 Adleman 联名发表了论文 *A Method for Obtaining Digital Signatures and Public-Key Cryptosystems*（《获得数字签名的方法和公钥密码系统》），首次提出了一种能够完全实现 Diffie-Hellman 公钥分配的实用方法，后被称为 RSA 算法。RSA 就取自 3 位作者姓氏的首字母。2002 年，Rivest、Shamir 和 Adleman 由于“巧妙地实现了公钥密码系统”而被授予美国计算机协会颁发的图灵奖。

RSA 公钥密码算法是目前应用最广泛的公钥密码算法之一。RSA 算法是第一个能同时用于加密和数字签名的算法，该算法易于理解和操作。同时，RSA 是人们研究得最深入的公钥算法，从提出到现在已有几十年，经历了各种攻击的考验，被普遍认为是当前最优秀的公钥方案之一。

文档资料

Rivest、Shamir 和 Adleman 介绍

来源：本书整理

请扫描二维码查看全文。

（2）算法步骤

1）生成公钥和私钥。

① 用计算机随机生成两个大素数 p 和 q（保密），然后计算这两个素数的乘积 $n=pq$（公开）。

② 计算小于 n 并且与 n 互质的整数的个数，即欧拉函数 $\varphi(n)=(p-1)(q-1)$（保密）。利用 p 和 q 有条件地生成加密密钥 e，这里的条件是，随机整数 e 满足 $1<e<\varphi(n)$，并且 e 和 $\varphi(n)$ 互质，即 $\gcd(e,\varphi(n))=1$（公开）。

③ 计算与 n 互质的解密密钥 d。计算公式为 $de=1 \bmod \varphi(n)$（保密）。

④ 销毁 p、q、$\varphi(n)$，公开公钥 $\{e,n\}$，保管好私钥 $\{d,n\}$。

2）加密和解密。

利用 RSA 加密的第一步是将明文数字化，并取长度小于 $\log_2 n$ 位的数字作为明文块。

加密方法：$C=E(M)\equiv M^e \bmod n$。

解密方法：$M=D(C)\equiv C^d \bmod n$。

（3）算法分析

已知 $C=M^e \bmod n$，$M=C^d \bmod n$，则有 $M=C^d \bmod n=(M^e \bmod n)^d \bmod n=M^{ed} \bmod n=M^{k\varphi(n)+1} \bmod n=M \bmod n$。

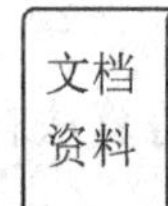

文档资料

RSA 数学基础

来源：本书整理

请扫描二维码查看全文。

RSA 算法是基于以下关于大整数运算的若干事实的。

1）可以运用计算机实现两个大整数相乘的快速计算。事实上，两个 m 位数相乘所需要的基本运算次数约为 $m\lg m$，所以，即使是几千位数字的相乘也可以很快完成。

2）存在寻找大素数的快速计算方法。数论知识告诉我们，在不大于 n 的正整数中，平均存在着 $n/(\ln n)$ 个素数。因此，对于一个几百位大小的数，在确定了它不含有任何小于 100 的素数因子之后，如果它还通过了费马小定理的检验，那么它极有可能就是素数。运用计算机可以快速完成验证操作。

3）分解一个大素数是一个计算困难问题。要想利用公钥计算出私钥 d，就必须分解 n，对大素数乘积的分解是一个计算困难问题。

事实 1）和 2）保证了能够很快地产生足够数量的公钥—私钥对以供安全通信使用，事实 3）则确保了 RSA 密码的安全性。

案例 2-8 RSA 算法公开时，最快的计算机分解一个 50 位的整数需要 3.9 小时，分解 75 位的整数需要 104 天，分解 100 位的整数需要 74 年，分解 200 位的整数需要 38 亿年，而分解一个 500 位的整数则需要 42 亿亿亿年！

1977 年，《科学美国人》杂志悬赏奖金 100 美元征求一个 129 位整数的素数因子分解。

n = 1143816257 5788886766 9235779976 1466120102 1829672124 2362562561 8429357069 3524573389 7830597123 5639587050 5898907514 7599290026 879543541

直到 17 年后的 1994 年，由 Lenstra 领导的一批数学家利用互联网上的 600 台计算机协同工作了 8 个月才完成了这个整数的分解。

p = 3490529510 8476509491 4784961990 3898133417 7646384933 8784399082 0577

q = 3276913299 3266709549 9619881908 3446141417 7642967992 9425397982 88533

【例 2-1】利用 RSA 算法加密和解密的示例。

1）按照上述 RSA 算法步骤生成密钥。

① 生成两个素数：$p=17$，$q=11$。计算 $n=pq=17\times11=187$。

② 计算 $\varphi(n)=(p-1)\times(q-1)=16\times10=160$。选择 e，使得 e 和 $\varphi(n)=160$ 互质，且小于 $\varphi(n)$，例如取 $e=7$。

③ 计算 d，满足 $de=1 \bmod 160=1$，且 $d<160$。这里 $d=23$，因为 $23\times7=161=10\times16+1$。

④ 由此，公钥为{7,187}，私钥为{23,187}。

2）利用 RSA 算法加密和解密的过程示例如图 2-18 所示。

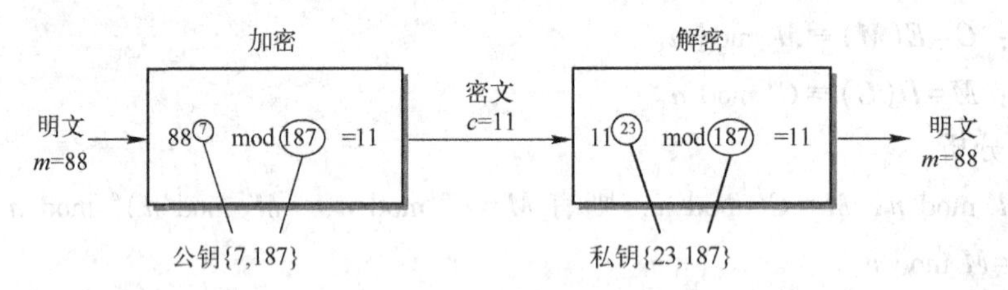

图 2-18 利用 RSA 算法加密和解密的过程示例

整个过程中，最难理解的部分是求私钥 d。这里再通过一个实例介绍扩展欧几里得算法在 RSA 中的应用。

【例 2-2】令 $p=47$，$q=71$，求用 RSA 算法生成的公钥和私钥。

计算如下：

1）$n=pq=47\times71=3337$；

2）$\varphi(n)=(p-1)\times(q-1)=46\times70=3220$；

3）随机选取 $e=79$（满足与 3220 互质的条件）；

4）则私钥 d 应该满足 $79d \bmod 3220=1$；

要解式 4）就要用到扩展欧几里得算法，解法如下：

a）式 4）可以表示成 $79d-3220k=1$（其中 k 为正整数）；

b）将 3220 对 79 取模，得到的余数 60 代替 3220，则变为 $79d-60k=1$；

c）同理，将 79 对 60 取模，得到的余数 19 代替 79，则变为 $19d-60k=1$；

d）同理，将 60 对 19 取模，得到的余数 3 代替 60，则变为 $19d-3k=1$；

e）同理，将 19 对 3 取模，得到的余数 1 代替 19，则变为 $d-3k=1$；

当 d 的系数最后化为 1 时：

令 $k=0$，代入 e) 式，得 $d=1$；

将 $d=1$ 代入 d) 式，得 $k=6$；

将 $k=6$ 代入 c) 式，得 $d=19$；

将 $d=19$ 代入 b) 式，得 $k=25$；

将 $k=25$ 代入 a) 式，得 $d=1019$，这个值即要求的私钥 d 的最终值。

此时即可得到公钥 $\{e,n\}=\{79,3337\}$，私钥 $\{d,n\}=\{1019,3337\}$。

（4）RSA 算法的安全性

RSA 算法是基于群 $\mathbf{Z}_n$ 中大整数因子分解的困难性建立的。国际数学界和密码学界已经证明，企图利用公钥和密文推断出明文，或者企图利用公钥推断出私钥的难度等同于分解两个大素数的乘积，这是一个困难问题。

还有，RSA 算法保证产生的密文是统计独立且分布均匀的。也就是说，不论给出多少明文和对应的密文，也都无法知道已知的明文和密文的对应关系来破解下一份密文。

研究结果表明，破解 RSA 最好的方法还是对大数 n 进行分解，即通过 n 来找 p 和 q。为了应对飞速增长的计算机处理速度，p 和 q 都需要非常大，不过，量子计算机的研制和应用将成为 RSA 算法的安全威胁。

（5）RSA 算法的实现与应用

RSA 算法有硬件和软件两种实现方法。不论采用何种实现方法，RSA 的速度总是比 DES 慢，因为 RSA 的计算量远大于 DES，在加密和解密时需要做大量的模数乘法运算。RSA 在加密或解密一个 200 位的十进制数时大约需要做 1000 次模数乘法运算。提高模数乘法运算的速度是解决 RSA 效率问题的关键所在。

硬件实现采用专用芯片，以提高 RSA 加密和解密的速度。使用同样的硬件实现，DES 比 RSA 快大约 1000 倍。在一些智能卡应用中也采用了 RSA 算法，速度都比较慢。软件实现方法的速度更慢一些，这与计算机的处理能力和速度有关。使用同样的软件实现，DES 比 RSA 快大约 100 倍。

因此，在实际应用中，RSA 算法很少用于加密大块的数据，通常在混合密码系统中用于加密会话密钥，或者用于数字签名和身份认证。

2. ECC 算法

（1）算法概述

为了安全使用 RSA，RSA 中密钥的长度需要不断增加，这加大了 RSA 应用处理的负担。1985 年，N. Koblitz 和 V. Miller 分别独立提出了椭圆曲线密码（Elliptic Curve Cryptography，ECC）算法。

ECC 是 RSA 的强有力的竞争者。与 RSA 相比，ECC 能用更少的密钥位获得更高的安全性，而且处理速度快，存储空间占用少，带宽要求低。它在许多计算资源受限的环境，如移动通信、无线设备等环境，得到广泛应用。

国际标准化组织颁布了多种 ECC 算法标准，如 IEEE P1363 定义了椭圆曲线公钥算法。

ECC 算法基于以下的数学基础。

椭圆曲线指的是平面上光滑的三次曲线在射影平面上满足韦尔斯特拉斯（Weierstrass）方程 $y^2+axy+by=x^3+cx^2+dx+e$ 的所有点 (x,y) 组成的集合，外加一个无穷远点 O_∞（认为其 y 坐标无穷大）。其中，系数 a、b、c、d 和 e 定义在某个域上，可以是有理数域、实数域、复数域，也可以是有限域。

根据定义域不同，椭圆曲线可以分为实数域上的、有限域 GF(p)上的和有限域 GF(2^m)上的几类。用于密码学的椭圆曲线通常可分为两类：基于有限域 GF(p)上的和基于有限域 GF(2^m)上的。这里主要介绍有限域 GF(p)上的椭圆曲线及其上的加密与解密方法。

并不是所有的椭圆曲线都适合加密，$y^2=x^3+ax+b$ 是一类可以用来加密的椭圆曲线，也是最为简单的一类。但椭圆曲线是定义在实数集上的，实数集合并不适合于密码，为了进行加密，必须把椭圆曲线变成离散的点，因此要把椭圆曲线定义在有限域上，即加一个模运算即可：$y^2=x^3+ax+b \bmod p$。

对于一个有限域 GF(p)，该有限域中有 p（p 为素数）个元素：$0,1,2,\cdots,p-2,p-1$。运算定义如下：

$a+b\equiv c(\bmod p)$；

$a\times b\equiv c(\bmod p)$；

$a/b\equiv c(\bmod p)$，即 $a\times b^{-1}\equiv c(\bmod p)$，$b^{-1}$也是一个 0 到 $p-1$ 之间的整数，但满足 $b\times b^{-1}\equiv 1(\bmod p)$，这样就将除法转换成了乘法。

选择满足条件 $4a^3+27b^2\neq 0(\bmod p)$的两个小于 p（p 为素数）的非负整数 a 和 b，则满足方程 $y^2=x^3+ax+b(\bmod p)$的所有点(x,y)，再加上无穷远点 O_∞，就构成了一个 GF(p)上的椭圆曲线群，记为 $E_p(a,b)$。其中，a,b,x,y 均为 0 到 $p-1$ 间的整数。可以证明 $E_p(a,b)$是一个可交换群。

（2）算法步骤

1）生成公钥和私钥。

① 选择参数 p，确定一条椭圆曲线，即 $y^2=x^3+ax+b(\bmod p)$，构造一个椭圆曲线可交换群（Abel 群）$E_p(a,b)$。

② 取椭圆曲线上的一点作为基点 G。

③ 任选小于 n 的整数 k 作为私钥，其中 n 是点 G 的阶，即 $nG=O_\infty$。

④ 生成公钥 $K=kG$。

其中，$E_p(a,b)$、K、G 公开。

2）加密和解密。

加密方法：首先将明文编码到椭圆曲线 $E_p(a,b)$上的一点 M，并产生一个随机整数 r，然后计算点 $C_1=M+rK$ 和 $C_2=rG$，从而得到密文 C_1、C_2。

解密方法：计算 C_1-kC_2。由于 $C_1-kC_2=M+rK-krG=M+rK-r(kG)=M+rK-rK=M$，因此再对 M 进行解码就可以得到明文。

（3）算法分析

ECC 依据的是椭圆曲线点群上的离散对数问题的难解性。

对于给定整数 k 和椭圆曲线上的一个点 P，很容易求出 $Q=kP$。算法中公钥的计算 kG 实际上称为椭圆曲线点乘（或称为标量乘），表示椭圆曲线上的 k 个基点 G 相加。

但是，如果已知椭圆曲线上的两个点 P 和 Q 满足关系 $Q=kP$，要求出整数 k 是计算困难问题，这就是椭圆曲线上的离散对数问题（Elliptic Curve Discrete Logarithm Problem，ECDLP）。

例如，对于有限域 GF(23)上的椭圆曲线 $y^2=x^3+ax+b$，求 $Q=(x_1,y_1)$对于 $P=(x,y)$的离散对数，一种蛮力的操作是计算 P 的倍数，一直找到 k 使得 $kP=Q$。然而，对于大素数构成的群 E，这样计算离散对数是不现实的。事实上，目前还不存在多项式时间算法求解椭圆曲线的离散对数问题。

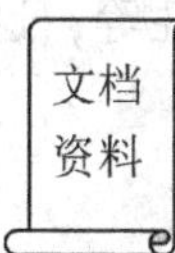

ECC 算法数学基础
来源：本书整理
请扫描二维码查看全文。

【例 2-3】利用 ECC 算法加密和解密的示例。

1）按照上述 ECC 算法步骤生成密钥。

① 选择参数 $p=29$，确定一条椭圆曲线 $E_{29}(4,20)$，即 $y^2=x^3+4x+20\ (\mathrm{mod}\ 29)$。

② 取 $G(13,23)$ 作为基点，G 的阶 $n=37$。

③ 选择私钥 $k=25$。

④ 生成公钥 $K=kG=25G=(14,6)$。

2）利用 ECC 算法加密和解密的过程示例如图 2-19 所示。

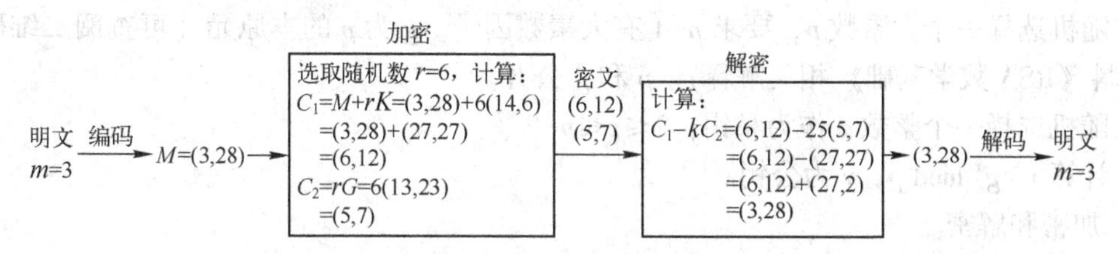

图 2-19　利用 ECC 算法加密和解密的过程示例

（4）ECC 算法的安全性

ECC 的安全性基于椭圆曲线离散对数问题的难解性。

在实际使用中，为了实现同样的加密强度，ECC 所需要的密钥长度短得多。例如，可以证明，对于 256 位密钥长度的 ECC 来说，其安全强度相当于 3072 位密钥长度的 RSA。

ECC 和 RSA 的计算基础分别是离散对数问题和大整数分解问题，从理论上讲，这两个计算问题是相互对应的，即它们或者同时有解，或者同时无解。就这一点来说，ECC 和 RSA 是同一安全等级的。

（5）ECC 算法的实现与应用

基于有限域 GF(p) 上的椭圆曲线是对于固定的 a 和 b，满足形如方程 $y^2=x^3+ax+b(\mathrm{mod}\ p)$ 的所有点的集合外加一个零点或无穷远点 O_∞。其中，a、b、x、y 均在 GF(p) 上取值，p 为素数。该椭圆曲线只有有限个点数 N，其范围由 Hasse 定理确定。这类椭圆曲线适合于软件实现。

基于有限域 GF(2^m) 上的椭圆曲线是对于固定的 a 和 b，满足形如方程 $y^2+xy=x^3+ax+b$ 的所有点的集合外加一个零点或无穷远点 O_∞。该椭圆曲线只有有限个点，域 GF(2^m) 上的元素是 m 位的串。这类椭圆曲线适合于硬件实现。

ECC 的安全性和优势得到了业界的广泛认可，被用于多种应用。例如，它已被用于下一代安全电子交易（Secure Electronic Transactions，SET）协议、安全套接层/传输层安全（Secure Sockets Layer/Transport Layer Security，SSL/TLS）协议、安全壳（Secure Shell，SSH）协议中；苹果公司用它为 iMessage 服务提供签名；大多数比特币程序使用 OpenSSL 开源密码算法库进行椭圆曲线计算，以创建密钥对来控制比特币的获取。越来越多的网站也开始广泛使用 ECC 来保证从客户的 HTTPS 连接到他们数据中心的数据传递的安全。现在密码学界普遍认为 ECC 将替代 RSA 成为通用的公钥密码算法。

不过，就目前而言，ECC 还面临着很多理论及技术上的问题，例如，如何选取合适的有限域 GF(Q^m)的椭圆曲线，如何获取基点 G 对于 ECC 的速度、效率、密钥长度及安全性等，这些都是至关重要的。

3. ElGamal 算法

(1) 算法概述

ElGamal 算法是 1984 年斯坦福大学的 Taher Elgamal 基于 Diffie-Hellman 密钥交换协议提出的一种基于离散对数计算困难问题的公钥密码体制。

1985 年，Elgamal 利用 ElGamal 算法设计出 ElGamal 数字签名方案。该数字签名方案是经典的数字签名方案之一，具有高度的安全性与实用性。其修正形式已被 NIST 作为数字签名标准（Digital Signature Standard，DSS）。

(2) 算法步骤

1) 生成公钥和私钥。

① 随机选择一个大素数 p，要求 $p-1$ 有大素数因子。g 为 p 的本原元（可查阅二维码关联文档资料《RSA 数学基础》相关解释）。p 和 g 公开。

② 随机选择一个整数 x 作为私钥，$2 \leqslant x \leqslant p-2$ 。

③ 计算 $y = g^x \bmod p$，y 为公钥。

2) 加密和解密。

加密方法：被加密信息为 m，随机选择一个整数 k，$k<p$ 且 $\gcd(k,p-1)=1$。

计算：$C_1 = g^k \pmod p$，$C_2 = y^k \cdot m \pmod p$。

由(C_1,C_2)为密文可知，利用 ElGamal 算法生成的密文大小是明文大小的两倍。

解密方法：计算 $m = C_2 \cdot (C_1^x)^{-1} \bmod p$，即得出明文。

【例 2-4】利用 ElGamal 算法加密和解密的示例。

1) 首先，按照上述 ElGamal 算法步骤生成密钥。

① 选取一个大素数 $p=97$，计算 p 的本原元 $g=5$；

② 选取随机数 $x=58$ 作为私钥；

③ 计算 $y=5^{58} \pmod{97}=44$，此为公钥。

2) 加密和解密过程示例如图 2-20 所示。

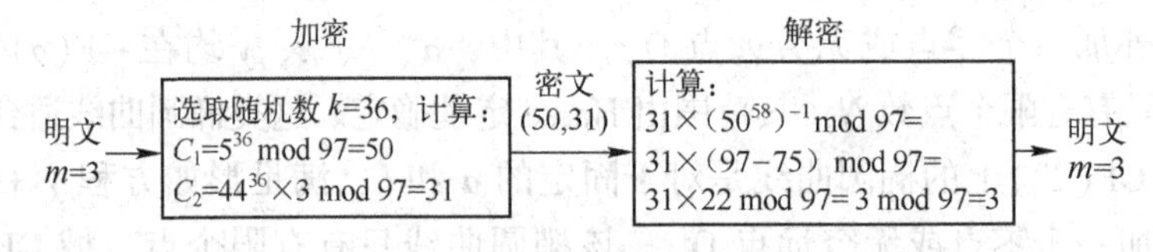

图 2-20 利用 ElGamal 算法加密和解密的过程示例

(3) ElGamal 算法的安全性

ElGamal 算法的安全性依赖于计算有限域上离散对数这一难题。

(4) ElGamal 算法的实现与应用

ElGamal 算法的一个不足之处是它的密文成倍扩张。

尽管该算法在实际应用中是简单可行的，但是随着社会对安全性要求的日益提高，已经不能充分满足社会的需求。

2.4 密钥管理

密钥是密码体制中的一个要素，对密码的安全性有着至关重要的作用。本节介绍密钥管理的概念，并着重分析公钥的管理。

2.4.1 密钥管理的概念

由于密码技术都依赖于密钥，因此密钥的安全管理是密码技术应用中非常重要的环节。只有密钥安全，不容易被敌手得到或破获，才能保障实际通信或加密数据的安全。

密钥管理方法因所使用的密码体制而异，对密钥的管理通常包括如何在不安全的环境中为用户分发密钥信息，使得密钥能够安全、正确并有效地使用，以及在安全策略的指导下处理密钥从产生到最终销毁的整个生命周期，包括密钥的产生、分配、使用、存储、备份/恢复、更新、撤销和销毁等。

（1）密钥的产生

对于密钥的产生，首先必须考虑其安全性。密钥一般要求在安全的环境下产生，可以通过某种密码协议或算法生成。其次，必须考虑具体密码算法的限制，使用不同的算法进行检测，以免得到弱密钥。此外，在确定要产生的密钥的长度时，应结合应用的实际安全需求，如要考虑加密数据的重要性、保密期限长短、破译者可能的计算能力等。

（2）密钥的分配

密钥分配，也称密钥分发，是指将密钥安全地分发给需要的用户。一般的，在通信双方建立加密会话前需要进行会话密钥的分配。

公钥密码算法的计算量比常规加密算法的计算量大很多，故不适于加密长明文，所以公钥密码通常用来加密短明文，特别是用来加密常规加密算法的密钥。

这里介绍主密钥和会话密钥两个级别密钥的使用。

通信双方在特定的时间范围内通常产生一个密钥，用于将其他密钥加密以便安全传送，这个密钥称为主密钥。

发送方还会产生一个密钥，用来加密双方之间实际的通信数据，称为会话密钥（或阶段密钥）。

会话密钥的有效期通常只是一个对话时段，比如从建立 TCP 连接开始到终止连接这段时间。主密钥的有效期长一些，但也不能太长，它由具体的应用程序决定。

（3）密钥的使用

应当根据不同需要使用不同的密钥，如身份认证使用公钥和私钥对、临时的会话使用会话密钥。在保密通信中，每次建立会话都需要双方协商或分配会话密钥，而不应当使用之前的会话所使用的会话密钥，更不能永远使用同一个会话密钥。在有些保密通信系统中，同一次会话经过一定时间或一定数据量之后，会强制要求通信各方重新生成会话密钥。

【例 2-5】主密钥和会话密钥使用举例。

假设用户甲在家中使用远程登录加密软件登录到单位的主机，此软件先产生主密钥，然后用单位主机的公钥将主密钥加密后网传给主机，主机用自己的私钥将收到的密文解密得到主密钥。甲方加密软件然后产生会话密钥，并用常规加密算法和主密钥加密后网传给主机。这个会话密钥将用于加密这段远程登录中甲方和主机之间的所有信息，包括甲方的登录名、登录密码、甲方发出的指令及双方之间交流的数据。如果甲方退出登录但没有退出加密软件，则会话密钥作废，但主密钥仍有效以用于甲方下次登录。如果甲方退出加密软件，则主密钥作废。

(4) 密钥的存储、分发和传输

除安全存储外，密钥在分发或传输过程中也需要加强安全保护。如密钥传输时，可以拆分成两部分，并委托给两个人或机构来分别传输，还可通过使用其他密钥加密来保护。

(5) 密钥的撤销和销毁

在特定的环境中，密钥必须能被撤销。密钥撤销的原因包括与密钥有关的系统被迁移、怀疑一个特定密钥已泄露并受到非法使用的威胁，或密钥的使用目的被改变等。一个密钥停用后可能还要保持一段时间，如用密钥加密的内容仍需保密一段时间，所以密钥的机密性要保持到所保护的信息不再需要保密为止。

密钥销毁必须清除一个密钥的所有踪迹。密钥使用活动终止后，安全销毁所有敏感密钥的副本十分重要，应该使得攻击者无法通过分析旧数据文件或抛弃的设备确定旧密钥。

拓展知识：混合密码系统

混合密码系统可用公钥密码体制加密传送对称密码体制中使用的会话密钥，在后期相互传输消息的过程中使用该会话密钥加密消息。

混合密码系统能够充分利用非对称密码体制在密钥分发和管理方面的优势，以及对称密码体制在处理速度上的优势。

2.4.2 公钥的管理

公钥密码技术很好地解决了密钥传送问题，不过在公钥密码体制的实际应用中还必须解决一系列的问题，比如：

- 怎样分发和获取用户的公钥？
- 如何建立和维护用户与其公钥的对应关系？获得公钥后如何鉴别该公钥的真实性？
- 通信双方如果发生争议如何仲裁？

案例 2-9 假定用户 A 想给用户 B 发送一个消息 M，出于对保密性和不可否认性的考虑，A 需要在发送前对消息进行签名和加密，那么 A 是先签名后加密好，还是先加密后签名好呢？

考虑下面的重放攻击情况，假设 A 决定发送消息：

$$M=\text{“I love you”}$$

如果先签名再加密，A 发送 $E_{PK_B}(E_{SK_A}(M))$ 给 B。出于恶意，B 收到后解密获得签名的消息 $E_{SK_A}(M)$，并将其加密为 $E_{PK_C}(E_{SK_A}(M))$，然后将该消息发送给 C，于是 C 以为 A 爱上了他。

再考虑下面的中间人攻击情况，A 将一份重要的研究成果发送给 B。这次是先加密再签名，即发送 $E_{SK_A}(E_{PK_B}(M))$ 给 B。然而 C 截获了 A 和 B 之间的所有通信内容并进行中间人攻击。C 使用 A 的公钥来计算出 $E_{PK_B}(M)$，并且用自己的私钥签名后发给 B，从而使得 B 认为该成果是 C 的。

从上面的两种情况我们能够意识到公钥密码体制的局限性。对于公钥密码，任何人都可以进行公钥操作，即任何人都可以加密消息，任何人都可以验证签名。

为了解决上述的问题，就必须有一个权威的第三方机构对用户的公私钥进行集中管理，确保能够安全高效地生成、分发、保存、更新用户的密钥，提供有效的密钥鉴别手段，防止被攻击者篡改和替换。

公钥基础设施（Public Key Infrastructure，PKI）是目前建立这种公钥管理权威机构中最成熟的方案。PKI 是在公钥密码理论技术基础上发展起来的一种综合安全平台，能够为所有网络应用透明地提供加密及数字签名等密码服务所必需的密钥和证书管理，从而达到在不安全的网络中保证通信信息的安全、真实、完整和不可否认等目的。本书将在第 5 章中对此详细介绍。

2.5 哈希函数

前两节分别介绍了对称密码算法和公钥密码算法，本节介绍第 3 种加密算法，即哈希函数，以及利用哈希函数进行信息的完整性检测和数字签名等应用。

2.5.1 哈希函数的概念、特性及应用

1. 哈希函数的概念

哈希（Hash）函数又称为散列函数、消息摘要（Message Digest）函数、杂凑函数。哈希函数可以把满足要求的任意长度的输入转换成固定长度的输出。它是一种单向密码体制，即从明文到密文的不可逆映射，只有加密过程，没有解密过程。与对称密码算法和公钥密码算法不同，哈希函数没有密钥。

哈希函数可以表示为：

$$h=H(M)$$

其中，H 是哈希函数；M 是任意长度的明文消息；h 是固定长度的输出，称为原消息的哈希值（Hash Value），或是哈希值、消息摘要、数字指纹。

2. 哈希函数的特性

1）易压缩。哈希函数对任意大小的信息产生很小长度的哈希值。例如产生 160 位的哈希值，即 20 个字节。而且对同一个源数据反复执行哈希函数得到的哈希值一致。

2）不可预见。产生的哈希值的长度和内容与原始信息的大小和内容没有任何联系，但是源数据的一个微小变化都会影响哈希值的内容。

3）不可逆。哈希函数是单向的，从源数据很容易计算其哈希值，但是无法通过生成的哈希值恢复源数据。

4）抗碰撞。寻找两个不同输入得到相同的哈希值在计算上是不可行的。对于消息 M，要找到另一消息 M' 并满足 $H(M')=H(M)$，则称 M 和 M' 是哈希函数 H 的一个碰撞（Collision）。

5）高灵敏。输入数据某几位的变化会引起所生成的哈希值几乎所有位的变化。

3. 哈希函数的应用

由于哈希函数的单向特性及输出的哈希值长度固定的特点，使得它可以生成消息或数据的哈希值，因此它在数据完整性验证、数字签名、消息认证、保护用户口令尤其是区块链等领域有着广泛的应用。

（1）验证数据完整性

哈希函数具有抗碰撞的能力。两个不同的数据，其哈希值不可能一致。发送方将数据和经哈希后的结果一并传输，接收方可以对接收的数据重新计算哈希值，并与接收的哈希值进行比对，从而检验传输过程中的数据是否被篡改或损坏。

数据文件发生任何变化，通过哈希函数计算出的哈希值就会不同。如图 2-21 所示，两幅肉眼无法看出区别的图片计算出的哈希值（采用 SHA-1 算法计算，该算法将在下一小节介绍）完全不一样，虽然其中一幅图只被做了一点点修改。

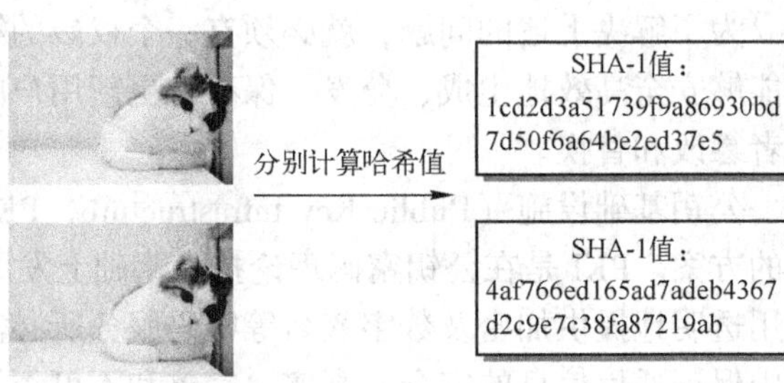

图 2-21　通过计算哈希值鉴别图片是否有变化

对于相当多的数据服务，如网盘服务，同样可以用哈希函数来检测重复数据，避免重复上传。

（2）数字签名

因为非对称加密算法的运算速度较慢，所以在数字签名应用中，哈希函数起着重要的作用。对消息摘要进行数字签名，在统计上可以认为与对消息文件本身进行数字签名是等效的。更多技术细节将在 2.6 节中介绍。

（3）消息认证

在一个开放通信网络环境中，传输的消息还面临伪造、篡改等威胁，消息认证就是让接收方确保收到的消息与发送方的一致，并且消息的来源是真实可信的。哈希函数可以用于消息认证，更多技术细节将在 2.6 节中详细介绍。

（4）保护用户口令

将用户口令的哈希值存储在数据库中，进行口令验证时只要比对哈希值即可。不过，如果攻击者获取了口令的哈希值，虽然哈希函数具有不可逆性，不能直接还原出口令，但还是可以通过字典攻击得到原始口令。更多的细节将在第 4 章中讨论。

（5）区块链

在区块链中，很多地方都用到了哈希函数。例如，区块链中结点的地址，公钥、私钥的计算，比特币中的挖矿等。

2.5.2　常用哈希函数

常用的哈希函数有两类：MD（Message Digest Algorithm，消息摘要算法）和 SHA（Secure Hash Algorithm，安全哈希算法）。在介绍常用的哈希函数之前，首先介绍哈希函数设计的基本思想。

1. 哈希函数设计的基本思想

哈希函数首要的功能就是要把原有的大文件信息用若干位字符来记录，还要保证文件中的每一个字节都会对最终结果产生影响。那么大家首先想到的可能是求模运算。

事实上，求模运算就是一种最原始的哈希算法。下面以 Python 代码为例讲解哈希函数的构造思想。

示例代码：

```
>>> def hash(a):
    return a % 8
>>> print(hash(123))
3
>>> print(hash(124))
4
```

```
>>> print(hash(125))
5
```

上述定义的 a%8 这一函数 hash(a)，能够实现一个哈希函数的初级目标：用较少的文本量代表长的内容（求模之后的数字肯定小于 8）。

不过，单纯使用求模算法计算之后的结果带有明显的规律，这种规律将导致算法很难保证不可逆性，所以可以在哈希函数中加入一个异或过程。再来看下面的一段示例代码。

```
>>> def hash(a):
    return (a % 8) ^ 5
>>> print(hash(123))
6
>>> print(hash(124))
1
>>> print(hash(125))
0
```

很明显，加入异或操作之后，计算结果的规律就不那么明显了。

当然，这样的结果依旧很不安全，如果用户使用连续变化的一系列文本与计算结果相比对，就很有可能找到算法所包含的规律。因此，可以在进行计算之前对原始文本进行修改，或是加入额外的运算过程（如移位），比如以下示例代码。

```
>>> def hash(a):
    return (a + 2 + (a << 1)) % 8 ^ 5
>>> print(hash(123))
6
>>> print(hash(124))
3
>>> print(hash(125))
4
```

对于这种哈希函数处理得到的结果，就较难发现其内部规律了，也就是说，我们不太可能轻易地给出一个数，让它经过上述哈希函数运算之后的结果等于 4，除非穷举测试。

事实上，哈希函数的基本原理就是这样的，通过加入更多的循环和计算来达到哈希函数的那些特性要求。

2. MD5

MD 系列算法都是由 Ron Rivest 设计的，包括 MD2、MD3、MD4 和 MD5。MD5 对于任意长度的输入消息都会产生 128 位长度的哈希值。

MD5 曾有着广泛的应用，一度被认为是非常安全的。然而，在 2004 年 8 月召开的国际密码学会议上，我国的王小云教授公布了一种寻找 MD5 碰撞的新方法。目前利用该方法通过普通 PC 在数分钟内就可以找到 MD5 的碰撞，可以说 MD5 已被攻破。

王小云与王氏攻击
来源：本书整理
请扫描二维码查看全文。

3. SHA-1

（1）算法概述

SHA 由美国国家标准与技术研究院（NIST）设计，并于 1993 年作为联邦信息处理标准

FIPS 180 发布。随后该版本的 SHA（后被称为 SHA-0）被发现存在缺陷，修订版于 1995 年发布（FIPS 180-1），称为 SHA-1。

该算法输入消息的最大长度为 $2^{64}-1$ 位，输入的消息按 512 位的分组进行处理，输出是一个 160 位的哈希值。

（2）算法步骤

SHA-1 算法步骤如下。

① 因为在 SHA-1 算法中，它的输入必须为位，所以首先要将明文信息转换为位字符串。

以“abc”字符串为例，因为'a'=97，'b'=98，'c'=99，所以将其转换为如下位串：

01100001 01100010 01100011

② 填充消息。对输入的原始消息添加适当的填充位，使得填充后消息的长度满足模 512 余 448。填充的方式是，填充部分的最高位补 1，其余位补 0。即使输入的原始消息长度已满足模 512 余 448，也要执行填充操作，在其后补一位 1 即可。因此，填充的长度范围为 1~512。

依然以“abc”为例，其填充情况如下：

01100001 01100010 01100011 10……0（后面补了 423 个 0）

将填充操作后的信息转换为十六进制，如下所示：

61626380 0000000 00000000 00000000 00000000 00000000 00000000 00000000

00000000 00000000 00000000 00000000 00000000 00000000

③ 添加原始消息长度。在填充的消息后面附加 64 位，用 64 位无符号整数表示原始消息的长度。

因为“abc”占 3 个字节，即 24 位，换算为十六进制即为 0x18。进行附加长度值操作后，“abc”数据即变成如下形式：

61626380 0000000 00000000 00000000 00000000 00000000 00000000 00000000

00000000 00000000 00000000 00000000 00000000 00000000 00000000 00000018

④ 初始化哈希值缓存区。SHA-1 中由 5 个 32 位的寄存器(A,B,C,D,E)组成 160 位的缓存区，用于存储中间结果和最终哈希函数的结果。其初始值 IV 为 A=0x67452301，B=0xEFCDAB89，C=0x98BADCFE，D=0x10325476，E=0xC3D2E1F0。

⑤ 主循环计算哈希值。以 512 位为一个分组进行处理，主循环的次数为消息的分组数 L。每次主循环分成 4 轮，每轮进行 20 步操作，共 80 步，如图 2-22 所示。每轮以当前正在处理的一个 512 位分组和 160 位的缓存值 A、B、C、D、E 为输入，然后更新缓存的内容。每轮的处理具有类似的结构，但每轮所使用的辅助函数和常数都各不相同。

SHA-1 的步函数如图 2-23 所示，它是 SHA-1 中最关键的部件。每运行一次步函数，A、B、C、D 的值就会依次赋给 B、C、D、E 这几个寄存器。同时，A、B、C、D、E 的值经过运算后赋给 A。具体计算方法如下：

$A=(\mathrm{ROTL}_5(A)+f_t(B,C,D)+E+W_t+K_t) \bmod 2^{32}$

$B=A$

$C=\mathrm{ROTL}_{30}(B) \bmod 2^{32}$

$D=C$

$E=D$

其中，t 是步数，$0\leqslant t\leqslant 79$。

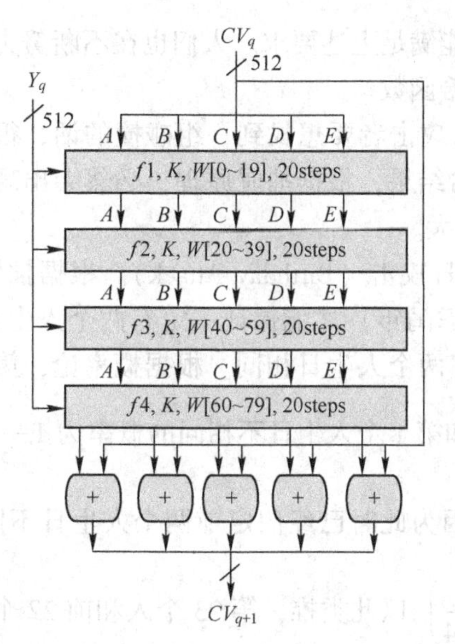

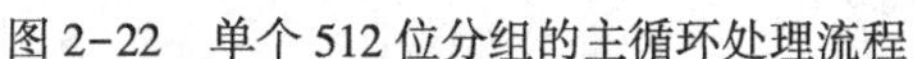
图 2-22　单个 512 位分组的主循环处理流程

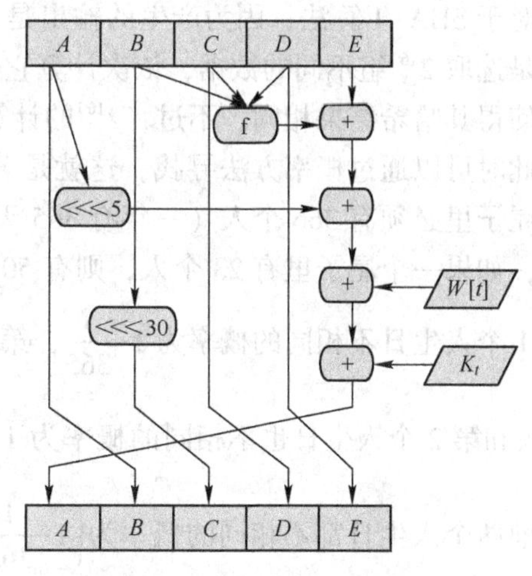

图 2-23　SHA-1 的步函数

- $ROTL_s$表示循环左移 s 位。
- f 这个基本逻辑函数的输入是 3 个 32 位的字，输出是一个 32 位的字，函数表示如下。

$$f_t(B,C,D)=\begin{cases}(B\wedge C)\vee(\overline{B}\wedge D) & t=0\sim19\\ B\oplus C\oplus D & t=20\sim39\\ (B\wedge C)\vee(B\wedge D)\vee(C\wedge D) & t=40\sim59\\ B\oplus C\oplus D & t=60\sim79\end{cases}$$

其中，$\wedge$、$\vee$、$\overline{}$、$\oplus$ 分别是与、或、非、异或 4 个逻辑运算符。

- W_t是由当前 512 位长的分组导出的一个 32 位的字，如图 2-24 所示，前 16 个消息字 W_t $(0\leqslant t\leqslant 15)$为输入分组对应的 16 个 32 位字，其余 $W_t(16\leqslant t\leqslant 79)$可按如下公式得到：

$$W_t=ROTL_1(W_{[t-16]}\oplus W_{[t-14]}\oplus W_{[t-8]}\oplus W_{[t-3]})$$

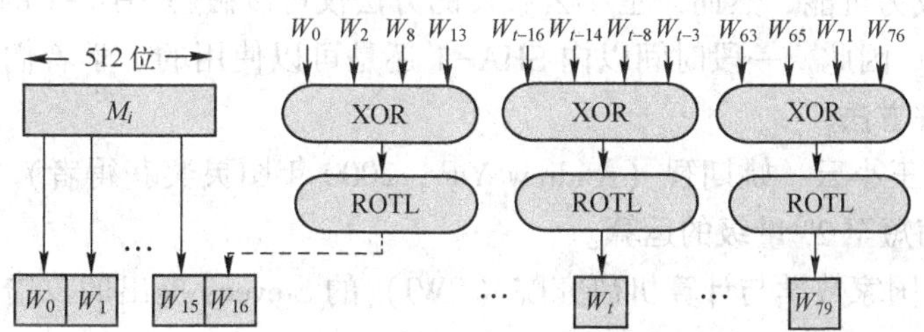

图 2-24　80 个消息字的产生方法

- K_t是加法常量，每轮中使用不同的数值，具体为$K_t=\begin{cases}0x5a827999(0\leqslant t\leqslant 19)\\ 0x6ed9eba1(20\leqslant t\leqslant 39)\\ 0x8f1bbcdc(40\leqslant t\leqslant 59)\\ 0xca62c1d6(60\leqslant t\leqslant 79)\end{cases}$。

⑥ 输出哈希值：所有的消息分组都被处理完之后，最后一个分组的输出即为得到的哈希值。

（3）算法的安全性

满足单向性、抗碰撞的哈希函数是否存在至今尚无定论，尽管如此，多年来人们还是构造了不少哈希函数，虽然它们并没有被数学严格证明能满足上述要求。人们也在不断努力研究和寻找现有哈希函数的漏洞，以便帮助设计更好的哈希函数。

对于 SHA-1 算法，因为产生的输出是 160 位，攻击者要想找到一组碰撞的话，很显然的方法是选取 2^{160}组不同的数据，依次计算它们的哈希结果，根据抽屉原理，必然会出现一组数据，使得其哈希结果相同。不过，2^{160}的计算代价太大。

此时可以通过概率方法寻找，这就是著名的生日攻击（Birthday Attack）。根据抽屉原理，一个屋子里必须有 366 个人（一年有 365 天，不考虑闰年）才能保证一定有两个人生日相同。然而，如果一个屋子里有 23 个人，则有 50%的概率两个人生日相同。根据概率论，第 2 个人和第 1 个人生日不相同的概率为 $1-\frac{1}{365}$，第 3 个人和第 1 个人生日不相同的概率为 $1-\frac{1}{365}$，第 3 个人和第 2 个人生日也不相同的概率为 $1-\frac{1}{364}$（因为此时已经假定前两个人生日不同），因此和前两个人生日都不相同的概率为$\left(1-\frac{1}{365}\right)\left(1-\frac{1}{364}\right)$,以此类推，第 23 个人和前 22 个人生日都不相同的概率为 $\prod_{i=1}^{23}\left(1-\frac{1}{365-i+1}\right)$。上述事件同时发生时，23 个人的生日才会各不相同。因此，23 个人中存在两个人生日相同的概率为 $1-\frac{365!}{(365-23)!\times 365^{23}}\approx 50\%$。

寻找哈希碰撞时也可以采用这个方法。对于 SHA-1 来说，选择大约 2^{80}组不同的数据并计算哈希结果，则有 50%的概率两个数据的哈希结果相同。密码学上认为，如果能找到一种方法，能在计算时间小于 2^{80}的情况下，在超过生日攻击的概率下找到一组碰撞，则认为这个哈希函数就不安全了。

我国密码学家王小云的研究团队在 2004 年证明：常用的哈希函数 MD4 等没有强无碰撞性。2005 年 2 月，王小云团队又证明，哈希函数 SHA-1 的强无碰撞性不如人们想象得那样强，他们给出了一个能在 2^{69}量级的运算内找到碰撞字符串的方法。王小云教授的开创性工作让进一步破解 SHA-1 成为可能。然而，王小云教授的方法仅可以破解 SHA-1 的广义抗碰撞性，且计算时间相对较长。因此，一段时间以内 SHA-1 还是可以使用的。学者们正致力于寻找更加高效的 SHA-1 破解方法。

2005 年 8 月，王小云、姚期智（Andrew Yao，2000 年图灵奖获得者）和姚储枫又进一步将 2^{69}量级的运算缩短至 2^{63}量级的运算。

2013 年，荷兰国家数学与计算机研究院（CWI）的 Stevens 提出的攻击方法进一步将计算量级缩短至 2^{61}。

2017 年 2 月 23 日，谷歌在 Blog 上宣布实现了 SHA-1 的碰撞。由 Stevens 等人参与完成的论文 *The First Collision for Full SHA*-1 展示了从应用角度破解 SHA-1 的方法。他们成功构造了两个 PDF 文件（有意义的、可以真正打开的文件），使得 SHA-1 结果相同。

这些发现也再次说明，过去被认为是安全的方法会因为新技术和新方法的突破而变得不再安全。与此同时，这些新发现也将刺激新方法的产生。

4. SHA-2

（1）算法概述

从 2002 年开始，NIST 陆续发布了 SHA-2 系列的哈希算法，其输出长度可取 224、256、

384 和 512 位，分别称为 SHA-224、SHA-256、SHA-384、SHA-512。

2005 年，NIST 宣布了逐步废除 SHA-1 的意图，逐步转向 SHA-2 版本。SHA-2 系列算法比之前的哈希算法具有更强的安全强度和更灵活的输出长度，其中 SHA-256 是常用的算法，下面简单介绍该算法。

（2）算法步骤

SHA-256 算法的输入消息的最大长度为 $2^{64}-1$ 位，输入的消息按 512 位的分组进行处理，输出是一个 256 位的哈希值。算法步骤如下。

① 消息填充。添加一个“1”和若干个“0”使其长度模 512 与模 448 同余。在消息后附加位的长度块，其值为填充前消息的长度，从而产生长度为 512 整数倍的消息分组。填充后消息的长度最多为 2^{64} 位。

② 初始化哈希值缓存区。SHA-256 中由 8 个 32 位的寄存器（$A\sim H$）组成 256 位的缓存区，用于存储中间结果和最终哈希函数的结果。其初始值取自前 8 个素数（2、3、5、7、11、13、17、19）的平方根的小数部分二进制表示的前 32 位，分别为 $A=H_0=$ 0x6a09e667，$B=H_1=$ 0xbb67ae85，$C=H_2=$ 0x3c6ef372，$D=H_3=$ 0xa54ff53a，$E=H_4=$ 0x510e527f，$F=H_5=$ 9b05688c，$G=H_6=$ 1f83d9ab，$H=H_7=$ 5be0cd19。

③ 主循环计算哈希值。以 512 位为一个分组进行处理，要进行 64 步循环操作（如图 2-25 所示）。每一轮的输入均为当前处理的消息分组和得到的上一轮输出的 256 位缓存区 A~H 的值。

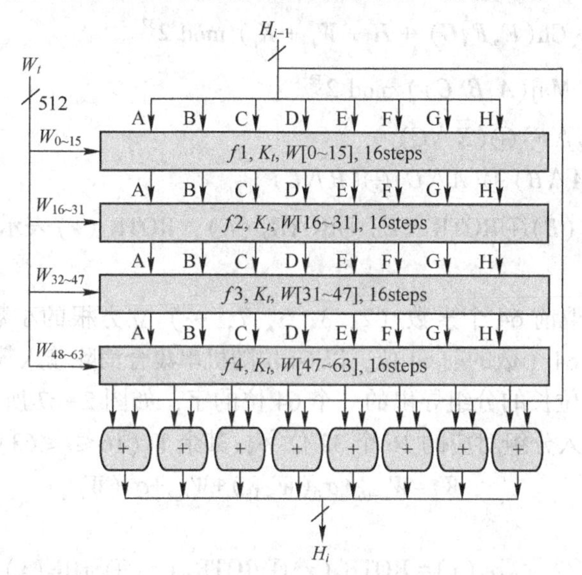

图 2-25　单个 512 位分组的主循环处理流程

每一步中均采用了不同的消息字和常数，步函数如图 2-26 所示。

每运行一次步函数，A、B、C、E、F、G 的值就会依次赋给 B、C、D、F、G、H。同时，A、E 的具体计算方法如下：

$A=(T_1+T_2)\ \mathrm{mod}\ 2^{32}$

$B=A$

$C=B$

$D=C$

$E=(D+T_1)\ \mathrm{mod}\ 2^{32}$

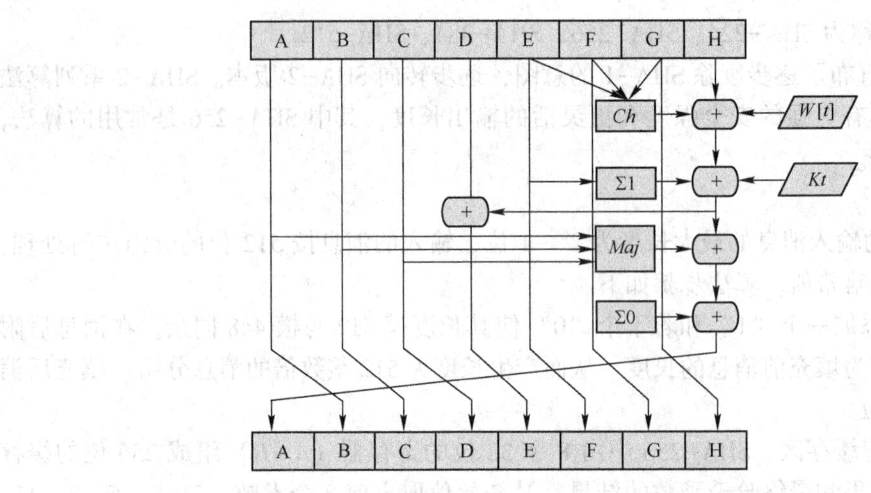

图 2-26　SHA-256 的步函数

$F=E$

$G=F$

$H=G$

其中，t 是步数，$0\leqslant t\leqslant 63$。

- $T_1=(\sum_1(E)+\mathrm{Ch}(E,F,G)+H+W_t+K_t) \bmod 2^{32}$。
- $T_2=(\sum_0(A)+\mathrm{Maj}(A,B,C)) \bmod 2^{32}$。
- $\mathrm{Ch}(E,F,G)=(E\wedge F)\oplus(\bar{E}\wedge G)$
- $\mathrm{Maj}(A,B,C)=(A\wedge B)\oplus(A\wedge C)\oplus(B\wedge C)$
- $\sum_1(E)=\mathrm{ROTR}_6(E)\oplus\mathrm{ROTR}_{11}(E)\oplus\mathrm{ROTR}_{25}(E)$，$\mathrm{ROTR}_n(x)$表示对 32 位的变量 x 循环右移 n 位。
- K_t的获取方法是取前 64 个素数（2，3，5，7，…）立方根的小数部分，将其转换为二进制，然后取这 64 个数的前 64 位，以 64 位随机串集合消除输入数据里的任何规律性。
- W_t是由当前 512 位长的分组导出的一个 64 位的字，如图 2-27 所示，前 16 个消息字 W_t $(0\leqslant t\leqslant 15)$为输入分组对应的 16 个 32 位字，其余 $W_t(16\leqslant t\leqslant 63)$可按如下公式得到：

$$W_t=W_{t-16}+\sigma_0(W_{t-15})+W_{t-7}+\sigma_1(W_{t-2})$$

其中：

$$\sigma_0(x)=\mathrm{ROTR}_7(x)\oplus\mathrm{ROTR}_{18}(x)\oplus\mathrm{SHR}_3(x)$$
$$\sigma_1(x)=\mathrm{ROTR}_{17}(x)\oplus\mathrm{ROTR}_{19}(x)\oplus\mathrm{SHR}_{10}(x)$$

式中，$\mathrm{SHR}_n(x)$表示对 32 位的变量 x 右移 n 位。

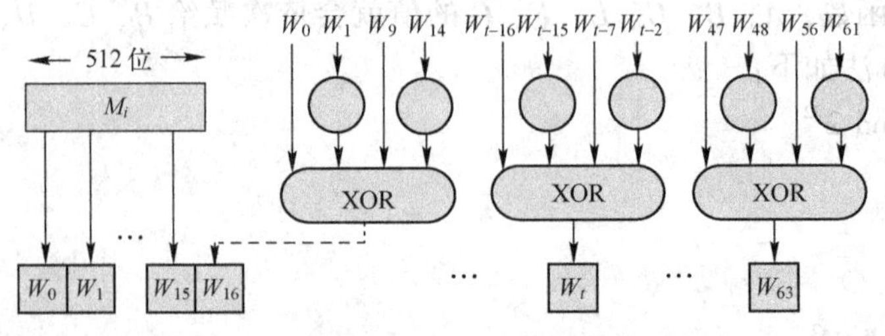

图 2-27　SHA-256 的 64 个消息字产生方法

④ 输出哈希值：所有的消息分组都被处理完之后，最后一个分组的输出即为得到的哈希值。

5. SHA-3

2012年，NIST选择了Keccak（读作“ket-chak”）算法作为新的哈希标准，该算法被称为SHA-3。SHA-3并不是要取代SHA-2，因为SHA-2目前并没有出现明显的弱点。但是由于对MD5及SHA-1的成功破解，NIST感觉需要一个与之前算法不同的、可替换的哈希算法，也就是现在的SHA-3。设计者宣称这个算法比其他哈希算法具有更强的安全性和软硬件实现性能。

SHA-3的核心置换f作用在5×5×64的三维矩阵上。整个f共有24轮，每轮包括5个环节：θ、ρ、π、χ、τ。算法的5个环节分别作用于三维矩阵的不同维度之上：

- θ环节是作用在列上的线性运算；
- ρ环节是作用在每一道上的线性运算，将每一道上的64位进行循环移位操作；
- π环节是将每一道上的元素整体移到另一道上的线性运算；
- χ环节是作用在每一行上的非线性运算，将每一行上的5位替换为另5位；
- τ环节是加常数环节。

☞ 请读者完成本章思考与实践第25题，进一步了解有关SHA-3的知识。

6. RIPEMD160

RIPEMD（RACE Integrity Primitives Evaluation Message Digest，RACE原始完整性校验消息摘要），是比利时鲁汶大学COSIC研究小组开发的哈希算法。RIPEMD使用MD4的设计原理，并针对MD4的算法缺陷进行改进，1996年首次发布RIPEMD-128版本，它在性能上与SHA-1类似。

目前，RIPEMD家族具有4个成员：RIPEMD-128、RIPEMD-160、RIPEMD-256、RIPEMD-320。其中128位版本的安全性已经受到质疑，256位版本和320位版本减少了意外碰撞的可能性，但是相比于RIPEMD-128和RIPEMD-160，它们不具有较高水平的安全性，因为它们只是在128位和160位的基础上修改了初始参数和s-box来达到输出为256位和320位的目的。

RIPEMD-160是RIPEMD中最常见的版本。RIPEMD-160输出160位的哈希值，对160位哈希函数的暴力碰撞搜索攻击需要2^{80}次计算，其计算强度大大提高。RIPEMD-160的设计充分吸取了MD4、MD5、RIPEMD-128的一些性能，使其具有更好的抗强碰撞能力，它旨在替代128位的MD4、MD5和RIPEMD。

RIPEMD-160使用160位的缓存区来存放算法的中间结果和最终的哈希值。这个缓存区由5个32位的寄存器A、B、C、D、E构成。处理算法的核心是一个有10个循环的压缩函数模块，其中每个循环由16个处理步骤组成。在每个循环中使用不同的原始逻辑函数，算法的处理分为两种不同的情况，在这两种情况下，分别以相反的顺序使用5个原始逻辑函数。每一个循环都以当前分组的消息字和160位的缓存值A、B、C、D、E为输入得到新的值。每个循环都使用一个额外的常数K，在最后一个循环结束后，两种情况的计算结果A、B、C、D、E和A'、B'、C'、D'、E'及链接变量的初始值经过一次相加运算产生最终的输出。对所有的512位的分组处理完成之后，最终产生的160位输出即为消息摘要。

2.6 数字签名和消息认证

本节介绍数字签名的概念、特性、实现、应用、算法及消息认证。

2.6.1 数字签名的概念、特性、实现及应用

1. 数字签名的概念

在传统的以书面文件为基础的日常事务处理中，通常采用书面签名的形式，如手写签名、印章、手印等，确保当事人的身份真实和不可否认。这样的书面签名具有一定的法律意义。在以计算机为基础的数字信息处理过程中，就应当采用电子形式的签名，即数字签名（Digital Signatures）。

数字签名是一种以电子形式存在于数据信息之中的或作为附件或逻辑上与之有关联的数据。

2. 数字签名的特性

数字签名主要有以下特性。

- 不可否认。签署人不能否认自己的签名。
- 不可伪造。任何人都不能伪造数字签名。
- 可认证。签名接收者可以验证签名的真伪，也可以通过第三方仲裁来解决争议和纠纷。签名接收者还可通过验证签名来确保信息未被篡改。

根据上述数字签名的特性，数字签名可用于接收者验证数据的完整性和数据发送者的身份，也可用于第三方验证签名和所签名数据的真实性。

3. 数字签名的实现

（1）基于公钥密码体制的数字签名

图 2-28 所示为公钥密码体制用于数字签名的过程，步骤如下。

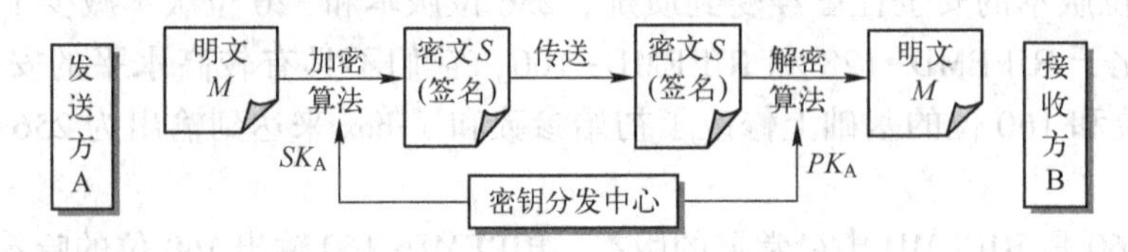

图 2-28　基于公钥密码体制的数字签名

1）A 用自己的私钥 SK_A对明文 M 进行加密，形成数字签名，表示为 $S=E_{SK_A}(M)$。

2）A 将签名 S 发给 B。

3）B 用 A 的公钥 PK_A对 S 进行解密，即验证签名，表示为 $M=D_{PK_A}(S)$。

因为从 M 得到 S 需要使用 A 的私钥 SK_A加密，只有 A 才能做到，因此 S 可当作 A 对 M 的数字签名。只要得不到 A 的私钥 SK_A就不能篡改 M，因此以上过程具有对消息来源的认证功能，发送方也不能否认发送的信息。

上述方案存在着一定的问题，特别是信息处理和通信的成本过高，因为加密和解密是对整个信息内容进行的。实际应用中，若是再传送明文消息，那么发送的数据量至少是原始信息的两倍。可以运用哈希函数来对此方案进行改进。

（2）基于公钥密码体制和哈希函数的数字签名

基于公钥密码体制和哈希函数的数字签名如图 2-29 所示。步骤如下。

1）A 用哈希函数对发送的明文计算哈希值（消息摘要），记作 $H(M)$，再用自己的私钥 SK_A 对哈希值加密，形成数字签名，表示为 $S=E_{SK_A}(H(M))$。

2）A 将明文 M 和签名 S 发给 B。

3）B 用 A 的公钥 PK_A 对 S 解密，验证签名，获得原始摘要，表示为 $h=D_{PK_A}(S)$，同时对明文计算哈希值，记作 $h'=H(M)$，如果 $h=h'$，则验证签名成功，否则失败。

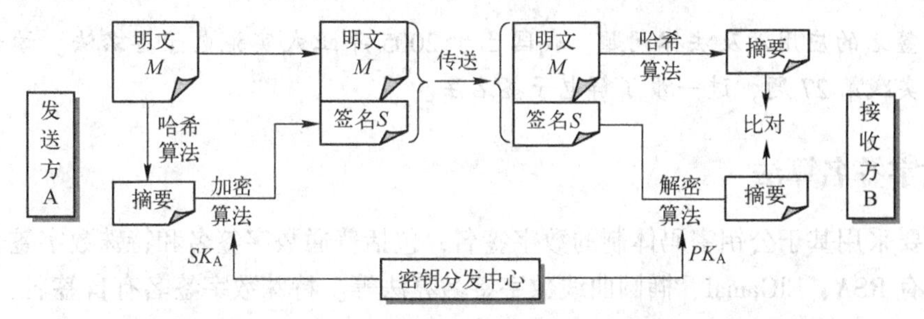

图 2-29　基于公钥密码体制和哈希函数的数字签名

假设第三方冒充发送方发出了一个明文，因为接收方在对数字签名进行验证时使用的是发送方的公开密钥，所以只要第三方不知道发送方的私有密钥，解密出来的数字签名和经过计算的数字签名必然是不相同的，这样就能确保发送方身份的真实性。

请读者注意图 2-28 和图 2-29 与图 2-17 中加密、解密时运用公钥和私钥的不同。在数据加密过程中，发送者使用接收者的公钥加密所发送的数据，接收者使用自己的私钥来解密数据，目的是保证数据的保密性；在数字签名过程中，签名者将自己的私钥签名关键信息（如信息摘要）发送给接收者，接收者使用签名者的公钥来验证签名信息的真实性。

（3）基于公钥密码算法及哈希函数进行数字签名和加密

在上述的数字签名方案中，对发送的信息的不可否认性和可认证性是有保障的，但尚不能保证保密性，即使是图 2-28 所示的对整个明文进行加密（签名）的情况，因为任何截取到信息的第三方都可以用发送方的公钥解密。图 2-30 所示是同时进行数字签名和加密的方案。

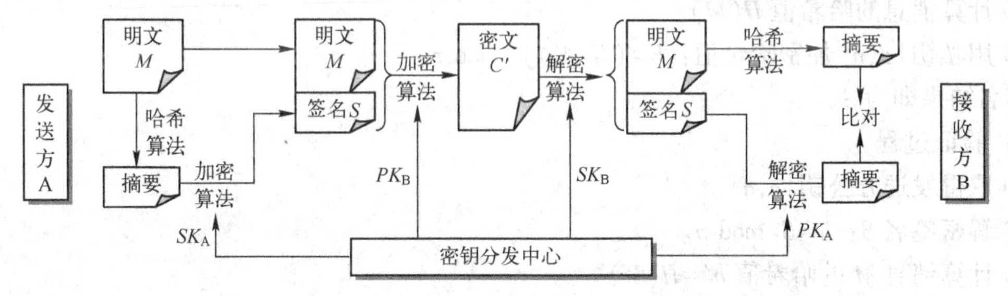

图 2-30　基于公钥密码算法及哈希函数的数字签名和加密

上述介绍的数字签名过程都涉及密钥分发中心 KDC，这是通信双方信任的实体。其中，KDC 签发公钥数字证书、接收方验证公钥证书等细节内容没有展开介绍。

4. 数字签名的应用

按照对消息的处理方式，数字签名的实际应用可以分为两类。

- 直接对消息签名，它是消息经过密码变换的被签名的消息整体。
- 对压缩消息的签名，它是附加在被签名消息之后或某一特定位置上的一段签名信息。

若按明文和密文的对应关系划分，以上每一种又可以分为两个子类。

- 确定性（Deterministic）数字签名，明文与密文一一对应，对一个特定消息的签名，签名保持不变，如基于RSA算法的签名。

- 随机化（Randomized）或概率式数字签名，它对同一消息的签名是随机变化的，具体取决于签名算法中的随机参数的取值。一个明文可能有多个合法的数字签名，如ElGamal签名。

在比特币区块链中，每个交易都需要用户使用私钥签名，只有采用该用户公钥验证通过的交易，比特币网络才会承认。

☞ *数字签名的应用涉及法律问题，我国已于2005年正式实施电子签名法。读者可以完成课后思考与实践第27题，进一步了解电子签名法。*

2.6.2 数字签名算法

目前主要采用基于公钥密码体制的数字签名，包括普通数字签名和特殊数字签名。普通数字签名算法有RSA、ElGamal、椭圆曲线数字签名算法等。特殊数字签名有盲签名、代理签名、群签名等。

1. 数字签名标准和算法

数字签名标准（Digital Signature Standard，DSS）由美国国家标准与技术研究院（NIST）于1991年8月提出，于1994年底正式成为美国联邦信息处理标准FIPS 186。

DSS最初只包括数字签名算法（Digital Signature Algorithm，DSA），后来经过一系列修改，目前的标准为2013年公布的扩充版FIPS 186-4，其中还包含了基于RSA的数字签名算法和基于ECC的椭圆曲线数字签名算法（Elliptic Curve Digital Signature Algorithm，ECDSA）。

（1）RSA

根据图2-30所示的数字签名工作原理，使用RSA公钥密码算法和SHA哈希函数进行数字签名的过程如下。

首先利用RSA算法产生私钥$\{d,n\}$和公钥$\{e,n\}$。

1）签名过程。

① 计算消息的哈希值$H(M)$。

② 用私钥$\{d,n\}$加密哈希值：$S=(H(M))^d \bmod n$。

签名结果即为S。

2）验证过程。

① 取得发送方公钥$\{e,n\}$。

② 解密签名S：$h=S^e \bmod n$。

③ 计算消息M的哈希值$h'=H(M)$。

④ 比较，如果$h=h'$，则签名有效，否则签名非法。

（2）DSA

DSA是ElGamal、Schnorr等数字签名算法的变体，该算法由D. W. Kravitz设计。

DSA具有的一些特点如下。

- DSA属于公钥密码算法，但被认为不能用于加密，也不能用于密钥分配，可用于接收者验证数据的完整性和数据发送者的身份，也可用于第三方验证签名和所签名数据的真实性。
- 与RSA不同，DSA在每一次签名的时候都使用随机数。所以，对同一消息签名，几次签名的结果是不同的。因此称DSA的数字签名方式是随机化的数字签名，而RSA的数字签名方式是确定性的数字签名。

● 为了配合 DSA 的使用，NIST 还设计了一种哈希函数——SHA（Secure Hash Algorithm）。DSS 规定了 DSA 与 SHA 结合使用，以完成数字签名。

DSA 的签名过程和验证过程如图 2-31 所示。算法中应用的参数见表 2-5。

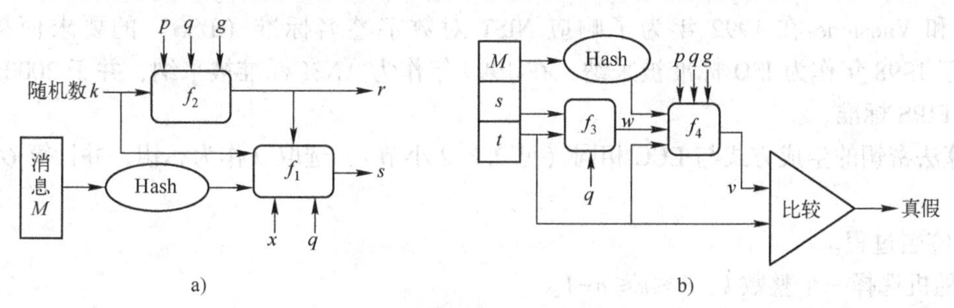

图 2-31　DSA 的签名和验证过程

a）签名过程　b）验证过程

表 2-5　DSA 签名过程和验证过程中各参数的含义

参　　数	含　　义
p	512~1024 位的大素数
q	160 位的素数，而且 $q\mid p-1$，即（$p-1$）是 q 的倍数
g	$g=h^{(p-1)/q} \bmod p$，h 为小于 $p-1$ 且大于 1 的任意整数
x	$x<q$，x 为签名者的私钥
y	$y=g^x \bmod p$，y 为签名者的公钥
h	Hash 函数，DSS 中选用 SHA

p、q、g 与 h 为系统公布的全局参数，与公钥 y 均公开。

1）签名过程。

生成随机数 k，$0<k<q$，并计算：

$$r=(g^k \bmod p) \bmod q$$

以及：

$$s=(k^{-1}(H(M)+xr)) \bmod q$$

签名结果是(r,s)。

2）验证过程。

首先检查 r 和 s 是否属于$[0,q]$，若不是则(r,s)不是签名。然后计算：

$$t=s^{-1} \bmod q$$

以及：

$$r' \equiv (g^{(H(M)t) \bmod q}\, y^{(rt) \bmod q} \bmod p) \bmod q$$

若 $r'=r$，则签名有效，否则签名非法。

DSA 是基于整数有限域求离散对数的难题，其安全性与 RSA 差不多。DSA 的一个重要特点是两个素数公开，这样，当使用别人的 p 和 q 时，即使不知道私钥，也能确认它们是随机产生的，还是做了手脚的。RSA 算法却做不到这些。

因为 DSA 是 ElGamal 签名方案的一个变形，所以有关 ElGamal 签名方案的一些攻击方法也可能对 DSA 有效。

DSA 算法的速度比 RSA 算法慢。二者的签名计算时间大致相同，但验证签名的速度 DSA 是 RSA 的 10~100 倍。

(3) ECDSA

椭圆曲线数字签名算法（Elliptic Curve Digital Signature Algorithm，ECDSA）基于椭圆曲线上的离散对数问题（ECDLP），是使用椭圆曲线对数字签名算法（DSA）的模拟。ECDSA 首先由 Scott 和 Vanstone 在 1992 年为了响应 NIST 对数字签名标准（DSS）的要求而提出的。ECDSA 于 1998 年作为 ISO 标准被采纳，在 1999 年作为 ANSI 标准被采纳，并于 2000 年成为 IEEE 和 FIPS 标准。

该算法密钥的生成方式与 ECC 相同（见 2.3.2 小节），选取 d 作为私钥，并计算 $Q=dG$ 作为公钥。

1）签名过程。

① 随机选择一个整数 k，$1 \leqslant k \leqslant n-1$。

② 计算 $kG=(x_1,y_1)$，$r=x_1 \bmod n$。

③ 计算 $e=H(M)$，$s=k^{-1}(e+dr) \bmod n$。

(r,s) 即是对消息 M 的签名。

2）验证签名。

① 检查 r、s 是否是 $[1,n-1]$ 中的整数。

② 计算 $e=H(M)$，$w=s^{-1} \bmod n$，$u_1=ew \bmod n$，$u_2=rw \bmod n$。

③ 计算 $X=u_1G+u_2Q=(x_1,y_1)$。

当且仅当 $x_1 \bmod n=r$ 时，签名有效。

在 ECDLP 不可破解及哈希函数足够强大的前提下，ECDSA 及其变形已被证明可以抵抗现有的任何选择明文（密文）攻击。在椭圆曲线所在群是一般群，并且 Hash 函数能够抗碰撞攻击的前提下，ECDSA 本身的安全性已经得到了证明。

2. 特殊数字签名算法

下面介绍几种特殊的数字签名算法。

(1) 盲签名

盲签名（Blind Signature）由 David Chaum 在 1983 年提出。对于盲签名来说，消息拥有者的目的是让签名人对该消息进行签名，但又不想让签名人知道该消息的具体内容。签名人也并不关心消息中说些什么，只是保证自己在某一时刻以公证人的资格证实这个消息的存在。

盲签名具有盲性和不可连接性的特点，在保证参与者密码协议的匿名性方面具有其他技术无法替代的作用。基于上述特点，该技术被广泛应用于电子货币、电子投票、电子支付等领域。

(2) 代理签名

代理签名（Proxy Signature）是指，原始签名人授权其签名权给代理签名人，然后让代理签名人代表原始签名人生成有效的签名。

例如，A 处长需要出差，而出差的地方不能很好地访问计算机网络。因此 A 接收到一些重要的电子邮件后指示其秘书 B 进行相应的回信。A 在不把其私钥给 B 的情况下，可以请 B 代理，这种代理具有下面的特性。

- 任何人都可区别代理签名和正常的签名。
- 不可伪造性。只有原始签名者和指定的代理签名者能够产生有效的代理签名。
- 代理签名者必须创建一个能检测到是代理签名的有效代理签名。
- 可验证性。从代理签名中，验证者能够相信原始的签名者认同了这份签名消息。
- 可识别性。原始签名者能够从代理签名中识别代理签名者的身份。

• 不可否认性。代理签名者不能否认由其建立且认可的代理签名。

（3）群签名

群签名（Group Signature）是指，在一个群签名方案中，一个群体中的任意一个成员都可以以匿名的方式代表整个群体对消息进行签名。与其他数字签名一样，群签名是可以公开验证的，而且可以只用单个群公钥来验证，也可以作为群标志来展示群的主要用途、种类等。

比如在公共资源的管理、重要军事情报的签发、重要领导人的选举、电子商务重要新闻的发布、金融合同的签署等事务中，群签名都可以发挥重要作用。比如群签名在电子现金系统中可以有下面的应用：可以利用群盲签名来构造有多个银行参与发行电子货币的、匿名的、不可跟踪的电子现金系统。在这样的方案中有许多银行参与这个电子现金系统，每一个银行都可以安全地发行电子货币。这些银行形成一个群体，受中央银行的控制，中央银行担当了群管理员的角色。

目前，群盲签名方案效率不高，这样的电子现金系统离现实应用还有一段距离，因此研究高效的群签名方案，对于实现这样的系统具有重要意义。群签名方案的研究目前是数字签名研究的一个热点。

2.6.3　消息认证

在信息安全领域中，常见的信息保护手段大致可以分为保密和认证两大类。目前的认证技术分为用户认证和消息认证两种方式。用户认证用于鉴别用户的身份是否合法，本书将在第4章中介绍。消息认证主要是指接收方能验证消息发送方的真实性及所发消息的内容是否未被篡改，也可以验证消息的顺序和及时性。消息认证可以应对网络通信中存在的针对消息内容的攻击，如伪造消息、篡改消息内容、改变消息顺序、消息重放或者延迟。

消息认证与数字签名的区别在于，当收发者之间没有利害冲突时，消息认证对于防止第三者的破坏来说足够了。但当收者和发者之间有利害冲突时，单纯用消息认证技术就无法解决他们之间的纠纷，此时需借助数字签名技术。

消息认证过程中，消息认证码（Message Authentication Code，MAC）是一个重要概念，产生消息认证码是消息认证的关键。消息认证码通常可以通过常规加密和哈希函数产生。

图2-4中，用对称密钥加密消息得到的密文 C 就可作为消息认证码。因为，消息的发送方和接收方共享一个密钥，对于接收方而言，只有消息的发送者才能够成功将消息加密。当然，这种方式下的消息认证码无法将消息与任何一方关联，也就是发送方可以否认消息的发送，因为密钥由双方共享。

图2-28中，发送方用自己的私钥对消息加密得到的密文 C（签名）也可作为消息认证码。但是前面分析过，对整个信息内容进行加密，在实际应用中的代价过高，不可行。

图2-29和图2-30中，通过哈希函数对明文消息计算而得到的消息摘要可以作为消息认证码。目前，基于哈希函数的消息认证码（HMAC）是常用的生成方式，HMAC已被用于SSL/TLS和SET等协议标准中。

将哈希函数用于消息认证通常有以下几种方法。

1）用对称密钥对消息及附加在其后的哈希值进行加密。

2）用对称密钥仅对哈希值进行加密。对于不要求保密性的应用，这种方法能够减少处理代价。

3）用公钥密码中发送方的私钥仅对哈希值进行加密（签名）。这种方式不仅可以提供认证，还可以提供数字签名。

4）先用公钥密码中发送方的私钥对哈希值加密（签名），再用接收方的公钥对明文消息和签名进行加密。前面的图 2-30 已经展示了该方案。这种方式比较常用，既能保证保密性，又具有可认证性和不可否认性。

📖 拓展阅读

读者要想了解密码的历史以及密码学原理与技术，可以阅读以下书籍资料。

[1] 结城浩．图解密码技术［M］．3 版．周自恒，译．北京：人民邮电出版社，2016.

[2] Bruce Schneier. 应用密码学：协议、算法与 C 源程序［M］．2 版．吴世忠，等译．北京：机械工业出版社，2013.

[3] 国家密码管理局．中华人民共和国密码行业标准化指导性技术文件：密码术语［S］．国家密码管理局，2013.

[4] 彭长根．现代密码学趣味之旅［M］．北京：金城出版社，2015.

[5] 王善平．古今密码学趣谈［M］．北京：电子工业出版社，2012.

[6] 郭世泽，王韬，赵新杰．密码旁路分析原理与方法［M］．北京：科学出版社．2014.

2.7 密码算法的选择与实现

本节首先介绍密码算法应用中的 3 个主要问题，然后介绍我国商用密码算法，最后介绍常用的密码函数库。

2.7.1 密码算法应用中的问题

密码算法在应用中存在 3 个主要问题，一是密码算法及产品受到各国政府的控制和管理，二是密码算法的后门问题，三是侧信道攻击问题。这些问题直接影响密码应用的安全性。

1. 密码算法及产品受到控制和管理

鉴于密码算法关乎政府、军队、商业等重要领域的敏感信息，因此，出于维护国家安全和社会稳定的需要，各国政府都极其重视对密码的控制和管理。

例如，美国政府在第二次世界大战结束后，曾经认定密码技术属于军事装备，而明令禁止其出口海外。到了 20 世纪 90 年代，随着计算机和因特网的兴起，密码技术开始广泛应用于商业领域。美国为了商业利益，政府不得不放松对密码的管制，允许其出口使用，但限制密钥长度不得超过 40 位。当时的网景（Netscape）公司只能生产两种版本的因特网浏览器，即使用 128 位密钥的美国版和使用 40 位密钥的国际版。1996 年，美国总统克林顿签署了一项法令，把商用密码从军事装备清单中去除，从而进一步放松了对密码的出口管制。目前，美国由商务部下属的工业与安全局（Bureau of Industry and Security）管理非军事密码技术的出口，凡出口密钥长度超过 60 位的密码技术都需在该局登记。

目前，依据国务院颁布的《商用密码管制条例》以及国家密码管理局发布的配套管理办法，我国密码出口的控制和管理有许可证制度、备案制度和安全审查制度等。也就是说，未经过许可，任何单位和个人不得出口商用密码相关产品；密码出口产品的研制单位和生产单位要进行备案；出口商用密码产品必须通过安全性审查。

2. 密码算法的后门

密码算法的后门是指秘密的、未被公开的入口，能够绕过监管，不易被发现。

案例 2-10 2013 年 12 月，路透社披露，美国国家安全局（NSA）通过国际著名的 RSA 安全公司将 Dual_EC_DRBG 作为 Bsafe 安全产品中的首选随机数生成算法，而该算法在 2007 年就被密码学家 Niels Ferguson 和 Dan Shumow 发现存在后门。

Dual_EC_DRBG 是美国标准与技术研究院（NIST）于 2006 年颁布的 SP800-90 标准中的一种伪随机数生成算法，利用的是双椭圆曲线，用于生成随机密钥。该算法使用了一个常数 Q，但是标准中并未提及选择这个常数的原因。如果算法中使用的常数经过特殊选择，并且用来选择这些常数所使用的数据被算法设计者保存下来，那么该算法设计者在知道该算法生成随机序列的前 32 个字节的情况下，可以预知未来所有生成的随机序列。

好的随机数必须是“随机”和“不可预测”的。反之，差的随机数则会被轻易地推算相关数据。随机数的品质成为保障密钥是否安全的关键。

Bsafe 是 RSA 公司开发的一个面向开发者的软件工具。开发者可以将 Bsafe 嵌入到程序中，使得他们开发的程序获得一些安全特性的支持，包括加解密、证书颁发、SSL 等。在存储、通信过程中使用加解密算法时，使用有缺陷的伪随机数生成算法所生成的加解密密钥，有可能被攻击者预测到，从而使得保护的秘密泄露。

3. 针对密码算法的侧信道攻击

侧信道攻击主要是指利用与密码实现有关的物理特性来获取运算中暴露的秘密参数，以减少理论分析所需计算工作的密码分析方法，也包括通过侵入系统获取密码系统的密钥的方法。测量密码算法的执行时间、差错、能量、辐射、噪声、电压等物理特性被用于侧信道分析技术中。

为抵抗侧信道攻击，研究人员提出了指令顺序随机化、加入噪声、掩码、随机延迟等方法，但都无法完全抵抗越来越复杂的各种侧信道攻击。

一些学者提出，在设计算法时就需要考虑信道泄露信息情况下算法的安全性，将可能泄露的信道信息抽象为数学上的泄露函数，这就把物理实现上存在的问题重新归纳为数学问题，在这种模型下设计出的算法自然可以避免实现时可能遇到的安全问题。这一思想已成为密码学领域的一项新的重要研究方向。

2.7.2 我国商用密码算法

选择密码算法及加密强度时，除了根据安全需求外，还应参照国家法律和相关行业规定的要求。1999 年，我国颁布了商用密码管理条例，之后陆续推出了我国自主设计的密码算法，并在商用密码产品中得到广泛应用。这些密码算法如下。

1）SM1 对称加密算法。该算法是分组密码算法，分组长度和密钥长度均为 128 位。算法安全保密强度及相关软硬件实现性能与 AES 相当，算法不公开，仅以 IP 核的形式存在于芯片中。

2）SM2 椭圆曲线公钥密码算法。该算法就是 ECC 椭圆曲线密码机制，但在签名、密钥交换方面采取了更为安全的机制。另外，SM2 推荐了一条 256 位的曲线作为标准曲线。

3）SM3 哈希算法。该算法在 SM2、SM9 标准中使用，适用于数字签名和验证、消息认证码的生成与验证、随机数的生成。对输入长度小于 2^{64} 位的消息，此算法经过填充和迭代压缩，生成长度为 256 位的哈希值。

4）SM4 对称加密算法。该算法是一种分组密码算法，用于无线局域网产品。该算法的分组长度和密钥长度均为 128 位。

5）SM7 对称加密算法。该算法是一种分组密码算法，分组长度和密钥长度均为 128 位。该算法文本目前没有公开发布。SM7 适用于非接触式 IC 卡应用，包括身份识别类、票务类，以及支付与通卡类等应用。

6）SM9 非对称加密算法。该算法可以实现基于身份的密码体制，也就是公钥与用户的身份信息相关，从而比传统意义上的公钥密码体制多许多优点，省去了证书管理等。

7）祖冲之对称加密算法。该算法是由中国科学院等单位研制的，运用于移动通信 4G 网络 LTE 中的国际标准密码算法。

为了进一步指导应用程序开发，国家密码管理局发布了《密码设备应用接口规范》（GM/T 0018—2012）、《通用密码服务接口规范》（GM/T 0019—2012）、《智能密码钥匙密码应用接口规范》（GM/T 0016—2012）和《智能密码钥匙密码应用接口数据格式规范》（GM/T 0017—2012）等行业标准，给出了商用密码算法的应用接口（API），并详细说明了调用 SM1、SM2、SM3 及 SM4 算法时相关函数的数据类型、格式和安全性要求等内容。按照我国商用密码管理条例生产和销售的密码设备，均应按照上述标准提供接口。

2.7.3 常用密码函数库

在软件开发中还可以采用一些专用的密码函数库。这些函数库实现了密码算法的基本功能，为研究者和开发者进一步研究和开发安全服务提供编程接口，使软件开发人员能够忽略一些密码算法的具体过程和网络底层的细节，从而更专注于程序本身具体功能的设计和开发。

常用的密码函数库有以下几种。

1）MIRACL（Multiprecision Integer and Rational Arithmetic C/C++ Library）。MIRACL 是一套由 Shamus Software 公司所开发的当前使用较为广泛的公钥加密算法函数库，包含了 RSA、AES、DSA、ECC 和 Diffie-Hellman 密钥交换等算法。

MIRACL 函数库的特点是运算速度快，且大部分代码是用标准的 ANSI C 编写的，可以用任意规范的 ANSI C 编译器进行编译，因此 MIRACL 能够支持多种平台。此外，MIRACL 包中包含了库中所有模块的完整源代码及示例程序，提供免费下载。读者可访问 https://github.com/miracl/MIRACL 了解更多细节。

2）OpenSSL。OpenSSL 是一个实现了 SSL 协议及相关加密技术的软件包，主要包括密码算法、SSL 协议库，以及常用密钥和证书封装管理功能，并提供了丰富的应用程序，供用户测试或直接使用。

3）.NET 基础类库中的加密服务提供类。常见的加解密及数字签名算法都已经在 .NET Framework 中得到了实现，为编码提供了极大的便利，实现这些算法的命名空间是 System.Security.Cryptography。该命名空间提供加密服务，包括数据加密和解密、数字签名及验证、消息摘要等。

4）Java 安全开发包。包括以下 4 个部分。

- Java 加密体系结构（Java Cryptography Architecture，JCA）：提供基本的加密框架，如证书、数字签名、消息摘要和密钥对产生器。
- Java 加密扩展包（Java Cryptography Extension，JCE）：在 JCA 的基础上进行了扩展，提供了各种加密算法、消息摘要算法和密钥管理等功能。有关 JCE 的实现主要在 Javax.crypto 包及其子包中。
- Java 安全套接字扩展包（Java Secure Sockets Extension，JSSE）：提供了基于 SSL 的加密

功能。

- Java 鉴别与安全服务（Java Authentication and Authentication Service，JAAS）：提供了在Java 平台上进行用户身份鉴别的功能。

📖 **拓展阅读**

读者要想了解更多有关密码算法的实现与应用技术，可以参阅以下书籍资料。

[1] 李子臣，等．典型密码算法 C 语言实现［M］．北京：国防工业出版社，2013.

[2] 陈卓，等．网络安全编程与实践［M］．北京：国防工业出版社，2008.

[3] 王静文，等．密码编码与信息安全：C++实践［M］．北京：清华大学出版社，2015.

[4] 梁栋．Java 加密与解密的艺术［M］．2 版．北京：机械工业出版社，2014.

[5] 马臣云，王彦．精通 PKI 网络安全认证技术与编程实现［M］．北京：人民邮电出版社，2008.

[6] 谢永泉．我国密码算法应用情况［J］．信息安全研究，2016，2（11）：969-971.

[7] 数缘社区．密码学 C 语言函数库 Miracl 库快速上手［EB/OL］．http://www.mathmagic.cn/bbs/read.php? tid=7050.

[8] Microsoft．Windows Cryptography API：Next Generation（CNG）——即下一代 Windows 加密 API［EB/OL］．https://msdn.microsoft.com/en-us/library/windows/desktop/aa376210(v=vs.85).aspx.

应用实例：无线网络中的密码应用

无线网络，尤其是以 WAP（Wireless Application Protocol，无线应用协议）和 WiFi（Wireless Fidelity，通常指无线局域网）为代表的技术为应用带来了极大的方便，但是由于无线网络基于电磁波的传输，因此极易产生信息窃取或中间人攻击等攻击行为，相应地也需要有适用于无线网络环境的加密技术。

（1）无线加密协议（Wireless Encryption Protocol，WEP）

WEP 有时候也称为“有线等效加密协议”（Wire Equivalent Privacy，WEP），是为了使无线网络能够达到与有线网络等同的安全而设计的协议。WEP 是 1999 年 9 月通过的 IEEE 802.11 标准的一部分，使用 RC4 加密算法对信息进行加密，并使用 CRC-32 验证完整性。由于存在多方面的安全漏洞，WEP 已被 WPA 或 WPA2 安全标准替代。

（2）WiFi 访问控制协议（WiFi Protected Access，WPA）

WPA 包括 WPA 和 WPA2 两个标准。WPA 实现了 IEEE 802.11i 标准的大部分要求，是在 IEEE 802.11i 标准完备之前替代 WEP 的一套过渡方案。WPA 的设计可以用在所有的无线网卡上。而 WPA2 实现了完整的 IEEE 802.11i 标准，这两个标准修改了 WEP 中的几个严重漏洞，都能实现较好的安全性。

1）WPA 是使用 128 位的密钥和一个 48 位的初始化向量（IV）组成的完整密钥，使用 RC4 加密算法来加密。WPA 相比于 WEP，其主要改进就是增加了可以动态改变密钥的“临时密钥完整性协议”（Temporal Key Integrity Protocol，TKIP），还使用了更长的初始化向量。除了认证和加密过程的改进外，WPA 对于所传输信息的完整性也进行了很大的改进。WEP 所使用的 CRC（循环冗余校验）先天就不安全，在不知道 WEP 密钥的情况下，修改 CRC 校验码是可能的。而 WPA 使用了更安全的信息认证码（MIC）。进一步的，WPA 使用的 MIC 包含帧计数器，以避免 WEP 容易遭受的重放攻击。

2）WPA2 是由 WiFi 联盟验证过的 IEEE 802.11i 标准的认证形式。对比 WPA 而言，WPA 中使用的 MIC 在 WPA2 中被更加安全的信息认证码协议（CCMP）所取代，而加密使用的 RC4 算法也被更加安全的 AES 所取代。如图 2-32 所示，WPA2 为无线网络中常选用的安全类型。

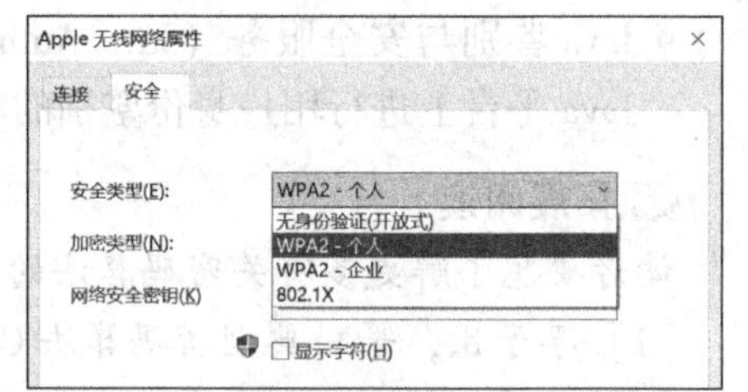

图 2-32　WPA2 安全类型

2.8　信息隐藏

信息隐藏（Information Hiding），是指将机密信息秘密隐藏于另一公开的信息（通常称为载体）中，然后将其通过公开通道来传递。信息隐藏不同于传统的密码学技术。利用密码技术可以将机密信息变换成不可识别的密文，信息经过加密后容易引起攻击者的好奇和注意，诱使其怀着强烈的好奇心和成就感去破解密码。但对信息隐藏而言，攻击者难以从公开信息中判断其中是否存在机密信息，从而保证机密信息的安全。简单地说，加密保护的是信息内容本身，而信息隐藏则掩盖它们的存在。

信息隐藏技术的基本思想源于古代的隐写术。大家熟知的隐写方法要数化学隐写了，如用米粥水在纸上写字，待干后纸上看不出写上的字，然而滴上碘酒后这些字会显现出来。

近年来，信息论、密码学等相关学科为信息隐藏提供了丰富的理论基础，多媒体数据压缩编码与扩频通信技术的发展为其提供了必要的技术基础。信息之所以能够被隐藏，可以归结为以下两点。

- 人的生理学弱点。人眼的色彩感觉和亮度适应性缺陷、人耳的相位感知缺陷都为将信息隐藏在图片、音频或视频等文件中提供了可能。
- 载体中存在冗余。例如，多媒体信息本身存在很大的冗余性，网络数据包中存在冗余位。

因此，可以将机密信息进行加密后隐藏在一幅普通的图片（也可以是音频、视频、文档或数据包）中发送，这样攻击者不易对普通图片产生兴趣，而且由于经过加密，即使被截获，也很难破解其中的内容。

信息隐藏通常可分为隐写术（Steganography）和数字水印（Digital Watermark）。本节主要介绍隐写术。数字水印技术可以用于保护信息内容的安全，如防伪、版权保护等，将在第 7 章中介绍。

2.8.1　信息隐藏模型

信息隐藏核心系统的模型如图 2-33 所示。

- 秘密信息（Secret Message）。秘密信息是指待隐藏的信息，它可以是秘密数据或版权信息。为了增加安全性，可先对待隐藏的信息进行加密，再将密文隐藏到载体中。
- 载体（Covert）。如图片、视频、音频等文件或网络数据包等。
- 嵌入算法（Embedding Algorithm）和提取算法（检测器）。嵌入算法利用密钥来实现秘密信息的隐藏。提取算法（检测器）则利用密钥从载体中恢复（检测）出秘密信息。

- 密钥（Key）。信息的嵌入和提取过程一般由密钥来控制。密钥可以采用对称密钥，也可以采用非对称密钥。

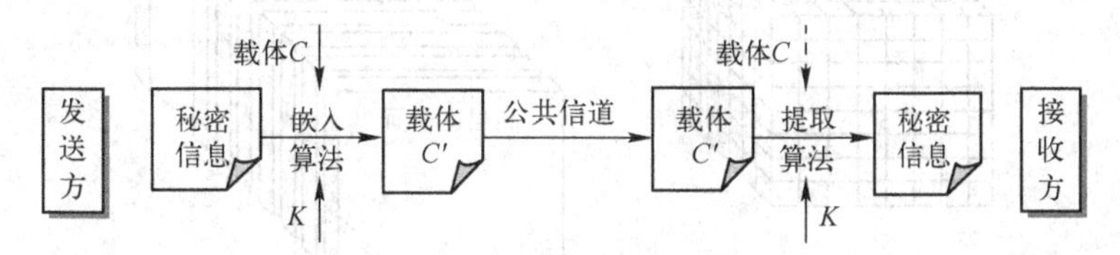

图 2-33　信息隐藏核心系统模型

在提取信息时可以不需要原始载体 C（图 2-33 中用虚线表示），这种方式称为盲隐藏。使用原始的载体信息更便于检测和提取信息。但是，载体的传输一方面会面临传输对称密钥一样的风险，另一方面也会需要传输代价，因此目前大多数应用还是采用盲隐藏技术。

信息隐藏技术存在以下一些基本要求。

- 健壮性（Robustness）。指即使载体受到某种扰动，也应能恢复隐藏信息。这里所谓的"扰动"包括传输过程中的噪声干扰、滤波、有损编码压缩及人为破坏等。
- 不可感知性（Imperceptibility）。指嵌入信息的载体不具有可感知的失真，即与原始载体具有一致的特性，如具有一致的统计噪声分布等，以便使非法拦截者无法判断是否有隐藏信息。
- 安全性（Security）。指隐藏算法有较强的抗攻击能力，能够承受一定程度的人为攻击，而使隐藏信息不会被破坏。此外，信息隐藏过程中密钥的安全管理也很重要。
- 信息量（Capacity）。指载体中要隐藏尽可能多的信息。事实上，在保证不可感知的条件下，隐藏的信息越多越会影响健壮性。因此，必须注意每一个具体的信息隐藏系统都涉及不可感知性、健壮性及信息量之间的折中。

2.8.2　信息隐藏方法

根据嵌入域可以将信息隐藏分为空间域和变换域两大类方法。

- 空间域方法主要是指，用待隐藏的信息替换载体信息中的冗余部分。
- 变换域方法是指，把待隐藏的信息嵌入到载体的一个变换域空间中。这种方法类似于密码算法中的通过"混乱"和"扩散"来消除移位变换加密方法的缺陷。

考虑到变换域方法涉及较复杂的数学基础，本小节仅介绍空间域方法。

1. 图像文件中的 LSB 算法应用

一种典型的空间域信息隐藏算法是将信息嵌入到图像点中最不重要的像素位（Least Significant Bits，LSB）上，简称 LSB 算法。该算法利用人视觉的不可见性缺陷，将信息嵌入到图像最不重要的像素位上，如最低几位。

如图 2-34 所示，对于一个 8×8 共 64 个像素点的图像，每一个像素点的灰度值量化时的取值范围为 0~255，如果转换为二进制，则可以用 8 位的"0""1"二进制串表示。这样，一个分辨率为 8×8 的数字图像文件就可以用 8×8×8 的三维矩阵存储。图中从高到低可以分为 8 个位平面，分别对应着 8 个灰度值位所在的平面。

对于数字图像，这 8 个位平面在图像中所代表的重要程度是不同的。如图 2-35 所示，是通过计算处理得到的最高位平面图像和最低位平面图像，图 2-35a 所示是原图，图 2-35b 所示是提取的最高位平面图，图 2-35c 所示的最低位平面图基本是噪声，几乎不含什么有用的信息。

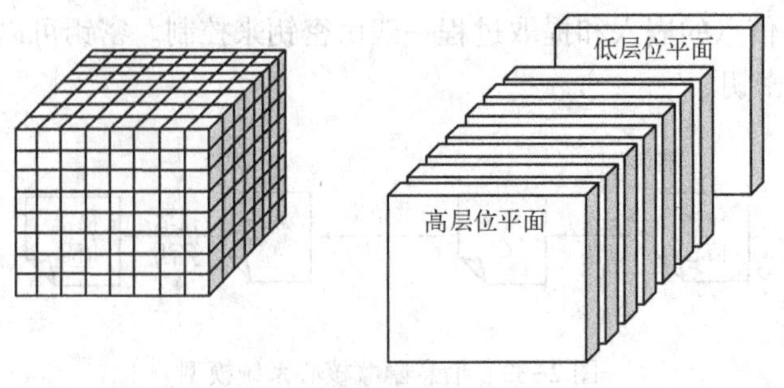

图 2-34　图像 8 层分层图

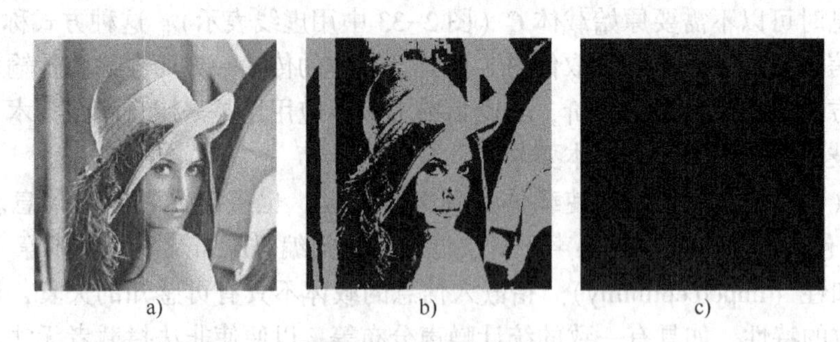

图 2-35　图像分层提取

a）原图　b）提取的最高位平面图　c）提取的最低位平面图

由此可以得出如下结论。

- 图像的能量集中在高几层位平面中，图像对高几层的修改比较敏感。
- 图像的最低位平面甚至是较低的几层位平面几乎不含信息量，对修改不敏感。
- 可以用待隐藏信息去替换原始载体的最低位平面或较低的几层位平面，从而实现信息隐藏，又不会使载体发生视觉上的可察觉性改变。

这就是 LSB 算法的实现原理。

2. 其他信息隐藏载体及隐藏方法

信息隐藏的载体除了上述的图像文件外，还可以是音频、视频、文本、数据库、文件系统、硬盘、可执行代码及网络数据包。

（1）基于文本的信息隐藏

可以通过改变文本模式或改变文本的某些文本特征来实现信息隐藏。例如利用行间距的大小，1 倍行距代表 0，1.5 倍行距代表 1。

（2）利用 HTML 文件

超文本标记语言（HTML）是设计网页的基本语言。HTML 由普通文本文件加上各种标记组成，可以根据 HTML 的特点设计几种信息隐藏方法。

1）基于不可见字符的方法。不可见字符（如空格和制表符）可以被加载在句末或行末等位置，而不会改变网页在浏览器中的正常浏览，因而可以用空格表示“0”，用制表符表示“1”来隐藏信息。该方法易于实现，但该方法增加了文件的大小，通过对网页源代码进行选择操作，容易发现隐藏信息。

2）修改标记名称字符的大小写来隐藏信息。HTML 规范规定，HTML 标记中的字母是不区分大小写的，因而可以通过改变标记中字母的大小状态在网页中隐藏信息，如用大写标记名称<HTML>代表隐藏 1，用小写标记名称<html>代表隐藏 0。这样，一个标记名称可隐藏 1 位信息。该方法不改变文件的大小，且能够嵌入较大量的秘密信息。但标记中字母大小的变换容易暴露隐藏的信息。

3）基于属性对顺序的方法。HTML 规范规定，HTML 开始标记（Start Tag，简称标记）的属性与顺序无关。任意选择标记中的两个属性，其中一个记为主属性，另一个为从属性，当主属性在从属性前时表示“0”，否则表示“1”。该方法不改变文件的大小，隐蔽性好，对源代码简单分析时无法确定是否隐藏了信息，但隐藏的信息量较小，且需要数据库记录原始属性对的顺序。

4）用单标记具有两种等价格式的特点来隐藏信息。如标记
等价于
，可用
代表隐藏 1，
代表隐藏 0。类似的标记还有<HR>=<HR/>、<IMG>=<IMG/>等。这样的一个标记可隐藏 1 位信息。

（3）利用网络协议中的冗余位

当前广泛使用的 TCP/IP 协议是 IPv4 版本，该版本协议在设计时存在冗余，这为隐藏秘密信息提供了可能。与图像、音频等信息隐藏技术不同，网络协议信息隐藏技术以各种网络协议为载体进行信息隐藏，主要用于保密通信。TCP/IP 协议中，传输层的 TCP 和 UDP、应用层的 HTTP、SMTP 等协议均可以隐藏信息。

应用实例：利用 LSB 算法在图像中隐藏信息

对于 256 色图像，在不考虑压缩的情况下，每个字节存放一个像素点，那么一个像素点至少可隐藏 1 位信息，一幅 640 像素×480 像素的 256 色图像至少可隐藏 640×480=307200 位（38400 字节）的信息。对于 24 位真彩色图像，在不考虑压缩的情况下，3 个字节存放一个像素点，那么一个像素点至少可隐藏 3 位信息，一幅 1024 像素×768 像素的图像可以隐藏 1024×768×3=2359296 位（294912 字节）的信息。

BMP 图像文件包括每个像素为 1 位、4 位、8 位和 24 位的图像，其中，24 位真彩色图像在位图文件头和位图信息头后直接是位图阵列数据。选用 24 位 BMP 图像可以很容易地把密文信息存储到位图阵列信息中，因为从 24 位 BMP 图像文件的第 55 个字节起，每 3 个字节为一组记录一个像素的红（R）、绿（G）、蓝（B）3 种颜色的亮度分量。

实验证明，人眼对红、绿、蓝的感觉是不同的，根据亮度公式（$Y=0.3R+0.59G+0.11B$），以及人眼视锥细胞对颜色敏感度的理论，人眼对绿色最敏感，对红色次之，而对蓝色最不敏感。改变红色分量的最低 2 位，绿色分量的最低 1 位，蓝色分量的最低 3 位，都不会让图像产生人眼容易察觉的变化。按照这种方法，一个长度为 L 字节的 24 位 BMP 图像可以隐藏信息的最大字节数是 $(L-54)/4$，其中需要排除位图文件头和位图信息头共 54 字节。因此，从密文文件头开始按 3 字节一组（最后一组不够时可少于 3 字节）依次读出密文文件字节到 A、B、C（$A=a_7a_6a_5a_4a_3a_2a_1a_0$，$B=b_7b_6b_5b_4b_3b_2b_1b_0$，$C=c_7c_6c_5c_4c_3c_2c_1c_0$），每读一组密文文件的 3 字节，可与一组 BMP 图像文件的 12 字节进行表 2-6 所示的替换。提取密文的过程是按隐藏密文的逆过程从隐藏有密文的 24 位 BMP 图像文件中抽取信息，并以字节为单位重新生成密文。

表 2-6　替换表

67 R	* * * * * * a_7a_6
68 G	* * * * * * * a_5
69 B	* * * * * $a_4a_3a_2$
70 R	* * * * * * a_1a_0
71 G	* * * * * * * b_7
72 B	* * * * * $b_6b_5b_4$
73 R	* * * * * * b_3b_2
74 G	* * * * * * * b_1
75 B	* * * * * $b_0c_7c_6$
76 R	* * * * * * c_5c_4
77 G	* * * * * * * c_3
78 B	* * * * * $c_2c_1c_0$
…	…

2.9 密码学研究与应用新进展

本节介绍密码学领域的 3 个研究和应用热点：量子计算机与抗量子计算密码、云计算与同态密码及数据安全与区块链。

2.9.1 量子计算机与抗量子计算密码

1. 量子与量子计算机

量子信息科学的研究和发展催生了量子计算机、量子通信的出现。由于量子信息的奇妙特性，使得量子计算具有天然的并行性。例如，当量子计算机对一个 n 量子位的数据进行处理时，量子计算机实际上是同时对 2^n 个数据状态进行了处理。正是这种并行性使得原来在电子计算机环境下的一些困难问题，在量子计算机环境下却成为容易计算的。量子计算机的这种超强计算能力，使得基于计算复杂性的现有公钥密码的安全受到挑战。

目前可用于密码破译的量子计算算法主要有 Grover 算法和 Shor 算法。对于密码破译来说，Grover 算法的作用相当于把密码的密钥长度减少一半。而 Shor 算法则可以对目前广泛使用的 RSA、ElGamal、ECC 公钥密码和 DH 密钥协商协议进行有效攻击。这说明在量子计算环境下，RSA、ElGamal、ECC 公钥密码和 DH 密钥协商协议将不再安全。

案例 2-11 早在 2001 年，IBM 公司就研制出 7 量子位的示例型量子计算机，向世界宣告了量子计算机原理的可行性。2011 年 9 月 2 日，美国加州大学圣芭芭拉分校的科学家宣布，研制出具有冯·诺依曼计算机结构的量子计算机，并成功地进行了小合数的因子分解试验。2012 年 3 月 1 日，IBM 宣布找到了一种可以大规模提升量子计算机量子位数的关键技术。

除了美国之外，加拿大的量子计算机取得了长足的发展。2007 年 2 月，加拿大 D-Wave System 公司宣布研制出世界上第一台商用 16 量子位的量子计算机。2008 年 5 月提高到 48 量子位。2011 年 5 月 30 日又提高到 128 量子位，并开始公开出售，1000 万美元一台。美国著名军火制造商洛克希德·马丁公司购买了这种量子计算机，用于新式武器的研制。2013 年初又大幅度地提高到 512 量子位，价格也上升为 1500 万美元一台。著名信息服务商谷歌公司购买了这种量子计算机，用于提高信息搜索效率和研究量子人工智能。

2018 年 3 月，谷歌宣布推出一款 72 量子位的通用量子计算机 Bristlecone，实现了 1%的低错误率，该芯片算力约等同于 430 亿颗 8 代 i7 芯片的算力。无独有偶，IBM 在同年 2 月也曝光了其 50 量子位的量子原型机内部构造。目前，量子计算机已在技术上论证成功并进入工程学的范畴，一旦在工程上实现突破，量子计算机便不再是奢想。

量子计算机的发展大大超出了人们原来的预想。不过，由于目前量子计算机的量子位数太少，尚不能对现有密码构成实际的威胁。但是，随着量子计算技术的发展，总有一天会对现有密码构成实际威胁。

在量子计算环境下，我们仍然需要确保信息安全，仍然需要使用密码，但是使用什么密码呢？这是摆在面前的一个重大战略问题。

2. 抗量子计算密码

2015 年，美国国家标准技术研究院 NIST 发布了一份《后量子密码报告》（*Report on Post-Quantum Cryptography*），对公钥密码算法的换代工作及后量子密码算法研究工作产生了极大的推动作用。

报告中提到的后量子密码算法主要有基于格的密码（Lattice-Based Cryptography）、基于编码（Code-Based Cryptography）的密码系统、多变量密码（Multivariate Cryptography）及基于哈希算法的签名（Hash-Based signatures）4种。此外，还有学者基于超奇异椭圆曲线上的同源问题、共轭搜索问题（Conjugacy Search Problem）及辫群（Braid Groups）中的相关问题等设计抗量子的密码系统等。在这些解决方案中，由于基于格可以设计加密、签名、密钥交换等各种密码系统，且具有较可信的安全性，因此格密码被公认是后量子密码算法标准最有力的竞争者。

由于量子计算对现有密码体系提出了严峻挑战，人们考虑采取量子的方式构建加密体系，也就是采用量子态作为信息载体，通过量子通道在合法的用户之间传送密钥。量子密码的安全性由量子力学原理所保证。

所谓"绝对安全性"，是指即使窃听者可能拥有极高的智商、可能采用最高明的窃听措施、可能使用最先进的测量手段，密钥的传送仍然是安全的。

窃听者通常采用以下两类截获密钥的方法，不过，量子密码有相应的解决措施。

1）对携带信息的量子态进行测量，从其测量的结果来提取密钥的信息。但是，量子力学的基本原理告诉我们，对量子态的测量会引起波函数坍缩，从本质上改变量子态的性质，发送者和接受者通过信息校验就会发现他们的通信被窃听，因为这种窃听方式必然会留下具有明显量子测量特征的痕迹，合法用户之间便会因此终止正在进行的通信。

2）避开直接的量子测量，采用具有复制功能的装置，先截获和复制传送信息的量子态。然后，窃听者再将原来的量子态传送给要接收密钥的合法用户，留下复制的量子态供窃听者测量分析，以窃取信息。这样，窃听原则上不会留下任何痕迹。但是，由量子相干性决定的量子不可克隆定理告诉人们，任何物理上允许的量子复制装置都不可能克隆出与输入态完全一样的量子态来。这一重要的量子物理效应，确保了窃听者不会完整地复制出传送信息的量子态。因而，这种窃听方法也无法成功。

量子密码术理论上提供了不可破译、不可窃听和大容量的保密通信体系。

2.9.2 云计算与同态密码

1. 同态密码的产生

云计算促进了全球数据的共享，同时也对数据安全和隐私保护提出了挑战。为了确保数据的安全和隐私不被泄露，数据一般以密文形式存储在云中，这是最基本、最重要也是让用户最放心的一项安全措施。然而，一般加密方案关注的数据存储安全，却给数据的应用带来了障碍。如果仅将数据加密后存储在云端，那么云计算也就退化成了仅提供存储数据的云存储服务，而其他云服务，如SaaS、PaaS等，均会由于密文的限制而难以实现。因此，如何能在密文不被解密的情况下对数据进行操作就显得尤为重要。这样，用户就可以委托第三方对数据进行处理而又不泄露信息。

同态加密与一般加密方案的不同之处在于，它注重的是数据处理时的安全，提供了一种对加密数据进行处理的功能。

同态加密是基于数学难题的计算复杂性理论的密码学技术。同态加密是指这样一种加密方案，对明文进行运算后再加密，与加密后再对密文进行相应的运算，二者的结果是等价的。

为了便于理解，举一个首饰加工的例子。Alice是一家珠宝店的店主，她打算让员工将一整块黄金加工成首饰，但是却担心工人在加工的过程中偷取黄金。于是她制造了一个有锁的箱子（手套箱），用于存放黄金及做好的首饰，而钥匙由她随身保管，如图 2-36 所示。通过手套箱，工人可以将手伸入箱子来加工首饰。但是箱子是锁着的，所以工人无法拿到黄金和加工好的首饰。而 Alice 则可以通过钥匙向手套箱添加原料，并取出加工好的首饰。

图 2-36　手套箱示意图

这个例子与同态加密的对应关系见表 2-7。

表 2-7　首饰加工与同态加密的对应关系

首 饰 加 工	同 态 加 密
Alice	最终用户
黄金	原始数据
手套箱	加密算法
钥匙和锁	用户密钥
通过钥匙向手套箱中添加原料	将数据用同态加密方案进行加密
员工加工首饰	应用同态特性，在无法取得原始数据的条件下直接对加密后的数据进行计算处理
取出加工好的首饰	对结果进行解密，直接得到处理后的结果

2. 同态加密的基本原理

设 R 和 S 为整数集，用 R 表示明文空间，用 S 表示密文空间。m_1，$m_2 \in R$，E 是 $R \to S$ 上的加密函数。如果存在加法和乘法，使其满足：

$$E(m_1+m_2)=E(m_1)+E(m_1)$$
$$E(m_1 \times m_2)=E(m_1) \times E(m_2)$$

就可以利用 $E(m_1)$ 和 $E(m_2)$ 的值计算出 $E(m_1+m_2)$ 和 $E(m_1 \times m_2)$，而不需要知道 m_1 和 m_2 的值，称其分别满足加法同态性质和乘法同态性质，如图 2-37 和图 2-38 所示。

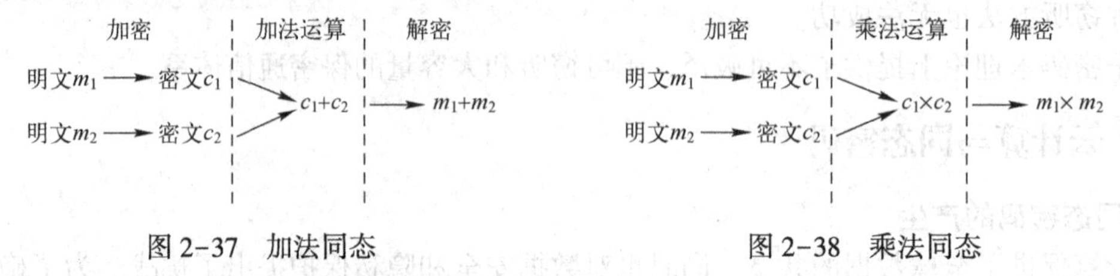

图 2-37　加法同态　　　　图 2-38　乘法同态

若一个加密方案既满足加法同态又满足乘法同态，则称该方案是一个全同态加密方案。针对明文 m_i 进行同态加解密的步骤如下。

① 选择随机产生的两个大素数 p 和 q。

② 计算 $n=pq$，并生成一个随机数 r_i。

③ 加密：对明文 m_i，计算密文 $c_i=(m_i+pr_i) \bmod n$。

④ 解密：对密文 c_i，计算明文 $m_i=c_i \bmod p$。

【例 2-6】对明文 $m_1=2$，$m_2=3$ 进行同态性质的验证。

① 选取 $p=11$，$q=7$。

② $n=pq=77$，随机选取 $r_1=10$，$r_2=25$。

③ 加密：$c_1=(2+10\times11) \bmod 77=35$

$c_2=(3+25\times11) \bmod 77=47$

④ 同态性质的验证。

对明文 m_1 和 m_2 进行加法运算 $m=m_1+m_2=5$，相当于对密文 c_1 和 c_2 进行加法运算后再解密，即 $c_1+c_2=82$，解密得 $m=82 \bmod 11=5$。

对明文 m_1 和 m_2 进行乘法运算 $m=m_1\times m_2=6$，相当于对密文 c_1 和 c_2 进行乘法运算后再解密，即 $c_1\times c_2=1645$，解密得 $m=1645 \bmod 11=6$。

3. 同态加密的应用

同态加密为解决云计算中数据的安全和隐私保护提供了一种解决途径。如图 2-39 所示，用户通过云来处理数据的过程如下。

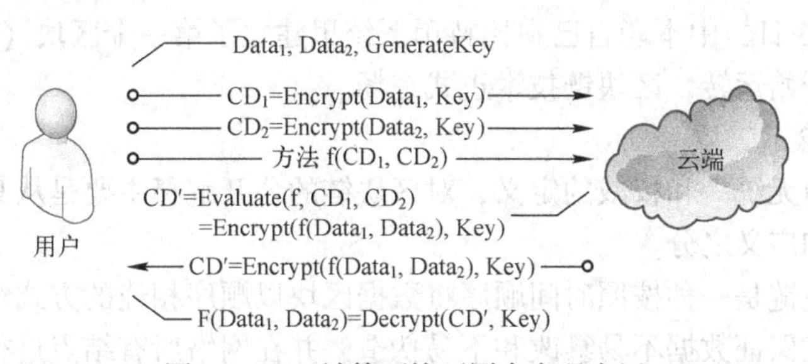

图 2-39　云计算环境下同态密码应用

① 用户对 $Data_1$ 和 $Data_2$ 进行加密，将加密后的数据 CD_1 和 CD_2 发送到云端。

② 用户向云端提交数据处理方法 f。

③ 云端使用方法 f 对密文数据 CD_1 和 CD_2 进行处理。

④ 云端将处理后的结果发送给用户。

⑤ 用户对数据进行解密，得到相应原始数据处理后的结果。

从以上过程可以看出，在同态加密过程中需要以下 4 个主要方法。

- GenerateKey 方法：生成密钥。
- Encrypt 方法：进行同态加密。
- Evaluate 方法：在用户给定的数据处理方法 f 下，对密文进行操作。
- Decrypt 方法：解密密文。

直到 2009 年，IBM 的研究人员 Gentry 才首次设计出一个真正的全同态加密体制，即可以在不解密的条件下对加密数据进行任何可以在明文上进行的运算，使得对加密信息仍能进行深入和无限的分析，而不会影响其保密性。

然而，要想完成 Gentry 设想的基本原型工作需要庞大的计算能力。为提高全同态加密的效率，密码学界对其的研究与探索仍在不断推进。2016 年，微软研究人员打破了同态加密速度的障碍。微软的首席研究经理 Kristin Lauter 说："该项研究结果具有很大的应用前景，可以用于医疗或财务的专用设备上，但要想加速其应用，仍然还有很多研究工作要做。"在 2017 年的华盛顿比林顿网络安全峰会上，美国政府情报高级研究项目活动（IARPA）的负责人 Jason Matheny 表示，"数学魔术"技术可以达到同态加密技术的处理效果，IARPA 正在开发基于同态加密技术的数据查询系统。

同态加密技术可以应用在很多领域。存储他人机密电子数据的服务提供商能受用户委托来充分分析数据，不用频繁地与用户交互，也不必看到任何隐私数据。公司可将敏感的信息存储在云端，既避免从当地的主机端发生泄密，又保证了信息的使用和搜索；用户也得以使用搜索引擎进行查询并获取结果，而不用担心搜索引擎会留下自己的查询记录。在案件调查过程中，警察可以搜索嫌犯的行程、财务记录，以及调查通信和邮件记录，且不会暴露嫌犯的数据。医学研究人员可以根据数百万患者的记录，来识别基于人口结构和地理位置的疾病趋势。政府和商业机构能够很好地对财务数据进行分析和处理。毫无疑问，同态加密将会越来越多地应用在更多领域，创造更大的价值。

2.9.3 数据安全与区块链

2008年11月，一个自称“中本聪”的匿名人士在因特网上发表了一篇简短但影响重大的文章——*Bitcoin: A Peer-to-Peer Electronic Cash System*（《比特币：一个对等网络上的现金系统》）。2009年1月3日，中本聪自己在比特币系统里建立了第一个区块（创世块），由区块链支撑的比特币系统开始运转，区块链技术正式登场。

1. 区块链的概念

目前对区块链尚无统一和权威的定义，对区块链的公开解释主要是从其技术特征角度进行描述的，并有狭义和广义之分。

狭义来讲，区块链是一种按照时间顺序将数据区块以顺序相连的方式组合成的链式数据结构，通过密码学方式保证数据不易篡改和不易伪造，并在网络所有结点进行分布式存储的共享账本。可见，狭义的区块链特指区块链技术体系中特殊的技术组成部分——具有“区块”+“链”结构的分布式账本。

广义来讲，区块链是利用块链式共享账本来验证与存储数据、利用P2P分布式结点共识算法来生成和更新数据、利用密码学的方式保证数据传输和访问的安全、利用由自动执行的脚本代码组成的智能合约来编程和操作数据的一种全新的分布式计算可信网络或计算公证网络。

区块链通过一系列的技术措施，确保在开放的互联网络中，在不依赖第三方平台，甚至不需要参与者身份的条件下，进行“可信”的信息与价值传递。这能降低社会关系中构建“信任”的成本，因为这些“信任”不再依赖于权威与垄断的第三方，人们也就不需要为累积“信任”耗费大量的时间、金钱与精力。

2. 比特币的概念

这里从比特币的本质说起，比特币其实就是一堆复杂算法所生成的特解。特解是指方程组所能得到的无限个（其实比特币是有限个）解中的一组。而每一个特解都能解开方程并且是唯一的。以人民币来比喻的话，比特币就是人民币的序列号，你知道了某张钞票上的序列号，你就拥有了这张钞票。而挖矿的过程就是通过庞大的计算量不断地寻求这个方程组的特解，这个方程组被设计成了只有2100万个特解，所以比特币的上限就是2100万。

比特币在一些国家可以兑换成货币，使用者也可以用比特币购买一些虚拟物品，比如网络游戏当中的衣服、帽子、装备等。只要有人接受，也可以使用比特币购买现实生活当中的物品。不过，在我国出于金融和社会安全的考虑是禁止比特币交易的。

3. 数据安全与区块链

区块链技术通过构建分布式数据库系统和参与者共识协议，能够保护数据的完整性。在区块链时间戳功能中，所有进入其中的信息都会留下痕迹，这也为后期查询相关信息提供了便捷，间接保障了信息安全。区块链的可信任性、安全性和不可篡改性，正使得更多数据信息被释放出来。

一些企业已经尝试将分布式数据库与区块链技术结合在一起。例如在医疗领域，区块链能利用匿名性、去中心化等特征保护病人隐私。目前，医疗健康、IP版权、教育、文化娱乐、通信、慈善公益、社会管理、共享经济、物联网等领域都在逐渐落地区块链应用项目，“区块链+”正在成为现实。

2.10 思考与实践

1. 什么是密码学？什么是密码编码学和密码分析学？

2. 密码学只是用于保密通信或是加密数据吗？

3. 密码体制涉及哪些基本组成？

4. 什么是密钥？在密码系统中，密钥起什么作用？

5. 根据密钥的不同，密码体制可以分为哪几类？

6. 密码分析主要有哪些形式？各有何特点？

7. 密码学中的柯克霍夫原则是什么？

8. 密码体制的安全设计方法和设计原则有哪些？

9. 对称密码算法的特点是什么？对称密码算法有哪些？其基本原理和安全性是怎样的？

10. Diffie 和 Hellman 提出的公钥密码体制的思想是什么？

11. 有哪些常用的公钥密码算法？算法的基本原理是什么？其安全性是如何保证的？

12. 对称密码体制和非对称密码体制各有何优缺点？什么是混合密码系统？为什么要用混合密码系统？

13. 简述用公钥密码算法实现机密性、完整性和抗否认性的原理。

14. 已知有明文“public key encryptions”，先将明文以两个字母为一组分成 10 块，如果利用英文字母表的顺序，即 $a=00$，$b=01$，…，将明文数据化，现在令 $p=53$，$q=58$，请计算得出 RSA 的加密密文。

15. 试总结密钥传送的几种方法。

16. 在实际应用中，密钥有哪些分类？如何保证密钥的安全？

17. 公钥管理中存在哪些问题？

18. 什么是哈希函数？哈希函数有哪些应用？

19. 什么是数字签名？数字签名有哪些应用？

20. 什么是消息认证？消息认证与数字签名有什么区别？

21. 什么是信息隐藏？信息隐藏和加密的区别与联系是什么？

22. 知识拓展：访问网站 http://www.tripwire.com，了解完整性校验工具 Tripwire 的原理和应用。

23. 知识拓展：阅读以下相关资料，了解数字签名在更多领域中的应用。

1）访问书生电子印章中心网站（http://www.sursenelec.com），了解电子印章的最新应用。

2）了解数字签名的多种应用，http://www.cnblogs.com/1-2-3/category/106003.html。

24. 知识拓展：访问国家密码管理局网站（http://www.oscca.gov.cn），了解我国商用密码算法 SM1（对称加密）、SM2（非对称加密）、SM3（哈希）及 SM4（对称加密），以及商用密码管理规定和商用密码产品等信息。

25. 读书报告：阅读以下相关资料，了解最新美国哈希标准 SHA-3 的内容，完成读书报告。

1）Keccak：The New SHA-3 Encryption Standard，http://www.drdobbs.com/security/keccak-the-new-sha-3-encryption-standard/240154037。

2）FIP PUB 180-4，http://csrc. nist. gov。

26. 读书报告：查找相关文献，了解区块链中哈希函数的应用，完成读书报告。

27. 读书报告：阅读《中华人民共和国电子签名法》，谈谈该法的积极意义，以及该法还有哪些需要完善的地方，并思考在当今社会应该怎么维护网络交易的安全，完成读书报告。

28. 读书报告：查阅相关资料，用密码学的相关知识解释火车票报销凭证上的二维码是如何实现防伪的。如图 2-40 所示，火车票报销凭证右下角为二维码。完成读书报告。

图 2-40　火车票报销凭证上设有二维码

29. 操作实验：访问看雪学院的密码学工具主页 https://tools. pediy. com/windows/cryptography. htm，下载密码学相关工具，完成以下实验。

1）RSA Tool：实践利用 RSA 算法产生公钥和私钥、加密和解密的过程。

2）ECC Tool：实践利用 ECC 算法产生公钥和私钥、加密和解密的过程。

3）DSA Tool：实践利用 DSA 工具进行数字签名的过程。

30. 操作实验：了解 Windows 系统中提供的 BitLocker 的工作原理，使用 BitLocker 功能加密磁盘，完成实验报告。

31. 操作实验：下载 VeraCrypt（https://veracrypt. codeplex. com），并使用该软件完成加密硬盘、加密文件、隐藏卷标等实验，完成实验报告。

VeraCrypt 是从大名鼎鼎的 TrueCrypt 派生出来的开源项目，成立于 2013 年 6 月。TrueCrypt 在“心脏滴血”漏洞事件后一蹶不振，2014 年 5 月项目终止，而 VeraCrypt 得到了人们越来越多的关注。

32. 操作实验：下载 S. S. E. File Encryptor（https://paranoiaworks. mobi/ssefepc），进行文件加解密实验，完成实验报告。

33. 操作实验：OpenPGP（RFC 4880）是世界上使用最广泛的电子邮件数字签名/加密标准之一，它源于 PGP，定义了对信息的加密及解密、签名、公钥及私钥和数字证书等格式，通过对信息的加密、签名，以及编码变换等操作对信息提供安全保密服务。商业软件 PGP 和开源软件 GnuPG（Gnu Privacy Guard，也简称 GPG）根据 OpenPGP 标准加密和解密数据，网站 http://www. openpgp. org 提供了 PGP（低版本）和 GPG 软件。GoAnywhere OpenPGP Studio（http://www. goanywheremft. com/products/openpgp-studio）、Enigmail（http://www. enigmail. net）是类似的工具，请选用一种软件，完成邮件加解密、文件加解密及文件粉碎等实验，完成实验报告。

34. 操作实验：查阅以下参考文献，了解信息隐藏技术细节，下载相关软件，完成以图像、音频、视频、文本、数据库、文件系统、硬盘、可执行代码及网络数据包作为载体隐藏信息的实验，完成实验报告。

［1］Michael Raggo. 数据隐藏技术揭秘［M］. 袁洪艳，译 . 北京：机械工业出版社，2014.

［2］钮心忻，杨榆. 信息隐藏与数字水印［M］. 北京：国防工业出版社，2010.

［3］王丽娜 . 信息隐藏技术实验教程［M］. 武汉：武汉大学出版社，2012.

［4］杨义先 . 信息隐藏与数字水印［M］. 北京：北京邮电大学出版社，2017.

35. 操作实验：数据恢复软件 Easy Recovery 的安装与使用。完成实验报告。

36. 编程实验：椭圆曲线的实现。

1）用 C 语言（不调用库函数）实现并验证椭圆曲线加解密算法，并完成表 2-8 的填写。

表 2-8　椭圆曲线加解密运算示例

序　号	p	a	b	G	k	明文编码	K	密　文
1	23	13	22	(10,5)	7	(11,1)		
2	29	4	20	(13,23)	25	(3,28)		
3	127	5	37	(11,4)	9			

提示：在 ECC 算法中，需要用到对分数的模运算。计算 $a/b(\bmod p)$，可转换为 $a\times b^{-1}(\bmod p)$，其中 b^{-1}是有限域 GF(p)上 b 的乘法逆元，可用扩展欧几里得算法求得 b^{-1}。

```
intExtEuclid(int b,int p)                              //求乘法逆元
{
    int x1,x2,x3,y1,y2,y3,t1,t2,t3,k;
    if(b>p) d=b+p-(b=p);                                //交换 b 和 p,使得 b<p
    x1=1,x2=0,x3=p;
    y1=0,y2=1,y3=(b%p+p)%p;
    while(1)
    {
            if(y3==0)         return 0;                 //没有逆元,gcd(b,p)=x3
            if(y3==1)         return (y2+p)%p;          //逆元为 y2,gcd(b,p)=1
            k=x3/y3;
            t1=x1-k*y1, t2=x2-k*y2, t3=x3-k*y3;
            x1=y1,x2=y2,x3=y3;
            y1=t1,y2=t2,y3=t3;
    }
}
```

2）实现基于 OpenSSL 的椭圆曲线加解密系统。

37. 编程实验：实现国家商用密码算法 SM2 椭圆曲线公钥密码算法和 SM4 对称密码算法，完成实验报告。

38. 编程实验：Python 标准库 hashlib 实现了 SHA1、SHA224、SHA256、SHA384 及 SHA512 等多个安全哈希算法。标准库 zlib 提供了 adler32 和 crc32 等完整性校验算法的实现，标准库 hmac 实现了 HMAC 算法。扩展库 PyCrypto、PyCryptodome 和 cryptography 提供了 SHA 系列算法和 RIPEMD160 等多个安全哈希算法，以及 DES、AES、RSA、DSA、ElGamal 等多个加密算法和数字签名算法的实现。

请下载并安装 Python，搜集这些加密库，完成本章介绍的密码算法的实现，完成实验报告。

39. 编程实验：查阅我国居民身份证校验码的计算方法，编写校验程序，对输入的身份证号的正确性进行校验，完成实验报告。

40. 编程实验：实现基于 LSB 算法的在 BMP 图片中进行信息隐藏的程序，完成实验报告。

41. 综合实验：CrypTool 是一个专门为密码学教学而设计的免费、开源 Windows 图形化软件。CrypTool 不仅包含了丰富的密码学算法和密码分析工具，还提供了详细的文档来解释算法及可能的攻击，并通过封装对外提供可视化的图形界面。CrypTool 目前主要有 4 个版本。

1）CrypTool 1：使用 C++实现的 Windows 应用程序，可用于算法可视化展示和加密及解密实验。

2）CrypTool 2：是基于可视化编程概念在 Visual Studio 平台上使用 C#实现的 Windows 应用程序，支持基于图形化密码学算法组件来创建项目以描述密码在机密性、完整性等方面的应

用，用户可以将最初始的各种算法进行组合和变换以得到可视化的结果。其灵活性还体现在开发人员可以通过插件在.Net框架下增加新功能。

3）JCryptool：在Eclipse开发环境中使用Java语言实现的应用程序，支持Windows、Linux等多种操作系统，也支持插件程序，使得新的加密算法和协议可以很容易地被添加到环境中。

4）CrypTool-Online：在线版本。

试下载运用CrypTool（https://www.cryptool.org/en）工具验证本章密码算法，完成实验报告。

42. 综合实验：常见的加解密、完整性验证及数字签名算法都已经在.NET Framework中得到了实现，为编码提供了极大的便利性，实现这些算法的命名空间是system.security.cryptography。请基于.NET Framework提供的诸多加密服务提供类，实现本章中的DES、AES、RSA、SHA、DSA、MD5、SHA-1等算法。完成实验报告。

43. 综合实验：基于本章中介绍的一种密码函数库，实现一个文件保险箱，能够实现对拖入文件保险箱的文件进行加密，对拖出文件保险箱的文件进行解密。完成实验报告。

44. 综合实验：Cypher是Matthew Brown制作发行的一款关于加密及解密的益智解谜游戏。在该游戏中，人们可在密码博物馆的探索中学习及了解密码学的历史，包括从简单的替代密码到恩尼格玛密码机甚至更高深的密码。请下载该游戏，在超过40个具有挑战性的谜题中测试你的解密能力。

2.11 学习目标检验

请对照本章学习目标列表，自行检验达到情况。

	学习目标	达到情况
知识	了解密码、密码学的概念，以及现代密码学的基本内容和应用领域	
	了解密码体制的基本组成	
	了解密码体制中引入密钥的重要性	
	了解根据密钥的不同密码体制的分类	
	针对密码体制的数学形态、软件形态和硬件形态，了解密码算法面临的安全问题	
	了解密码体制的安全设计方法和设计原则	
	了解常见的对称密码算法，包括算法特点、基本原理和安全性	
	了解公钥密码算法产生的主要原因	
	了解常见的公钥密码（非对称密码）算法，包括算法特点、基本原理和安全性	
	了解密钥的安全管理，尤其是公钥的安全管理问题	
	了解常见的哈希函数，包括函数特点、基本原理和安全性	
	了解常见的数字签名算法，包括算法特点、基本原理和安全性	
	了解消息认证的作用和方法	
	了解密码算法在应用中面临的安全问题	
	了解我国商用密码算法	
	了解信息隐藏的概念及主要技术	
	了解密码学目前面临的挑战，以及由此衍生出的研究和应用新领域	
能力	能够应用密码算法及密码函数库进行软件设计与开发	
	能够进行常见载体的信息隐藏技术的应用开发	

第3章　物理安全

导学问题

- 计算机信息系统的物理安全主要是指什么？面临哪些安全问题？☞3.1节
- 针对数据中心有哪些物理安全防护措施？☞3.2.1小节
- 针对PC有哪些物理安全防护措施？☞3.2.2小节
- 针对移动存储介质有哪些安全防护措施？☞3.2.3小节

3.1　计算机信息系统物理安全问题

本节讨论的物理安全（也称为实体安全）主要是指计算机设备和环境安全。计算机信息系统都是以一定的方式运行在物理设备之上的，保障物理设备及其所处环境的安全，就成为信息系统安全的第一道防线。

物理安全的威胁主要有自然灾害等环境事故造成的设备故障或损毁，设备被盗、被毁，设备设计上的缺陷，硬件恶意代码攻击，旁路攻击等。

3.1.1　环境事故造成的设备故障或损毁

计算机及网络设备的故障或损毁会对计算机及网络中信息的可用性造成威胁。环境对计算机及网络设备的影响主要包括地震、水灾、火灾等自然灾害，以及温度、湿度、灰尘、腐蚀、电气与电磁干扰、停电等环境因素。这些因素从不同方面影响计算机的可靠工作。

（1）地震等自然灾害

地震、水灾、火灾等自然灾害造成的硬件故障或损毁常常会使正常的信息流中断，在实时控制系统中，这将造成历史信息的永久丢失。

案例3-1　2006年12月26日晚8时26分至40分，我国台湾屏东外海发生地震，地震使大陆出口光缆、中美海缆、亚太1号等至少6条海底通信光缆发生中断，造成我国大陆至台湾地区乃至到美国、欧洲各国和地区的通信线路大量中断，互联网大面积瘫痪，除我国外，日本、韩国、新加坡网民均受到影响。这是计算机网络系统物理安全遭到破坏的一个典型例子。网站 https://www.submarinecablemap.com 直观显示了全球海底光缆分布情况图，可以很方便地了解每条光缆的线路及登陆点。

（2）温度

数据中心主机房的温度建议值为18～27℃（根据GB/T 50174—2017《数据中心设计规范》）。计算机的电子元器件、芯片通常都封装在机箱中，有的芯片工作时表面温度相当高。过高的温度会降低电子元器件的可靠性，这无疑会影响计算机的正确运行。例如，温度对磁介质的磁导率影响很大，温度过高或过低都会使磁导率降低，影响磁头读写的正确性。温度还会使磁带、磁盘表面根据热胀冷缩发生变化，造成数据的读写错误，影响信息的正确性。温度过高会使插头、插座、计算机主板、各种信号线加速老化。反之，温度过低也会使器件材料变硬、变脆，使磁记录媒体性能变差，影响正常工作。

（3）湿度

数据中心主机房的相对湿度不应大于60%，停机时的相对湿度应控制在8%~80%之间（根据GB/T 50174—2017《数据中心设计规范》）。环境的相对湿度低于40%时，属于相对干燥。这种情况下极易产生很高的静电，如果这时有人去触碰电子元器件，会造成这些元器件的击穿。过分干燥的空气也会破坏磁介质上的信息，会使印制电路板变形。当相对湿度高于60%时，属于相对潮湿。这时在元器件的表面容易附着一层很薄的水膜，会造成元器件各引脚之间漏电，甚至可能出现电弧现象。水膜中若含有杂质，它们会附着在元器件引脚、导线、接头表面，造成这些元器件表面发霉和触点腐蚀。在高湿度的情况下，磁性介质会吸收空气中的水分变潮，使其磁导率发生变化，造成信息读写错误；打印纸会吸潮变厚，影响正常的打印操作。当温度与湿度大幅度变化时，会加速对计算机中各种器件与材料的腐蚀与破坏，严重影响计算机的正常运行与寿命。

（4）灰尘

空气中的灰尘对计算机中的精密机械装置（如磁盘、光盘驱动器）的影响很大。在高速旋转过程中，各种灰尘会附着在盘片表面，当读头靠近盘片表面读信号的时候，就可能擦伤盘片表面或者磨损读头，造成数据读写错误或数据丢失。在无防尘措施的环境中，平滑的光盘表面经常会带有许多看不见的灰尘，使用干净的布只要稍微用力去擦抹，就会在盘面上形成一道道划痕。如果灰尘中还有导电尘埃和腐蚀性尘埃，那么它们会附着在元器件与电子线路的表面，若此时机房的空气湿度较大，就会造成短路或腐蚀裸露的金属表面。灰尘在器件表面的堆积，还会降低器件的散热能力。

（5）电磁干扰

对计算机正常运行影响较大的电磁干扰包括静电干扰和周边环境的强电磁场干扰。计算机中的芯片大部分都是MOS（Metal Oxide Semiconductor，金属氧化物半导体）器件，静电电压过高会破坏这些MOS器件。据统计，50%以上的计算机设备的损害直接或间接与静电有关。周边环境的强电磁场干扰主要指无线电发射装置、微波线路、高压线路、电气化铁路、大型电机、高频设备等产生的强电磁干扰。这些干扰一般容易破坏信息的完整性，有时还会损坏计算机设备。

（6）停电

电子设备是计算机信息系统的物理载体，停电会使得电子设备停止工作，从而破坏信息系统的可用性，因此供电事故已经成为当前网络空间安全的一大威胁。

案例3-2 2015年，雷击造成比利时电网停电，谷歌设在当地的数据中心也暂时断电，尽管大部分服务器都利用备用电池和冗余电量维系短期用电，但还是给硬盘空间造成了约0.000001%的损失。乍看起来，损失比例微乎其微，可鉴于谷歌存储的数据浩如烟海，这样的比例意味着数GB到几十GB的数据丢失。

案例3-3 2003年8月14日，美国东北部地区发生停电事故，导致美国东部及加拿大部分地区5000多万人陷入一片黑暗，造成的经济损失每天达250亿~300亿美元。事后查明，这次停电事故源于俄亥俄州一个控制室的警报系统存在软件漏洞，未能警告操作者系统发生超载，由此产生了系统故障的连锁效应。

案例 3-4 还有黑客攻击电力基础设施的事件，例如在 2015 年年底和 2016 年年初，乌克兰境内的多处变电站遭受黑客恶意软件攻击，直接导致乌克兰国内西伊万诺至弗兰科夫斯克地区大范围停电，约 140 万个家庭无电可用。目前大多数专门的工业硬件编程与控制软件都运行在安装有 Windows 或者 Linux 的 PC 设备之上，这意味着未来还会有更多由于停电事故造成工业系统不可用的事件发生。

文档资料

乌克兰和以色列国家电网遭受网络攻击事件的思考与启示
来源：本书整理
请扫描二维码查看全文。

（7）意外损坏

环境事故中更常见的是设备跌落、落水等意外损坏。例如，不慎勾绊笔记本电源线造成笔记本跌落损坏，打翻水杯造成笔记本进水，湖边拍照手机不慎落水。苹果和微软等公司生产的笔记本电源采用了磁吸插头，在外力作用下能够自行脱落，这样，在不小心绊到笔记本电源线的情况下会自行从笔记本插口中移除，确保笔记本电脑的安全。

3.1.2 设备普遍缺乏硬件级安全防护

本小节主要讨论个人计算机（Personal Computer，PC）包括移动终端等硬件设备所面临的安全威胁。台式机（或称台式计算机）、笔记本电脑、上网本、平板电脑及超级本等都属于 PC 的范畴。

（1）硬件设备被盗被毁

自从 1946 年计算机问世以来，随着半导体集成技术的发展，微型化、移动化成为 PC 发展的重要方向。PC 的硬件尺寸越来越小，容易搬移，尤其是笔记本电脑和以 iPad 为代表的智能移动终端。计算机硬件体积的不断缩小给人们使用计算机带来了很大的便利，然而这既是优点也是弱点。这样小的机器并未设计固定装置，机器能方便地放置在桌面上，于是盗窃者能够很容易地搬走整个机器，其中的各种数据信息也就谈不上安全了。

（2）开机密码保护被绕过

与大型计算机相比，一般 PC 上无硬件级的保护，他人很容易操作及控制。即使有保护，机制也很简单，很容易被绕过。例如，对于 CMOS（Complementary Metal Oxide Semiconductor，互补金属氧化物半导体）中的开机口令，可以通过将 CMOS 的供电电池短路，使 CMOS 电路失去记忆功能而绕过开机口令的控制。目前，PC 的机箱一般都设计成便于用户打开的，有的甚至连螺丝刀也不需要，因此打开机箱进行 CMOS 放电很容易做到。另外，虽然用户可以在 PC 上设置系统开机密码，以避免攻击者绕过操作系统非法使用 PC，但是这种设置只对本机有效，如果攻击者把 PC 的硬盘挂接到其他计算机上，就可以读取其中的内容了。攻击者还可以通过制作 WinPE 盘（U 盘启动盘）绕过系统开机密码的保护。

（3）磁盘信息被窃取

PC 的硬件是很容易安装和拆卸的，硬盘容易被盗，其中的信息自然也就不安全了。而且存储在硬盘上的文件几乎没有任何保护措施，文件系统的结构与管理方法是公开的，对文件附加的安全属性，如隐藏、只读、存档等属性，很容易被修改，对磁盘文件目录区的修改既没有软件保护也没有硬件保护。掌握磁盘管理工具的人，很容易更改磁盘文件目录区。在硬盘或软盘磁介质表面的残留磁信息也是重要的信息泄露渠道，文件删除操作仅仅在文件目录中做了一个标记，并没有删除文件本身的数据，用户可以使用 Easy Recovery 等数据恢复软件很容易地恢复被删除的文件。

（4）内存信息被窃取

学过计算机基础知识的人都知道，内存芯片 DRAM（Dynamic Random Access Memory，动态随机存取存储器）的内容在断电后就消失了。但是有研究证实，内存条如果被攻击者接触或获取，其中的信息也会丢失或被破坏，因为内存根本没有任何防护措施。

案例 3-5 普林斯顿大学的 J. Alex Halderman 等人的实验证实，如果将 DRAM 芯片的温度用液氮降到-196℃，其中储存的内容在 1 h 后仅损失 0.17%。大家都知道，一个加密后的磁盘除非在读取时输入密码，不然解开磁盘上的数据可能性很小。但是 J. Alex Halderman 等人的实验进一步证实，一般的磁盘加密系统（如微软 Windows 系统中的 BitLocker、苹果 Mac 系统中的 FileVault）都会在密码输入后存于 RAM（Random Access Memory，随机存取存储器）中。所以，如果攻击者偷了用户开着的计算机的话，就可以通过 RAM 来获得用户的密码。真正可怕的是，即使用户的计算机已经锁定了，攻击者还是可以先在开机状态下把用户的 RAM“冻”起来，这样，就算没有通电，RAM 里的数据也可以保存至少 10 min，这段时间足以让攻击者拔起 RAM 装到别的计算机上，然后搜索密钥。就算是已经关机的计算机，只要手脚够快，也有可能读出存在里面的密码。

3.1.3 硬件中的恶意代码

数字时代，不仅仅软件有恶意代码，无处不在的集成电路芯片中也会存在恶意代码。这是因为，一方面芯片越来越复杂，功能越来越强大，但是其中的漏洞也越来越多，电路复杂性也决定了根本不可能用穷举法来测试它，这些漏洞会被发现进而被黑客利用；另一方面，后门、木马等恶意代码可能直接被隐藏在硬件芯片中。

（1）CPU 中的恶意代码

计算机的 CPU（Central Processing Unit，中央处理器）中还包括许多未公布的指令代码，这些指令常常被厂家用于系统的内部诊断，但是也可能被作为探测系统内部信息的“后门”，有的甚至可能被作为破坏整个系统运转的“逻辑炸弹”。

案例 3-6 2018 年 1 月 2 日，Intel CPU 设计漏洞事件的曝光，引起了人们对硬件安全的更大担忧。实际上，在 2017 年，Google Project Zero 和奥地利格拉茨技术大学等机构的研究人员已正式披露了 3 个处理器高危漏洞，编号分别为 CVE-2017-5753（Variant 1）、CVE-2017-5715（Variant 2）和 CVE-2017-5754（Variant 3）。前两个漏洞被称为 Spectre（幽灵），最后一个漏洞被称为 Meltdown（熔断），Spectre Variant 1 影响 AMD、Intel 和 ARM 处理器，3 个漏洞都影响 Intel 处理器。这些漏洞能让恶意程序获取核心内存里存储的敏感内容，比如能导致黑客访问个人计算机的内存数据，包括用户账号和密码、应用程序文件、文件缓存等。AMD 和 ARM 厂商已经发表声明称漏洞可以通过软件修正，对性能影响不大。而 Intel 处理器的软件修正则被认为存在显著的性能影响。

（2）存储设备中的恶意代码

不仅针对 CPU 设计漏洞存在恶意代码攻击，硬盘、U 盘等存储设备也都有恶意代码攻击的事件被曝光。

案例 3-7 2015 年，卡巴斯基研究人员曝光了美国国家安全局硬盘固件入侵技术。该技术通过重写硬盘固件获得对计算机系统的控制权，还可以在硬盘上开辟隐藏存储空间以便攻击者在一段时间后取回盗取的数据。当不知情的用户在联网的 PC 中使用被感染的存储设备时，信息就可能被窃取。由此，情报部门可以收集其他方式很难获取的数据。由于这样的恶意软件并不存在于普通的存储区域，因此用户很难发现并清除。

案例 3-8 在 2014 年的美国黑帽大会上，柏林 SRLabs 的安全研究人员 JakobLell 和独立安全研究人员 Karsten Nohl 展示了他们称为“BadUSB”的攻击方法，即将恶意代码植入 USB 设备控制器固件，从而使 USB 设备在接入 PC 等设备时可以欺骗 PC 操作系统，从而达到攻击目的。

芯片一旦遭遇攻击，后果将是灾难性的。芯片在现代控制系统、通信系统及全球电力供应等系统里处于核心地位。它们在汽车防抱死刹车系统（Antilock Brake System，ABS）中负责调节制动力，在飞机上负责襟翼的定位，在银行保险库和 ATM 机上负责安全授权，在股票市场负责交易运作。集成电路还是武装部队使用的几乎所有关键系统的核心。可以想象，一起精心策划的硬件攻击，不仅能让一辆汽车失控，还能够让金融系统瘫痪，甚至让军队或政府的关键部门陷入混乱。

硬件攻击的物理本质使得它的潜在危害远胜于软件中的病毒及其他恶意代码。从理论上说，可从任何受感染的系统中彻底清除软件恶意代码，然而，修复系统硬件中的恶意代码非常困难。因为现代集成电路非常复杂，任何一个工程师团队都不足以了解他们设计电路中的所有部分，发现其中的漏洞及恶意代码都非常困难。这些漏洞或恶意代码往往会一直潜伏在其中，直至被一些触发条件（如特定的数据或时间）激活。

人们现在面临的问题不是硬件攻击是否会发生，而是攻击将采用何种方式，攻击步骤是什么。而最重要的问题或许是，如何检测并阻止这类攻击，或者至少降低攻击带来的损失。

3.1.4 旁路攻击

俗语说“明枪易躲，暗箭难防”，主要是讲人们考虑问题时常常会对某些可能发生的问题在某些方面估计不足，缺少防范心理。在考虑计算机信息安全问题的时候，往往也存在这种情况。由于计算机硬件设备的固有特性，信息会通过“旁路”（Side Channel），如声、光、电磁信号等，也就是能规避加密等常规保护手段泄露出去。

旁路攻击是指，攻击者通过偷窥，分析敲击键盘的声音、针式打印机的噪声、不停闪烁的硬盘或网络设备的 LED 灯，以及显示器（包括液晶显示器）、CPU 和总线等部件在运行过程中向外部辐射的电磁波等来获取一定的信息。这些区域基本不设防，而且在这些设备区域，原本加密的数据已经转换为明文信息，旁路攻击也不会留下任何异常登录信息或损坏的文件，具有极强的隐蔽性。

键盘、显示器是最易发生旁路攻击的硬件设备，电磁泄漏是最易被忽视的旁路攻击途径。

（1）针对键盘的旁路攻击

常见的针对键盘的旁路攻击是通过硬件型键盘记录器实现的。攻击者还可以利用键盘输入视频、按键手势、按键声音、按键振动甚至按键温度获得键盘输入内容。

案例 3-9 图 3-1 所示为硬件型键盘记录器在键盘和主机的 I/O 接口之间捕获键盘信息。这种记录器通常安装在键盘线的末端，有的也可以安装在计算机内部，如 I/O 端口的内部。有的甚至安装在键盘自身内部。安装之后就可以把键盘输入的信息存储在内置的内存当中。这样的硬件型装置不需要占用任何计算机资源，也不会被杀毒软件和扫描器检测出来。它也不需要用计算机的硬盘去存储所捕获的键盘信息，因为它有自身的内存。

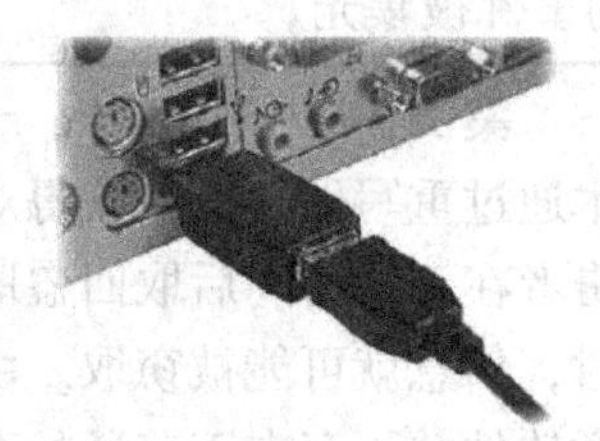

图 3-1 硬件型键盘记录器

还有一些这类产品支持蓝牙功能，或是通过接收每一个按键被按下时引起的电磁脉冲，根据每个按键产生电磁脉冲的频率来编码和译码，能够由不同的频率还原出键盘的击键过程。

案例 3-10 图 3-2 所示为通过键盘输入时的录像进行视觉分析获得按键内容的一种旁路攻击。

图 3-2 键盘输入录像分析

案例 3-11 图 3-3 所示为某大学生通过按键音还原某安全公司总裁手机号的按键声波图。

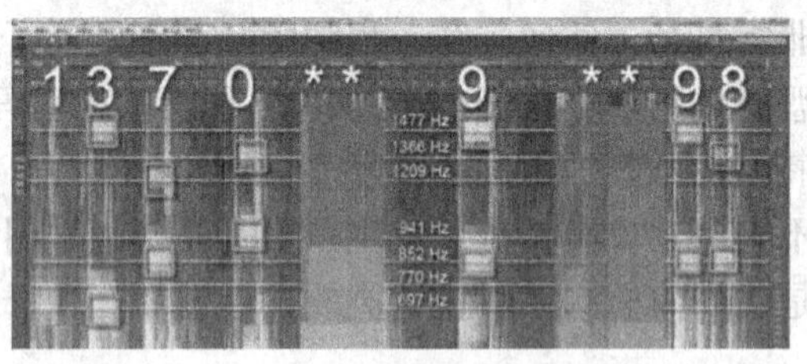

图 3-3 手机号的按键声波图

案例 3-12 图 3-4 所示为美国加州大学圣地亚哥分校（UCSD）研究小组利用留在键盘上的余温恢复用户输入密码的研究。如果在用户输入密码后立即使用热成像摄像机读取由键盘输入的数字密码，成功率超过 80%，如果是在 1 min 后使用，仍有大约一半的成功率。

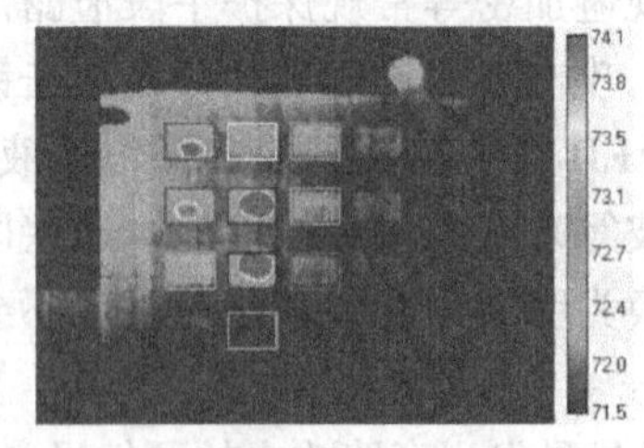

图 3-4 热成像摄像机获取键盘输入信息

(2) 针对显示器的旁路攻击

如果计算机显示器直接面对窗外，那么它发出的光可以在离窗口很远的距离接收到。一些研究显示，即使没有直接的通路，接收显示器通过墙面反射的光线或显示屏在眼球上的反光仍然能再现显示屏信息。

（3）针对打印机的旁路攻击

根据针式打印机的工作噪声，可以复原出正在被打印的单词。在针式打印机中，打印头来回推动若干细小的打印针撞击色带，打印每个字母都会发出一种独特的声音。例如，打印字形较复杂的字母需要更多的打印针撞击色带，因而噪声会更大。研究人员通过仔细分析可以分辨出字母序列。研究者还在尝试将这一招数应用到更加常见的喷墨打印机上。随着无人机的应用，攻击者还可以利用无人机飞行在防守严密的大楼外部，快速截取大楼内部的无线打印机的信号。

（4）电磁泄漏

除了计算机键盘、显示器上的信息泄露问题，还有一种容易被忽视的信息泄露途径——电磁辐射。

计算机是一种非常复杂的机电一体化设备，工作在高速脉冲状态的计算机就像是一台很好的小型无线电发射机和接收机，不但产生电磁辐射泄漏保密信息，而且还可以引入电磁干扰影响系统正常工作。尤其是在微电子技术和卫星通信技术飞速发展的今天，计算机电磁辐射泄密的危险越来越大。

TEMPEST（Transient Electromagnetic Pulse Emanation Surveillance Technology，瞬时电磁脉冲发射监测技术）就是指对电磁泄漏信号中所携带的敏感信息进行分析、测试、接收、还原及防护的一系列技术。

电磁泄漏信息的途径通常有以下两个。

1）以电磁波的形式由空中辐射出去，称为辐射泄漏。这种辐射是由计算机内部的各种传输线、信号处理电路、时钟电路、显示器、开关电路及接地系统、印制电路板线路等产生的。

2）电磁能量通过各种线路传导出去，称为传导泄漏。例如，计算机系统的电源线，机房内的电话线、地线等都可以作为传导媒介。这些金属导体有时也起着天线作用，将传导的信号辐射出去。

案例 3-13 2017 年，一群来自 Fox-IT 和 Riscure 的安全研究专家在研究论文 *TEMPEST attacks against AES* 后，公开了一种根据附近计算机发出的电磁辐射来推导出加密密钥的方法。一般来说，这种攻击技术通常需要使用非常昂贵的设备，但研究人员表示他们所制作的这台设备造价只要 230 美元。其中的加密密钥嗅探装置由一个电磁回路天线、一个外部放大器、带通滤波器和一个 USB 无线电接收器组成，如图 3-5 所示。这个装置非常小，甚至可以直接放在夹克口袋或其他不起眼的袋子里面。攻击者可以携带这个设备走到一台计算机或已知会进行加密操作的设备旁边，然后它便会自动嗅探目标设备所发出的电子辐射。

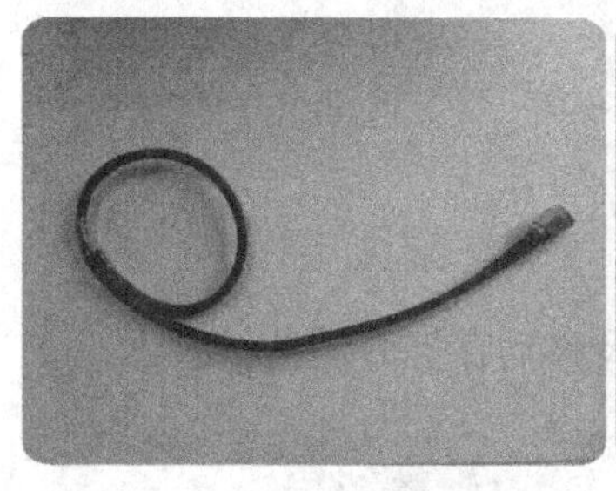
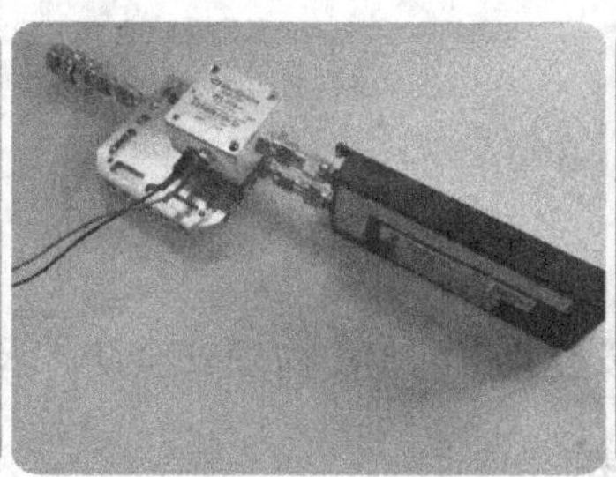
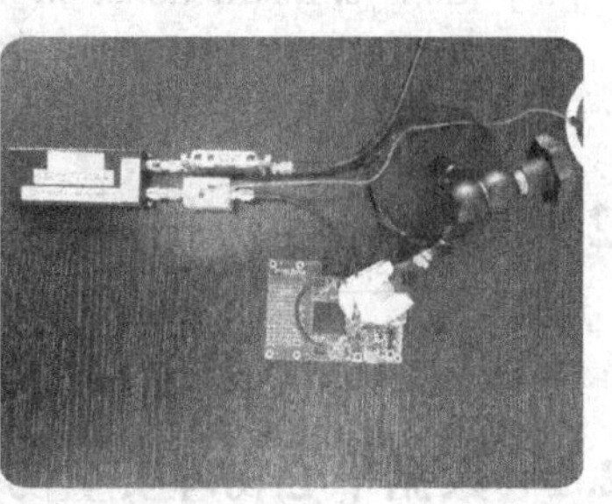

图 3-5　由电磁回路天线、外部放大器、带通滤波器和 USB 无线电接收器组成的加密密钥嗅探装置

从设备内部来看，该设备可以嗅探并记录附近计算机所发出的电磁波，而电磁波的能量峰值部分取决于目标设备所处理的数据，根据这些数据可以提取出其中所包含的加密密钥。

3.1.5 设备在线面临的威胁

近几年，信息物理系统（Cyber Physical System，CPS）正引起人们的关注。信息物理系统是一种新型的混成复杂系统，它是计算系统、通信系统、控制系统深度融合的产物，具有智能化、网络化的特征，也是一个开放控制系统。信息物理系统的应用很广，工业控制、智能交通、智能电网、智能医疗和国防等都已涉及。广泛应用的同时，信息物理系统由于需要在线互联，安全问题日益凸显。美国国土安全局表示，许多工业控制系统正处在危险之中，它们面临着来自互联网的直接威胁。

案例 3-14 在 2009 年举办的 DEFCON 黑客大会上，一位名叫约翰·马瑟利（John Matherly）的黑客发布了一款名为 Shodan（https://www.shodan.io）的在线设备搜索引擎。每个月 Shodan 都会在大约 5 亿个服务器上日夜不停地搜集信息。Shodan 不像 Google 等传统的搜索引擎利用 Web 爬虫去遍历整个网站，而是对各类在线设备端口产生的系统标志位信息（Banners）进行审计而产生搜索结果，所以该搜索引擎能够寻找到和互联网连接的服务器、路由器、摄像头、打印机、车牌扫描仪、巨大的风力涡轮机及其他许许多多的在线设备。因此 Shodan 被称为黑客的谷歌。最让人担忧的是，通过 Shodan 还能够搜索到与互联网相连的工业控制系统。当然，Shodan 也可以被用在好的方面，例如，制造商可以通过 Shodan 定位那些没有打上最新版补丁的物联网设备，售后服务部门可以发现那些需要调试维护的打印机。

与 Shodan 类似的还有由美国密歇根大学研究人员开发的目前由谷歌提供支持的 Censys（https://www.censys.io），以及国内知道创宇发布的 ZoomEye（http://www.zoomEye.org）。ZoomEye 除了提供联网设备的搜索，还可搜索网站组件以对 Web 服务进行安全分析。

拓展阅读

读者要想了解在线设备搜索引擎技术细节，可以阅读以下书籍资料。

[1] Zakir Durumeric, David Adrian, etc. A Search Engine Backed by Internet-Wide Scanning [C]. Proceedings of the 22nd ACM SIGSAC Conference on Computer and Communications Security, 2015: 542-553.

[2] Tom Simonite. A Search Engine for the Internet's Dirty Secrets [EB/OL]. https://www.technologyreview.com/s/544191/a-search-engine-for-the-internets-dirty-secrets, 2015.

[3] Censys. Instructions on how to use Censys [EB/OL]. https://www.censys.io/tutorial, 2018.

3.2 物理安全防护

本节主要介绍数据中心物理安全防护、PC 物理安全防护及移动存储介质防护技术。

3.2.1 数据中心物理安全防护

数据中心通常是指为集中放置的电子信息设备提供运行环境的建筑场所，可以是一栋或几栋建筑物，也可以是一栋建筑物的一部分，包括主机房、辅助区、支持区和行政管理区等。例如，政府数据中心、企业数据中心、金融数据中心、互联网数据中心、云计算数据中心、外包数据中心等从事信息和数据业务的数据中心。数据中心物理安全的关键是保护对电子信息进行采集、加工、运算、存储、传输、检索等处理的设备，包括服务器、交换机、存储设备等。

所有的物理设备都是运行在一定的物理环境之中的。环境安全是物理安全的最基本保障，是整个安全系统不可缺少和忽视的组成部分。环境安全技术主要是指保障信息系统所处环境免于遭受自然灾害的技术，重点在于数据中心场地和机房的场地选择、防火、防水、防静电、防雷击、温湿度控制、电磁防护等。

设备安全技术主要是指保障构成信息系统的各种设备、网络线路、供电连接、各种媒体数据本身及其存储介质等安全的技术，包括设备的防电磁泄漏、防电磁干扰、防盗、访问控制等。

数据中心的建设和运营，首先要依据相关标准确定建设等级和安全等级，然后根据各个等级所需要达到的设计要求进行建设，以及按运营要求进行管理。

1. 数据中心物理安全防护国家标准

数据中心在规划设计、施工及验收、运行与维护等各个阶段通常遵循的国家标准有：

- GB 50174—2017《数据中心设计规范》（替代原 GB 50174-2008《电子信息系统机房设计规范》，以下简称《规范》）；
- GB/T 22239—2019《信息安全技术　网络安全等级保护基本要求》（以下简称《等保》，2017 年出台了 GA/T 1390. 2—2017《网络安全等级保护基本要求》，第 2、3、5 部分已经正式颁布，第 1 部分发布了征求意见稿）；
- GB 50462—2015《数据中心基础设施施工及验收规范》；
- GB/T 2887—2011《计算机场地通用规范》；
- GB/T 9361—2011《计算机场地安全要求》；
- GB/T 21052—2007《信息系统物理安全技术要求》。

2. 数据中心分级安全保护

1）根据各行业对信息系统数据中心的使用性质、数据丢失及网络中断在经济及社会上造成的损失和影响程度的不同，《规范》将数据中心划分为 A、B 和 C 这 3 个级别。

- 若电子信息系统运行中断会造成重大的经济损失，以及会造成公共场所秩序严重混乱，这样的数据中心应定为 A 级。
- 若电子信息系统运行中断会造成较大的经济损失，以及会造成公共场所秩序混乱，这样的数据中心应定为 B 级。
- 其他情况的定为 C 级。

《规范》对数据中心的分级与性能、选址及设备布置、环境、建筑与结构、空气调节、电气、电磁屏蔽、网络与布线系统、智能化系统、给水排水及消防等给出了分级要求。

2）《等保》等相关管理文件将等级保护对象的安全保护等级分为 5 级，根据不同级别，《等保》对物理访问控制、防盗窃和防破坏、防雷击、防火、防水和防潮、温湿度控制以及电力供应给出了具体要求。有关信息系统等级保护的内容将在第 10 章中详细介绍。

《规范》和《等保》的这些要求对于 PC 物理安全防护同样具有指导意义。

☞ 请读者完成本章思考与实践第 11 题，了解更多数据中心物理安全设计细节。

3. 电磁安全

TEMPEST 关注的是电磁泄漏，也就是无意识的电磁发射信号携带信息的问题。目前对于电磁泄漏的安全防护措施有设备隔离和合理布局、使用低辐射设备、使用干扰器、屏蔽、滤波和光纤传输。

（1）设备隔离和合理布局

隔离是将信息系统中需要重点防护的设备从系统中分离出来，加以特别防护，例如通过门禁系统防止非授权人员接触设备。合理布局是指以减少电磁泄漏为原则，合理地放置信息系统中的有关设备。合理布局也包括尽量拉大涉密设备与非安全区域（公共场所）的距离。

（2）使用低辐射设备

低辐射设备即 TEMPEST 设备，这些设备在设计和生产时就采取了防辐射措施，把设备的电磁泄漏抑制到最低限度。选用低辐射设备是防辐射泄漏的根本措施，如在办公环境中选用低辐射的液晶显示器和打印机。

（3）使用干扰器

干扰器通过增加电磁噪声降低辐射泄漏信息的总体信噪比，增大辐射信息被截获后破解还原的难度。这是一种成本相对低廉的防护手段，主要用于保护密级较低的信息，因为仍有可能还原出有用信息，只是还原的难度相对增大。此外，使用干扰器还会增加周围环境的电磁污染，并对其他电磁兼容性较差的电子信息设备的正常工作构成一定的威胁。

（4）屏蔽

屏蔽是所有防辐射技术手段中最为可靠的一种。屏蔽不但能防止电磁波外泄，而且可以防止外部电磁波对系统内设备的干扰。一些屏蔽措施如下。

- 对重要部门的办公室、实验场所，甚至整幢大楼，可以用有色金属网或金属板进行屏蔽，构成所谓的“法拉第笼”，并注意连接的可靠性和接地良好，防止向外辐射电磁波，使外面的电磁干扰对系统内的设备也不起作用。
- 对电子设备的屏蔽，例如对显示器、键盘、传输电缆线、打印机等的屏蔽。
- 对电子线路中的局部器件，如有源器件、CPU、内存条、字库、传输线等强辐射部位，采用屏蔽盒、合理布线等，以及进行局部电路的屏蔽。

（5）滤波

滤波技术是对屏蔽技术的一种补充。被屏蔽的设备和元器件并不能完全密封在屏蔽体内，仍有电源线、信号线和公共地线需要与外界连接。因此，电磁波还是可以通过传导或辐射从外部传到屏蔽体内，或从屏蔽体内传到外部。采用滤波技术，只允许某些频率的信号通过，而阻止其他频率范围的信号，从而起到滤波作用。

（6）光纤传输

光纤传输是一种新型的通信方式，光纤为非导体，可直接穿过屏蔽体，不附加滤波器，也不会引起信息泄露。光线内传输的是光信号，不仅能量损耗小，而且不存在电磁泄漏问题。

实践中除了采用上述安全防护措施外，还要注意以下两个问题。

1）把对设备 TEMPEST 安全防护的关注转向对整个系统的关注。现在存在于我们周围的信息设备更多以系统的形式存在，如网络系统、通信系统。更重要的是，随着 EMC（Electro Magnetic Compatibility，电磁兼容性，指设备或系统在其电磁环境中符合要求运行并不对其环境中的任何设备产生无法忍受的电磁干扰的能力）技术的提高，单个设备的 TEMPEST 发射变小；同时，由于复杂系统的出现，整个系统的 TEMPEST 泄漏互相干扰、掩蔽、交叉调制，很难抛开系统去谈单独设备的 TEMPEST 问题。

2）除了关注 TEMPEST 这类无意识的电磁发射信号携带信息的问题，还要关注移动通信网络、无线网络这类有意识电磁发射所带来的信息安全问题。在无线技术突飞猛进的今天，涉密单位、涉密场所所处环境中充斥着各种有意和无意发射的电磁信号，因此需要将 TEMPEST 电磁泄漏发射安全的研究拓展到电磁安全的研究。

3.2.2 PC 物理安全防护

PC 物理安全同样涉及环境安全和设备安全。环境安全主要介绍防盗措施，设备安全主要介绍设备访问控制。

1. PC 防盗

对于 PC 用户来说，设备的防盗是最根本的安全要求。下面介绍几种常见的设备物理防盗措施。

（1）机箱锁扣

如图 3-6 所示，机箱上有一个带孔的金属片，在机箱侧板上有一个孔，当将侧板安装在机箱上时，金属片刚好穿过锁孔，此时用户在锁孔上加装一把锁就实现了防护功能。其特点是，实现简单，制造成本低。但这种方式的防护强度有限，安全系数也较低。

（2）防盗线缆

图 3-7 所示是一种由美国的 Kensington 公司发明的线缆锁，这是一根带有锁头的钢缆（见图 3-7 的左上方）。使用时将钢缆的一头固定在桌子或其他固定装置上，将另一头的锁头固定在机箱上的 Kensington 锁孔内，就实现了防护功能。一般的笔记本电脑上都设有这样的锁孔。

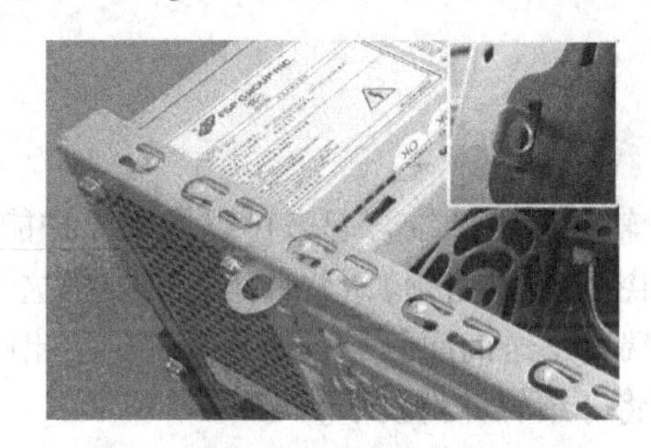

图 3-6　机箱锁扣

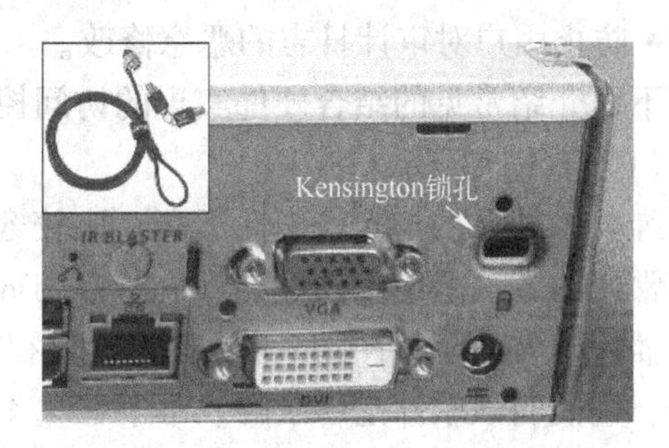

图 3-7　Kensington 线缆锁

（3）机箱电磁锁

如图 3-8 所示，这种锁是安装在机箱内部的，并且借助嵌入在 BIOS 中的子系统通过密码实现电磁锁的开关管理，因此这种防护方式更加安全和美观，也显得更加人性化。机箱电磁锁主要出现在一些高端的商用 PC 产品上。

（4）智能网络传感设备

如图 3-9 所示，将传感设备安放在机箱边缘，当机箱盖被打开时，传感开关自动复位，此时传感开关通过控制芯片和相关程序将此次开箱事件自动记录到 BIOS 中或通过网络及时传给网络设备管理中心，实现集中管理。不过这一设备需要网络和电源的支持。

上面 4 点只是品牌 PC 中一些有代表性的物理防护方式，实际上还有一些其他的防护方式。如可使用覆盖主机后端接口的机箱防护罩、安装防盗软件等，这些都能从一定程度上保障设备和信息的安全。

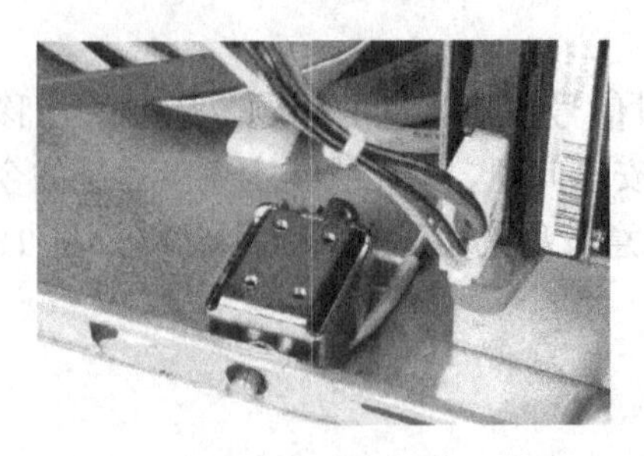

图 3-8　机箱电磁锁

图 3-9　智能网络传感设备

2. PC 访问控制

访问控制的对象主要是计算机系统的软件与数据资源，一般都是以文件的形式存放在磁盘上的。所谓"访问控制技术"，主要是指保护这些文件不被非法访问的技术。

由于硬件功能的限制，PC 的访问控制功能明显地弱于大型计算机系统。PC 操作系统缺乏有效的文件访问控制机制。在 DOS 和 Windows 系统中，文件的隐藏、只读、只执行等属性以及 Windows 中的文件共享与非共享等机制是一种较弱的文件访问控制机制。

PC 访问控制系统应当具备的主要功能如下。

- 防止用户绕过访问控制系统进入计算机系统。
- 控制用户对存放敏感数据的存储区域（内存或硬盘）的访问。
- 控制用户进行的所有 I/O 操作。
- 防止用户绕过访问控制直接访问可移动介质上的文件，防止用户通过程序对文件的直接访问或通过计算机网络进行的访问。
- 防止用户对审计日志的恶意修改。

下面介绍常见的结合硬件实现的访问控制技术。

（1）软件狗

纯软件的保护技术安全性不高，比较容易破解。软件和硬件结合起来可以增加保护能力，目前常用的方法是使用软件狗（Software Dog，又叫加密狗或加密锁）。软件运行前要把这个小设备插入到 PC 的一个端口上，在运行过程软件会向端口发送询问信号，如果软件狗给出响应信号，则说明该软件是合法的。本书在 7.4.2 小节中将介绍软件狗技术。

软件狗的缺陷如下。

- 当一台计算机上运行多个需要保护的软件时，就需要多个软件狗，运行时需要更换不同的软件狗，这会给用户带来很大的不便。
- 软件狗面临软件狗克隆、动态调试跟踪、拦截通信等破解威胁。例如，攻击者可以通过跟踪程序的执行，找出和软件狗通信的模块，然后设法将其跳过，使程序的执行不需要和软件狗通信，或是修改软件狗的驱动程序，使之转而调用一个与软件狗行为一致的模拟器。

☞ 请读者完成本章思考与实践第 14 题，学习利用 U 盘制作系统的启动令牌。

（2）安全芯片

为了防止软件狗之类的保护技术被跟踪破解，还可以在计算机中安装一个专门的安全芯片，密钥也封装于芯片中，这样可以保证一台机器上的文件在另一台机器上不能运行。下面介绍这种安全芯片。

🗁 **拓展知识：可信计算（Trusted Computing）**

和抵抗传染病要控制病源一样，必须做到终端的可信，才能从源头解决人与程序之间、人与机器之间的信息安全传递。对于最常用的PC，只有从芯片、主板等硬件和BIOS、操作系统等底层软件综合采取措施，才能有效地提高其安全性。正是这一技术思想推动了可信计算的产生和发展。

可信计算的基本思想就是在计算机系统中首先建立一个信任根，再建立一条信任链，一级测量认证一级，一级信任一级，把信任关系扩大到整个计算机系统，从而确保计算机系统的可信。

1999年底，微软、IBM、HP、Intel等著名IT企业发起成立了可信计算平台联盟（Trusted Computing Platform Alliance，TCPA）。2003年，TCPA改组为可信计算组织（Trusted Computing Group，TCG）。TCPA和TCG的出现形成了可信计算的新高潮。该组织提出可信计算平台的概念，并具体到微机、PDA、服务器和手机设备，而且给出了体系结构和技术路线，不仅考虑到信息的秘密性，更强调了信息的真实性和完整性，而且更加产业化和更具广泛性。

可信计算技术的核心是称为TPM（Trusted Platform Module，可信平台模块）的安全芯片，它是可信计算平台的信任根。TCG定义了TPM是一种SOC（System on Chip，小型片上系统）芯片，实际上是一个拥有丰富的计算资源和密码资源，在嵌入式操作系统的管理下，构成的一个以安全功能为主要特色的小型计算机系统。因此，TPM具有密钥管理、加密和解密、数字签名、数据安全存储等功能，在此基础上完成其作为可信存储根和可信报告根的职能。

TPM技术最核心的功能在于对CPU处理的数据流进行加密，同时监测系统底层的状态。在这个基础上，可以开发出唯一身份识别、系统登录加密、文件夹加密、网络通信加密等各个环节的安全应用，它能够生成加密的密钥，还可进行密钥的存储和身份的验证，可以高速进行数据加密和还原，作为保护BIOS和操作系统不被修改的辅助处理器，通过可信计算软件栈（Trusted Software Stack，TSS）与TPM的结合来构建跨平台与软硬件系统的可信计算体系结构。

应用实例：TPM在PC中的应用

国内一些厂商已经将TPM芯片应用到台式机领域。图3-10所示分别为主机箱上的TPM标志、兆日公司的TPM芯片及主板上的TPM芯片。

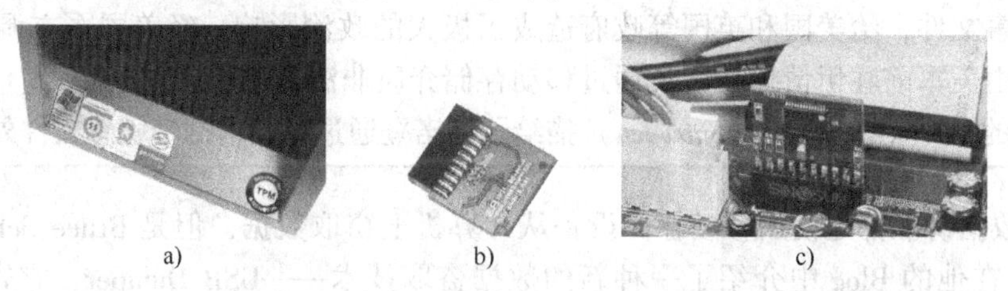

图3-10　主机箱上的TPM标志、TPM芯片及主板上的TPM芯片

a）主机箱上的TPM标志　b）TPM芯片　c）主板上的TPM芯片

Windows Vista及以后的版本支持可信计算功能，能够运用TPM实现密码安全存储、身份认证和完整性验证，实现系统版本不被篡改、防病毒和黑客攻击等功能。这样，即使硬盘被盗，由于缺乏TPM的认证处理，也不会造成数据泄露。

要想查看计算机上是否有TPM芯片，可以打开控制面板中的“设备管理器”→“安全设备”，查看该结点下是否有“受信任的平台模块”这类设备，如图 3-11 所示。

图 3-11　通过设备管理器看到的 TPM 芯片

必须注意：TPM 是可信计算平台的信任根。中国的可信计算机必须采用中国的信任根芯片，中国的信任根芯片必须采用中国的密码。由长城、中兴、联想、同方、方正、兆日等多家厂商联合推出了按照我国密码算法自主研制的、具有完全自主知识产权的可信密码模块 TCM（Trusted Cryptography Module）芯片。

☞ 请读者完成本章思考与实践第 15 题，在带有 TPM 芯片的联想 Thinkpad 系列机型中启用 TPM 功能并加密磁盘。

3.2.3　移动存储介质安全防护

移动存储介质主要是指通过 USB 端口与计算机相连的 U 盘、移动硬盘、存储卡等，也包括无线移动硬盘、手机等。它们具有体积小、容量大、价格低廉、方便携带、即插即用等特点，不仅在信息交换的过程中得到了广泛应用，也可以作为启动盘创建计算环境。因此，移动存储介质有着广泛的应用。

1. 移动存储介质安全问题分析

移动存储介质在给人们共享数据带来极大便利的同时，还存在以下一些典型的安全威胁。

- 设备质量低劣，设备损坏。
- 感染和传播病毒等恶意代码。
- 设备丢失、被盗及滥用造成敏感数据泄露、操作痕迹泄露。

通过移动存储介质泄露敏感信息是当前一个非常突出的问题。内外网物理隔离等安全技术从理论上来说构筑了一个相对封闭的网络环境，使攻击者企图通过网络攻击来获取重要信息的途径被阻断了。而移动存储介质在内外网计算机间的频繁数据交换，使内外网“隔而不离、藕断丝连”，很容易造成内网敏感信息的泄露。

案例 3-15　从 2010 年 4 月起，“维基解密”网站相继公开了近十万份关于伊拉克和阿富汗战争的军事文件，给美国和英国等政府造成了极大的政治影响。经美国军方调查，这些文件的泄露是由美军前驻伊情报分析员通过移动存储介质非法复制所致。

2016 年的影片《斯诺登》（*Snowden*）描绘了斯诺登通过存储卡携带敏感文件外出的过程。

传统的数据窃取都是使用移动存储设备从计算机上窃取数据，但是 Bruce Schneier 于 2006 年 8 月 25 日在他的 Blog 中介绍了一种新的数据盗取技术——USB Dumper，它寄生在计算机中，运行于后台，一旦有连接到计算机上的 USB 设备，就开始悄悄窃取其中的数据。这对于现如今普遍使用的移动办公设备来说，的确是个不小的挑战。USB Dumper 这类工具的出现，提出了对 USB 设备的数据进行加密的要求，特别是需要在一个陌生的环境中使用移动设备的时候。

☞ 请读者完成本章思考与实践第 20 题，体验 USB Dumper 这类工具的危害，了解其原理并思考对其如何改造利用。

2. 移动存储介质安全防护

（1）常用防护方法

移动存储介质常用的一些防护方法如下。

- 针对设备质量低劣的威胁，进行设备的检测。
- 针对感染和传播恶意代码，安装病毒防护软件。
- 针对信息泄露和痕迹泄露，进行认证与加密、访问控制、强力擦除与文件粉碎等防护。

（2）综合安全管理

对于移动存储介质的安全使用，必须全面考虑其接入主机前、中、后等不同阶段可能面临的安全问题，采取系统化的一整套安全管理措施，如图 3-12 所示。

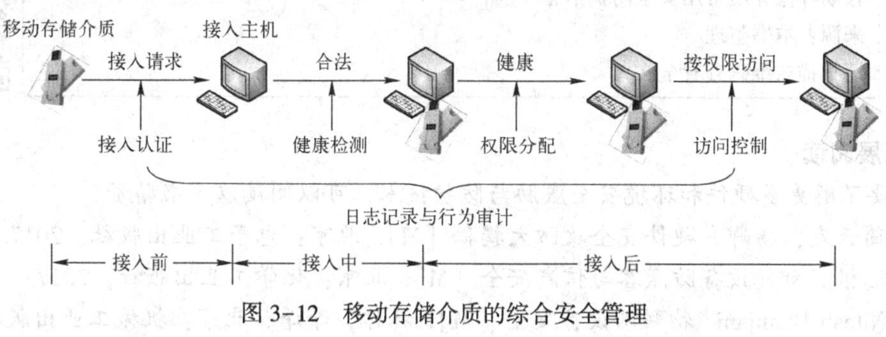

图 3-12　移动存储介质的综合安全管理

- 接入认证，即对移动存储介质的唯一性认证。由于移动存储介质具有即插即用、使用方便的特性，因此任何一个使用者都可以不经认证随时将移动存储介质接入内网中的任意一台计算机中。没有进行对移动存储介质的唯一性认证，导致事后出现问题时，也无从追查问题的起因及相关责任人。接入认证的关键是要实现“用户-移动存储介质”的绑定注册及身份授权。
- 健康检测，即对移动存储介质接入内网过程中系统的健康状态进行检测。在使用过程中，使用者往往忽视对移动设备的病毒查杀工作，由于移动存储介质的使用范围较广，不可避免地会出现在外网使用时感染计算机病毒的情况。如果不能及时有效地查杀病毒，当内网计算机打开感染病毒的文件时，很容易将病毒传播到内网中。例如，“摆渡”木马程序不需要连接网络就能轻易窃取内网计算机的重要数据。同时，如果注册介质和注册用户身份变更或发生异常操作，也会对内网数据信息造成破坏。
- 权限分配，即移动存储介质接入内网后，对其访问策略的分配及实施。不同身份的用户、不同健康状态的介质对内网计算机的使用权限是不一样的。然而，通常的计算机并没有对介质使用者的身份及操作权限进行限制，导致一些未授权用户不经限制就能够轻松获取内网加密信息，或者低密级用户非法访问高密级数据。其关键是要根据用户的身份等级、介质健康状态进行相应的权限分配。
- 访问控制，通过对介质中的数据进行加密进行访问控制。首先，通过介质唯一性标识的密钥分发对介质中的数据进行加密，这样即使移动存储介质不慎丢失，也不会发生信息泄露问题；其次，信息数据在移动存储介质和内网间进行传输时，对传输通道进行加密保护，防止数据被不法分子所窃取。
- 日志记录与行为审计，即对移动存储介质进行细粒度的行为审计及日志记录。尽管移动存储介质需要经过多重认证才能顺利接入终端，但其顺利接入终端并不代表它具有完全的安全性。通过对其接入的时刻，以及对文件的读、写、修改及删除操作等进行严格的审计与记录，即使出现安全问题，也能第一时间找出问题起因及相关责任人。

一些安全厂商提供了如下综合安全管理功能的产品。

- 北信源安全 U 盘系统，http://www.vrv.com.cn。
- Endpoint Protector，http://www.endpointprotector.com。
- GFI Endpoint Security，http://www.gfi.com。

应用实例：移动存储介质常用安全防护措施

文档资料

移动存储介质常用安全防护措施
来源：本书整理
请扫描二维码查看全文。

拓展阅读

读者要了解更多硬件和环境安全威胁与防护技术，可以阅读以下书籍资料。

[1] 简云定，杨卿. 硬件安全攻防大揭秘 [M]. 北京：电子工业出版社，2017.

[2] 陈根. 智能设备防黑客与信息安全 [M]. 北京：化学工业出版社，2017.

[3] Nitesh Dhanjani. 物联网设备安全 [M]. 林林，等译. 北京：机械工业出版社，2017.

[4] 陈根. 硬黑客：智能硬件生死之战 [M]. 北京：机械工业出版社，2015.

3.3 思考与实践

1. 环境可能对计算机系统安全造成哪些威胁？如何防护？

2. 什么是旁路攻击？书中列举了一些，你能否再列举一些？

3. 为了保证计算机系统安全稳定地运行，对计算机机房有哪些主要要求？机房的安全等级有哪些？是根据什么因素划分的？

4. TEMPEST 技术的主要研究内容是什么？

5. 计算机设备防电磁泄漏的主要措施有哪些？它们各自的主要内容是什么？

6. 有哪些基于硬件的访问控制技术？试分析它们的局限性。

7. QQ 登录界面中，单击密码输入栏右边的小键盘图标会弹出一个虚拟键盘，如图 3-13 所示，请解释这个虚拟键盘的功能。

8. 头脑风暴：观看影片《碟中谍 4：幽灵协议》，影片最精彩的一段是，为了进入迪拜的哈利法塔的数据中心机房，侵入服务器获得控制权，阿汤哥饰演的角色在该楼上徒手攀爬和荡秋千的那一系列让人揪心的高难度动作。并对比影片《碟中谍 1》中阿汤哥饰演的角色侵入数据中心的片段，思考哈利法塔的数据中心在环境和设备安全方面存在的问题。

图 3-13 QQ 的虚拟键盘

9. 读书报告：查阅资料，总结键盘面临的安全威胁，并提出防范对策。进一步思考，这些旁路攻击方式如何加以改造和利用。完成读书报告。提示：激光键盘和震动感应键盘。

10. 读书报告：请访问以色列本·古里安大学网络安全实验室主页 https://cyber.bgu.ac.il，了解最新的物理攻击实验方法。

11. 读书报告：阅读数据中心物理安全防护国家标准，了解数据中心的分级与性能、选址及设备布置、环境、建筑与结构、空气调节、电气、电磁屏蔽、网络与布线系统、智能化系统、给水排水及消防等分级要求。完成读书报告。

12. 读书报告：查阅资料，了解可信计算的技术新进展和新应用。完成读书报告。

13. 操作实验：搜集CPU、内存、硬盘、显卡检测工具及硬件综合测试工具，安装并使用这些软件，对计算机系统的关键部件进行状态、性能的监控与评测，并比较各类检测软件。完成实验报告。

14. 操作实验：利用软件Rohos Logon Key将U盘改造成带密钥的U盘（加密狗），作为系统的启动令牌。完成实验报告。

15. 操作实验：PC中安装的TPM芯片可以对系统登录口令、磁盘进行加密，还能对诸如上网账号、QQ、网游及网上银行等应用软件的登录信息和口令进行加密。联想笔记本Thinkpad的X、R、T、W系列中有带TPM芯片的机型，试启用其中的TPM功能并进行加密实验。完成实验报告。

16. 操作实验：BitLocker是Windows部分版本中自带的加密功能。试使用该功能，完成对移动存储设备或硬盘的加密。完成实验报告。

17. 操作实验：搜集、阅读资料，分析U盘等移动存储设备面临的安全问题，下载相关软件，给出解决方案。完成实验报告。

18. 操作实验：搜集、阅读资料，针对笔记本电脑、手机等移动设备的防盗、防丢等安全问题下载下列软件，给出解决方案。完成实验报告。

1）小天使笔记本防盗软件，http://www.angeletsoft.cn。

2）Absolute Data Protect，http://www.absolute.com。

3）360手机防盗，http://fd.shouji.360.cn。

4）iPhone查找我的手机，App Store。

19. 编程实验：实现获取U盘中的PID、VID及HSN等信息的程序。完成实验报告。

20. 编程实验：试使用并分析USB Dumper这类软件，了解其工作原理，并思考如何对其加以改造用于正途。

3.4 学习目标检验

请对照本章学习目标列表，自行检验达到情况。

学习目标		达到情况
知识	了解计算机信息系统的物理安全的概念，以及物理安全问题	
	了解针对数据中心的物理安全防护措施	
	了解针对PC的物理安全防护措施	
	了解针对移动存储介质的安全防护措施	
能力	掌握数据中心的物理安全防护措施	
	掌握针对PC的物理安全防护措施	
	掌握针对移动存储介质的安全防护措施	

第4章　操作系统安全

导学问题

- 操作系统面临哪些安全问题？为什么说研究和开发安全操作系统具有重要意义？☞4.1节
- 操作系统的应用领域和应用目标不尽相同，人们是如何为操作系统划分安全等级的？操作系统的安全目标和安全机制有哪些？☞4.2.1小节
- 什么是安全操作系统？它与操作系统安全有什么区别和联系？☞4.2.2小节
- 用户使用操作系统时遇到的第一道防线是身份认证，它的工作原理是怎样的？☞4.3节
- 操作系统中除了要确认实体的身份以外，还需要限制实体的访问权限——访问控制，它的工作原理是怎样的？☞4.4节
- Windows系统是怎样体现安全的？☞4.5节
- Linux系统是怎样体现安全的？☞4.6节

4.1　操作系统安全问题

本节首先介绍操作系统安全的重要性，然后介绍操作系统面临的安全问题。

1. 操作系统安全的重要性

计算机操作系统是对计算机软件、硬件资源进行调度控制和信息产生、传递、处理的平台，它为整个计算机信息系统提供底层（系统级）的安全保障。操作系统安全是计算机信息系统安全的重要基础，研究和开发安全的操作系统具有重要意义。

计算机软件系统可划分为操作系统、数据库等应用平台软件、应用业务软件。操作系统用于管理计算机资源，控制整个系统的运行，它直接和硬件打交道，并为用户提供接口，是计算机软件的基础。数据库、应用软件通常是运行在操作系统之上的，若没有操作系统安全机制的支持，它们就不可能具有真正的安全性。同时，在网络环境中，网络的安全性依赖于各主机系统的安全性，而主机系统的安全性又依赖于其操作系统的安全性。

通过第2章的学习我们知道，数据加密是保密通信中必不可少的手段，也是保护存储文件的有效方法，但数据加密、解密所涉及的密钥分配、转储等过程必须用计算机实现。若无安全的计算机操作系统做保护，数据加密相当于在纸环上套了个铁锁。数据加密并不能提高操作系统的可信度，要解决计算机内部信息的安全性，必须解决操作系统的安全性。

当前，保障网络及信息安全的问题已引起人们的重视，网络加密机、防火墙、入侵检测等安全产品也得到了广泛使用，但是人们又在思考这样的问题：这些安全产品的“底座”（操作系统）可靠、坚固吗。美国计算机应急响应组（Computer Emergency Response Term，CERT）提供的安全报告表明，很多安全问题都源于操作系统的安全脆弱性。因此，要解决计算机内部

信息的安全性，必须解决操作系统的安全性。

2. 操作系统面临的安全问题

威胁操作系统安全的因素除了第3章中介绍的计算机硬件设备与环境因素以外，还有以下几种。

1）网络攻击破坏系统的可用性和完整性。例如，恶意代码（如Rootkit）造成系统文件和数据文件的丢失或破坏，甚至使系统瘫痪或崩溃。

2）隐蔽信道（Covert Channel，也称作隐通道）破坏系统的保密性和完整性。如今，攻击者攻击系统的目的更多地转向获取非授权的信息访问权。这些信息可以是系统运行时内存中的信息，也可以是存储在磁盘上的信息（文件）。窃取信息的方法有多种，例如，使用Cain&Abel等口令破解工具破解系统口令，使用Golden keylogger等木马工具记录键盘信息，还可以利用隐蔽信道非法访问资源。隐蔽信道就是指系统中不受安全策略控制的、违反安全策略的信息泄露途径。

3）用户的误操作破坏系统的可用性和完整性。例如，用户无意中删除了系统的某个文件，无意中停止了系统的正常处理任务，这样的误操作或不合理地使用了系统提供的命令，会影响系统的稳定运行。此外，在多用户操作系统中，各用户程序执行过程中相互间会产生不良影响，用户之间会相互干扰。

4）系统漏洞。操作系统在设计时需要在安全性和易用性之间寻找一个最佳平衡点，这就使得操作系统在安全性方面必然存在着缺陷。2007年，微软推出的Vista操作系统，是微软第一款根据安全开发生命周期（Security Development Lifecycle，SDL）机制进行开发的操作系统。它首次实现了从用户易用优先向操作系统安全优先的转变，系统中所有选项的默认设置都是以安全为第一要素考虑的。但是，Vista系统很快就曝出了漏洞。现在应用最广泛的Windows系列操作系统在安全性方面还不断地被发现漏洞。可以说，Windows系统不是“有没有漏洞”的问题，而是漏洞何时被发现的问题。

一个有效、可靠的操作系统必须具有相应的保护措施，消除或限制如恶意代码、网络攻击、隐蔽信道、误操作等对系统构成的安全隐患。

4.2 操作系统安全与安全操作系统概述

本节首先介绍与操作系统安全相关的一些知识，包括操作系统安全等级、安全目标及安全机制，然后介绍安全操作系统的概念。

4.2.1 操作系统安全概述

1. 操作系统安全等级

操作系统安全涉及两个重要概念：安全功能（安全机制）和安全保证。不同的操作系统所能提供的安全功能可能不同，实现同样安全功能的途径可能也不同。为此，人们制定了安全评测等级。在这样的安全等级评测标准中，安全功能主要说明各安全等级所需实现的安全策略和安全机制的要求，而安全保证则是描述通过何种方法保证操作系统所提供的安全功能达到了确定的功能要求。

美国和许多国家目前使用的计算机安全等级标准是*Common Criteria of Information Technical*

Security Evaluation（《信息技术安全评估通用标准》，CCITSE），简称 CC。当然，为了了解操作系统的安全性设计，还必须提及计算机安全等级标准——*Trusted Computer System Evaluation Criteria*（《可信计算机系统评估标准》，TCSEC）。虽然 TCSEC 已经被 CC 所取代，但是现在它仍然被认为是任何一个安全操作系统的核心要求。TCSEC 把计算机系统的安全分为 A、B、C、D 四个大等级，7 个安全级别。按照安全程度由弱到强的排列顺序是 D，C1，C2，B1，B2，B3，A1。CC 由低到高共分 EAL1~EAL7 这 7 个级别。其他相关国内外安全等级测评标准将在本书的第 10.2.2 小节介绍。

2. 操作系统安全目标

根据操作系统的基本功能要求，操作系统安全的主要目标有以下几点。

- 标识系统中的用户并进行身份鉴别。
- 依据系统安全策略对用户的操作进行访问控制，防止用户对计算机资源非法存取。
- 监督系统运行的安全。
- 保证系统自身的安全性和完整性。

3. 操作系统主要安全机制

下面介绍实现操作系统安全目标需要建立的主要安全机制，包括身份认证、访问控制、最小权限管理、信道保护、存储保护、文件系统保护和安全审计等机制。身份认证和访问控制这两种安全机制将分别在接下来的第 4.3 节和 4.4 节介绍。

（1）最小权限管理

在安全操作系统中，为了维护系统的正常运行及其安全策略库，管理员往往需要一定的权限来直接执行一些受限的操作或进行超越安全策略控制的访问。传统的超级用户权限管理模式，超级用户/进程拥有所有权限，这样虽便于系统的维护和配置，却不利于系统的安全性。一旦超级用户的口令丢失或超级用户被冒充，将会对系统造成极大的损失。另外，超级用户的误操作也是系统潜在的安全隐患。因此，TCSEC 标准对 B2 级以上的安全操作系统均要求提供最小权限管理安全保证。

所谓“最小权限”，指的是在完成某种操作时，一方面给予主体必不可少的权限，保证主体能在所赋予的权限之下完成需要的任务或操作，另一方面只给予主体必不可少的权限，这就限制了每个主体所能进行的操作。例如，将超级用户的权限划分为一组细粒度的权限，分别授予不同的系统操作员/管理员，使各种系统操作员/管理员只具有完成其任务所需的权限，从而减少由于权限用户口令丢失、被冒充或误操作所引起的损失。

（2）信道保护

信道保护涉及两个方面：一方面是保护显式信道；另一方面是发现和消除隐蔽信道。

1）正常信道的保护。在计算机系统中，用户是通过不可信的应用软件与操作系统进行通信交互的。当进行用户登录、定义用户的安全属性、改变文件的安全级别等操作时，用户必须确认是与操作系统的核心通信，而不是与一个伪装成应用软件的木马程序打交道。例如，系统必须防止木马程序伪装成登录界面窃取用户的口令。可信路径（Trusted Path）就是确保终端用户能够直接与可信系统内核进行通信的机制。该机制只能由终端用户或可信系统内核启动，不能被不可信软件伪装。可信路径机制主要在用户登录或注册时应用。

【例 4-1】操作系统中安全注意键的应用。

为用户建立可信路径的一种方法是使用通用终端发信号给系统核心，这个信号是不可信软件不能拦截、覆盖或伪造的，一般称这个信号为安全注意键（Secure Attention Key，SAK）。每当系统识别到用户在一个终端上输入的SAK时，便终止对应到该终端的所有用户进程（包括特洛伊木马程序），启动可信的会话过程，以保证用户名和口令不被窃走。如在Windows系统中，SAK是<Ctrl+Alt+Del>，用户同时按下这3个键后，Windows系统会终止所有用户进程，重新激活登录界面，提示用户输入用户名和口令。

2）隐蔽信道的发现和处理。TCSEC要求B2级别以上的计算机系统评估必须包括隐蔽信道的分析，并且随着评估级别的升高，对隐蔽信道的分析要求也越来越严格。一般来讲，计算机系统的访问控制机制很难对这些存储位置和定时设备进行控制，也就很难对利用这些通道进行通信的行为进行控制，因而对这些隐蔽信道的发现和处理也是非常困难的。有兴趣的读者可以参考相关资料，本书不再展开。

（3）存储保护

操作系统中的存储保护包括内存保护、运行保护、I/O保护等。

1）内存保护。内存是操作系统中的共享资源，即使对于单用户的个人计算机，内存也是被用户程序与系统程序所共享的，在多道环境下更是被多个进程所共享。为了防止共享失去控制和产生不安全问题，对内存进行保护是必要的。

对于一个安全操作系统，内存保护是最基本的要求。保护单元为存储器中的最小数据范围，可为字、字块、页面或段。保护单元越小，则内存保护精度越高。对于代表单个用户的在内存中一次运行一个进程的系统，存储保护机制应该防止用户程序对操作系统的影响。在允许多道程序并发运行的多任务操作系统中，还要求存储保护机制对进程的存储区域实行互相隔离。

内存保护的主要目的如下。

- 防止对内存的未授权访问。
- 防止对内存的错误读写，如向只读单元写。
- 防止用户的不当操作破坏内存数据区、程序区或系统区。
- 多道程序环境下，防止不同用户的内存区域互相影响。
- 将用户与内存隔离，不让用户知道数据或程序在内存中的具体位置。

常用的内存保护技术有单用户内存保护、多道程序的保护、内存标记保护和分段与分页保护技术。这些技术的实现方法在操作系统原理教科书中都有介绍。

2）运行保护。安全操作系统很重要的一点是进行分层设计，而运行域正是这样一种基于保护环的等级式结构。运行域是进程运行的区域，在最内层具有最小环号的环具有最高权限，而在最外层具有最大环号的环具有最小权限。

【例4-2】操作系统中保护环的应用。

设置两环系统是很容易理解的，它只是为了隔离操作系统程序与用户程序。这就像生活中的道路被划分为机动车道和非机动车道一样，各种车辆和行人各行其道，互不影响，保证了各自的安全。对于多环结构，它的最内层是操作系统，控制整个计算机系统的运行；操作系统环之外的是受限使用的系统应用环，如数据库管理系统或事务处理系统；最外层则是各种不同用户的应用环。

在这里，最重要的安全概念是等级域机制，即保护某一环不被其外层环侵入，并且允许某一环内的进程能够有效地控制和利用该环及该环以外的环。进程隔离机制与等级域机制是不同的。当一个进程在某个环内运行时，进程隔离机制将保护该进程免遭同一环内同时运行的其他进程破坏，也就是说，系统将隔离同一环内同时运行的各个进程。

Intel x86 微芯片系列就是使用环概念来实施运行保护的，如图 4-1 所示。环有 4 个级别：环 0 是最高权限的，环 3 是最低权限的。当然，微芯片上并没有实际的物理环。Windows 操作系统中的所有内核代码都在环 0 级上运行。用户模式程序（如 Office 软件程序）在环 3 级上运行。包括 Windows 和 Linux 在内的许多操作系统在 Intel x86 微芯片上只使用环 0 和环 3，而不使用环 1 和环 2。

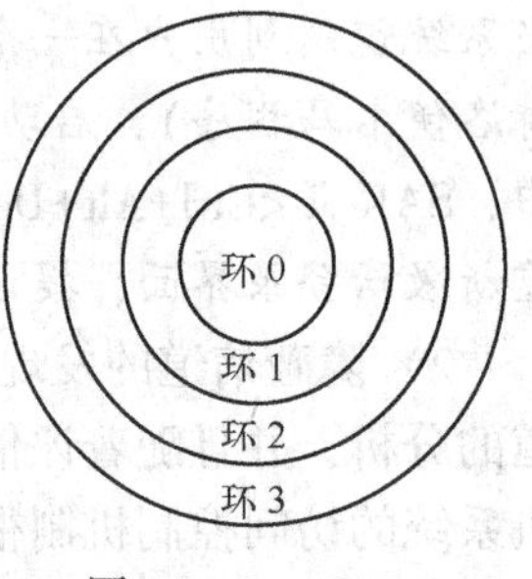

图 4-1 Intel x86 支持的保护环

CPU 负责跟踪为软件代码和内存分配环的情况，并在各环之间实施访问限制。通常，每个软件程序都会获得一个环编号，它不能访问任何具有更小编号的环。例如，环 3 的程序不能访问环 0 的程序。若环 3 的程序试图访问环 0 的内存，则 CPU 将发出一个中断。在多数情况下，操作系统不会允许这种访问。该访问尝试甚至会导致程序的终止。

3）I/O 保护。I/O 介质输出访问控制最简单的方式是将设备看作一个客体，仿佛它们都处于安全边界外。由于所有的 I/O 不是向设备写数据就是从设备接收数据，所以一个进行 I/O 操作的进程必须受到对设备的读、写两种访问控制。这就意味着设备到介质间的路径可以不受什么约束，而处理器到设备间的路径则需要施以一定的读写访问控制。

（4）文件系统保护机制

文件系统是文件命名、存储和组织的总体结构，是计算机系统和网络的重要资源。文件系统的安全措施主要有以下几个方面。

1）分区。分区是指将存储设备从逻辑上分为多个部分。一个硬盘可以被分为若干个不同的分区，每个分区可用于独立的用途，可以进行独立保护。例如，加密、设置不同的文件系统结构和安全访问权限等。

2）文件系统的安全加载。在 Linux 系统中，若要使用一个文件系统，必须遵循先加载后使用的原则。通过对文件系统的加载和卸载，可以在适当的时候隔离敏感的文件，起到保护作用。

3）文件共享安全。操作系统在进行文件管理时，为了方便用户，提供了共享功能，但同时也带来了隐私如何保护等安全问题。多人共用一台计算机，很容易打开并修改属于别人的私有文件。系统可以采用对文件加密的方法，保证加密文件只能被加密者打开，即使具有最高权限的计算机管理员也打不开他人加密的文件。有时为共享文件夹加上口令也不能保证安全，此时便可以采用其他方法来保证共享文件夹的安全。例如，可以隐藏要共享的文件夹。

4）文件系统的数据备份。系统运行中，经常会因为各种突发事件导致文件系统的损坏或数据丢失。为了将损失减到最小，需要系统管理员及时对文件系统中的数据进行备份。备份就是指把硬盘上的文件复制一份到外部存储载体上，常用的载体有磁盘、硬盘、光盘、U 盘等。根据备份技术的不同，可以备份单个文件，也可以备份某个文件夹或者分区。

（5）安全审计

系统的安全审计就是对系统中有关安全的活动进行记录、检查及审核。它的主要目的就是检测和阻止非法用户对计算机系统的入侵，并显示合法用户的误操作。审计作为一种事后追查的手段来保证系统的安全，它可对涉及系统安全的操作做一个完整的记录，为处理提供详细、可靠的依据和支持。如果将审计和报警功能结合起来，那就可以做到事故发生前的预警。每当有违反系统安全的事件发生或者有涉及系统安全的重要操作进行时，就及时向安全操作员终端发送相应的报警信息。

审计是操作系统安全的一个重要方面，安全操作系统也都要求用审计方法监视安全相关的活动。TCSEC 就明确要求“可信计算机必须向授权人员提供一种能力，以便对访问、生成或泄露秘密/敏感信息的任何活动进行审计。根据一个特定机制或特定应用的审计要求，可以有选择地获取审计数据。但审计数据中必须有足够细的粒度，以支持对一个特定个体已发生的动作或代表该个体发生的动作进行追踪”。

审计过程一般是一个独立的过程，它应与系统其他功能相隔离。同时要求操作系统必须能够生成、维护及保护审计过程，使其免遭修改、非法访问及毁坏。特别是应该保护审计数据，要严格限制未经授权的用户访问它。

4.2.2 安全操作系统概述

操作系统安全与安全操作系统的含义不尽相同。操作系统安全是指操作系统在基本功能的基础上增加了安全机制与措施；而安全操作系统是一种从开始设计时就充分考虑到系统的安全性，并且一般能满足较高级别的安全需求的操作系统。

例如，根据 TCSEC，通常称 B1 级以上的操作系统为安全操作系统。在发展历史上，安全操作系统也常称为“可信操作系统”（Trusted OS）。一般而言，安全操作系统应该实现身份认证、自主访问控制、强制访问控制、最小特权管理、可信路径、隐蔽信道分析处理及安全审计等多种安全机制。

在第 4.6 节中将介绍安全增强 Linux（Security-Enhanced Linux，SELinux）。

4.3 身份认证

身份认证（Authentication）是证实实体（Entity）对象的数字身份与物理身份是否一致的过程。这里的实体可以是用户，也可以是主机系统。在计算机系统中，身份（Identity）是实体的一种计算机表达，计算机中的每一项事务都是由一个或多个唯一确定的实体参与完成的，而身份可以用来唯一确定一个实体。根据实体的不同，身份认证通常可分为用户与主机间的认证、主机与主机之间的认证。不过实质上，主机与主机之间的认证仍然是用户与主机间的认证。

身份认证分为两个过程：标识与鉴别。标识（Identification）就是系统要标识实体的身份，并为每个实体取一个系统可以识别的内部名称——标识符 ID。识别主体真实身份的过程称为鉴别（Authentication），也有人称作认证或验证。户名或账户就可以作为身份标识。为了对主体身份的正确性进行验证，主体往往还需要提供进一步的凭证，如密码（口令）、令牌或生物特征。系统会将主体提供的账号和凭证这两类身份信息与先前已存储的该主体的身份信息进行比较，如果匹配，那么主体就通过了身份鉴别。在操作系统中，鉴别通常是在用户登录系统时完成的。

🖂 **说明：**

考虑到身份鉴别是身份认证的重要组成部分，鉴别与标识也紧密联系，所以本书后面不再对认证和鉴别做区分。

身份认证机制能够保证只有合法用户才能存取系统中的资源，防止信息资源被非授权使用，保障信息资源的安全。

身份认证过程中，需要将主体的账号与凭证这两类身份信息与保存的初始设定信息进行比对，以此判定主体身份的真实性。这个过程涉及凭证信息及认证机制，本节将围绕这两个方面展开介绍。

4.3.1 身份凭证信息

用户的身份认证过程中常用的 3 种凭证信息是：

1）用户所知道的（What you know），如要求输入用户的口令、密钥，或记忆的某些动作等；

2）用户所拥有的（What you have），如 USB Key、智能卡等物理识别设备；

3）用户自身的特征（What you are），如用户的指纹、声音、视网膜等生理特征，以及击键等行为特征。

对主机的身份认证通常可以根据环境位置、地理位置、时间等进行，如通过主机的 IP 地址或硬件地址（如 MAC 地址）来对主机进行认证。本小节主要介绍用户与主机操作系统之间的身份凭证信息设计。

1. 用户所知道的

用户可以通过设置口令或手势来进行身份认证。

（1）口令

口令是一种最古老的、容易实现的、也是比较有效的身份凭证。例如，阿拉伯故事《阿里巴巴与四十大盗》中的“芝麻开门”就是一个口令。

在计算机操作系统或应用系统中，用户首先必须作为系统管理员，或通过系统管理员在系统中建立一个用户账号及设置一个口令。用户每次使用系统必须输入用户名和口令，只有与存放在系统中的账户/口令文件中的相关信息一致才能进入系统。不同系统的登录进程可以有很大的不同，有些系统只要一个口令就可以访问，有些安全性很高的系统则要求几个等级的口令。例如，一个口令用于登录系统，一个口令用于个人账户，还有一个口令用于指定的敏感文件。

系统中使用的口令，要求只有用户自己知道。对于系统管理员分配的初始口令，用户应当及时更换。没有一个有效的口令，入侵者要闯入计算机系统是很困难的。但是口令在选取、存储、输入及传输等实际应用的每一个环节都面临很多安全风险，本章在后续的内容中将着重讨论。

（2）手势

随着手机、Pad 等移动终端设备的广泛应用，手势这种凭证信息得到了用户的青睐，用户只需在屏幕上划出一定的动作即可完成身份认证。图 4-2 所示为 QQ 软件中的手势密码创建界面。

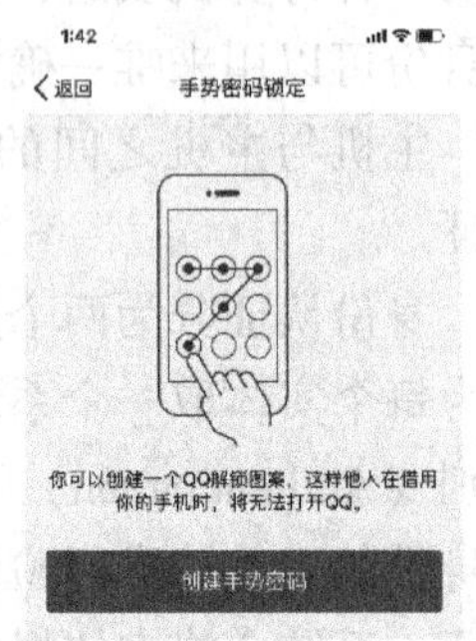

图 4-2　QQ 中的手势密码创建界面

2. 用户所拥有的

用户也可以通过持有的合法物理介质进行身份认证，如 USB Key 等。这类物理介质一方面增加了口令破解的成本，另一方面也能够较好地避免用户生成弱口令、记忆口令，以及口令传输过程中被泄露带来的安全风险。当然，这类物理介质一旦丢失，仍然会给用户的信息安全造成威胁。因而，实际应用这类物理介质进行身份认证的过程中仍会结合用户口令（密码）使用。

USB Key 是一种包含 USB 接口的硬件设备，它内置单片机或智能卡芯片，可以存储用户的密钥或数字证书。利用 USB Key 内置的密码算法可实现对用户身份的认证。基于 USB Key 的应用包括网上银行的U盾等，如图4-3所示，U盾用于网上银行的数字认证和电子签名需求。

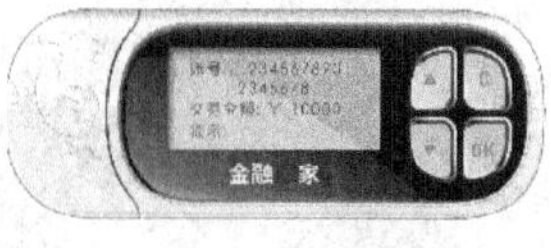

图4-3 U盾

3. 用户自身的特征

虽然网上银行广泛使用的U盾认证方式相比于“用户名+口令”的方式安全性要高，但它仍然有许多缺点，例如需要随时携带，也容易丢失或被窃。与这两种认证方式相比，利用用户本身的特征进行认证，也就是生物特征认证技术（Biometrics），则具有无法比拟的优点。用户不必再记忆和设置密码，使用更加方便。生物特征认证技术已经成为目前公认的、非常安全和非常有效的身份认证技术，将成为IT产业非常重要的技术革命之一。

生物特征认证，可以分为生理特征认证和生物行为认证，就是利用人体固有的生理特征或行为动作来进行身份认证。这里的生物特征通常具有唯一性（与其他任何人不同）和稳定性（终身不变）、易于测量、可自动识别等特点。研究和经验表明，人的生理特征，如指纹、掌纹、面孔、发音、虹膜、视网膜、骨架等，都具有唯一性和稳定性。人的行为特征，如语音语调、书写习惯、肢体运动、表情行为等，也都具有一定的稳定性和难以复制性。

生物识别的核心在于如何获取这些生物特征，并将之转换为数字信息存储于计算机中，以及如何利用可靠的匹配算法来完成个人身份的认证。

（1）生理特征认证

目前比较成熟的、得到广泛应用的生物特征认证技术有指纹识别、虹膜识别、人脸识别、掌形识别、声音等，还有正在研究中的血管纹理识别、人体气味识别等技术。

1）指纹识别。指纹识别以人的指纹作为身份认证的凭证，通过指纹采集设备获取用户的指纹图像，利用计算机视觉和图像处理技术提取指纹的特征，再根据相应的匹配和识别算法识别出指纹对应的用户身份。

2013年，苹果公司推出的手机iPhone 5S中采用了指纹识别技术来保证手机的安全。如图4-4所示，指纹识别Touch ID传感器采用电容触控技术，不仅精确度很高，而且确保只有“活手指”才能解锁，这保证了Touch ID不会面临指纹伪造和假冒等安全风险，安全性得到了保障。

指纹识别也有缺点，例如指纹被盗取或重用，再例如每次鉴别产生的样本可能稍有不同，如在获取用户的指纹时，手指可能变脏，可能割破，或手指放在阅读器上的位置不同等。

2）虹膜识别。虹膜识别以人的虹膜的复杂纹理作为身份认证的凭证，它利用虹膜采集设备获取用户的虹膜图像，综合运用图像处理、人工智能等技术完成虹膜定位、特征提取、匹配等功能。图4-5所示为虹膜识别设备。

虹膜识别系统已经被广泛应用于军事、行政等安全要求高的场合中。已有的系统甚至可以在几米外远程扫描人眼虹膜组织，每分钟内可以扫描数十人。

3）人脸识别。人脸识别是以人的脸部图像作为身份认证的凭证。通过专门的设备采集人脸图像，提取人脸的轮廓特征和局部细节特征，并通过相应的匹配和识别技术来认证用户的身份。

2017年，苹果公司推出的新一代手机中拥有了Face ID面部识别功能，使用摄像头采集含有人脸的3D照片或视频，对其中的人脸进行检测和跟踪，进而达到识别、辨认人脸的目的。

人脸识别系统非常适用于人流量较大的区域，可以在人的活动中捕捉人脸图像进行识别，如图4-6所示。

图 4-4 iPhone 指纹识别

图 4-5 虹膜识别设备

图 4-6 人脸识别

（2）生物行为认证

人的行为是因人而异的，一些习惯性的行为可以成为个人独特的身份标识。基于行为特征的身份认证是在人的习惯性的行为特征基础上提出的，包括基于击键特征、基于操作鼠标行为特征、基于步态及基于情境感知的认证方式。

1）基于击键特征。基于击键特征的身份认证是利用一个人敲击键盘的行为特征进行身份认证的。击键行为特征包括击键间隔、击键持续时间、击键位置甚至击键压力等。

北京微通新成网络科技有限公司的“键盘芭蕾”就是一款静态口令认证和击键特征认证相结合的双因素身份认证产品，它不仅会检测用户输入的账号和密码是否正确，而且还收集用户的击键间隔、击键持续时间等击键特征。只有用户的静态口令输入正确且击键特征与系统用户相符，用户才能通过身份认证。

2）基于操作鼠标行为特征。与击键类似，因使用习惯及生理习性的差异，用户操作鼠标的行为特征也互不相同，如鼠标单双击的时间、鼠标左右键的使用习惯、鼠标移动的速度等。这些操作鼠标的行为特征可以用于对用户的身份进行认证。

3）基于步态。基于步态的身份认证是利用用户走路时不同的步态特征来识别用户的身份。人体的步态由躯干、手臂、腿等多个部位的姿态组成，如老人和年轻人的躯干弯曲程度、行走速度都不相同。而且一个人的步态在相当长的时间内不会发生很大变化，具有较强的稳定性。

4）基于情境感知的身份认证。基于情境感知的身份认证技术也被称为零口令技术，它是通过收集用户所处的情境，如时间、地点、用户行为等信息，获取用户在特定时间、特定地点的情境数据，分析并总结用户的情境模式及特征，并以此为依据进行用户身份的认证。不同用户都有各自的生活习惯、兴趣及时间安排，如固定的餐馆、上网浏览的内容及每周周末是否去超市购物等。收集并利用这些情境特征，可实现对用户身份的认证。

✍ **小结**

人的生理特征和行为特征能很好地满足身份认证中用户身份信息唯一性的要求，而且还具有以下一些特点和优势。

- 稳定性：指纹、虹膜等生理特征不会随时间等条件的变化而变化，行为特征的变化一般也不大。
- 难复制性：生物特征是人体固有的特征，与人体是唯一绑定的。
- 广泛性：每个人都可以搜集到生物特征。
- 方便性：生物识别技术不需用户记忆密码与携带及使用特殊工具，不会遗失。

基于生物特征的身份认证也有以下缺点。

- 每次认证时的样本可能发生变化。这是因为用户的身体特征可能因为某些原因而改变，例如，人手指的损坏影响指纹的识别。

- 基于身体特征的身份认证需要特定的识别设备，认证方案的成本较高。
- 随着技术的进步，伪造身体特征的方法也逐渐增多，使得基于身体特征的身份认证的安全性降低。例如，指纹套可以伪造或复制他人指纹，降低指纹识别的可信度。
- 生物特征有可能会被复制和滥用。除了存储了生物特征的数据库存在被拖库的危险外，随着手机和相机的拍照及成像质量越来越高，通过拍到的清晰手指图片获取指纹等生物特征信息已成为可能。而且，人的生物特征是不可改变的，这就意味着一旦泄露就没有新的生物特征可更新，因此，怎样存储生物特征模板以确保其安全性是一个至关重要的问题。

拓展知识：基于生物特征身份认证的安全性

典型的生物特征系统中存储的不是原始的生物特征，而是该生物特征的一个模板，该模板由原始生物特征的可区分性的特征组成。这是因为，人的生物特征具有天然的模糊性，每次采集的生物特征都会略有不同。例如，每次采集指纹时，由于手指皮肤在传感器表面的形变不同，或是由于手指和传感器之间有灰尘或油迹，又或是由于手指有损伤等，都会造成采集到的指纹不同。这种生物特征采集时的差别在人脸采集时体现得更加明显，如图 4-7 所示。因此，生物特征认证系统必须在待识别的同源的生物特征有差别的情况下仍保持识别的正确性，生物特征模板的使用解决了这一问题。

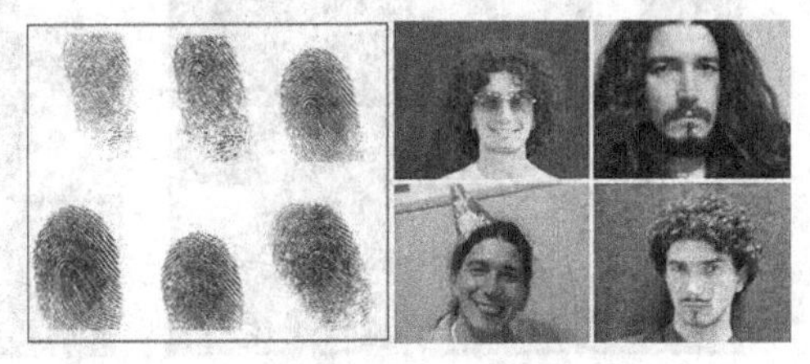

图 4-7　同一个人的指纹样本（左）和面部图片（右）

对于生物特征模板，不同模态的生物特征具有不同的信号表达形式，因而也就需要不同的特征选择/提取算法。对一种模态的生物特征数据，不同的应用可能采用不同的特征提取策略。例如，脊线图和细节点（端点和分叉点）就是指纹的两种不同的表征。相似的，人脸的特征点（如眼角点、鼻子、嘴唇等）的绝对位置与它们之间的相对位置可以作为人脸特征模板，此外，用主成分分析算法（PCA）或其他特征提取算法从整幅人脸图像中提取的特征向量也可以作为人脸模板。

为了安全存储生物特征模板，可以采用类似于用户口令的安全存储方法：首先用安全的哈希算法计算用户口令哈希值，将哈希值存储在影子口令文件中。当用户输入密码时，该密码同样被哈希，将得出的哈希值和存储的哈希值进行比较，从而确定用户的身份。这样，即使影子口令文件被攻破，对任何攻击者来说，通过哈希值来还原原始密码也是非常困难的（即使系统公开使用的哈希算法）。当检测到密码泄露时，合法用户可以更新密码，使原密码无效。

由于生物特征系统中使用的特征提取算法大多是复杂的，由提取的特征反向生成原始生物特征看起来也是困难的，但是已经有人提出了一种能够从指纹特征点反向生成原始指纹的高效算法。因此，对生物特征模板进行哈希计算后的存储非常必要。不过，就像有针对口令文件的彩虹表攻击一样，生物特征模板的泄露将使得基于生物特征的身份验证形同虚设，因为，当检测到口令泄露以后，合法用户还可以更新密码，使原密码无效，然而人的生物特征是不可改变的，一旦泄露就没有新的生物特征可更新了。

4. 多模态生物特征信息

生活中，我们已经通过多个凭证（也有称多因子）来共同鉴别用户身份的真伪。例如，我们在银行 ATM 机上取款需要插入银行卡，同时需要输入银行卡密码，就是采用了双因子认证。认证的因子越多，鉴别真伪的可靠性就越大。当然，在设计认证机制时需要综合考虑认证的方便性和性能等因素。

在高安全等级需求的应用中，最好将基于生物特征的身份认证机制和其他用户认证机制结合起来使用，形成多因子认证机制，即包括用户所知道的（如口令、密码等）、用户所拥有的（如 U 盾、手机等）、用户所特有的东西（如声音、指纹、视网膜、人脸等）。同时，还要防止攻击者对服务器、网络传输和重放的攻击。

基于生物特征的认证技术显示出一种发展趋势：将不同特点的生物特征组合起来，根据应用场景、用户条件、安全等级自动切换，即生物识别的多模态技术。多模态技术把识别精度、采集距离、设备成本、防盗防伪、简单易用等多种特点融为一体，将比任何单一生物特征更具竞争优势。

案例 4-1 “碟中谍”系列影片中总是有各种各样的高科技武器展现。在《碟中谍 5》中就出现了生物特征认证的 3 种新技术：步态分析、视网膜扫描和语音识别，如图 4-8 所示。请有兴趣的读者到影片中仔细找一找相关片段。

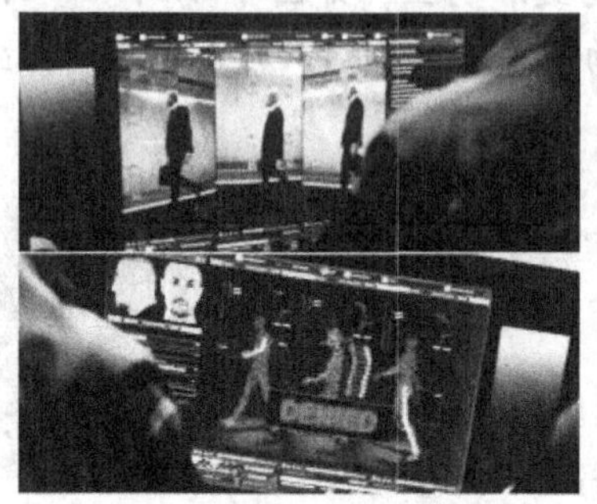

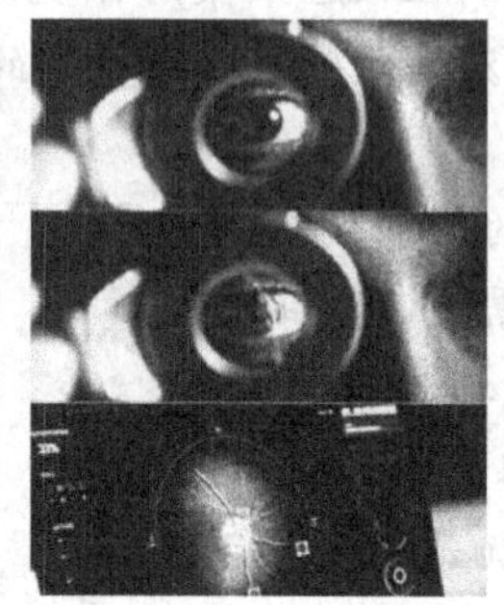

图 4-8 影片《碟中谍 5》中 3 种生物特征认证新技术

应用实例：基于口令的身份认证安全性分析及安全性增强

1. 基于口令的身份认证过程及安全性分析

图 4-9 所示为一种基于口令的用户身份认证基本过程。

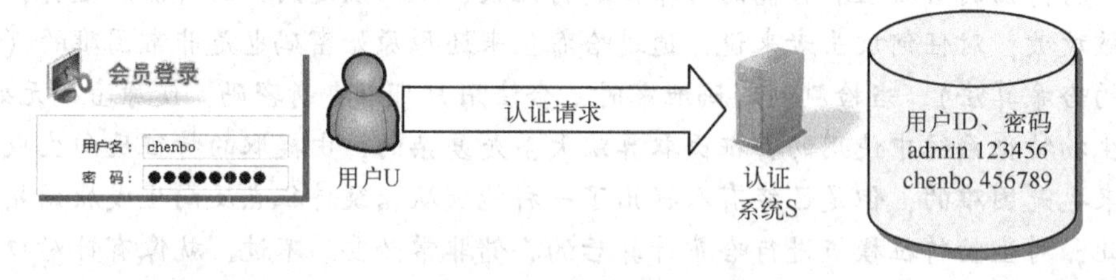

图 4-9 一种基于口令的用户身份认证过程

用户 U 在系统登录界面中选择相应的用户 ID，输入对应口令，认证系统 S 检查用户账户数据库，确定该用户 ID 和口令组合是否存在。如果存在，S 向 U 返回认证成功信息，否则返回认证失败信息。

图 4-9 所示的认证机制的优点是简单易用，在安全性要求不高的情况下易于实现。但是该

机制存在着严重的安全问题，主要如下。

- 用户信息安全意识不高，口令质量不高。例如，采用一些有意义的字母、数字作为密码，攻击者可以利用掌握的一些信息，以及运用密码字典生成工具生成密码字典，然后逐一尝试破解。
- 攻击者运用社会工程学冒充合法用户骗取口令。目前这种“网络钓鱼”的现象层出不穷。
- 在输入密码时被键盘记录器等盗号程序所记录。
- 口令在传输过程中被攻击者嗅探到。一些信息系统对传输的口令没有加密，攻击者可以轻易得到口令的明文。但是即使口令经过加密也难以抵抗重放攻击，因为攻击者可以直接使用这些加密信息向认证服务器发送认证请求，而这些加密信息是合法有效的。
- 数据库存放明文口令，如果攻击者成功访问数据库，则可以得到整个用户名和口令表。即使数据库中的口令进行了加密，也仍面临破解等威胁。

2. 提高口令认证安全性的方法

针对上述安全问题，下面介绍对于图 4-9 所示的简单认证机制的改进措施。

（1）提高口令质量

破解口令是黑客们攻击系统的常用手段，那些仅由数字、字母组成的口令，或仅由两三个字符组成的口令，或名字缩写、常用单词、生日、日期、电话号码、用户喜欢的宠物名、节目名等易猜的字符串作为口令，是很容易被破解的。这些类型的口令都不是安全有效的，常被称为弱口令。因此，口令质量是一个非常关键的因素，它涉及以下几点。

1）增大口令空间。公式 $S=A^M$ 给出了计算口令空间的方法。

- S 表示口令空间。
- A 表示口令的字符空间，不要仅限于 26 个大写字母，要扩大到包括 26 个小写字母、10 个数字及其他系统可接受字符。
- M 表示口令长度。选择长口令可以增加破解的时间。假定字符空间是 26 个字母，如果已知口令的长度不超过 3，则可能的口令有 $26+26\times26+26\times26\times26=18278$ 个。若每毫秒验证一个口令，则只需要 18 s 多就可以检验所有口令。如果口令长度不超过 4，则检验时间需要 8 min 左右。很显然，增加字符空间的字符数和口令的长度可以显著增加口令的组合数。

2）选用无规律的口令。不要使用自己的名字、熟人或名人的名字作为口令，不要选择宠物名或各种单词作为口令，因为这种类型的口令对于字典破解法来说不是一件困难的事情。

3）多个口令。这里指两层含义：一是不同的系统设置不同的口令，以免因泄露了一个口令而影响全局；另一层含义是，在一个系统内部，除了设置系统口令以限定合法用户访问系统外，对系统内敏感程序或文件的访问也要求设置口令。

4）在用户使用口令登录时还可以采取以下更加严格的控制措施。

- 登录时间限制。例如，用户只能在某段时间内（如上班时间）才能登录到系统中。
- 限制登录次数。例如，如果有人连续几次（如 3 次）登录失败，终端与系统的连接就自动断开。这样可以防止有人不断地尝试不同的口令和登录名。
- 尽量减少会话透露的信息。例如，登录失败时，系统不提示是用户名错误还是口令错误，使泄露的信息最少。
- 增加认证的信息量。例如，认证程序还可以在认证过程中向用户随机提问一些与该用户有关的问题，这些问题通常只有这个用户才能回答（如个人隐私信息）。当然这需要在认证系统中存放每个用户的多条秘密信息供系统提问用。

(2) 保护输入口令

需要对输入的口令加以保护。Windows 系统中具有可信路径功能，以防止特洛伊木马程序在用户登录时截获用户的用户名和口令，通过<Ctrl+Alt+Del>组合键来实现可信路径功能。在网络环境中，各银行的网银及网络交易平台等大多会使用安全控件对客户的账号及口令等信息加以保护。例如，网银登录界面上通常会提示用户安装“安全控件”，如图 4-10 所示。

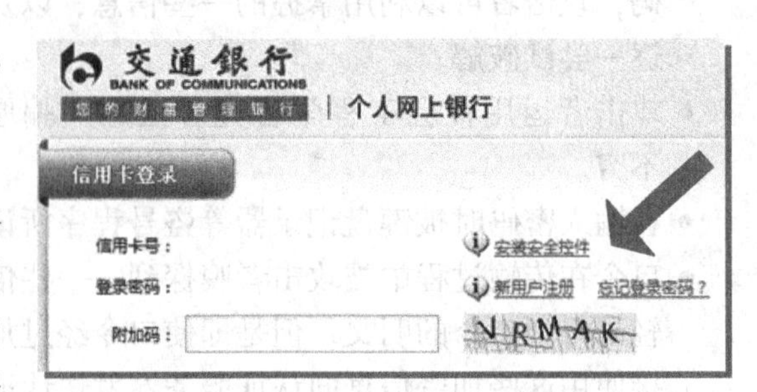

图 4-10　网银登录界面上提示用户安装“安全控件”

安全控件实质是一种小程序，由各网站依据需要自行编写。当该网站的注册会员登录该网站时，安全控件发挥作用，通过对关键数据进行加密，防止账号及密码被木马程序或病毒窃取，还可以有效防止木马截取键盘记录。安全控件工作时，从用户的登录一直到注销，实时对网站及客户终端数据流进行监控。就目前而言，由于安全控件的保护，用户的账号及密码还是相对安全的。

不过，一些不法分子会将一些木马等程序伪装成安全控件，导致用户安装后造成一些不必要的损失。因此，在选择控件方面必须注意以下问题。

- 确定所用的网站或平台是否必须使用此控件。
- 安全控件从官方网站下载。
- 安装控件时检查控件的发行商。
- 安装控件时最好让一些杀毒或一些保护计算机安全的软件处于开启状态，一旦发现异常马上处理。

(3) 加密存储口令

必须对存储的口令实行访问控制，保证口令数据库不被未授权用户读取或者修改。而且，无论采取何种访问控制机制，都应对存储的口令进行加密，因为访问控制有时可能被绕过。

(4) 口令传输安全

网络环境中，口令从用户终端到认证端的传输过程中，应施加保护以应对口令被截获。

(5) 口令安全管理

以上介绍了口令的生成、存储、传输等环节的安全措施。为了确保口令的安全，还应当注重口令的安全管理。

1) 系统管理员的职责包括以下内容。

- 初始化系统口令。系统中有一些标准用户是事先在系统中注册了的。在允许普通用户访问系统之前，系统管理员应能为所有标准用户更改口令。
- 初始口令分配。系统管理员应负责为每个用户产生和分配初始口令，但要防止口令暴露给系统管理员。

为了帮助用户选择安全有效的口令，可以通过警告、消息和广播等告诉用户什么样的口令是最有效的口令。另外，依靠系统中的安全机制，系统管理员能对用户的口令有效条件进行强制性的修改，如设置口令的最短长度与组成成分、限制口令的使用时间，甚至阻止用户使用易猜测的口令等措施。

2）用户的职责。用户应明白自己有责任将其口令对他人保密，报告口令更改情况，并关注安全性是否被破坏。为此用户应担负的职责如下

- 口令要自己记忆。
- 口令应进行周期性的改动。用户可以自己主动更换口令，系统也会要求用户定期更换口令。有的系统还会把用户使用过的口令记录下来，防止用户使用重复的口令。

为避免将用户口令暴露给系统管理员，用户应能够独自更改其口令。为确保这一点，口令更改程序应要求用户输入其原始口令。更改口令发生在用户要求或口令过期的情况下。用户必须输入新口令两次，这样就表明用户能连续、正确地输入新口令。

3）系统审计。应对口令的使用和更改进行审计。审计事件包括成功登录、失败尝试、口令更改程序的使用、口令过期后上锁的用户账号等。

同一访问端口或使用同一用户账号连续5次（或其他阈值）以上的登录失败应立即通知系统管理员。

在成功登录时，系统应通知用户以下信息：用户上一次成功登录的日期和时间、用户登录地点、上一次成功登录以后的所有失败登录。

为了有效地解决基于口令的身份认证所面临的安全问题，以上仅仅列出了一些重要的环节和实施方法。始终牢记，安全是个系统工程，在实践中还需要用户方、资源管理方及政府的多方协作。用户应设置强口令，妥善管理口令，注意保护口令；资源管理方要提供安全的认证通道，确保服务端的安全，尤其要保护好存有用户口令的数据文件；政府应当加强相关立法，打击和惩治泄露、盗取、传播用户口令等隐私信息的犯罪行为。

4.3.2 身份认证机制

实际应用中，身份认证机制定义了参与认证的通信方在身份认证过程中需要交换的消息的格式、消息发生的次序及消息的语义。本小节介绍以下两类身份认证机制。

1）双方之间的交互式证明对方身份的认证机制。它通过双方共享的信息来实现，如基于一次性口令（One-Time Password，OTP）的身份认证机制。

2）线上快速身份验证（Fast Identity Online，FIDO）协议。

1. 一次性口令认证机制

口令在传输的过程中面临被截获的威胁，口令的存储面临非授权访问的威胁。

为此，一种认证方案是，在口令的传输过程中考虑引入哈希函数，同时，对用户账户的口令计算其哈希值后存储在数据库中。用户U在客户端输入自己的用户名和口令后，客户端程序计算口令的哈希值，并将用户名和口令哈希值传输给认证端S，S检查账户数据库以确定用户名和口令哈希值是否匹配，如果匹配，S向U返回认证成功的信息，否则返回认证失败信息。对口令计算哈希值可以起到保密的作用，之所以不采用对称或非对称加密技术，主要是避免密钥管理带来的处理代价。

在这种方案中，攻击者可以监听用户计算机与服务器之间涉及登录请求/响应的通信，并截获用户名和口令哈希值。攻击者可以构造一个口令字典，其中包括尽可能多的猜测的口令，计算它们的哈希值并与截获的哈希值比对。利用这样的口令字典，攻击者能以很高的概率找到用户的口令，这种攻击方式称为字典攻击。

此外，利用截获的哈希值，攻击者可以在新的登录请求中将其提交到同一服务器，服务器

不能区分这个登录请求是来自合法用户还是攻击者，这种攻击方式称为重放攻击。

一次性口令认证机制可以很好地抵抗字典攻击和重放攻击。

(1) 一次性口令原理

美国科学家 Leslie Lamport 于 1981 年提出了一次性口令 OTP 的思想，主要目的是确保每次认证中所使用的加密口令不同，以对付重放攻击。

一次性口令的基本原理是，在登录过程中加入不确定因子，使用户在每次登录时产生的口令信息都不相同。认证系统得到口令信息后通过相应的算法验证用户的身份。

一次性口令认证机制的一种简单实现是时间同步方案。该方案要求用户和认证服务器的时钟必须严格一致，用户持有时间令牌（动态密码生成器），令牌内置同步时钟、密钥和加密算法。时间令牌根据同步时钟和密钥每隔一个单位时间（如 1 min）产生一个动态口令，用户登录时将令牌的当前口令发送到认证服务器，认证服务器根据当前时间和密钥副本计算出口令，最后将认证服务器计算出的口令和用户发送的口令相比较，得出是否授权用户的结论。该方案的难点在于需要解决网络延迟等不确定因素带来的问题，使口令在生命期内顺利到达认证系统。

一次性口令认证机制的一种常见实现是挑战/响应（Challenge/Response）方案，其基本工作过程如图 4-11 所示。

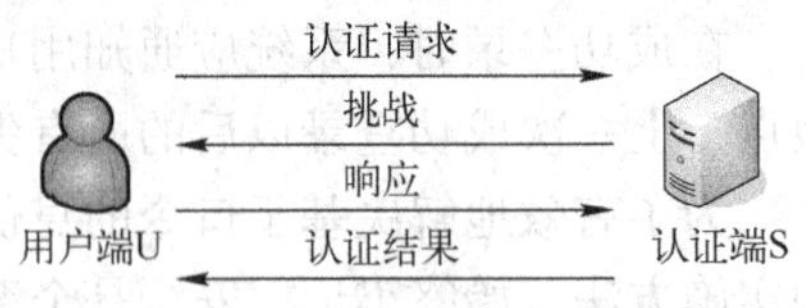

图 4-11　挑战/响应方案的基本过程

1）认证请求。用户端首先向认证端发出认证请求，认证端提示用户输入用户 ID 等信息。

2）挑战（或称质询）。认证端选择一个随机串 X 发送给用户端。同时，认证端根据用户 ID 取出对应的密钥 K 后，利用发送给用户端的随机串 X，在认证端用加密引擎进行运算，得到运算结果 E_S。

3）响应。用户端程序根据输入的随机串 X 与产生的密钥 K 得到一个加密运算结果 E_U，此运算结果将作为认证的依据发送给认证端。

4）认证结果。认证端比较两次运算结果（E_S 与 E_U）是否相同，若相同，则认证为合法用户。

由于密钥存在客户端中，并未直接在网上发送，且整个运算过程也是在用户端的相应程序中完成的，因而极大地提高了安全性。并且每当用户端有一次认证申请时，认证端便产生一个随机挑战给客户，这样即使在网上传输的认证数据被截获，攻击者想进行重放攻击也很难成功。

(2) OTP 的安全性分析

与传统的静态口令认证方法相比，OTP 认证机制的安全性有很大的提高。

1）能够完全抵御信道窃听攻击。传统的静态口令对信道窃听攻击的抵御能力较差，静态的口令很容易被窃听者获取。但是在 OTP 认证机制中，通信双方传输的不是用户的口令，而是随机的数值和哈希计算后的数据，窃听者无法通过窃听获得口令。

2）能够抵御字典攻击。穷举尝试和字典攻击都是对静态口令进行猜测的常用攻击方式。但是在 OTP 认证机制中，动态口令的产生除了使用用户的口令之外，还加入了不确定因子，使得攻击者很难构造有效的字典库。

3）能够抵御重放攻击。OTP 认证机制采用的是一次一密的思想，由于加入了不确定因子，每次传输的认证信息都不相同，因此即使攻击者截获了认证信息，也无法成功认证。

但是，OTP 认证方案仍存在一些如下的安全问题。

1）没有实现双向认证。OTP 认证方案是单向的认证机制，仅仅是认证端对用户端的认证，这样就使得攻击者可以冒充认证端。如果攻击者窃取到认证端的数据库和用户相关信息，就可以作为认证端和用户端通信，并骗取用户端的用户信息。

2）难以防范小数攻击。小数攻击的过程是，用户端向认证端发送认证请求后，认证端向用户端发送挑战信息（种子及迭代值）。如果攻击者截获了该挑战信息，并将其中的迭代值改为较小的值，然后将其修改的挑战信息发给用户端。用户端通过计算，生成响应信息并发送给认证端。攻击者再次截获该信息，并利用已知的哈希函数依次计算较大迭代值的一次性口令，则可以得到该用户端后续的一系列口令。这样，攻击者可以成功冒充合法用户端。

3）难以抵御中间人攻击。中间人攻击是指攻击者截获认证端和用户端的信息，并冒充认证端或用户端与对方通信的攻击。攻击者使用中间人攻击，一方面通过截获一次性口令，假冒用户端与认证端通信，另一方面假冒认证端与用户端通信，获取用户个人信息或者令用户无法登录。

2. 线上快速身份验证协议

FIDO 联盟（https://fidoalliance.org）成立于 2012 年 7 月，成员包括 Google、Intel、联想和阿里巴巴等。这些成员制定了在线与数字验证方面的首个开放行业标准，并于 2014 年 12 月发布，包括 FIDO-UAF-V1.0 和 FIDO-U2F-V1.0 两套协议。这两套协议可以很好地提高身份认证安全性、保护隐私及改善用户体验。

1）UAF（Universal Authentication Framework，通用认证框架）协议支持指纹、语音、虹膜、脸部识别等生物身份识别方式，无须用户密码介入，直接进行认证。用户在注册阶段，根据服务器支持的本地验证方式选择一种验证方式，如指纹识别、人脸识别、语音识别等，服务器也可保留密码验证方式，将密码和生物识别相结合，增强用户账户安全性。

2）U2F（Universal Second Factor，通用双因子）协议支持 U 盾、NFC 芯片、TPM（可信平台模块）等硬件设备，使用双因子（密码和硬件设备）保护用户账户和隐私。用户在注册阶段，使用服务器支持的加密设备将账户和设备绑定。当进行登录验证操作时，服务器在合适的时候提示用户插入设备并进行按键操作，加密设备对数据签名，发送给服务器，服务器进行验证，如果验证成功，则用户可登录成功。有了第 2 因子（加密硬件设备）的保护，用户可以选择不设置密码或者使用一串简单易记的 4 位密码。

FIDO 协议最基本的技术特征就是本地身份识别与在线身份认证相结合，而在线身份认证技术则采用非对称公私钥对来提供安全保障，如图 4-12 所示。

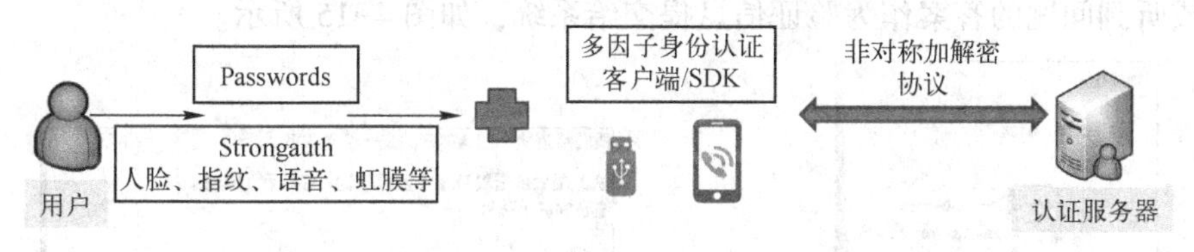

图 4-12　FIDO 协议示意图

具体来说，使用 FIDO 协议时涉及两个主要步骤：注册和认证。当用户登录服务器注册时，用户端产生一对非对称密钥对，并与用户本地的身份信息（如生物特征、专用硬件设备等）进行关联。私钥在用户端本地设备中保留，黑客无法读取，公钥传给服务器，服务器将此公钥和用户对应的应用账户相关联。当用户登录服务器认证时，用户端设备中的私钥对服务器的挑战数据做签名，服务器使用对应的公钥做验证。用户端设备中的私钥，必须经过本地用户身份识别（如按键、按下指纹等），才能用来做签名操作。

☒ **说明：**

本书还将在第 5 章中介绍局域网身份认证协议 Kerberos 和基于 PKI 的身份认证技术。

应用实例：一次性口令的应用

1. 使用“验证码”实现一次性口令认证

如图 4-13a 所示，某客户端用户登录界面上设置了“验证码”文本框，此验证码是随机值。目前，得到广泛应用的验证码更多的是图 4-13b 所示的 CAPTCHA（Completely Automated Public Turing test to tell Computers and Humans Apart，全自动区分计算机和人类的图灵测试），这是一种区分用户是计算机还是人的自动程序。这类验证码的随机性不仅可以防止口令猜测攻击，还可以有效防止攻击者对某一个特定注册用户用特定程序进行不断的登录尝试，如防止刷票、恶意注册、论坛灌水等。

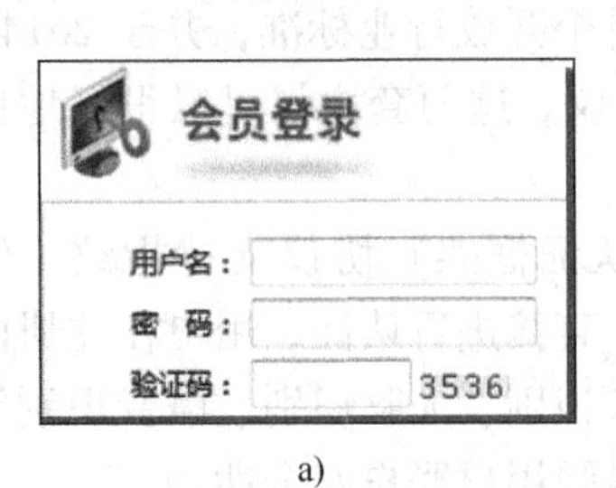

a)

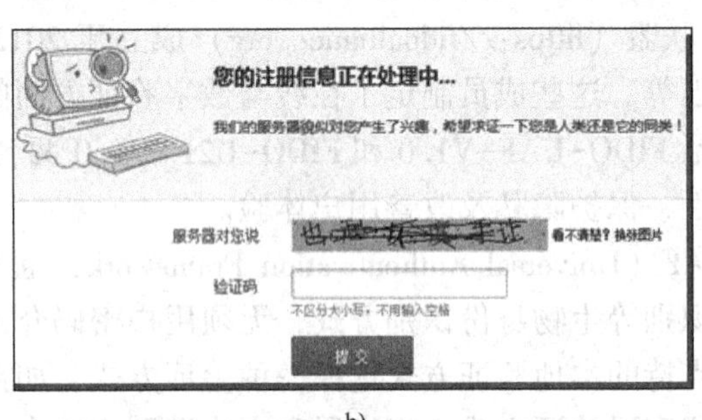

b)

图 4-13　用户登录界面上设置的验证码

a）随机数字验证码　b）随机图形验证码

实际应用中还有更加复杂的图形验证码、视频验证码、声音验证码等形式，“真实用户”可以识别出其中的信息，而“机器用户”难以自动识别。图形验证码以图形的形式展现验证的内容，如字母、数字、汉字、拼音等。如图 4-14 所示，用户需要对照所给的汉字或拼音，从九宫格的选项中选出相同或拼音相同的汉字。视频验证码将字母、数字和中文的组合嵌入 MP4、FLV 等格式的视频中，其中内容的形状、大小、显示的效果和轨迹都可以动态变化，增大了破解难度。声音验证码将验证内容通过语音的形式展现给用户，用户通过收听声音片段，将的内容或听到问题的答案作为验证信息提交给系统，如图 4-15 所示。

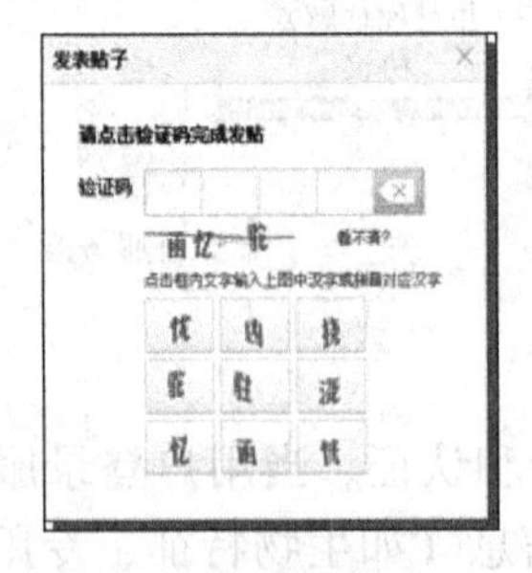

图 4-14　图形验证码

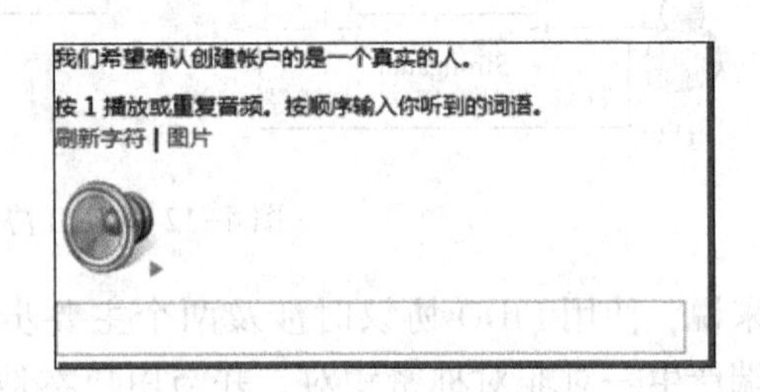

图 4-15　声音验证码

2. 绑定手机的动态口令实现一次性口令认证

动态口令是指通过向手机号码发送验证码来认证用户的身份。合法用户可以通过接收手机短信，输入动态口令，完成认证。

例如在支付宝应用中，用户申请了短信校验服务后，修改账户信息、找回密码、一定额度的账户资金变动都需要手机校验码确认，如图 4-16a 所示。支付宝服务器会将动态口令，即手机校验码，发送到用户账号注册时绑定的手机号码上，如图 4-16b 所示。当然，如果用户手机丢失，其支付宝账户将面临很大安全风险。

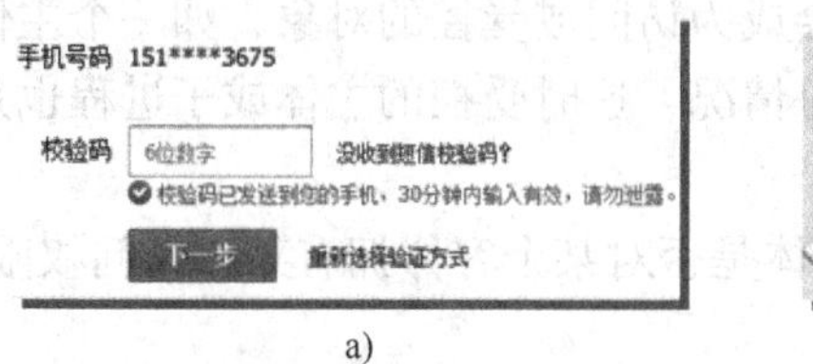

a)

【支付宝】校验码：333369，用于开通快捷支付。【请勿向任何人提供您收到的短信校验码】

b)

图 4-16　绑定手机的动态口令应用

a）绑定手机申请动态口令　b）绑定手机获取的动态口令

3. 使用智能卡实现一次性口令认证

智能卡（Smart Card）是一种更为复杂的凭证。智能卡是随着半导体技术的发展以及社会对信息的安全性和存储容量要求的日益提高应运而生的。它是一种将具有加密、存储、处理能力的集成电路芯片嵌装于塑料基片上而制成的卡片，如图 4-17 所示。智能卡一般由微处理器、存储器等部件构成。为防止智能卡遗失或被窃，许多系统需要智能卡和个人识别码 PIN 同时使用。

智能卡的使用过程大致如下：用户在网络终端上输入用户名，当系统提示输入口令时，即把智能卡插入槽中并输入口令，口令不以明文形式回显，也不以明文方式传输，这是智能卡对它加密的结果。在接收端对加密的口令进行解密，身份得到确认后，该用户便可以进行后续操作了。

图 4-17　智能卡

“U 盾”也类似于智能卡。这类硬件可以方便地携带，可以在任何地点进行电子交易等应用的身份认证。智能卡的读卡器也越来越普遍，有 USB 型的，也有 PC 卡型的，在 Windows 终端上也可设置智能卡插槽。使用时，只需把智能卡插入与计算机相连的读卡器等接口即可。

4.4　访问控制

上一节介绍的用户认证解决的是“你是谁，你是否真的是你所声称的身份”，本节介绍的访问控制技术解决的是“你能做什么，你有什么样的权限”。访问控制的基本目标是防止非法用户进入系统及合法用户对系统资源的非法使用。为了达到这个目标，访问控制常以用户身份认证为前提，在此基础上实施各种访问控制策略来控制和规范合法用户在系统中的行为。

4.4.1　访问控制基本概念

1. 访问控制的三要素

根据安全性要求，需要在系统中的各种实体之间建立必要的访问与控制关系。这里的实体是指合法用户或计算机资源，计算机资源具体包括内存等存储设备、输入及输出设备、数据文件、进程或程序等。为了抽象地描述系统中的访问控制关系，通常根据访问与被访问的关系把系统中的实体划分为两大类，即主体和客体，而将它们之间的关系称为规则。

1）主体（Subject）。主体是访问操作的主动发起者，它请求对客体进行访问。主体可以是用户，也可以是其他任何代理用户行为的实体，如设备、进程、作业和程序。

2）客体（Object）。客体通常是指包含被访问信息或所需功能的实体。客体可以是计算机、数据库、文件、程序、目录等，也可以是比特位、字节、字、字段、变量、处理器、通信信道、时钟、网络结点等。主体有时也会成为访问或受控的对象，如一个主体可以向另一个主体授权，一个进程可以控制几个子进程等情况，这时受控的主体或子进程也是一种客体。本书中有时也把客体称为目标或对象。

3）安全访问规则。用于确定一个主体是否对某个客体拥有某种访问权限。

2. 引用监视器和安全内核

访问控制机制的理论基础是引用监视器（Reference Monitor），由 J. P. Anderson 于 1972 年首次提出。如图 4-18 所示，引用监视器是一个抽象的概念，它表现的是一种思想。引用监视器借助访问控制数据库控制主体到客体的每一次访问，并将重要的安全事件记入审计文件中。访问控制数据库包含有关主体访问客体访问模式的信息。数据库是动态的，它会随着主体和客体的产生或删除及其权限的改变而改变。

在引用监视器思想的基础上，J. P. Anderson 定义了安全内核的概念。安全内核是实现引用监视器概念的一种技术。安全内核可以由硬件和介于硬件与操作系统之间的一层软件组成。安全内核的软件和硬件是可信的，处于安全边界内，而操作系统和应用软件均处于安全边界之外。这里讲的边界是指与系统安全有关和无关对象之间的一个想象的边界。

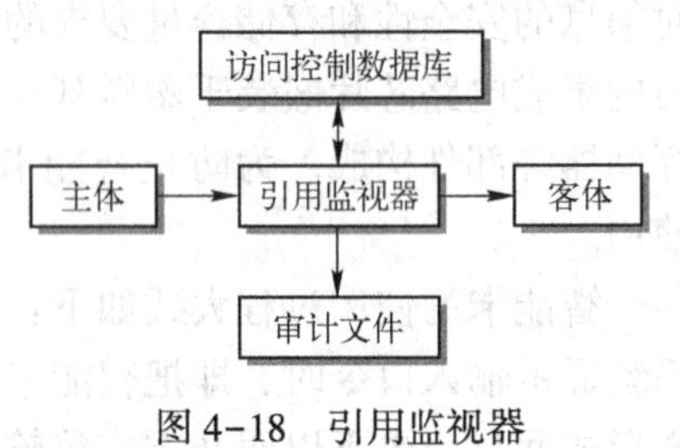

图 4-18　引用监视器

3. 访问控制模型和访问控制方案

访问控制模型是规定主体如何访问客体的一种架构，它使用访问控制技术和安全机制来实现模型的规则和目标。访问控制模型主要包括自主访问控制、强制访问控制和基于角色的访问控制。每种模型都使用不同的方法来控制主体对客体的访问方式，并且具有各自的优缺点。下一小节将介绍这 3 种访问控制模型。

访问控制模型内置在不同操作系统的内核中，也内置于一些应用系统中。每个操作系统都有一个实施引用监视器的安全内核，其实施方式取决于嵌入系统的访问控制模型的类型。对于每个访问尝试来说，在主体与客体进行通信之前，安全内核会通过检查访问控制模型的规则来确定是否允许访问请求。

访问控制模型的应用范围很广，它涵盖了对计算机系统、网络和信息资源的访问控制。除了使用的操作系统外，组织应用的软件及安全管理实践，也可以根据业务需求和安全目标确定使用哪种类型的安全模型，或是组合使用多种模型。

4.4.2　访问控制模型

1. 访问控制基本模型

1969 年，B. W. Lampson 通过形式化表示方法，运用主体、客体和访问矩阵的思想，第一次对访问控制问题进行了抽象。

（1）访问控制矩阵（Access Control Matrix，ACM）

访问控制矩阵模型的基本思想就是将所有的访问控制信息存储在一个矩阵中来集中管理。

当前的访问控制模型都是在它的基础上建立起来的。

表 4-1 所示是访问控制矩阵的示例，其中，行代表主体，列代表客体，每个矩阵元素说明每个用户的访问权限。

表 4-1　访问控制矩阵示例

主体＼客体	File1	File2	Process1	Process2
User1	ORW	—	OX	—
User2	R	—	—	R
Program1	RW	ORW	—	RW
Program2	—	—	X	O

注：表中 O 代表 Owner，R 代表 Read，W 代表 Write，X 代表 eXecute。

访问控制矩阵的实现存在 3 个主要的问题。

1）在特定系统中，主体和客体的数目可能非常大，使得矩阵的实现要消耗大量的存储空间。

2）每个主体访问的客体有限，这种矩阵一般是稀疏的，空间浪费较大。

3）主体和客体的创建、删除需要对矩阵存储进行细致的管理，这增加了代码的复杂程度。

因此，人们在访问控制矩阵的基础上研究并建立了其他模型，主要包括访问控制表（Access Control List，ACL）和能力表（Capability List）。

（2）访问控制表

访问控制表机制实际上是按访问控制矩阵的列实施对系统中客体的访问控制的。每个客体都有一张 ACL，用于说明可以访问该客体的主体及其访问权限。

形式化的定义如下：

用 S 表示系统中的主体集合，R 表示权限集合。访问控制表 l 是序对（s，r）的集合，即 $l=\{(s,r)\mid s\in S,\ r\subseteq R\}$。定义 acl 为将特定客体 o 映射为访问控制表 l 的函数。

访问控制表 $\mathrm{acl}(o)=\{(s_i,r_i)\mid 1\leqslant i\leqslant n\}$ 可理解为 s_i 可使用 r_i 中的权限访问客体 o。

根据上面的定义，表 4-1 对应的访问控制表是：

acl(File1) = {(User1,{Owner,Read,Write}),(User2,{Read}),(Program1,{Read,Write})}

acl(File2) = {(Program1,{Owner,Read,Write})}

acl(Process1) = {(User1,{Owner,eXecute}),(Program2,{eXecute})}

acl(Process2) = {(User2,{Read}),(Program1,{Read,Write}),(Program2,{Owner})}

这种访问控制方式可以有效地解决使用目录表方式管理共享客体的困难。对某个共享客体，操作系统只要维护一张 ACL 即可。

ACL 对于大多数用户都可以拥有的某种访问权限，可以采用默认方式表示，ACL 中只存放各用户的特殊访问要求。这样，对于那些被大多数用户共享的程序或文件等客体，就不必在每个用户的目录中都要保留一项。

（3）能力表

能力表保护机制实际上是按访问控制矩阵的行实施对系统中客体的访问控制的。每个主体都有一张能力表，用于说明可以访问的客体及其访问权限。

形式化的定义如下：

用 O 表示系统中的客体集合，R 表示权限集合。能力表 c 是序对（o，r）的集合，即 $c=\{(o,r)\mid o\in O,r\subseteq R\}$。定义 cap 为将主体 s 映射为能力表 c 的函数。

能力表 $\text{cap}(s)=\{(o_i,r_i)\mid 1\leqslant i\leqslant n\}$ 可理解为主体 s 可使用 r_i 中的权限访问客体 o_i。

根据上面的定义，表 4-1 对应的能力表是：

cap(User1) = {(File1, { Owner, Read, Write }), (Process1, { Owner, eXecute })}

cap(User2) = {(File1, {Read }), (Process2, { Read })}

cap(Program1) = {(File1, { Read, Write }), (File2, { Owner, Read, Write }), (Process2, { Read, Write })}

cap(Program2) = {(Process1, { eXecute }), (Process2, { Owner })}

主体具有的能力（也译作“权限”）类似一张“入场券”，是由操作系统赋予的一种权限标记，它不可伪造，主体凭借该标记对客体进行许可的访问。能力的最基本形式是对一个客体的访问权限的索引，它的基本内容是每一个“客体—权限”对。一个主体如果能够拥有这个“客体—权限”对，就说这个主体拥有访问该客体某项权限的能力。

在实际中还存在这样的需求：主体不仅应该能够创建新的客体，而且还应该能指定对这些客体的操作权限。例如，应该允许用户创建文件、数据段或子例程等客体，也应该让用户为这些客体指定操作类型，如读、写、执行等操作。

“能力”可以实现这种复杂的访问控制机制。假设主体对客体的能力包括“转授”（或“传播”）的访问权限，那么具有这种能力的主体可以把自己的能力复制传递给其他主体。这种能力可以用表格描述，“转授”权限是其中的一个表项。一个具有“转授”能力的主体可以把这个权限传递给其他主体，其他主体也可以再传递给第三者。具有“转授”能力的主体可以把“转授”权限从能力表中删除，进而限制这种能力的进一步传播。由此可见，能力表机制应当是动态实现的。

下面对访问控制表和能力表做一比较分析。

下面两个问题构成了访问控制的基础。

1）对于给定主体，它能访问哪些客体及如何访问？

2）对于给定客体，哪些主体能访问它及如何访问？

对于第 1 个问题，使用能力表回答最为简单，只需要列出与主体相关联的 cap 表中的元素即可。对于第 2 个问题，使用访问控制表 ACL 回答最为简单，只需列出与客体相关联的 acl 表中的元素即可。

人们可能更关注第 2 个问题，因此，现今大多数主流的操作系统都把 ACL 作为主要的访问控制机制。这种机制也可以扩展到分布式系统，ACL 由文件服务器维护。

2. 主流访问控制模型

下面介绍和分析几种被广泛接受的主流访问控制模型，包括自主访问控制、强制访问控制和基于角色的访问控制。

(1) 自主访问控制模型

1）自主访问控制的概念。

由客体的属主对自己的客体进行管理，由属主自己决定是否将自己客体的访问权或部分访问权授予其他主体，这种控制方式是自主的，称为自主访问控制（Discretionary Access Control, DAC）。在自主访问控制下，一个用户可以自主选择哪些用户可以共享他的文件。

对于通用型商业操作系统，DAC 是一种普遍采用的访问控制手段。几乎所有系统的 DAC 机制中都包括对文件、目录、通信信道及设备的访问控制。如果通用操作系统希望为用户提供较完备的和友好的 DAC 接口，那么在系统中还应该对邮箱、消息、I/O 设备等客体提供自主访问控制保护。ACL 方式是实现 DAC 策略的最好方法。

2）自主访问控制模型的安全性分析。

DAC 机制虽然使得系统中对客体的访问受到了必要的控制，提高了系统的安全性，但它的主要目的还是为了方便用户对自己客体的管理。

DAC 机制的第 1 个主要缺点是，这种机制允许用户自主地将自己客体的访问操作权转授给别的主体，这成为系统不安全的隐患，权限的多次转授后，一旦转授给不可信主体，那么该客体的信息就会泄露。

DAC 机制的第 2 个主要缺点是无法抵御特洛伊木马的攻击。在 DAC 机制下，某一合法的用户可以任意运行一段程序来修改自己文件的访问控制信息，系统无法区分这是用户合法的修改还是木马程序的非法修改。

DAC 机制的第 3 个主要缺点是，还没有一般的方法能够防止木马程序利用共享客体或隐藏信道把信息从一个进程传送给另一个进程。另外，因用户无意（如程序错误、某些误操作等）或不负责任的操作而造成的敏感信息的泄露问题，在 DAC 机制下也无法解决。

（2）强制访问控制模型

对于安全性要求更高的系统来说，仅采用 DAC 机制是很难满足要求的，这就要求更强的访问控制技术——强制访问控制（Mandatory Access Control，MAC）。

1）强制访问控制的概念。

强制访问控制最早出现在 20 世纪 70 年代，是美国政府和军方源于对信息保密性的要求以及防止特洛伊木马之类的攻击而研发的。

MAC 是一种基于安全级标签的访问控制方法，通过分级的安全标签实现信息从下向上的单向流动，从而防止高密级信息的泄露。

在 MAC 中，对于主体和客体，系统为每个实体指派一个安全级。安全级由以下两部分组成。

① 保密级别（Classification，或叫作敏感级别）。保密级别是按机密程度高低排列的线性有序的序列，如绝密（Top secret）>机密（Confidential）>秘密（Secret）>公开（Unclassified）。

② 范畴集（Categories）。该安全级涉及的领域包括人事处、财务处等。两个范畴集之间的关系是包含、被包含或无关。

安全级中包括一个保密级别，范畴集中包含任意多个范畴。安全级通常写成保密级别后随范畴集的形式，如{机密：人事处，财务处，科技处}。

安全级的集合形成一个满足偏序关系的格（Lattice），此偏序关系称为支配（Dominate），通常用符号“>”表示，它类似于“大于或等于”的含义。

在一个系统中实现 MAC 机制，最主要的是要做到以下两条。

① 对系统中的每一个主体与客体，都要根据总体安全策略与需求分配一个特殊的安全级别。该安全级别能够反映主体或客体的敏感等级和访问权限，并把它以标签的形式和这个主体或客体紧密相连且无法分开。这些安全属性是不能轻易改变的，它由管理部门（如安全管理员）或操作系统自动按照严格的规则来设置，不像 DAC 那样可以由用户或他们的程序直接或间接修改。

② 当一个主体访问一个客体时，调用强制访问控制机制，比较主体和客体的安全级别，

从而确定是否允许主体访问客体。在 MAC 机制下，即使是客体的拥有者也没有对自己客体的控制权，也没有权利向别的主体转授对自己客体的访问权。即使是系统安全管理员修改、授予或撤销主体对某客体的访问权的管理工作，也要受到严格的审核与监控。有了 MAC 控制后，可以极大地减少用户无意（如程序错误或某些误操作）泄露敏感信息的可能性。

在高安全级（B 级及以上）的计算机系统中常常同时运用 MAC 与 DAC 机制。一个主体必须同时通过 DAC 和 MAC 的控制检查，才能访问某个客体。客体受到了双重保护，DAC 可以防范未经允许的用户对客体的攻击，而 MAC 不允许随意修改主体、客体的安全属性，因而又可以防范任意用户随意滥用 DAC 机制转授访问权。对于通用型操作系统，从对用户友好性出发，一般还是以 DAC 机制为主，适当增加 MAC 控制。目前流行的操作系统（如 UNIX 系统、Linux、Windows）都属于这种情况。

2）加强保密性的强制访问控制模型。

在现实中，对于一个安全管理人员来说，很难在安全目标的保密性、可用性和完整性之间做出完美的平衡。例如，一个会计如果接受一项统计公司资产的任务，必须对其赋予较高权限使其能够访问库存信息，但是较高的权限可能导致库存信息被非法修改（恶意的或无恶意的）。换言之，在保证了可用性的条件下很难同时保证安全目标的保密性。因此，MAC 模型分为以加强数据保密性为目的的和以加强数据完整性为目的的两类。

首先介绍加强保密性的强制访问控制模型：经典的 BLP 模型。

BLP 模型又称 Bell-LaPudula 模型，是第 1 个典型的加强保密性的强制控制模型，由 David Bell 和 Leonard LaPadula 于 1973 年创立，已实际应用于许多安全操作系统的开发中。

BLP 模型有两条基本的规则，如图 4-19 所示。

规则 1：不能向上读（No-Read-Up），也称为简单安全特性。如果一个主体的安全级支配客体的安全级，则主体可读客体，即主体只能向下读，不能向上读。

规则 2：不能向下写（No-Write-Down），也称为 * 特性。如果一个客体的安全级支配主体的安全级，则主体可写客体，即主体只能向上写，不能向下写。

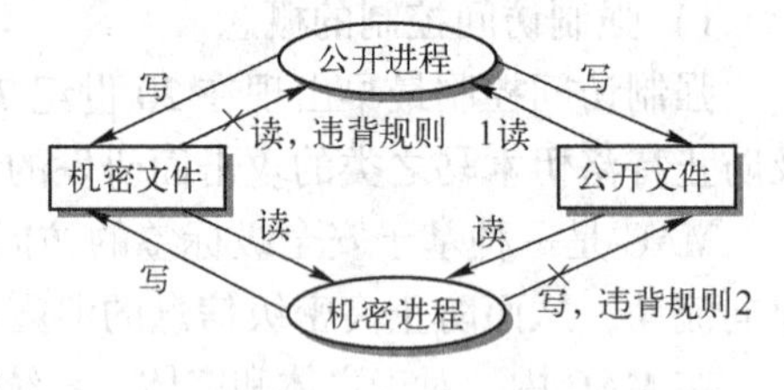

图 4-19　BLP 模型规则

对于规则 1，举一个例子，一个文件的安全级是 {机密：NATO，NUCLEAR}，如果用户的安全级为 {绝密：NATO，NUCLEAR，CRYPTO}，则用户可以阅读这个文件，因为用户的级别高，涵盖了文件的范畴。相反，如果用户具有的安全级为 {绝密：NATO，CRYTPO}，则不能读这个文件，因为用户缺少了 NUCLEAR 范畴。

运用规则 2，可有效防范特洛伊木马。

木马窃取敏感文件的方法通常有两种。

一种是通过修改敏感文件的安全属性（如敏感级别、访问权限等）来获取敏感信息。这在 DAC 机制下是完全可以做到的，因为在这种机制下，合法的用户可以利用一段程序修改自己客体的访问控制信息，木马程序同样也能做到。但在 MAC 机制下，严格地杜绝了修改客体安全属性的可能性，因此木马利用这种方法获取敏感文件信息是不可能的。

木马窃取敏感文件的另一种方法是，躲在用户程序中的木马利用合法用户读敏感文件的机会，把所访问文件的内容复制到入侵者的临时目录下，这在 DAC 机制下也是完全可以做到的。然而在 * 特性下，就能够阻止正在机密安全级上运行进程中的木马，把机密信息写入一个低安全级别的文件中，因为用机密进程写入的每条信息的安全级必须至少是机密级的。

当然，虽然强制访问控制对系统主体的限制很严，但还是无法防范用户自己用非计算机手段将自己有权阅读的文件泄露出去，例如，用户将计算机显示的文件内容记住，然后用手写方式泄露出去。

BLP 模型阻止了信息由高级别的主/客体流向低级别或不可比级别的主/客体，因此保证了信息的保密性。该模型在保密性要求较高的军事或政府领域的应用较广泛，但它并不能保证信息的完整性。而在商业领域，由于保密性要求较低，以加强数据完整性为目的的强制控制模型也有广泛的应用。

3）加强完整性的强制访问控制模型。

① Biba 模型。Biba 模型的设计主要是为了保证信息的完整性。Biba 模型的设计类似于 BLP 模型，不过其使用完整性级别而非信息安全级别来进行划分。Biba 模型规定，信息只能从高完整性的安全等级向低完整性的安全等级流动，就是要防止低完整性的信息“污染”高完整性的信息。

Biba 模型只能够实现信息完整性中防止数据被未授权用户修改这一要求。而对于保护数据不被授权用户越权修改、维护数据的内部和外部一致性这两项数据完整性要求却无法做到。

② Clark-Wilson 模型。Clark-Wilson 模型相对于 BLP 模型和 Biba 模型差异较大。Clark-Wilson 模型的特点有以下几个方面。

- 采用主体（Subject）/事务（Program）/客体（Object）三元素的组成方式，主体要访问客体只能通过程序进行。
- 权限分离原则。将关键功能分为由两个或多个主体完成，防止已授权用户进行未授权的修改。
- 要求具有审计（Auditing）能力。

因为 Clark-Wilson 模型使用了事务这一元素进行主体对客体的访问控制，因此 Clark-Wilson 模型也常称为 Restricted Interface 模型。事务的概念通常表现为以事务处理作为规则的基础。对于关键的数据，用户不能直接访问和修改数据（客体），而必须由特定的事务（Program）进行修改。这样就可以保证数据完整性的所有要求。同时，在事务处理中规定多用户参与（至少两名工作人员签字确认）等方式，实现了权限分离，防止个人权利过大导致安全事故发生。通过事务日志可以实现良好的可审计性。鉴于 Clark-Wilson 模型对于数据完整性的保护，银行和金融机构通常采用此模型。

4）其他强制访问控制模型。

① Dion 模型。Dion 模型结合 BLP 模型中保护数据保密性的策略和 Biba 模型中保护数据完整性的策略，模型中的每一个客体和主体被赋予一个安全级别和完整性级别，安全级别定义与 BLP 模型相同，完整性级别定义与 Biba 模型相同，因此，可以有效地保护数据的保密性和完整性。

② China Wall 模型。China Wall 模型和上述的安全模型不同，它主要用于可能存在利益冲突的多边应用体系中。比如，在某个领域有两个竞争对手同时选择了一个投资银行作为他们的服务机构，而这个银行出于对这两个客户的商业机密的保护只能为其中一个客户提供服务。

China Wall 模型的特点如下。

- 用户必须选择一个其可以自由访问的领域。
- 用户必须拒绝与其已选区域的内容冲突的其他内容的访问。

（3）基于角色的访问控制模型

1）RBAC 的产生。

传统的 DAC 模型对客体使用 ACL 制定访问控制规则。在配置 ACL 时，管理员必须将组织机构的安全策略转换为访问控制规则。随着系统内客体和用户数量的增多，用户管理和权限管理的复杂性增加了。同时，对于流动性高的组织，随着人员的流动，管理员必须频繁地更改某个客体的 ACL。这些问题对于 MAC 同样存在，这两种访问控制模型不能适应大型系统中的数量庞大的访问控制。

因此，20 世纪 90 年代以来，随着对在线的多用户、多系统的研究不断深入，角色的概念逐渐形成，并逐步产生了基于角色的访问控制（Role-Based Access Control，RBAC）模型，这一访问控制模型已被广为应用。

2）RBAC 的概念。

在 RBAC 模型中，系统定义各种角色，每种角色可以完成一定的职能，不同的用户根据其职能和责任被赋予相应的角色，一旦某个用户成为某角色的成员，则此用户具有该角色所具有的职能。RBAC 根据用户的工作角色来管理权限，其核心思想是将权限同角色关联起来，而用户的授权则通过赋予相应的角色来完成，用户所能访问的权限由该用户所拥有的所有角色的权限集合的并集决定。这里的角色充当着主体（用户）和客体之间的关系的桥梁，角色不仅仅是用户的集合，也是一系列权限的集合。RBAC 模型的简单示意图如图 4-20 所示。

在 RBAC 模型中，当用户或权限发生变动时，可以很灵活地将该用户从一个角色转换到另一个角色来实现，降低了管理的复杂度。另外，在组织机构发生职能改变时，应用系统只需要对角色进行重新授权或取消某些权限，就可以使系统重新适应需要。与用户相比，角色是相对稳定的。

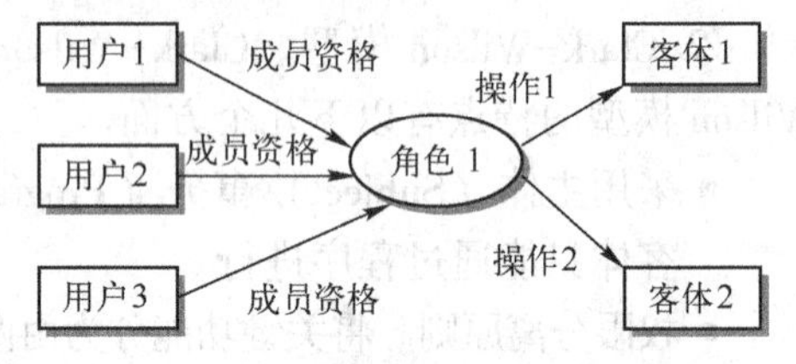

图 4-20　RBAC 模型的简单示意图

RBAC 与 DAC 的根本区别在于，用户不能自主地将访问权限授给别的用户。RBAC 与 MAC 的区别在于，MAC 是基于多级安全需求的，而 RBAC 不是。

基于角色的访问控制机制的优点：便于授权管理，便于根据工作需要分级，便于赋予最小权限，便于任务分担，便于文件分级管理，便于大规模实现。

【例 4-3】一种 RBAC 模型的应用。

一个医院有医生、护士、药剂师若干名，不妨设 $D_1,D_2,\cdots,D_m$ 是医生，$N_1,N_2,\cdots,N_n$ 是护士，$P_1,P_2,\cdots,P_r$ 是药剂师，医生的职责为 DD=｛诊断病情、开处方、给出治疗方案、填写医生值班记录｝；护士的职责则为 DN=｛换药、填写护士值班记录｝；药剂师的职责为 DP=｛配药、发药｝。医生 $D_j(j=1,\cdots,m)$ 可以尽医生的职责，执行 DD 中的操作，而不能执行 DN 和 DP 中的操作；同样 $N_k(k=1,\cdots,n)$ 也只能尽护士的职责，执行 DN 中的操作，而不能执行 DD 和 DP 中的操作。用户在一定的部门中具有一定的角色（如医生、护士、药剂师等），其所执行的操作与其所扮演的角色的职能相匹配，这正是 RBAC 的根本特征。

角色由系统管理员定义，角色成员的增减也只能由系统管理员来执行，即只有系统管理员有权定义和分配角色。用户与客体无直接联系，其只有通过角色才享有该角色所对应的权限，从而访问相应的客体。例如增加一名医生 D_u，系统管理员只需将 D_u 添加到医生这一角色的成员中即可，删除一名护士 N_u，只需简单地从护士角色中删除成员 N_u 即可。同一个用户可以是多个角色的成员，即同一个用户可以扮演多种角色，同样，一个角色可以拥有多个用户成员，这与现实是一致的，因为一个人可以在同一部门中担任多种职务，而且担任相同职务的可能不止一人。因此 RBAC 提供了一种描述用户和权限之间的多对多关系，图 4-20 描述了用户、角色、操作和客体之间的这种关系。

3）RBAC 核心模型。

目前针对 RBAC 提出了多种模型，如 RBAC 96/ARBAC 97/ARBAC 02 模型族、角色图模型、NIST 模型、OASIS 模型和 SARBAC 模型等。但这些模型主要是基于 RBAC 模型进行不同程度的深入展开的，其理论基础还是由 Sandhu 提出的核心模型。

在 RBAC 核心模型中包含了 5 个基本静态集合，即用户集（Users）、角色集（Roles）、对象集（Objects）、操作集（Operators）和权限集（Perms），以及一个运行过程中动态维护的集合——会话集（Sessions），如图 4-21 所示。

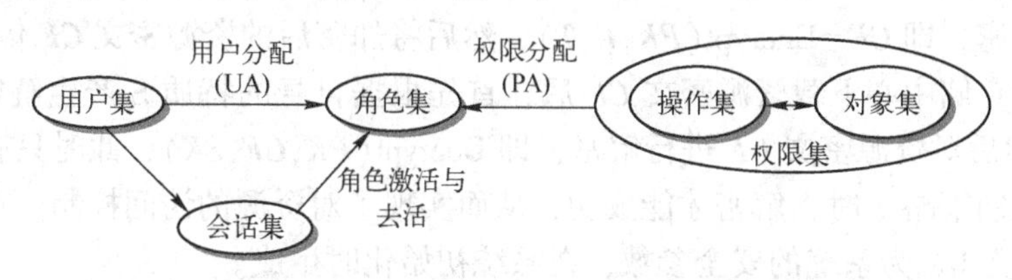

图 4-21　RBAC 核心模型中的集合

其中，用户集是系统中可以执行操作的用户；对象集是系统中需要保护的被动的实体；操作集是定义在对象上的一组操作，也就是权限；特定的一组操作就构成了针对不同角色的权限；而角色则是 RBAC 模型的核心，通过用户分配（UA）、权限分配（PA）等操作建立起主体和权限的关联。

3. 新型访问控制模型

随着面向互联网的存储应用的发展，更多的存储系统处于开放的网络环境中，为成千上万的用户提供并发的存储服务。这些用户可能来自不同的组织，可能具有不同的标识。在这种情况下，存储系统必须能够有效地标识用户的身份，为用户提供简单高效的认证方式。

（1）基于属性的访问控制方案的产生

在大型开放、分布式网络环境下，通常无法知道网络实体的身份真实性和授权信息，DAC 和 MAC 这两种基于资源请求者的身份做出授权决定的访问控制模型无法在这种环境中应用。

RBAC 属于策略中立型的存取控制模型，既可以实现自主存取控制策略，又可以实现强制存取控制策略。由于 RBAC 引入了角色的概念，能够有效地解决传统安全管理权限的问题，适用于大型组织的访问控制机制。但是 RBAC 无法实现对未知用户的访问控制和委托授权机制，从而限制了 RBAC 在分布式网络环境中的应用。

在基于 PKI、PMI 的集中式访问控制方式中，用户若要访问资源服务器上的文件等资源，要先通过认证服务器（CA）获取相应的数字证书，同时认证服务器必须将授权信息传送给资源服务器。这里存在以下两个严重问题。

1）资源提供方必须获取不同用户的真实公钥证书，才能获得公钥，然后将密文分别发送给相应的用户，否则无法加密。对于分布在上百甚至上千个设备上的资源而言，需要认证服务器生成上百甚至上千个证书，这容易使泛在环境中大量用户的并发访问和突发访问造成单点瓶颈，严重影响存储系统的访问效率。

2）资源提供方需要在加密前获取用户列表，而在分布式环境中难以一次获取接收群体的规模与成员身份，而且分布式应用列举用户身份会侵犯用户的隐私。

为了解决上述已有访问控制存在的问题，需要一种新型的更适应云环境的访问控制方案。2007 年，Bethen court 等人提出的基于密文策略属性的加密（Ciphertext Policy Attribute-Based

Encryption，CP-ABE）算法为解决云存储中的访问控制问题提供了新的思路。

（2）基于属性的访问控制方案的思想

CP-ABE 算法颠覆了传统公私钥加密算法中明文由公钥加密后只能由唯一的私钥才能解密的思想。算法中，数据创建者利用访问控制策略对数据进行加密，而每个数据访问者均有一个与自身特质相对应的解密密钥，只有该数据访问者的特质与访问控制策略相符，其所拥有的密钥才能进行解密操作。

如图 4-22 所示，资源创建者在将资源上传到云存储中心之前，利用访问控制策略 T 对资源明文 F 进行加密，即 $CF=\text{Encrypt}(PK,F,T)$，然后将加密后的资源密文 CF 传至云存储中心；资源访问者从云存储中心下载资源密文 CF 后，首先根据自身的特质 S 产生解密密钥 $SK=\text{KeyGen}(\text{MK},S)$，然后对资源密文 CF 进行解密，即 $\text{Decrypt}(PK,CF,SK)$，此时只有访问者自身特质 S 满足访问控制策略 T 时，解密才能成功，从而实现了对资源的访问控制。在上述加解密过程中用到的 PK 及 MK 为系统的安全参数，在系统初始化时生成。

在图 4-22 中可以看出，资源创建者采用树形结构来定义访问控制策略，要求只有属于数学系的老师或研究生才能解密文件。访问者 A 是数学系教师，访问者 B 是数学系研究生，因此可以解密文件及正常访问，而访问者 C 是计算机系的老师，因此不符合访问控制策略，从而无法正常解密及访问文件。从上述描述可以看出，CP-ABE 算法最突出的优点是明文加密后，可有多个符合解密访问策略的解密密钥进行解密，因此这样的算法很适合用于云环境下的数据外包时解密方不固定的情况。

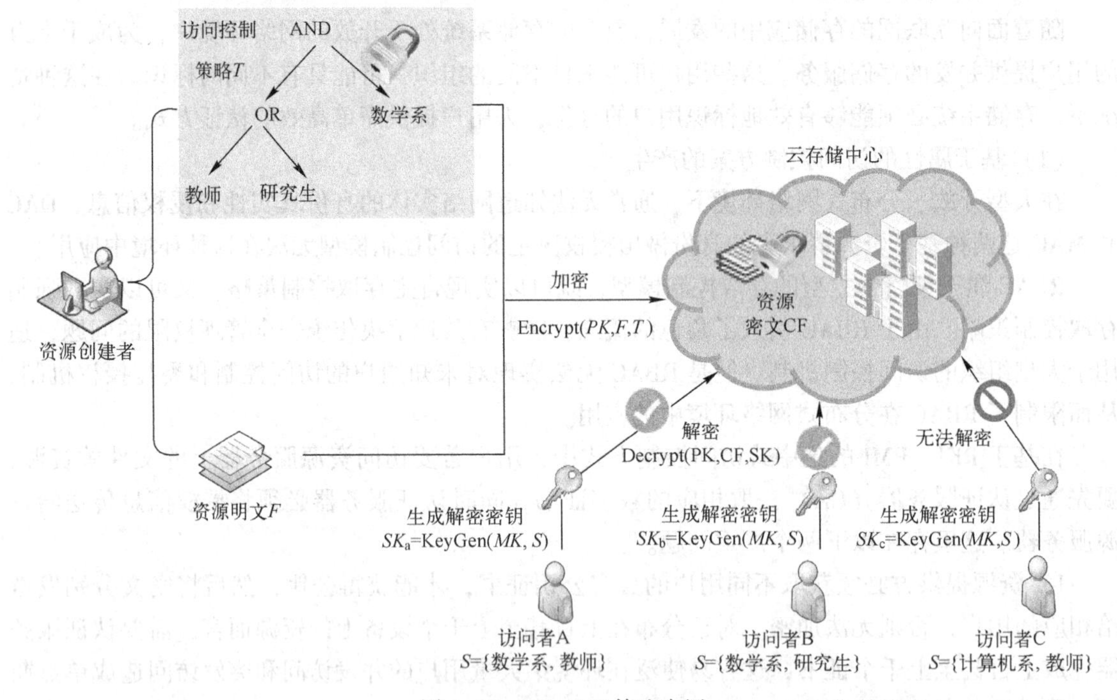

图 4-22　CP-ABE 算法应用

（3）基于属性的访问控制方案的分析

基于 CP-ABE 的访问控制方案解决了传统访问控制模型在云环境下无法有效使用的问题，同时避免了基于公钥基础设施 PKI 的集中式访问控制方式的诸多问题，能够确保资源在传输和存储过程中的机密性、完整性和可用性，保护个人隐私、数据安全和知识产权。同时，该方案可以免去密文访问控制中频繁出现的密钥分发代价，保证了系统的效率。

在基于CP-ABE的访问控制方案中，通常选取访问者固有的属性来表达访问者的特质，如访问者单位、身份等，这样的做法使得当访问者属性发生变化时，如何撤销其访问权限成了一个较难处理的问题。比图4-22中，如果访问者B毕业后去了计算机系做教师，此时其属性变成了计算机系教师，应该不能访问文件，但由于他在数学系做研究生时知道该文件的访问策略是什么，因此他就可以伪造身份进行访问。因此，在泛在环境中，访问控制仅仅考虑访问者所固有的属性是远远不够的，还必须将访问者的多种属性，如访问者（Who）、访问时间（When）、访问地点（Where）、访问设备（Which），加以综合考虑，才能真正做到对泛在环境中的资源进行访问控制。

4.5 Windows系统安全

当前，Windows系统作为企业、政府部门及个人计算机的系统平台被广泛应用。Windows操作系统在其设计的初期就把安全性作为核心功能之一。尽管Windows安全机制比较全面，但是其安全漏洞不断地被发现。只有了解Windows系统的安全机制，并制定精细的安全策略，用Windows构建一个高度安全的系统才能成为可能。

1995年7月，Windows NT 3.5（工作站和服务器）Service Pack3成为第一个获得C2等级的Windows NT版本。2011年3月，Windows 7和Windows Server 2008 R2被评测达到了网络环境下美国政府通用操作系统保护框架（General Purpose Operating System Protection Profile，GPOSPP）的要求，这相当于TCSEC中的C2等级。以下是TCSEC中C2安全等级的关键要求。

1）安全的登录设施。要求用户被唯一识别，而且只有当他们通过某种方式被认证身份以后，才能被授予对该计算机的访问权。

2）自主访问控制。资源的所有者可以为单个用户或一组用户授予各种访问权限。

3）安全审计。要具有检测和记录与安全相关的事件的能力。例如，记录创建、访问或删除系统资源的操作行为。

4）对象重用保护。在将一个对象，如文件和内存，分配给一个用户之前，对它进行初始化，以防止用户看到其他用户已经删除的数据，或者访问到其他用户原先使用后来又释放的内存。

Windows也满足TCSEC中B等级安全性的两个要求。

1）可信路径功能。防止特洛伊木马程序在用户登录时截获用户的用户名和口令。例如，在Windows中，通过<Ctrl+Alt+Del>组合键来实现可信路径功能。<Ctrl+Alt+Del>是系统默认的登录/注销组合键，系统级别很高，理论上，木马程序要屏蔽该组合键的响应或得到这个事件的响应是不可能的。

2）可信设施管理。要求对各种管理功能有单独的账户角色。例如，对管理员、负责计算机备份的用户和标准用户分别提供单独的账户。

Windows通过它的安全子系统和相关的组件来满足以上这些要求。

4.5.1 Windows安全子系统

Windows系统在安全设计上有专门的安全子系统，安全子系统主要由本地安全授权（Local Security Authority，LSA）、安全账户管理器（Security Account Manager，SAM）和安全引用监视器（Security Refrence Monitor，SRM）等模块组成。图 4-23 所示为其中的一些组件和它们管理的数据库之间的关系。

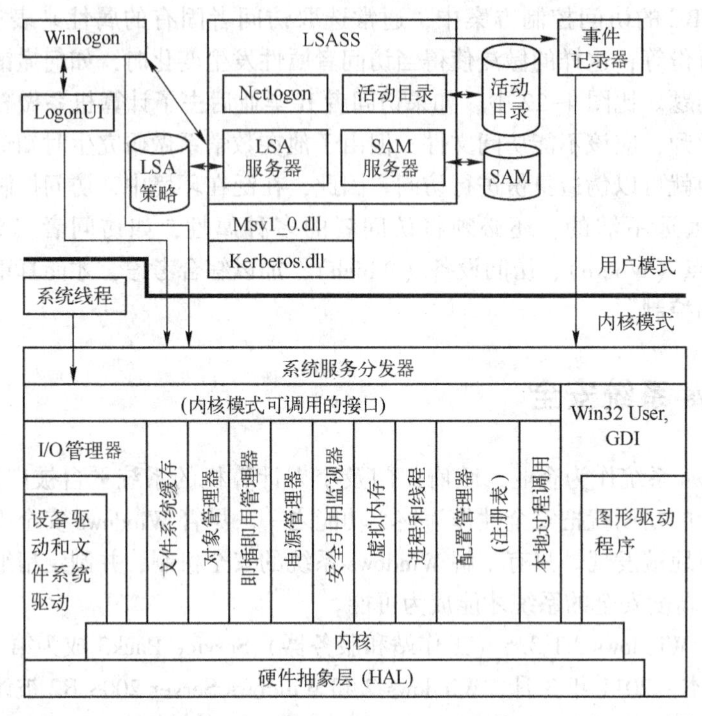

图 4-23　Windows 安全子系统中的一些组件和它们管理的数据库之间的关系

（1）登录进程（Winlogon）

Winlogon 是一个用户模式进程，运行%SystemRoot%\System32\Winlogon. exe，提供交互式登录支持。用户在 Windows 系统启动后按<Ctrl+Alt+Del>组合键，则会引起硬件中断，该中断信息被系统捕获后，操作系统即激活 Winlogon。

Winlogon 通过调用 LogonUI 显示登录窗口，LogonUI 运行% SystemRoot% \ System32 \ LogonUI. exe。LogonUI 可以通过多种方式利用凭据提供者（Credential Providers）来查询用户的凭据。

在 Windows XP 和 Windows Server 2003 中是使用 GINA（Graphical Identification and Authentication，图形化标识和认证）来显示登录对话框的。GINA 是一个用户模式的 DLL，运行在 Winlogon 中，标准 GINA 是\Windows\ System32\msgina. dll。用户可以自行定义 GINA，而 GINA 通过串接的方式来组合多种身份认证机制，例如，自定义 GINA 的指纹识别模块串接到原本的 Windows XP 账号及密码认证之后。不过，这种方式会带来一个大问题，那就是当 GINA 前面的认证方式更新之后，有可能造成 GINA 串接断开，让后面的认证进程失效。

在 Windows 7 中使用了全新的凭据提供者 API 来取代原先的 GINA 机制。Windows 7 中可以同时挂接多个凭据提供者，这些凭据提供者之间是并联的关系，因此彼此之间不会有任何干扰。

Winlogon 在收集好用户的登录信息后，就调用本地安全授权（LSA）的 LsaLogonUser 命令，把用户的登录信息传递给 LSA。实际认证部分的功能是通过 LSA 来实现的。Winlogon、LogonUI 和 LSA 这三部分相互协作，实现了 Windows 的登录认证功能。

（2）本地安全授权子系统（Local Security Authority SubSystem，LSASS）

这是一个运行%SystemRoot%\System32\Lsass.exe 的用户模式进程，负责本地系统安全策略（例如允许哪些用户登录到本地机器上、口令策略、授予用户和用户组的权限，以及系统安全设计设置）、用户认证，以及发送安全审计消息到事件日志（Event Log）中。本地安全授权服务（Lsasrv-%SystemRoot%\System32\Lsasrv.dll）是 LSASS 加载的一个库，它实现了这些功能中的绝大部分。

LSASS 策略数据库是包含本地系统安全策略设置的数据库。该数据库被存储在注册表中，位于 HKLM\SECURITY 的下面。它包含了诸如此类的信息：哪些域是可信任的，从而可以认证用户的登录请求；允许谁访问系统，以及如何访问（交互式登录、网络登录，或者服务登录）；分配给谁哪些权限；执行哪一种安全审计。LSASS 策略数据库也保存一些“秘密”，包括域登录（Domain Logon）在本地缓存的信息，以及 Windows 服务的用户账户登录信息。

（3）安全账户管理器（SAM）

SAM 服务负责管理一个数据库，该数据库包含了本地机器上已定义的用户名和组。SAM 服务是在%SystemRoot%\System32\Samsrv.dll 中实现的，它运行在 LSASS 进程中。

SAM 数据库在非域控制器的系统上，包含了已定义的本地用户和用户组，以及它们的口令及其他属性。在域控制器（Domain Controller，DC）上，SAM 数据库保存了该系统的管理员恢复账户的定义及其口令。该数据库被存储在注册表的 HKLM\SAM 下面。

（4）安全引用监视器（SRM）

SRM 负责访问控制和审计策略，由 LSA 支持。SRM 提供客体（文件、目录等）的存取权限，检查主体（用户账户等）的权限，产生必要的审计信息。客体的安全属性由安全控制项（Access Control Entry，ACE）来描述，全部客体的 ACE 组成访问控制表（ACL）。没有 ACL 的客体意味着任何主体都可访问。而有 ACL 的客体则由 SRM 检查其中的每一项 ACE，从而决定主体的访问是否被允许。

（5）认证包（Authentication Package）

认证包可以为真实用户提供认证，这包括运行在 LSASS 进程和客户进程环境中的动态链接库（DLL）。认证 DLL 负责检查给定的用户名和口令是否匹配，如果匹配，则向 LSASS 返回有关用户安全标识的细节信息，以供 LSASS 利用这些信息来生成令牌。

（6）网络登录（Netlogon）

网络登录服务必须在通过认证后建立一个安全的通道。要实现这个目标，必须通过安全通道与域中的域控制器建立连接，然后通过安全的通道传递用户的口令，在域的域控制器上响应请求后，重新取回用户的安全标识符（Security Identifier，SID）和用户权限。

（7）活动目录（Active Directory，AD）

活动目录是一个目录服务，它包含了一个数据库，其中存放了关于域中对象的信息。这里，域（Domain）是由一组计算机和与它们相关联的安全组构成的，每个安全组被当作单个实体来管理。活动目录存储了有关该域中的对象的信息，这样的对象包括用户、组和计算机。域用户和组的口令信息、权限也被存储在活动目录中，而活动目录则是在一组被指定为该域的域控制器的机器之间进行复制的。活动目录不是 Windows 系统必须安装的一种服务。

（8）应用程序管理（AppLocker）

AppLocker 是一种机制，它允许管理员指定哪些可执行文件、DLL 和脚本可以被指定的用户及组使用。AppLocker 由一个驱动程序（%SystemRoot%\System32\Drivers\Appid.sys）和一个运行在 SvcHost 进程中的服务（%SystemRoot%\System32\Appidsvc. dll）组成。

4.5.2 Windows 系统登录认证

1. 安全主体类型

Windows 中的安全主体类型主要包括用户账户、组账户、计算机和服务。

（1）用户账户

Windows 中一般有两种用户：本地用户和域用户。前者是在 SAM 数据库中创建的。每台基于 Windows 的计算机都有一个本地 SAM，包含该计算机上的所有用户。后者是在域控制器（DC）上创建的，并且只能在域中的计算机上使用。域用户有着更为丰富的内容，包含在活动目录（AD）数据库中。

DC 中也包含本地 SAM，但其账户只能在目录服务恢复模式下使用。一般来说，本地安全账户管理中存储两种用户账户：管理员账户和来宾账户。其中，后者默认是禁用的。

在 Windows Server 2008 系统中，管理员账户默认是启用的，而且第一次登录计算机时必须使用该账户。在 Windows 7 等系统中，管理员账户默认是禁用的，仅在特殊的情况下才可以启用。

（2）组账户

除用户账户外，Windows 还提供组账户。在 Windows 系统中，具有相似工作或有相似资源要求的用户可以组成一个工作组（也称为用户组）。对资源的存取权限可分配给一个工作组，也就是同时分配给了该组中的所有成员，从而简化管理维护工作。

（3）计算机

计算机实际上是另外一种类型的用户。在活动目录的结构中，计算机层是由用户层派生出来的，它具备用户的大多数特性。因此，计算机也被看作主体。

（4）服务

近年来，微软试图分解服务的特权，但对同一用户下的不同服务还是存在权限滥用的问题。为此，在 Windows Vista 以后的系统和 Windows Server 2008 系统中，服务成了主体，每个服务都有一个应用权限。

2. 安全标识符

Windows 并不是根据每个账户的名称来区分账户的，而是使用安全标识符（SID）。在 Windows 环境下，几乎所有对象都具有对应的 SID，例如，本地账户、域账户、本地计算机等对象都有唯一的 SID。可以将用户名理解为每个人的名字，将 SID 理解为每个人的身份证号码，人名可以重复，但身份证号码绝对不能重复。这样做主要是为了便于管理，例如，因为 Windows 是通过 SID 区分对象的，完全可以在需要的时候更改一个账户的用户名，而不用再对新名称的同一个账户重新设置所需的权限，因为 SID 是不会变化的。然而，如果有一个账户，并且已经给该账户分配了相应的权限，那么删除了该账户，然后重建一个使用同样用户名和密码的账户，原账户具有的权限并不会自动应用到新账户，因为尽管账户的名称和密码都相同，但账户的 SID 已经发生了变化。

标识某个特定账号或组的 SID 是在创建该账号或组时由系统的本地安全授权机构生成的，并与其他账号信息一起存储在注册的一个安全域里。域账号或组的 SID 由域 LSA 生成，并作为活动目录里的用户或组对象的一个属性存储。SID 在它们所标识的账号或组的范围内是唯一的。每个本地账号或组的 SID 在创建它的计算机上是唯一的，机器上的不同账号或组不能共享同一个SID。SID在整个生存期内也是唯一的。LSA绝不会重复发放同一个SID，也不重用已删除账号的SID。

SID是一个48位的字符串。在Windows 10系统中，要想查看当前登录账户的SID，可以使用管理员身份启动命令提示行窗口，然后运行“whoami /user”命令。例如，运行该命令后，可以看到类似图4-24所示的结果。

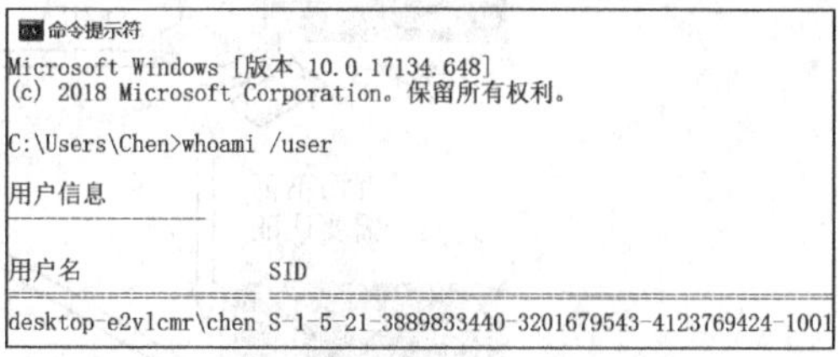

```
命令提示符
Microsoft Windows [版本 10.0.17134.648]
(c) 2018 Microsoft Corporation。保留所有权利。

C:\Users\Chen>whoami /user

用户信息
----------------

用户名                SID
==================== ==============================================
desktop-e2vlcmr\chen S-1-5-21-3889833440-3201679543-4123769424-1001
```

图4-24 “whoami /user”命令执行结果

Windows XP的默认安装中没有whoami程序，因此如果想要在Windows XP下查看当前账户的SID，或者在Windows Vista和Windows XP下查看其他账户的SID，可以借助微软的一个免费小工具PsGetSid（http://www.microsoft.com/technet/sysinternals/utilities/psgetsid.mspx）。

3. 登录认证

要使用户和系统之间建立联系，本地用户必须请求本地登录认证，远程用户必须请求网络登录认证。下面介绍Windows系统提供的两种基本登录认证类型：本地登录认证和基于活动目录的域登录认证。

（1）本地登录认证

本地登录指用户登录的是本地计算机，对网络资源不具备访问权限。本地登录所使用的用户名与口令被存储在本地计算机的安全账户管理器（SAM）中，由计算机完成本地登录验证，提交的登录凭证包括用户ID与口令。本地计算机的安全子系统将用户ID与口令送到本地计算机的SAM数据库中做凭证验证。这里需要注意的是，Windows的口令不是以纯文本格式存储在SAM数据库中的，而是将每个口令计算哈希值后进行存储。

针对SAM进行破解的工具很多，著名的有L0phtCrack、Cain&Abel、Mimikatz等。如果操作系统的SAM数据库出现问题，将会面临无法完成身份认证、无法登录操作系统、用户密码丢失的情况。所以，保护SAM数据的安全就显得尤为重要。使用BitLocker是一个很好的选择。

本地用户登录没有集中统一的安全认证机制。如果有n台计算机要相互访问资源，就需要在n台计算机上维护n个SAM数据库。这样，用户登录的验证机制就被分布到了多个地方，这违反了信息安全的可控性原则。因为在实际的环境中，如果需要在多个点上维护安全，还不如使用某一种机制在一个点上维护安全，以达到统一验证、统一管理的目的。

（2）基于活动目录的域登录认证

基于活动目录的域登录与本地登录的方式完全不同。首先，所有的用户登录凭证（用户ID与口令）被集中地存放到一台服务器上，结束了分散式验证的行为。该过程必须使用网络身份认证协议，这些协议包括Kerberos、LAN管理器（LM）、NTLAN管理器（NTLM）等，而且这些过程对于用户而言是透明的。从某种意义上讲，这真正做到了统一验证、一次登录、多次访问。

图4-25所示为基于活动目录的域登录认证，此时网络上所有用户的登录凭证（包括用户ID和口令）都被集中地存储到活动目录安全数据库中。图中这台集中存储域用户ID与口令并提供用户身份的服务器，就是我们常说的域控制器（DC）。用户在计算机上登录域时，需要通过网络身份认证协议将登录凭证提交到DC进行认证。注意，在基于活动目录的域登录环境中必须部署DC活动目录服务器。

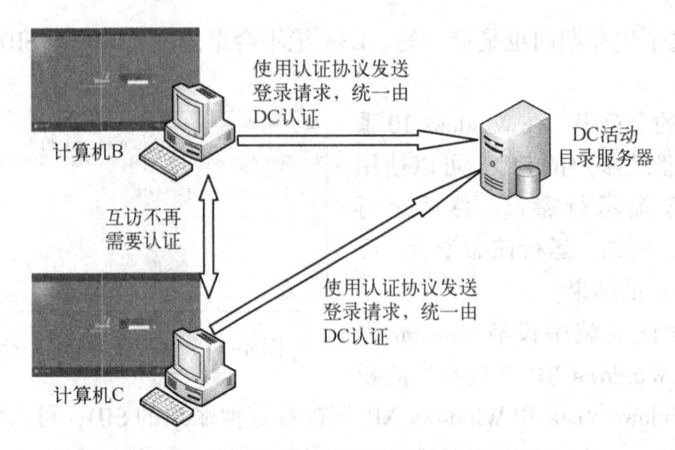

图 4-25　基于活动目录的域登录认证

如果计算机 B 与计算机 C 要相互访问活动目录上的资源，那么，这两台主机在网络初始化时就必须成功地被域控制器所验证。只要登录“域”成功，服务器之间或主机之间的相互访问就不再进行分散的验证，而是通过活动目录去维护一个安全堡垒。那么，此时计算机 B 与计算机 C 的相互访问，就不再需要输入用户 ID 和口令了。这样就达到了“一次登录、多次访问”的效果，不仅提高了登录认证的安全性，也提高了访问效率。

4.5.3　Windows 系统访问控制

1. 安全对象

在 Windows 系统中，安全管理的对象包括文件、目录、注册表项、动态目录对象、内核对象、服务、线程、进程、防火墙端口、Windows 工作站和桌面等，其中最常见的安全对象就是文件。

2. 访问控制

Windows 2000 以后的版本中，访问控制是一种双重机制，它对用户的授权基于用户权限和对象许可。用户权限是指对用户设置允许或拒绝其访问某个客体对象；对象许可是指分配给客体对象的权限，定义了用户可以对该对象进行操作的类型。例如，设定某个用户有修改某个文件的权限，这是用户权限；若对该文件设置了只读属性，这就是对象许可。

Windows 的访问控制是基于自主访问控制的，其示意图如图 4-26 所示。在 Windows 访问控制中根据策略对用户进行授权，来决定用户可以访问哪些资源及对这些资源的访问能力，以保证资源的合法使用。

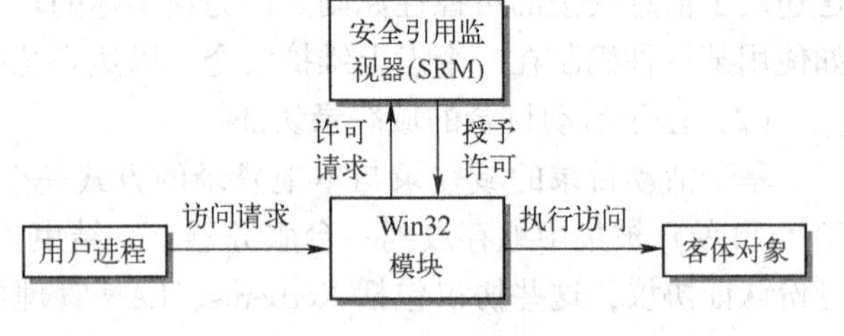

图 4-26　Windows 访问控制示意图

3. 安全组件

Windows 利用安全子系统来控制用户对计算机上资源的访问。安全子系统包括的关键组件有安全性标识符（SID）、访问令牌（Access Token）、安全描述符（Security Descriptor）、访问控制列表（ACL）、访问控制项（ACE）、安全引用监视器（SRM）。其中的 SID、SRM

已在上一小节中介绍。

(1) 访问令牌

安全引用监视器使用访问令牌来标识一个进程或线程的安全环境。访问令牌可以看作是一张电子通行证，里面记录了用于访问对象、执行程序甚至修改系统设置所需的安全验证信息。

令牌的大小是不固定的，因为不同的用户账户有不同的权限集合，它们关联的组账户集合也不同。然而，所有的令牌包含了同样的信息，如图 4-27 所示。

令牌源
模仿类型
令牌ID
认证ID
修改ID
过期时间
默认的主组
默认的DACL
用户账户SID
组1 SID
⋮
组 *n* SID
受限制的SID 1
⋮
受限制的 SID *n*
权限1
⋮
权限*n*

图 4-27　访问令牌包含的信息

Windows 中的安全机制用到了令牌中的两部分信息来决定哪些对象可以被访问，以及哪些安全操作可以被执行。

第一部分信息由令牌的用户账户 SID 和组 SID 构成。SRM 使用这些 SID 来决定一个进程或线程是否可以获得指定的、对于一个被保护对象（如一个 NTFS 文件）的访问许可。令牌中的组 SID 说明了一个用户的账户是哪些组的成员。当服务器应用程序在执行客户请求的一些动作时，它可以禁止某些特定的组，以限制一个令牌的凭证。像这样禁止一个组，其效果几乎等同于这个组没有出现在令牌中（禁止 SID 也被当作安全访问检查的一部分）。

第二部分信息是权限集。一个令牌的权限集是一组与该令牌关联的权限的列表。

一个令牌默认的主组域和默认的自主访问控制列表（DACL）域是指这样一些安全属性：当一个进程或线程使用该令牌时，Windows 将这些安全属性应用在它所创建的对象上。Windows 通过将这些安全信息包含在令牌中，使得进程或者线程可以很方便地创建一些具有标准安全属性的对象，因为进程和线程不需要为它所创建的每个对象请求单独的安全信息。

在进程管理器（Process Explorer，可从 http://technet.microsoft.com/en-us/sysinternals 下载）中，通过进程属性对话框的安全属性页面，可以间接地查看令牌的内容。图 4-28 所示的对话框显示了当前进程的令牌中包括的组和权限。

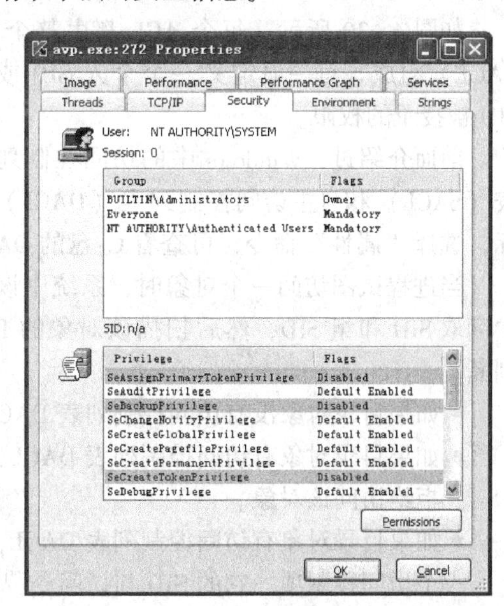

图 4-28　显示了当前某进程的令牌中包括的组和权限

(2) 安全描述符

令牌标识了一个用户的凭证，安全描述符则与一个对象关联在一起，规定了谁可以在这个对象上执行哪些操作。

一个安全描述符由以下的属性构成，如图 4-29 所示。

- 版本号：创建此安全描述符的 SRM 安全模型的版本。
- 标识：定义了该安全描述符的类型和内容。该标识指明是否存在自主访问控制列表（Discretionary ACL，DACL）和系统访问控制列表（System ACL，SACL），还包括如 SE

_DACL_PROTECTED 等的标志，防止该安全描述符从另一个对象继承安全设置。

- 所有者 SID：所有者的安全 ID，该对象的所有者可以在这个安全描述符上执行任何操作。所有者可以是一个单一的 SID，也可以是一组 SID。所有者具有改变 DACL 内容的权限。
- 组 SID：该对象的主组的安全 ID（仅用于 POSIX 系统）。
- 自主访问控制列表（DACL）：规定了谁可以用什么方式访问该对象。
- 系统访问控制列表（SACL）：规定了哪些用户的哪些操作应该被记录到安全审计日志中。

版本号
标识
所有者SID
组SID
自主访问控制列表(DACL)
系统访问控制列表(SACL)

图 4-29　安全描述符的构成

安全描述符的主要组件是访问控制表，访问控制表为对象确定了各个用户和用户组的访问权限。当一个进程试图访问该对象时，该进程的 SID 与该对象的访问控制表匹配，来确定本次访问是否被允许。

当应用程序打开一个可得到的对象的引用时，Windows 系统验证该对象的安全描述符是否同意该应用程序的用户访问。如果检测成功，系统缓存这个允许的访问权限。

创建一个对象时，创建进程可以把该进程的所有者指定成它自己的 SID 或者它的访问令牌中的任何组 SID。创建进程不能指定不在当前访问令牌中的 SID 作为该进程的所有者。随后，任何被授权的可以改变一个对象的所有者的进程都可以这样做，但是也有同样的限制。使用这种限制的原因是防止用户在试图进行某些未授权的操作后隐藏自己的踪迹。

（3）访问控制表（ACL）

Windows 使用 ACL 来描述访问权限信息。ACL 可由管理员或对象所有者管理。Windows 为每一个安全对象保存一份 ACL。ACL 是对象安全描述符的基本组成部分，它包括有权访问对象的用户和组的 SID。

如图 4-30 所示，每个 ACL 都由整个表的表头和许多访问控制项（ACE）组成。每一项定义一个个人 SID 或组 SID，访问掩码定义了该 SID 被授予的权限。

ACL头
ACE头
访问掩码
SID
ACE 头
访问掩码
SID
⋮

图 4-30　访问控制表的组成

前面介绍过，Windows 中的访问控制列表有两种：系统访问控制列表（SACL）和自主访问控制列表（DACL）。在 Windows 中右击 C:盘图标，选择“属性”命令，可查看 C:盘的 DACL，如图 4-31 所示。

当进程试图访问一个对象时，系统中该对象的管理程序从访问令牌中读取 SID 和组 SID，然后扫描该对象的 DACL，进行以下 3 种情况的判断。

- 如果目录对象没有访问控制列表 DACL，则系统允许所有进程访问该对象。
- 如果目录对象有访问控制列表 DACL，但访问控制条目 ACE 为空，则系统对所有进程都拒绝访问该对象。
- 如果目录对象有访问控制列表 DACL，且访问控制条目 ACE 不为空，那么如果找到了一个访问控制项，它的 SID 与访问令牌中的一个 SID 匹配，则该进程具有该访问控制项的访问掩码所确定的访问权限。

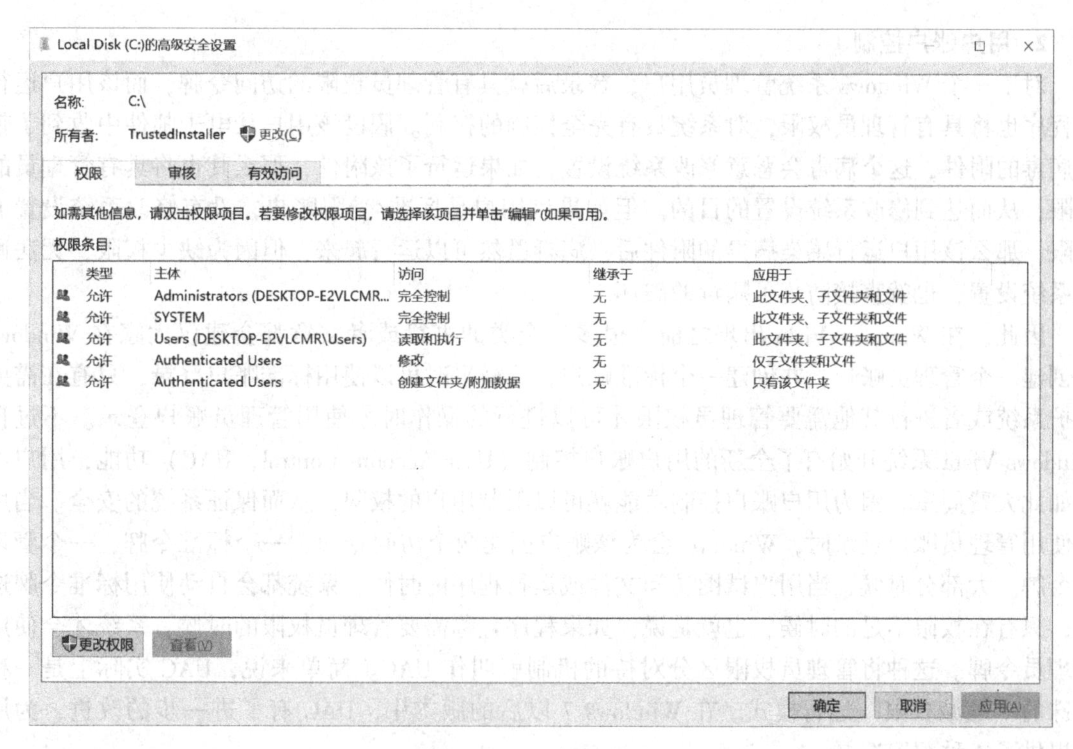

图 4-31　C:盘的 DACL

4.5.4　其他 Windows 系统安全机制

1. 文件系统

（1）NTFS 文件系统

Windows 操作系统同大多数操作系统一样，通过使用 NTFS 文件系统提供文件保护。Windows 2000 以上的操作系统都建议使用 NTFS 文件系统，它具有更好的安全性与稳定性。

NTFS 权限控制可以实现较高的安全性，通过给用户赋予 NTFS 权限可以有效地控制用户对文件和文件夹的访问。NTFS 分区上的每一个文件和文件夹都有一个 ACL，该列表记录了每一个用户和用户组对该资源的访问权限。NTFS 可以针对所有的文件、文件夹、注册表键值、打印机和动态目录对象进行权限设置。

（2）加密文件系统（Encrypting File System，EFS）

权限的访问控制行为在某种程度上提高了资源的安全性，防止了资源被非法访问或者修改。但事实上，这种行为只能针对系统级层面进行控制，如果资源所在的物理硬盘被非法者窃取，那么使用上述的权限访问控制行为对资源进行保护将变得没有任何意义。窃取者只需要把资源所在的物理硬盘放到自己的主机上，使用自己的操作系统启动计算机，再将该硬盘设置为操作系统的资源盘，便可以轻松地解除原有操作系统的权限并访问资源。为了防止这样的事情发生，需要一种基于文件系统加密的方法来保证资源的安全。

EFS 支持对 Windows 2000 及以上版本中 NTFS 格式磁盘的文件加密。EFS 允许用户以加密格式存储磁盘上的数据，将数据转换成不能被其他用户读取的格式。用户加密了文件之后，只要文件存储在磁盘上，它就会自动保持加密的状态。

☞ 请读者完成本章思考与实践第 23 题，体验 EFS 功能。

2. 用户账户控制

对于一个 Windows 系统管理员用户，登录后就具有管理员权限的访问令牌，而该用户运行的程序也将具有管理员权限，对系统具有完全控制的权利。假设该用户从电子邮件中收到了带有病毒的附件，这个病毒会恶意修改系统设置，如果运行了该附件，那么其也将具有管理员的权限，从而达到修改系统设置的目的。但如果该用户是标准/受限账户，没有修改系统设置的权限，那么该用户运行感染病毒的附件后，病毒虽然可以运行起来，但因为缺少权限，无法修改系统设置，也就直接防止了病毒的破坏。

因此，在 Windows Vista 出现之前，很多安全类的书籍或者文章都会建议大家在 Windows 中创建一个管理员账户，并创建一个标准账户，这样平时可以使用标准账户登录，只有在需要维护系统或者进行其他需要管理员权限才可以进行的操作时才使用管理员账户登录。不过自 Windows Vista 系统开始有了全新的用户账户控制（User Account Control，UAC）功能，用户不必如此大费周章。因为用户账户控制功能就可以限制用户的权限，从而保证系统的安全。当用户使用管理员账户登录时，Windows 会为该账户创建两个访问令牌，一个标准令牌，一个管理员令牌。大部分时候，当用户试图访问文件或运行程序的时候，系统都会自动使用标准令牌进行，只有在权限不足的时候，也就是说，如果程序宣称需要管理员权限的时候，系统才会使用管理员令牌。这种将管理员权限区分对待的机制就叫作 UAC。简单来说，UAC 实际上是一种特殊的“缩减权限”运行模式。在 Windows 7 以后的版本中，UAC 有了进一步的改进，为用户提供了 4 种配置选择。

☞ 请读者完成本章思考与实践第 24 题，体验 UAC 功能。

3. 可信路径

Windows 系统中的可信路径功能，除了使用第 4.5 节中介绍的<Ctrl+Alt+Del>组合键实现以外，还有安全桌面。

Windows Vista 及以后的版本中，当开启了 UAC 功能，在显示提升权限等提示的时候会切换到安全桌面，此时桌面背景会变暗，如图 4-32 所示。这样做的主要原因并不是为了突出显示“用户账户控制”对话框，而是为了安全。安全桌面可以将该程序和进程限制在桌面环境上，除了受信任的系统进程之外，任何用户级别的进程都无法在安全桌面上运行，这样就可以阻止恶意程序的仿冒攻击。

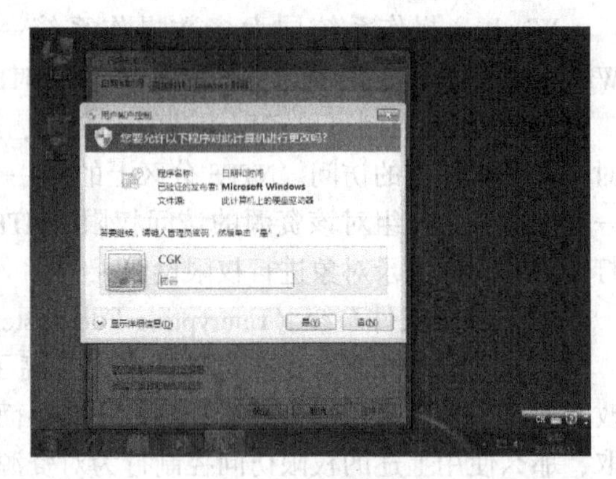

图 4-32　安全桌面

例如，如果有恶意软件打算伪造 UAC 的“提升”对话框，以骗取用户的账户和密码，如果没有安全桌面功能，那么用户若没能区分出真正的 UAC“提升”对话框，或者伪造的对话框太过逼真，那就有可能泄露自己的密码。而使用安全桌面功能后，因为真正的“提升”对话框都是显示在安全桌面上的，这种情况下，用户无法和其他程序的界面进行交互，因此避免了大量安全问题。

4. Windows 审计/日志机制

日志文件是 Windows 系统中一个比较特殊的文件，它记录 Windows 系统的运行状况，如各种系统服务的启动、运行和关闭等信息。Windows 日志有 3 种类型：系统日志、应用程序日志和安全日志。在 Windows 中，这些日志文件可以通过打开“控制面板”→“系统和安全”→“管理工具”→“事件查看器”来浏览其中的内容。

5. Windows 协议过滤和防火墙

针对网络上的威胁，Windows NT 4.0、Windows 2000 提供了包过滤机制，通过包过滤机制可以限制网络包进入用户计算机。而 Windows XP SP2 以后的版本则自带了防火墙，能够监控和限制用户计算机的网络通信。有关防火墙的原理与技术将在本书第 5.2 节中介绍。

4.6 Linux 系统安全

Linux 操作系统是由芬兰人 Linus Torvalds 为首的一批志愿者以 UNIX 操作系统为基础设计实现的、完全免费的、具有很高性价比的网络操作系统。从架构到保护机制，Linux 系统的很多地方和 UNIX 系统一致或相似。Linux 可以配置桌面终端、文件服务器、打印服务器、Web 服务器等。用户还可以将 Linux 系统配置成一台网络上的路由器或防火墙。本节主要从用户身份认证、访问控制、文件系统、特权管理、安全审计等方面介绍 Linux 安全机制。

4.6.1 Linux 系统登录认证

和其他操作系统一样，Linux 也有一些基本的程序和机制来标识及鉴别用户，只允许合法的用户登录到计算机并访问资源。

1. 用户账户和用户组

Linux 使用用户 ID（User ID，UID）来标识和区别不同的用户。UID 是一个数值，是 UNIX/Linux 系统中唯一的用户标识。在系统内部管理进程和保护文件时使用 UID 字段。在系统中，超级用户的 UID 为 0。在 UNIX/Linux 系统中，用户名和 UID 都可以用于标识用户，只不过对于系统来说 UID 更为重要，而对于用户来说，用户名使用起来更方便。在某些特定情况下，系统中可以存在多个拥有不同用户名但 UID 相同的用户，事实上，这些使用不同用户名的用户是同一个用户。

用户组使用组 ID（Group ID，GID）来标识，具有相似属性的多个用户可以分配到同一个组内。每个组都有自己的组名，以 GID 来区分。在 Linux 系统中，每个组可以包括多个用户，每个用户可以同时属于多个组。除了在 passwd 文件中指定每个用户归属的基本组之外，还在/etc/group 文件中指明一个组所包含的用户。

2. 用户账户文件

系统中的/etc/passwd 文件存储了系统中每个用户的信息，包括用户名、经过加密的口令、用户 ID、用户组 ID、用户主目录和用户使用的 shell 程序。该文件用于用户登录时校验用户的信息。

/etc/passwd 文件中的口令虽然进行了加密存储，但任何用户均可读取该文件，而且所采用的加密算法 DES 是公开的，恶意用户取得了该文件，可对其进行字典攻击。因此，系统通常用 shadow 文件（/etc/shadow）来存储加密口令，限定只有 root 超级用户可以读该文件，而/etc/shadow 文件的密文域仅显示为一个 x，这样就最大限度地减少了密文泄露的可能性。

3. 登录认证

Linux 常用的认证方式如下。

1）基于口令的认证。这是最常用的一种技术。用户只要提供正确的用户名和口令就可以进入系统。

2）客户终端认证。Linux 系统提供了一个限制超级用户从远程登录终端的认证模式。

3）主机信任机制。Linux 系统提供了一种不同主机之间相互信任的机制，不同主机用户之间无须系统认证就可以登录。

4）第三方认证。第三方认证是指由第三方提供的认证，而非 Linux 系统自身带有的认证机制。Linux 系统支持第三方认证，如一次一密口令认证 S/Key、Kerberos 认证系统、可插拔认证模块（Pluggable Authentication Modules，PAM）。PAM 是 Linux 中一种常用的认证机制，具有模块化设计和插件功能，可以很容易地插入新的认证模块或替换原先的组件，而不必对应用程序做任何修改，使软件的定制、维护和升级更加轻松。认证机制与应用程序之间相对独立，应用程序可以通过 PAM API 方便地使用 PAM 提供的各种认证功能，而不必了解太多的底层细节。

4.6.2 Linux 系统访问控制

Linux 文件系统控制文件和目录的信息并存储在磁盘及其他辅助存储介质上，它控制每个用户可以访问何种信息及如何访问，具体表现为通过一组访问控制规则来确定一个主体是否可以访问指定的客体。

Linux 操作系统中的用户可以分为三类：文件属主、文件所属组的用户及其他用户。Linux 系统中的每一个文件都有一个文件属主（或称为所有者），表示该文件是由谁创建的。同时，该文件还有一个文件所属组，一般为文件所有者所属的组。

普通的 Linux 系统采用文件访问控制列表来实现系统资源的访问控制，也就是常说的“9bit”，即在文件的属性上分别对这三类用户设置读、写和执行文件的权限。所谓的“9bit”，就是文件的访问权限属性通过 9 个字符来表示，前 3 个字符分别表示文件属主对文件的读、写和执行权限，中间 3 个字符表示文件所属组用户对该文件的读、写和执行权限，最后 3 个字符表示其他用户对文件的读、写和执行权限。

例如，用命令 ls 列出某个文件的不同用户的存取权限信息：

```
-rwxr-xr-- 1 test test   May 25 10:15 sample.txt
```

图 4-33 所示为文件存取权限的图形表示。

3 种权限为：

- r：允许读；
- w：允许写；
- x：允许执行。

由这些信息看出，用户 test 对文件 sample.txt 的访问权限有“读、写、执行”，而 test 这个组的其他用户只有“读、执行”权限，除此外的其他用户只有“读”权限。

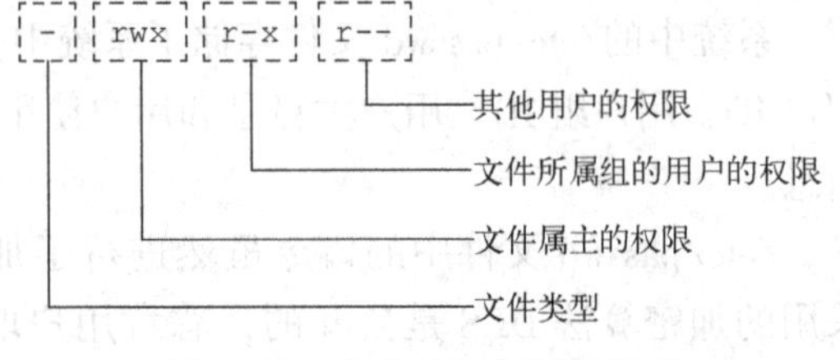

图 4-33　文件存取权限示意图

为操作方便，Linux 同时使用数字表示法对文件权限进行描述。这种方法将每类用户的权限看作一个 3 位的二进制数值，具有权限的位置使用 1 表示，没有权限的位置使用 0 表示。按照这种表示方法，上面的 rwxr-xr--表示为(111,101,100)，即十进制数字组合 754。

4.6.3 其他 Linux 系统安全机制

1. 文件系统

文件系统是 Linux 系统安全的核心。Linux 核心的两个主要组成部分是文件子系统与进程子系统。文件子系统控制用户文件数据的存取与检索。

（1）文件系统类型

随着 Linux 的不断发展，其所能支持的文件系统格式也在迅速扩充。特别是 Linux 2.6 内核正式推出后，出现了大量新的文件系统，其中包括 Ext4、Ext3、Ext2、ReiserFS、XFS、JFS 和其他文件系统。目前，Ext3 是 Linux 系统中较为常用的文件系统。

Ext2、Ext3 都是能自动修复的文件系统。Ext2 和 Ext3 文件系统在默认的情况下，每间隔 21 次挂载文件系统或每 180 天就要自动运行一次文件系统完整性检测任务。Ext3 文件系统是直接从 Ext2 文件系统发展而来的。相比 Ext2 系统，Ext3 文件系统具有日志功能，也非常稳定可靠，同时又兼容 Ext2 文件系统。Linux 从 2.6.28 版开始正式支持 Ext4。Ext4 一方面兼容 Ext3，同时又在大型文件支持、无限子目录支持、延迟取得空间、快速文件系统检查和可靠性方面有较大改进。

（2）文件和目录的安全

在 Linux 系统中，文件和目录的安全主要通过对每个文件和目录访问权限的设置来实现。关于这方面的内容，在 4.6.2 小节中已做了介绍。

（3）文件系统加密

eCryptfs 是一个兼容 POSIX 的商用级堆栈加密 Linux 文件系统，能提供一些高级密钥管理规则。eCryptfs 把加密元写在每个加密文件的头中，所以加密文件即使被复制到别的主机中也可以使用密钥解密。eCryptfs 已经是 Linux 2.6.19 以后内核的一部分。

（4）NFS 安全

网络文件系统（Network File System，NFS）使得每个计算机结点都能够像使用本地资源一样方便地通过网络使用网上资源。正是由于这种独有的方便性，NFS 暴露出了一些安全问题，黑客可侵入服务器，篡改其中的共享资源，达到侵入、破坏他人机器的目的。所以，NFS 的安全问题在 Linux 操作系统中受到重视。

NFS 是通过 RPC（远程过程调用）来实现的，远程计算机结点执行文件操作命令就像执行本地的操作命令一样，可以完成创建文件、创建目录、删除文件、删除目录等文件操作。

RPC 存在安全缺陷，黑客可以利用 IP 地址欺骗等手段攻击 NFS 服务器。所以，Linux 系统的第一个安全措施就是启用防火墙，使得内部和外部的 RPC 无法正常通信，这在一定程度上减少了安全漏洞。当然这样做的结果，也会使两台机器不能正常进行 NFS 文件共享。

Linux 系统的第二个安全措施是设置服务器的导出选项。这些选项很多，适合 NFS 服务器对 NFS 客户机进行安全限制的相关导出选项包括服务器读/写访问、UID 与 GID 挤压、端口安全、锁监控程序、部分挂接与子挂接等。

2. 最小特权管理

Linux 将敏感操作（如超级用户的权利）分成26个特权，由一些特权用户分别掌握这些特权，每个特权用户都无法独立完成所有的敏感操作。系统的特权管理机制维护一个管理员数据库，提供执行特权命令的方法。所有用户进程一开始都不具有特权，通过特权管理机制，非特权的父进程可以创建具有特权的子进程，非特权用户可以执行特权命令。系统定义了许多职责，一个用户与一个职责相关联。职责中又定义了与之相关的特权命令，即完成这个职责需要执行哪些特权命令。

3. 可信路径

Linux 也提供了安全注意键 SAK。SAK 是一个键或一组键，在 x86 平台上，SAK 是<Alt+SysRq+K>组合键，按下它们后，系统将保证用户看到的是真正的登录提示，而非伪装的登录器。SAK 可以用下面的命令激活：

```
echo "1" > /proc/sys/kernel/sysrq
```

严格地说，Linux 中的 SAK 并未构成一个可信路径，因为尽管它会杀死正在监听终端设备的伪装登录器，但它不能阻止伪装登录器在按下 SAK 后立即开始监听终端设备。当然，由于 Linux 限制用户使用原始设备的特权，因此普通用户无法执行这种伪装登录器，而只能以 root 身份运行，这就减少了风险。

4. 安全审计

当前的 UNIX/Linux 系统大多达到了 TCSEC 所规定的 C2 级审计标准。审计有助于系统管理员及时发现系统入侵行为或潜在的系统安全隐患。在 Linux 系统中，日志普遍存在于系统、应用和协议层。大部分 Linux 把输出的日志信息放入标准和共享的日志文件里。大部分日志存放于/var/log。

Linux 有许多日志工具，如 lastlog（跟踪用户登录）、last（报告用户的最后登录）等。系统和内核消息可由 syslogd 和 klogd 处理。

4.6.4 安全增强 Linux

安全增强 Linux（SELinux）是实现了强制访问控制（MAC）的一个安全操作系统。SELinux 主要由美国国家安全局开发，并于2000年12月以 GNU GPL 的形式开源发布。

对于目前可用的 Linux 安全模块来说，SELinux 功能最全面，而且测试最充分。SELinux 的主要功能如下。

1）使用强制访问控制。强制访问控制对整个系统实施管理，只有安全管理员能对安全策略文件进行设定和变更。

2）对进程授予最小权限。在 SELinux 中，各进程分配相应的领域，各资源（文件、设备、网络和接口等系统资源）分配相应的类型（打上标记），逐一定义哪个领域怎样访问某个类型，完全根据标记进行访问控制，不根据路径名实施访问，从而对进程所访问的资源授予必要的最小权限。这样，即使攻击者夺取了某进程，也可以把损害控制在最低限度。

3）控制和降低子进程的权限。当在某一领域内启动子进程时，该子进程在另外的领域进行操作，即新的进程不具有像父进程那样大的权限，这样，可以防止子进程提权。

4）对用户授予最低的权限。在普通的 Linux 中，具有 root 权限的用户可对系统进行任意操作。在 SELinux 中，对包括 root 权限在内的全部用户按“角色”来指定任务。

5）日志审计。所有未经过授权的、被拒绝的访问记录会保留在日志文件里，安全管理员可根据这些记录来判断是某些程序、进程等的安全策略没有配置好，还是发生了非法访问。

☞ 请读者完成本章思考与实践第 29 题，体验 SELinux 安全功能。

📖 **拓展阅读**

读者要想了解更多操作系统安全相关的原理与技术，可以阅读以下书籍资料。

[1] 黄永峰，李松斌．网络隐蔽通信及其检测技术［M］．北京：清华大学出版社，2016.

[2] 拉西诺维，马格西斯．Windows Sysinternals 实战指南［M］．刘晖，译．北京：人民邮电出版社，2017.

[3] 汪德嘉．身份危机［M］．北京：电子工业出版社，2017.

[4] Yosifovich P，Russinovich M E，Solomon D A，et al. Windows Internals：Part 1 System architecture，processes，threads，memory management，and more［M］. 7th ed. Redmond：Microsoft Press，2017.

4.7 思考与实践

1. 操作系统面临哪些安全问题？

2. 操作系统安全的主要目标是什么？实现操作系统安全目标需要建立哪些安全机制？

3. 什么是可信路径？Windows 系统中有哪些可信路径机制？

4. 请谈谈操作系统安全和安全操作系统两个概念的联系及区别。

5. 图 4-34 所示是使用 Windows 10 系统中的记事本程序时，将新建文本文档 .txt 保存至 C:\Windows 目录时系统弹出的“另存为”对话框。该对话框拒绝将该文档保存至 C:\Windows 目录下。请问 Windows 10 系统为什么这样处理？请从 Windows XP 系统复制 notepad. exe 至 Windows 10 系统后再次尝试这样的操作，请分析系统会如何处理？

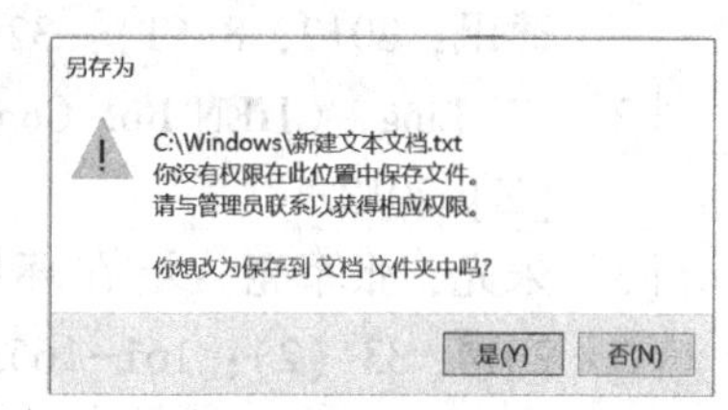

图 4-34 记事本拒绝保存对话框

6. 系统口令面临哪些安全威胁？有哪些途径可以确保系统口令安全？

7. 用哪些方法可以提高用户认证的安全性？

8. 什么是字典攻击和重放攻击？什么是一次性口令认证？为什么口令加密过程要加入不确定因子？

9. 什么是自主访问控制？自主访问控制的方法有哪些？自主访问控制有哪些类型？

10. 什么是强制访问控制？如何利用强制访问控制抵御特洛伊木马的攻击？

11. 什么是基于角色的访问控制技术？它与传统的访问控制技术有何不同？

12. Windows 系统的安全子系统组件有哪些？

13. 当用户开始登录时，无论屏幕上是否有登录对话框，一定要按<Ctrl+Alt+Del>组合键，为什么要采用此“强制性登录过程”？

14. 图 4-35 所示是一个常见的登录界面，可进行用户身份的验证。

请回答：

（1）图中的“校验码”在身份验证中有何作用？

（2）请简述现今常采用的认证机制。

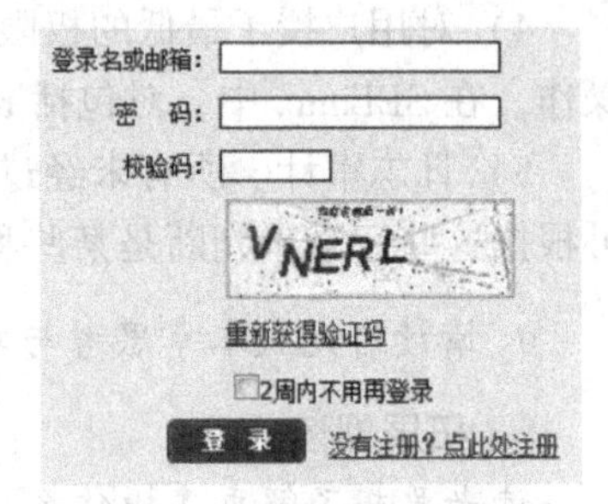

图 4-35 常见的登录界面

15. 知识拓展：访问北京微通新成网络科技有限公司网站（http://www.microdone.cn），了解击键特征生物行为认证技术的应用；访问安盟电子信息安全公司的主页（http://www.anmeng.com.cn），进一步了解身份认证产品原理及其应用。

16. 知识拓展：了解 PKI/PMI 的产品及应用。访问吉大正元信息技术有限公司网站（http://www.jit.com.cn），了解权限管理系统相关产品与技术。PERMIS PMI（Privilege and Role Management Infrastructure Standards Validation）是欧盟资助的项目，目的是为了验证 PMI 的适应性和可用性。了解 PERMIS PMI 的相关进展和内容。

17. 读书报告：了解以下 3 种认证机制，分别是 PKI（Public Key Infrastructure，公钥基础设施）、IBE（Identity Based Encryption，基于身份的加密）和 CPK（Combined Public Key，组合公钥）。查找相关资料，对这 3 种认证技术进行比较分析。完成读书报告。

18. 读书报告：分析移动支付面临的安全问题，了解移动支付中的身份认证技术与应用。例如，2014 年 9 月，苹果公司推出的 Apple Pay 支付方案；2012 年成立的 FIDO（Fast Identity Online，在线快速身份验证）联盟发布的 FIDO 技术规范方案。总结解决移动支付身份认证安全问题的思路和发展方向。完成读书报告。

19. 读书报告：阅读以下文献，了解云环境下的新型访问控制技术，并对多种访问控制机制进行比较。完成读书报告。

[1] 周可，李春花，牛中盈．大规模数据中心的存储安全访问控制［J］．中国计算机学会通讯，2012，8（1）：32-38.

[2] YU Ling，CHEN Bo. Context-aware access control for resources in the ubiquitous learning［Z］. 2013.

[3] 朱光，张军亮．泛在环境下数字信息资源的访问控制策略研究［J］．情报杂志，2014，33（2）：161-165.

20. 读书报告：以往使用一个新的网站服务时，需要注册账号，填写邮箱、密码（如果是不太熟悉的网站还得想一个新密码），发邮件、收邮件确认等非常麻烦。最近几年，类似“用微博账号登录”这样的登录方式非常普遍，这样的第三方登录服务一般是基于 OpenID 和 OAuth 两种开放标准建立的。OpenID 是关于证实身份的，OAuth 是关于授权、许可的。请阅读相关资料，了解这两种开放标准的内容及工作原理。完成读书报告。

21. 操作实验：口令作为最常用的身份认证方式面临着多种破解方法，包括猜测攻击、系统攻击、网络攻击和后门攻击。请分别下载 The Hacker's Choice 小组开发的 THC-HYDRA（https://www.thc.org/）开源软件、系统口令破解工具 Passware Kit（http://www.lostpassword.com）、Mimikatz（http://blog.gentilkiwi.com/mimikatz）、网络嗅探工具 Wireshark（http://www.wireshark.org）及键盘记录器工具 Golden Keylogger（或 Spy Keylogger）等，分别进行上述攻击实验，并总结口令在生成、输入、传输和存储等过程中需要注意的事项。完成实验报告。

22. 操作实验：通常建议在不同的登录地点使用不同的口令，以避免一个账户的口令泄露波及其他账户。个人面对日益众多的口令如何安全存储和管理是个重要问题。试下载跨平台密码管理工具 1password（https://lpassword.com）、KeePass（http://keepass.info）、LastPass（https://lastpass.com）、Password Safe（http://sourceforge.net/projects/passwordsafe/files）等进行实验。完成实验报告。

23. 操作实验：完成加密文件系统（EFS）的加密、解密和恢复代理。完成实验报告。

24. 操作实验：在 Windows 10 系统中设置 UAC。实验内容：选择“控制面板”→“用户账户和家庭安全”→“更改用户账户控制设置”选项，分别选择其中的 4 个选项，然后修改系统时间，查看 UAC 是如何起控制作用的，最后谈谈你对 UAC 功能的认识。完成实验报告。

25. 操作实验：Windows 系统上文件所有权的夺取。文件夹或文件的最高权限用户是创建该对象的用户本身，系统管理员（Administrator）拥有对操作系统维护和管理的最高权限。可以利用系统管理员账户夺取某用户对其文件夹的拥有权。实验内容：以用户名“account”创建自己可以访问的“财务”文件夹，然后删除该“account”账户，以系统管理员账户的身份登录计算机，选择“财务”文件夹并单击鼠标右键，在弹出的快捷菜单中选择“属性”→“安全”命令，通过设置成为文件夹的拥有者，拥有该文件夹的最高权限。完成实验报告。

26. 操作实验：AppLocker 设置。实验内容：在 Windows 7 企业版、旗舰版等版本中，执行“开始”→“运行”命令，输入“gpedit.msc”，打开组策略编辑器。在左侧的窗格中依次定位到“计算机配置”→“Windows 设置”→“安全设置”→“应用程序控制”，可以看到 AppLocker 组策略配置项。AppLocker 包含三部分功能：可执行程序控制、安装程序控制、脚本控制。分别对其进行设置，完成实验报告。

27. 综合实验：Windows Sysinternals 工具集里包含了一系列免费的系统工具，如 Process Explorer。熟悉和掌握这些工具，对深入了解 Windows 系统，以及在日常的计算机使用中进行诊断和排错有很大的帮助。从 Microsoft 官方网站 http://docs.microsoft.com/zh_cn/sysinternals/ 下载系统工具集中的工具，在 Windows 系统中应用。完成实验报告。

28. 综合实验：老毛桃是一个多系统模式的 PE 操作系统。官网是 http://www.laomaotao.org.cn。老毛桃 PE 一般作为工具盘用，系统崩溃时可用来修复系统，还可以备份数据，系统丢失密码时也可以修改密码，可以从光盘、U 盘、移动硬盘等启动。老毛桃已由当初的单独 Windows XP PE 系统升级为多系统模式的成熟 PE 系统，包括了 Windows 8 PE 系统和老机器专用超微系统，还有自动 Ghost 和 DOS 工具箱等。请使用老毛桃 PE 修改系统密码，并思考老毛桃工具给 Windows 的安全性方面带来的方便和问题。完成实验报告。

29. 综合实验：SELinux 安全实验。实验内容：完成 SELinux 的启用、查看上下文、启用网络服务等实验。完成实验报告。

4.8 学习目标检验

请对照本章学习目标列表，自行检验达到情况。

学习目标		达到情况
知识	了解操作系统面临的安全问题，以及研究和开发安全操作系统的重要意义	
	了解操作系统的安全等级划分	
	了解操作系统的基本安全目标和安全功能	
	了解安全操作系统的概念，以及它与操作系统安全的区别和联系	
	了解操作系统的第一道防线——身份认证的概念及工作原理	
	了解一次性口令认证机制，以及身份认证技术研究的新进展	
	了解访问控制的概念及主要访问控制模型	
	了解 Windows 系统安全机制	
	了解 Linux 系统安全机制	
能力	能够对口令认证机制的安全风险进行分析，并给出移动环境下的解决方案	
	一次性口令认证机制的实现技术	
	能够应用访问控制模型进行系统安全性设计和分析	
	能够进行 Windows 系统安全性功能设置	
	能够进行 Linux 系统安全性功能设置	

第5章 网络安全

导学问题

- 从外在的威胁和内在的脆弱性两个方面来说，网络安全面临哪些问题？☞5.1节
- 网络攻击的一般过程是怎样的？各个步骤的主要工作是什么？☞5.1.1小节
- TCP/IPv4协议的各层存在哪些安全问题？☞5.1.2小节
- 防火墙和入侵检测系统是常用的网络安全边界防护和检测设备，这两种设备的工作原理、涉及技术及部署方法是怎样的？☞5.2.1小节、5.2.2小节
- 除了防火墙和入侵检测系统外，还有哪些网络安全防护设备？它们与防火墙和入侵检测系统及它们互相之间有什么区别和联系？☞5.2.3小节
- 围绕安全目标，应当设计什么样的网络架构将不同安全设备配置、部署和良好地应用起来？☞5.3节
- 针对TCP/IPv4协议各层存在的安全问题，目前有哪些新的安全协议和新的技术予以解决？☞5.4节、5.5节
- 针对TCP/IPv4协议的局限，IPv6协议有哪些新的特性？这些新特性能够提供哪些安全防护？☞5.6.1小节
- IPv6是否彻底解决了安全问题？IPv6在部署和使用中还有哪些挑战？☞5.6.2小节

5.1 网络安全问题

本节主要讨论网络面临的黑客攻击威胁及TCP/IPv4协议的脆弱性。

5.1.1 网络攻击

1. 网络攻击的步骤

网络攻击者的一次完整攻击通常包括图5-1所示的步骤，当然不是必须包括所有这些步骤。下面介绍攻击的步骤。

(1) 隐藏攻击源

因特网中的主机均有自己的网络地址，因此攻击者在实施攻击活动时的首要步骤是设法隐藏自己所在的网络位置，如IP地址和域名，使调查者难以发现真正的攻击来源。

攻击者经常使用如下技术隐藏他们真实的IP地址或者域名。

- 利用被侵入的主机（俗称“肉鸡”）作为跳板进行攻击，这样即使被发现了，也是“肉鸡”的IP地址。
- 使用多级代理，这样在被入侵主机上留下的是代理计算机的IP地址。

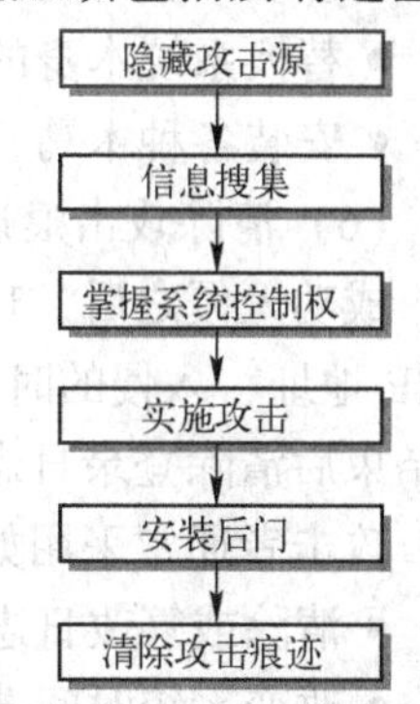

图5-1 网络攻击步骤

- 伪造 IP 地址。
- 假冒用户账号。

（2）信息搜集

在发起一次攻击之前，攻击者要对目标系统进行信息搜集，一般要先完成如下步骤。

- 确定攻击目标。
- 踩点。通过各种途径收集目标系统的相关信息，包括机构的注册资料、公司的性质、网络拓扑结构、邮件地址、网络管理员的个人爱好等。
- 扫描。利用扫描工具在攻击目标的 IP 地址或地址段的主机上扫描目标系统的软硬件平台类型，并进一步寻找漏洞，如目标主机提供的服务与应用及其安全性的强弱等。
- 嗅探。利用嗅探工具获取敏感信息，如用户口令等。

攻击者将搜集来的信息进行综合、整理和分析后，能够初步了解一个组织的安全态势，并能够据此拟订出一个攻击方案。

（3）掌握系统控制权

一般账户对目标系统只有有限的访问权限。攻击者只有得到系统或管理员权限，才能控制目标主机实施攻击。

获取系统管理权限的方法通常有系统口令猜测、种植木马、会话劫持等。

（4）实施攻击

不同的攻击者有不同的攻击目的，无外乎是破坏保密性、完整性和可用性等。一般说来，可归结为以下几种。

- 下载、修改或删除敏感信息。
- 攻击其他被信任的主机和网络。
- 瘫痪网络或服务。
- 其他非法活动。

（5）安装后门

一次成功的入侵通常要耗费攻击者的大量时间与精力，所以精于算计的攻击者在退出系统之前会在系统中安装后门，以保持对已经入侵主机的长期控制。

攻击者设置后门时通常有以下方法。

- 放宽系统许可权。
- 重新开放不安全的服务。
- 修改系统的配置，如修改系统启动文件、网络服务配置文件等。
- 替换系统本身的共享库文件。
- 安装各种木马，修改系统的源代码。

（6）清除攻击痕迹

成功入侵之后，攻击者的活动在被攻击主机上的一些日志文档中通常会有记载，如攻击者的 IP 地址、入侵的时间及进行的操作等，这样很容易被管理员发现。为此，攻击者往往在入侵结束后清除登录日志等攻击痕迹。

攻击者通常采用如下方法清除攻击痕迹。

- 清除或篡改日志文件。
- 改变系统时间造成日志文件的数据紊乱以迷惑系统管理员。
- 利用前面介绍的代理跳板隐藏真实的攻击者和攻击路径。

2. 网络攻击的常用手段

1）伪装攻击。通过指定路由或伪造地址，攻击者以假冒身份与其他主机进行合法通信，或发送假数据包，使受攻击主机出现错误动作，如 IP 欺骗。

2）探测攻击。通过扫描允许连接的服务和开放的端口，能够迅速发现目标主机端口的分配情况、提供的各项服务、服务程序的版本号，以及系统漏洞情况，找到有机可乘的服务、端口或漏洞后进行攻击。常见的探测攻击程序有 Nmap、Nessus、Metasploit、Shadow Security Scanner、X-Scan 等。

3）嗅探攻击。将网卡设置为混杂模式后，攻击者对以太网上流通的所有数据包进行嗅探，以获取敏感信息。常见的网络嗅探工具有 Wireshark、SnifferPro、Tcpdump 等。

4）解码类攻击。攻击者用口令猜测程序破解系统用户账号和密码。常见工具有 Mimikatz、L0phtCrack、John the Ripper、Cain&Abel、Saminside、WinlogonHack 等。攻击者还可以破解重要支撑软件的弱口令，例如，使用 Apache Tomcat Crack 破解 Tomcat 口令。

5）缓冲区溢出攻击。通过往程序的缓冲区写入超出其长度的内容，造成缓冲区的溢出，从而破坏程序的堆栈，使程序转而执行其他的指令。缓冲区攻击的目的在于扰乱某些以特权身份运行的程序的功能，使攻击者获得程序的控制权。

6）欺骗攻击。利用 TCP/IP 本身的一些缺陷对 TCP/IP 网络进行攻击，主要方式有 ARP 欺骗、DNS 欺骗、Web 欺骗、电子邮件欺骗等。

7）拒绝服务和分布式拒绝服务攻击。这种攻击行为通过发送一定数量、一定序列的数据包，使网络服务器中充斥大量要求回复的信息，消耗网络带宽或系统资源，导致网络或系统不胜负荷，最终瘫痪、停止正常的网络服务。常见的拒绝服务（Denial of Service，DoS）攻击有 SYN Flooding、Smurf 等。近年来，DoS 攻击有了新的发展，攻击者通过入侵大量有安全漏洞的主机或设备并获取控制权，然后利用所控制的这些大量攻击源，同时向目标机发起拒绝服务攻击，这种攻击称为分布式拒绝服务（Distributed Denial of Service，DDoS）攻击。常见的 DDoS 攻击工具有 Trinoo、TFN、LOIC、HOIC、XOIC 等。

8）Web 脚本入侵。由于使用不同的 Web 网站服务器和开发语言，网站中存在的漏洞也不相同，所以使用 Web 脚本攻击的方式有很多。例如，黑客可以从网站的文章系统下载系统留言板等部分进行攻击，也可以针对网站后台数据库进行攻击，还可以在网页中写入具有攻击性的代码，甚至可以通过图片进行攻击。Web 脚本攻击的常见方式有注入攻击、上传漏洞攻击、跨站脚本攻击、数据库入侵等。

9）0 day 攻击。0 day 通常是指还没有补丁的漏洞，而 0 day 攻击则是指利用这种漏洞进行的攻击。提供该漏洞细节或者利用程序的人通常是该漏洞的发现者。0 day 漏洞的利用程序对网络安全具有巨大威胁，因此 0 day 不但是黑客的最爱，掌握多少 0 day 也成为评价黑客技术水平的一个重要参数。

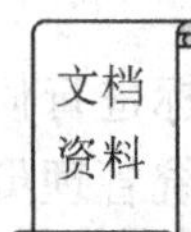

DDoS 攻击与防护
来源：本书整理
请扫描二维码查看全文。

3. 网络攻击的发展

随着网络的发展，攻击技术日新月异。近些年来，出现了一种有组织、有特定目标、持续时间极长的新型攻击和威胁，称为 APT（Advanced Persistent Threat，高级持续性威胁）攻击，或“针对特定目标的攻击”。

（1）APT 的定义

2011 年，美国国家标准与技术研究院（NIST）发布了《SP800-39 管理信息安全风险》，其中对 APT 的定义为：攻击者掌握先进的专业知识和有效的资源，通过多种攻击途径（如网络、物理设施和欺骗等），在特定组织的信息技术基础设施建立并转移立足点，以窃取机密信息，破坏或阻碍任务、程序或组织的关键系统，或者驻留在组织的内部网络，进行后续攻击。

我们可以从“A”“P”“T”这三个方面来理解 NIST 对 APT 的定义。

1）A（Advanced），技术高级。指攻击者掌握先进的攻击技术，使用多种攻击途径，包括购买或自己挖掘 0 day 漏洞，而一般攻击者却没有能力使用这些资源。而且，攻击过程复杂，攻击持续过程中攻击者能够动态调整攻击方式，从整体上掌控攻击进程。

2）P（Persistent），持续时间长。与传统黑客进行网络攻击的目的不同，实施 APT 攻击的黑客组织通常具有明确的攻击目标和目的，通过长期不断的信息搜集、信息监控、渗透入侵实施攻击，攻击成功后一般还会继续驻留在网络中，等待时机进行后续攻击。

3）T（Threat），威胁性大。APT 攻击通常拥有雄厚的资金支持，由经验丰富的黑客团队发起，一般以破坏国家或大型企业的关键基础设施为目标，窃取内部核心机密信息，危害国家安全和社会稳定。

（2）APT 攻击的一般过程

如图 5-2 所示，APT 攻击的一般过程包括 4 个关键步骤。

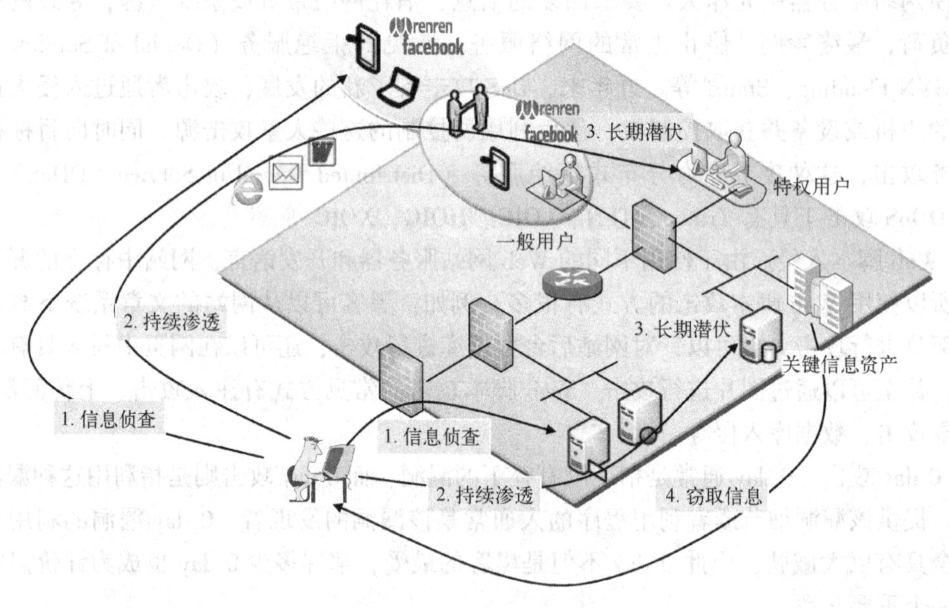

图 5-2 APT 攻击的关键步骤

1）信息侦查。在入侵之前，攻击者首先会使用技术和社会工程学手段对特定目标进行侦查。侦查内容主要包括两个方面：一是对目标网络用户的信息收集，如高层领导、系统管理员或者普通职员等的员工资料、系统管理制度、系统业务流程和使用情况等关键信息；二是对目标网络脆弱点的信息收集，如软件版本、开放端口等。随后，攻击者针对目标系统的脆弱点研究 0 day 漏洞，定制木马程序，制订攻击计划，用于在下一阶段实施精确攻击。

2）持续渗透。利用目标人员的疏忽、不执行安全规范，以及利用系统应用程序、网络服务或主机的漏洞，攻击者使用定制木马等手段不断渗透以潜伏在目标系统中，进一步地在避免用户觉察的条件下取得网络核心设备的控制权。例如，通过 SQL 注入等攻击手段突破面向外网的 Web 服务器，或是通过钓鱼攻击发送欺诈邮件以获取内网用户通讯录，并进一步入侵高管主机，采用发送带漏洞的 Office 文件诱骗用户将正常网址请求重定向至恶意站点。

3）长期潜伏。为了获取有价值的信息，攻击者一般会在目标网络中长期潜伏，有的达数年之久。潜伏期间，攻击者还会在已控制的主机上安装各种木马、后门，不断提高恶意软件的复杂度，以增强攻击能力并避开安全检测。

4）窃取信息。目前，绝大部分 APT 攻击都是为了窃取目标组织的机密信息。攻击者一般采用 SSL VPN 连接的方式控制内网主机。对于窃取到的机密信息，攻击者通常将其加密存放在特定主机上，再选择合适的时间将其通过隐蔽信道传输到攻击者控制的服务器。由于数据以密文方式存在，APT 程序在获取重要数据后向外部发送时，利用合法数据的传输通道和加密、压缩方式，因此管理者难以辨别出其与正常流量的差别。

（3）APT 攻击与传统攻击比较

为了更加清晰地描绘 APT 攻击的特点及与传统攻击方式的异同，可以从以下 4 点对 APT 攻击和传统攻击做对比，见表 5-1。

表 5-1　传统攻击与 APT 攻击对比

描　述	属　　性	APT 攻击	传统攻击
Who	攻击者	资金充足、有组织、有背景的黑客团队	黑客个人或组织
What	目标对象	国家重要基础设施，重点组织和人物	大范围寻找目标，在线用户
	目标数据	价值很高的电子资产，如知识产权、国家安全数据、商业机密等	信用卡数据、个人信息等
Why	目的	提升国家的战略优势，操作市场，摧毁关键设施等	获得经济利益，身份窃取等
How	手段	深入调查研究公司员工信息、商业业务和网络拓扑，攻击终端用户和终端设备	传统技术手段，重点攻击安全边界
	工具	针对目标漏洞定制攻击工具	常用扫描工具、木马
	0 day 攻击使用	普遍	极少
	遇到阻力	构造新的方法或工具	转到其他脆弱机器

- Who，谁在策划这次攻击。
- What，攻击者瞄准了哪些特定组织和信息资产。
- Why，攻击者的目的是什么。
- How，使用了哪些实现技术。

通过表 5-1 的比较可以更加清晰地认识 APT 攻击的两个显著特点。

1）目标明确。攻击者一般在攻击之前会有明确的攻击目标。这里的目标主要包括两个方面：一是组织目标，如针对某个特定行业或某国政府的重要基础设施；二是行动目标，如窃取机密信息或是破坏关键系统。

2）手段多样。攻击者在信息侦查阶段主要采用社会工程学方法，会花较长时间深入调查公司员工、业务流程、网络拓扑等基本信息，通过社交网络收集目标或目标好友的联系方式、行为习惯、业余爱好、计算机配置等基本信息，以及分析目标系统的漏洞；在持续渗透阶段，攻击者会开发相应的漏洞利用工具，尤其是针对 0 day 安全漏洞的利用工具，而针对 0 day 漏洞的攻击是很难防范的；在长期潜伏和窃取信息阶段，攻击者会运用先进的隐藏和加密技术在被控制的主机中长期潜伏，并通过隐蔽信道向外传输数据，以避免被发现。

文档资料

APT 全球高级持续性威胁 2018 年总结报告
来源：360 威胁情报中心
请扫描二维码查看全文。

5.1.2 TCP/IPv4 的安全问题

TCP/IP 协议族可以看作是一组不同层的集合，每一层负责一个具体任务，各层联合工作实现整个网络通信。每一层与其上层或下层都有一个明确定义的接口来具体说明希望处理的数据。一般将 TCP/IP 协议族分为 4 个功能层：应用层、传输层、网络层和网络接口层。这 4 层概括了相对于 OSI 参考模型中的 7 层。TCP/IP 协议层次如图 5-3 所示。

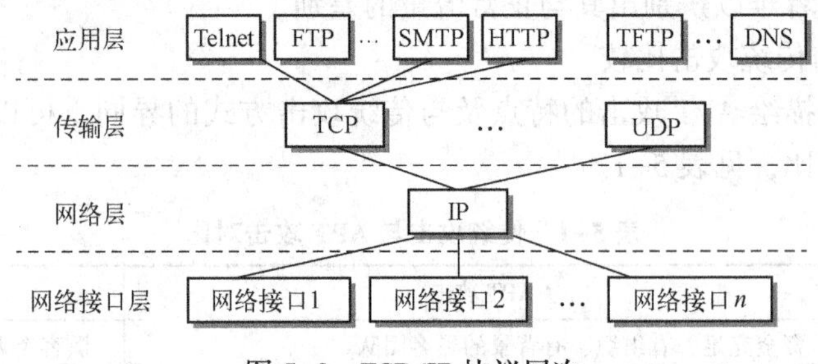

图 5-3　TCP/IP 协议层次

目前广泛使用的 TCP/IPv4 协议普遍缺少安全机制，这是因为协议设计者主要关注与网络运行和应用相关的技术问题，对安全问题的考虑甚少。其结果是，网络通信问题得到了很好的解决，而安全风险却必须通过其他途径来防范和弥补。下面逐层对协议的安全问题做介绍。

1. 网络接口层的安全问题

TCP/IP 模型的网络接口层对应着 OSI 模型的物理层和数据链路层，负责处理通信介质的细节问题，如设备驱动程序、以太网（Ethernet）、令牌环网（Token Ring）。ARP 和 RARP 负责 IP 地址和网络接口物理地址的转换工作。

网络接口层面临的安全问题主要包括以下几种。

- 自然灾害、动物破坏、线路老化、用户误操作造成的网络设施或通信线路的损坏。
- 大功率电器、电源线路、电磁辐射产生的干扰。
- 传输线路的电磁泄漏。
- 物理搭线窃听。
- ARP 欺骗、ARP 拒绝服务攻击等。

【例 5-1】ARP 的安全隐患分析。

（1）地址解析协议

地址解析协议（Address Resolution Protocol，ARP）的基本功能是，主机在发送帧前将目标 IP 地址转换成目标 MAC 地址。要将 IP 地址转换成 MAC 地址的原因在于，在 TCP 网络环境下，一个 IP 包走到哪里，要怎么走是靠路由表定义的。但是，当 IP 包到达该网络后，哪台机器响应这个 IP 包却是靠该 IP 包中所包含的 MAC 地址来识别的。也就是说，只有机器的 MAC

地址和该 IP 包中的 MAC 地址相同的机器才会应答这个 IP 包。

每一台主机都有一个 ARP 高速缓存（ARP cache），里面有所在局域网的各主机和路由器的 IP 地址到 MAC 地址的映射表。在 Windows 系统的命令提示符下输入 arp -a，可以看到类似图 5-4 所示的缓存表信息。

```
命令提示符
Microsoft Windows [版本 6.1.7600]
版权所有 (c) 2009 Microsoft Corporation。保留所有权利。

C:\Users\YU>arp -a

接口: 192.168.0.186 --- 0xc
  Internet 地址         物理地址              类型
  192.168.0.1           00-21-91-74-e2-72     动态
  192.168.0.255         ff-ff-ff-ff-ff-ff     静态
  224.0.0.22            01-00-5e-00-00-16     静态
  224.0.0.251           01-00-5e-00-00-fb     静态
```

图 5-4　查看主机 ARP 缓存表信息

图 5-4 中，第 1 列显示的是 IP 地址，第 2 列显示的是和 IP 地址对应的网络接口卡的硬件地址（MAC），第 3 列是该 IP 地址和 MAC 地址的对应关系类型，有的是动态刷新的。

当主机 A 欲向本局域网上的某个主机 B 发送 IP 数据报时，就先在其 ARP 高速缓存中查看有无主机 B 的 IP 地址。如果有，就可查出其对应的硬件地址，再将此硬件地址写入 MAC 帧，然后通过局域网将该 MAC 帧发往此硬件地址。如果没有，该主机就发送一个 ARP 广播包，看起来像这样，“我是主机 xxx. xxx. xxx. xxx，MAC 是 xxxxxxxxxxx，IP 为 xxx. xxx. xxx. xx1 的主机请告知你的 MAC 地址”，IP 为 xxx. xxx. xxx. xx1 的主机于是响应这个广播，应答 ARP 广播：“我是 xxx. xxx. xxx. xx1，我的 MAC 地址为 xxxxxxxxxx2”。接着，主机刷新自己的 ARP 缓存，然后发出该 IP 包。

（2）ARP 欺骗原理及实现方法

ARP 缓存表的作用本是提高网络效率，减少数据延迟，然而缓存表是动态刷新的，缺乏可认证性，即主机不对发来的 ARP 数据包内容的真实性做审查，主机接收到刻意编制的、将 IP 地址指向错误 MAC 地址的 ARP 数据包时，会不加认证地将其中的记录加入 ARP 缓存表中。这样，当主机访问该 IP 地址时，就会根据此虚假的记录将数据包发送到记录所对应的错误 MAC 地址，而真正使用这个 IP 地址的目标主机则收不到数据。这就是 ARP 欺骗。

ARP 欺骗有以下几种实现方式。

1）发送未被请求的 ARP 应答报文。对于大多数操作系统，主机收到 ARP 应答报文后会立即更新 ARP 缓存，因此直接发送伪造 ARP 应答报文就可以实现 ARP 欺骗。

2）发送 ARP 请求报文。主机可以根据局域网中其他主机发送的 ARP 请求来更新自己的 ARP 缓存。因此，攻击者可以发送一个修改了源 IP-MAC 映射的 ARP 请求来实现欺骗。

3）响应一个请求报文。操作系统一般用后到的 ARP 应答中的 MAC 地址来刷新 ARP 缓存，攻击者往往延迟发送该 ARP 响应。对于一些操作系统有一些特殊规定，如 Solaris 要求接收到 ARP 应答之前必须有 ARP 请求报文发送。在这种情况下，攻击主机可以监听主机，当接收到来自目标主机发送的 ARP 请求报文时再发送应答。

下面以第 1 种方式来解释 ARP 欺骗实现方法。

假设有这样一个网络，一台交换机连接了 3 台机器，依次是计算机 A、B、C。正常情况下，在 A、B 计算机上运行 arp -a 来查询 ARP 缓存表，会出现图 5-5 所示的信息。

欺骗时，在计算机 C 上运行 ARP 欺骗程序来发送 ARP 欺骗包。

C 向 A 发送一个自己伪造的 ARP 应答，ARP 回复：10. 1. 1. 11 is-at AAAA. BBBB. 1234。

C 向 B 发送一个自己伪造的 ARP 应答，ARP 回复：10. 1. 1. 10 is-at AAAA. BBBB. 1234。

当 A、B 接收到 C 伪造的 ARP 应答，就会更新本地的 ARP 缓存。

图 5-6 中，A 上的关于计算机 B 的 MAC 地址已经错误了，所以即使以后从 A 访问 B 的 10. 1. 1. 11 这个地址，也会将 MAC 地址错误地解析成 AA-AA-BB-BB-12-34。

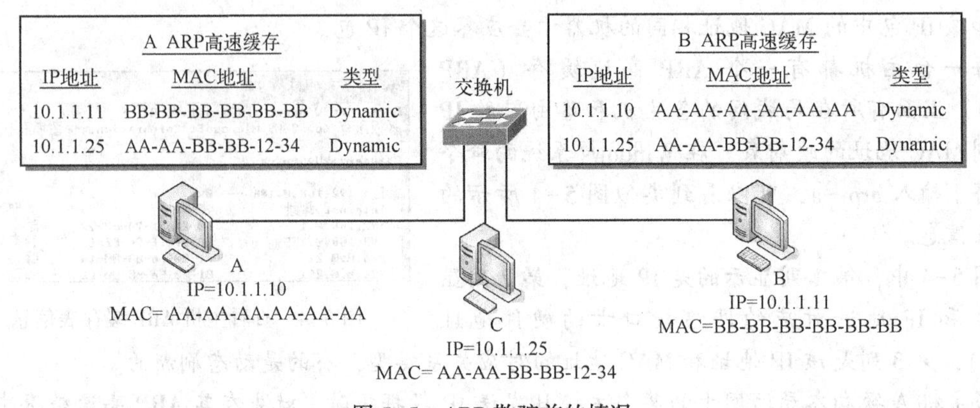

图 5-5　ARP 欺骗前的情况

（3）利用 ARP 欺骗进行攻击的具体方式

1）中间人（Man-in-the Middle）攻击。中间人攻击主要应用于网络监听。攻击者通过将自己的主机插入到两个目标主机通信路径之间，使其成为两个目标主机相互通信的一个中继。为了不中断通信，攻击者设置自己的主机转发来自两个目标主机的数据包。攻击过程如图 5-6 所示，最终结果是所有的 A 和 B 发送给对方的数据将被 C 获取。攻击者还可以针对目标主机和路由器进行中间人攻击，从而监听到目标主机与外部网络之间的通信。

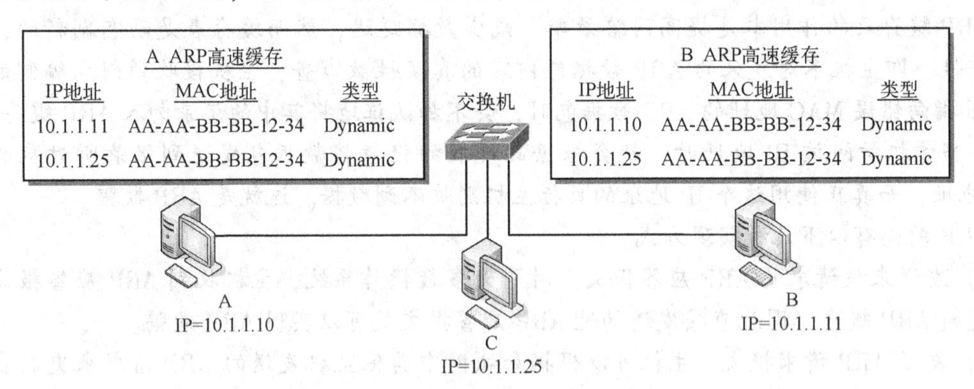

图 5-6　ARP 欺骗后的情况

中间人攻击的另一种形式是会话劫持（Connection Hijacking）。会话劫持允许攻击者在两台主机之间完成连接后由自己来接管该连接。例如，A 执行 Telnet 命令连接到目标主机 B，C 等 A 登录完成后以 B 的身份向 A 发送错误信息，然后中断连接，这样 C 就可以以 A 的身份与 B 进行通信。

2）拒绝服务（Denial of Service）攻击。攻击者将目标主机中 ARP 缓存的 MAC 地址全部改为不存在的地址，致使目标主机向外发送的所有以太网数据包丢失。

2. 网络层的安全问题

网络层负责处理网络上的主机间路由及存储转发网络数据包。IP 是网络层的主要协议，提供无连接、不可靠的服务。IP 还给出了因特网地址分配方案，要求网络接口必须分配独一无二的 IP 地址。同时，IP 为 ICMP、IGMP、TCP 和 UDP 等协议提供服务。

IPv4 版本的网络层不具有任何安全特性，面临的安全问题主要包括以下几种。

● 使用标准 IP 地址的网络拓扑容易暴露。TCP/IP 使用 IP 地址作为网络结点的唯一标识，其数据包的源地址很容易被发现，且IP地址隐含所使用的子网掩码，攻击者据此可以得到目标网络的轮廓。

- IP地址欺骗。IP地址很容易被伪造或被更改，且没有对IP报中源地址真实性的鉴别机制和保密机制。
- 数据被截获或被篡改。网络层本身不提供加密传输功能，用户口令和数据以明文形式传输很容易在传输过程中被截获或修改。
- 对路由信息缺乏鉴别与保护。在网络层上同样缺乏路由协议的安全认证机制。

IPv6简化了IPv4中的IP头结构，并增加了对安全性的设计，具体内容将在5.6节介绍。

3. 传输层的安全问题

传输层响应来自应用层的服务请求，并向网络层发出服务请求。传输层提供两台主机间透明的传输，通常用于端到端连接、流量控制或错误恢复。这一层的两个最重要协议是TCP和UDP。TCP提供可靠的数据流通信服务，UDP不提供可靠的服务，其主要的作用是在应用程序间发送数据。UDP数据报有可能丢失、复制和乱序。

TCP和UDP数据报是封装在IP报中在网上传输的，除可能面临IP层所遇到的嗅探、伪造等安全威胁外，还存在欺骗和拒绝服务等安全问题。

- 欺骗攻击。TCP提供可靠连接是通过初始序列号和鉴别机制来实现的。一个合法的TCP连接将一个源主机/目标主机双方共享的唯一序列号作为标识和鉴别。初始序列号一般由随机数发生器产生，一些操作系统产生的TCP连接初始序列号并不是真随机的，而是具有一定规律、可猜测或计算的数字。对攻击者来说，猜出了初始序列号并且掌握目标IP地址之后，就可以对目标主机实施IP欺骗（Spoofing）攻击了。
- 拒绝服务攻击。例如，向目标主机发送大量伪造IP的SYN请求，致使目标主机资源耗尽。

【例5-2】TCP/IP“三次握手”存在的安全隐患分析。

（1）TCP/IP连接的“三次握手”

要建立TCP/IP连接，必须在两台通信计算机之间完成“三次握手”过程，图5-7所示为成功连接。假如源主机的IP地址是假的，“三次握手”就不能完成，TCP连接将处于半开连接状态。攻击者利用这一弱点可以实施如TCP SYN Flooding攻击这样的DoS攻击。

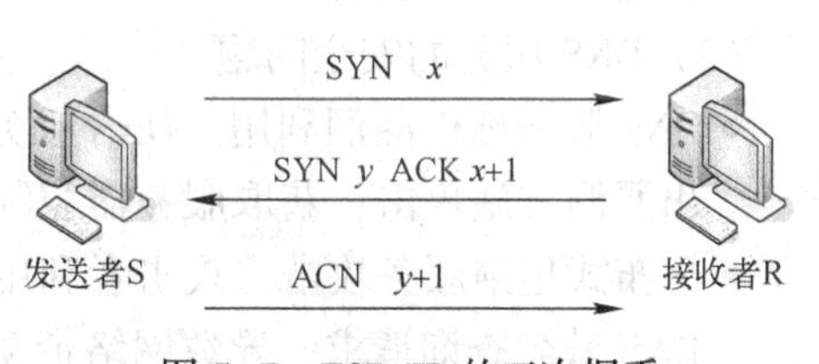

图5-7 TCP/IP的三次握手

（2）SYN Flooding拒绝服务攻击原理

在SYN Flooding攻击中，攻击机向目标主机发出的数据包源地址是一个虚假的或根本不存在的IP地址。当目标主机收到这样的请求后，回复攻击机一个ACK+SYN数据包，并分配一些资源给该连接。由于ACK+SYN数据包是返回给假的IP地址的，因此不会收到任何响应。于是目标主机将继续发送ACK+SYN数据包，并将该半开连接放入端口的积压队列中。虽然一般系统都有默认的回复次数和超时时间，但由于端口积压队列的大小有限，如果不断向目标主机发送大量伪造IP的SYN请求，就将导致该端口无法响应其他机器要求连接的请求，形成端口被“淹”的情况，最终使目标主机资源耗尽。

（3）会话劫持原理

攻击者还可以利用TCP中关于对报文应答的机制，利用连接的非同步状态来进行IP劫持。

首先，攻击者利用发送 RST 报文引起连接重置的方法或空报文法，在真正用户与服务器之间连接建立的初期制造的非同步状态。在非同步状态中，一方发送的报文序列号由于没有落在接收方的滑动窗口内，将被简单地抛弃，并向发送方发送一个反馈包，以通告合法的序列号。这时，攻击者在网络上截获客户方发送的报文，并据此仿造报文，重新设置报文的序列号，使之落入接收方的滑动窗口内，这样服务器将接收到攻击者发送的虚假报文，自己却一无所知。这样就完成了 IP 劫持，攻击者接管用户的连接，使得经过攻击者中转的连接与正常连接一样，客户和服务器都认为他们在互相通信，这样，攻击者就能对连接交换的数据进行修改，冒充客户给服务器发送非法命令，或冒充服务器给用户发回虚假信息。

4. 应用层的安全问题

在 TCP/IP 协议层结构中，应用层位于最顶部，该层包含应用程序实现服务所使用的协议。用户通常与应用层进行交互。下层的安全缺陷必然导致应用层的安全出现漏洞甚至崩溃。各种应用层服务协议（如 HTTP、FTP、E-mail、DNS、DHCP 等）本身也存在许多安全隐患，这些隐患涉及真实性鉴别、完整性、保密性和访问控制等多个方面。常见的安全问题分析如下。

（1）TFTP 和 FTP 服务的安全问题

- TFTP 服务用于局域网，在无盘工作站启动时用于传输系统文件，安全性极差。
- FTP 服务相对来说安全性好一些，用户访问会受到一定限制，但数据传输尤其是用户名和口令的明文传输易被嗅探，匿名 FTP 服务易遭受拒绝服务攻击。

（2）电子邮件的安全问题

- 邮件拒绝服务（邮件炸弹）。垃圾邮件违背收件人的意愿，占用用户时间，干扰正常电子邮件的使用，甚至造成邮箱的不可用。
- 邮件内容被截获。邮件服务使用的 SMTP 和 POP3 是明文传递的。
- 邮件恶意代码。攻击者通过邮件附件携带恶意代码，然后诱骗用户触发执行，甚至利用邮件客户端软件漏洞直接运行，进而控制用户机器，渗透内网，进行其他攻击。
- 邮箱口令暴力攻击。

（3）DNS 服务的安全问题

- DNS 服务软件漏洞利用。DNS 服务软件存在较多的漏洞，攻击者可以利用诸如缓冲区溢出漏洞实施攻击，获取服务器控制权。
- 分布式拒绝服务攻击。攻击者利用工具软件伪造源 IP，或是控制大批僵尸网络发送海量 DNS 域名查询请求，导致网络带宽耗尽而无法正常工作。
- DNS 欺骗。查询者不易验证 DNS 查询应答信息的真实性。攻击者设法构造虚假的应答数据包，将网络用户引向攻击者所控制的站点。
- 缓存污染。攻击者采用特殊的 DNS 请求，将虚假信息放入 DNS 缓存中。
- DNS 信息劫持。攻击者监听 DNS 会话，猜测 DNS 服务器响应 ID，抢先将虚假的响应提交给客户端。
- DNS 重定向。将 DNS 名称查询重定向到恶意 DNS 服务器。
- 信息泄露。域名服务器存储大量的网络信息，如 IP 地址分配信息、主机操作系统信息、重要网络服务器名称等，这些信息容易泄露，被攻击者所用。

【例 5-3】DNS 欺骗分析。

（1）DNS

DNS（Domain Name System，域名系统）是因特网重要的网络基础服务，它作为可以将域名和 IP 地址相互映射的一个分布式数据库，能够使人更方便地访问互联网，而不用记住能被机器直接读取的 IP 数字串。一旦域名服务器受到破坏，网络用户就难以访问网络。

（2）DNS 欺骗攻击原理

DNS 欺骗攻击原理如图 5-8 所示。

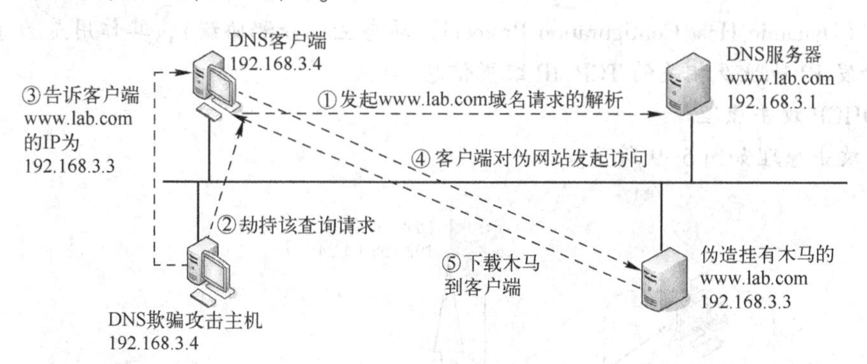

图 5-8　DNS 欺骗攻击原理

① DNS 客户端对 DNS 服务器发起 www. lab. com 域名请求的解析。

② 原本真实的 www. lab. com 对应的 IP 地址应该是 192. 168. 3. 1，此时 DNS 客户端发向真实 DNS 服务器的请求会话被 DNS 欺骗攻击主机所劫持。

③ DNS 欺骗攻击主机伪造 DNS 的应答数据帧，告诉 DNS 客户端 www. lab. com 的 IP 是 192. 168. 3. 3。但事实上，www. lab. com 的 IP 地址应该是 192. 168. 3. 1。

④ 此时 DNS 客户端收到伪造的 DNS 应答数据帧，误认为 192. 168. 3. 3 就是 www. lab. com，所以客户端在下次访问时会连接到 192. 168. 3. 3 的伪网站，而该网站的主页上就可能挂有木马或非法脚本。

⑤ 木马与恶意脚本通过访问被成功地植入到客户端。

（3）DNS 脆弱性根源分析

DNS 是互联网非常脆弱的环节，饱受诟病，其本质原因分析如下。

- DNS 服务的公开性。不论是哪种 DNS，由于受缓存影响导致地址不能经常变化，也就是说在被攻击时，DNS 服务器不能更换和隐藏 IP 地址，即遭受攻击时难以防御。
- DNS 访问的匿名性。DNS 服务使用 UDP，无需有效的身份验证，因此攻击者可以用一个客户端伪造大量 IP，而不怕被溯源。
- DNS 查询的复杂性。不论是递归还是迭代，对于一个简单的 UDP 服务请求，DNS 服务器要完成复杂的查询工作，甚至要与多个 DNS 服务进行交互才能够实现。

（4）DHCP 服务的安全问题

- DHCP 欺骗。一些非法的 DHCP 服务器可能对外发布虚假网关地址、IP 地址池甚至是错误的 DNS 服务器信息。如果这些非法 DHCP 指定的 DNS 服务器被蓄意修改，就有可能将用户引导到木马网站、虚假网站，有可能会使用户账号和密码被盗，威胁用户的信息安全。
- DHCP 与客户端之间没有认证机制，自身没有访问控制。DHCP 可以方便地为网络中的新用户配置 IP 地址和参数，一个非法的客户可以通过伪装成合法的用户来申请 IP 地址和网络参数，避开网络安全检查，实现“盗用服务”，导致网内信息的泄露。另外，非法用户还可以通过耗尽有效地址、CPU 或者网络资源等实施拒绝服务攻击，瘫痪目标网络。
- DHCP 功能局限。DHCP 在安全方面仅仅提供了有限的辅助工具来对分发的 IP 地址进行管理和维护，不具有将地址和用户联合起来的复杂管理功能，使得网络管理员无法对 IP 冲突或者流氓 IP 地址进行有效、快速的认证和网络跟踪。

【例 5-4】DHCP 攻击分析。

（1）DHCP

DHCP（Dynamic Host Configuration Protocol，动态主机分配协议），其作用是为子网中的客户端统一分发 IP 地址及相关的 TCP/IP 配置信息。

（2）DHCP 攻击原理

DHCP 攻击原理如图 5-9 所示。

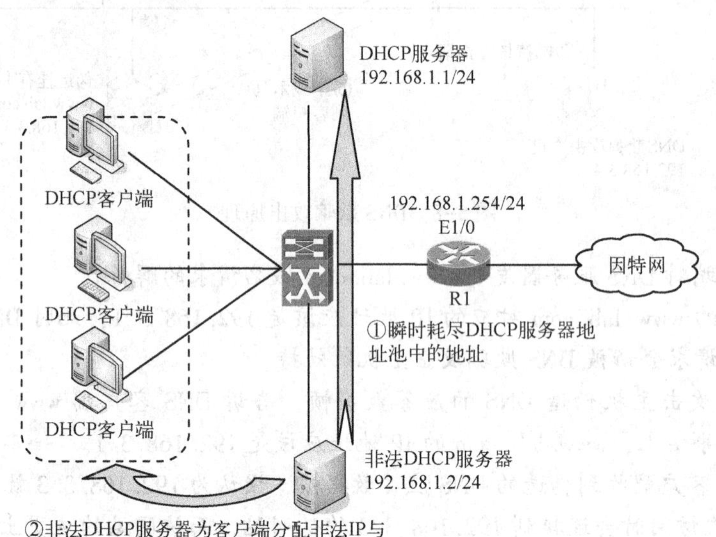

图 5-9　DHCP 攻击原理

① DHCP 攻击主机首先向网络中发送大量的 DHCP 请求包，因为是伪造不同的源 MAC 进行发送的，所以在几秒的时间内 DHCP 服务器的 IP 地址池就会被这些伪造的 MAC 地址用尽，当地址池的 IP 被用尽后，DHCP 就无法再向内网客户端分配 IP 地址。

② 这时，攻击主机就把自己伪装成 DHCP 服务器，向客户端提供 IP 地址及相关属性配置。此时的攻击主机如果把自己的 IP 地址作为网关发给客户端，客户端就会把原本发向网关的数据转发给攻击主机，这些数据中很可能就有账号和密码等敏感的信息。

案例 5-1　2016 年 10 月 21 日，美国东海岸地区遭受大面积网络瘫痪，其原因是美国域名解析服务提供商 Dyn 公司当天受到强力的 DDoS 攻击所致。攻击活动从上午 7:00（美国东部时间）开始，直到下午 1:00 才得以缓解，期间黑客发动了 3 次大规模攻击。

Dyn 公司称此次 DDoS 攻击涉及千万级别的 IP 地址，攻击中，UDP/DNS 攻击源 IP 几乎皆为伪造 IP，部分重要的攻击来源于物联网设备。经调查，发现是一个代号为 Mirai（日语：未来）的病毒感染了物联网设备，形成了僵尸网络，发起了 DDoS 攻击。

Mirai 病毒是一种通过互联网搜索物联网设备的一种蠕虫病毒，当它扫描到一个物联网设备（如网络摄像头、智能开关等）后就尝试使用默认密码进行登录（一般为 admin/admin，Mirai 病毒自带 60 个通用密码）。一旦登录成功，这台物联网设备就成为了“肉鸡”，开始被黑客操控攻击其他网络设备。

此次针对Dyn域名服务器的攻击最值得人们关注的是物联网僵尸网络的参与。全球大量的智能设备正不断地接入互联网，因其安全脆弱性、封闭性等特点而成为黑客争相夺取的资源。

拓展知识：僵尸网络（Botnet）

僵尸网络是指攻击者通过多种途径传播，包括通过恶意邮件、钓鱼网站、感染了恶意程序的盗版软件或者U盘进行传播，使大量主机感染相同或不同类型的恶意程序（僵尸程序），从而在攻击者和被感染主机（僵尸主机）之间形成可一对多控制的网络（僵尸网络）。僵尸主机能够直接和C&C（命令和控制）服务器进行联通，僵尸主机之间也能够联通，并执行控制者的命令。

之所以用“僵尸网络”这个名字，是为了更形象地让人们认识到这类危害的特点：众多的计算机在不知不觉中如同古老传说中的僵尸群一样被人驱赶和指挥着，成为被人利用的一种工具。

僵尸网络为DDoS攻击提供了所需的带宽和计算机，以及管理攻击所需的基础架构。因此，僵尸网络这个术语仅仅是指拥有犯罪意图的非法网络。不过，合法的分布式计算系统的架构原理类似于僵尸网络。

说明：

在本书第1章中已经介绍了计算机信息系统安全防护的基本原则和防护体系，本章介绍运用分层防护的思想应对网络攻击。

可以使用防火墙作为网络安全的第一道防线，防火墙是一种位于网络边界的特殊访问控制设备，可对不同网络或网络安全域之间的信息进行分隔、分析、过滤和限制，它可以识别并阻挡许多黑客攻击行为。还可以使用入侵检测系统（Intrusion Detection System，IDS）作为安全的一道屏障，IDS相对于传统意义的防火墙来说是一种主动防御系统，可以在一定程度上预防和检测来自系统内外部的入侵。

随着攻击者知识的日趋成熟，以及攻击工具与手法的日趋复杂多样，安全防护设备也朝着智能、融合、协同防御方向发展，出现了下一代防火墙、入侵防御系统、统一威胁管理等新型物理安全设备。

围绕安全目标，还应当考虑设计什么样的网络架构将不同安全设备配置、部署很好地应用起来，例如，使用网络地址转换（Network Address Translation，NAT）技术隐蔽内部网络结构；使用VPN（Virtual Private Network）技术使信息在网络中的传输更加安全可靠。

构建的网络安全防御体系还包括采用网络安全协议（如SSL、IPSec）建立公钥基础设施和权限管理基础设施，运用IPv6新一代网络安全机制等。本章接下来将围绕上述内容展开介绍。

当然，尽管如此，网络攻击事件的发生仍然很难避免，因此还需要应急响应和灾备恢复，以及进行安全管理等工作，本书将在第8~10章展开介绍。

拓展阅读

读者要想了解更多网络攻击相关的原理与技术，可以阅读以下书籍资料。

[1] McClure S，Scambray J，Kurtz G. 黑客大曝光：网络安全机密与解决方案［M］. 赵军，等译. 北京：清华大学出版社，2013.

[2] Kennedy D, O'Gorman J, 等. Metasploit 渗透测试指南（修订版）[M]. 诸葛建伟, 等译. 北京：电子工业出版社, 2017.
[3] 赵诚文, 郑暎勋. Python 黑客攻防入门 [M]. 武传海, 译. 北京：人民邮电出版社, 2018.
[4] Michael Gregg. 网络安全测试实验室搭建指南 [M]. 曹绍华, 等译. 北京：人民邮电出版社, 2016.
[5] 鲍旭华, 洪海, 曹志华. 破坏之王——DDoS 攻击与防范深度剖析 [M]. 北京：机械工业出版社, 2014.

5.2 网络安全设备

本章介绍防火墙、入侵检测系统、网络隔离、下一代防火墙、入侵防御系统、统一威胁管理等网络安全防护设备。

5.2.1 防火墙

1. 防火墙的定义及分类

(1) 防火墙的定义

防火墙是设置在不同网络（如可信的企业内部网络和不可信的公共网络）或网络安全域之间的实施访问控制的系统。在逻辑上，防火墙是一个网关，能有效地监控流经防火墙的数据，具有分隔、分析、过滤、限制等功能，保证受保护部分的安全。

防火墙具有以下 3 种基本性质。

- 防火墙是不同网络或网络安全域之间信息的唯一出入口。
- 能根据网络安全策略控制（允许、拒绝、监测）出入网络的信息流，且自身具有较强的抗攻击能力。
- 本身不能影响网络信息的流通。

🖂 **说明：**

本书中的防火墙概念结合以下国家标准给出。

- 《信息安全技术 防火墙技术要求和测试评价方法》（GB/T 20281—2006）给出的防火墙定义是，在不同安全策略的网络或安全域之间实施的系统。
- 《信息安全技术 防火墙安全技术要求和测试评价方法》（GB/T 20281—2015）给出的防火墙定义是，部署于不同安全域之间，具备网络层访问控制及过滤功能，并具备应用层协议分析、控制及内容检测等功能，能够适用于 IPv4、IPv6 等不同网络环境的安全网关产品。

(2) 防火墙的分类

1) 按照防火墙产品的形态，可以分为软件防火墙和硬件防火墙。

软件防火墙就像其他的软件产品一样需要在计算机上安装并做好配置才可以发挥作用，一般来说，这台计算机就是整个网络的网关，俗称个人防火墙，如 Windows 系统自带的软件防火墙和著名安全公司 Check Point 推出的 ZoneAlarm Pro 软件防火墙。软件防火墙具有安装灵活、便于升级扩展等优点，缺点是安全性受制于其支撑操作系统平台，性能不高。

目前市场上的大多数防火墙产品是硬件防火墙。这类防火墙一般基于PC架构，还有的基于特定用途集成电路（Application-Specific Integrated Circuit，ASIC）芯片、基于网络处理器（Network Processor，NP）及基于现场可编程门阵列（Field-Programmable Gate Array，FPGA）芯片。基于专用芯片的防火墙采用专用操作系统，因此防火墙本身的漏洞比较少，而且由于基于专门的硬件平台，因而处理能力强，性能高。图5-10所示为派拓网络（Palo Alto Networks）公司的7000系列防火墙产品。

图5-10　派拓网络公司的7000系列防火墙产品

2）根据防火墙技术特点，通常把防火墙分为包过滤防火墙和应用代理防火墙两大类。在接下来的“防火墙技术原理”中详细介绍。

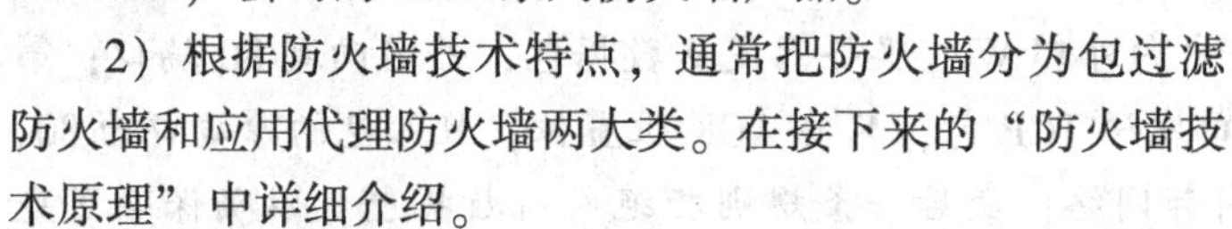

3）按防火墙的应用部署位置，可以分为边界防火墙、内部防火墙和个人防火墙。在接下来的“防火墙的部署”中详细介绍。

2. 防火墙技术原理

防火墙技术总体来讲可分为包过滤和应用代理两大类型。

（1）包过滤（Packet-filtering）技术

包过滤防火墙工作在网络层和传输层，它根据通过防火墙的每个数据包的源IP地址、目标IP地址、端口号、协议类型等信息来决定是让该数据包通过还是丢弃，从而达到对进出防火墙的数据进行检测和限制的目的。

包过滤方式是一种通用、廉价和有效的安全手段。所谓“通用”，是因为它不是针对某个具体的网络服务采取特殊的处理方式，而是适用于所有网络服务；所谓“廉价”，是因为大多数路由器都提供数据包过滤功能，所以这类防火墙多数是由路由器集成的；所谓“有效”，是因为它能在很大程度上满足绝大多数企业的安全要求。

包过滤技术在发展中有两种，第一代称为静态包过滤，第二代称为动态包过滤。

1）静态包过滤（Static packet-filtering）技术。这类防火墙几乎是与路由器同时产生的，它根据定义好的过滤规则审查每个数据包，以便确定其是否与某一条包过滤规则匹配。过滤规则基于数据包的包头信息进行制定。这些规则常称为数据包过滤访问控制列表（ACL）。各个厂商的防火墙产品都用自己的语法来创建规则。

【例5-5】防火墙过滤规则表。

下面使用与厂商无关但可理解的定义语言给出一个包过滤规则样例，见表5-2。

表5-2　包过滤规则样例表

序　号	源IP地址	目标IP地址	协议	源端口	目的端口	标志位	操作
1	内部网络地址	外部网络地址	TCP	任意	80	任意	允许
2	外部网络地址	内部网络地址	TCP	80	>1023	ACK	允许
3	所有	所有	所有	所有	所有	所有	拒绝

表5-2包含了以下内容。

- 规则执行顺序。
- 源IP地址。

• 目标 IP 地址。
• 协议类型（TCP、UDP 和 ICMP）。
• TCP 或 UDP 包的源端口。
• TCP 或 UDP 包的目的端口。
• TCP 包头的标志位（如 ACK）。
• 对数据包的操作。
• 数据流向。

在实际应用中，包过滤规则表中还可以包含 TCP 包的序列号、IP 校验和等，如果设备有多个网卡，表中还应该包含网卡名称。

该表中的第 1 条规则允许内部用户向外部 Web 服务器发送数据包，并定向到 80 端口；第 2 条规则允许外部网络向内部的高端口发送 TCP 包，只要 ACK 位置位，且入包的源端口为 80，即允许外部 Web 服务器的应答返回内部网络；最后一条规则拒绝所有数据包，以确保除了先前规则所允许的数据包外，其他所有数据包都被丢弃。

当数据流进入包过滤防火墙后，防火墙检查数据包的相关信息，开始从上至下扫描过滤规则，如果匹配成功则按照规则设定的操作执行，不再匹配后续规则。所以，在访问控制列表中，规则的出现顺序至关重要。

访问控制列表的配置有以下两种方式。

• 严策略。接受受信任的 IP 包，拒绝其他所有 IP 包。
• 宽策略。拒绝不受信任的 IP 包，接受其他所有 IP 包。

显然，前者相对保守，但是相对安全。后者仅可以拒绝有限的可能造成安全隐患的 IP 包，网络攻击者可以改变 IP 地址来轻松绕过防火墙，导致包过滤技术在实际应用中失效。所以，在实际应用中一般都应采用严策略来设置防火墙规则。

一般的，包过滤防火墙规则中还应该阻止如下几种 IP 包进入内部网。

• 源地址是内部地址的外来数据包。这类数据包很可能是为实行 IP 地址欺骗攻击而设计的，其目的是装扮成内部主机混过防火墙的检查进入内部网。
• 指定中转路由器的数据包。这类数据包很可能是为绕过防火墙而设计的数据包。
• 有效载荷很小的数据包。这类数据包很可能进行碎片攻击，例如，将源端口和目标端口分别放在两个不同的 TCP 包中，使防火墙的过滤规则对这类数据包失效。

除了阻止从外部网传送来的恶意数据包外，过滤规则还应阻止某些类型的内部网数据包进入外部网，特别是那些用于建立局域网和提供内部网通信服务的各种协议数据包。

下面通过【例 5-6】和【例 5-7】说明普通包过滤防火墙的局限。

【例 5-6】假设通过部署包过滤防火墙将内部网络和外部网络分隔开，配置过滤规则，仅开通内部主机对外部 Web 服务器的访问，并分析该规则表存在的问题。

过滤规则见表 5-2。Web 通信涉及客户端和服务器端两个端点，由于服务器端将 Web 服务绑定在固定的 80 端口上，但是客户端的端口号是动态分配的，即预先不能确定客户使用哪个端口进行通信，这种情况称为动态端口连接。包过滤处理这种情况时只能将客户端动态分配端口的区域全部打开（1024~65535），才能满足正常通信的需要，而不能根据每种连接的情况开放实际使用的端口。

包过滤防火墙不论是对待有连接的 TCP，还是无连接的 UDP，都以单个数据包为单位进行处理，对网络会话连接的上下文关系不进行分析，因而传统包过滤又称为无状态包过滤，而且它对基于应用层的网络入侵无能为力。

【例5-7】包过滤防火墙对TCP ACK隐蔽扫描的处理分析。

如图5-11所示，外部的攻击机可以在没有TCP三次握手中的前两步的情况下发送一个具有ACK位的初始包，这样的包违反了TCP，因为初始包必须有SYN位。但是因为包过滤防火墙没有状态的概念，防火墙会认为这个包是已建立连接的一部分，并让它通过（当然，如果根据表5-2的过滤规则，ACK位置位，但目的端口≤1203的数据包将被丢弃）。当这个伪装的包到达内网的某个主机时，主机将意识到有问题（因为这个包不是任何已建立连接的一部分），若目标端口开放，目标主机将返回RST信息，并期望该RST包能通知发送者（即攻击者）终止本次连接。这个过程看起来是无害的，它却使攻击者能通过防火墙对内网主机开放的端口进行扫描。这个技术称为TCP的ACK扫描。

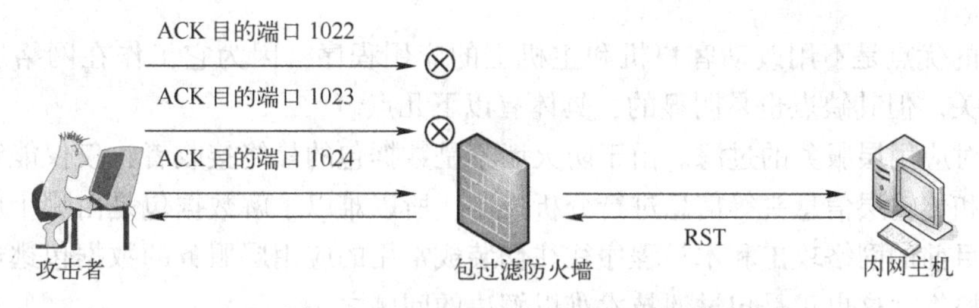

图5-11　TCP ACK扫描穿越包过滤防火墙

通过图5-11可知，攻击者穿越了防火墙进行探测，并且获知端口1204是开放的。为了阻止这样的攻击，防火墙需要记住已经存在的TCP连接，这样它将知道ACK扫描是非法连接的一部分。

2）动态包过滤（Dynamic Packet-filtering）技术。动态包过滤也称为状态包过滤（Stateful Packet-filtering），是一种基于连接的状态检测机制，也就是将属于同一连接的所有包作为一个整体的数据流进行分析，判断其是否属于当前合法连接，从而进行更加严格的访问控制。

与传统包过滤只有一张过滤规则表不同，动态包过滤同时维护过滤规则表和状态表。过滤规则表是静态的，而状态表中保留着当前活动的合法连接，它的内容是动态变化的，随着数据包来回经过设备而实时更新。当新的连接通过验证时，会在状态表中添加该连接条目；而当一条连接完成它的通信任务后，状态表中的该条目将自动删除。

分析几种动态包过滤防火墙的实现，其内部处理流程一般如图5-12所示。

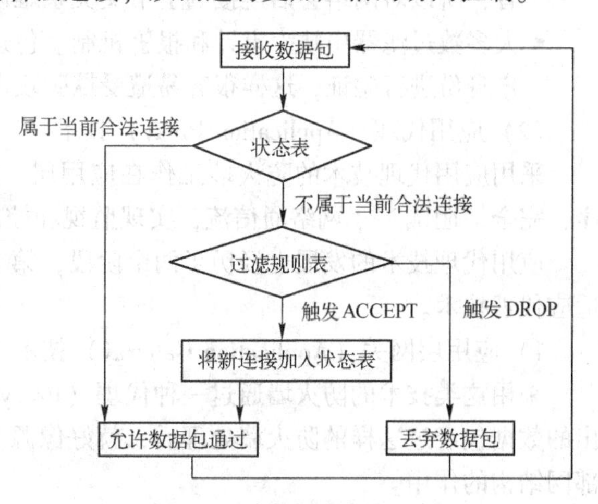

图5-12　动态包过滤处理流程

步骤1：当接收到数据包时，首先查看状态表，判断该包是否属于当前合法连接，若是，则接受该包让其通过，否则进入步骤2。

步骤2：在过滤规则表中遍历，若触发DROP动作，直接丢弃该包，跳回步骤1处理后续数据包；若触发ACCEPT动作，则进入步骤3。

步骤3：在状态表中加入该新连接条目，并允许数据包通过。跳回步骤1处理后续数据包。

【例 5-8】下面使用动态包过滤技术重新设计【例 5-5】中的过滤规则表。

设定过滤规则，在主机 A 和服务器间开放 Web 通道，主机 A 是初始连接发起者：

OUT	主机 A 地址：*	服务器地址:80	TCP	接收并加入状态表

和【例 5-5】的配置不同，动态包过滤只需设定发起初始连接方向上的过滤规则即可，该规则不仅决定是否接受数据包，而且也包含是否向状态表中添加新连接的判断标准。原先的动态端口范围（1024~65535）包由“*”取代，表示过滤规则并不关心主机 A 是以什么端口进行连接的，即主机 A 分配到哪一个端口都允许外出，但是返回通信就要基于已存连接的情况进行验证。因而动态包过滤借助状态表，可以按需开放端口，分配到哪个动态端口就只开放这个端口，一旦连接结束，该端口就关闭，这样就很好地弥补了前面提到的传统包过滤缺陷，大大增强了安全性。

包过滤方式的优点是不用改动客户机和主机上的应用程序，因为它工作在网络层和传输层，与应用层无关。但其缺点也是明显的，具体有以下几点。

- 难以实现对应用层服务的过滤。由于防火墙不是数据包的最终接收者，仅仅能够对数据包网络层和传输层信息头等信息进行分析控制，所以难以了解数据包是由哪个应用程序发起的。目前的网络攻击和木马程序往往伪装成常用的应用层服务的数据包逃避包过滤防火墙的检查，这也正是包过滤技术难以解决的问题之一。
- 访问控制列表的配置和维护困难。包过滤技术的正确实现依赖于完备的访问控制列表，以及访问控制列表中配置规则的先后顺序。在实际应用中，大型网络的访问控制列表的配置和维护将变得非常复杂，而且，即使采用严策略的防火墙规则也很难避免 IP 地址欺骗的攻击。
- 难以详细了解主机之间的会话关系。包过滤防火墙处于网络边界并根据流经防火墙的数据包进行网络会话分析，生成会话连接状态表。由于包过滤防火墙并非会话连接的发起者，所以对网络会话连接的上下文关系难以详细了解，容易受到欺骗。
- 大多数过滤器中缺少审计和报警机制。包过滤方式只依据包头信息进行过滤，而不对用户身份进行验证，这样很容易遭受欺骗攻击。

（2）应用代理（Application Proxy）技术

采用应用代理技术的防火墙工作在应用层。其特点是对每种应用服务编制专门的代理程序，完全“阻隔”了网络通信流，实现监视和控制应用层通信流的作用。

应用代理技术的发展也经历了两个阶段，第 1 个阶段是应用层网关技术，第 2 个阶段是自适应代理技术。

1）应用层网关（Application Gateway）技术。

采用这类技术的防火墙通过一种代理（Proxy）参与到一个 TCP 连接的全过程。从内部发出的数据包经过这样的防火墙处理后，就好像源于防火墙外部网卡一样，从而可以起到隐藏内部网结构的作用。

应用层网关可分 3 种类型：双宿主主机网关、屏蔽主机网关、屏蔽子网网关。这 3 种网关都要求有一台主机，通常称为堡垒主机（Bastion Host），它起着防火墙的作用，即隔离内外网的作用。

图 5-13 所示为双宿主主机网关（Dual-Homed Gateway）的结构。其中，堡垒主机充当应用层网关。在主机中需要插入两块网卡，用于将主机分别连接到被保护的内网和外网上。在主

机上运行防火墙软件，被保护的内网与外网间的通信必须通过主机，因而可以将内网很好地屏蔽起来。内网可以通过堡垒主机获得外网提供的服务。这种应用层网关能有效地保护内网，且要求的硬件较少，因而是应用较多的一种防火墙。但堡垒主机本身缺乏保护，容易受到攻击。

图 5-14 所示为屏蔽主机网关（Screened Host Gateway）的结构。为了保护堡垒主机而将它置入被保护网的范围中，在被保护内网与外网之间设置一个屏蔽路由器（Screened Router）。它不允许外网用户对被保护内网进行直接访问，只允许对堡垒主机进行访问，屏蔽路由器也只接收来自堡垒主机的数据。与前述的双宿主主机网关类似，也在堡垒主机上运行防火墙软件。屏蔽主机网关是一种更为灵活的防火墙软件，它可以利用屏蔽路由器来做更进一步的安全保护。但此时的路由器又处于易受攻击的地位。此外，网络管理员应该管理路由器和堡垒主机中的访问控制表，使两者协调一致，避免出现矛盾。

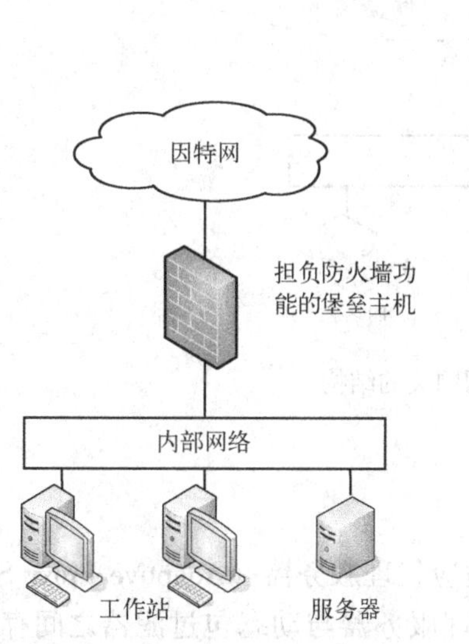

图 5-13　双宿主主机网关的结构

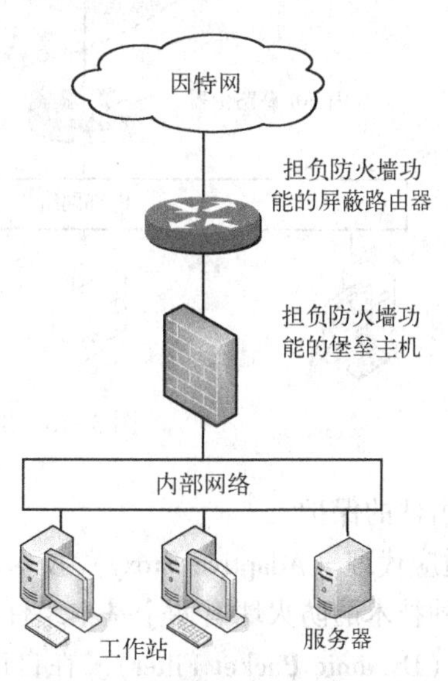

图 5-14　屏蔽主机网关的结构

图 5-15 所示为屏蔽子网网关（Screened Subnet Gateway）的结构。不少被保护网有这样一种要求，即其中的公用信息服务器能向外网的用户提供服务。为此，屏蔽子网网关结构使用一个或者多个屏蔽路由器和堡垒主机，同时在内外网间建立一个被隔离的子网——DMZ 网络。

DMZ 网络是一个与内部网络和外部网络隔离的小型网络。一般将堡垒主机、Web 服务器、邮件服务器及其他公用服务器放在 DMZ 网络中。

图 5-15 所示的体系结构中存在 3 道防线。除了堡垒主机的防护以外，外部屏蔽路由器防火墙用于管理所有外部网络对 DMZ 网络的访问，它只允许外部系统访问堡垒主机或是 DMZ 网络中对外开放的服务器，并防范来自外部网络的攻击。内部屏蔽路由器防火墙位于 DMZ 网络网络和内部网之间，提供第三层防御。它只接收源于堡垒主机的数据包，管理 DMZ 网络到内部网络的访问。它只允许内部系统访问 DMZ 网络中的堡垒主机或服务器。

这种防火墙系统的安全性很好，因为来自外部网络的将要访问内部网络的流量，必须经过这个由屏蔽路由器和堡垒主机组成的 DMZ 网络；可信网络内部流向外界的所有流量，也必须首先接收 DMZ 网络的审查。

堡垒主机上运行代理服务，它是一个连接外部非信任网络和可信网络的桥梁。万一堡垒主机被控制，如果采用了屏蔽子网网关结构，则入侵者不能直接侵袭内部网络，内部网络仍受到

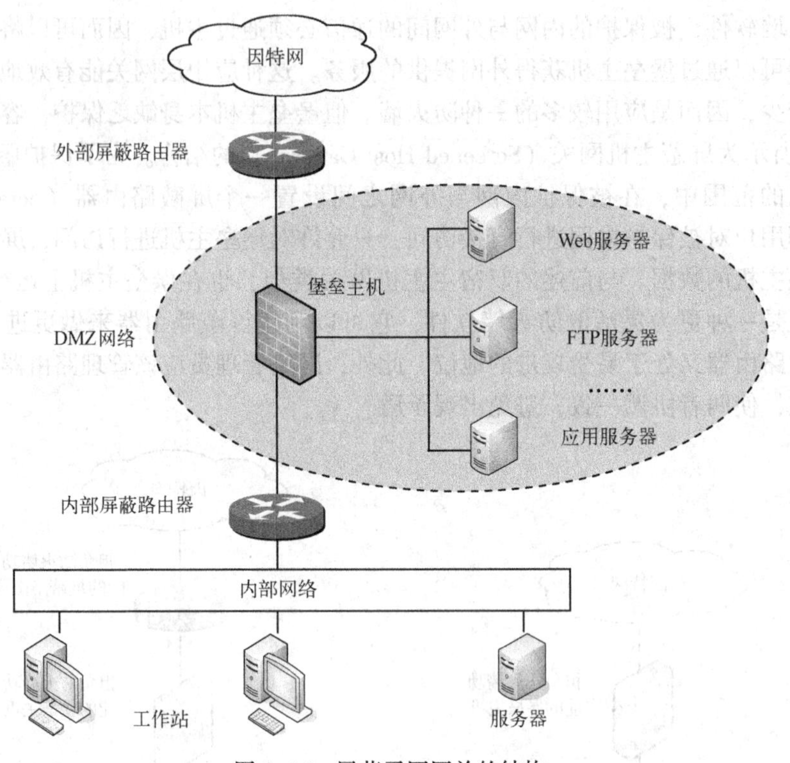

图 5-15　屏蔽子网网关的结构

内部屏蔽路由器的保护。

2）自适应代理（Adaptive Proxy）技术。

采用这种技术的防火墙有两个基本组件：自适应代理服务器（Adaptive Proxy Server）与动态包过滤器（Dynamic Packet Filter）。在自适应代理服务器与动态包过滤器之间存在一个控制通道。在对防火墙进行配置时，用户仅仅将所需要的服务类型、安全级别等信息通过相应代理的管理界面进行设置就可以了。然后，自适应代理就可以根据用户的配置信息决定是使用代理服务从应用层代理请求还是从网络层转发包。如果是后者，它将动态地通知包过滤器增减过滤规则，满足用户对速度和安全的双重要求。

代理类型防火墙的突出优点是安全性高，原因如下。

- 由于它工作于协议的最高层，所以它可以对网络中的任何一层数据通信进行保护，而不是像包过滤那样局限于网络层和传输层的数据处理。
- 由于采用代理机制，它可以为每一种应用服务建立一个专门的代理，所以内外部网络之间的通信不是直接的，而要先经过代理服务器审核，通过后再由代理服务器代为连接，根本没有给内外部网络计算机任何直接会话的机会，从而避免了入侵者使用数据驱动类型的攻击方式入侵内部网。

代理防火墙的主要缺点是速度相对比较慢。因为防火墙需要为不同的网络服务建立专门的代理服务，自己的代理程序为内外部网络用户建立连接时需要时间，所以会给系统性能带来一些影响。

✍ 小结

以上介绍了防火墙产品中涉及的包过滤及应用代理两类主要技术。其中，包过滤技术又可分为静态包过滤和动态包过滤（状态包过滤），应用代理技术又可分为应用层网关和自适应代理。这几类防火墙都是向前兼容的，基于状态检测的防火墙也有一般包过滤防火墙的功能，而基于应用代理的防火墙也包括包过滤防火墙的功能。

在防火墙产品中还常常涉及网络地址转换、虚拟专用网等其他安全相关功能。

3. 防火墙的部署

有人认为防火墙的部署很简单，只需要把防火墙的 LAN 端口与组织内部的局域网线路连接，并把防火墙的 WAN 端口连接到外部网络线路即可。这一观点是不全面的，防火墙的具体部署方法要根据实际的应用需求而定，不是一成不变的。

（1）典型网络应用结构分析

图 5-16 所示为一个典型的网络应用结构。

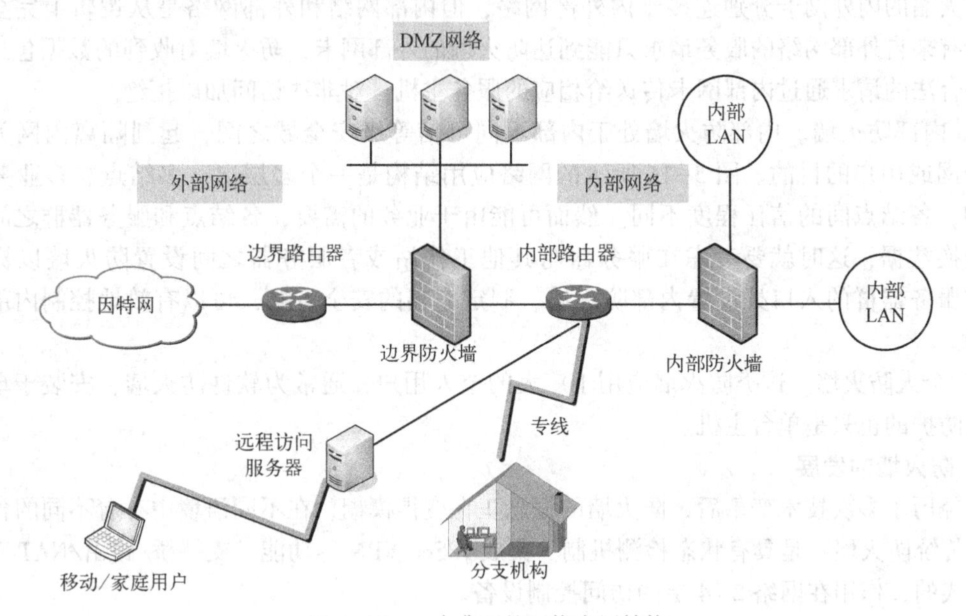

图 5-16　一个典型的网络应用结构

在这种应用中，整个网络结构分为 3 个不同的安全区域。

1）外部网络。包括外部因特网用户的主机和设备，这个区域为防火墙的非可信网络区域，此边界上设置的防火墙对外部网络用户发起的通信连接按照防火墙的安全过滤规则进行过滤和审计，不符合条件的则不允许连接，起到保护内网的目的。

2）DMZ 网络。它是从内部网络中划分的一个小区域，其中包括内部网络中用于公众服务的服务器，如 Web 服务器、E-mail 服务器、FTP 服务器、外部 DNS 服务器等。在这个区域中，由于需要对外开放某些特定的服务和应用，因而安全保护级别不能太高，例如，Web 服务器通常允许任何人进行正常访问。也正如此，这个区域中的网络设备所运行的应用也非常单一，以免暴露更多受攻击面。

3）内部网络。这是防火墙要保护的对象，包括全部的内部网络设备、内网核心服务器及用户主机。要注意的是，内部网络还可能包括不同的安全区域，具有不同等级的安全访问权限。虽然内部网络和 DMZ 网络都属于内部网络的一部分，但它们的安全级别（策略）是不同的。对于要保护的大部分内部网络来说，在一般情况下，禁止所有来自因特网用户的访问；而由企业内部网络划分出去的 DMZ 网络，因需要为因特网应用提供相关的服务，所以在一定程度上没有内部网络限制得那么严格。虽然这些服务器很容易遭受攻击，但是由于在这些服务器上所安装的服务非常少，所允许的权限非常低，真正的服务器数据在受保护的内部网络主机上，所以黑客攻击这些服务器最可能的后果就是使服务器瘫痪。

（2）防火墙部署方式

对于图 5-16 所示的典型网络应用结构，可以采用屏蔽路由、屏蔽主机、屏蔽子网等部署方式，其中涉及以下 3 种类型的防火墙。

1）边界防火墙。处于外部不可信网络（包括因特网、广域网和其他公司的专用网）与内部可信网络之间，控制来自外部不可信网络对内部可信网络的访问，防范来自外部网络的非法攻击。同时，保证了 DMZ 网络服务器的相对安全性和使用便利性。这是目前防火墙的最主要应用。

防火墙的内外网卡分别连接于内外部网络，但内部网络和外部网络是从逻辑上完全隔开的。所有来自外部网络的服务请求只能到达防火墙的外部网卡，防火墙对收到的数据包进行分析后将合法的请求通过内部网卡传送给相应的服务主机，对非法访问加以拒绝。

2）内部防火墙。内部防火墙处于内部不同可信等级安全域之间，起到隔离内网关键部门、子网或用户的目的。图 5-16 所示的网络应用结构是一个多层次、多结点、多业务的网络结构，各结点间的信任程度不同。然而可能由于业务的需要，各结点和服务器群之间要频繁地交换数据，这时就要考虑在服务器与其他工作站或者服务器之间设置防火墙以提供保护。在服务器群的入口处设置内部防火墙，制定完善的安全策略，可以有效地控制内部网络的访问。

3）个人防火墙。这类防火墙应用于广大的个人用户，通常为软件防火墙，安装于单台主机中，防护的也只是单台主机。

4. 防火墙的发展

在经历了多次技术变革后，防火墙的概念正在变得模糊，在不同语境中有着不同的含义。

- 传统防火墙：是具有状态检测机制、集成 IPSec VPN 等功能、支持桥/路由/NAT 工作模式的、作用在网络 2~4 层的访问控制设备。
- 宏观意义上的防火墙：以性能为主导的、在网络边缘执行多层次的访问控制策略、使用状态检测或深度包检测机制、包含一种或多种安全功能的网关设备（Gateway）。

本章将在 5.2.3 小节介绍包含了入侵防御系统、统一威胁管理及一些厂商市场推广时宣称的 Web 应用防火墙、数据库防火墙等多种产品形态。

应用实例：Forefront TMG 防火墙部署

Forefront TMG 是 Microsoft Forefront 系列中的产品，全名为 Forefront Threat Management Gateway，是 ISA Server 的升级版本，实际上是一个功能完善的集成网络安全网关。Forefront TMG 主要提供代理服务器、包过滤防火墙和 Web 缓存三大功能，通过制定策略、规则控制网络内部与外部的通信，防范外来网络的攻击，提高网络性能和安全性。

Forefront TMG 提供了 4 种网络模板，实际上就是防火墙部署的几种典型方式，如图 5-17 所示。如果内部网络中存在共享资源（如 Web 服务器），通常采用的部署方式是屏蔽子网，可以选用 Forefront TMG 提供的“3 向外围网络”的防火墙部署方式，即 Forefront TMG 至少与 3 个物理网络相连：内部网络、一个或多个外围网络（DMZ），以及外部网络。

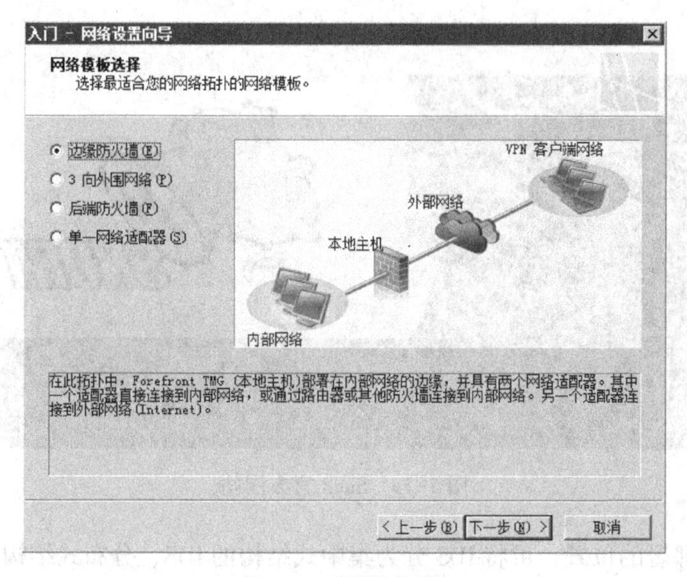

图 5-17　网络模板

5.2.2　入侵检测系统

入侵检测相对于传统意义的防火墙是一种主动防御系统，入侵检测作为安全的一道屏障，可以在一定程度上预防和检测来自系统内外部的入侵。

1. 入侵检测概述

(1) 入侵、入侵检测的定义

国家标准《信息安全技术　网络入侵检测系统技术要求和测试评价方法》(GB/T 20275—2013) 给出了入侵和入侵检测的定义。

入侵 (Intrusion) 是指任何危害或可能危害资源保密性、完整性和可用性的活动。这些活动包括收集漏洞信息、拒绝服务攻击等危害系统的行为，也包括取得超出合法范围的系统控制权等可能危害系统安全的行为。

入侵检测是指，通过对计算机网络或计算机系统中的若干关键点收集信息并对其进行分析，从中发现网络或系统中是否有违反安全策略的行为和被攻击的迹象。

入侵检测的软件与硬件的组合便是入侵检测系统 (Intrusion Detection System，IDS)。

(2) 入侵检测系统的分类

1) IDS 产品主要是软硬件结合的形态，也有纯软件实现的。

除了有基于 PC 架构、主要功能由软件实现的入侵检测系统，还有基于 ASIC、NP 及 FPGA 架构开发的入侵检测系统。图 5-18 所示为我国启明星辰公司的入侵检测产品——天阗（音同“填”）。

图 5-18　天阗入侵检测产品

图 5-19 所示为著名的开源入侵检测软件 Snort 官方网站 (https://snort.org)。

2) 根据检测数据源的不同，可分为主机型和网络型 IDS。

- 主机型 IDS (HIDS)，通过监视和分析主机的审计记录检测入侵。
- 网络型 IDS (NIDS)，监听所保护网络内的数据包并进行分析以检测入侵。

图 5-19　Snort 官方网站

3）根据 IDS 部署的位置，可将 IDS 分为集中式结构的 IDS、分布式结构的 IDS 和分层式结构的 IDS。

- 集中式结构 IDS。IDS 发展初期，大都为这种单一的体系结构，所有的工作包括数据的采集、分析都是由单一主机上的单一程序来完成的。
- 分布式结构 IDS。面对规模日益庞大的网络环境，采用多个代理在网络各部分分别进行入侵检测，并且协同处理可能的入侵行为。
- 分层式结构 IDS。面对越来越复杂的入侵行为，采用树形分层体系，最底层的代理负责收集所有的基本信息，然后对这些信息进行简单的判断和处理；中间层代理一方面可以接收并处理下层结点处理后的数据，另一方面可以进行较高层次的关联分析、判断和结果输出，并向高层结点进行报告。中间结点的加入减轻了中央控制的负担，增强了系统的伸缩性；最高层结点主要负责在整体上对各级结点进行管理和协调，此外，它还可以根据环境的要求动态调整结点层次关系，实现系统的动态配置。

2. 入侵检测技术原理

（1）入侵检测系统结构

图 5-20 所示为 IDS 各组件之间的关系图。

1）事件产生器（Event Generators）：从整个计算环境中获得事件，并向系统的其他部分提供此事件。

2）事件分析器（Event Analyzers）：分析得到的数据，并产生分析结果。

3）响应单元（Response Units）：对分析结果做出反应的功能单元，它可以做出切断连接、改变文件属性等强烈反应，也可以只是简单的报警。

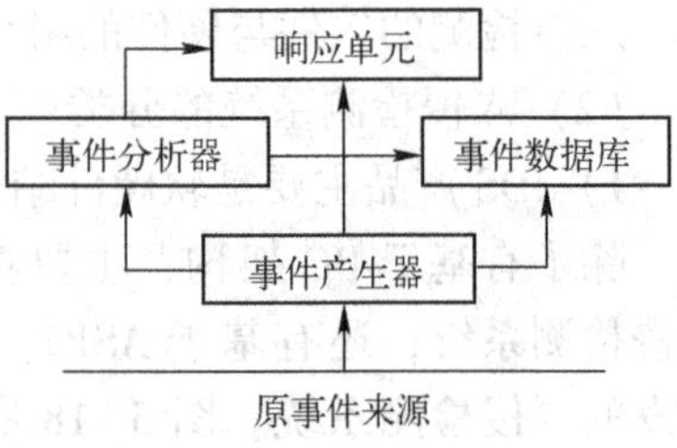

响应单元
事件分析器
事件数据库
事件产生器
原事件来源

图 5-20　IDS 各组件之间的关系图

4）事件数据库（Event Databases）：是存放各种中间和最终数据的地方的统称，可以是复杂的数据库，也可以是简单的文本文件。

IDS 需要分析的数据统称为事件，事件可以是网络中的数据包，也可以是从系统日志等其他途径得到的信息。在这个模型中，前三者以程序的形式出现，而最后一个则往往以文件或数据流的形式出现。以上 4 类组件以通用入侵检测对象（Generalized Intrusion Detection Object,

GIDO）的形式交换数据，而 GIDO 通过一种用通用入侵规范语言（Common Intrusion Specification Language，CISL）定义的标准通用格式来表示。

（2）入侵检测技术

入侵检测系统根据其采用的分析方法可分为异常检测和误用检测。

1）异常检测（Anomaly Detection）。需要建立目标系统及其用户的正常活动模型，然后基于这个模型对系统和用户的实际活动进行审计，当主体活动违反其统计规律时，则将其视为可疑行为。该技术的关键是异常阈值和特征的选择。其优点是可以发现新型的入侵行为，漏报少。缺点是容易产生误报。

2）误用检测（Misuse detection）。假定所有的入侵行为和手段（及其变种）都能够表达为一种模式或特征，系统的目标就是检测主体活动是否符合这些模式。误用检测的优点是可以有针对性地建立高效的入侵检测系统，其精确性较高，误报少。主要缺点是只能发现攻击库中已知的攻击，不能检测未知的入侵，也不能检测已知入侵的变种，因此可能发生漏报。误用检测的复杂性将随着攻击数量的增加而增加。

3. 入侵检测的部署

与防火墙不同，入侵检测主要是一个监听和分析设备，不需要跨接在任何网络链路上，无须网络流量流经它便可正常工作。对入侵检测系统的部署，唯一的要求是，应当挂接在所有所关注的流量都必须流经的链路上，即 IDS 采用旁路部署方式接入网络。这些流量通常是指需要进行监视和统计的网络报文。

IDS 和防火墙均具备对方不可代替的功能，因此在很多应用场景中 IDS 与防火墙共存，形成互补。一种简单的 IDS 部署如图 5-21 所示，IDS 旁路部署在 Internet 接入路由器之后的第一台交换机上。一种 IDS 在典型网络环境中的部署如图 5-22 所示，控制台位于公开网段，它可以监控位于各个内网的检测引擎。

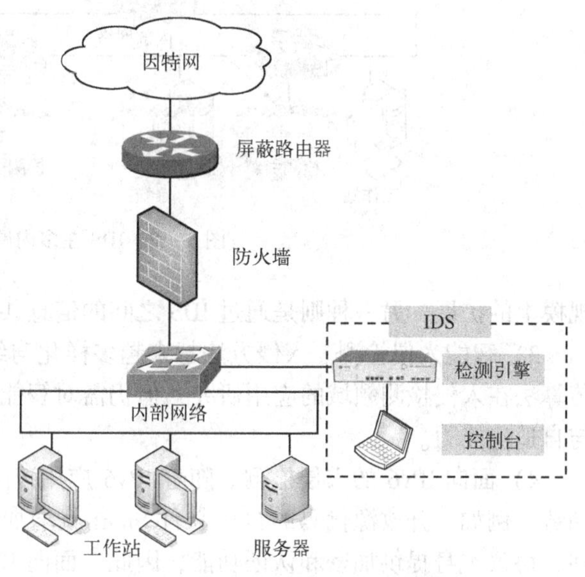

图 5-21　IDS 旁路部署在交换机上

4. 入侵检测的发展

随着网络技术的飞速发展，网络入侵技术也日新月异，因此入侵检测技术的发展围绕以下几个方面展开。

1）体系架构演变。传统的 IDS 局限于单一的主机或网络架构，对异构系统及大规模的网络检测明显不足，并且不同的 IDS 之间不能协同工作。因此，有必要发展分布式通用入侵检测架构。除此之外，现代网络技术的发展带来的新问题是，IDS 需要进行海量计算，因而高性能检测算法及新的入侵检测体系也成为研究热点。

2）标准化。标准化有利于不同类型 IDS 之间的数据融合及 IDS 与其他安全产品之间的互动。IETF（Internet Engineering Task Force）的入侵检测工作组（IDWG）已制定了入侵检测消息交换格式（IDMEF）、入侵检测交换协议（IDXP）、入侵报警（IAP）等标准，以适应入侵检测系统之间安全数据交换的需要。构筑分布式入侵检测系统，一种方法是对现有的 IDS 进行

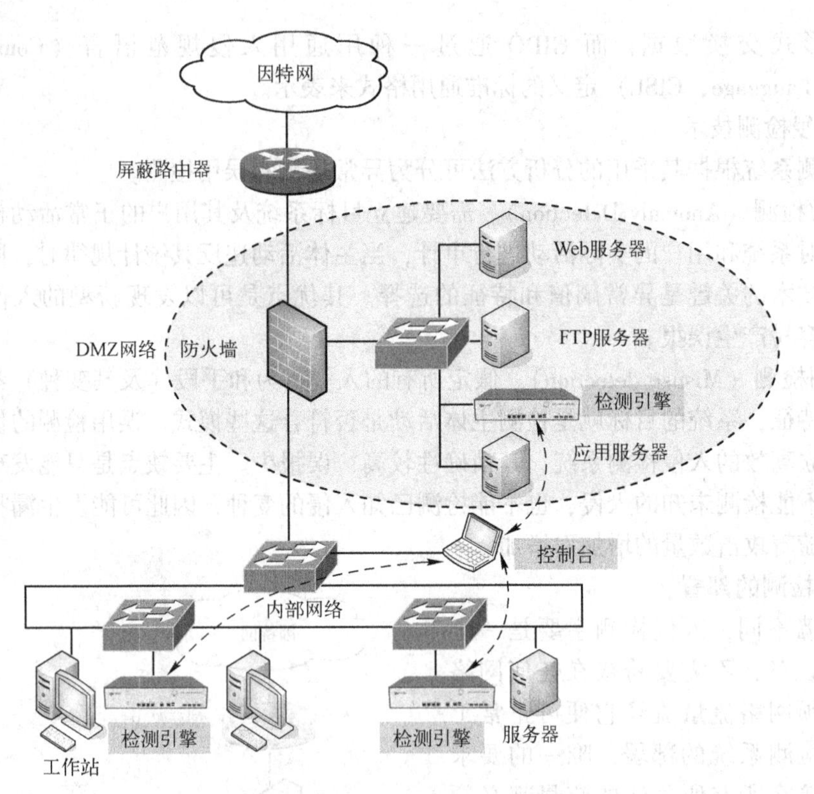

图 5-22 IDS 在多内网环境中的部署

规模上的扩展，另一种则是通过 IDS 之间的信息共享来实现。

3）智能入侵检测。入侵方法越来越多样化与综合化，尽管已经有智能体、神经网络与遗传算法在入侵检测领域的应用研究，但仍需对智能化的 IDS 进行进一步的研究以解决其自学习与自适应能力。

4）面向 IPv6 的入侵检测。随着 IPv6 应用范围的扩展，入侵检测系统支持 IPv6 将是发展趋势，例如，开放源代码的自由软件 Snort 就增加了对 IPv6 协议的分析。IPv6 扩展了地址空间，协议本身提供加密和认证功能，因此，面向 IPv6 的入侵检测系统主要解决如下问题。

- 大规模网络环境下的入侵检测。IPv6 支持超大规模的网络环境，面向 IPv6 的入侵检测系统要解决大数据量的问题，需要融合分布式体系结构和高性能计算技术。
- 认证和加密情况下的网络监听。IPv6 协议本身支持加密和认证的特点，极大地增加了面向 IPv6 的入侵检测系统监听网络数据包内容的难度，极端情况下，甚至需要首先获得通信双方的会话密钥。

5）主动防护能力的提高与集成。提高入侵检测系统的主动防护能力及与防火墙产品的联动，构建集成式网络安全设备成为趋势，本章将在 5.2.3 小节详细介绍。

应用实例：一个简单的异常检测模型

下面给出一个简单的基于统计的异常检测模型。如图 5-23 所示，根据计算机审计记录文件产生代表用户会话行为的会话矢量，然后对这些会话矢量进行分析，计算出会话的异常值，当该值超过阈值时便产生警告。

步骤1：产生会话矢量。根据审计文件中的用户会话（如用户会话包括 login 和 logout 之间的所有行为），产生会话矢量。会话矢量 $\boldsymbol{X}=<x_1,x_2,\cdots,x_n>$表示描述单一会话用户行为的各种属性的数量。会话开始于 login，终止于 logout，login 和 logout 次数也作为会话矢量的一部分，可监视 20 多种属性，如工作的时间、创建的文件数、阅读的文件数、打印页数和 I/O 失败次数等。

步骤2：产生伯努利矢量。伯努利矢量 $\boldsymbol{B}=<b_1,b_2,\cdots,b_n>$是单一2值矢量，表示属性的数目是否在正常用户的阈值范围之外。阈值矢量 $\boldsymbol{T}=<t_1,t_2,\cdots,t_n>$表示每个属性的范围，其中 t_i $(1\leqslant i\leqslant n)$是$<t_{i,\min},t_{i,\max}>$形式的元组，代表第 i 个属性的范围。这样阈值矢量实际上构成了一张测量表。算法假设 t_i 服从高斯分布（即正态分布）。

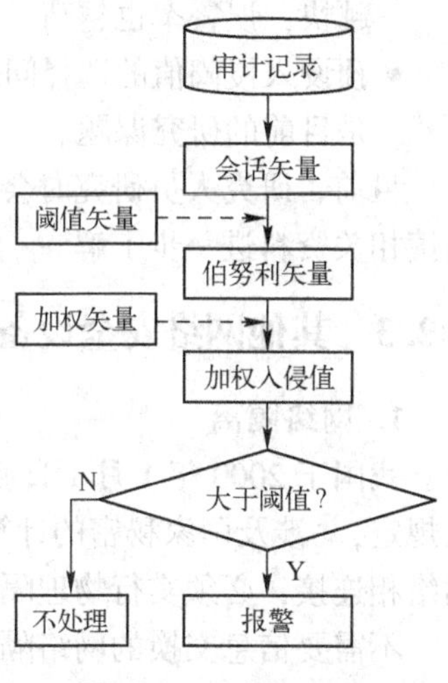

图 5-23　异常检测模型

产生伯努利矢量的方法就是用属性 $i(1\leqslant i\leqslant n)$ 的数值 x_i 与测量表中相应的阈值范围比较，当超出范围时，b_i 被置1，否则 b_i 被置0。产生伯努利矢量的函数可描述为：

$$b_i=\begin{cases}0 & t_{i,\min}\leqslant x_i\leqslant t_{i,\max}\\1 & \text{其他}\end{cases}$$

步骤3：产生加权入侵值。加权入侵矢量 $\boldsymbol{W}=<w_1,w_2,\cdots,w_n>$中的每个 $w_i(1\leqslant i\leqslant n)$ 与检测入侵类型的第 i 个属性的重要性相关，即 w_i 对应第 i 个属性超过阈值 t_i 的情况在整个入侵判定中的重要程度。加权入侵值由下式给出：

$$\text{加权入侵值 score}=\sum_{i=1}^{n} b_i * w_i$$

步骤4：若加权入侵值大于预设的阈值，则给出报警。

利用该模型设计防止网站被黑客攻击的预警系统。考虑到黑客一般攻击自己比较感兴趣的网站，因此可以在黑客最易发起攻击的时间段去统计各网页被访问的频率。当某一网页突然间被同一主机访问的频率剧增，那么可以判定该主机对某一网页发生了超乎寻常的兴趣，这时可以给管理员一个警报，以使其提高警惕。

借助该模型，首先可以根据某一时间段的 Web 日志信息产生会话矢量，该矢量描述在特定时间段同一请求主机访问各网页的频率，x_i 说明第 i 个网页被访问的频率；接着根据阈值矢量产生伯努利矢量，此处的阈值矢量描述各网页被访问的正常频率范围；然后计算加权入侵值，加权矢量中的 w_i 与网页需受保护程度相关，即若 $w_i>w_j$，则表明网页 i 比网页 j 更需要保护；最后若加权入侵值大于预设的阈值，则给出报警，提醒管理员网页可能将会被破坏。

上述例子中的简单模型具有一般性。来自不同操作系统的审计记录只需转换格式，就可用此模型进行分析处理。然而，该模型还有很多缺陷和问题，介绍如下。

- 大量审计日志的实时处理问题。尽管审计日志能提供大量信息，但它们可能遭受数据崩溃、修改和删除。并且在许多情况下，只有在发生入侵行为后才产生相应的审计记录，因此该模型在实时监控性能方面较差。
- 检测属性的选择问题。如何选择与入侵判定相关度高的、有限的一些检测属性仍然是目前的研究课题。
- 阈值矢量的设置存在缺陷。由于模型依赖于用户正常行为的规范性，因此用户行为变化越快，误警率也越高。

- 预设入侵阈值的选择问题。如何更加科学地设置入侵阈值，以降低误报率、漏报率仍然是目前的研究课题。

目前，研究人员研究时会采用模式匹配、数据挖掘、机器学习等人工智能新方法。请读者阅读相关资料进一步了解。

5.2.3 其他网络安全设备

1. 网络隔离

我国于2000年1月1日起实施的《计算机信息系统国际联网保密管理规定》第二章第六条规定，“涉及国家秘密的计算机信息系统，不得直接或间接地与国际互联网或其他公共信息网络相连接，必须实行物理隔离”。

不需要信息交换的网络隔离（Network Isolation）很容易实现，只需要完全断开，既不通信也不联网就可以了。但需要交换信息的网络隔离技术却不容易，甚至很复杂。这里讨论的是在需要信息交换的情况下实现的网络隔离，目的是确保把有害的攻击隔离在可信网络之外，以及在保证可信网络内部信息不外泄的前提下完成网络之间的数据安全交换。

（1）网络隔离的概念

所谓“物理隔离”，是指以物理的方式在信息的存储、传导等各个方面阻断不同的安全域，使得安全域之间不存在任何信息重用的可能性。

这里所指的物理隔离并非绝对的物理隔离，而是从物理实体（可以传导的实体，包括物理线路、物理存储、电磁场等）上切断不同安全域之间信息传导途径的技术。我们知道，信息交换的途径包括辐射、网络及人为方式3种，因此一个物理隔离方案的实施，也必须能覆盖这3条途径。

由此，物理隔离技术应当具备的几个特征如下。

1）网络物理传导隔断保护。不同安全域的网络，在物理连接上是完全隔离的，在物理传导上也是断开的，以确保不同级别安全域的信息不能通过网络传输的方式交互。

2）信息物理存储隔断保护。在物理存储上隔断不同安全域网络的数据存储环境，不存在任何公用的存储数据，安全域数据在物理上分开存储。

3）客体重用防护。对于断电后易失信息的存储部件（如内存、处理器缓存等暂存部件）上的数据，在切换安全域的时候需要清除，以防止残留数据进行安全域访问；对于断电后非易失性存储部件（如硬盘、磁带、Flash等存储部件，光盘、软盘、U盘等移动存储部件）上不同安全域的数据，通过存储隔离技术进行分开存储，且不能互相访问。

4）电磁信息泄露防护。在物理辐射上隔断内外网，确保高安全域的信息不会通过电磁辐射或耦合方式泄露到低安全域的环境中或被非授权个人或单位获取。

5）产品本身安全防护。终端隔离的关键技术由硬件产品实现，产品的隔离机制受硬件保护，不受网络攻击的影响。

（2）网络隔离的工作原理

网络隔离技术的核心是物理隔离，并通过专用硬件和安全协议来确保两个链路层断开的网络能够实现数据信息在可信网络环境中的交互、共享。一般情况下，网络隔离技术的硬件设备主要包括内网处理单元、外网处理单元和专用隔离交换单元3部分。其中，内网处理单元和外网处理单元都具备独立的网络接口和网络地址来分别连接内网和外网，而专用隔离交换单元则通过硬件电路控制高速切换连接内网或外网。网络隔离技术的基本原理是，通过专用物理硬件和安全协议在内网和外网之间架构起安全隔离网墙，使两个系统在空间上物理隔离，同时又能过滤数据交换过程中的病毒、恶意代码等信息，以保证数据信息在可信的网络环境中进行交换、共享，同时还要通过严格的身份认证机制来确保用户获取所需数据信息。

网络隔离技术的关键是如何有效控制网络通信中的数据信息，即通过专用硬件和安全协议来完成内外网间的数据交换，以及利用访问控制、身份认证、加密签名等安全机制来确保交换数据的机密性、完整性、可用性、可控性，所以如何尽量提高不同网络间的数据交换速度，以及如何能够透明支持交互数据的安全性，将是未来网络隔离技术发展的趋势。

下面介绍两种典型的安全隔离与信息交换技术：协议隔离技术和网闸技术。

1）协议隔离（Protocol Isolation）技术。处于不同安全域的网络在物理上是有连线的，通过协议转换的手段，即在所属某一安全域的隔离部件一端，把基于网络的公共协议中的应用数据剥离出来，封装为系统专用协议传递至所属其他安全域的隔离部件另一端，再将专用协议剥离，并封装成需要的格式，以此手段保证受保护信息在逻辑上是隔离的，只有被系统要求传输的、内容受限的信息可以通过。

在内外网络交互信息的过程中，传统的防火墙技术就像过滤水的滤纸。符合安全策略的连接直接通过防火墙，否则被滤掉。过滤后的水仍然可能携带病毒，同样，通过安全策略检查的连接完全可能是一个潜在的攻击。事实上，只要允许连接进入内部网络，攻击者就有攻击内部网络的可能。而在蒸馏方法中，首先打破原水的组成结构，将其转变为水蒸气，然后冷凝，重构成“可信”的纯净水。协议隔离技术处理进出内外网络连接时就借用了这种思想：对进入内部网络的连接，隔离技术首先将其断开，将连接中的分组分解成应用数据和控制信息（如路由信息），并利用非 TCP/IP 将这些信息打包，发送到内部网络的安全审核区。被打包的信息在发送过程中，将经过一条物理断开的传输通道，如电子交换存储器。在安全审核区，数据内容和控制信息的合法性得到检查。如果通过合法性检查，则隔离技术重构原有的连接和分组，将相应的分组通过连接发送到目的地。可以说，协议隔离技术既拥有网络连接中数据交换的优势，又拥有保持内外网络断开的安全优势。

协议隔离技术适合于在内部不同安全域之间传输专用应用协议的数据，如电力专用数据传输、文件传输、数据库数据交换等。

2）网闸（Gap）技术。网闸是位于两个不同安全域之间的，通过协议转换的手段，以信息摆渡的方式实现数据交换的网络安全产品。它只可以通过被系统明确要求传输的信息。其信息流一般是通用应用服务。

网闸就像船闸一样有两个物理开关。信息流进入网闸时，前闸合上而后闸断开，网闸联通发送方而断开接收方；待信息存入中间的缓存以后，前闸断开而后闸合上，网闸联通所隔离的两个安全域中的接收方而断开发送方。这样，从网络电子信道这个角度看，发送方与接收方不会同时和网闸联通，从而达到在信道上物理隔离的目的。

网闸技术的主要特点是，能够通过硬件设备将网闸设备连接的两个网络在物理线路上断开，但又能够让其中一个网络的数据高速地通过网闸设备传送到另一个网络。网闸设备连接在可信网络与不可信网络之间。网闸设备有两组高速电子开关，分别设置在设备的可信网络与不可信网络之间，并且分时通断，使得可信网络与不可信网络之间的任何瞬间都不会有实际的网络通信连接，又可以安全地交换数据。

相比而言，协议隔离部件和网闸最重要的技术区别是：协议隔离部件网络在物理上是有连线的，存在着逻辑连接；而网闸对内外网络数据传输链路进行物理上的分时切换，即内外网络在物理链路上不能同时联通，并且穿越网闸的数据必须以摆渡的方式到达另一安全域。就核心技术而言，协议转换、访问控制是协议隔离部件和网闸共同的核心技术特征，而信息摆渡技术是网闸独有的核心技术。网闸在两台计算机之间建立的物理连线之上增加了独立的硬件以进行隔离，使得从底层突破双机隔离的难度大大增加，这也正是“闸”的意义之所在。

如图 5-24 所示，是一种由具有多种控制功能的专用硬件在电路上切断网络之间的链路层连接，并能够在网络层进行安全适度的应用数据交换的网闸设备。它是由硬件和软件共同组成的一个系统，硬件设备由 3 部分组成：外部处理单元、内部处理单元、专用隔离部件。

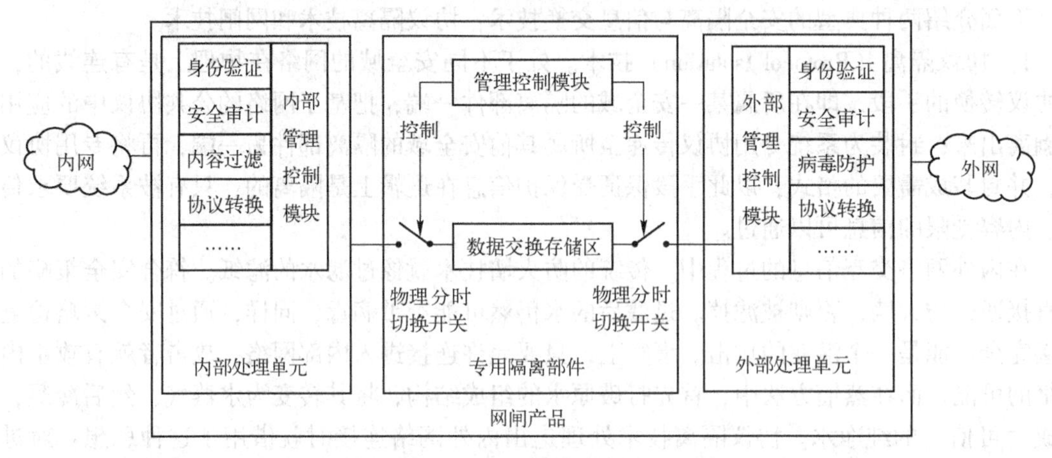

图 5-24　网闸技术原理

网闸中的安全控制至少应包含对信息流的访问控制和对信息流的内容审查。隔离技术在安全控制方面涉及网络通信的所有协议层次。除了在数据链路层保持连接的物理断开、在网络层和传输层实现访问控制外，隔离设备还依据安全规则的需要在应用层实现信息流的内容安全，做到对内防泄露，对外防攻击、病毒和不良信息。隔离技术不但应该能够对内外交互的数据信息进行内容审核、病毒检测，还应该能判断关键应用命令的合法性。例如对于 Web 应用，如果只允许对服务器站点网页进行“读”操作，不允许“写”操作，则隔离设备应该能滤掉所有的“POST”命令，而只允许“GET”等必需的命令。

网闸作为一种通过专用硬件使两个或者两个以上的网络在不联通的情况下实现安全数据传输和资源共享的技术及产品，被越来越多地应用到网络中来。

网闸技术将向易用性、应用融合化等方向发展。目前，安全隔离与信息交换系统产品大都提供了文件交换、收发邮件、浏览网页等基本功能。安全隔离与信息交换的安全思路的提出，改变了过去将安全作为孤立的补丁角色，将网闸技术渗透到业务应用系统之中，使用户在网闸的坚固保护下感觉不到业务应用的不便。

此外，网闸技术在负载均衡、冗余备份、硬件密码加速、易集成管理等方面仍需要进一步改进，同时更好地集成入侵检测、病毒防护和加密通道、数字证书等技术，成为新一代网闸隔离部件产品发展的趋势。

使用专用通信硬件、专有交换协议等安全机制来实现网络间的隔离和数据交换，不仅继承了以往隔离技术的优点，并且在网络隔离的同时实现了高效的内外网数据的安全交换。另外，它能够透明地支持多种网络应用，成为当前隔离技术的发展方向。

2. 下一代防火墙

随着网络环境的日益严峻，以及用户安全需求的不断增加，下一代防火墙必将集成更多的安全特性，以应对攻击行为和业务流程的新变化。著名的市场分析咨询机构 Gartner 于 2009 年发布的 *Defining the Next-Generation Firewall* 给出了下一代防火墙（Next-Generation Firewall，NGFW）的定义。NGFW 在功能上至少应当具备以下几个属性。

1）拥有传统防火墙的所有功能。如基于状态检测的访问控制、NAT、VPN 等。

2）支持与防火墙联动的入侵防御系统。例如，入侵防御系统检测到某个 IP 地址不断地发送恶意流量，此时可以直接告知防火墙并由其来进行有效的阻止。这个告知与防火墙策略生成的过程应当由 NGFW 自动完成，而不再需要管理员介入。

3）应用层安全控制。除了具有进行传统的基于端口和 IP 协议控制的能力，还应具有应用层安全识别和控制的能力。例如，允许用户使用 QQ 的文本聊天、文件传输功能，但不允许进行语音、视频聊天；允许收发邮件，但不允许附加文件等。应用识别带来的额外好处是可以合理优化带宽的使用情况，保证关键业务的畅通。

4）智能化联动。能够获取来自防火墙外面的信息，做出更合理的访问控制，例如从域控制器上获取用户身份信息，将权限与访问控制策略联系起来，或是来自 URL 过滤判定的恶意地址的流量直接由防火墙去阻挡，而不再浪费入侵防御系统的资源去判定。

总之，集成传统防火墙、可与之联动的入侵防御系统、应用层管理控制和智能化联动是 NGFW 要具备的四大基本要素。

我国公安部第三研究所与深信服、网御星云等国内安全厂商制定了适用于国内网络环境的第二代防火墙标准——《信息安全技术 第二代防火墙安全技术要求》（GA/T 1177—2014）。该标准已于2014 年7 月24 日正式发布，当年 9 月1 日开始实施。

新标准将国际通用说法“下一代防火墙”更名为“第二代防火墙”。标准从安全功能、安全保证、环境适应性和性能 4 个方面对第二代防火墙提出了新的要求。应用层控制、恶意代码防护、入侵防御、Web 攻击防护、信息泄露防护是此次定义的第二代防火墙的几大功能特点。

1）新增应用层控制功能。新标准保留了传统防火墙在网络层的控制要求，如包过滤、状态检测、NAT 等功能，增加了基于应用层控制的功能要求，尤其是在应用层面对于细分应用类型和协议的识别控制功能，以及数据包深度内容检测方面的功能。

2）入侵防御、恶意代码防护与国际接轨。新标准在应用层控制中加入了入侵防御和恶意代码防护功能，要求第二代防火墙能够检测并抵御操作系统类、文件类、服务器类等漏洞攻击，支持蠕虫病毒、后门木马等恶意代码的检测。这和 Gartner 提出的下一代防火墙所需具备的功能一致，标志着我国的第二代防火墙标准是与国际接轨的。

3）Web 攻击防护、信息泄露防护符合用户业务安全需求。新标准对 Web 攻击防护、信息泄露防护同样做出了要求：应具备 Web 攻击防护的能力，支持 SQL 注入攻击检测与防护，支持 XSS 攻击检测与防护；应具备对流出的信息流进行检测，防止敏感信息泄露。

3. Web 应用防火墙

Web 应用防火墙（Web Application Firewall，WAF）是指部署于 Web 客户端和 Web 服务器之间，根据预先定义的过滤规则和安全防护规则，对 Web 服务器的所有访问请求和 Web 服务器的响应进行协议和内容过滤，实现对 Web 服务器和 Web 应用保护的信息安全产品。

总体来说，Web 应用防火墙具有以下 4 种主要工具。

1）审计设备：用来截获所有 HTTP 数据或者仅满足某些规则的会话。

2）访问控制设备：用来控制对 Web 应用的访问，既包括主动安全模式，也包括被动安全模式。

3）架构/网络设计工具：当运行在反向代理模式时，其被用来分配职能、集中控制、虚拟基础结构等。

4）Web 应用加固工具：这些工具可增强被保护 Web 应用的安全性，不仅能够屏蔽 Web 应用的固有弱点，而且能够保护 Web 应用编程错误导致的安全隐患。

需要指出的是，并非每种被称为 Web 应用防火墙的设备都同时具有以上 4 种工具。

Web 应用防火墙还具有多面性的特点。比如，从网络入侵检测的角度来看，可以把 Web 应用防火墙看成运行在 HTTP 层上的 IDS 设备；从防火墙角度来看，Web 应用防火墙是防火墙的一种功能模块；还可以把 Web 应用防火墙看作深度检测防火墙的增强。

4. 数据库防火墙

数据库防火墙技术是针对关系型数据库保护需求应运而生的一种数据库安全主动防御技术。数据库防火墙部署于应用服务器和数据库之间，用户必须通过它才能对数据库进行访问或管理。

数据库防火墙能够主动实时监控、识别、告警、阻挡绕过企业网络边界防护的外部数据攻击，以及确保内部的高权限用户（DBA、开发人员、第三方外包服务提供商）的数据不被窃取和破坏，从数据库 SQL 语句精细化控制的技术层面提供一种主动安全防御措施，并且结合独立于数据库的安全访问控制规则，帮助用户应对来自内部和外部的数据安全威胁。

与 Web 应用防火墙不同，数据库防火墙作用在应用服务器和数据库服务器之间，看到的是经过了复杂的业务逻辑处理之后生成的完整 SQL 语句，也就是说看到的是攻击的最终表现形态，因此数据库防火墙可以采用比 Web 应用防火墙更加积极的防御策略。此外，通过 HTTP 服务应用访问数据库只是数据库访问中的一种通道和业务，还有大量的业务访问和 HTTP 无关，这些与 HTTP 无关的业务自然就无法依赖 Web 应用防火墙，而需要数据库防火墙来完成。因此，数据库防火墙能够比 Web 应用防火墙取得更好的防御效果。

5. 入侵防御系统

虽然传统的安全防御技术在某种程度上对防止系统非法入侵起到了一定的作用，但这些安全措施自身存在许多缺点，尤其是对网络环境下日新月异的攻击手段缺乏主动防御能力。所谓“主动防御能力”，是指系统不仅要具有入侵检测系统的入侵发现能力和防火墙的静态防御能力，还要有针对当前入侵行为动态调整系统安全的策略，以及阻止入侵和对入侵攻击源进行主动追踪和发现的能力。单独的防火墙和 IDS 等技术不能对网络入侵行为实现快速、积极的主动防御。针对这一问题，人们不断进行新的探索，于是入侵防御系统（Intrusion Prevention System，IPS，也称作 Intrusion Detection Prevention，IDP）作为 IDS 的替代技术诞生了。

IPS 是一种主动的、智能的入侵检测、防范、阻止系统，其设计旨在预先对入侵活动和攻击性网络流量进行拦截，避免其造成任何损失，而不是简单地在恶意流量传送时或传送后发出警报。它被部署在网络的进出口处，当它检测到攻击企图后，会自动地将攻击包丢掉或采取措施将攻击源阻断。

国内外的许多专家学者从不同的角度来分析、研究和构建 IPS，在不同的应用中采用不同的技术。比如，针对邮件系统的应用采用基于状态与流检测的入侵防御技术；针对千兆高速网络采用基于 WindForce 千兆网络数据控制卡的入侵防御系统；针对分布式网络采用基于 Multi-Agent 的分布式入侵防御技术等。

6. 统一威胁管理

市场分析咨询机构 IDC 这样定义统一威胁管理（Unified Threat Management，UTM）：这是一类集成了常用安全功能的设备，必须具有传统防火墙的功能，以及网络入侵检测与防护、网关防病毒功能，并且可能会集成其他一些安全或网络特性。所有这些功能不一定都要打开，但是这些功能必须集成在一个硬件中。

Gartner 在其市场分析报告中对 UTM 产品形态则有着更为细致的描述。该机构认为，除了具有传统防火墙与 IPS 的功能外，UTM 至少还应该具有 VPN、URL 过滤和内容过滤的能力，并且将网关防病毒的要求扩大至反恶意软件（包括病毒、木马、间谍软件等）范畴。另一方面，Gartner 对 UTM 的用户群体有着自己的看法，认为该产品主要面对的是中小企业或分支机构（1000 人以下），这类用户通常对性能没有太高要求，看中的是产品的易用性和集成安全业务乃至网络特性（如无线规格、无线管理、广域网加速）的丰富度。

UTM 与 NGFW 集成安全功能的对比如图 5-25 所示。

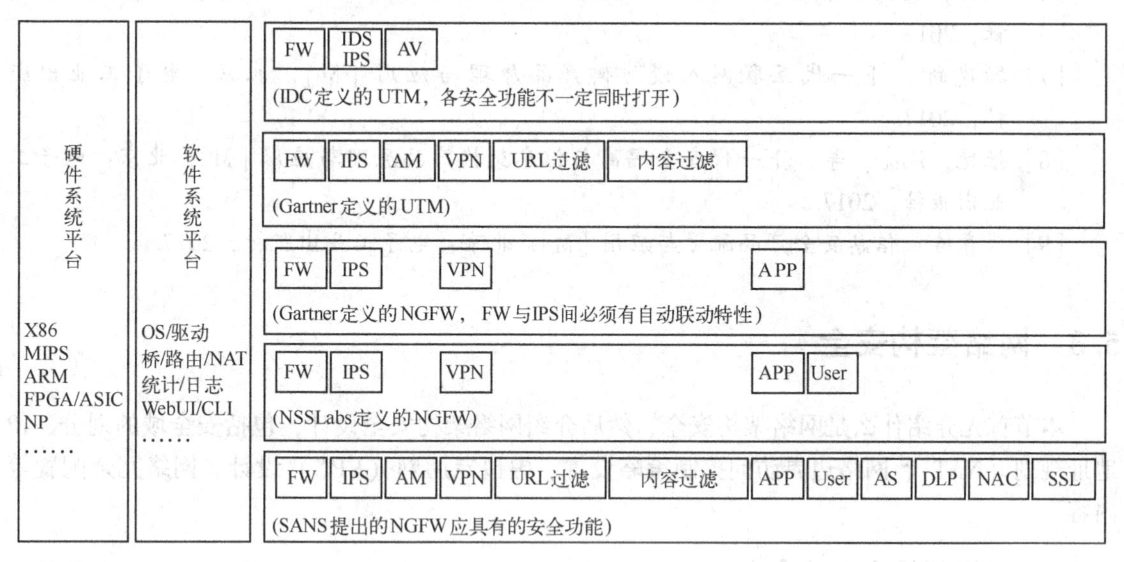

缩略语释义：

FW：状态检测防火墙　IDS：网络入侵检测　IPS：网络入侵防御

AV：反病毒　AM：反恶意软件　VPN：虚拟专用网

APP：应用识别、控制与可视化　User：用户/用户组识别、控制　AS：反垃圾邮件

DLP：数据泄露防护　NAC：网络接入控制

图 5-25　UTM 与 NGFW 集成安全功能的对比

应当说，UTM 和 NGFW 针对不同级别用户的需求，对宏观意义上的防火墙的功能进行了更有针对性的归纳总结，是互为补充的关系。无论是从产品与技术发展角度看还是从市场角度看，NGFW 与 IDC 定义的 UTM 一样，都是不同情况下对边缘网关集成多种安全业务的阶段性描述，其出发点就是用户需求变化产生的牵引力。

✍ 小结

网络攻击技术具有不确定性，靠单一的产品往往不能够满足不同用户的不同安全需求。信息安全产品的发展趋势是不断地走向融合，走向集中管理。

采用协同技术，可让网络攻击防御体系更加有效地应对重大网络安全事件，实现多种安全产品的统一管理和协同操作、分析，从而对网络攻击行为进行全面、深层次的有效管理，降低安全风险和管理成本，成为网络攻击防护产品发展的一个主要方向。

🕮 拓展阅读

读者要想了解更多防火墙、入侵检测系统等网络安全设备相关的原理与技术，可以阅读以下书籍资料。

[1] 徐慧洋，白杰，卢宏旺．华为防火墙技术漫谈［M］．北京：人民邮电出版社，2015.

[2] 陈波，于泠．防火墙技术与应用［M］．北京：机械工业出版社，2015.

[3] Suehring S．Linux 防火墙［M］．4 版．王文烨，译．北京：人民邮电出版社，2016.

[4] 张艳，俞优，沈亮，等．防火墙产品原理与应用［M］．北京：电子工业出版社，2016.

[5] 薛静锋，祝烈煌．入侵检测技术［M］．2 版．北京：人民邮电出版社，2016.

[6] 顾健，沈亮．高性能入侵检测系统产品原理与应用［M］．北京：电子工业出版社，2017.

[7] 顾建新．下一代互联网入侵防御产品原理与应用［M］．北京：电子工业出版社，2017.

[8] 张艳，沈亮，等．下一代安全隔离与信息交换产品原理与应用［M］．北京：电子工业出版社，2017.

[9] 武春岭．信息安全产品配置与应用［M］．北京：电子工业出版社，2017.

5.3 网络架构安全

本节首先介绍什么是网络架构安全，然后介绍网络架构安全设计，包括安全域的划分、IP 地址规划（NAT）、网络边界访问控制策略设置、虚拟专用网（VPN）设计、网络冗余配置等内容。

5.3.1 网络架构安全的含义

网络架构是指由计算机软硬件、互联设备等构成的网络结构和部署，用于确保可靠的信息传输，满足业务需要。网络架构设计是为了实现不同物理位置的计算机网络的互通，将网络中的计算机平台、应用软件、网络软件、互联设备等网络元素有机地连接在一起，使网络能满足用户的需要。一般网络架构的设计以满足企业业务需要，实现高性能、高可靠、稳定安全、易扩展、易管理维护的网络为衡量标准。

网络架构安全是指在进行网络信息系统规划和建设时，依据用户的具体安全需求，利用各种安全技术，部署不同的安全设备，通过不同的安全机制、安全配置、安全部署，规划和设计相应的网络架构。

一般的，网络架构安全设计需要考虑以下问题。

1）合理划分网络安全区域。按照不同区域的不同功能和安全要求，将网络划分为不同的安全域，以便实施不同的安全策略。

2）规划网络 IP 地址，制定网络 IP 地址分配策略，制定网络设备的路由和交换策略。IP 地址规划可根据具体情况采取静态分配地址、动态分配地址、NAT 等，路由和交换策略在相应的主干路由器、核心交换及共享交换设备上进行。

3）在网络边界部署安全设备，设计设备的具体部署位置和控制措施，维护网络安全。首先，明确网络安全防护策略，规划、部署网络数据流检测和控制的安全设备，具体可根据用户需求部署 IDS、入侵防御系统、网络防病毒系统、防 DOS 系统等。其次，还应部署网络安全审计系统，制定网络和系统审计安全策略，具体措施包括设置操作系统日志及审计措施，设计应用程序日志及审计措施等。

4）规划网络远程接入安全，保障远程用户安全地接入到网络中。具体可设计远程安全接入系统、部署 IPSec、SSL VPN 等安全通信设备。

5）采用入侵容忍技术。设计网络线路和网络重要设备冗余措施，制定网络系统和数据的备份策略，具体措施包括设计网络冗余线路、部署网络冗余路由和交换设备、部署负载均衡系统、部署系统和数据备份等。

5.3.2 网络架构安全设计

1. 安全域划分

(1) 安全域的概念

安全域是由一组具有相同安全保护需求并相互信任的系统组成的逻辑区域。每一个逻辑区域都有相同的安全保护需求，具有相同的安全访问控制和边界控制策略，区域间具有相互信任关系，而且相同的网络安全域共享同样的安全策略。安全域划分的目的是把一个大规模复杂系统的安全问题化解为小区域的安全保护问题。它是实现大规模复杂信息系统安全保护的有效方法。

对信息系统安全域（保护对象）的划分应主要考虑如下因素。

1）业务和功能特性。业务系统的逻辑和应用关联性，业务系统是否需要对外连接。

2）安全性要求。安全要求的相似性，可用性、保密性和完整性的要求是否类似；威胁相似性，威胁来源、威胁方式和强度是否类似；资产价值相近性，重要与非重要资产要区分。

3）现有状况。分析现有网络结构的状况，包括现有网络结构、地域和机房等；分析现有机构部门的职责划分。

进行安全域的划分，制定资产划分的规则，将信息资产归入不同安全域中，使每个安全域内部都有基本相同的安全特性，如安全级别、安全威胁、安全弱点及风险等。在此安全域的基础上就可以确定该区域的信息系统安全保护等级和防护手段，从而对同一安全域内的资产实施统一的保护。安全域是基于网络和系统进行安全检查和评估的基础，也是企业网络抗渗透的有效防护方式，安全域边界是灾难发生时的抑制点。

(2) 安全域的划分

一般可以把网络划分为 4 个部分：本地网络、远程网络、公共网络和伙伴访问网络。例如，一个大型企业的网络的安全域通常可以细分为核心局域网安全域、部门网络安全域、分支机构网络安全域、异地灾备中心安全域、互联网门户网站安全域、通信线路运营商广域网安全域等。其中，核心局域网安全域又可以划分为中心服务器子区、数据存储子区、托管服务子区、核心网络设备子区、线路设备子区等多个子区域。

(3) 虚拟局域网设计

虚拟局域网（Virtual Local Area Network，VLAN）技术是一种划分互相隔离子网的技术，通过将网内设备逻辑地划分成一个个网段来实现虚拟工作组。VLAN 技术已成为大大提高网络运转效率、提供最大程度的可配置性的普遍采用的成熟技术。更为重要的是，VLAN 也为网络提供了一定程度的安全性保证。

VLAN 技术，可以把一个网络中众多的设备分成若干个虚拟的工作组，组和组之间的网络设备相互隔离，形成不同的区域，将广播流量限制在不同的广播域。VLAN 技术基于 2 层和 3 层协议之间的隔离，可以将不同的网络用户与网络资源进行分组，并通过支持 VLAN 技术的交换机隔离不同组内网络设备间的数据交换，达到网络安全的目的。该方式允许同一 VLAN 上的用户互相通信，而处于不同 VLAN 的用户在数据链路层上是断开的，只能通过 3 层路由器才能访问。

同一个 VLAN 中的用户，不论其实际与哪个交换机连接，它们之间的通信就好像在独立的交换机上一样。同一个 VLAN 中的广播，只有该 VLAN 中的成员才能听到，如果没有路由，不同 VLAN 之间不能相互通信，这样就增加了公司网络中不同部门之间的安全性。

2. IP 地址规划

IP 地址用来标识不同的网络、子网及网络中的主机。所谓“IP 地址规划”，是指根据 IP 编址特点为所设计的网络中的结点、网络设备分配合适的 IP 地址。

IP 地址规划要和网络层次规划、路由协议规划、流量规划等结合起来考虑。IP 地址的规划应尽可能和网络层次对应。一般的，IP 地址规划采用自顶向下的方法，先把整个网络根据地域、设备分布、服务分布及区域内的用户数量划分为几个大区域，每个大区域又可以分为多个子区域，每个子区域从它的上一级区域里获取 IP 地址段。IP 地址规划采用结构化网络分层寻址模型，地址是有意义的、分层的、容易规划的，有利于地址的管理和故障检测，容易实现网络优化和加强系统的安全性。

IP 地址分配一般包括静态地址分配、动态地址分配及 NAT 地址分配等方式。

1）静态地址分配。就是给网络中的每台计算机、网络设备分配一个固定的 IP 地址。这种分配方案对可分配的 IP 地址数量要求较高，可能造成网络 IP 地址不够分配或短期内不够用的情况。所以，只有在可分配的 IP 地址数量远大于网络中的计算机和网络设备对 IP 地址的需求时才采用。但是，对于某些提供网络服务的设备，如 Web 服务器、邮件服务器、FTP 服务器等，最好还是为其分配静态 IP 地址。

2）动态地址分配。是指当计算机连接到网络时，每次为其临时分配一个 IP 地址。在一个网络中，当拥有的网络地址数量不够多，或普通终端计算机没有必要分配静态 IP 地址时，可以采用这种地址分配方式。

3）NAT 地址分配。NAT（Network Address Translation，网络地址转换）是一种将私有 IP 地址映射到公网 IP 地址的方案。NAT 技术一方面减缓了 IPv4 中 IP 地址短缺的问题，另一方面可以隐蔽内部网络结构，因而在一定程度上降低了内部网络被攻击的可能性，提高了私有网络的安全性。同时，NAT 技术还可以实现网络负载均衡、网络地址交迭等功能。

NAT 技术根据实现方法的不同通常可以分为以下两种。

- 静态 NAT。这类 NAT 是为了在内网地址和公网地址间建立一对一映射而设计的。静态 NAT 需要内网中的每台主机都拥有一个真实的公网 IP 地址，NAT 网关依赖于指定的内网地址到公网地址之间的映射关系来运行。
- 动态 NAT。动态 NAT 可以将一个内网 IP 地址动态映射为公网 IP 地址池中的一个，不必像使用静态 NAT 那样，进行一对一的映射。动态 NAT 的映射表对网络管理员和用户透明。这类 NAT 包括端口地址转换（Port Address Translation，PAT）技术，可以把内部 IP

地址映射到公网 IP 地址的不同端口上。

3. 网络边界访问控制策略设置

把不同安全级别的网络相连接，就产生了网络边界。为了防止网络外界的入侵，就需要在网络边界上建立可靠的安全防御措施。

网络边界安全访问总体策略：允许高级别的安全域访问低级别的安全域，限制低级别的安全域访问高级别的安全域，在不同安全域内部分区进行安全防护，做到安全可控。边界可能包括以下一些部件：路由器、防火墙、IDS、VPN 设备、防病毒网关等。上述部件和技术的不同组合，可以构成不同级别的边界防护机制。

图 5-26 所示为边界访问控制策略。下面给出一些常见的配置模式以供参考。

1）基本安全防护。基本安全防护采用常规的边界防护机制，如登录、连接控制等，使用路由器或者三层交换机可实现基本的信息系统边界安全防护。

2）较严格安全防护。采用较严格的安全防护机制，如较严格的登录、连接控制，普通功能的防火墙、防病毒网关、入侵防御系统、信息过滤、边界完整性检查等。

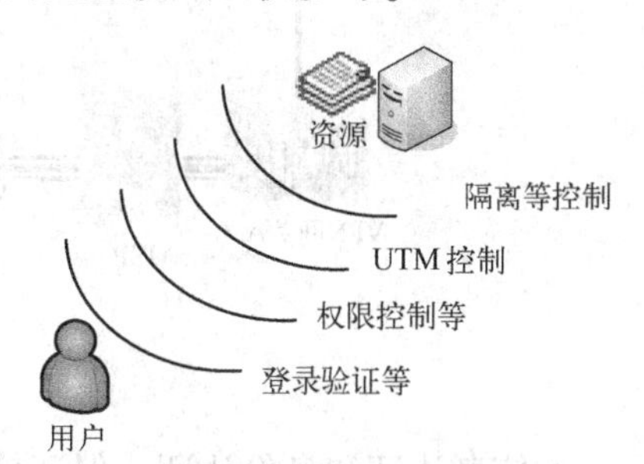

图 5-26　边界访问控制策略

3）严格安全防护。随着当前信息安全对抗技术的发展，需要采用严格的安全防护机制，如严格的登录、连接机制，高安全功能的防火墙、防病毒网关、入侵防御系统、信息过滤、边界完整性检查等。

4）特别安全防护。采用当前较为先进的边界防护技术，必要时可以采用物理隔离安全机制，实现特别的安全要求的边界安全防护。

4. 虚拟专用网设计

作为一种网络互联方式和一种将远程用户连接到网络的方法，虚拟专用网（VPN）一直在快速发展。

（1）VPN 的概念

国家标准《信息技术 安全技术：IT 网络安全 第 5 部分：使用虚拟专用网的跨网通信安全保护》（GB/T 25068. 5—2010/ISO/IEC 18028—5：2006）中给出了 VPN 的定义，“VPN 提供一种在现有网络或点对点连接上建立一至多条安全数据信道的机制”。它只分配给受限的用户组独占使用，并能在需要时动态地建立和撤销。主机网络可为专用的或公共的。

在图 5-16 中，远程用户可以通过因特网建立到组织内部网络的 VPN 连接，远程用户建立到远程访问服务器的 VPN 拨号后，会得到一个内网的 IP 地址，这样该用户就可以像是在内网中一样访问组织内部的主机，通常称这种应用为端到点的 VPN 接入。

图 5-16 中，分支结构的局域网如果不能通过专线连接，也可以利用站点间的 VPN 通过因特网将两个局域网连接起来。如图 5-27 所示，它具有一条跨越不安全的公网来连接两个端点的安全数据通道。通常称这种情况为点到点的 VPN 接入。

从上面的例子可以看出，VPN 技术是利用因特网扩展内部网络的一项非常有用的技术，它利用现有的因特网接入，只需稍加配置就能实现远程用户对内网的安全访问或两个私有网络的相互访问。

一个虚拟专用网络至少应该能提供如下功能。

- 数据加密。保证通过公共网络传输的数据即使被他人截获也不至于泄露。

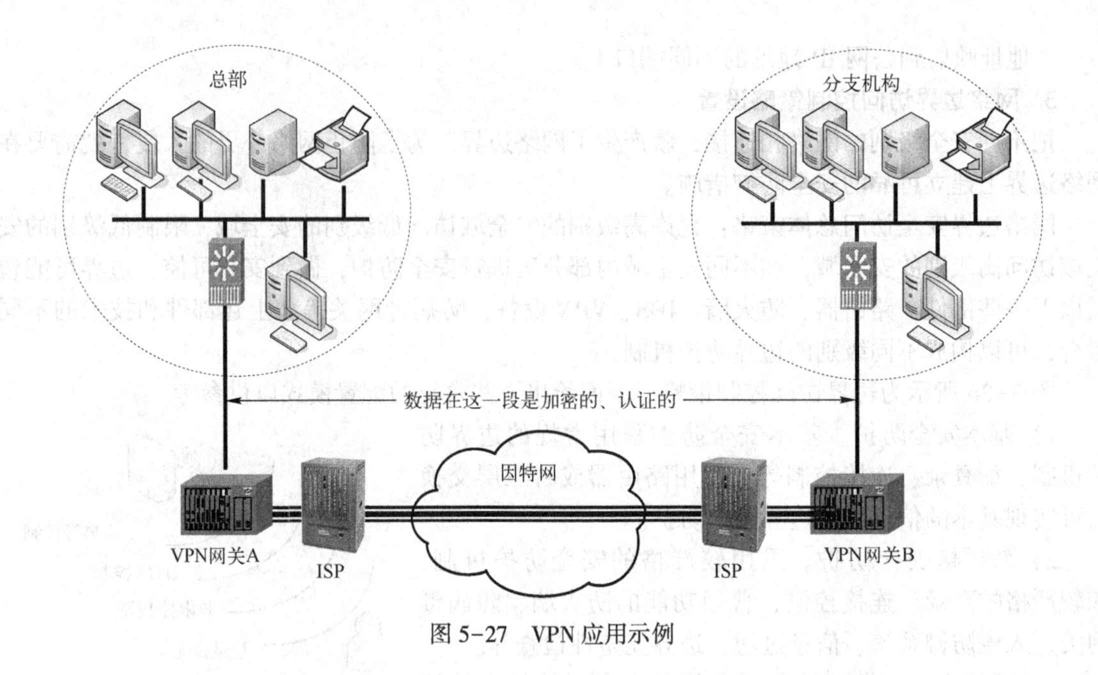

图 5-27　VPN 应用示例

- 信息认证和身份认证。保证信息的完整性、合法性和来源可靠性（不可抵赖性）。
- 访问控制。不同的用户应该分别具有不同的访问权限。

虚拟专用网可以帮助远程用户、公司分支机构、商业伙伴及供应商等与公司内部网络建立可信的安全连接，并保证数据的安全传输。虚拟专用网利用了现有的因特网环境，有利于降低建立远程安全网络连接的成本，同时也将简化网络的设计和管理的复杂度及难度，利于网络的扩展。随着移动用户的增加，虚拟专用网的解决方案可以有效地实现远程网络办公和商业合作间的安全网络连接。

（2）隧道协议

VPN 的实质是在共享网络环境下建立的安全“隧道”（Tunnel）连接，数据可以在“隧道”中传输。

隧道是利用一种协议来封装传输另外一种协议的技术。简单而言就是，原始数据报文在 A 地进行封装，到达 B 地后把封装去掉，还原成原始数据报文，这样就形成了一条由 A 到 B 的通信“隧道”。

隧道技术的标准化表现形式就是隧道协议。隧道协议通常包含 3 方面内容，从高层到底层分别进行介绍。

1）乘客协议。即被封装的协议，如 PPP（Point to Point，点对点）、SLIP（Serial Line Internet Protocol，串行线路网际协议）等。

2）隧道协议。用于隧道的建立、维持和断开，把乘客协议当作自己的数据（载荷）来传输。隧道协议可分为以下几种。

- 二层隧道协议，有 PPTP（Point-to-Point Tunneling Protocol，点对点隧道协议）、L2F（Layer 2 Forwarding，第二层转发）、L2TP（Layer 2 Tunneling Protocol，第二层隧道协议）等。
- 三层隧道协议，有 IPSec（IP Security，IP 安全）、MPLS（Multi-Protocol Label Switching，多协议标签交换）等。

- 高层隧道协议，有 SSL（Secure Sockets Layer，安全套接字层）、IKE（Internet Key Exchange，因特网密钥交换）等。

不同隧道协议的区别主要在于用户数据在网络协议栈的第几层被封装。IPSec VPN 和 SSL VPN 在 5.4.3 小节中介绍。

3）承载协议。用于传送经过隧道协议封装后的数据分组，把隧道协议当作自己的数据（载荷）来传输。典型的承载协议有 IP、ATM、以太网等。

5. 入侵容忍和网络冗余配置

（1）入侵容忍

入侵容忍（也称作容忍入侵或容侵）是指，当一个网络系统遭受入侵时，即使系统的某些组件遭受攻击者的破坏，整个系统仍能提供全部或者降级的服务，同时保持系统数据的保密性与完整性等安全属性。

与传统的网络安全技术相比，入侵容忍技术为系统提供了更大的安全性和可生存性。入侵容忍可以作为系统的最后一道防线。

（2）网络冗余配置

现在的网络如果主线路出现故障，通常需要通过备份技术来保证网络的可用性。如果网络线路单一，一旦主线路出现故障，那么网络通信就可能中断。如果网络有第二种或者第三种接入的方式，就可以保证链路的可用性，确保业务的正常运转。

一个和互联网（或外部网络）有连接的组织网络在考虑网络冗余配置时，应当从以下几个方面着手。

1）接入互联网时，同时采用不同电信运营商的线路，相互备份且互不影响。

2）核心层、汇聚层的设备和重要的接入层设备均应双机热备，如核心交换机、服务器群接入交换机、重要业务管理终端接入交换机、核心路由器、防火墙、均衡负载器、带宽管理器及其他相关重要设备。

3）保证网络带宽和网络设备的业务处理能力具备冗余空间，满足业务高峰期和业务发展需要。

应用实例：静态 NAT 和动态 NAT 应用

（1）静态 NAT 应用过程

图 5-28 所示为静态 NAT 原理图。

静态 NAT 过程描述如下。

1）在防火墙建立静态 NAT 映射表，在内网地址和公网地址间建立一对一映射。

2）网络内部主机 10.1.1.10 建立一条到外部主机 202.119.104.10 的会话连接。主机发送数据包到主机。

3）防火墙从内部网络接收到一个数据包时检查 NAT 映射表：如果已为该地址配置了静态地址转换，防火墙使用公网 IP 地址 209.165.201.1 来替换内网地址 10.1.1.10，并转发该数据包；否则，防火墙不对内部地址进行任何转换，直接将数据包进行丢弃或转发。

4）外部主机 202.119.104.10 收到来自 209.165.201.1 的数据包（已经经过 NAT 转换）后进行应答。

5）当防火墙接收到来自外部网络的数据包时，防火墙检查 NAT 映射表：如果 NAT 映射

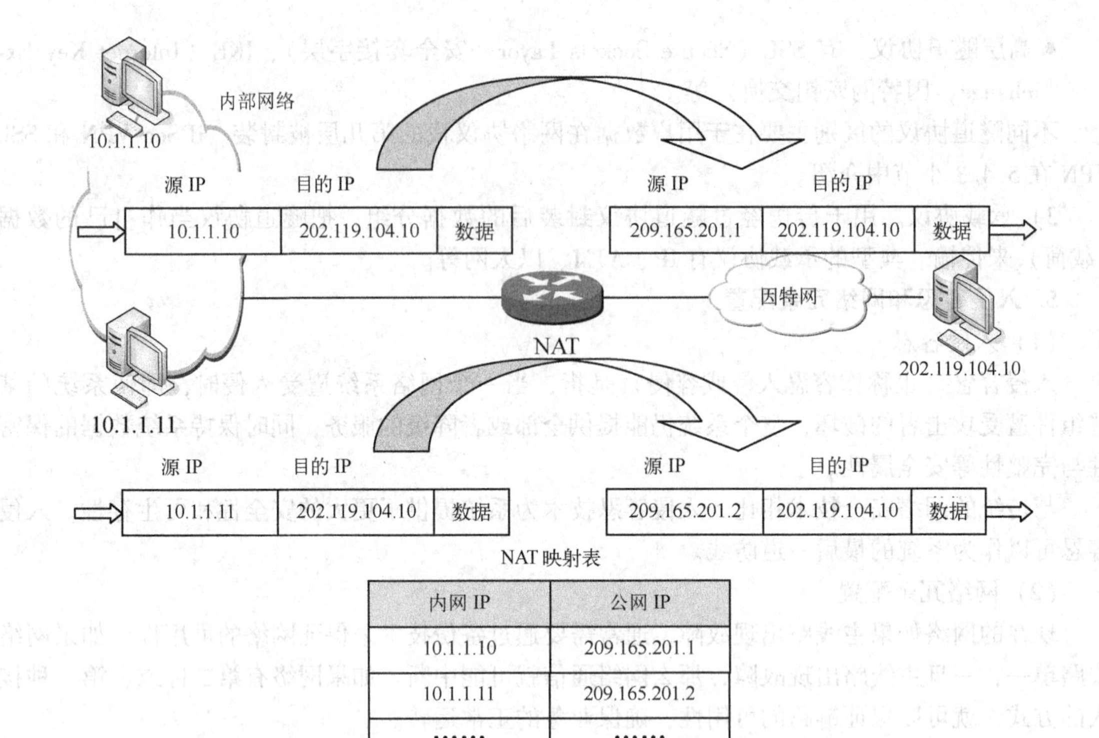

图 5-28　静态 NAT 原理图

表中存在匹配项，则使用内部地址 10. 1. 1. 10 替换数据包目的 IP 地址 209. 165. 201. 1，将数据包转发到内部网络主机，并进行转发；如果 NAT 映射表中不存在匹配项，则拒绝数据包。

对于每个数据包，防火墙都将执行 2) ~5) 的操作。

(2) 动态 NAT 应用过程

动态 NAT 原理图如图 5-29 所示。

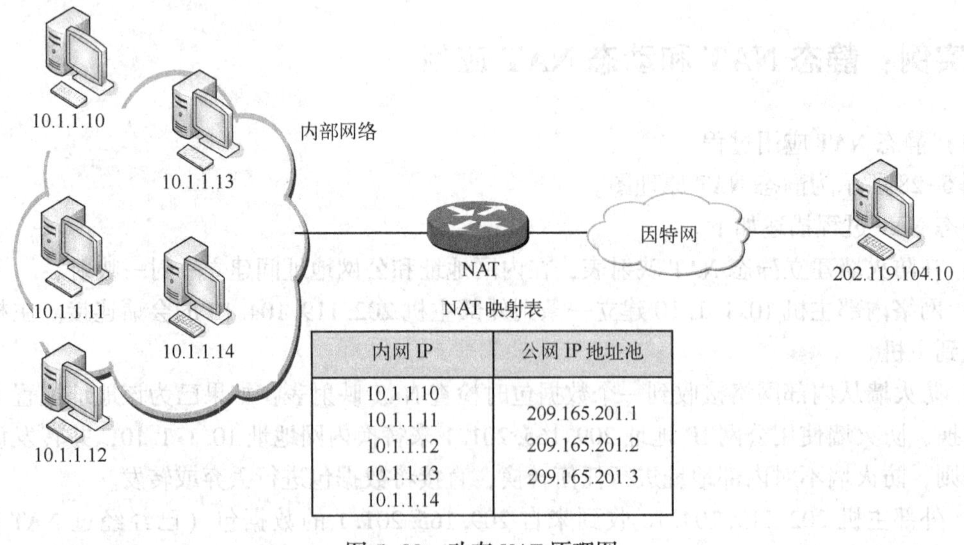

图 5-29　动态 NAT 原理图

需要说明的是，图 5-29 中，内网有 5 台主机，拥有 3 个外网地址，配置成动态映射，则内网的计算机同时只能有 3 台计算机访问因特网。使用图 5-29 所示的动态 NAT 技术，因特网上的主机不能访问内网上的计算机。此外，如果地址池的 IP 地址建立映射时用完了，内网剩余的计算机将不能再访问外网。

端口地址转换（PAT）作为动态 NAT 的一种形式，它将多个内部 IP 地址映射成一个公网 IP 地址。从本质上讲，网络地址映射并不是简单的 IP 地址之间的映射，而是网络套接字映射。网络套接字由 IP 地址和端口号共同组成。当多个不同的内部地址映射到同一个公网地址时，可以使用不同的端口号来区分它们，这种技术称为复用。这种方法节省了大量的网络 IP 地址的同时隐藏了内部网络拓扑结构。

NAT 技术不仅仅具有隐蔽内部网络结构的作用，同时可以用于网络负载均衡，也常被用来解决内部网络地址与外部网络地址交迭的情况。例如，当两个公司要进行合并，但双方各自使用的内部网络地址有重叠时；再如，用户在内部网络设计中私自使用了合法地址，但后来又要与公司网络（如因特网）进行连接时。

（3）NAT 技术的缺点

NAT 技术本身依然存在一些问题难以解决。

1）一些应用层协议的工作特点导致了它们无法使用 NAT 技术。当端口改变时，有些协议不能正确执行它们的功能。

2）静态和动态 NAT 安全问题。对于静态 NAT 技术，仅仅在一对一的基础上替换 IP 包头中的 IP 地址，应用层协议数据包所包含的相关地址并不能同时得到替换，如图 5-30 所示。如果希望增加安全性，应该考虑使用应用层代理服务来实现。

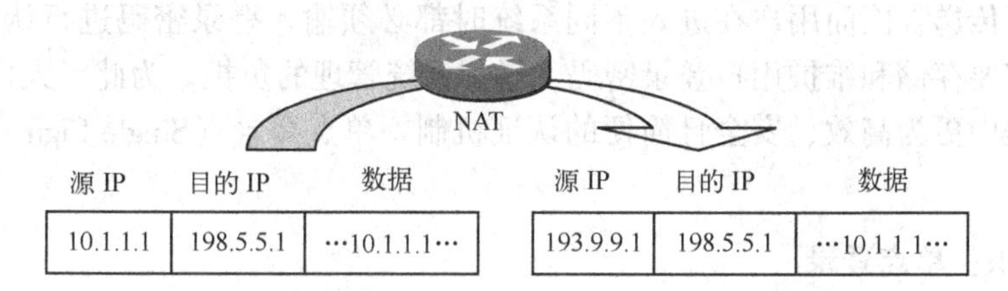

图 5-30　NAT 时数据包中的相关地址并不能同时得到替换

对于动态 NAT 技术，在内部主机建立穿越防火墙的网络连接之前，相应的 NAT 映射并不存在。网络外部主机根本没有到达内部主机的路径，因此网络内部主机完全被屏蔽，不可能受到攻击。但是 NAT 只能防止外部主机的攻击，对于内部网络攻击，NAT 不存在任何安全保护。

3）对内部主机的引诱和特洛伊木马攻击。通过动态 NAT，黑客难以了解网络内部结构，但是无法阻止内部用户主动连接黑客主机。如果内部主机被引诱连接到一个恶意外部主机上，或者连接到一个已被黑客安装了木马的外部主机上，内部主机将完全暴露，就像没有防火墙一样容易被攻击。

4）状态表超时问题。当内部主机向外部主机发送连接请求时，动态 NAT 映射表内容动态生成。NAT 映射表条目有一个生存周期，当连接中断时，映射条目清除，或者经过一个超时值（这个超时值由各个防火墙厂商定义）后自动清除。从理论上讲，在超时发生之前，攻击者得到动态网络地址并利用其翻译地址映射的内容是有可能的，但十分困难。

5.4 网络安全协议

互联网通信主要是在TCP/IP通信协议的基础上建立起来的。数据从应用层开始，每经过一层都被封装进一个新的数据包。这就像将信件先装入一个小信封，再逐层装入新信封、邮包、邮车内，信封、邮包、邮车上都附有具体的传送信息。在TCP/IP体系中，应用层数据经过TCP层、IP层和网络接口层后分别装入TCP报、IP报和网帧。每个数据报文都有首部和载荷，而网帧除了有首部和载荷外，还可能有尾部。数据报的首部提供传送和处理信息。TCP报的载荷是应用层的数据，IP报的载荷是TCP报，而网帧的载荷是IP报，网帧最后经网络媒体传输出去。所以，在网络的不同层次中置放密码算法所得到的效果是不一样的。本节着重分析在应用层、传输层和网络层进行加密的协议。

5.4.1 应用层安全协议

应用层有各种各样的安全协议，常用的应用层安全协议包括Kerberos协议、安全外壳协议（SSH）、电子邮件安全协议、安全电子交易协议（SET）和电子现钞协议（eCash）等。

1. Kerberos协议

（1）Kerberos的产生

在一个局域网中通常设有多种应用服务器，如Web服务器、邮件服务器、文件服务器、数据库服务器等。若采用传统的基于用户名/口令的认证管理，存在的问题如下：一方面，用户使用不方便，因为用户必须在每个系统中都有一组用户名和口令，用户的身份信息无法在各服务系统间相互传递，因而用户在进入不同系统时都必须输入登录密码进行认证；另一方面，每台服务器还需要存储和维护用户登录密码，增加系统管理的负担。为此，人们希望设计一种在网络应用过程中更为高效、安全且简便的认证机制，单点登录（Single Sign On，SSO）技术由此产生。

拓展知识：单点登录

单点登录是指用户只需在网络中进行一次身份认证便可以访问其授权的所有网络应用，而不再需要其他的身份认证过程。其实质是，安全凭证在多个应用系统之间传递或共享。这里所指的网络应用可以是各种共享的硬件设备，也可以是各种应用程序和数据等。

单点登录系统把原来分散的用户认证信息集中起来管理，减轻了安全管理员的维护工作，降低了出现错误的可能性。用户不再需要每访问一次资源就进行一次身份认证，提高了系统使用效率，而且单点登录多采用更为可靠的认证方式，增强了系统整体的安全性。

Kerberos是希腊神话中守卫地狱大门的一只三头狗的名称。对于提供身份认证功能及用于保护组织资产的安全技术来说，这是一个名副其实的名称。Kerberos协议是美国麻省理工学院Athena计划的一部分，是一种基于对称密码算法的网络认证协议，能在复杂的网络环境中为用户提供安全的单点登录服务。用户将自己的登录名和口令交给本地可信任的代理者，由它帮助局域网用户有效地向服务器证明用户的身份从而获取服务。Kerberos协议利用集中式认证取代分散认证，通过可信第三方的认证服务减轻应用服务器的负担。Kerberos协议是开放源代码的软件，它的源代码和相关文档可从http://web.mit.edu/kerberos/下载。Kerberos协议已在Windows、Linux、Mac OS X、Solaris等多种操作系统中应用，支持Kerberos的商业产品也越来越常见。

（2）Kerberos 协议的主要组件

如图 5-31 所示，Kerberos 协议的运行环境由密钥分发中心（Key Distributed Center，KDC）、应用服务器和用户客户端 3 个部分组成。KDC 包括认证服务器（Authentication Server，AS）和通行证授予服务器（Ticket Granting Server，TGS，也有的译作票据授权服务器）两部分。KDC 是整个系统的核心部分，它保存所有用户和服务器的密钥，并提供身份验证服务及密钥分发功能。客户和服务器都信任 KDC，这种信任是 Kerberos 协议安全的基础。

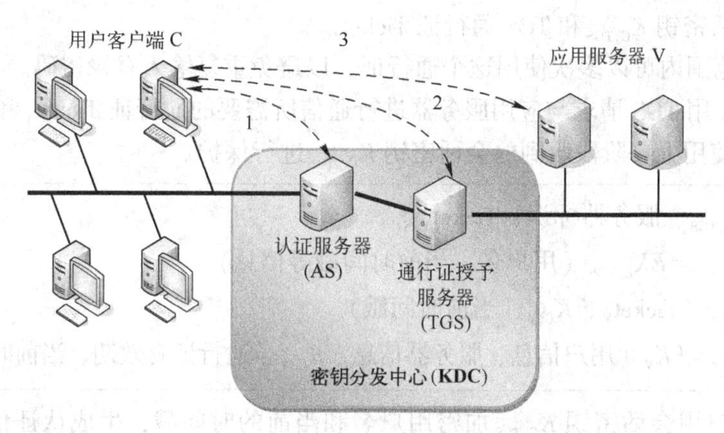

图 5-31　Kerberos 协议的工作过程

Kerberos 协议中使用通行证（Ticket，也有的译作票据）来实现用户和应用或服务之间的认证。用户和服务双方虽不能互相信任，但是都完全信任 KDC。双方通信时，用户如果拥有由 KDC 出具的通行证，就能通过该通行证获得服务端的信任。

例如，用户 C（Client）需要使用打印服务器，C 需要向 KDC 中的认证服务器（AS）进行身份认证，AS 验证用户的登录名和登录口令后给用户签发一个 TGS 通行证，记为 $\mathrm{Ticket}_{\mathrm{TGS}}$，用户持此通行证可随时向 TGS 证明自己的身份，以便领取访问资源服务器 V 的通行证，记为 $\mathrm{Ticket}_{\mathrm{V}}$。最后，C 将 $\mathrm{Ticket}_{\mathrm{V}}$ 提交给打印服务器，经过打印服务器的认证和检验后，C 就可以使用打印服务了。

使用 $\mathrm{Ticket}_{\mathrm{TGS}}$ 是为了让用户不必在每次申请服务时都输入认证信息，用户可以在有效期内多次重用该通行证，向不同的服务器证明自己的身份，而不需要输入登录口令。$\mathrm{Ticket}_{\mathrm{V}}$ 用于在认证服务器（AS）和应用服务器 V 之间安全地传递使用者的身份，同时也将 AS 对通行证使用者的信任转移给应用服务器。一旦发放，就可以被 $\mathrm{Ticket}_{\mathrm{V}}$ 中指定的客户端向指定的服务器请求服务时多次使用，直到票据过期为止。

（3）Kerberos 的基本认证过程

Kerberos 的基本认证过程可以分为 3 个阶段，如图 5-31 所示。

C→AS：用户身份信息、当前时间戳等信息 AS→C：EK_{C}（$\mathrm{Ticket}_{\mathrm{TGS}}$、$K_{\mathrm{C,TGS}}$、通行证有效期、当前时间戳等信息） 　　　$\mathrm{Ticket}_{\mathrm{TGS}}=EK_{\mathrm{TGS}}$（用户信息、$K_{\mathrm{C,TGS}}$、通行证有效期、当前时间戳等信息）

第 1 阶段：C 向 AS 请求访问 TGS 所需的通行证 $\mathrm{Ticket}_{\mathrm{TGS}}$ 和会话密钥 $K_{\mathrm{C,TGS}}$。

本阶段，C 向 AS 请求 TGS 服务，请求信息包括用户名和密码等用户身份信息及用户发出请求的时间戳。时间戳用于防止重放攻击。请求消息以明文形式发送。

AS 在数据库中验证用户的身份信息，然后根据用户的信息计算出用户和 AS 的共享密钥 K_C 以及用户与 TGS 的会话密钥 $K_{C,TGS}$，并生成用户的通行证 $Ticket_{TGS}$。再用 K_C 对 $Ticket_{TGS}$、$K_{C,TGS}$、通行证有效期等信息加密后发送给用户 C。$Ticket_{TGS}$ 中包含用户信息、用户与 TGS 的会话密钥 $K_{C,TGS}$、通行证有效期、当前时间戳等信息。$Ticket_{TGS}$ 用 AS 和 TGS 共享的密钥 K_{TGS} 加密保护。

C 收到 AS 的回复消息后，用与 AS 使用的相同的算法计算出密钥 K_C，并用 K_C 将收到的信息解密，得到会话密钥 $K_{C,TGS}$ 和 TGS 通行证 $Ticket_{TGS}$。

C 在有效期范围内可以多次使用这个通行证，以避免重复输入登录密码。

第 2 阶段：C 用 TGS 请求与应用服务器进行通信所需要的通行证 $Ticket_V$ 和会话密钥 $K_{C,V}$。本阶段通信过程使用上一阶段收到的会话密钥 $K_{C,TGS}$ 进行保护。

C→TGS：$Auth_{C,TGS}$、服务器标识、$Ticket_{TGS}$
　　$Auth_{C,TGS} = EK_{C,TGS}$（用户名、当前时间戳等信息）
TGS→C：$EK_{C,TGS}$（$Ticket_V$、$K_{C,V}$、当前时间戳）
　　$Ticket_V = EK_V$（用户信息、服务器信息、$K_{C,V}$、通行证有效期、当前时间戳等信息）

本阶段，用户用会话密钥 $K_{C,TGS}$ 加密用户名和当前的时间戳，生成认证信息包 $Auth_{C,TGS}$，和需要访问的资源服务器标识（VID）、认证服务器分发的 $Ticket_{TGS}$ 一起发送给 TGS。

TGS 收到信息，用 AS 和 TGS 共享的密钥 K_{TGS} 解密 $Ticket_{TGS}$ 中的内容，获得通信密钥 $K_{C,TGS}$，再解密用户的认证信息包，查看包中的用户名和通行证是否相同。如果不相同，则认证失败；如果相同，则认证成功。然后，TGS 随机生成用户与资源服务器的会话密钥 $K_{C,V}$ 及用户访问资源服务器的 $Ticket_V$。再用通信密钥 $K_{C,TGS}$ 对 $Ticket_V$、$K_{C,V}$、当前时间戳等信息加密后发送给 C。$Ticket_V$ 中包含用户信息、服务器信息、用户与服务器的会话密钥 $K_{C,V}$ 及该通行证的有效时间等。

C 使用通信密钥 $K_{C,TGS}$ 解密信息，得到通行证 $Ticket_V$ 及与资源服务器通信的密钥 $K_{C,V}$。

第 3 阶段：C 用服务器通行证向 V 索取服务。

C→V：$Ticket_V$、$Auth_{C,V}$
$Auth_{C,V} = EK_{C,V}$（用户信息、当前时间戳）
V→C：返回认证成功/失败信息

本阶段，C 用会话密钥 $K_{C,V}$ 加密用户信息和当前的时间戳，生成认证信息包 $Auth_{C,V}$，和 TGS 分发的 $Ticket_V$ 一起发送给 V。

资源服务器收到用户的请求，用 TGS 和 V 共享的密钥解密 $Ticket_V$ 中的内容，获得密钥 $K_{C,V}$，再解密用户的认证信息包，查看包中的用户名和通行证是否相同。如果一致，则认证成功，向用户提供其请求的资源；如果不一致，则认证失败，终止与用户的通信。

（4）Kerberos 协议的两种工作模式

Kerberos 协议有两种模式：单域模式和多域模式。一个 Kerberos 域是指用户和服务器的集合，它们都被同一个 AS 服务器所认证。

在现实的异构网络环境中，越来越多的信息需要实现安全的跨域信息交换和处理。所谓“域”，是指需要统一安全策略保护的主体和客体的集合，具有确定的边界、独立的安全策略，是一个信任范围。不同组织或机构的客户和服务器组成的网络往往分成不同的域。

在应用中，一个域中的用户可能需要访问另一个域中的服务器，部分服务器也愿意向其他域中的用户提供服务。要实现跨域的安全访问，域与域之间必须建立信任关系，这种信任关系可以是单向的，也可以是双向的，用户可以从一个域访问另一个建立了信任关系的域中的资源。要实现跨域认证，两个域中的 Kerberos 服务器需要共享一个密钥，通过该密钥，两个 Kerberos 域之间就可以建立信任关系，完成用户身份的认证和访问授权。

（5）Kerberos 认证机制的安全性分析

Kerberos 协议在通信的过程中，用户在通行证的有效期内，只需要第一次登录，就可以访问多个资源和服务。同时，通信过程中的信息都加入了时间戳，通行证也包含有效期，可以通过比对时间戳及检验有效期，阻止攻击者的重放攻击。

尽管 Kerberos 协议有其优点，但应用在网络环境中还有以下一些不足。

1）协议认证的基础是通信双方均无条件信任 KDC，一旦其安全受到影响，将会威胁整个认证系统的安全。同时，随着用户数量的增加，这种第三方集中认证的方式容易变成系统性能的瓶颈。KDC 中存储了大量用户和资源服务器的通信密钥，如何存储和管理这些通信密钥，防止其被攻击者窃取，需要付出很多资源和极高的代价。

2）协议中的认证依赖于时间戳来实现抗重放攻击，这要求所有客户端时间和服务器时间同步。严格的时间同步需要有时间服务器，因此，时间服务器的安全至关重要。

3）Kerberos 协议防止口令猜测攻击的能力较弱。攻击者可以通过收集大量的通行证，通过计算和密钥分析进行口令猜测。如果用户的口令不是很复杂，就有可能被攻击者使用口令猜测攻击窃取用户的口令。

2. 其他应用层安全协议

（1）安全外壳协议

安全外壳（Secure Shell，SSH）协议是用密码算法提供安全可靠的远程登录、文件传输和远程复制等网络服务的协议。这些网络服务由于以明文形式传输数据，故窃听者用网络嗅探软件（如 tcpdump 和 Wireshark）便可轻而易举地获知其传输的通信内容。利用 SSH 协议可以有效防止远程管理过程中的信息泄露问题。

SSH 只是一种协议，存在多种实现，既有商业实现，如也有开源实现（如 OpenSSH）。SSH 应用程序由服务端和客户端组成。服务端是一个守护进程（Daemon），在后台运行并响应来自客户端的连接请求。服务端提供了对远程连接的处理，一般包括公共密钥认证、密钥交换、对称密钥加密和安全连接。客户端包含 SSH 程序及像 SCP（远程复制）、Rlogin（远程登录）、SFTP（安全文件传输）等的其他应用程序。工作机制大致是，本地的客户端发送一个连接请求到远程的服务端，服务端检查申请的包和 IP 地址再发送密钥给 SSH 的客户端，本地再将密钥发回给服务端，自此连接建立。

☞ 请读者完成本章思考与实践第 60 题，学习使用 OpenSSH 工具。另外，学习 Windows 系统下的 SSH 工具。

（2）电子邮件安全协议

传统的电子邮件是通过明文在网上传输的，它就像明信片一样从一台服务器传送到另一台服务器，在传送过程中很可能被读取、截获或者篡改；发信人还可以很方便地伪造身份发送邮件。这使得一些重要的信息不能通过电子邮件发送。电子邮件的安全已经成为亟待解决的问题。安全电子邮件系统通常有以下几个要求：保密性、完整性、可认证性、不可否认性和不可抵赖性。针对这种情况，业界提出了不同的安全电子邮件协议：S/MIME、OpenPGP 和 DMARC 等。

1）S/MIME。S/MIME（Secure Multipurpose Internet Mail Extensions，多用途互联网邮件扩充安全）协议由 RSA 实验室于 1996 年开发。S/MIME 提供的安全功能包括加解密数据、数字签名、净签名数据（允许与 S/MIME 不兼容的阅读器阅读原始数据，但不能验证签名）。许多流行的电子邮件程序内建了基于 S/MIME 的加密算法，这些程序包括 Outlook 和 Lotus Notes 等。

2）OpenPGP。OpenPGP 源于 PGP（Pretty Good Privacy，相当好的私密性），是使用公钥加密算法加密邮件的一个非私有协议，是一种近年来得到广泛使用的端到端的安全邮件标准（RFC4880）。OpenPGP 定义了对信息的加解密、数字签名等安全保密服务。商业软件 PGP 和开源软件 GnuPG（GPG）是符合 OpenPGP 标准的两个软件。PGP 可以通过插件在许多电子邮件程序中使用。在功能上，GPG 完全兼容 PGP，并且比 PGP 具有更强的功能。PGP 完全免费。

3）DMARC。DMARC（Domain-based Message Authentication，Reporting and Conformance，基于域的消息认证、报告和一致性）是 2012 年 1 月由 Paypal、Google、微软、雅虎、网易等，以及 E-mail 服务提供商在内的行业巨头联手推广的一款电子邮件安全协议。针对 SMTP 协议没有对收到的 E-mail 中源地址和数据的验证能力，DMARC 协议规定邮件发送方的邮件服务器声明自己采用该协议。当邮件接收方的邮件服务器收到该域发送过来的邮件时，则进行 DMARC 校验。DMARC 协议的主要目的是识别并拦截钓鱼邮件，使钓鱼邮件不再进入用户邮箱中，减少邮箱用户打开/阅读钓鱼邮件的可能性，从而保护用户的账号和密码等个人信息安全。

☞ 请读者完成本章思考与实践第 61 题，实践 PGP 和 GPG 的应用。

（3）安全电子交易协议（SET）

电子商务在提供机遇和便利的同时，也面临着一个非常大的挑战，即交易的安全问题。在网上购物的环境中，持卡人希望在交易中保密自己的账户信息，使之不被人盗用；商家则希望客户的订单不可抵赖，并且在交易过程中，交易各方都希望验明其他方的身份，以防止被欺骗。针对这种情况，由美国 Visa 和 MasterCard 两大信用卡组织联合国际上的多家科技机构，共同制定了应用于因特网的以银行卡为基础进行在线交易的安全标准，这就是安全电子交易（Secure Electronic Transaction，SET）。它采用公钥密码体制和 X.509 数字证书标准，主要用于保障网上购物信息的安全性。

SET 协议主要应用于 B2C 模式中以保障支付信息的安全性。SET 提供了消费者、商家和银行之间的认证，确保了交易数据的安全性、完整可靠性和交易的不可否认性，特别是具有保证不将消费者银行卡号暴露给商家等优点。2012 年，SET 协议成为了公认的信用卡/借记卡的网上交易的国际安全标准。

SET 协议本身比较复杂，设计比较严格，安全性高，它能保证信息传输的保密性、真实性、完整性和不可否认性。SET 协议是 PKI 框架下的一个典型实现，同时也在不断升级和完善。

（4）电子现金协议（eCash）

使用信用卡付款会暴露付款人的身份，这是与用现金付款的主要差别。无论现金以何种方式出现，匿名性是现金的一个最大属性：现金可被任何人拥有，且不会暴露现金持有人的身份。此外，现金可以流通，当现金从一个人手里转到另一个人手里时，从现金本身不能查出它曾被谁拥有过。

电子现金（Electronic Cash，eCash）协议是一种非常重要的电子支付系统。电子现金，又称为电子货币（E-money）或数字货币（Digital Cash），是由银行发行的具有一定面额的电子字据，它可以被看作是现实货币的数字模拟。电子现金以数字信息形式存在，通过互联网流通，它比现实货币更加方便，利用盲签名技术可以完全保护用户的隐私。电子现金的任何持有人都可以从发行电子现金的银行中将其兑现成与其面额等价的现金。当前的比特币就是一种电子现金。

5.4.2 传输层安全协议

传统的安全体系一般都建立在应用层上。这些安全体系虽然具有一定的可行性，但也存在着巨大的安全隐患。IP 包本身不具备任何安全特性，很容易被修改、伪造、查看和重播。在 TCP 传输层上实现数据的安全传输是另一种安全解决方案。

1. 传输层安全协议的基本概念

传输层安全协议通常指的是安全套接层（Security Socket Layer，SSL）协议和传输层安全（Transport Layer Security，TLS）协议两个协议。

SSL 是美国网景（Netscape）公司于 1994 年设计开发的传输层安全协议，用于保护 Web 通信和电子交易的安全。Web 的基本架构是客户机/服务器（C/S）或浏览器/服务器（B/S）两种，所以在传输层设置密码算法来保护 Web 通信安全是很实用的选择。SSL 3.0 已经得到了业界广泛认可，当前流行的客户端软件、绝大多数的服务器应用及证书授权机构等都支持 SSL。

IETF 对 SSL 3.0 进行了标准化，并添加了少数机制，命名为 TLS 1.0，2018 年 8 月发布了 TLS 1.3（RFC 8446）。

SSL 协议是介于应用层和可靠的传输层协议之间的安全通信协议。其主要功能是，当两个应用层相互通信时，为传送的信息提供保密性、真实性和完整性。SSL 协议的优势在于它是与应用层协议无关的，因而高层的应用层协议（如 HTTP、FTP、Telnet）能透明地建立于 SSL 协议之上。

2. SSL 使用的安全机制及提供的安全服务

SSL 提供 3 种基本的安全服务。

1）保密性。SSL 提供安全的“握手”来初始化 TCP/IP 连接，完成客户机和服务器之间关于安全等级、密码算法、通信密钥的协商，以及执行对连接端身份的认证工作。在此之后，SSL 连接所传送的应用层协议数据都会被加密，从而保证通信的保密性。

2）可认证性。实体的身份能够用公钥密码（如 RSA、DSS 等）进行认证。SSL 服务器允许用户确认其身份，支持 SSL 的客户端软件使用标准的公钥密码技术检查服务器的证书和公共 ID 是否有效，并且由属于客户端的可信证书授权（CA）列表中的 CA 颁发证书。SSL 客户端允许服务器确认用户的身份，采用与服务器认证相同的技术，支持 SSL 的服务器端软件检查客户证书和公共 ID 是否有效，并且由属于服务器端的可信 CA 列表中的 CA 颁发证书。

3）完整性。消息传输包括利用安全哈希函数产生的带密钥的消息认证码（Message Authentication Code，MAC）。

3. SSL 协议的内容

下面基于 SSL 3.0 介绍 SSL 协议的主要结构。SSL 协议主要包括 SSL 记录协议（SSL Record Protocol）、SSL 握手协议（SSL Handshake Protocol）、SSL 修改密码规格协议（允许通信双方在通信过程中更换密码算法或参数）、SSL 报警协议（是管理协议，通知对方可能出现的问题）。

1）SSL 记录协议。SSL 记录协议的作用是在客户端和服务器之间传输应用数据和 SSL 控制信息，有些情况下，在使用底层可靠的传输协议传输之前，还进行数据的分段或重组、数据压缩、数字签名和加密处理。

2）SSL 握手协议。SSL 握手协议是 SSL 各子协议中最复杂的协议，它提供客户机和服务器认证并允许双方商定使用哪一组密码算法。SSL 握手过程完成后，会建立起一个安全的连接，客户机和服务器可以安全地交换应用层数据。

文档资料

SSL 协议内容
来源：本书整理
请扫描二维码查看全文。

4. SSL 协议的安全性

SSL 协议所采用的加密算法和认证算法使它具有较高的安全性。下面介绍 SSL 协议对几种常见攻击的应对能力。

1）监听和中间人攻击。SSL 使用一个经过通信双方协商确定的加密算法和密钥，为不同的安全级别应用找到不同的加密算法。它在每次连接时通过产生一个哈希函数生成一个临时使用的会话密钥。除了不同的连接使用不同的密钥外，在一次连接的两个传输方向上也使用各自的密钥。尽管 SSL 协议为监听者提供了很多明文，但由于 RSA 交换密钥有较好的密钥保护性能，以及频繁更换密钥的特点，因此对监听和中间人攻击具有较高的防范性。

2）流量分析攻击。流量分析攻击的核心是通过检查数据包的未加密字段或未保护的数据包属性，试图进行攻击。在一般情况下该攻击是无害的，SSL 无法阻止这种攻击。

3）重放攻击。通过在 MAC 数据中设置时间戳防止这种攻击。

SSL 协议本身也存在诸多缺陷。例如，认证和加解密的速度较慢；对用户不透明；SSL 不提供网络运行可靠性的功能，不能增强网络的健壮性，对拒绝服务攻击无能为力；依赖于第三方认证等。

拓展知识：HTTP 严格传输安全（HTTP Strict-Transport-Security，HSTS）

随着越来越多的网站开始使用 HTTPS，甚至是开启全站 HTTPS，数据在传输过程中的安全性得到极大的保障。但是，当用户在访问某个网站的时候，在浏览器里直接输入网站域名（如 www.example.com），而不是输入完整的 URL（如 https://www.example.com）时，尽管浏览器依然能正确地使用 HTTPS 发起请求，但由于在建立起 HTTPS 连接之前存在一次明文的 HTTP 请求和重定向，攻击者可以以中间人的方式劫持这次请求，从而进行后续的攻击，如窃听数据、篡改请求和响应、跳转到钓鱼网站等。

这个攻击的精妙之处在于，攻击者直接劫持了 HTTP 请求，并返回了内容给浏览器，根本不给浏览器同真实网站建立 HTTPS 连接的机会，因此浏览器会误以为真实网站通过 HTTP 对外提供服务，自然也就不会向用户报告当前的连接不安全。于是攻击者几乎可以神不知鬼不觉地对请求和响应动手脚。

既然建立 HTTPS 连接之前的这一次 HTTP 明文请求和重定向有可能被攻击者劫持，那么解决这一问题的思路自然就变成了如何避免出现这样的 HTTP 请求。我们期望的浏览器行为是，当用户让浏览器发起 HTTP 请求的时候，浏览器将其转换为 HTTPS 请求，直接略过上述的 HTTP 请求和重定向，从而使得中间人攻击失效，规避风险。

HSTS 就是实现了上述思想的一种新型 Web 安全策略机制。HSTS 的核心是一个 HTTP 响应头，它可以让浏览器得知，在接下来的一段时间内，当前域名只能通过 HTTPS 进行访问，并且在浏览器发现当前连接不安全的情况下强制拒绝用户的后续访问要求。

应用实例：HTTPS 协议应用

SSL 应用于 HTTP 形成了 HTTPS 协议。SSL 也常应用于 VPN。

当需要确保网络上所传输信息的保密性、真实性和完整性时，一种优选的方法就是使用 HTTPS 协议，HTTPS 为正常的 HTTP 包封装了一层 SSL。使用 HTTPS 的网站可以建立一个信息安全通道，来保证数据传输的保密性和完整性，还能够帮助用户确认网站的真实性。用户可以通过单击浏览器地址栏的锁头标志来查看网站认证之后的真实信息，也可以通过 CA 机构颁发的数字证书来查询。如图 5-32 所示，可以验证支付宝网站的真实性，同时可以确保主机与支付宝网站的通信是安全的。

图 5-32　支付宝网站采用的 HTTPS 协议连接

用户在网上传输敏感信息，如使用网上支付系统时，一定要确认当前主机访问的网站是否采用了 HTTPS 协议。

5.4.3　网络层安全协议（IPSec）

1. IPSec 基本概念

虽然可以通过 PGP 保护电子邮件的私密性，通过 SSL 协议实现 WWW、FTP 等服务的安全保护，但是针对不同的网络服务应用不同的安全保护方案不仅费时费力，而且随着网络应用的复杂化，已经变得不现实。而 IPSec 工作在网络层，对应用层协议完全透明，其相对完备的安全体系确立了其成为下一代网络安全标准协议的地位。

从 1995 年开始，IETF 着手制定 IP 安全协议。IPSec 是 IPv6 的一个组成部分，也是 IPv4 的一个可选扩展协议。IPSec 弥补了 IPv4 在协议设计时缺乏安全性考虑的不足。IPSec 已在一系列的 IETF RFC 中定义，特别是 RFC 2401、2402 和 2406。

IPSec 定义了一种标准、健壮的及包容广泛的机制，可用它为 IP 及其上层协议（如 TCP 和 UDP）提供安全保证。IPSec 的目标是为 IPv4 和 IPv6 提供具有较强的互操作能力、高质量和基于密码的安全功能，在 IP 层实现多种安全服务，包括访问控制、数据完整性、数据源验证、抗重播、保密性等。IPSec 通过支持一系列加密算法（如 DES、三重 DES、IDEA、AES 等）确保通信双方的保密性。

IPSec 的一个典型应用是，IPSec 协议在网络设备（如路由器或防火墙）中运行，将分布在各地的 LAN 相连。IPSec 网络设备将对所有进入 WAN 的流量加密、压缩，并解密和解压来自 WAN 的流量，这些操作对 LAN 上的工作站和服务器是透明的。

2. IPSec 协议内容

IPSec 协议不是一个单独的协议，它给出了应用于 IP 层上网络数据安全的一整套体系结构，主要包括以下内容。

1）认证头（Authentication Head，AH）协议：用于支持数据完整性和 IP 包的认证。

2）载荷安全封装（Encapsulating Security Payload，ESP）协议：能确保 IP 数据报的完整性和保密性，也可提供验证（或签名）功能（视算法而定）。

3）因特网密钥交换（Internet Key Exchange，IKE）协议：在 IPSec 通信双方之间建立起共享安全参数及验证的密钥。

虽然 AH 和 ESP 都可以提供身份认证，但它们有如下区别。

- ESP 要求使用高强度加密算法，会受到许多限制。
- 多数情况下，使用 AH 的认证服务已能满足要求，相对来说，ESP 开销较大。

设置 AH 和 ESP 两套安全协议意味着可以对 IPSec 网络进行更细粒度的控制，选择安全方案可以有更大的灵活度。

3. IPSec 的两种工作模式

IPSec 有两种工作模式：传输模式和隧道模式，如图 5-33 所示。

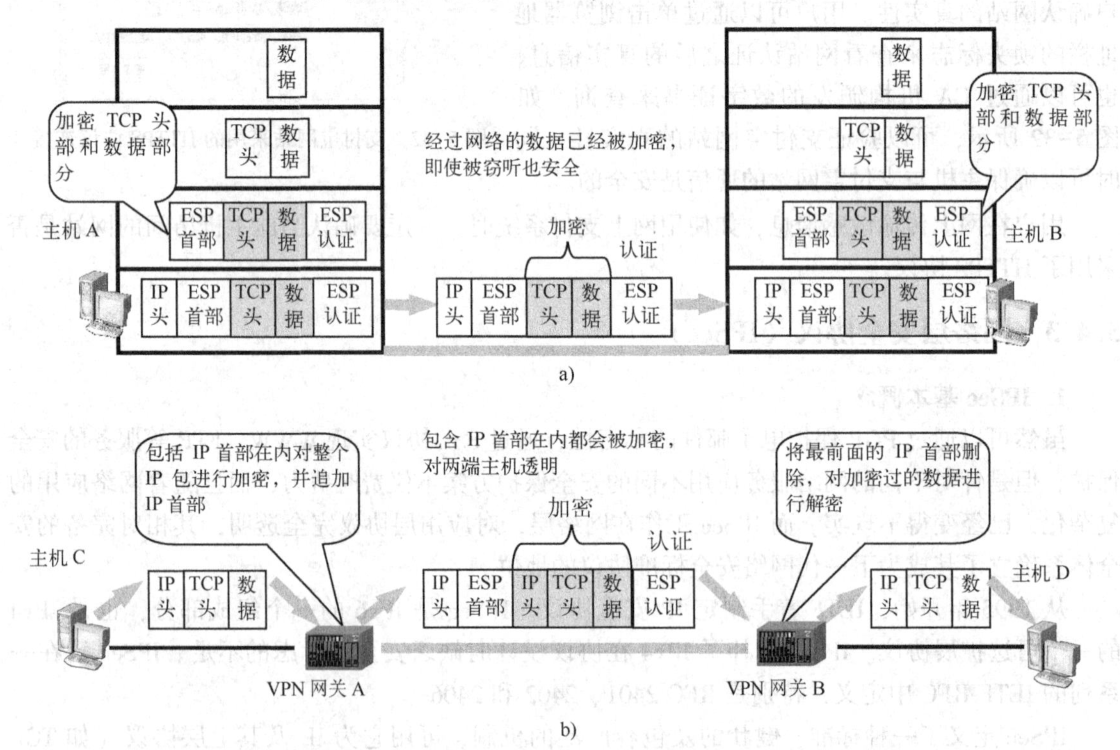

图 5-33　IPSec 两种工作模式

a）传输模式　b）隧道模式

1）传输模式用于在两台主机之间进行的端到端通信。发送端 IPSec 将 IP 包载荷用 ESP 或 AH 进行加密或认证，但不包括 IP 头，数据包传输到目标 IP 后，由接收端 IPSec 认证和解密。

2）隧道模式用于点到点通信，对整个 IP 包提供保护。为了达到这个目的，当 IP 包加 AH 或 ESP 域之后，整个数据包加安全域被当作一个新 IP 包的载荷，并拥有一个新的 IP 包头（外部 IP 头）。原来的整个包利用隧道在网络之间传输，沿途路由器不能检查原来的 IP 包头（内部 IP 头）。原来的包被封装，新的、更大的包可以拥有完全不同的源地址与目的地址，以增强安全性。

IPSec 的隧道模式为构建一个 VPN 创造了基础。IPSec 操作隧道模式的例子如下。网络中的主机 A 生成以另一个网络中主机 B 作为目的地址的 IP 包，该包选择的路由是从源主机到 A 网络边界的 VPN 网关 1 或安全路由器；根据对 IPSec 处理的请求，如果从 A 到 B 的包需要 IPSec 处理，则 VPN 网关 1 执行 IPSec 处理并在新 IP 头中封装包，其中的源 IP 地址为此 VPN 网关 1 的 IP 地址，目的地址可能为主机 B 所在网络边界的 VPN 网关 2 的地址。这样，包被传送到 VPN 网关 2，而其经过的中间路由器仅检查新 IP 头；在 VPN 网关 2 处，除去新 IP 头，包被送往内部主机 B。

文档资料

IPSec 协议内容
来源：本书整理
请扫描二维码查看全文。

应用实例：IPSec 的应用

在实际应用中，通常有 IPSec VPN 与 SSL VPN 两种应用方式。

IPSec VPN 主要应用在点到点的 VPN 接入中，在端到点的远程访问 VPN 接入中则存在较多安全隐患。现在大家普遍认为，SSL VPN 是 IPSec VPN 的互补性技术，SSL VPN 其实就是采用 SSL 协议来实现远程接入的一种新型 VPN 技术。在实现移动办公和远程接入时，SSL VPN 更可以作为 IPSec VPN 的取代性方案。同时，它对现有 SSL 应用是一个补充，它增加了网络执行访问控制和安全的级别及能力。

因为 SSL 本来就是 B/S 结构的，它主要就是针对 Web 安全应用而开发的，所以，Web 应用远程访问控制是 SSL VPN 的主要功能。

SSL VPN 一般的实现方式是在防火墙后面放置一个 SSL 代理服务器（也称为 SSL VPN 网关）。如果用户希望安全地连接到内部网络上，那么当用户在浏览器上输入一个 URL 后，连接将被 SSL 代理服务器取得，并验证该用户身份，然后 SSL 代理服务器将为远程用户提供其与各种应用服务器之间的安全连接。

SSL VPN 网关的作用就是代理 Web 页面。它将来自远端浏览器的页面请求（采用 HTTPS 协议）转发给 Web 服务器，然后将服务器的响应回传给终端用户。对于非 Web 页面的文件访问，往往要借助于应用转换。SSL VPN 网关与企业网内部的微软文件服务器或 FTP 服务器通信，将这些服务器对客户端的响应转换为 HTTPS 协议和 HTML 格式发往客户端，终端用户感觉这些服务器就是一些基于 Web 的应用。

一些 SSL VPN 网关还可以帮助实现网络扩展。它将终端用户系统连接到内部网上，并根据网络层信息（如目的IP地址和端口号）进行接入控制。虽然牺牲了高级别的安全性，但使复杂拓扑结构下的网络管理变得简单。

由于因特网的迅速扩展，针对远程安全接入的需求也日益提升。用户可选择的远程访问解决方案很多，因此必须依据远程访问的特定需求与目标进行选购。对于使用者而言，方便安全的解决方案，才真正符合需求。今天，大多数信息管理人员都发现，以IPSec VPN作为点对点连接方案，再搭配SSL VPN作为远程访问方案，能满足员工、商业伙伴与客户的安全连接需求，是最合适也最具成本效益的组合。

5.5 公钥基础设施和权限管理基础设施

在第2章中已经介绍过，公钥（非对称）密码系统能够有效地实现通信的保密性、完整性、不可否认性和可认证性。但是，在使用公钥密码系统的实践中会遇到一个重要问题，就是如何共享和分发公钥。

一般来说，用户B向用户A发送加密消息时，用户A应该首先产生公私钥对，并将公钥传送给用户B。B获取A的公钥以后就可以用来加密信息了。为了简化公钥的传送，A一般会将公钥置于一个对所有人开放的目录服务器上。这样，如果A需要与多个人传递加密消息，只需要告诉这些人公钥存放的地址即可，这样可以节省建立多个点对点连接的资源。并且，目录服务器上任何合法的用户都可以获取A的公钥。但是，对于一个公共的服务器来说，它可能遭受攻击，存储的公钥可能被攻击者冒用或替换。如果通信的双方采用了假冒的公钥进行通信的加密，那么所传送的消息可能被攻击者截取。公钥基础设施（Public Key Infrastructure，PKI）的产生就是为了确保公钥所有者的身份真实有效。

5.5.1 公钥基础设施（PKI）

1. PKI的定义

PKI的本质是实现大规模网络中的公钥分发问题，建立大规模网络中的信任基础。PKI在实际应用中是一套软硬件系统和安全策略的集合，它提供了一整套安全机制，使用户在不知道对方身份或分布地点的情况下以数字证书为基础，通过一系列的信任关系进行网络通信和网络交易。

在PKI环境中，通信的各方需要申请一个数字证书。在此申请过程中，PKI将会采用其他手段验证其身份。如果验证无误，那么PKI将创建一个数字证书，并由认证中心对其进行数字签名。当通信的一方接收到对方的数字证书，根据数字签名判断出证书来自其信任的认证机构时，则将确信收到的公钥确实来自需要进行通信的另一方。这种情况相当于第三方的认证机构为通信的双方提供身份认证的担保，因此也称为“第三方信任模型”。

2. 典型PKI的组成

如图5-34所示，PKI的重要组成部分包括注册授权中心（Registration Authority，RA）、认证授权中心（Certificate Authority，CA，也称为证书颁发机构）和数字证书库。PKI的认证围绕数字证书（Digital Certificate）进行。

1）数字证书（也称作公钥证书）。是由权威的第三方认证授权中心（CA）颁发的用于标识用户身份的文件。数字证书一般包括证书的版本信息、用户的公钥信息及证书所用的数字签名算法等信息。数字证书类似于人们生活中的身份证，主要用于证明某个实体（如用户、客户端、服务器等）的身份及公钥的合法性。在网络通信中，通信双方出示各自的数字证书，可以实现通信的双向认证，保证通信的安全。

数字证书的形式有很多种，由于 PKI 适用于异构环境，所以证书的格式在所使用的范围内必须统一。其中最为广泛的是遵循 ITU-T（国际电联电信标准化部门）X.509 标准的数字证书 V3 版本。许多与 PKI 相关的协议标准（如 PKIX、S/MIME、SSL、TLS、IPSec 等）都是在 X.509 的基础上发展起来的。

作为 PKI 的核心组成，数字证书在整个应用过程中需要经历从创建到销毁总共 5 个阶段的生命周期：证书申请、证书生成、证书存储、证书发布（证书入库）和证书废止。

2）注册授权中心（RA）是执行证书注册任务的可信机构（或服务器）。对于第一次使用 PKI 进行认证的用户，RA 负责建立和确认用户的身份。RA 不负责证书的事务，是用户和 CA 的中间人。需要生成证书的时候，用户向 RA 发送请求，RA 将请求转发给认证授权中心（CA）。

3）认证授权中心（CA）是 PKI 中存储、管理、发布数字证书的可信机构（或服务器）。当用户请求生成证书的时候，RA 验证用户的身份并将用户的请求发送给 CA。CA 创建证书，并签名及在证书的有效期内保管证书。

4）数字证书库是存储数字证书的部分。数字证书库中除了包括所有的数字证书，还包括已注销的数字证书。PKI 定期对数字证书库进行更新，确保认证的相关数据的完整性和正确性，防范篡改和伪造的行为。

3. 基于 PKI 的身份认证机制

基于 PKI 的身份认证基本过程包括以下主要步骤，如图 5-34 所示。

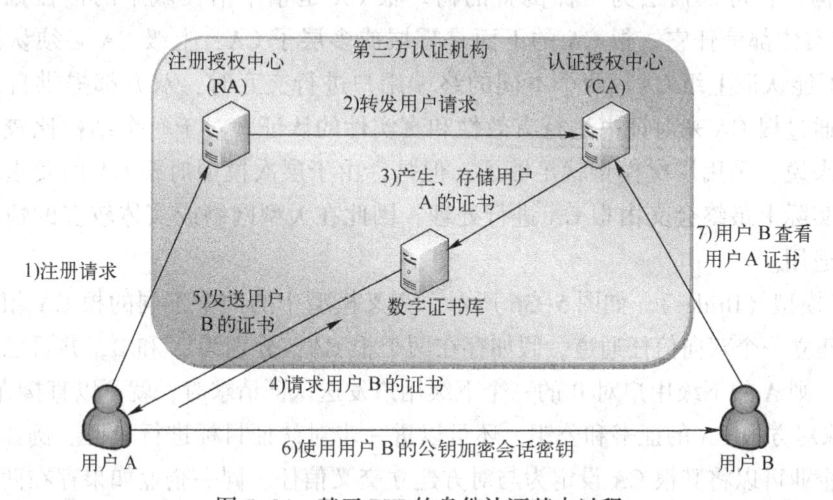

图 5-34　基于 PKI 的身份认证基本过程

1）用户 A 为了使用 PKI 认证，首先需要获取一个数字证书。因此，A 向 RA 发出注册请求，同时向 RA 出示身份标识信息，如 A 的公钥 K_A、电话号码等。

2）RA 收到 A 的身份信息，对其进行验证，并将 A 的请求转发给 CA。

3）CA 根据用户的身份信息及用户的公钥创建 A 的数字证书。将 A 的数字证书通过安全通道发送给 A，并将证书存入数字证书库。私钥/公钥对可由 CA 或 A 的计算机产生，这取决于系统的配置。如果由 CA 产生，那么就要通过安全的通道将私钥发送给 A。

用户 B 的数字证书也可采用上述类似过程申请获得。接下来，若 A 要与用户 B 通信，继续完成以下步骤。

4）A 向第三方认证机构请求 B 的证书。

5）第三方认证机构查看数字证书库，将 B 的数字证书发给 A。

6）A 验证数字证书并提取 B 的公钥 K_B。使用该公钥 K_B加密一个会话密钥 Key。会话密钥 Key 是用于加密 A 和 B 通信内容的密钥。A 将加密的会话密钥 EK_B（Key）和包含自己公钥的证书一起发送给 B。

7）B 收到 A 的证书，查看证书中的 CA 签名是否来自可信 CA。如果是可信的 CA，则认证成功。B 用自己的私钥解密以获得会话密钥，然后 A 就可以使用该会话密钥 Key 与 B 进行通信。B 也可以通过完成上述过程对 A 进行认证。

4. PKI 信任模型

在上面介绍的基于 PKI 的基本认证过程中，所有的用户都信赖一个 CA，这是一种简单的信任模型。现实世界中，每个 CA 只可能覆盖一定的范围，不同的行业往往有不同的 CA。它们颁发的证书都只在行业范围内有效，终端用户只信任本行业的 CA。因此，CA 与用户之间和 CA 与 CA 之间（各个独立的 PKI 体系间）必须建立一套完整的体系以保证“信任”能够传递和扩散。信任模型产生的目的就是为了对不同的 CA 和不同的环境之间的相互关系进行描述。目前主要有以下 4 种信任模型。

1）层次模型（Hierarchical）。如图 5-35 所示，层次模型是一个以主从 CA 关系建立的分级 PKI 结构。它可以描绘为一棵倒置的树。根 CA 是整个信任域中的信任锚（Trust Anchor），所有实体都信任它。根 CA 的下面是零层或多层子 CA，上级 CA 必须认证下级 CA，而下级 CA 不能认证上级 CA。两个不同的终端用户进行交互时，双方都提供自己的证书和数字签名，通过根 CA 来对证书进行有效性和真实性的认证。对于一个结构比较简单、规模较小的企业来说，采用层次模型就足够了。但是，由于层次模型对根 CA 的要求较高，所有的认证请求实际上最终会交由根 CA 进行处理，因此在大型网络或实体较多的情况下，层次模型可能不适用。

2）交叉模型（Bridge）。如图 5-36 所示，交叉模型中的两个不同的根 CA 相互验证对方的公钥，并建立一个双向信任通道。假如存在两个根 CA，分别为 A 和 B，并且已经建立起交叉信任关系，则 A 的下级用户对 B 的一个下级用户发送认证请求时，就可以直接在“本地的”根 CA 上获取对方根 CA 的证书和公钥，还可以进一步对认证目标进行验证。例如，两个具有合作关系的企业可以将其根 CA 设定为与对方建立交叉信任。同一企业如果存在两个跨国或跨地区分公司，则分公司之间也可利用交叉模型建立信任关系。

3）网状模型（Mesh）。如图 5-37 所示，网状模型是在交叉模型基础上发展而来的。在网状模型中，信任锚的选取不是唯一的，终端实体通常选取给自己发证的 CA 为信任锚。CA 间通过交叉认证形成网状结构。网状模型把信任分散到两个或更多个 CA 上。如果有多个组织或企业需要协同工作，或者一个大型企业需要协调跨地区的多个部门，那么可以采用网状模型。

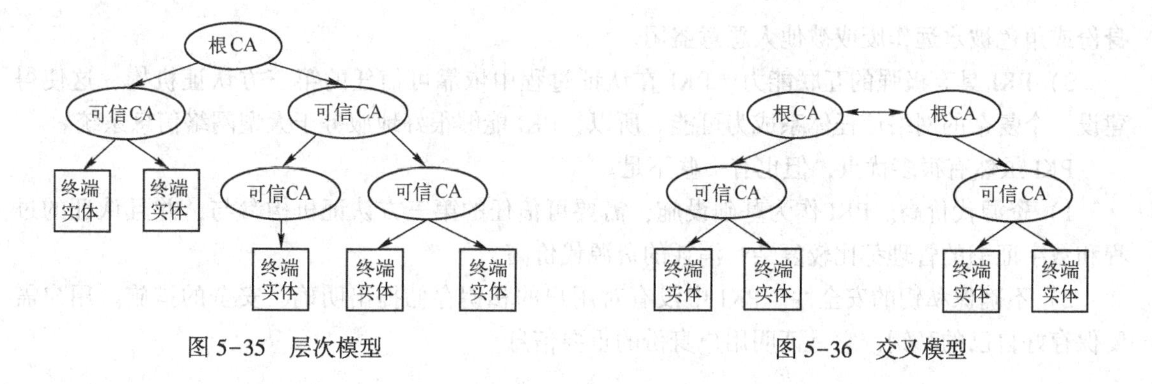

图 5-35　层次模型　　　图 5-36　交叉模型

4）混合模型（Hybrid）。如图 5-38 所示，混合模型有多个根 CA 存在，所有的非根 CA（子 CA）都采用从上到下的层次模型被认证，根 CA 之间采用网状模型进行交叉认证。不同信任域的非根 CA 之间也可以进行交叉认证，这样可以缩短证书链的长度。

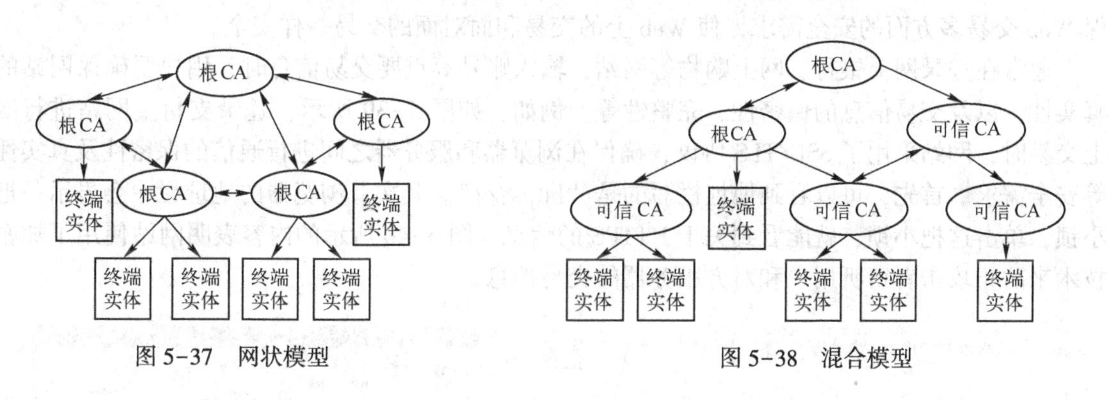

图 5-37　网状模型　　　图 5-38　混合模型

5. 基于 PKI 的认证机制安全性分析

PKI 以公钥密码体制为基础，通过数字证书将用户的公钥信息和用户个人身份进行紧密绑定，同时结合对称加密和数字签名技术，不仅可以解决通信双方身份真实性的问题，还能确保数据在传输过程中不被窃取或篡改，并且使发送方对自己的发送行为无法抵赖。

PKI 提供的安全服务具体包括以下内容。

1）可认证性。PKI 利用数字证书、可信 CA 确认发送者和接收者的真实身份。

2）不可抵赖性。PKI 基于公钥密码体制及可信第三方 CA，确保发送方不能否认其发送的消息。

3）保密性。PKI 将用户的公钥和数字证书绑定，数字证书上有可信 CA 的数字签名，保证了公钥不可伪造，从而确保数据不能被非授权的第三方访问，保证了保密性。

4）完整性。PKI 用公钥对会话密钥进行加密，确保数据在传输过程中不被修改，保证了数据完整性。

PKI 的机制非常成熟，符合网络服务和用户的需求。

1）PKI 中的数字证书可以由用户自主验证，这种管理方式突破了过去安全验证服务必须在线的限制，这也使得 PKI 的服务范围不断扩张，使得 PKI 成为服务广大网络用户的基础设施。

2）PKI 提供了证书的撤销机制，有了这种意外情况下的补救措施，用户不用担心被窃后身份或角色被永远作废或被他人恶意盗用。

3）PKI 具有极强的互联能力。PKI 在认证过程中依靠可信任的第三方认证机构，这使得建设一个复杂的网络信任体系成为可能。所以，PKI 能够很好地服务于大型网络信息系统。

PKI 虽然有很多优点，但也有一些不足。

1）资源代价高。PKI 作为基础设施，需要可信任的第三方认证机构参与，并且认证的过程和数字证书的管理都比较复杂，消耗的资源代价高。

2）不确保私钥的安全性。PKI 中没有对用户的私钥存储提出明确、安全的措施。用户需要保存好自己的私钥，它是证明用户身份的重要信息。

应用实例：PKI 在 Web 安全交易中的应用

PKI 是目前网络应用中使用范围非常广、技术非常成熟的身份认证方式。PKI 技术可以确保 Web 交易多方面的安全需求，使 Web 上的交易和面对面的交易一样安全。

通常在登录网上银行、网上购物等网站，输入账号等重要交易信息时，用户要确保网站的真实性，以及交易信息的保密性、完整性等。例如，如图 5-39 所示，登录支付宝网站进行网上交易时，网站采用了 SSL/TLS 协议，确保在浏览器和服务器之间进行通信的保密性及真实性等安全需求。首先，可以看到地址栏写的是“https://”。其次，浏览器的地址栏中会显示一把小锁，单击这把小锁，就能看到关于 HTTPS 的信息。图 5-40 所示的内容表明网站使用了加密技术来防止攻击者窃听用户和对方服务器的交易信息。

图 5-39　支付宝登录界面

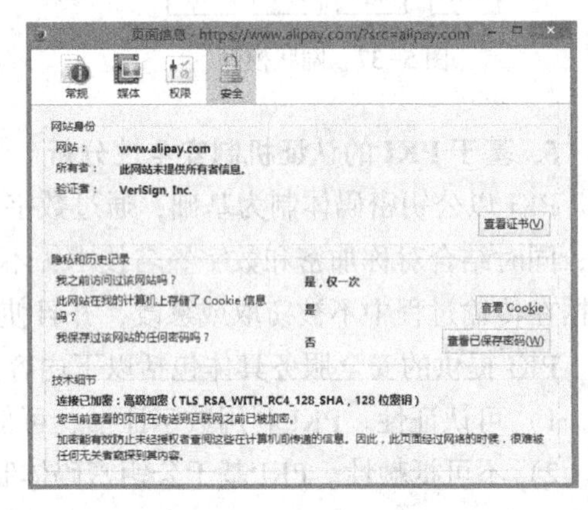

图 5-40　网站安全信息

（1）CA 与数字证书

为了确保真实性，让用户能够认证网站的真伪，还需要借助数字证书，因此，支付宝网站需要申请数字证书，用户端需要验证证书。

发布数字证书的权威机构 CA 和申请数字证书的企业或组织应具备的条件如下。

- 依法成立的合法组织。
- 具有与认证服务相适应的专业技术人员和管理人员。
- 具有与提供认证服务相适应的资金和经营场所，具备为用户提供认证服务和承担风险、责任的能力。

● 具有符合国家安全标准的技术、设备。

● 符合国家法律法规规定的其他条件。

国际知名的 CA 不少，如 VeriSign（http://www.verisign.com）和 GTE CyberTrust（http://www.cybertrust.com）。目前，EV SSL（Extended Validation SSL）数字证书是遵循全球统一的严格身份验证标准颁发的数字证书，是业界最高安全级别的证书（http://www.wosign.com/EVSSL/index.htm）。

国内有中国电信 CA 安全认证体系（CTCA）、中国金融认证中心（CFCA）等，各个省份也都建有 CA 中心。当然也可以建立自己的证书颁发机构，面向 Internet 或 Intranet 来提供证书服务。

（2）信任模型

多数浏览器软件中采用的信任模型是这样的，许多根 CA 被预装在浏览器运行的操作系统上，每个根 CA 都是一个信任锚，根 CA 是平行的，不需要进行交叉认证，浏览器信任多个根 CA，并把它们作为自己的信任锚集合。这种信任模型类似于认证机构的层次模型，因为浏览器厂商起到了根 CA 的作用。

（3）查看支付宝网站的数字证书

单击图 5-40 中的“查看证书”按钮，可以查看支付宝网站的数字证书，如图 5-41 所示。

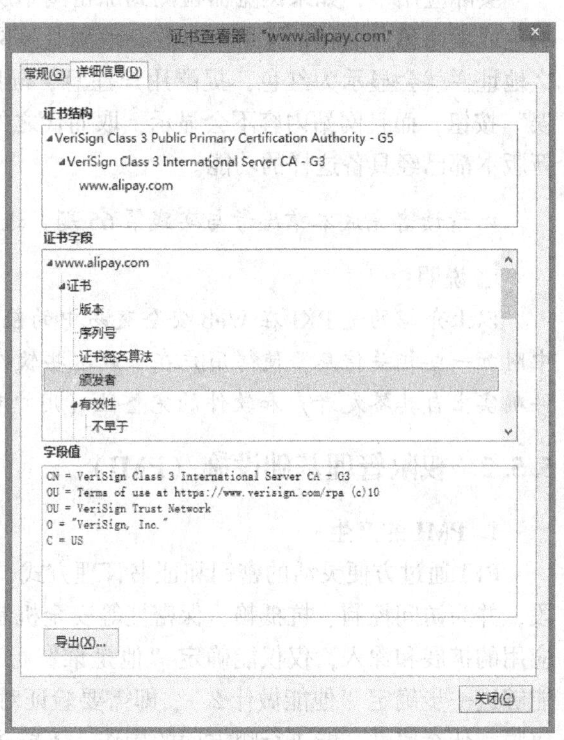

图 5-41　支付宝网站的数字证书

图 5-41 中，“VeriSign Class 3 Public Primary Certification Authority - G5”是权威的 CA 产生的根证书。网络实体的系统中通常会安装此根证书，例如，在 Windows 系统中运行“certmgr.msc”可以打开证书控制台（如图 5-42 所示），从中可看到此根证书。CA 可用根证书为其下级及网络实体签发数字证书。系统对用根证书签发的数字证书都表示信任，从技术上说就是建立起一个证书信任链。图 5-41 中就是由根证书签发的下一级 CA 的证书“VeriSign Class 3 International Server CA-G3”为支付宝签发了数字证书，“www.alipay.com”是证书持有人。

certmgr - [证书 - 当前用户\受信任的根证书颁发机构\证书]

文件(F)　操作(A)　查看(V)　帮助(H)

颁发给	颁发者	截止日期	预期目的	友好名称
VeriSign Class 3 Public Primary Certification Author...	VeriSign Class 3 Public Primary Certification Authority - G5	2036/7/17	服务器身份验证，客...	VeriSign
UTN-USERFirst-Object	UTN-USERFirst-Object	2019/7/10	代码签名，时间戳，...	<无>
UTN - DATACorp SGC	UTN - DATACorp SGC	2019/6/25	服务器身份验证	USERTrus
Thawte Timestamping CA	Thawte Timestamping CA	2021/1/1	时间戳	Thawte Ti
thawte Primary Root CA	thawte Primary Root CA	2036/7/17	服务器身份验证，客...	thawte
Thawte Premium Server CA	Thawte Premium Server CA	2021/1/2	服务器身份验证，代...	Thawte P
Thawte Premium Server CA	Thawte Premium Server CA	2021/1/1	服务器身份验证，代...	thawte
StartCom Certification Authority	StartCom Certification Authority	2036/9/18	服务器身份验证，客...	StartCom
ROOTCA	ROOTCA	2025/8/23	<所有>	<无>
Personal ICBC CA	Personal ICBC CA	2023/11/14	<所有>	<无>
NO LIABILITY ACCEPTED, (c)97 VeriSign, Inc.	NO LIABILITY ACCEPTED, (c)97 VeriSign, Inc.	2004/1/8	时间戳	VeriSign
Microsoft Root Certificate Authority 2011	Microsoft Root Certificate Authority 2011	2036/3/23	<所有>	Microsof

图 5-42　Windows 系统中的证书控制台

(4) 用户客户端验证证书

用户客户端操作系统和浏览器由于已经内置了世界上权威 CA 的根证书，因此验证证书的工作由它们替代用户完成。验证各网络实体数字证书的有效性时，实际上只要验证为其颁发数字证书 CA 的根证书即可。由于用户客户端操作系统和浏览器信任可信第三方颁发的根证书，也就信任了网络实体获得的数字证书。

实际应用中，如果浏览器检测到加密网站所用的证书是正常的，那么地址栏通常会显示为绿色或者白色，这种情况下可以放心地浏览该网站，并提交自己的数据；如果证书有问题，那么地址栏就会显示为红色，提醒用户注意，同时根据具体情况，地址栏右侧会显示“证书错误”按钮，而且网站内容不会显示，取而代之的是浏览器的警告信息。目前，主流浏览器的最新版本都已经具备这样的功能。

☞ 请读者完成本章思考与实践第 65 题，进一步了解 PKI 的应用。

✉ **说明：**

以上介绍的是 PKI 在 Web 安全交易中的应用。软件开发者可以借助数字证书在软件代码中附加一些相关信息，使得用户在下载这些软件时能验证软件的真实来源（用户可以相信该软件确实出自其签发者）和软件的完整性（用户可以确信该软件在签发之后未被篡改或破坏）。

5.5.2 权限管理基础设施（PMI）

1. PMI 的产生

PKI 通过方便灵活的密钥和证书管理方式，提供了在线身份认证——“他是谁”的有效手段，并为访问控制、抗抵赖、保密性等安全机制在系统中的实施奠定了基础。然而，随着网络应用的扩展和深入，仅仅能确定“他是谁”已经不能满足需要，安全系统要求提供一种手段能够进一步确定“他能做什么”，即需要验证对方的属性（授权）信息，确定这个用户有什么权限、什么属性、能进行哪方面的操作、不能进行哪方面的操作。

解决上述问题的一种思路是，利用 X. 509 公钥证书中的扩展项来保存用户的属性信息，由 CA 完成权限的集中管理。应用系统通过查询用户的公钥证书（数字证书，这里为了突出 PKI 与 PMI 的区别改用公钥证书的名称）即可得到用户的权限信息。该方案的优点在于，可以直接利用已经建立的 PKI 平台进行统一授权管理，实施成本低，接口简单，服务方式一致。但是，将用户的身份信息和授权信息捆绑在一起管理又存在以下几个方面的问题。

首先，身份和属性的有效时间有很大差异。身份往往相对稳定，变化较少，而属性如职务、职位、部门等则变化较快。因此，属性证书的生命周期往往远低于用于标识身份的公钥证书。

其次，公钥证书和属性证书的管理颁发部门有可能不同。公钥证书由身份管理系统进行控制，而属性证书的管理则与应用紧密相关，用户享有的权限随应用的不同而不同。一个系统中，每个用户只有一张合法的公钥证书，而属性证书则灵活得多。多个应用可使用同一属性证书，也可为同一应用的不同操作颁发不同的属性证书。

由此可见，身份和授权管理之间的差异决定了对认证和授权服务应该区别对待。认证和授权的分离不仅有利于系统的开发和重用，同时也有利于在安全方面实施更有效的管理。只有那些身份和属性生命周期相同，而且 CA 同时兼任属性管理功能的情况下，才可以使用公钥证书来承载属性。大部分情况下应使用“公钥证书+属性证书”的方式实现属性的管理。在这种背景下，国际电信联盟 ITU 和因特网网络工程技术小组 IETF 进行了 PKI 的扩展，提出了权限管理基础设施（Privilege Management Infrastructure，PMI）。

2. PMI 的概念

PMI 指能够支持全面授权服务、进行权限管理的基础设施，它建立在 PKI 提供的可信身份认证服务的基础上，以属性证书（Attribute Certificates，AC）的形式实现授权的管理。PMI 授权技术的核心思想是，将对资源的访问控制权统一交由授权机构进行管理，即由资源的所有者来进行访问控制管理。

与 PKI 信任技术相比，两者的区别主要在于，PKI 证明用户是谁，而 PMI 证明这个用户有什么权限、什么属性，并将用户的属性信息保存在属性证书中。相比之下，后者更适合基于角色的访问控制领域。

就像现实生活中一样，网络世界中的每个用户都有各种属性，属性决定了用户的权限。PMI 的最终目标就是提供一种有效的体系结构来管理用户的属性。这包括两个方面的含义：首先，PMI 保证用户获取他们有权获取的信息、做他们有权进行的操作；其次，PMI 应能提供跨应用、跨系统、跨企业、跨安全域的用户属性的管理和交互手段。

PMI 的核心内容是实现属性证书的有效管理，包括属性证书的产生、使用、作废、失效等。属性证书，就是由 PMI 的属性认证机构（Attribute Authority，AA）签发的将实体与其享有的权限属性捆绑在一起的数据结构，权威机构的数字签名保证了绑定的有效性和合法性。属性证书在语法结构上与公钥证书相似，主要区别在于它不包含公钥，只包含证书所有人 ID、发行证书 ID、签名算法、有效期、属性等信息。公钥证书可以看作一本护照，用来标识用户身份，而属性证书则可以看作一个签证。使用签证（即属性证书）的同时需要出示护照（即公钥证书）来验证身份，签证上通常会声明护照持有者在指定的一段时间内被允许进入某一国家，以及其在该国拥有的权利和限制。

3. 基于 PMI 的授权与访问控制模型

PMI 主要围绕权限的分配使用和验证来进行。X.509—2000 年版（V4）定义了 4 个模型来描述敏感资源上的权限是如何分配、流转、管理和验证的。通过这 4 个模型，可以明确 PMI 中的主要相关实体、主要操作进程，以及交互的内容。本书仅介绍 PMI 基本模型。

PMI 基本模型如图 5-43 所示。模型中包含 3 类实体：授权机构（属性管理中心 SOA 或属性认证机构 AA）、权限持有者和权限验证者。基本模型描述了在授权服务体系中主要三方之间的逻辑联系，以及两个主要过程（权限分配和验证），这是 PMI 框架的核心。授权机构向权限持有者授权，权限持有者向资源提出访问请求并声称具有权限，由权限验证者进行验证。权限验证者总是信任授权机构，从而建立信任关系。

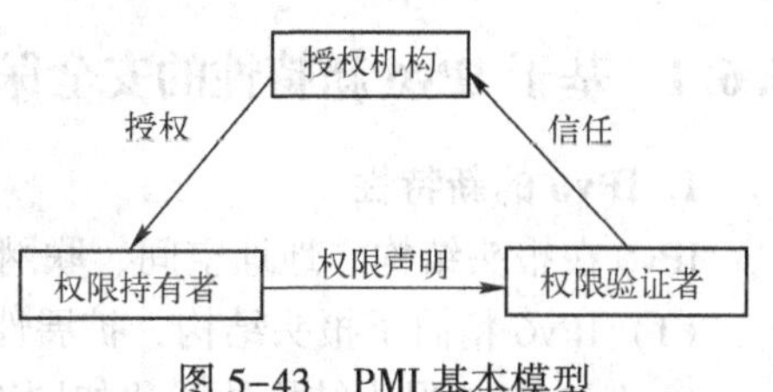

图 5-43　PMI 基本模型

PMI 基本模型的体系结构类似于单级 CA 的体系结构，授权机构可以看作 CA。对权限的分配是由授权机构直接进行的。由于授权机构同时要完成很多宏观控制操作，如制定访问策略、维护撤销列表、进行日志和审计工作等，特别是当用户数目增大时，就会在授权机构处形成性能瓶颈，授权机构也会显得庞大而臃肿。这时就需要对基本模型进行改进以实现真正可行的 PMI 体系。一个明确的思路就是对授权管理功能进行分流，减少授权机构的直接权限管理任务，使得授权机构可以实现自身的宏观管理功能。

📖 **拓展阅读**

读者要想了解更多网络安全相关的原理与技术应用，可以阅读以下书籍资料。

[1] 虞卫东. 深入浅出 HTTPS：从原理到实战 [M]. 北京：电子工业出版社，2018.

[2] Ristic I. HTTPS 权威指南：在服务器和 Web 应用上部署 SSL TLS 和 PKI [M]. 杨洋，等译. 北京：人民邮电出版社，2016.

[3] 张明德. PKI/CA 与数字证书技术大全 [M]. 北京：电子工业出版社，2015.

5.6 IPv6 新一代网络安全机制

IP 是因特网的核心协议，现在使用的 IPv4 是在 20 世纪 70 年代末期设计的。事实证明，IPv4 具有相当强盛的生命力，易于实现且互操作性良好，经受了从早期小规模互联网络扩展到如今全球范围因特网应用的考验，所有这一切都应归功于 IPv4 最初的优良设计。但是，随着因特网的爆发性增长，以及网络安全问题的日益严峻，IPv4 逐渐显示出了它的不足，突出的几条不足列举如下。

- 网络地址需求的增长。IPv4 地址空间几近耗竭。
- IP 安全需求的增长。目前的一些网络安全协议（如 IPSec）对于 IPv4 只是补丁式的可选的标准。
- 更好的实时 QoS 支持的需求。

为了解决 IPv4 的不足，IETF（Internet Engineering Task Force，互联网工程任务小组）从 1992 年起开始了 IPv6 的研究，并于 1998 年底正式发布了互联网标准规范（RFC 2460）。在设计上，IPv6 力图避免增加太多的新特性，从而尽可能地减少对现有的高层和底层协议的冲击。

国际互联网协会宣布，全球主要互联网服务提供商、家庭网络设备制造商及互联网公司于 2012 年 6 月 6 日正式启用 IPv6 服务及产品。2017 年 11 月 26 日，中共中央办公厅、国务院办公厅印发了《推进互联网协议第六版（IPv6）规模部署行动计划》。根据该行动计划的要求，我国将建成全球最大规模的 IPv6 商业应用网络，实现下一代互联网在经济社会各领域的深度融合应用。在政策的强力引导下，我国 IPv6 发展已经进入快速超车道。

5.6.1 基于 IPv6 新特性的安全保护

1. IPv6 的新特性

IPv6 在报头结构、地址空间、联网方式、安全性等方面具有一些新的特性。

(1) IPv6 精简了报头结构，扩展性更强

IPv4 与 IPv6 报头结构的对比如图 5-44 所示。IPv6 报头的设计原则是力图将报头开销降到最低，其报头由一个基本报头和多个扩展报头构成。基本报头具有固定的长度（40 字节），放置所有路由器都需要处理的信息，一些非关键性字段和可选字段置于基本报头后的扩展报头中。这样在 IPv6 地址长度是 IPv4 的 4 倍情况下，IPv6 报头长度约为 IPv4（24 字节）的两倍，因此路由器在处理 IPv6 报头时的效率更高。同时，IPv6 还定义了多种扩展报头，为以后支持新的应用提供了可能。

不过，由于 IPv6 与 IPv4 两者的报头没有互操作性，且 IPv6 也不兼容 IPv4，因此在主机和路由器中必须分别实现 IPv4 和 IPv6。

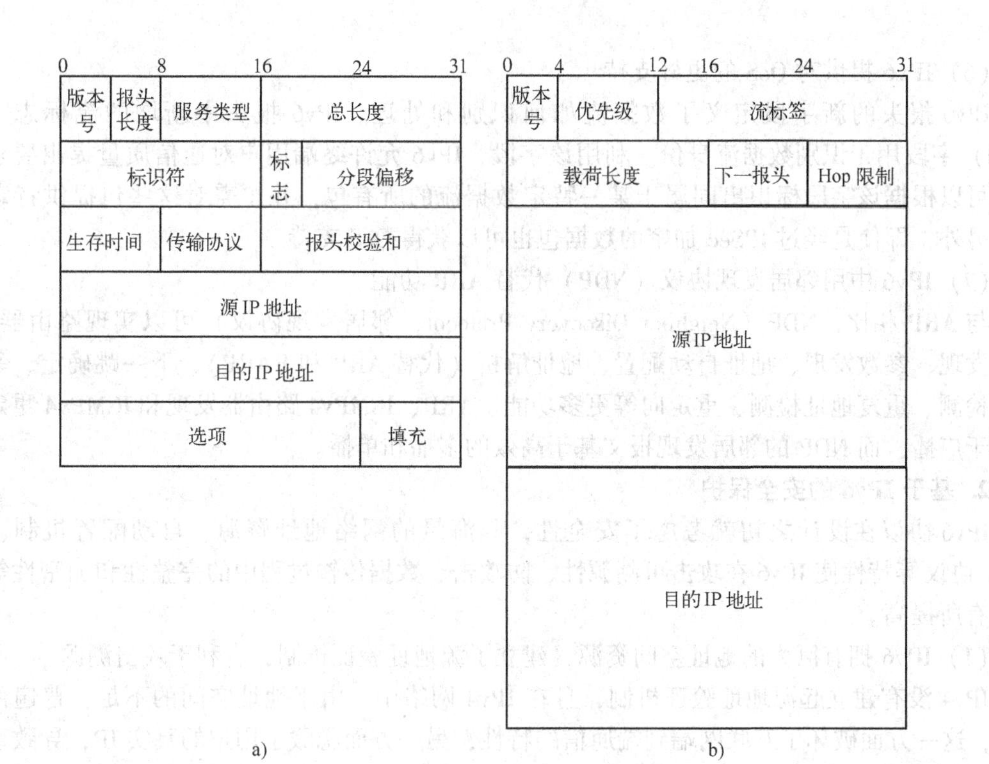

图 5-44　IPv4 与 IPv6 报头结构对比

a）IPv4 报头结构　b）IPv6 报头结构

（2）IPv6 拥有巨大的地址空间和层次化的地址结构

IPv6 采用了 128 位的地址空间，即共有 $2^{128}-1$（约 3.4×10^{38}）个地址，可以支持大规模数量的网络结点。该地址空间是 IPv4 地址空间的 2^{96} 倍，解决了 IPv4 地址不足的问题。在 IPv6 的庞大地址空间中，目前全球联网设备已分配的地址仅占其中极小的一部分，有足够的余量可供未来的发展之用。

IPv6 支持更多级别的地址层次，IPv6 的设计者把 IPv6 的地址空间按照不同的地址前缀来划分，并采用了层次化的地址结构，以利于骨干网路由器对数据包的快速转发。

（3）IPv6 支持高效的层次寻址及路由结构

IPv6 采用聚类机制，定义了非常灵活的层次寻址及路由结构，同一层次上的多个网络在上层路由器中表示为一个统一的网络前缀，这样可以显著减少路由器必须维护的路由表项。在理想情况下，一个核心主干网路由器只需维护不超过 8192 个表项，这大大降低了路由器的寻址和存储开销。

（4）IPv6 支持有状态和无状态两种地址自动配置方式

在 IPv4 中，动态宿主机配置协议 DHCP 实现了主机 IP 地址及其相关配置的自动设置，IPv6 继承 IPv4 的这种自动配置服务，并将其称为有状态自动配置（Stateful Auto Configuration）。此外，IPv6 还采用了一种被称为无状态自动配置（Stateless Auto Configuration）的服务，在线主机可以自动获得本地路由器的地址前缀、链路局部地址及相关配置。

（5）IPv6 中集成了 IPSec 协议

IPv6 全面支持 IPSec。IPv6 在扩展报头中定义了认证报头（AH）和封装安全有效载荷（ESP），从而使在 IPv4 中仅仅作为选项使用的 IPSec 协议成为 IPv6 的有机组成部分。

（6）IPv6 提供对 QoS 的更好支持

IPv6 报头的新字段定义了数据流如何识别和处理。IPv6 报头中新增的流标志（Flow Label）字段用于识别数据流身份。利用该字段，IPv6 允许终端用户对通信质量提出要求。路由器可以根据该字段标识出同属于某一特定数据流的所有包，并按需对这些包提供特定的处理。另外，即使是经过 IPSec 加密的数据包也可以获得 QoS 支持。

（7）IPv6 中用邻居发现协议（NDP）代替 ARP 功能

与 ARP 相比，NDP（Neighbor Discovery Protocol，邻居发现协议）可以实现路由器发现、前缀发现、参数发现、地址自动配置、地址解析（代替 ARP 和 RARP）、下一跳确定、邻居不可达检测、重复地址检测、重定向等更多功能。ARP、ICMPv4 路由器发现和 ICMPv4 重定向报文基于广播，而 NDP 的邻居发现报文基于高效的多播和单播。

2. 基于 IPv6 的安全保护

IPv6 协议在设计之初就考虑了安全性，其海量的网络地址资源、自动配置机制、集成 IPSec 协议等特性使 IPv6 在攻击可溯源性、防攻击、数据传输过程中的完整性和加密性等安全方面有所提高。

（1）IPv6 拥有巨大的地址空间资源，建立了源地址验证机制，有利于攻击溯源

IPv4 没有建立起源地址验证机制，且在 IPv4 网络中，由于地址空间的不足，普遍部署了 NAT，这一方面破坏了互联网端到端通信的特性，另一方面隐藏了用户的真实 IP，导致事前基于过滤类的预防机制和事后追踪溯源变得尤为困难。

IPv6 则建立了可信的地址验证体系。该体系一方面可以有效阻止仿冒源地址类攻击，另一方面能够通过监控流量来实现基于真实源地址的计费和网管。

IPv6 拥有丰富的地址资源，且可以通过建立的地址验证机制解决网络实名制和用户身份溯源问题，在发生网络攻击事件后有利于追查溯源。同时，安全设备可以通过简单的过滤策略对结点进行安全控制，进一步提高网络安全性。

此外，在 IPv4 网络中，黑客攻击的第一步通常是对目标主机及网络进行扫描以搜集数据，以此推断出目标网络的拓扑结构及主机开放的服务、端口等信息，从而进行针对性的攻击。在 IPv6 网络中，网络侦察的难度和代价都大大增加，从而进一步防范了攻击，提高了用户终端的安全性。

（2）IPv6 保证了网络层的数据认证、数据完整性及保密性

IPv6 通过集成 IPSec 实现了 IP 级的安全。IPSec 可以提供访问控制、无连接的完整性、数据源身份认证、防御包重传攻击、业务流保密等安全服务，较大地提升了网络层的数据认证、数据完整性及保密性。

（3）IPv6 的邻居发现协议（NDP）可进一步保障传输安全性

IPv4 采用的地址解析协议（ARP）存在 ARP 欺骗等传输安全问题。IPv6 协议中采用邻居发现协议（NDP）取代现有 IPv4 中的 ARP 及部分 ICMP 控制功能，如路由器发现、重定向等，独立于传输介质，可以更方便地进行功能扩展，并且现有的 IP 层加密认证机制可以实现对 NDP 的保护，保证了传输的安全性。

（4）可构建真实源地址验证体系结构

在 IPv6 中，可以构建真实源地址验证体系结构（Source Address Validation Architecture，SAVA），可分为接入网（Access Network）、区域内（Intra-AS）和区域间（Inter-AS）源地址验证 3 个层次，从主机 IP 地址、IP 地址前缀和自治域 3 个粒度构成多重监控防御体系。

（5）基于 IPv6 的新型地址结构为我国建立根服务器提供了契机

互联网的顶级域名解析服务由根服务器完成，它对网络安全、运行稳定至关重要。2013 年，中国下一代互联网国家工程中心联合日本、美国的相关运营机构和专业人士发起“雪人计划”，提出以 IPv6 为基础、面向新兴应用、自主可控的一整套根服务器解决方案和技术体系。

5.6.2 IPv6 对现行网络安全体系的新挑战

1. IPv6 面临的网络安全威胁分析

IPv6 相对于 IPv4，除了面临 IPv4 相同的安全威胁外，新增威胁主要来自协议族、协议报文格式、自身设计实现，以及 IPv4 向 IPv6 的演进过程中。

（1）IPv6 与 IPv4 共同的安全威胁

IPv6 虽然增强了自身的安全机制，但 IP 仅是网络层的协议，IPv6 协议改变的是 IP 报头、寻址方式，只提高了网络层的安全性，对其他功能层的安全能力并未产生影响或影响不大。而且仅仅从网络层来看，IPv6 也不是尽善尽美的，它毕竟同 IPv4 有着极深的渊源。并且，在 IPv6 中还保留着很多原来 IPv4 中的选项，如分片、TTL。而这些选项曾经被黑客用来攻击 IPv4 或者逃避检测，很难说 IPv6 也能够逃避得了类似的攻击。IPv6 与 IPv4 面临的共同安全威胁主要如下。

- 未配置 IPSec 时可实施网络嗅探，可能导致信息泄露。
- 应用层攻击导致的漏洞大多在网络层无法消除。
- 设备仿冒接入网络。
- 未实施双向认证情况下可实施中间人攻击。
- 泛洪攻击。

（2）IPv6 协议族面临的新型安全威胁

IPv6 相对于 IPv4 在协议族上发生了较大的变化，面临的新型安全威胁如下。

- 邻居发现协议存在 DoS 攻击、中间人攻击等安全威胁。
- 新增 ICMPv6 协议作为 IPv6 重要的组成部分，存在 DoS 攻击、反射攻击等安全威胁。
- IPv6 支持无状态的地址自动分配，该功能可能造成非授权用户更容易地接入和使用网络，存在仿冒攻击安全威胁。
- 在 IPv6 网络环境下，网络扫描实施难度高，但仍可通过 IPv6 前缀信息搜集、隧道地址猜测、虚假路由通告及 DNS 查询等手段搜集到活动主机信息，通过 DNS 获取 IPv6 地址范围和主机信息可能会成为黑客的优选攻击路径，针对 DNS 系统的攻击会更加猖獗。
- IPv6 多播地址仍然支持，存在通过扫描、嗅探甚至仿冒关键 DHCP 服务器、路由器等安全威胁。
- IPv6 路由协议攻击。RIPng/PIM 依赖 IPSec，OSPFv3 协议不提供认证功能，而是使用 IPv6 的安全机制来保证自身报文的合法性，未配置 IPv6 安全机制的 OSPFv3 路由器存在仿冒的安全威胁。
- 移动 IPv6 仿冒伪造攻击。移动 IPv6 结点在不改变 IP 地址的情况下，在任何地方接入网络都能够直接与其他结点通信。在提供可移动性及方便通信的同时，由于移动结点的不固定性，也给不法分子提供了攻击的机会，存在伪造绑定更新消息等安全威胁。

（3）IPv6 协议自身的漏洞

IPv6 协议的相关 RFC 标准在不断地发展更新，协议自身也存在漏洞，所有遵循 IPv6 协议的设备都会受到该漏洞的影响。

（4）IPv6 自身实现引入的安全威胁

IPv6 和 IPv4 协议一样，设备与应用在实现对 IPv6 协议的支持时，不同的系统开发商因软件开发能力的不同，在 IPv6 协议软件开发、各种算法实现中也会引入各种可能的安全漏洞。

（5）IPv4 向 IPv6 演进过程中新增安全威胁

在 IPv6 网络的发展过程中面临的最大问题应该是 IPv6 与 IPv4 的不兼容性，从而无法实现二者之间的互访。为此，IPv4 向 IPv6 过渡有以下 3 种技术。

1）双栈技术，是指在一台设备上同时启用 IPv4 和 IPv6 协议栈。

2）隧道技术，主要有两种类型。

- IPv6 over IPv4：将 IPv6 报文整个封装在 IPv4 数据报文中进行发送。
- IPv4 over IPv6：将 IPv4 报文整个封装在 IPv6 数据报文中进行发送。

3）翻译（地址转换）技术，分为 IVI 和 MAP-T 两种方式。

目前，3 种技术都存在不同的安全风险。

1）双栈技术：许多操作系统都支持双栈技术。IPv6 默认是激活的，但并没有向 IPv4 一样加强部署 IPv6 的安全策略，支持自动配置，即使在没有部署 IPv6 的网络中，这种双栈主机也可能受到 IPv6 协议攻击。

2）隧道技术：几乎所有的隧道机制都没有内置认证、完整性和加密等安全功能，攻击者可以随意截取隧道报文，通过伪造外层和内层地址伪装成合法用户向隧道中注入攻击流量，存在仿冒及篡改泛洪攻击安全威胁。

3）翻译技术：涉及载荷转换，无法实现端到端 IPSec，存在常见的地址池耗尽等 DDoS 攻击安全威胁。

2. IPv6 部署中需要重点关注的安全问题

基于以上关于 IPv6 面临的网络安全威胁的分析，在 IPv6 部署中需要重点关注以下一些安全问题。

（1）部署 IPv6 过程中需要提高网络安全检测、维护能力

首先，庞大的地址空间会加大漏洞扫描、恶意主机检测、IDS 等安全机制的部署难度；其次，无状态地址自动配置时，攻击者可能利用冲突地址检测机制实施拒绝服务攻击（DoS）；再次，NDP（邻居发现协议）面临欺骗报文攻击、拒绝服务攻击的安全威胁；最后，IPv6 多播所需的 MLD 等多播维护协议不能满足安全的需要，存在机密数据被窃听、对处理 MLD 报文的路由转发设备发起拒绝服务攻击的安全隐患。

（2）IPv4 向 IPv6 过渡过程中需要关注安全风险

IPv4 向 IPv6 过渡的 3 种技术，即双栈技术、隧道技术、翻译（地址转换）技术，都存在不同的安全风险，需要有效应对。

（3）网络安全产品对 IPv6 的支持度、产品成熟度有待提高

当前的网络安全体系是基于现行的 IPv4 协议的，防范黑客的主要工具有防火墙、网络扫描、系统扫描、Web 安全保护、入侵检测系统等。IPv6 的安全机制对他们的冲击可能是巨大的，甚至是致命的。例如，对于包过滤型防火墙，使用了 IPv6 加密选项后，数据是加密传输的，由于 IPSec 的加密功能提供的是端到端的保护，并且可以任选加密算法，但密钥是不公开的，因此防火墙如何解密是个矛盾；在对待被加密的 IPv6 数据方面，基于主机的入侵检测系统有着和包过滤防火墙同样的尴尬。

据统计，目前网络安全产品对 IPv6 的支持度较低，通过 IPv6 Ready Logo 认证的抗 DDoS、入侵检测、应用防火墙等安全产品数量较少。此外，目前国内针对大容量安全设备、IPv6-IPv4 翻译设备的研发相对薄弱，安全产品成熟度也较低。

（4）现有网络安全设备及安全系统需要进行全面升级

由于 IPv6 的一些新特性，IPv4 网中现有的这些安全设备在 IPv6 网中不能直接使用，需要升级改进。IPv4 向 IPv6 过渡的过程中，IPv6 协议栈会挤占 IPv4 业务的 CPU 和内存等资源，导致现有的 IPv4 业务在会话表容量、吞吐率上出现不同程度的下降。因此，对现有安全设备、安全系统处理能力的评估不够全面，设备、系统未进行全面升级，将导致 IPv6 信息安全隐患逐渐暴露，并被攻击者加以利用。

✍ **小结**

在政策的强力引导下，我国 IPv6 发展已经进入快速超车道。为了适应新的 IPv6 网络协议，寻找新的解决安全问题的途径变得非常急迫。安全研究人员需要面对新的情况，进一步研究和积累经验，尽快找出合适的安全解决方法。

📖 **拓展阅读**

读者要想了解更多 IPv6 相关的原理与技术应用，可以阅读以下书籍资料。

[1] 王相林．IPv6 网络：基础、安全、过渡与部署［M］．北京：电子工业出版社，2015.

[2] Hogg S，Vyncke E. IPv6 安全［M］．王玲芳，等译．北京：人民邮电出版社，2011.

5.7 思考与实践

1. 试从外在的威胁和内在的脆弱性两个方面来谈谈网络安全面临哪些问题。

2. 网络攻击的一般步骤包括哪些？各个步骤的主要工作是什么？

3. 当前有哪些网络攻击常用手段？

4. 什么是 DoS 攻击、DDoS 攻击？举例说明这两种攻击的原理、相应的工具及防范技术。

5. 什么是 0 day 攻击？什么是 APT 攻击？搜集 0 day 攻击和 APT 攻击的一些案例。

6. TCP/IP 存在哪些安全缺陷？简述当前流行的网络服务存在哪些安全问题？

7. 什么是 ARP 欺骗？ARP 存在什么样的问题？在图 5-45 所示的局域网环境中会发生什么样的 ARP 欺骗攻击？

8. 什么是防火墙？防火墙采用的主要技术有哪些？

9. 什么是包过滤技术？包过滤有几种工作方式？

10. 什么是应用层网关技术？应用层网关有哪些基本结构类型？请画图表示。

11. 什么是 IDS？简述异常检测技术的基本原理。

12. 比较异常检测和误用检测技术的优缺点。

13. 什么是 IPS？其与防火墙、IDS、UTM 等安全技术有何关联？

14. 网络隔离是指两个主机之间在物理上完全隔开吗？网络隔离技术和防火墙技术及 NAT 等技术有何异同点？

15. 网闸的特征是什么？网闸阻断了所有的连接，怎么交换信息？应用代理阻断了直接连接，是网闸吗？

16. 什么是 NAT、VPN？它们有什么作用？

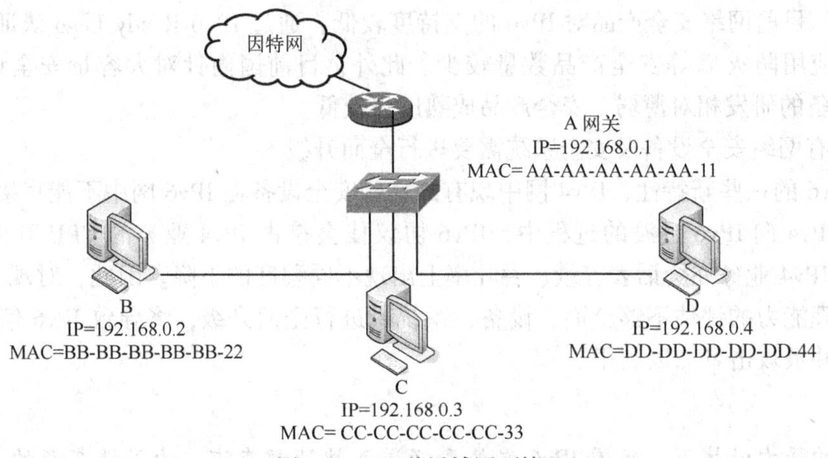

图 5-45　一种局域网环境

17. 把不同安全级别的网络相连接，就产生了网络边界，为了防止来自网络外界的入侵，就需要在网络边界上建立可靠的安全防御措施。请谈谈安全防护的措施。

18. 将密码算法置放在传输层、网络层、应用层及数据链路层分别有什么样的区别？

19. SSL 使用了哪些安全机制？提供了哪些安全服务？

20. 访问“https://www.alipay.com”这个域名，可以看到在浏览器的地址栏中“http”协议后面出现了“s”这个字母，请解释 HTTPS 的基本原理。

21. IPSec 协议都包含哪些主要的内容？

22. IPSec 的传输模式和隧道模式有什么区别？

23. 在使用 IPSec 时传输模式和隧道模式可以混合使用，描述 SA 捆绑的组合方式，并指出它们的优缺点。

24. AH 和 ESP 有哪些相同点和不同点？

25. 简述 SSL VPN 与 IPSec VPN 的区别及联系。

26. 图 5-46 所示是 iPhone 手机上设置 VPN 的界面，请解释手机上为什么会提供 VPN 功能？设置过程界面中的“IPSec”是什么？并完成手机上 VPN 功能的设置。

27. 什么是 PKI？PKI 的基本结构是什么？PKI 提供哪些安全服务？什么是“第三方信任模型”？生活中有哪些“第三方信任模型”的应用？

28. 什么是“数字证书”？数字证书中存放了哪些信息？它们有什么作用？

29. PMI 和 PKI 相比有哪些改进？PMI 系统可以脱离 PKI 系统单独运行吗？

30. 简述 Kerberos 会话密钥交换过程。

31. 分析在 Kerberos 协议中将 AS 和 TGS 分成两个不同实体的好处。

32. 用图描述单域 Kerberos 协议的流程，并将每一个阶段的对话表示出来。

33. 用图描述多域 Kerberos 协议的流程，并将每一个阶段的对话表示出来。

图 5-46　iPhone 上的 VPN 功能设置界面

34. 下面的认证过程存在什么缺陷？

1） C→AS：$ID_C \| P_C \| ID_V$

2） AS→C：Ticket

3） C→V：$ID_C \|$ Ticket

Ticket $= EK_V [ID_C \| P_C \| ID_V]$

Terms：
C = Client
AS = Authentication Server
V = serVer
ID_C = Identifier of user on C
ID_V = Identifier of V
P_C = Password of user on C
K_V = secret encryption key shared by AS an V
‖ = concatenation

35. IPv6 相比于 IPv4 有哪些新的特性？

36. IPv6 在网络层的安全性上得到了哪些增强？为什么又说“它的应用也带来了一些新的问题，且对于现行的网络安全体系提出了新的要求和挑战”？

37. 知识拓展：阅读以下与网络隔离产品相关的国家标准，了解相关技术要求和测试评价方法，重点了解隔离部件中的信息交换技术方法。

1）《信息安全技术 网络和终端隔离产品测试评价方法》（GB/T 20277—2015）。

2）《信息安全技术 网络和终端隔离产品安全技术要求》（GB/T 20279—2006）。

38. 知识拓展：阅读以下国家标准，了解第二代防火墙、Web 应用防火墙等产品的技术要求和测试评价方法。

1）《信息安全技术 第二代防火墙安全技术要求》（GA/T 1177—2014）。

2）《信息安全技术 防火墙安全技术要求和测试评价方法》（GB/T 20281—2015）。

3）《信息安全技术 主机型防火墙安全技术要求和测试评价方法》（GB/T 31505—2015）。

4）《信息安全技术 Web 应用防火墙安全技术要求》（GA/T 1140—2014）。

5）《信息安全技术 Web 应用防火墙安全技术要求与测试评价方法》（GB/T 32917—2016）。

39. 知识拓展：阅读以下国家标准，了解入侵检测系统、入侵防御系统产品的技术要求和测试评价方法。

1）《信息技术 安全技术 入侵检测系统的选择、部署和操作》（GB/T 28454—2012）。

2）《网络入侵检测系统技术要求》（GB/T 26269—2010）。

3）《网络入侵检测系统测试方法》（GB/T 26268—2010）。

4）《信息安全技术 网络入侵检测系统技术要求和测试评价方法》（GB/T 20275—2013）。

40. 知识拓展：阅读相关文献，了解 NGFW、IPS、UTM、内容安全网关等新产品及新技术。完成读书报告。

1） 启明星辰公司主页，http://www.venustech.com.cn。

2） 华为公司主页，http://e.huawei.com/cn/products/enterprise-networking/security。

3） 新华三技术有限公司主页，http://www.h3c.com.cn/Products_Technology/Products/IP_Security。

4） 天融信公司主页，http://www.topsec.com.cn。

41. 知识拓展：了解 PKI/PMI 的产品及应用。访问吉大正元信息技术有限公司网站（http://www.jit.com.cn），了解与权限管理系统相关的产品与技术。PERMIS PMI（Privilege and Role Management Infrastructure Standards Validation）是欧盟资助的项目，目的是为了验证 PMI 的适应性和可用性。了解 PERMIS PMI 的相关进展和内容。

42. 读书笔记：目前具有代表性的认证系统主要有 3 种，分别是 PKI（Public Key Infrastructure，公钥基础设施）、IBE（Identity Based Encryption，基于身份的加密）和 CPK（Com-

bined Public Key，组合公钥）。查找相关资料，对这 3 种认证技术进行比较分析。

43. 读书笔记：2018 年 8 月，IETF 发布了 TLS 1.3（RFC 8446）。请查找相关资料了解 TLS 1.3 的新功能。

44. 操作实验：阅读《Google 知道你多少秘密》（*Googling Security: How Much Does Google Know About You?*）、《Google Hacking 技术手册》（*Google Hacking for Penetration Testers, Volume* 2）等参考书籍，完成以下两个实验。

1）学习利用 Google Hacking 信息搜索技术搜索自己在互联网上的踪迹，以确认是否存在隐私和敏感信息泄露问题。如果有，试提出解决方案。

2）尝试获取 BBS、论坛、QQ、MSN 中的某一好友 IP 地址，并查询该好友的具体地理位置。

完成实验报告。

45. 操作实验：使用 Nmap、Nessus、Cheops-ng（http://cheops-ng.sourceforge.net）等扫描工具扫描特定机器，给出该机器的配置情况、网络服务及安全漏洞等信息。完成实验报告。

46. 操作实验：使用 tcpdump 开源软件对在本机上访问 www.tianya.cn 网站的过程进行嗅探，请问你在访问 www.tianya.cn 网站首页时，浏览器将访问多少个 Web 服务器？它们的 IP 地址都是什么？找出其地理位置。完成实验报告。

47. 操作实验：攻击方用 Nmap 扫描（达到特定目的），防守方用 tcpdump 嗅探，用 Wireshark 分析出攻击方的扫描目的及每次扫描使用的 Nmap 命令。完成实验报告。

48. 操作实验：使用 Web 服务器的漏洞扫描工具可以帮助系统管理员、安全顾问和 IT 专家检查并确认网络系统中存在的 Web 漏洞。这类工具有 N-Stalker WebApp Security Scanner（http://www.nstalker.com）等。完成实验报告。

49. 操作实验：利用 Pangolin 工具进行 Web 脚本漏洞的扫描及渗透测试。完成实验报告。

50. 操作实验：ARP 攻击原理及防范实验。一台装有 Windows XP SP2 系统的计算机、"网络监控机"软件（可从长角牛软件工作室主页 http://www.netrobocop.com 下载），"Wireshark 网络协议分析器"软件（可从 http://www.wireshark.org/下载）。实验内容：

1）安装"网络监控机"，使用"网络监控机"软件进行 ARP 攻击以限制局域网内的主机上网。

2）利用"Wireshark"软件分析"网络监控机"限制局域网内主机上网的工作原理。

3）使用"360ARP 防火墙"等软件进行 ARP 攻击的防范。

完成实验报告。

51. 操作实验：Netwox 是一个功能强大且易用的开源工具包，可以创建任意的 TCP、IP、UDP 数据报文。实验内容：

1）利用 Netwox 进行 IP 源地址欺骗，并利用 Wireshark 软件嗅探和分析欺骗包。

2）利用 Netwox 进行 TCP SYN Flood 攻击，并利用 Wireshark 软件嗅探和分析欺骗包。

完成实验报告。

52. 编程实验：网络扫描工具的编程实现。

1）编程实现 ping 扫描。

2）编程实现 TCP Connect 端口扫描。

完成实验报告。

53. 编程实验：网络嗅探工具的编程实现。利用 Winpcap 实现网络嗅探器的主要流程：

1）获取并列出当前网卡列表；

2）根据用户设置打开指定网卡；

3）根据用户指定的过滤规则设置过滤器；

4）捕获数据包并进行解析，解析内容：IP 数据包头的信息、ICMP 数据包头的信息、TCP 和 UDP 数据包头的信息。

完成实验报告。

54. 编程实验：使用 OpenSSL 编程实现一个 C/S 安全通信程序。OpenSSL 是一个非常优秀的实现 SSL/TLS 的著名开源软件包。完成实验报告。

55. 操作实验：网络防火墙的使用和攻防测试。实验内容：学习使用网络防火墙软件 Zone Alarm Pro、Forefront TMG，理解和掌握防火墙的原理和主要技术。完成实验报告。

56. 操作实验：在 Windows 中安装配置开放源码的入侵检测系统 Snort（http://www.snort.org）。Snort 是一个轻量级的网络入侵检测系统，能完成协议分析、内容的查找/匹配，可用来探测多种攻击（如缓冲区溢出、秘密端口扫描、CGI 攻击、SMB 嗅探、指纹采集尝试等）。完成实验报告。

57. 操作实验：查看 Windows 系统中的公钥证书和证书吊销名单，回答如下问题：

1）每一项的含义是什么？

2）证书吊销名单出现在哪一项？哪个证书被吊销了？

完成实验报告。

58. 操作实验：在 Adobe Acrobat 中建立和使用公钥证书。实验内容：打开一个 PDF 文件，完成数字身份证的添加，并分析产生的公钥证书的内容。接着，完成对该 PDF 文档的签名。完成实验报告。

59. 操作实验：WinSCP 是一个 Windows 环境下使用 SSH 的开源图形化 SFTP 客户端，同时支持 SCP。它的主要功能就是在本地与远程计算机间安全地复制文件。从 http://winscp.net/eng/index.php 网址免费下载 WinSCP 客户和服务器程序（SShClient 和 SecureWindowsFTP server），安装并使用，完成实验报告。

60. 操作实验：在 Linux 环境下完成 OpenSSH 的配置和使用。完成实验报告。

61. 操作实验：在 Windows 2008 Server 上为 Web 应用程序（站点）配置 SSL。完成实验报告。

62. 操作实验：使用 Nginx 搭建一个 HTTPS 服务，通过 Wireshark 抓包分析 SSL 协议的握手过程。

63. 材料分析：2009 年 5 月 19 日和 20 日，国内出现大面积网络故障。工信部随后发布公告称，由于暴风影音网站的域名解析系统受到网络攻击出现故障，导致电信运营企业的递归域名解析服务器在 5 月 19 日 22 时左右收到大量异常请求，进而引发拥塞，造成用户不能正常上网。

针对上述说法，暴风影音 CEO 冯鑫首次对此次网络瘫痪事件进行了解释和回应。冯鑫表示，19 日发生的网络故障与暴风无关，是域名解析服务商的问题。

DNSPod 是目前国内主要的 DNS 域名解析提供商之一，暴风公司是其一个主要客户。根据 DNSPod 的解释，事发当晚，大量的暴风影音用户打开暴风影音的网页或者使用其提供的在线视频服务，然而这些用户提交的访问申请无法找到正确的服务器，大量积累的访问申请导致各地电信网络负担成倍增加，网络出现堵塞，从而出现这一现象。

对于由于软件故障而引起这种全国范围的互联网瘫痪，相当多的用户对事故涉及各方的解释感到不满意，纷纷通过论坛等方式质疑为何一家企业的网络故障会拖累这么多省市的网络，当中是否存在宽带网络保护机制的不健全或架构设计上有重大缺陷。【材料来源：《扬子晚报》，2009-5-22】

请根据上述材料回答：

1）什么是 DNS 服务？

2）DNS 服务存在的安全问题及解决途径是什么？

64. 材料分析：如图 5-47 所示，在访问中国铁路官网（www.12306.cn）时，有一个醒目的提示“为保障您顺畅购票，请下载安装根证书”，但是我们安装后证书状态又显示“不受信任”。

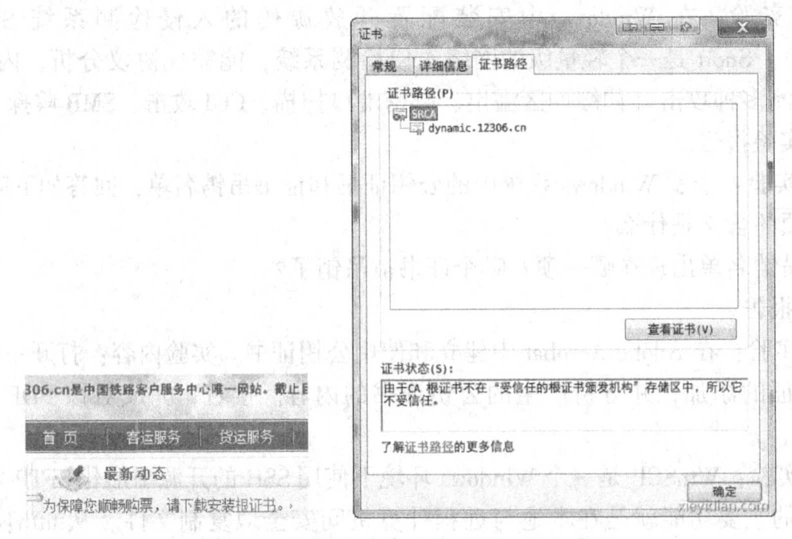

图 5-47　访问中国铁路客户服务中心官网

请回答：

1）什么是数字证书？什么是 CA？

2）根证书有什么重要作用？为什么该网站的根证书“不受信任”？

3）在该网站提供的《SRCA 根证书安装说明手册》中提到：“双击根证书文件弹出证书属性的对话框，此时该根证书并不受信任，我们需要将其加入‘受信任的根证书颁发机构’”，请谈谈这样做会带来怎样的安全问题。

65. 材料分析：（国防部网北京 2013 年 2 月 20 日电）在 2 月 20 日国防部新闻事务局举行的媒体吹风会上，国防部新闻发言人耿雁生表示，中国法律禁止黑客攻击等任何破坏互联网安全的行为，中国政府始终坚决打击相关犯罪活动，中国军队从未支持过任何黑客行为。

Mandiant 网络公司所谓的中国军方从事网络间谍活动的说法是没有事实根据的。首先，该报告仅凭 IP 地址的通联关系就得出攻击源来自中国的结论缺乏技术依据，众所周知，通过盗用 IP 地址进行黑客攻击几乎每天都在发生，是网上常见的做法，这是一个常识性问题。其次，在国际上关于“网络攻击”尚未有明确一致的定义，该报告仅凭日常收集的一些网上行为就主观推断出网络间谍行动，是缺乏法律依据的。第三，网络攻击具有跨国性、匿名性和欺骗性的特点，攻击源具有很大的不确定性，不负责任地发布信息，不利于问题解决。

请你谈谈为什么说仅凭 IP 地址就得出攻击源的结论缺乏技术依据。

66. 综合设计：访问网站 https://www.toptenreviews.com/best-personal-firewall-software，了解多种个人防火墙产品、防火墙功能和性能的一些评测指标，为一个小型个人网站推荐一款防火墙，给出方案设计。

67. 综合设计：考虑这样一个实例，一个 A 类子网络 116.111.4.0，认为站点 202.208.5.6 上有非法的 BBS，所以希望阻止网络中的用户访问该站点的 BBS；再假设这个站点的 BBS 服务是通过 Telnet 方式提供的，那么需要阻止到那个站点的出站 Telnet 服务，对于 Internet 的其他站点，允许内部网用户通过 Telnet 方式访问，但不允许其他站点以 Telnet 方式访问网络；为了收发电子邮件，允许 SMTP 出站入站服务，邮件服务器的 IP 地址为 116.111.4.1；对于 WWW 服务，允许内部网用户访问 Internet 上的任何网络和站点，但只允许一个公司（因为是合作伙伴关系，公司的网络为 98.120.7.0）的网络访问内部 WWW 服务器，内部 WWW 服务器的 IP 地址为 116.111.4.5。请设定合理的防火墙过滤规则表。

68. 综合设计：如图 5-48 所示，描绘了一种典型的工业控制系统（Industrial Control Sy-sytem，ICS）应用环境及其可能面临的安全风险，试设计一种安全防护方案。

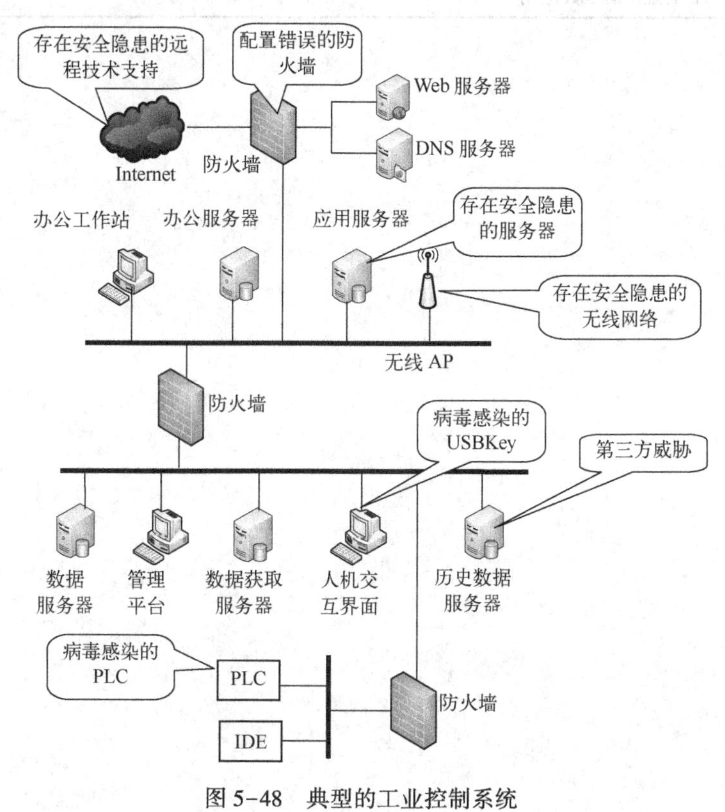

图 5-48　典型的工业控制系统

5.8　学习目标检验

请对照本章学习目标列表，自行检验达到情况。

学习目标		达到情况
知识	了解网络安全面临的问题	
	了解网络攻击的一般过程，以及各个步骤的主要工作	
	了解 TCP/IPv4 协议各层存在的安全问题	
	了解防火墙和入侵检测系统等网络安全设备的概念、工作原理、涉及技术及技术发展	
	了解网络架构安全设计，包括安全域的划分、IP 地址规划（NAT）、网络边界访问控制策略设置、虚拟专用网（VPN）设计、网络冗余配置等内容	
	了解 TCP/IP 各层新的安全协议	
	了解公钥基础设施和权限管理基础设施	
	了解 IPv6 协议的新特性及所能提供的安全防护	
	了解 IPv6 面临的安全威胁，以及在部署和使用中要注意的安全问题	
能力	能够从外在的威胁和内在的脆弱性两个方面来分析网络安全面临的问题	
	熟悉网络攻击各个步骤的主要工作、攻击工具的原理、使用方法	
	能够部署、使用防火墙和入侵检测系统等网络安全设备	
	能够完成网络安全设备中 NAT、VPN 等功能的配置	
	能够完成 Web 安全中的 PKI 应用	

第6章　数据库安全

导学问题

- 数据库安全面临哪些威胁？研究数据库的安全有什么重要意义？☞6.1节
- 数据库有哪些安全需求？☞6.2.1小节
- 针对数据库的安全需求有哪些安全控制方法和技术？☞6.2.2~6.2.6小节
- 大数据时代如何进行数据库的隐私保护？☞6.2.6小节
- 数据库安全研究面临哪些新挑战？☞6.3节

6.1　数据库安全问题

以数据库为基础的信息管理系统正在成为政府机关部门、军事部门和企事业单位的信息基础设施。随着人们越来越依赖信息技术，数据库中存储的信息价值也越来越高，因而数据库的安全问题也显得越发重要。

传统的数据库包括关系型数据库、层次数据库和网状数据库。近些年来，随着计算机网络技术的高速发展，数据库技术也得到了很大的发展，先后出现了面向对象的数据库和非结构数据库等新型数据库。

本书讨论的数据库安全既包括数据库管理系统（DBMS）的安全，也包括数据库应用系统的安全。本节首先介绍数据库安全的重要性，然后分析数据库面临的安全威胁。

1. 数据库安全的重要性

由于数据库具有的重要地位，因此其安全性备受关注。数据库安全的重要性体现在以下两个方面。

1）包含敏感数据和信息资产。数据库系统是当今大多数信息系统中数据存储和处理的核心。数据库中常常含有各类重要或敏感数据，如商业机密数据、个人隐私数据甚至是涉及国家或军事秘密的重要数据等，且存储相对集中。由于各种原因，如行业竞争、好奇心或利益驱使，总有人试图进入数据库中获取或破坏信息，联网的数据库受到的威胁就更大。数据库安全将极大地影响政府、企业等各种组织甚至个人的形象和利益。

2）计算机信息系统安全的关键环节。数据库的安全还涉及应用软件、系统软件的安全，甚至整个网络系统的安全。对数据库系统的成功攻击往往会使攻击者获得所在操作系统的管理权限，甚至给整个信息系统带来更大程度的破坏，如服务器瘫痪、数据无法恢复等。

2. 数据库面临的安全问题

图6-1所示为数据库面临的主要安全问题，包括以下几类。

1）硬件故障与灾害破坏。支持数据库系统的硬件环境发生故障，如断电造成信息丢失，

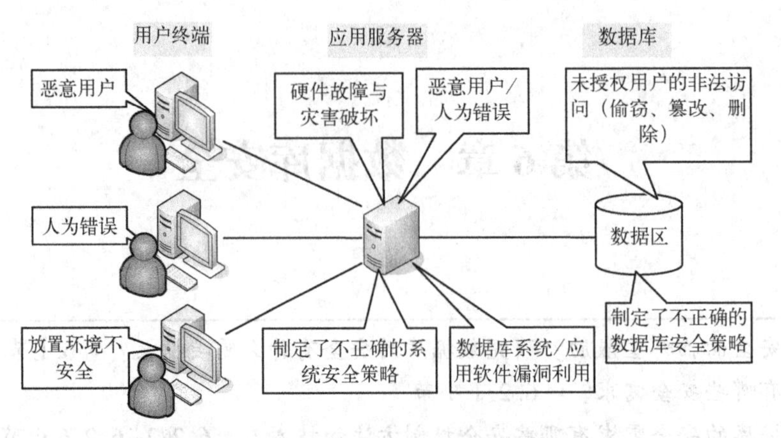

图 6-1　数据库面临的主要安全问题

硬盘故障致使数据库中的数据读不出来，地震等自然灾害造成硬件损毁等。

2）数据库系统/应用软件的漏洞被利用。网络黑客或内部恶意用户针对数据库系统或应用系统的漏洞进行攻击。例如典型的 SQL 注入漏洞，直接威胁网络数据库的安全。

3）人为错误。操作人员或系统用户的错误输入，应用程序的不正确使用，都可能导致系统内部的安全机制失效，也可能导致非法访问数据，还可能造成系统拒绝提供数据服务。

4）管理漏洞。数据库管理员的专业知识不够，不能很好地利用数据库的保护机制和安全策略。例如，不能合理地分配用户的权限；不按时维护数据库（备份、恢复、日志整理等）；不能坚持审核审计日志，从而不能及时发现并阻止黑客或恶意用户对数据库的攻击。

5）不掌握数据库核心技术。目前，我国使用的 DBMS 大多来自国外，这些系统的安全建筑在了国外公司的“良知”与“友好”上，这是很大的不安全因素。

6）隐私数据的泄露。数据库中的隐私数据是指公开范围应该受到限制的那些数据。

拓展知识：拖库、洗库和撞库

拖库本来是数据库领域的术语，在安全领域多指黑客入侵有价值的网络站点，盗走注册用户资料数据库的行为。

在取得大量的用户账户信息数据之后，黑客会通过一系列的技术手段和黑色产业链将有价值的用户数据归纳分析、售卖变现，通常称这一行为为洗库。

撞库是指黑客将收集的已泄露的账户名和密码信息生成对应的字典表，尝试登录其他网站的行为。很多用户在不同的网站使用相同的账户名和密码，因此黑客可通过已获取的账户名和密码信息尝试在多个站点登录。

图 6-2 所示是黑客在拖库、洗库和撞库 3 个环节所进行的活动。

黑客为了得到数据库的访问权限，取得用户数据，通常会从技术和社会工程两个方面入手，如图 6-3 所示。

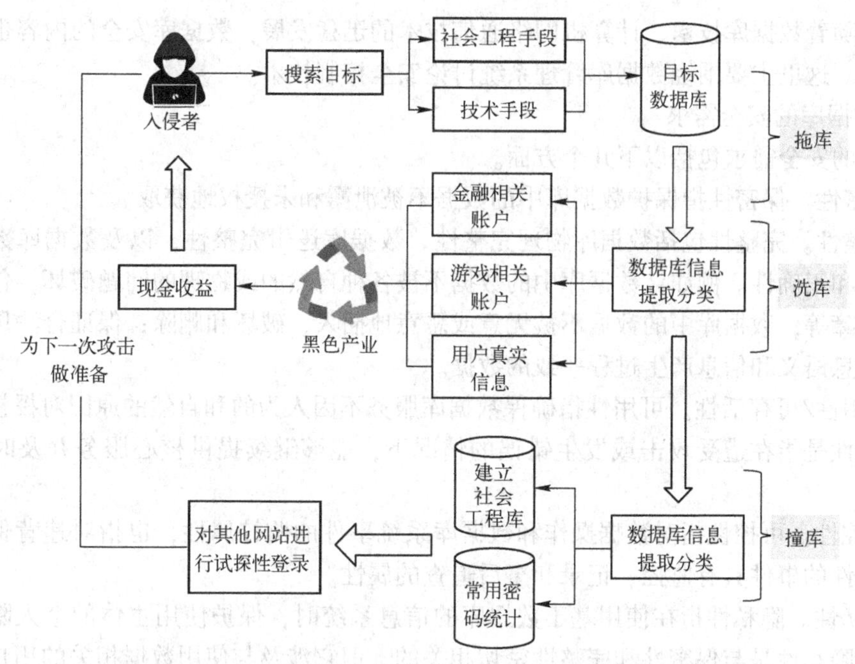

图 6-2　黑客在拖库、洗库和撞库 3 个环节所进行的活动

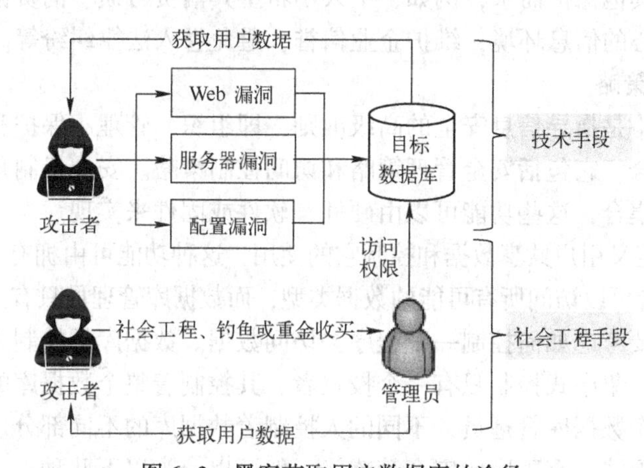

图 6-3　黑客获取用户数据库的途径

6.2　数据库安全控制

本节首先介绍数据库的安全需求和安全策略，接着针对各项安全需求介绍数据库的安全控制措施。

6.2.1　数据库的安全需求和安全策略

1. 数据库的安全需求

(1) 数据库安全的概念

数据库安全是指保证数据库信息的保密性、完整性、可用性、可控性和隐私性的理论、技术与方法。

数据库的安全主要针对数据库管理系统，但是操作系统、网络和应用程序与数据库安全也紧密相关。随着数据库技术、计算机网络通信技术的迅猛发展，数据库安全的内容也在不断发展变化之中。这里主要围绕数据库管理系统讨论安全控制技术。

（2）数据库的安全需求

数据库的安全需求包括以下几个方面。

1）保密性。保密性指保护数据库中的数据不被泄露和未授权地获取。

2）完整性。完整性包括数据库物理完整性、数据库逻辑完整性，以及数据库数据元素取值的准确性和正确性。例如，数据库中的数据不被各种自然的或物理的问题破坏，包括电力问题或设备故障等；数据库中的数据不被无意或恶意地插入、破坏和删除；保证合法用户得到与现实世界信息语义和信息产生过程一致的数据。

3）可用性/可存活性。可用性指确保数据库服务不因人为的和自然的原因对授权用户不可用，可存活性是指在遭受攻击或发生错误的情况下，能够继续提供核心服务并及时恢复全部服务。

4）可控性。可控性指对数据操作和数据库系统事件的监控属性，也指对违背保密性、完整性、可用性的事件具有监控、记录和事后追查的属性。

5）隐私性。隐私性指在使用基于数据库的信息系统时，保护使用主体的个人隐私不被泄露和滥用。隐私性是与保密性和完整性密切相关的，但它涉及与使用数据相关的用户偏好、职责履行、守法证明等其他保护需求，例如，个人不希望其消费习惯、消费偏好等被泄露，企业希望营造一个用户放心的信息环境，维护企业信誉，避免卷入法律纠纷等。

2. 数据库的安全策略

数据库的安全策略是指导信息安全的高级准则，即组织、管理、保护和处理敏感信息的法律、规章及方法的集合。它包括安全管理策略和访问控制策略。安全机制是用来实现和执行各种安全策略的功能的集合，这些功能可以由硬件、软件或固件来实现。

安全管理策略可定义用户共享数据和控制它的使用，这种功能可由拥有者完成，也可由数据库管理员实现。拥有者可以访问所有可能的数据类型，而数据库管理员只有控制数据的权利。

访问控制策略主要考虑如何控制一个程序去访问数据。数据库的控制方式可分为集中式控制和分布式控制两类：集中式控制只有一个授权者，其控制着整个数据库的安全；分布式控制是指一个数据库有多个数据库管理员，不同的人控制着数据库的不同部分。

对不同的数据库形式，有不同的安全策略，一般可以分为以下几种。

1）按实际要求决定粒度大小策略。在数据库中，可按要求将数据库中的项分成大小不同的粒度。粒度越小，安全级别越高。通常要根据实际要求决定粒度大小。

2）宽策略或严策略。类似于访问控制列表中的宽策略和严策略。宽策略是指除了明确禁止的项目外，数据库中的其他数据项均允许用户存取；严策略是指数据库只允许用户对明确授权的项目进行存取。从安全保密角度看，严策略是首选。

3）最小特权策略。最小特权策略的一个明确操作要求是客体有数据库管理系统允许的最小粒度。

4）与内容有关的访问控制策略。最小特权策略可扩展为与数据项内容有关的控制，“内容”主要是指存储在数据库中的数值，存取控制是根据此时刻的数据值来进行的。这种控制产生较小的控制粒度。

5）上下文相关的访问控制策略。该策略根据上下文的内容严格控制用户的存取区域。这一方面限制用户，不允许在同一请求里或者在特定的一组相邻请求里对某些不同属性进行存取，另一方面又规定用户对某些不同属性的数据必须在一组中存取。这种策略主要用于限制用户同时对多个域进行访问。

6）与历史有关的访问控制。利用推理来获取机密信息的方法对数据库的安全保密是一种极大的威胁，一般要防止这种类型的泄密。但是要防止用户做某种推理，控制当时请求的上下文一般是无效的。要防止这类推理，就要求实施与历史有关的访问控制。它不仅要考虑当时请求的上下文，而且也要考虑过去请求的上下文关系，根据过去已经执行过的存取来控制现在提出的请求。

7）按存取类型控制策略。这种策略或者允许用户对数据做出任何类型的存取，或者干脆不允许用户存取。如果规定用户可以对数据存取的操作，如读、写、修改、插入、删除等，则可对其存取实行更严格的控制。

6.2.2 数据库的访问控制

数据库的首要安全问题是保护数据库不被非授权地访问而造成数据泄露、更改或破坏。访问控制是实现这一目的的重要途径。

数据库的访问控制包括在数据库系统这一级提供用户认证和访问控制，以及在数据存储这一级采用密码技术加密存储，如图 6-4 所示。

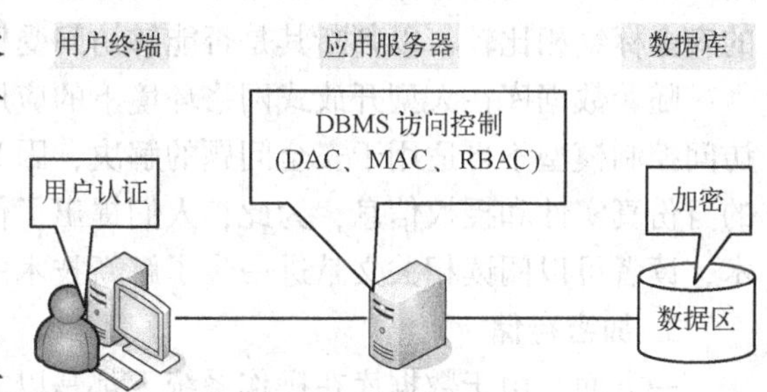

图 6-4 数据库的访问控制措施

下面介绍上述 3 类安全控制措施。

1. 用户认证

本书在第 4 章已经介绍了用户认证的概念，它包括用户的标识与鉴别。用户认证通过核对用户的 ID 和口令等认证信息，决定该用户对系统的使用权。通过认证来阻止未经授权的用户对数据库进行操作。

DBMS 是作为操作系统的一个应用程序运行的，数据库中的数据不受操作系统的用户认证机制的保护，也没有通往操作系统的可信路径。DBMS 必须建立自己的用户认证机制。DBMS 的认证是在操作系统认证之后进行的，这就是说，一个用户进入数据库，需要进行操作系统和 DBMS 两次认证。这种机制增加了数据库的安全性。

2. 访问控制

（1）数据库访问控制的困难点

访问控制是通过某种途径显式地准许或限制访问能力及范围，以防止非授权用户的侵入或合法用户的不慎操作所造成的破坏。和操作系统相比，数据库的访问控制难度要大得多。

在操作系统中，文件之间没有关联关系，但在数据库中，不仅库表文件之间有关联，库表内部的记录、字段都是相互关联的。对目标访问控制的粒度和规模也不一样，操作系统中控制的粒度是文件，数据库中则需要控制到记录和字段一级。操作系统中几百个文件的访问控制表的复杂性远比具有几百个库表文件，且每个库表文件又有几十个字段和数十万条记录的数据库的访问控制表的复杂性要小得多。访问控制机制规模大而复杂，对系统的处理效率也有较大影响。

访问数据库的用户的安全等级是不同的，分配给他们的权限也不一样，为了保护数据的安全，数据库被逻辑地划分为不同安全级别数据的集合。有的数据允许所有用户访问，有的则要求用户具备一定的权限。在 DBMS 中，用户有对数据库的创建、删除，对库表结构的创建、删除与修改，对记录的查询、增加、修改、删除，对字段值的输入、修改、删除等权限。DBMS

必须提供安全策略管理用户的这些权限。

由于数据库中的访问目标（数据库、库表、记录与字段）是相互关联的，字段与字段值之间、记录与记录之间也是具有某种逻辑关系的，因此存在通过推理从已知的记录或字段值间接获取其他记录或字段值的可能。而在操作系统中一般不存在这种通过推理泄露问题，它管理的目标（文件）之间并没有逻辑关系。这就使数据库的访问控制机制不仅要防止直接的泄露，而且还要防止推理泄露的问题，因此数据库访问控制机制要比操作系统的复杂得多。限制推理访问需要为防止推理而限制一些可能的推理路径。通过这种方法限制可能的推理，也可能限制了合法用户的正常查询访问，一些正常访问甚至会被拒绝，会使他们感到系统访问效率不高。

（2）数据库系统可采用的访问控制模型

本书在第4章已经介绍了自主访问控制（DAC）、强制访问控制（MAC），以及得到广泛应用的基于角色的访问控制（RBAC）。

高安全等级数据库都要求管理其数据的DBMS提供MAC机制，目前，大部分主流数据库产品都提供了基于标签的MAC功能，即通过标签组件机制让用户定义其组织的安全策略。当用户试图访问受标签保护的数据库中的数据时，DBMS将该用户的安全级别与用于保护该数据的安全标签相比较，以判断其是否能够访问受标签保护的数据。

随着数据库在大型开放式网络环境下的应用，传统基于资源请求者的身份做出授权决定的访问控制模型不再适用于安全问题的解决，因为在分布式网络环境下，通常无法确知网络实体的身份真实性和授权信息，为此，人们提出了信任管理、数字版权管理等新一代的访问控制技术，读者可以阅读相关文献进一步了解新技术的发展动向。

3. 加密存储

一方面，由于数据库在操作系统下都是以文件形式进行管理的，入侵者可以直接利用操作系统的漏洞窃取数据库文件，或者篡改数据库文件内容。另一方面，数据库管理员可以随意访问所有数据，这往往超出了其职责范围，同样造成安全隐患。因此，数据库的保密问题不仅包括在传输过程中进行加密保护和控制非法访问，还包括对存储的敏感数据进行加密保护，使得即使数据不幸泄露或者丢失，也难以造成泄密。同时，数据库加密可以由用户用自己的密钥加密自己的敏感信息，而不需要了解数据内容的数据库管理员无法进行正常解密，从而可以实现个性化的用户隐私保护。

（1）数据库加密方式

按照加密部件与数据库管理系统的关系，数据库加密可以分为两种实现方式：库内加密与库外加密。

1）库内加密在DBMS内核层实现加密，加密/解密过程对用户与应用透明，即数据进入DBMS之前是明文，DBMS在数据物理存取之前完成加密/解密工作。

库内加密的优点：

- 加密功能强，并且加密功能几乎不会影响DBMS原有的功能；
- 对于数据库应用来说，库内加密方式是完全透明的。

其缺点主要有：

- 对系统性能影响较大，DBMS除了完成正常的功能外，还需要进行加密/解密运算，加重了数据库服务器的负担；
- 密钥管理安全风险大，加密密钥通常与数据库一同保存，加密密钥的安全保护依赖于DBMS中的访问控制机制。

2）库外加密是指在DBMS之外实现加密/解密，DBMS所管理的是密文。加密/解密过程可以在客户端实现，或由专门的加密服务器完成。

与库内加密相比，库外加密有明显的优点：

- 由于加密/解密过程在专门的加密服务器或客户端实现，减少了数据库服务器与DBMS的运行负担；
- 可以将加密密钥与所加密的数据分开保存，提高了安全性；
- 客户端与服务器配合，可以实现端到端的网上密文传输。

库外加密的主要缺点是加密后的数据库功能受到一定限制。

（2）影响数据库加密的关键因素

1）加密粒度。一般来说，数据库加密的粒度有4种：表、属性、记录和数据项。各种加密粒度的特点不同。总体来说，加密粒度越小则灵活度越好，且安全性越高，但实现技术也更为复杂。

2）加密算法。目前还没有公认的针对数据库加密的加密算法，因此一般根据数据库的特点选择现有的加密算法来进行数据库加密。由于加密/解密速度是一个重要因素，因此数据库加密通常使用对称加密体制中的分组加密算法。

3）密钥管理。对数据库密钥的管理一般有集中密钥管理和多级密钥管理两种体制。其中，集中密钥管理方式中的密钥一般由数据库管理人员控制，权限过于集中。目前研究和应用比较多的是多级密钥管理体制。

6.2.3 数据库的完整性控制

数据库的完整性包括数据库物理完整性、数据库逻辑完整性，以及数据库数据元素取值的准确性和正确性。数据库的完整性控制，一方面是防止错误信息的输入和输出，防止数据库中存在不符合语义的数据。例如，学生的学号必须唯一，性别只能是男或女，学生所在的系必须是学校已开设的系等。另一方面，完整性控制也包括保护数据库中的数据不被非授权地插入、破坏和删除。数据库是否具备完整性关系到数据库系统能否真实地反映现实世界，因此维护数据库的完整性是非常重要的。

1. 物理完整性控制

在物理完整性方面，要求从硬件或环境方面保护数据库的安全，防止数据被破坏或不可读。例如，应该有措施解决掉电时数据不丢失、不被破坏的问题，存储介质损坏时数据的可利用性问题，还应该防止各种灾害（如火灾、地震等）对数据库造成不可弥补的损失，以及有灾后数据库快速恢复的能力。

数据库的物理完整性和数据库留驻的计算机系统的硬件可靠性与安全性有关，也与环境的安全保障措施有关。

2. 逻辑完整性控制

在逻辑完整性方面，要求保持数据库逻辑结构的完整性，需要严格控制数据库的创建与删除，以及库表的建立、删除和更改操作，这些操作只能允许数据库拥有者或具有系统管理员权限的人进行。

逻辑完整性还包括数据库结构和库表结构设计的合理性，尽量减少字段与字段之间、库表与库表之间不必要的关联，减少不必要的冗余字段，防止发生修改一个字段的值影响其他字段的情况。例如，一个关于学生成绩分类统计的库表中包括总数、优秀数、优秀率、良好数、良好率、及格数、及格率和不及格数、不及格率等字段，任何一个字段的修改都会影响其他字段的值。其中，有的影响是合理的，例如良好数增加了，其他级别的人数就应相应减少（保持总量不变），有的影响则是因为库表中包括了冗余字段所致，如各个关于“率”的字段都是冗余的。另外，因为有了优秀数、良好数和及格数，不及格数或总数这两个字段中的一个也是冗余的。

数据库的逻辑完整性主要是设计者的责任，由系统管理员与数据库拥有者负责保证数据库结构不被随意修改。

3. 元素完整性控制

元素完整性主要是指保持数据字段内容的正确性与准确性。元素完整性需要由DBMS、应用软件的开发者和用户共同完成。

目前商用的DBMS产品拥有完整性控制机制，DBMS实现完整性定义和检查控制。通常具有的功能如下。

1）提供定义完整性约束条件的机制。完整性约束条件也称为完整性规则，是数据库中的数据必须满足的语义约束条件。SQL标准使用了一系列概念来描述完整性，包括关系模型的实体完整性、参照完整性和用户定义完整性。这些完整性一般由SQL的DDL语句来实现。它们作为数据库模式的一部分存入数据字典中。

2）提供完整性检查的方法。DBMS中，检查数据是否满足完整性约束条件的机制称为完整性检查。一般在INSERT、UPDATE、DELETE语句执行后开始检查，也可以在事务提交时检查。检查这些操作执行后数据库中的数据是否违反了完整性约束条件。

3）违约处理。DBMS若发现用户的操作违反了完整性约束条件，就采取一定的动作，如拒绝（NOACTION）执行该操作，或级联（CASCADE）执行其他操作，进行违约处理以保证数据的完整性。

下面介绍一些具体的方法，包括设置触发器、两阶段提交、纠错和恢复、并发控制等。

（1）设置触发器

触发器（Trigger）是用户定义在关系表上的一类由事件驱动的特殊过程。一旦定义，任何用户对表的增、删、改操作均有服务器自动激活相应的触发器，在DBMS核心层进行集中的完整性控制。

触发器可以完成的一些功能介绍如下。

1）检查取值类型与范围。触发器检查每个字段输入数据的类型与该字段的类型是否一致。例如，是否向字符类型的字段输入数值型的值，若不一致则拒绝写入。范围比较则是检查输入数据是否在该字段允许的范围内，例如，成绩的分类是“优秀”“良好”“及格”“不及格”，如果当前输入的是“中等”，则拒绝写入。又如，成绩字段的取值范围为0~100，若输入的成绩为101，则拒绝写入。

字段的取值范围有如下多种形式。

- 离散值，如学生的成绩值。
- 连续值，如学员的学号。
- 函数值，字段的值可以通过对某个函数的计算获得。

范围比较还可以通过比较字段之间的取值来确保数据库内部的一致性，例如，如果规定教授级别的人必须具有本科以上学历，那么触发器也可以监视记录中级别与学历两个字段的取值的一致性。

2）依据状态限制。状态限制是指为保证整个数据库的完整性而设置的一些限制，数据库的值在任何时候都不应该违反这些限制。如果某时刻的数据库状态不满足限制条件，就意味着数据库的某些值存在错误。

例如，在每个班的学员记录中，只应该有一个人是班长，而且每个学员的学号不应该重复。检查数据库状态时有可能发现多个班长或有重复学号的状态，若发现这种状态，DBMS 便可以知道数据库处于不完整状态中。

3）依据业务限制。业务限制是指为了使数据库的修改满足数据库存储内容的业务要求而做出的相应限制。例如，对于有名额限制的录取数据库，当向数据库增加新的录取人员时，必须满足名额还有空缺这一限制条件。

业务限制和字段之间取值关联的问题与具体业务内容相关，其中包括许多常识性知识。彻底检查这一类的不一致性，需要在程序中增加一些常识性推理功能，即检查程序需要有一些“智能”处理能力。简单的范围检查可以在多数 DBMS 中实现，而更为复杂的状态和业务限制则需要用户编写专门的检测程序，供 DBMS 在每次检查活动中调用。

（2）两阶段提交

为了保证数据更新结果的正确性，必须防止在数据更新过程中发生处理程序中断或出现错误的情况。假定需要修改的数据是一个长字段，里面存放着几十个字节的字符串。当仅更新了其中部分字节时，更新程序或硬件发生了中断，结果该字段的内容只被修改了一部分，另一部分仍然为旧值，这种错误不容易被发现。同时更新多个字段的情况会更加微妙，可能看不出一个字段有明显错误。解决这个问题的方法是在 DBMS 中采用两阶段提交（更新）技术。

第一阶段称为准备阶段。在这一阶段中，DBMS 收集更新所需要的信息和其他资源，其中可能包括收集数据、建立哑记录、打开文件、封锁其他用户、计算最终结果等操作，总之是为最后的更新做准备，但不对数据库做实际的改变。这个阶段即使发生问题，也不影响数据库的正确性。如果需要的话，这一阶段可以重复执行若干次。如果一切准备完善，那么第一阶段的最后一件事是“提交”，此时需要向数据库写一个提交标志。DBMS 根据这个标志对数据库做永久性的改变。

第二阶段的工作是对需要更新的字段进行真正的修改，这种修改是永久性的。在第二阶段中，在真正进行提交之前对数据库不采取任何行动。如果第二阶段出问题，数据库中可能是不完整的数据，一旦第二阶段的更新活动出现问题，DBMS 会自动将本次提交的对数据库执行的所有操作都撤销，并恢复到本次修改之前的状态，这样数据库又是完整的了。在 DBMS 中，上述操作称为“回滚”（Rollback）。

上述第一阶段和第二阶段在数据库中合称为一个“事务”（Transaction）。所谓“事务”，是指一组逻辑操作单元，使数据从一种状态变换到另一种状态。为确保数据库中数据的一致性，数据的操作应当是离散的成组的逻辑单元：当它全部完成时，数据的一致性可以保持，而当这个单元中的一部分操作失败时，整个事务应全部视为错误，所有从起始点以后的操作应全部回退到开始状态。

（3）纠错与恢复

许多 DBMS 提供数据库数据的纠错功能，主要采用冗余的方法，通过增加一些附加信息来检测数据中的不一致性。附加信息可以是几个校验位、一个备份或影像字段。这些附加信息所需要的空间大小不一，与数据的重要性有关。下面介绍几种冗余纠错的技术。

1）附加校验纠错码。在单个字段、记录甚至整个数据库的后面附加一段冗余信息，用作奇偶校验码、海明校验码或循环冗余校验码（CRC）。每次将数据写入数据库时，便计算相应的校验码，并将其同时写入数据库中；每次从数据库中读取数据时，也计算同样的校验码，并与所存储的校验码比较。若不相等则表明数据库数据有错，其中的某些附加信息用于指示错误位置，另一部分信息则准确说明正确值是什么。奇偶校验码只需一位，只能发现错误，不能纠错，所需要的存储空间最小。其他校验技术需要的附加信息位数多，需要的存储空间就多。如果对每个字段都设置附加校验信息，那么需要附加的存储空间更大。

2）使用镜像（Mirror）技术。在数据库中可以对整个字段或整个记录做备份，当访问数据库发现数据有错时，可以用备份数据直接代替它。也可以对整个数据库建立镜像，但需要双倍的存储空间。

3）恢复。DBMS维护数据完整性的另一个有力措施是数据库日志功能。该日志能够记录用户每次登录和访问数据库的情况，以及数据库记录每次发生的改变，记录内容包括访问用户ID、修改日期、数据项修改前后的值。利用该日志，系统管理员可以撤销对数据库的错误修改，可以把数据库恢复到指定日期以前的状态。

（4）并发控制

数据库系统通常支持多用户同时访问数据库。为了有效地利用数据库资源，可能多个程序或一个程序的多个进程并行地运行，这就是数据库的并发操作。在多用户数据库环境中，多个用户程序可并行地存取数据，但当多个用户同时读写同一个字段的时候，会存取不正确的数据，或破坏数据库数据的一致性。

并发操作带来的数据不一致性包括3类：丢失修改、不可重复读和读“脏”数据。

1）丢失修改（Lost Update）。事务T1和T2读入同一数据并修改，T2提交的结果破坏了T1提交的结果，导致T1的修改被丢失。

2）不可重复读（Non-Repeatable Read）。不可重复读是指事务T1读取数据后，事务T2执行删除、更新等操作，使T1无法再现前一次的读取结果。

3）读“脏”数据（Dirty Read）。读“脏”数据是指事务T1修改某一数据，并将其写回磁盘，事务T2读取同一数据后，T1由于某种原因被撤销，这时T1已修改过的数据恢复原值，T2读到的数据就与数据库中的数据不一致，称T2读到的数据为“脏”数据，即不正确的数据。

产生上述3类数据不一致性的主要原因是并发操作破坏了事务的隔离性。因此为了保持数据库的一致性，必须对并发操作进行控制。并发控制就是要用正确的方式调度并发操作，使一个用户事务的执行不受其他事务的干扰，从而避免造成数据的不一致性。

并发控制的主要技术是封锁（Locking），即为读写用户分别定义“读锁”和“写锁”。当某一记录或数据元素被加了“读锁”，其他用户只能对目标进行读操作，同时也分别给目标加上各自的“读锁”。而目标一旦被加了“读锁”，要对其进行写操作的用户只能等待。若目标既没有“写锁”，也没有“读锁”，写操作用户在进行写操作之前，首先对目标加“写锁”。有了“写锁”的目标，任何用户不得进行读写操作。这样，在第一个用户开始更新时为该字段（或一条记录）加“写锁”，在更新操作结束之后再解锁。在封锁期间，其他用户禁止一切读写操作。

6.2.4 数据库的可用性保护

尽管数据库系统中采取了各种保护措施来防止数据库的安全性和完整性被破坏，以及保证并发事务的正确执行，但是计算机系统中硬件的故障、软件的错误、操作员的失误及恶意的破坏仍是不可避免的，轻则造成运行事务非正常中断，影响数据库中数据的正确性，重则破坏数据库，使数据库中的全部或部分数据丢失，影响数据库的可用性。

下面首先介绍数据库可用性保护涉及的备份与恢复，然后介绍确保数据库可生存性的入侵容忍技术。

1. 备份与恢复

数据库管理系统必须具有把数据库从错误状态恢复到某一已知的正确状态（亦称为一致状态或完整状态）的功能，这就是数据库的恢复。

数据库的恢复机制涉及的两个关键问题如下。

- 如何建立冗余数据?
- 如何利用这些冗余数据实施数据库恢复?

建立冗余数据最常用的技术是数据转储和登记日志文件。在一个数据库系统中，通常这两种方法是一起使用的。

（1）数据转储

所谓“转储”，即数据库管理员（Database Administrator，DBA）定期地将整个数据库复制到磁带或另一个磁盘上保存起来的过程，这些备用的数据文本称为后备副本或后援副本。当数据库遭到破坏后可以将后备副本重新装入，但重装后备副本只能将数据库恢复到转储时的状态，要想恢复到故障发生时的状态，必须重新运行转储以后的所有更新事务。DBA 应该根据数据库使用情况确定一个适当的转储周期。

按转储时的状态，可分为静态转储和动态转储。静态转储是系统中无运行事务时进行的转储操作。动态转储是指转储期间允许对数据库进行存取或修改，即转储和用户事务可以并发执行。

转储还可以分为海量转储和增量转储两种方式。海量转储是指每次转储全部数据库。增量转储则指每次只转储上一次转储后更新过的数据。从恢复角度看，使用海量转储得到的后备副本进行恢复一般说来会更方便些。但如果数据库很大，事务处理又十分频繁，则增量转储方式会更实用，更有效。

数据转储有两种方式，又分别可以在两种状态下进行，因此数据转储方法可以分为 4 类：动态海量转储、动态增量转储、静态海量转储和静态增量转储。

（2）登记日志文件

日志文件是用来记录事务对数据库更新操作的文件，不同的数据库系统采用的日志文件格式并不完全一样。概括起来，日志文件主要有两种格式：以记录为单位的日志文件和以数据块为单位的日志文件。

日志文件在数据库恢复中起着非常重要的作用，可以用来记录事务故障恢复和系统故障恢复，并可以协助后备副本进行介质故障恢复。具体地讲，事务故障恢复和系统故障恢复必须用日志文件；在动态转储方式中必须建立日志文件；后备副本和日志文件综合起来才能有效地恢复数据库；在静态转储方式中，也可以建立日志文件；当数据库毁坏后，可重新装入后备副本，把数据库恢复到转储结束时刻的正确状态，然后利用日志文件，对已完成的事务进行重做处理，对故障发生时尚未完成的事务进行撤销处理。

（3）数据库镜像（Mirror）

系统出现介质故障后，用户的应用全部中断，恢复起来比较费时。而且 DBA 必须周期性地转储数据库，这也加重了 DBA 的负担。如果不及时且正确地转储数据库，一旦发生介质故障，就会造成较大的损失。为避免磁盘介质出现故障，影响数据库的可用性，许多数据库管理系统提供了数据库镜像功能以用于数据库恢复，即根据 DBA 的要求，自动把整个数据库或其中的关键数据复制到另一个磁盘上。每当主数据库更新时，DBMS 会自动把更新后的数据复制过去，即 DBMS 自动保证镜像数据与主数据的一致性。这样，一旦出现介质故障，可由镜像磁盘继续提供使用，同时 DBMS 自动利用镜像磁盘数据进行数据库的恢复，不需要关闭系统和重装数据库副本。在没有出现故障时，数据库镜像还可以用于并发操作，即当一个用户对数据加“写锁”修改时，其他用户可以读镜像数据库上的数据，而不必等待该用户释放锁。

由于数据库镜像是通过复制数据实现的，频繁地复制数据自然会降低系统运行效率，因此在实际应用中，用户往往只选择对关键数据和日志文件进行镜像，而不是对整个数据库进行镜像。

2. 入侵容忍

（1）入侵容忍与可生存性

可生存性强调的是入侵成功或者灾难发生之后系统能够继续提供服务，以及条件状况改变时系统能够自动恢复的能力。

入侵容忍是指，当一个网络系统遭受入侵，即使系统的某些组件遭受攻击者的破坏，整个系统仍能提供全部或者降级的服务，同时保持系统数据的保密性与完整性等安全属性。

对于一个入侵容忍系统，要判断它是否符合安全需求，主要是检验该系统是否达到以下标准。

- 能够阻止或预防部分攻击的发生。
- 能够检测攻击和评估攻击造成的破坏。
- 在遭受到攻击后，能够维护和恢复关键数据、关键服务或完全服务。

（2）入侵容忍技术

入侵容忍技术是一项综合性的技术，涉及的问题很多。实现入侵容忍的技术很大一部分是建立在传统的容错技术之上的，如冗余组件技术、复制技术、多样性、门限密码技术、代理、中间件技术、群组通信系统等。

1）冗余组件技术。当一个冗余组件失效时，其他的冗余组件可以执行该组件的功能直到该组件被修复。冗余的目的是使用多个部件共同承担同一项任务，当主要模块发生故障时，用后援的备份模块替换故障模块，也可以用缓慢降级切换故障模块，让剩余的正常模块继续工作。

2）复制技术。复制技术是在系统里引入冗余的一种常用方法。服务器的每个复制称为一个备份。一个复制服务器由几个备份组成，如果一个备份失败了，其他的备份仍可以提供服务。

3）多样性。多样性实质上是组件的一个属性，即冗余组件必须在一个或者多个方面有所不同。用不同的设计和实现方法来提供功能相同的计算行为，防止攻击者找到冗余组件中共同的安全漏洞。

多样性的种类主要如下。

- 硬件多样性。系统硬件采用不同的类型。
- 操作系统的多样性。采用不同的操作系统，实现操作平台的多样性。
- 软件实现的多样性。其根本思想是，不同的设计人员（组）对同一需求会采取不完全一致的实现方法，而不同的设计者对同一需求说明的理解不容易出现相同的误解，所以利用设计的多样性原则可以有效地防止设计中的错误。多版本程序设计技术是一个经典的错误容忍技术，可以提供有效的多样性实现以防止同一漏洞。使用该技术可以对同一需求（技术要求）生成不同版本的程序。这些程序同时投入处理，会得到不同的处理结果，最终按多数决断逻辑决定输出结果。

- 空间和时间的多样性。空间多样性要求服务必须协同定位多个地点的冗余组件去阻止局部的灾难，而时间多样性则要求用户在不同的时间段向服务器提出服务请求。

使用冗余，可以消除系统中的单一安全漏洞，同时由于使用了多样性方法，系统之间以异构的方式组织，减少了相关的错误风险，加大了攻击者完全攻克系统的难度。但是，需要注意的是，多样性增加了系统的复杂性，代价也是昂贵的。

4）门限密码技术。目前使用门限密码技术构建的入侵容忍系统大都基于 Shamir 的秘密共享方案，采用的数学原理是拉格朗日插值方程。主要思想是，将系统中任何敏感的数据或系统部件利用秘密共享技术以冗余分割的方法进行保护。该方法的一个基本假设就是，在给定时间段内，被攻击者成功攻破的主机数目不超过门限值。

其实现过程一般是将门限密码学方法和冗余技术相结合，在一些系统部件中引入一定的冗余度，基于门限密码技术将秘密信息分布于多个系统部件，而且有关的私钥从来都不在一个地方重构，从而达到容忍攻击的目的。

5）代理。通过代理服务器接收所有的请求，使用自身的处理模块去执行多项任务，如负载平衡、有效性测试、基于签名的测试、错误屏蔽等。代理是客户的访问点，所有从客户端发来的请求首先由代理接收，因此在一定程度上确保了被代理系统的安全性。但是，代理的效率是影响性能瓶颈的一个重要因素。

6）中间件技术。中间件是构件化软件的一种表现形式。中间件抽象了典型的应用模式，应用软件制造者可以基于标准的中间件进行再开发，这种操作方式其实就是软件构件化的具体实现。容忍中间件也是构造系统入侵容忍的重要技术途径。

7）群组通信系统。在有些入侵容忍系统中，群组通信系统是建立入侵容忍系统非常关键的一个构件。群组通信系统框架一般由以下 3 个基本的群组管理协议组成。

- 群组成员协议。其目的是保持各对象组和复制品间状态信息的一致，对各对象组成员进行管理。
- 可靠的多播协议。用于保证各对象之间安全、可靠地传递消息。使用该协议，即使在入侵存在的情况下，消息仍能正确地传递给各组，保证了消息完整性。
- 全序协议。用于保证消息按一定的顺序发送。

群组成员协议确保了所有正确进程即便在入侵存在的情况下仍能保持各群组成员的一致信息；可靠的多播协议保证了向各组成员间一致、可靠地传送多点消息，同时保证了消息的完整性和一致性；全序协议使得多播传送的消息在配置变化时仍能得到一致的传输。

（3）数据库入侵容忍技术

数据库入侵容忍技术除了借鉴现有的一些入侵容忍技术外，还需要根据数据库的自身特点形成容侵方案，这些特点包括：

- 数据库入侵检测的对象是数据库；
- 需要感知应用语义，例如，一个普通的银行员工月薪由 6000 元直接提升至 20000 元；
- 主要工作在事务层。

下面介绍两类容侵方案。

1）对用户可疑入侵行为进行隔离。隔离属于提前预防入侵可能带来的影响。对可疑入侵行为进行隔离的核心思想是，在一个可疑入侵行为被确认之前，先将其隔离到一个单独的虚拟环境中去，这样就限制了该行为可能对真实系统造成的破坏，同时，如果判定该行为不是恶意的攻击，又保留了其操作结果，则节省了资源，提高了系统性能。

具体来说，该方法把数据库分成真实数据库和虚拟数据库两类版本。当发现某个用户的行为比较可疑时，系统就透明地把该用户和真实数据库分开以防止其对真实数据库可能造成的破坏扩散，然后将其访问重定向到虚拟数据库中，将其对真实数据库的操作转变为对虚拟数据库的操作。当发现该可疑用户的行为不是恶意事务时，再将该用户的可疑数据库版本与真实数据库版本进行合并，从而减轻恶意攻击可能造成的危害。但该方法的一个问题是，真实数据库版本和可疑虚拟数据库版本可能存在不一致，在合并的时候要消除这些不一致。此外，由于入侵隔离基于对用户行为是否可疑的判断，因此在一定程度上弥补了访问控制和入侵检测的不足。

2）对受到攻击破坏后的数据库系统进行破坏范围评估和恢复。这属于事后补救。其难点是如何解决那些入侵没有能够被检测出来，或是因较长的检测而导致恶意攻击影响数据库系统的破坏范围评估和恢复问题。该方法可以分为以下两类。

- 基于事务的数据库恢复的方法。它的思想是，消除一个恶意攻击事务影响的最简单方法就是撤销历史中自恶意攻击事务开始时间点之后的所有事务，然后重新执行这段事务历史中所有被撤销的合法事务。这种方法的缺点是，许多合法事务可能被不必要地撤销而不得不重新执行，影响了系统的可用性与效率。
- 基于数据依赖的数据库恢复方法。它的核心思想是，一个恶意事务或受到影响的事务中，并非所有的操作都对数据库产生破坏。所以，在系统恢复的时候并不将所有的操作都撤销重做，而只需要撤销重做对数据库产生影响的那部分操作。这种方法的优点是能够及时判定未受恶意事务影响的数据项的最大集合，使它们能够尽快地为其他合法事务所使用，从而提高系统的可用性。这种方法的缺点是判断事务中的操作是否独立很困难。

6.2.5 数据库的可控性实现

数据库的可控性实现技术通常包括审计和可信记录保持。

1. 审计

数据库审计是指监视和记录用户对数据库所施加的各种操作的机制。通过审计，把用户对数据库的所有操作自动记录下来并放入审计日志中。

审计跟踪的信息，可以重现导致数据库现有状况的一系列事件，找出非法存取数据的人、时间和内容等，以便追查有关责任。审计日志对于事后的检查十分有效，增强了数据的物理完整性。同时，审计也有助于发现系统安全方面的弱点和漏洞。按照美国国防部 TCSEC/TDI 标准中安全策略的要求，审计功能也是数据库系统达到 C2 以上安全级别必不可少的一项指标。

对于审计粒度与审计对象的选择，需要考虑存储空间的消耗问题。审计粒度是指在审计日志中记录到哪一个层次上的操作（事件），例如用户登录失败与成功，通行字正确与错误，对数据库、库表、记录、字段等的访问成功与错误。对于粒度过细（如每个记录值的改变）的审计，是很费时间和空间的，特别是在大型分布和数据复制环境下的大批量、短事务处理的应用系统中，是很难实现的。因此，数据库系统往往将其作为可选特征，允许数据库系统根据应用对安全性的要求，灵活地打开或关闭审计功能。审计功能主要用于安全性要求较高的部门。

不过，审计日志也不一定能完全反映实际的访问情况，例如在选取操作中可以访问一个记录，但并不把结果传递给用户，但在另外的情况下，用户可能已经得到了某些敏感数据，而在审计日志中却没反映出来。因此审计日志可能夸大也可能低于用户实际知道的值。所以在确定审计日志中到底记录哪些事件的时候需要仔细斟酌，考虑敏感数据可能被攻破的各种路径。

2. 可信记录保持

可信记录保持是指在记录的生命周期内保证记录无法被删除、隐藏或篡改，并且无法恢复或推测已被删除的记录。这里，记录主要是指文件中的非结构化的数据逻辑单位，随着研究的深入，可信记录技术的研究对象逐步扩展到结构化的记录，如 XML 数据记录和数据库记录等。

可信记录保持的重点是防止内部人员恶意地篡改和销毁记录，即防止内部攻击。可信记录保持所采用的技术主要有一次写入多次读取（Write Once Read Many，WORM）存储技术、可信索引技术、可信迁移技术和可信删除技术等。

可信记录保持针对的是海量记录的可信存储，为了能在大量数据中快速查找记录，需要对记录建立索引。然而攻击者可以通过对索引项的篡改或隐藏，达到攻击记录的目的。因此，必须采用可信索引技术保证索引也是可信的。

因为存储服务器有使用寿命，组织也可能被兼并、转型或重组，一条记录在其生命周期中可能会在多台存储服务器中被存储过，因此记录需要迁移。可信迁移技术就是，即使迁移的执行者就是拥有最高用户权限的攻击者，也要保证迁移后的记录是可信的。

6.2.6 数据库的隐私性保护

随着计算机处理能力、存储技术及互联网络的发展，电子化数据急剧增长，这样，传统的对隐私权的保障就必须转向以“数据保护”为重心的思路上，于是就出现了“信息隐私权”的概念，以应对信息时代隐私权所受到的冲击。

近年来，大量数据库信息泄露事件层出不穷。这其中相当大的一部分是个人、企业的敏感信息。这种敏感信息泄露，可能造成身份被盗用、个人财产丢失或者出现其他严重损害个人利益的欺诈行为，并造成恶劣的社会影响。除此以外，许多与日常生活密切相关的信息系统存在着安全隐患，例如，医院的信息管理系统中保存的病人个人档案及详细病历记录均为高等级个人隐私。

在日益追求尊重知识产权的时代，如何构建一个集宏观、中观、微观于一体的网络个人数据隐私权保护体系以有效地保护网络个人数据隐私权，已成为当前亟须解决的课题。

1. 隐私的概念及面临的问题

（1）隐私的概念

“隐私”在字典中的解释是“不愿告人的或不愿公开的个人的事”，这个字面上的解释给出了隐私的保密性及个人相关这两个基本属性。此外，哥伦比亚大学的 Alan Westin 教授指出：隐私是个人能够决定何时、以何种方式和在何等程度上将个人信息公开给他人的权利。这一说明又给出了隐私能够被所有者处理的属性。

结合以上 3 个属性，隐私可以定义为“隐私是与个人相关的具有不被他人搜集、保留和处理的权利的信息资料集合，并且它能够按照所有者的意愿在特定时间、以特定方式、在特定程度上被公开”。

根据这一定义，与互联网用户个人相关的各种信息，包括性别、年龄、收入、婚否、住址、电子信箱地址、浏览网页记录等，在未经信息所有者许可的情况下，都不应当被各类搜索引擎、门户网站、购物网站、博客等在线服务商获得。而在有必要获取部分用户信息以提供更好的用户体验的情形中，在线服务商必须告知用户及获得用户的许可，并且严格按照用户许可的使用时间、用途来利用这些信息，同时也有义务确保这些信息的安全。

隐私保护是对个人隐私采取一系列的安全手段以防止其泄露和被滥用的行为。隐私保护的对象主体是个人隐私，其包含的内容是使用一系列的安全措施来保障个人隐私安全的这一行为，而其用途则是防止个人隐私遭到泄露及被滥用。

信息隐私权保护的客体可分为以下 4 个方面。

1）个人属性的隐私权。如一个人的姓名、身份、肖像、声音等，其直接涉及个人领域的第一层次，可谓是"直接"的个人属性，是隐私权保护的首要对象。

2）个人资料的隐私权。当个人属性被抽象成文字的描述或记录时，如个人的消费习惯、病历、宗教信仰、财务资料、工作、犯罪前科等记录，若其涉及的客体为一个人，则这种资料含有高度的个人特性而常能辨识该个人的本体，可以说"间接"的个人属性也应以隐私权加以保护。

3）通信内容的隐私权。个人的思想与感情，原本存于内心之中，别人不可能知道，当与外界通过电子通信媒介（如网络、电子邮件）沟通时，便充分暴露于他人的窥探之下，所以通信内容应加以保护，以保护个人人格的完整发展。

4）匿名的隐私权。匿名发表在历史上一直都扮演着重要的角色，这种方式可以使人们愿意对于社会制度提出一些批评。这种匿名权利的适度许可，可以鼓励个人参与，并保护其自由创造力空间；而就群体而言，也常能由此获利，可推动社会的整体进步。

（2）隐私泄露的主要渠道

1）新技术、新服务和新途径。正是在移动互联网环境下，人们通过手机等移动通信工具在社交网络平台活动，同时使用云服务等网络新技术，网络中存储了我们大量的数据资料。政府、法律执行机关、国家安全机关、各种商业组织甚至个人用户都可以通过数据挖掘、大数据分析等多种新技术、个性化信息服务或搜索引擎等新途径对在线用户的资料，尤其是大量的用户个人隐私信息，进行搜集、下载、加工整理，用作商业或其他方面。

2）推理与隐通道。尽管基于强制安全策略的系统可以防止低安全级的用户读到高安全级的数据，但仍然存在利用数据之间的相互联系推理出其不能直接访问数据的可能，从而造成敏感数据泄露。

另外，由于系统设计缺陷和资源共享等原因导致系统中存在隐通道，即安全系统中具有较高安全级别的主体或进程根据事先约定好的编码方式，通过更改共享资源的属性使低安全级别的主体或进程观察到这种变化，从而传送违反系统安全策略的信息。推理与隐通道本质上是不同的。推理只要有低安全级用户参与即可，因此推理是单方面的，而隐通道需要两个不同安全级的主体共同协作完成信息的传送，并且一般要有特洛伊木马的参与。

（3）隐私数据泄露的几种类型

1）数据本身泄露。这是最严重的泄露，用户可能只是向数据库系统请求访问一般性的数据，但有缺陷的系统管理程序却把敏感数据无意地传送给用户，尽管用户不知道这些数据是敏感数据，但这都使敏感数据的安全性受到了破坏。

2）范围泄露。范围泄露是指暴露了敏感数据的边界取值。假定用户知道了一个敏感数据的值在 LOW 与 HIGH 之间，用户可以依次用 $\mathrm{LOW} \leqslant X \leqslant \mathrm{HIGH}$、$\mathrm{LOW} \leqslant X \leqslant \mathrm{HIGH}/2$ 等步骤去逐步逼近敏感数据的真值，最终可能获得接近实际数据的结果。在有些情况下，即使仅仅泄露某个敏感数据的值超过了某个数值，也是对安全造成了威胁。

3）从反面泄露。对于敏感数据，即使让别人知道其反面结果也是一种泄露。例如，如果让别人知道某个地方的防空导弹数量为零，其危害性并不比知道该地方的具体导弹数量小。从反面泄露可以证明敏感事物的存在性。在许多情况下，事物的存在与否是非常敏感的。

4）可能的值。通过判断某个字段具有某个值的概率来判断该字段的可能值。

由上面分析可以看出，保护敏感数据的安全不仅需要防止泄露真实取值，而且需要保护敏感数据的特征不被泄露，泄露了敏感数据的特征也可能造成安全问题。成功的安全策略必须包括防止敏感数据的直接和间接两种泄露。

敏感数据有可能通过其特征或非敏感数据间接地泄露出去，这使得非敏感数据的共享问题变得非常复杂。

案例 6-1 20 世纪最著名的用户隐私泄露事件发生在美国马萨诸塞州。90 年代中期，为了推动公共医学研究，该州保险委员会发布了政府雇员的医疗数据。在数据发布之前，为了防止用户隐私泄露，委员会对数据进行了匿名化处理，即删除了所有的敏感信息，如姓名、身份证号和家庭住址等。然而，来自麻省理工大学的 Sweeney 成功破解了这份匿名化处理后的医疗数据，能够确定具体某一个人的医疗记录。

匿名医疗数据虽然删除了所有的敏感信息，但仍然保留了 3 个关键字段：性别、出生日期和邮编。Sweeney 同时拥有一份公开的马萨诸塞州投票人名单（被攻击者也在其中），包括投票人的姓名、性别、出生年月、住址和邮编等个人信息。Sweeney 将两份数据进行匹配，发现匿名医疗数据中与被攻击者生日相同的人有限，而其中与被攻击者性别和邮编都相同的人更是少之又少。由此，Sweeney 就能确定被攻击者的医疗记录。Sweeney 进一步研究发现，87%的美国人拥有唯一的性别、出生日期和邮编三元组信息，这为隐私数据的泄露提供了可能。

2. 数据库隐私保护的原则

Agrawal 等在 *Privacy-Preserving Data Mining：Models and Algorithms* 一书中提出了数据库隐私保护的 10 条原则。

1）用途定义（Purpose Specification）：对收集和存储在数据库中的每一条个人信息都应该给出相应的用途描述。

2）提供者同意（Consent）：每一条个人信息的相应用途都应该获得提供者的同意。

3）收集限制（Limited Collection）：对个人信息的收集应该限制在满足相应用途的最小需求内。

4）使用限制（Limited Use）：数据库仅运行与收集信息的用途一致的查询。

5）泄露限制（Limited Disclosure）：存储在数据库中的数据不允许与外界进行与信息提供者同意的用途不符的交流。

6）保留限制（Limited Retention）：个人信息只有为完成必要用途的时候才加以保留。

7）准确（Accuracy）：存储在数据库中的个人信息必须是准确的，并且是最新的。

8）安全（Safety）：个人信息有安全措施保护，以防被盗或挪作他用。

9）开放（Openness）：信息拥有者应该能够访问自己存储在数据库中的所有信息。

10）执行（Compliance）：信息拥有者能够验证以上规则的执行情况，相应的，数据库也应该重视对规则的执行。

3. 隐私保护技术

从信息时代开始，关于隐私保护的研究就开始了。随着数据的不断增长，人们对隐私越来越重视，尤其是在以下两种情况下。

- 组织为了学术研究和数据交流向学术机构或者个人开放用户数据时需要保证用户的隐私。
- 服务提供商为了提高服务质量主动收集用户的数据，这些在客户端上收集的数据也需要保证隐私性。

目前，隐私保护技术研究涉及的范围很广，如网络个人隐私信息的保护、隐私保护相关的法律法规，这里仅探讨与数据库相关的隐私保护技术。有关我国公民个人隐私的法律保护和管理规范将在10.3.3小节介绍。

可以将隐私保护技术分为3类：数据失真技术、数据加密技术和限制发布技术。这些技术的一个基本原则是，既要保证用户的个人隐私，也要能对实际应用和研究提供有价值的数据。

（1）数据失真技术

数据失真技术通过添加噪声或称作扰动的方法使敏感数据失真，但同时保持某些数据或数据属性不变，仍能保持某些统计方面的性质以提供研究的价值。基于数据失真的技术，效率比较高，但存在一定程度的信息丢失。

数据失真技术包括以下内容。

- 随机化。即对原始数据加入随机噪声，当然不是随意对数据进行随机化。随机化技术又可分为随机扰动和随机化应答。随机扰动是指采用随机化过程来修改敏感数据；随机化应答是通过一种应答特定问题的方式间接提供给外界信息。
- 阻塞与凝聚。阻塞是指不发布某些特定数据的方法，例如，将某些特定的值用一个不确定的符号代替。凝聚是指原始数据记录分组存储统计信息的方法。
- 差分隐私（Differential Privacy，DP）。这是微软研究院的Dwork在2006年提出的一种隐私保护模型。从统计数据库查询时，差分隐私能最大化数据查询的准确性，同时最大限度地减少识别其记录的机会。简单地说，就是在保留统计学特征的前提下去除个体特征以保护用户隐私。差分隐私保护可以保证在数据集中添加或删除一条数据不会影响查询输出结果，因此即使在最坏的情况下，攻击者已知除一条记录之外的所有敏感数据，仍可以保证这一条记录的敏感信息不会被泄露。正是由于差分隐私的诸多优势，使其一出现便迅速取代传统隐私保护模型，成为隐私研究的热点，并引起了理论计算机科学、数据库、数据挖掘和机器学习等多个领域的关注。

（2）数据加密技术

数据加密技术是采用多种加密技术隐藏敏感数据的方法。基于加密的隐私保护技术能保证最终数据的准确性和安全性，但计算开销比较大。

该类技术主要包括以下内容。

- 安全多方计算（Secure Multiparty Computation，SMC）。为解决一组互不信任的参与方之间保护隐私的协同计算问题，SMC能够使得两个或多个站点通过某种协议完成计算后，每一方都只知道自己的输入数据和所有数据计算后的最终结果。SMC的关键技术涉及秘密分享与可验证秘密分享、门限密码学、零知识证明等多方面的内容，协议中应用的基本密码算法包括各种公钥密码体制，特别是语义安全的同态公钥加密体制。
- 分布式匿名化，即保证站点数据隐私、收集足够的信息实现利用率尽量大的数据匿名。

（3）限制发布技术

限制发布技术指有选择地发布原始数据，不发布或者发布精度较低的敏感数据，实现隐私保护。当前这类技术的研究集中于数据匿名化，主要涉及两种基本操作：一种是抑制（Suppression），即不发布某些数据项；另一种是泛化（Generalization），即对数据进行概括、抽象的描述，以确保对敏感数据及隐私的披露风险在可容忍范围内。基于限制发布技术的优点是能保证所发布的数据一定真实，但发布的数据会有一定的信息丢失。

数据匿名化技术包括 k-匿名（k-anonymity）、l-多样化（l-diversity）匿名、t-邻近（t-closeness）匿名等。

1）k-匿名。这是最早被广泛认同的隐私保护模型，由 Samarati 和 Sweeney 在 2002 年提出，作者正是马萨诸塞州医疗数据隐私泄露事件的攻击者。k-匿名要求发布数据中的每一条记录都要与其他至少 k-1 条记录不可区分（称为一个等价类）。当攻击者获得 k-匿名处理后的数据时，将至少得到 k 个不同人的记录，进而无法做出准确的判断。参数 k 表示隐私保护的强度，k 值越大，隐私保护的强度越强，但丢失的信息越多，数据的可用性越低。

然而，美国康奈尔大学的 Machanavajjhala 等人在 2006 年发现了 k-匿名的缺陷，即没有对敏感属性做任何约束，攻击者可以利用背景知识攻击、再识别攻击和一致性攻击等方法来确认敏感数据与个人的关系，导致隐私泄露。例如，攻击者获得的 k-匿名化的数据，如果被攻击者所在的等价类中都是艾滋病病人，那么攻击者很容易做出被攻击者肯定患有艾滋病的判断（这就是一致性攻击的原理）。

2）l-多样化匿名。l-多样化匿名改进了 k-匿名，保证任意一个等价类中的敏感属性都至少有 l 个不同的值。

3）t-邻近匿名。在 l-多样化匿名的基础上，t-邻近匿名要求所有等价类中敏感属性的分布尽量接近该属性的全局分布。

应用实例：4 种隐私保护技术应用分析

本应用实例对 k-匿名、l-多样化匿名、t-邻近匿名、差分隐私这 4 种隐私保护技术进行分析说明。

（1）k-匿名技术应用分析

通常可以把一张表中的数据属性分为 3 类，原始数据表如图 6-5a 所示。

1）关键属性（Key Attributes）。一般是个体的唯一标识，如姓名、地址、电话等，这些内容需要在公开数据的时候删掉。

2）准标识（Quasi-identifier）。类似邮编、年龄、性别等，虽然不是唯一标识，但是能帮助研究人员关联相关数据的标示。

3）敏感属性（Sensitive Attributes）。如购买偏好、薪水等，这些数据是研究人员进行分析和挖掘所必需的，所以一般都直接公开。

简单地说，k-匿名方法的目的是保证公开数据中包含的个人信息至少 有 k-1 条不能通过其他个人信息确定出来，也就是说，公开数据中的任意准标识信息相同的组合都需要出现至少 k 次。

例如，一个进行了 2-匿名隐私保护的数据表（如图 6-5b 所示），即使知道某人（如小明）是男性、24 岁、邮编是 100083，却仍然无法知道小明的购买偏好。因为数据表中至少有两个人具有相同的年龄、邮编和性别，这样攻击者就没办法区分这两条数据到底哪个是小明的了，从而保证了小明的隐私不会被泄露。

实现 k-匿名的方法主要有两种：一种是删除对应的数据列，用星号（*）代替；另外一种是用概括的方法使之无法区分，比如把年龄概括成一个年龄段，如图 6-5b 所示。不过对于邮编这样的数据，如果删除所有邮编，对于研究人员会失去很多有意义的信息，所以可以选择删除最后一位数字。这样，k-匿名技术既兼顾了个人的隐私，又能为研究者提供有效的数据。

姓名	性别	年龄	邮编	购买偏好
小明	男	24	100083	电子产品
小白	男	23	100084	家用电器
小红	女	26	100102	护肤品
小紫	女	27	100104	厨具
李雷	男	36	102208	电子产品
杰克	男	36	102201	电子产品
韩梅梅	女	34	102218	图书
露丝	女	33	102219	家用电器

a)

姓名	性别	年龄	邮编	购买偏好
*	男	(20,30]	10008*	电子产品
*	男	(20,30]	10008*	家用电器
*	女	(20,30]	10010*	护肤品
*	女	(20,30]	10010*	厨具
*	男	(30,40]	10220*	电子产品
*	男	(30,40]	10220*	电子产品
*	女	(30,40]	10221*	图书
*	女	(30,40]	10221*	家用电器

b)

图 6-5　2-匿名隐私保护示例

a）原始数据表　b）2-匿名隐私保护的数据表

不过，针对 k-匿名存在以下一些攻击方式。

1）未排序匹配攻击（Unsorted Matching Attack）。当公开的数据记录和原始记录的顺序一样的时候，攻击者可以猜出匿名化的记录属于谁。例如，如果攻击者知道在数据表中小明排在小白前面，那么就可以确认小明的购买偏好是电子产品，小白的偏好是家用电器。解决这类攻击的方法也很简单，在公开数据之前打乱原始数据的顺序就可以了。

2）补充数据攻击（Complementary Release Attack）。假如公开的数据有多种类型，如果它们的 k-匿名方法不同，那么攻击者可以通过关联多种数据推测出用户信息。

如果敏感属性在同一类准标识中缺乏多样性，或者攻击者有其他的背景知识，k-匿名也无法避免隐私泄露。如图 6-6 所示，已知李雷的信息，表中虽有两条对应的数据，但是他们的购买偏好都是电子产品。因为这个敏感属性缺乏多样性，所以尽管是 2-匿名化的数据，但是依然能够获得李雷的敏感信息。如图 6-7 所示，如果知道小紫的信息，并且知道她不喜欢购买护肤品，那么从表中仍可以确认小紫的购买偏好是厨具。

姓名	性别	年龄	邮编
李雷	男	36	102208

姓名	性别	年龄	邮编	购买偏好
*	男	(20,30]	10008*	电子产品
*	男	(20,30]	10008*	家用电器
*	女	(20,30]	10010*	护肤品
*	女	(20,30]	10010*	厨具
*	男	(30,40]	10220*	电子产品
*	男	(30,40]	10220*	电子产品
*	女	(30,40]	10221*	图书
*	女	(30, 40]	10221*	家用电器

图 6-6　针对敏感属性缺乏多样性的攻击

姓名	性别	年龄	邮编
小紫	女	27	100104

姓名	性别	年龄	邮编	购买偏好
*	男	(20,30]	10008*	电子产品
*	男	(20,30]	10008*	家用电器
*	女	(20,30]	10010*	护肤品
*	女	(20,30]	10010*	厨具
*	男	(30,40]	10220*	电子产品
*	男	(30,40]	10220*	电子产品
*	女	(30,40]	10221*	图书
*	女	(30,40]	10221*	家用电器

图 6-7　拥有背景知识的攻击

(2) l-多样化匿名技术应用分析

通过上述针对 k-匿名的攻击可以发现，对于那些准标识相同的数据，敏感属性必须具有多样性，这样才能保证用户的隐私不能通过背景知识等方法推测出来。

l-多样化匿名技术保证了相同类型数据中至少有一种内容不同的敏感属性。例如，在图 6-8 所示的表中，有 10 条准标识类型相同的数据，其中 8 条的购买偏好是电子产品，其他两条分别是图书和家用电器。那么在这个例子中，公开的数据就满足 3-多样化的属性。

姓名	性别	年龄	邮编	购买偏好
*	男	(20,30]	10008*	电子产品
*	男	(20,30]	10008*	电子产品
*	男	(20,30]	10008*	电子产品
*	…	…	…	…
*	男	(20,30]	10008*	电子产品
*	…	…	…	…
*	…	…	…	图书
*	男	(20,30]	10008*	家用电器

图 6-8　3-多样化技术保护应用

不过，l-多样化匿名技术也有其局限性。

1）敏感属性的性质决定了即使保证了一定概率的多样化也很容易泄露隐私。例如，医院公开的艾滋病数据中，敏感属性“艾滋病”仅有两种不同的值，“艾滋病阳性”（出现概率是 1%）和“艾滋病阴性”（出现概率是 99%），保证 2-多样化没有意义。

2）l-多样化很难达成。例如，想在 10000 条艾滋病数据中保证 2-多样化，那么可能最多需要 10000×0. 01＝100 个相同的类型，这很难达到。

3）偏斜性攻击（Skewness Attack）。例如，要保证在同一类型的数据中出现“艾滋病阳性”和出现“艾滋病阴性”的概率是相同的，虽然保证了多样性，但是泄露隐私的可能性会变大，因为 l-多样化并没有考虑敏感属性的总体分布。

4）l-多样化没有考虑敏感属性的语义。例如，如图 6-9 所示，通过李雷的信息从公开数据中关联到了两条信息，通过这两条信息能够得出两个结论：第一，李雷的工资相对较低；第二，李雷喜欢买电子电器相关的产品。

(3) t-邻近匿名技术应用分析

t-邻近匿名是为了保证在相同的准标识类型组中，敏感信息的分布情况与整个数据的敏感信息分布情况邻近（close），不超过阈值 t。

在图 6-9 所示的例子中，如果数据保证了 t-邻近属性，那么通过李雷的信息查询出来的结果中，工资的分布就和整体的分布类似，进而很难推断出李雷工资的高低。

姓名	年龄	邮编
李雷	36	102208

姓名	年龄	邮编	工资	购买偏好
*	(20,30]	10008*	10k	电子产品
*	(20,30]	10008*	10k	家用电器
*	(20,30]	10010*	9k	护肤品
*	(20,30]	10010*	9k	厨具
*	(30,40]	10220*	3k	电子产品
*	(30,40]	10220*	4k	家用电器
*	(30,40]	10221*	12k	图书
*	(30,40]	10221*	12k	家用电器

图 6-9　3-多样化技术没有考虑敏感属性的语义

综合上述介绍的 3 种隐私保护技术，如果保证了 k-匿名、l-多样化匿名和 t-邻近匿名，隐私就不会泄露了吗？事实不是这样的，如图 6-10 所示，保证了 k-匿名、l-多样化匿名和 t-邻近匿名，工资和购买偏好是敏感属性。攻击者通过李雷的个人信息找到了 4 条数据，同时知道李雷有很多书，这样就很容易在 4 条数据中找到李雷的那一条，从而造成隐私泄露。

姓名	年龄	邮编
李雷	36	102208

敏感属性

姓名	年龄	邮编	工资	购买偏好
*	(20,30]	1000**	7k	电子产品
*	(20,30]	1000**	10k	家用电器
*	(20,30]	1001**	9k	护肤品
*	(20,30]	1001**	11k	厨具
*	(30,40]	1022**	13k	电子产品
*	(30,40]	1022**	8k	家用电器
*	(30,40]	1022**	4k	图书
*	(30,40]	1022**	12k	家用电器

图 6-10　k-匿名、l-多样化匿名和 t-邻近匿名应用仍面临隐私泄露

（4）差分隐私保护技术应用分析

除了上述拥有背景知识可以对 k-匿名、l-多样化匿名和 t-邻近匿名技术进行攻击之外，还有一种差分攻击（Differential Attack）。例如，购物公司发布了 100 个人的购物偏好数据，其中的 10 个人偏爱购买汽车用品，其他 90 个偏爱购买电子产品。如果攻击者知道其中 99 个人偏爱汽车用品或电子产品，就可以知道第 100 个人的购物偏好。这种通过比较公开数据和既有的知识推测出个人隐私的方法就叫作差分攻击。

差分隐私就是为了防止差分攻击的，简单来说，差分隐私就是用一种方法使得查询 100 个人的信息和查询其中 99 个人的信息得到的结果是相对一致的，那么攻击者就无法通过比较（差分）数据的不同找出第 100 个人的信息。差分隐私保护技术加入了随机性，如果查询 100 个记录和 99 个记录，输出同样的值的概率是一样的，攻击者就无法进行差分攻击。进一步说，对于差别只有一条记录的两个近邻数据集（Neighboring Datasets）D1 和 D2，查询它们后获得结果相同的概率非常接近。注意，这里并不能保证概率相同，如果相同，数据就需要完全的随机化，那样公开数据也就没有意义。所以，需要尽可能接近，保证在隐私和可用性之间找到一个平衡。

差分隐私技术应用的一个例子如图 6-11 所示。

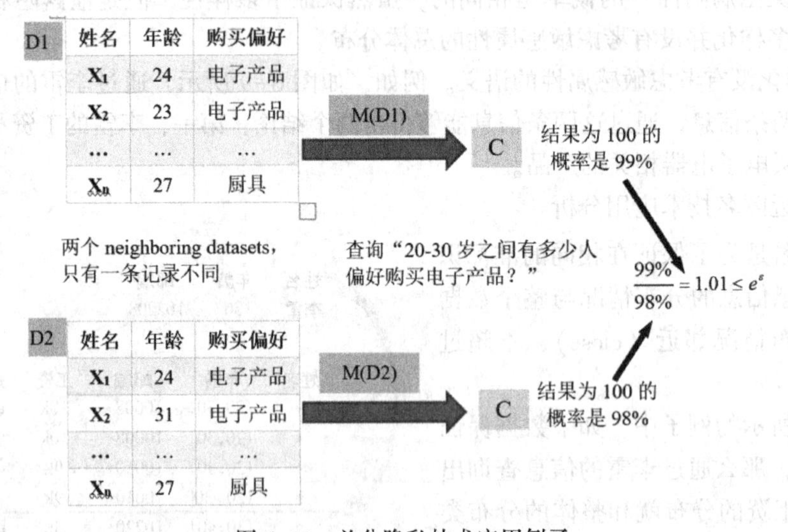

图 6-11　差分隐私技术应用例子

图 6-11 中，D1 和 D2 是两个近邻数据集，它们只有一条记录不一致，在攻击者查询“20～30 岁之间有多少人偏好购买电子产品”的时候，对这两个数据库进行查询的结果是 100 的概率分别是 99%和 98%，它们的比值小于某个数。如果对于任意的查询都能满足这样的条件，就

可以说这种随机方法是满足 ε-差分隐私的。

差分隐私用严格的数学证明告诉人们一个匿名化的公开数据究竟能保护用户多少隐私。差分隐私已经成为隐私保护研究的一个重要发展方向。

(5) 隐私保护新技术

以上介绍的隐私保护技术面对原始数据库被攻击也是无济于事的，因而产生一种隐私保护的思路：确保原始数据库中没有隐私信息。也就是说，不收集用户的原始数据，在客户端上先做差分隐私，再上传给服务器，这样数据库中就不包含隐私数据了。Google 率先使用 RAPPOR 系统在 Chrome 浏览器上通过这种方法收集用户的使用情况数据。具体来说，RAPPOR 采用一种基于“随机应答”（Randomized Response）的方法，流程如下。

1）当用户需要上报个人数据的时候，首先“抛硬币”决定是否上报真实数据。如果是正面，则上报真实数据。如果不是，就上报一个随机的数据，再“抛一次硬币”来决定随机数据的内容。

2）服务器收到所有的数据后，因为知道“抛硬币”是正面的概率，服务器就能够判断返回的数据是真实的概率。

这种“随机应答”的方法在理论上也被证明是服从 ε-差分隐私的。对于用户来说，隐私数据在上报给服务器之前就已经加了噪声，从而具有一定的保护作用。对于公司来说，也能收集到有效的数据。

苹果在 2016 年的世界开发者大会（WWDC）上也宣布使用差分隐私技术在客户端上做匿名化再传输到服务器来收集用户数据。

虽然 Google 的 RAPPOR 等技术解决了对同一个数据上报的隐私泄露问题，但并没有解决多个相关数据上报后产生的隐私泄露问题。

✍ **小结**

以上介绍了数据库系统面临的安全问题，以及针对各项安全需求的安全控制措施。为了保障实际运行中的数据库管理系统的安全，对数据库运行活动进行监控也是一个重要环节。

在大数据时代，人们希望在利用数据提供更好的服务的同时能保护好用户的个人隐私，这是法律的要求，也是安全行业的追求。相信隐私保护技术会越来越受到重视。

6.3 云计算时代数据库安全控制的挑战

当前，在 Web 2.0 的背景下，互联网用户已由单纯的信息消费者变成了信息生产者，因而互联网上的信息呈爆炸式的速度增长。在此背景下，支持海量数据高效存储与处理的云计算技术受到人们的广泛关注与青睐，在世界范围内得到迅猛发展，被誉为“信息技术领域正在发生的工业化革命”。

在云计算时代，信息的海量规模及快速增长为传统的数据库技术带来了巨大的冲击，主要挑战在于新的数据库应具备如下特性：

- 支持快速读写、快速响应以提升用户的满意度；
- 支撑 PB（10^{15}）级数据与百万级流量的海量信息处理能力；
- 具有高扩展性，易于大规模部署与管理；

• 成本低廉。

在上述目标的驱使下，各类非关系型数据库（简称 NoSQL 数据库）应运而生，如 BigTable、HBase、Cassandra、SimpleDB、CouchDB、MongoDB 和 Redis 等。NoSQL 数据库为获得速度、可伸缩性及成本上的优势，放弃了关系数据库强大的 SQL 查询语言和事务机制。因此，在云计算时代，数据库安全研究面临如下新问题。

1）海量信息安全检索需求。一方面，现有的信息安全技术无法支持海量信息处理，例如，数据经加密后丧失了许多原有特性，除非经过特殊设计，否则难以支持用户的各种检索；另一方面，当前的海量信息检索方法缺乏安全保护能力，例如，当前的搜索引擎不支持不同用户具有不同的检索权限。因此，如何在保证数据私密性的前提下支持用户快速查询与搜索，是当前亟待解决的问题。

2）海量信息存储验证需求。经典的签名算法与哈希算法等均可用于验证某数据片段的完整性，但是当所需要验证的内容是海量信息时，上述验证方法需耗费大量的时间与带宽资源，以至于用户难以承受。因而在云计算环境下，数据库系统安全的需求之一是数据存在性与正确性的可信、高效的验证方法，能够以较少的带宽消耗和计算代价，通过某种知识证明协议或概率分析手段，以高置信概率判断远端数据是否存在并且未被破坏。

3）海量数据隐私保护需求。与敏感信息不同，任何个体内容独立来看并不敏感，但是大量信息所代表的规律属于用户隐私。例如，各大网站通过网络追踪技术记录用户的上网行为，分析用户偏好，并将上述信息高价出售给广告商，后者据此推送更精确的广告。因而在云计算环境下，研究如何抵抗从海量数据挖掘出隐私信息的方法，如将数据泛化、匿名化或加入适量噪声等，对防止用户隐私信息泄露具有重要的现实意义。

📖 **拓展阅读**

读者要想了解更多数据库安全相关的原理与技术，可以阅读以下书籍资料。

[1] 周水庚，李丰，陶宇飞，等．面向数据库应用的隐私保护研究综述［J］．计算机学报，2009，32（5）：847-861.

[2] 曹珍富，董晓蕾，周俊，等．大数据安全与隐私保护研究进展［J］．计算机研究与发展，2016，53（10）：2137-2151.

[3] 张焕国．信息安全工程师教程［M］．北京：清华大学出版社，2016.

[4] 孙茂华．现代密码学：基于安全多方计算协议的研究［M］．北京：电子工业出版社，2016.

[5] 刘木兰，张志芳．密钥共享体制和安全多方计算［M］．北京：电子工业出版社，2008.

[6] 百度安全实验室．大数据时代下的隐私保护（二）［EB/OL］．［2017-12-11］．https://www.freebuf.com/articles/database/156677.html.

[7] 百度安全实验室．大数据时代下的隐私保护（三）［EB/OL］．［2018-08-24］．https://www.freebuf.com/articles/database/181307.html.

[8] 邓立国，佟强，等．数据库原理与应用（SQL Server 2016）［M］．北京：清华大学出版社，2017.

6.4 思考与练习

1. 数据库安全面临哪些威胁？数据库有哪些安全需求？

2. 常用数据库安全技术有哪些？结合第 4 章及本章中关于访问控制机制的介绍，对多种访问控制机制进行比较。

3. 什么是数据库的完整性？数据库完整性的概念与数据库的安全性概念有何联系与区别？

4. DBMS 的完整性控制机制有哪些功能？

5. 什么是“触发器”？它有何作用？

6. 数据库中为什么要“并发控制”机制？如何用封锁机制保持数据的一致性？

7. 数据库中为什么要有恢复子系统？它的功能是什么？

8. 数据库运行中可能产生哪几类故障？有哪些基本的恢复措施？

9. 为什么说数据库的可生存性是数据库安全的重要研究内容之一？常用的技术有哪些？

10. 数据库隐私保护有哪些基本原则？隐私保护的常用技术有哪几类？

11. 读书笔记：查阅文献，了解大数据隐私保护技术，尤其是数据库应用中的隐私保护技术，完成读书报告。

12. 操作实验：SQL Server 2016 的安全管理。实验内容如下。

1）使用 Management Studio 进行安全管理的基本操作：创建登录账户 test_Login，并设置密码；在 Student 数据库中创建数据库用户 test_User，登录账号为 test_Login，数据库角色为 public；为数据库用户 test_User 设置访问权限，设置 dbo. Student 表的 SELECT 权限，设置 dbo. course 表的 UPDATE 权限；关闭 Management Studio，然后以 test_Login 身份登录，进入 Student 数据库中，修改 dbo. student 表的数据，检查是否会报错，使用 SELECT 语句选择 dbo. course 数据，检查是否报错。

2）使用 T-SQL 进行安全管理，在 Management Studio 中执行以下 SQL 语句：

```
Use Student
Exec spaddlogin 'test login1',<123>, 'Student'
Exec spgrantdbaccess 'test login1', 'test User1'
Grant select on [dbo].[student] to [test User1]
Grant update on [dbo].[course] to [test User1]
go
```

完成实验报告。

13. 操作实验：SQL Server 2016 数据库备份与恢复。实验内容如下。

1）使用“对象资源管理器”进行数据库分离和附加。

2）使用“对象资源管理器”进行数据库备份和恢复。

14. 材料分析：目前我国高考采用的计算机网上阅卷系统分为高速扫描仪（或者专用阅卷机）、数据库服务器、阅卷计算机和统分程序四大部分。阅卷的时候，首先通过高速扫描仪将每道题目扫描成图片，存入服务器数据库，然后基于 B/S 形式由阅卷教师在阅卷点的浏览器上阅卷，服务器向阅卷端提供图片，所有分数最后进入统分程序，计算机程序根据事先的加密号码自动计算每位考生的分数，完成网上阅卷工作。

请分析高考网上阅卷系统的安全关键点及应该采取的安全控制措施。

15. 综合设计：基于 RBAC 的一种数据库权限管理设计如图 6-12 所示，请完成相关数据表的设计和实现。

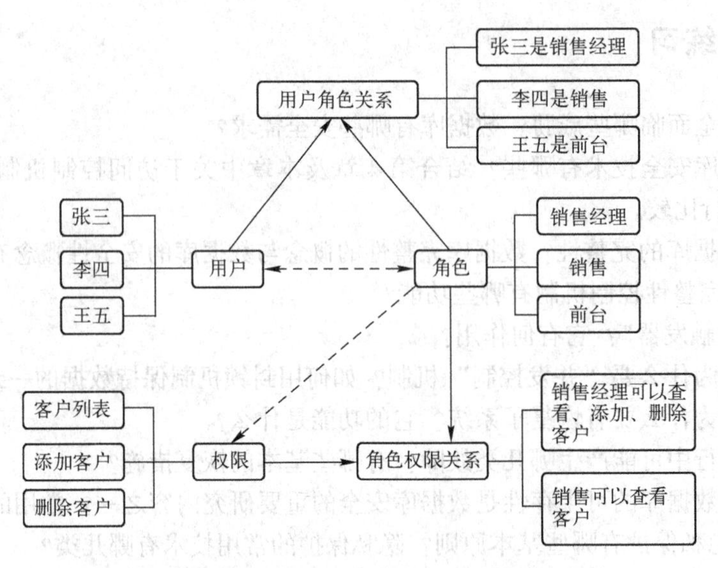

图 6-12 基于 RBAC 的一种数据库权限管理设计

6.5 学习目标检验

请对照本章学习目标列表，自行检验达到情况。

	学习目标	达到情况
知识	了解数据库面临的安全威胁，以及数据库安全研究的重要意义	
	了解数据库安全需求	
	了解数据库访问控制措施	
	了解数据库完整性控制技术	
	了解数据库可用性保护技术	
	了解数据库可控性实现方法	
	了解数据库隐私保护技术	
	了解当前数据库安全研究面临的新挑战	
能力	能够设置和使用主流数据库管理系统的安全控制功能	
	能够设计信息系统数据库的安全控制方案	
	能够分析和使用数据库隐私保护技术	

第7章 应用系统安全

导学问题

- 应用系统面临哪些安全问题？☞7.1节
- 什么是软件漏洞？软件漏洞有什么危害？☞7.1.1小节
- 什么是恶意代码？恶意代码就是传统意义上的计算机病毒吗？☞7.1.2小节
- 什么是软件侵权？常见的软件侵权行为有哪些？☞7.1.3小节
- 如何消减软件漏洞？☞7.2节
- 如何应对恶意代码？☞7.3节
- 如何保护软件知识产权？☞7.4节

7.1 应用系统安全问题

本书将应用系统安全问题分为3大类：软件漏洞、恶意代码及软件侵权。本节将分别展开介绍。

7.1.1 软件漏洞

1. 软件漏洞的概念

漏洞（Vulnerability）又叫脆弱点，这一概念早在1947年冯·诺依曼建立计算机系统结构理论时就有涉及，他认为计算机的发展和自然生命有相似性，一个计算机系统也有天生的类似基因的缺陷，也可能在使用和发展过程中产生意想不到的问题。20世纪80年代，早期黑客的出现和第一个计算机病毒的产生，使得软件漏洞逐渐引起人们的关注。在30多年的研究过程中，学术界及产业界对漏洞给出了很多定义，漏洞的定义本身也随着信息技术的发展而具有不同的含义与范畴。

软件漏洞通常被认为是软件生命周期中与安全相关的设计错误、编码缺陷及运行故障等。软件漏洞的危害有两方面：一方面，可能造成软件在运行过程中出现错误结果或运行不稳定、崩溃等现象，尤其是对于应用于通信、交通、军事、医疗等领域的关键软件，漏洞引发的系统故障会造成严重的后果；另一方面，软件漏洞可能会被黑客发现、利用，进而实施窃取隐私信息甚至破坏系统等攻击行为。

☒ **说明：**

本书并不对软件漏洞、软件脆弱性、软件缺陷及软件错误等概念严格区分。

本书关于漏洞的定义如下：

软件系统或产品在设计、实现、配置、运行等过程中，由操作实体有意或无意产生的缺陷、瑕疵或错误，它们以不同形式存在于信息系统的各个层次和环节之中，且随着信息系统的变化而改变。漏洞一旦被恶意主体所利用，就会造成对信息系统的安全损害，从而影响构建于信息系统之上的正常服务的运行，危害信息系统及信息的安全属性。

本定义也体现了漏洞是贯穿软件生命周期各环节的。在时间维度上，漏洞都会经历产生、发现、公开、消亡等过程，在此期间，漏洞会有不同的名称或表示形式，如图 7-1 所示。从漏洞是否可利用且相应的补丁是否已发布的角度，可以将漏洞分为以下 3 类。

1）0 day 漏洞。是指已经被发现（有可能未被公开）但官方还没有相关补丁的漏洞。

2）1 day 漏洞。是厂商已发布了安全补丁，但大部分用户还未打补丁的漏洞。此类漏洞依然具有可利用性。

3）历史漏洞。是距离补丁发布日期已久且可利用性不高的漏洞。由于各方定义不一样，故用虚线表示。

从漏洞是否公开的角度来讲，已知漏洞是已经由各大漏洞库、相关组织或个人所发现的漏洞；未公开/未知漏洞是在上述公开渠道上没有发布、只被少数人所知的漏洞。

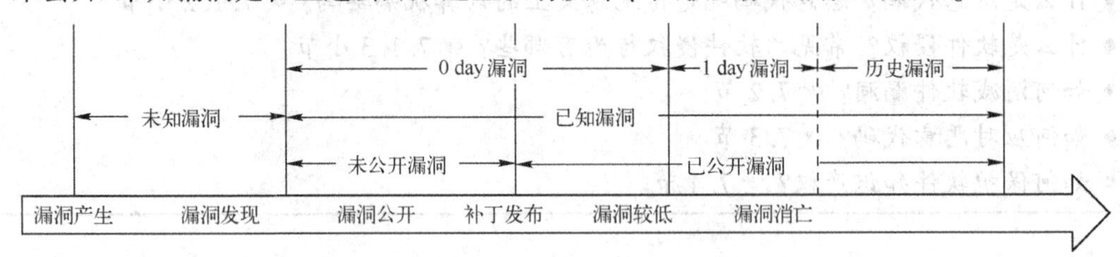

图 7-1　漏洞生命周期时间轴

案例 7-1　0 day 漏洞与 0 day 攻击。曝光美国棱镜计划的爱德华·斯诺登(Edward Snowden)证实，为了破坏伊朗的核项目，美国国家安全局和以色列合作研制了震网病毒（Stuxnet)。

震网病毒是一款针对西门子工业控制软件 SIMATIC WinCC 进行攻击的特种病毒。SIMATIC WinCC 作为一种广泛用于电力、水利、运输、钢铁、化工、石油、汽车等关键工业领域的数据采集与监控系统，是伊朗布什尔核电站的核心业务应用软件之一。

由于布什尔核电站内网与互联网物理隔离，攻击者首先通过互联网电子邮件捆绑病毒这一定点攻击技术入侵到核电站工程技术人员使用的互联网计算机，进而感染其使用的 U 盘等移动存储设备，并将含有至少 6 个漏洞攻击代码（其中，4 个用于感染传播，2 个用于攻击 SIMATIC WinCC 系统）的病毒文件复制到其中。

当携带病毒的外网 U 盘插入到核电站内部网络中的计算机上时，就会触发一个 Windows 文件快捷方式解析漏洞。该漏洞会将攻击代码从 U 盘传播到内网计算机上，从而实现所谓的“摆渡”攻击，即利用移动存储介质的交叉使用实现对物理隔离网络的渗透。然后，病毒从两个途径进行内网扩散：一是从网络途径，利用 RPC 远程执行打印机后台程序服务等漏洞进行传播；二是从介质途径，同样利用快捷方式文件解析漏洞进行传播。病毒在找到安装有 SIMATIC WinCC 软件的服务器后，再利用 SIMATIC WinCC 的两个 0 day 漏洞实施最后的攻击。

病毒到达装有 SIMATIC WinCC 系统的用于控制离心机的主机后，首先记录离心机正常运转时的数据，如某个阀门的状态或操作温度，然后将这个数据不断地发送到监控设备上，以使工作人员认为离心机工作正常。与此同时，病毒控制 SIMATIC WinCC 系统向合法的控制代码提供预先准备好的虚假输入信号，以控制原有程序。这时，离心机就会得到错误的控制信息，使其运转速度失控，最后达到令离心机瘫痪乃至报废的目的。而核设施工作人员在一定时间内会被监控设备上显示的虚假数据所蒙骗，误认为离心机仍在正常工作，等到他们察觉到异常时为时已晚，很多离心机已经遭到不可挽回的损坏。

震网病毒最终造成伊朗核计划拖后了两年。我国及全球许多国家都曾遭受此病毒的攻击。

2. 软件漏洞的特点

漏洞作为信息安全的核心元素，它可能存在于信息系统的各个方面，其对应的特点也各不相同。下面分别从时间、空间、可利用性3个维度来分析漏洞的特点。

（1）持久性与时效性

一个软件系统从发布之日起，随着用户广泛且深入的使用，软件系统中存在的漏洞会不断暴露出来，这些被发现的漏洞也会不断地被软件开发商发布的补丁软件修补，或在以后发布的新版软件中得以纠正。而在新版软件纠正旧版本中的漏洞的同时，也会引入一些新的漏洞和问题。软件开发商和软件使用者的疏忽或错误（例如，对软件系统不安全的配置或者没有及时更新安全补丁等），也会导致软件漏洞长期存在。随着时间的推移，旧的漏洞会不断消失，新的漏洞会不断出现，因此漏洞具有持久性。相关数据表明，高危漏洞及其变种会可预见地重复出现，对内部和外部网络构成了持续的威胁。

漏洞具有时效性，超过一定的时间限制（例如，当针对该漏洞的修补措施出现时，或者软件开发商推出了更新版本的系统时），漏洞的威胁就会逐渐减少直至消失。漏洞的时效性具有双刃剑的作用：一方面，漏洞信息的公开加速了软件开发商的安全补丁的更新进程，能够尽快警示软件用户，减少了恶意程序的危害程度；另一方面，攻击者也可能会尽快利用漏洞信息实施攻击行为。

（2）广泛性与具体性

漏洞具有广泛性，会影响很大范围的软硬件设备，包括操作系统本身及系统服务软件、网络客户和服务器软件、网络路由器和安全防火墙等。理论上讲，所有信息系统或设备中都会存在设计、实现或者配置上的漏洞。

漏洞又具有具体性，即它总是存在于具体的环境或条件中。对组成信息系统的软硬件设备而言，在这些不同的软硬件设备中都可能存在不同的安全漏洞，甚至，在不同种类的软硬件设备中、同种设备的不同版本之间、由不同设备构成的信息系统之间，以及同种软件系统在不同的配置条件下，都会存在不同的安全漏洞。

（3）可利用性与隐蔽性

漏洞具有可利用性，漏洞一旦被攻击者利用就会给信息系统带来威胁和损失。当然，软件厂商也可以通过各种技术手段来降低漏洞的可利用性。

漏洞具有隐蔽性，往往需要通过特殊的漏洞分析手段才能发现。尽管随着程序分析技术的进步，已有工具可以对程序源代码进行静态分析和检查，以发现其中的代码缺陷（例如，strcpy等危险函数的使用），但是对于不具备明确特征的漏洞而言，需要组合使用静态分析和动态分析工具、人工分析等方法去发现。

3. 软件漏洞的成因

软件作为一种产品，其生产和使用过程依托于现有的计算机系统和网络系统，并且以开发人员的经验和行为作为其核心内涵，因此，软件漏洞是难以避免的，主要体现在以下几个方面。

（1）计算机系统结构决定了漏洞的必然性

现今的计算机基于冯·诺依曼体系结构，其基本特征决定了漏洞产生的必然。表7-1说明了漏洞产生的原因。

表7-1 冯·诺依曼体系容易导致漏洞产生的原因

冯·诺依曼体系的指令处理方法	存在的问题	产生的后果
要执行的指令和要处理的数据都采用二进制表示	指令也是数据，数据也可当指令	指令可被数据篡改（病毒感染），外部数据可被当作指令植入（SQL注入、木马植入）
把指令和数据组成程序存储到计算机内存自动执行	数据和控制体系、指令混乱，数据可影响指令和控制	数据区域的越界可影响指令和控制

（续）

冯·诺依曼体系的指令处理方法	存在的问题	产生的后果
程序依据代码设计的逻辑，接收外部输入进行计算并输出结果	程序的行为取决于程序员编码逻辑与外部输入数据驱动的分支路径选择	程序员可依据自己的意志实现特殊功能（后门），可通过输入数据触发特定分支（后门、业务逻辑漏洞）

在内存中，代码、数据、指令等任何信息都是以0-1串的形式表示的。例如，0x1C是跳转指令的操作码，并且跳转指令的格式是1C displ，表示跳转到该指令的前displ字节的地址处开始执行，则串0x1C0A将被解释成向前跳转10字节。如图7-2所示，在一串指令中存储数值7178（十六进制为1C0A）与控制程序跳转的功能是相同的。虽然计算机指令能够决定这些串如何解释，但是攻击者常常在内存溢出类攻击中将数据溢出到可执行代码中，然后选择能够被当作有效指令的数据值来达到攻击的目的。

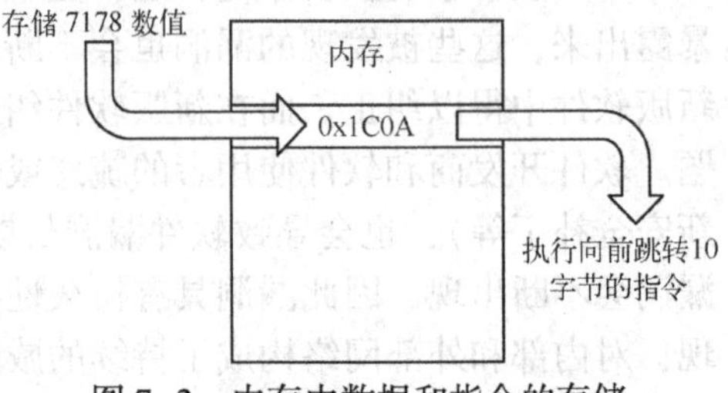

图7-2　内存中数据和指令的存储

（2）软件趋向大型化，第三方扩展增多

现代软件的功能越来越强，功能组件越来越多，软件也变得越来越复杂。现在基于网络的应用系统更多地采用了分布式、集群和可扩展架构，软件内部结构错综复杂。软件应用向可扩展化方向发展，成熟的软件也可以接受开发者或第三方扩展，系统功能得到扩充。例如，Firefox和Chrome浏览器支持第三方插件，Windows操作系统支持动态加载第三方驱动程序，Word和Excel等软件支持第三方脚本及组件运行等，这些可扩展性在增加软件功能的同时也加重了软件的安全问题。研究显示，软件漏洞的增长与软件复杂性、代码行数的增长呈正比，即“代码行越多，缺陷也就越多”。

（3）新技术、新应用产生之初即缺乏安全性考虑

作为互联网基础的TCP/IP协议栈，以及众多的协议及实现（如OpenSSL），在设计之初主要强调互联互通和开放性，没有充分考虑安全性，且协议栈的实现通常由程序员人工完成，导致漏洞的引入成为必然。当今软件和网络系统的高度复杂性，也决定了不可能通过技术手段发现所有的漏洞。

伴随信息技术的发展，出现了很多新技术和新应用，如移动互联网、物联网、云计算、大数据、社交网络等。随着移动互联网、物联网的出现，网络终端的数量呈几何级数增长，云计算、大数据的发展极大提高了攻击者的计算能力，社交网络为攻击者提供了新的信息获取途径。总之，这些新技术、新应用不仅扩大了互联网的影响范围，提高了互联网的复杂度，也增大了漏洞产生的概率，必然会导致越来越多的漏洞产生。

（4）软件使用场景更具威胁性

网络技术拓展了软件的功能范围，提高了其使用方便程度，与此同时，也给软件带来了更大的风险。软件被应用于各种环境，面对不同层次的使用者，软件开发者需要考虑更多的安全问题。同时，黑客和恶意攻击者可以比以往获得更多的时间和机会来访问软件系统，并尝试发现软件中存在的安全漏洞。

当前黑客组织非常活跃，其中既包括传统的青少年黑客、跨国黑客组织，也包括商业间谍黑客和恐怖主义黑客，乃至国家网络战部队。以前的黑客多以恶作剧和破坏系统为主，包括对技术好奇的青少年黑客和一些跨国黑客组织；现今的黑客则多实施商业犯罪并从事地下黑产，

危害已经不限于让服务与系统不可用，更多的是带来敏感信息的泄露及现实资产的损失。尤其是近些年，一系列 APT 攻击的出现及美国“棱镜”计划的曝光，来自国家层面的网络威胁逐渐浮出水面。

（5）对软件安全开发重视不够，软件开发者缺乏安全知识

传统软件开发更倾向于软件功能，而不注重对安全风险的管理。软件开发公司工期紧，任务重，为争夺客户资源、市场份额常仓促发布软件。软件开发人员将软件功能视为头等大事，对软件安全架构、安全防护措施认识不够，只关注是否实现需要的功能，很少从“攻击者”的角度来思考软件安全问题。

国内大量软件开发厂商对软件开发过程的管理不够重视，大量软件使用开源代码和公用模块，缺陷率普遍偏高，可被利用的已知和未知缺陷较多。

软件公司中，项目管理和软件开发人员缺乏软件安全开发知识，不知道如何更好地开发安全的软件。软件开发人员很少进行安全能力与意识的培训，项目管理者不了解软件安全开发的管理流程和方法，不清楚安全开发过程中使用的各类方法和思想；开发人员大多数仅学会了编程技巧，不了解安全漏洞的成因、技术原理与安全危害，不能更好地将软件安全需求、安全特性和编程方法结合起来。

对于软件开发生命周期的各个环节，经验的缺乏和意识的疏忽都有可能引入安全漏洞。为此，本书用于培养软件开发人员的安全开发意识，增强对软件安全威胁的认识，提高安全开发水平，提升 IT 产品和软件系统的抗攻击能力。

4. 软件漏洞的分类

通常可以从漏洞利用的成因、利用的位置和对系统造成直接威胁的类型进行分类。

（1）基于漏洞利用成因的分类

基于漏洞利用成因的分类包括内存破坏类、逻辑错误类、输入验证类、设计错误类和配置错误类。

1）内存破坏类。此类漏洞的共同特征是，某种形式的非预期的内存越界访问（读、写或兼而有之），在可控程度较好的情况下可执行攻击者指定的任意指令，其他的大多数情况下会导致拒绝服务或信息泄露。对内存破坏类漏洞按来源细分，可以分出如下子类型：栈缓冲区溢出、堆缓冲区溢出、静态数据区溢出、格式串问题、越界内存访问、释放后重用和二次释放。

2）逻辑错误类。涉及安全检查的实现逻辑上存在的问题，导致设计的安全机制被绕过。

3）输入验证类。漏洞产生是由于对用户输入没有做充分的检查过滤就用于后续操作。威胁较大的有以下几类：SQL 注入、跨站脚本执行、远程或本地文件包含、命令注入和目录遍历。

4）设计错误类。在系统设计上对安全机制的考虑不足导致在设计阶段就已经引入安全漏洞。

5）配置错误类。系统运行维护过程中以不正确的设置参数进行安装，或被安装在不正确位置。

（2）基于漏洞利用位置的分类

1）本地漏洞。即需要操作系统级的有效账号登录到本地才能利用的漏洞，主要包括权限提升类漏洞，即把自身的执行权限从普通用户级别提升到管理员级别。

2）远程漏洞。即无须系统级的账号验证即可通过网络访问目标的漏洞。

（3）基于威胁类型的分类

1）获取控制。即可以导致劫持程序执行流程，转向执行攻击者指定的任意指令或命令，控制应用系统或操作系统。这种漏洞威胁最大，同时影响系统的保密性、完整性，甚至在需要

的时候可以影响可用性。主要来源：内存破坏类漏洞。

2）获取信息。即可以导致劫持程序访问预期外的资源并泄露给攻击者，影响系统的保密性。主要来源：输入验证类漏洞、配置错误类漏洞。

3）拒绝服务。即可以导致目标应用或系统暂时或永远失去响应正常服务的能力，影响系统的可用性。主要来源：内存破坏类漏洞、意外处理错误类漏洞。

下面通过两个例子来说明栈缓冲区溢出的两种情况：修改相邻变量及修改返回地址。

【例 7-1】栈缓冲区溢出漏洞及利用分析。

（1）缓冲区的概念

在 32 位的 Windows 环境下，由高级语言编写的程序经过编译、链接，最终生成可执行文件，即 PE（Portable Executable）文件。在运行 PE 文件时，操作系统会自动加载该文件到内存，并为其映射出 4 GB 的虚拟存储空间，然后继续运行，这就形成了所谓的进程空间。

在 32 位的 Windows 系统中，进程使用的内存按功能可以分为 4 个区域，如图 7-3 所示。

1）数据区：用于存储全局变量和静态变量。

2）代码区：存放程序汇编后的机器代码和只读数据，这个区域在内存中一般被标记为只读，任何企图修改这个区域中数据的指令将引发一个 Segmentation Violation 错误。当计算机运行程序时，会到这个区域读取指令并执行。

低端内存区域（低地址）	栈区	栈增长方向 ↑
	堆区	堆增长方向 ↓
	代码区	
高端内存区域（高地址）	数据区	

图 7-3 进程的内存使用划分

3）堆区：该区域内存由进程利用相关函数或运算符动态申请，用完后释放并归还给堆区。例如，C 语言中用 malloc/free 函数申请的空间，C++语言中用 new/delete 运算符申请的空间就在堆区。

4）栈区：该区域内存由系统自动分配，用于动态存储函数之间的调用。在函数调用时存储函数的入口参数（即形参）、返回地址和局部变量等信息，以保证被调用函数在返回时能恢复到主调函数中继续执行。

程序中所使用的缓冲区可以是堆区和栈区，也可以是存放静态变量的数据区。由于进程中的各个区域都有自己的用途，根据缓冲区利用的方法和缓冲区在内存中的所属区域，可分为栈溢出和堆溢出。

（2）缓冲区溢出漏洞的概念

缓冲区溢出漏洞就是在向缓冲区写入数据时，由于没有做边界检查，导致写入缓冲区的数据超过预先分配的边界，从而使溢出数据覆盖合法数据而引起系统异常的一种现象。

缓冲区溢出漏洞普遍存在于各种操作系统及运行在操作系统上的各类应用程序中。

（3）栈帧的概念

栈帧是操作系统为进程中的每个函数调用划分的一个空间，每个栈帧都是一个独立的栈结构，而系统栈则是这些函数调用栈帧的集合。

32 位的 Windows 系统提供了两种特殊的寄存器来标识当前栈帧。

- ESP：扩展栈指针（Extended Stack Pointer）寄存器，其存放的指针指向当前栈帧的栈顶。
- EBP：扩展基址指针（Extended Base Pointer）寄存器，其存放的指针指向当前栈帧的栈底。

显然，ESP 与 EBP 之间的空间即为当前栈帧空间。

执行图 7-4a 所示的代码段时，栈区中各函数栈帧的分布状态如图 7-4b 所示。

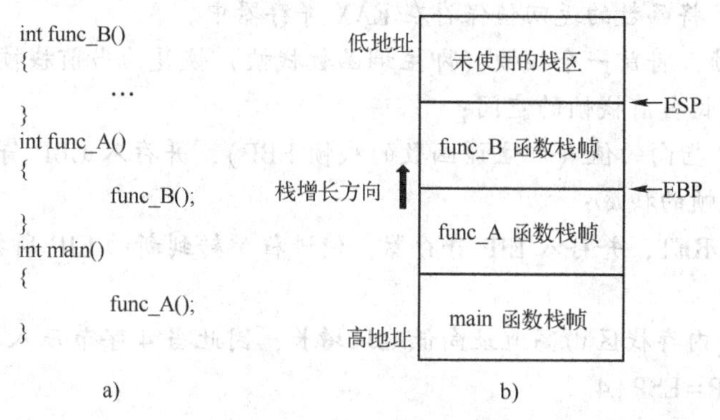

图 7-4　代码段和栈区中各函数栈帧的分布状态

a）代码段　b）各函数栈帧的分布状态

除了上述两种标识栈帧位置的寄存器外，在函数调用过程中，还有一个非常重要的寄存器——扩展指令指针（Extended Instruction Pointer，EIP）寄存器，该寄存器存放的是下一条将要执行的指令。EIP 控制了进程的执行流程，EIP 指向哪里，CPU 就会执行哪里的指令。

一个函数栈帧中主要包含如下信息。

1）前一个栈帧的栈底位置，即前栈帧 EBP。用于在函数调用结束后恢复主调函数的栈帧（前栈帧的栈顶可计算得到）。

2）该函数的局部变量。

3）函数调用的参数。

4）函数的返回地址 RET。用于保存函数调用前指令的位置，以便函数返回时能回调用前的代码区中继续执行指令。

（4）函数的调用

下面结合函数的调用进一步介绍栈帧中这些信息是如何产生和使用的。

假设函数 func_A 调用函数 func_B，则称 func_A 函数为“主调函数”，func_B 函数为“被调用函数”。

1）函数调用的步骤如下。

① 参数入栈。将被调用函数（func_B）的实际参数从右到左依次压入主调函数（func_A）的函数栈帧中。

② 返回地址 RET 入栈。将当前指令的下一条指令地址压入主调函数（func_A）的函数栈帧中。

③ 代码区跳转。CPU 从当前代码区跳转到被调用函数的入口，EIP 指向被调用函数的入口处。

④ 将当前栈帧调整为被调用函数的栈帧，具体方法如下。

- 将主调函数（func_A）的栈帧底部指针 EBP 入栈，以便被调用函数返回时恢复主调函数的栈帧。
- 更新当前栈帧底部。将主调函数（func_A）的栈帧顶部指针 ESP 的值赋给 EBP，作为新的当前栈帧（即被调用函数 func_B 的栈帧）底部。
- 为新栈帧分配空间。ESP 减去适当的值，作为新的当前栈帧的栈顶。

2）被调用函数执行结束后，返回主调函数的步骤如下。

① 保存返回值。将函数的返回值保存在 EAX 寄存器中。

② 弹出当前栈帧，将前一个栈帧（即主调函数栈帧）恢复为当前栈帧，具体方法为：

- 降低栈顶，回收当前栈帧的空间；
- 弹出当前 EBP 指向的值（即主调函数的栈帧 EBP），并存入 EBP 寄存器，使得 EBP 指向主调函数栈帧的栈底；
- 弹出返回地址 RET，并存入 EIP 寄存器，使进程跳转到新的 EIP 所指指令处（即返回主调函数）。

需要注意的是，内存栈区由高地址向低地址增长，因此当 4 字节压入栈帧时，ESP=ESP-4，弹出栈帧时，ESP=ESP+4。

（5）栈溢出漏洞的原理

在对以上知识理解的基础上，下面开始探讨栈溢出漏洞的原理和利用方法。

在函数的栈帧中，局部变量是顺序排列的，局部变量下面紧跟着的是前栈帧 EBP 及函数返回地址 RET。如果这些局部变量为数组，由于存在越界的漏洞，那么越界的数组元素将会覆盖相邻的局部变量，甚至覆盖前栈帧 EBP 及函数返回地址 RET，从而造成程序的异常。

程序 1：栈溢出后修改相邻变量程序。

```
#include <stdio.h>
#include <string.h>
void fun()
{
    char password[6] = "ABCDE";
    char str[6];
    gets(str);
    str[5] = '\0';
    if(strcmp(str,password) = = 0)
        printf("OK. \n");
    else
        printf("NO. \n");
}
int main()
{
    fun();
    return 0;
}
```

fun()函数实现了一个基于口令认证的功能：用户输入的口令存放在局部变量 str 数组中，然后程序将其与预设在局部变量 password 中的口令进行比较，以得出是否通过认证的判断（此处仅为示例，并非实际采用的方法）。图 7-5 所示为程序执行时用户输入了正确口令“ABCDE”后内存的状态。注意：数组大小为 6，字符串结束字符‘\0’占一个字节，因此口令应当为 5 个字节，图中阴影部分表示当前栈帧。

从图 7-5 中可以看出，内存分配是按字节对齐的，因此根据变量定义的顺序，在函数栈帧中首先分配两个字节给 password 数组，然后分配两个字节给 str 数组。

由于 C 语言中没有数组越界检查，因此，当用户输入的口令超过两个字节时，将会覆盖紧邻的 password 数组。如图 7-6 所示，当用户输入 13 个字符“aaaaaaaaaaaaa”时，password 数组中的内容将被覆盖。此时，password 数组和 str 数组的内容就是同一个字符串“aaaaa”，比较结果为二者相等。因此，在不知道正确口令的情况下，只要输入 13 个字符，其中前 5 个字符与后 5 个字符相同，就可以绕过口令的验证了。

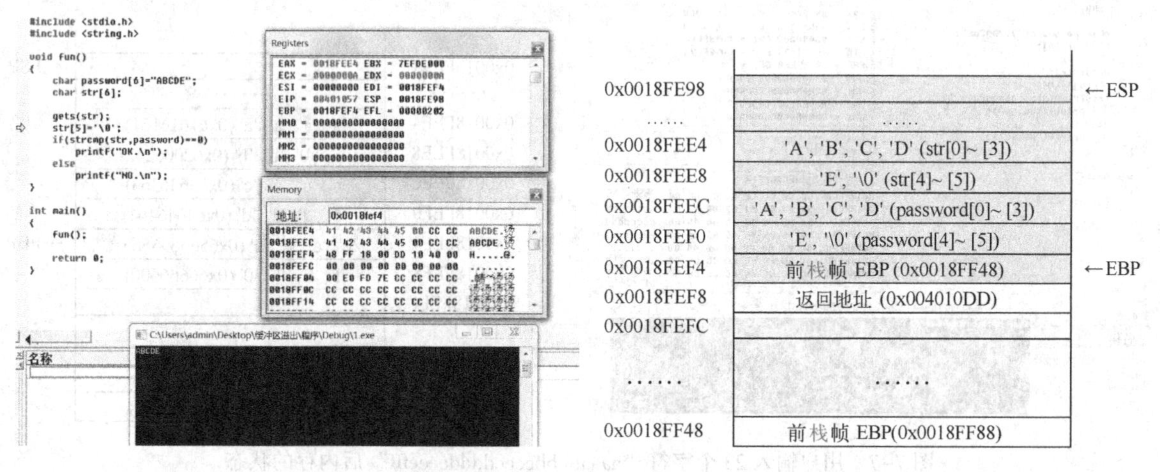

图 7-5　程序执行时用户输入正确口令后内存的状态

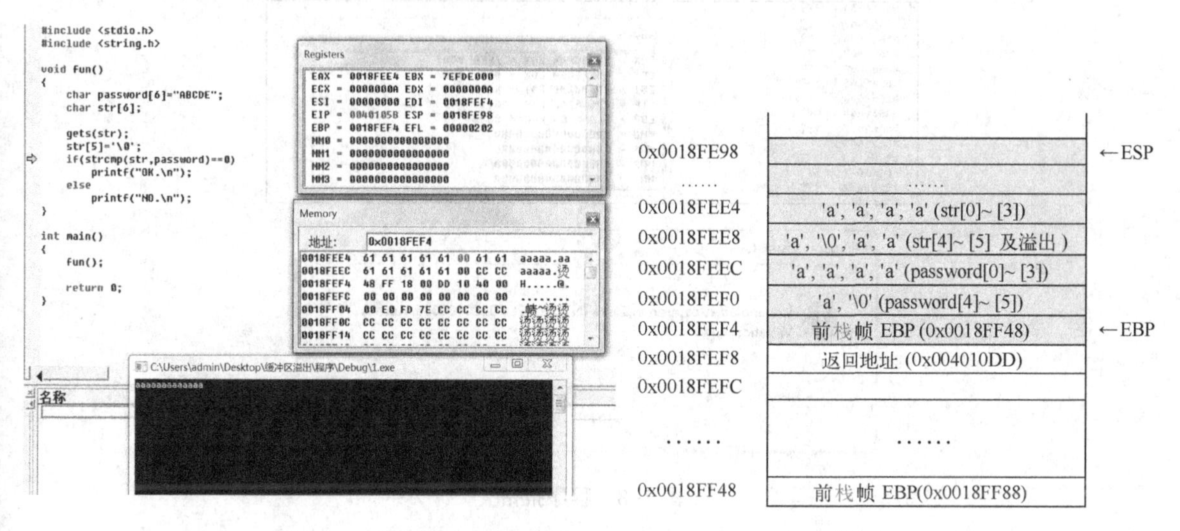

图 7-6　用户输入 13 个字符“aaaaaaaaaaaaa”后内存的状态

如果用户增加输入字符串的长度，将会超过 password 数组的边界，从而覆盖前栈帧 EBP，甚至是覆盖返回地址 RET。当返回地址 RET 被覆盖后，将会造成进程执行跳转的异常。图 7-7 所示为当用户输入 23 个字符“aaaabbbbccccddddeeeefff”后内存的状态。出于对 4 字节对齐的考虑，输入时，按 4 个相同字符一组进行组织，图中阴影部分表示当前栈帧。

显然，在 EBP+4 所指的空间本应该存放返回地址 RET，但现在已经被覆盖成了字符串“fff”。当程序进一步执行，返回主调函数 main 时，弹出该空间的值，作为返回地址，存入 EIP 中，即 EIP = 0x00666666。此时，CPU 将按照 EIP 给出的地址取指令，由于内存 0x00666666 处没有合法指令可执行，因此程序报错，如图 7-8 所示。

栈溢出后修改相邻变量这种漏洞利用对代码环境的要求比较苛刻。更常用的栈溢出修改的目标往往不是某个变量，而是栈帧中的 EBP 和函数返回地址 RET 等值。

接下来演示的是将一个有效指令地址写入返回地址区域中，这样就可以让 CPU 跳转到我们希望执行的指令处，从而达到控制程序执行流程的目的。

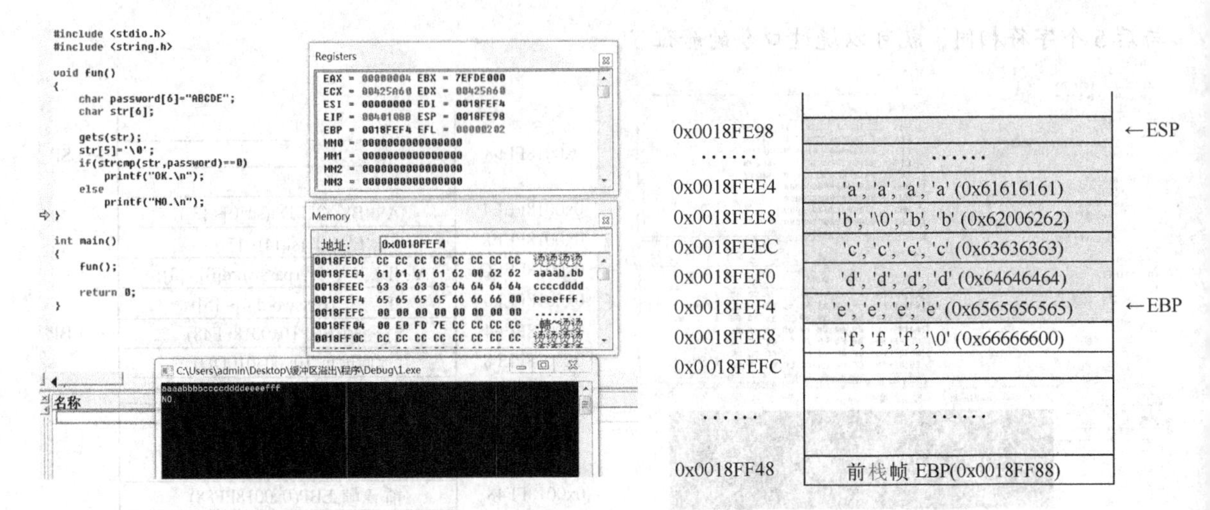

图 7-7　用户输入 23 个字符“aaaabbbbccccddddeeeefff”后内存的状态

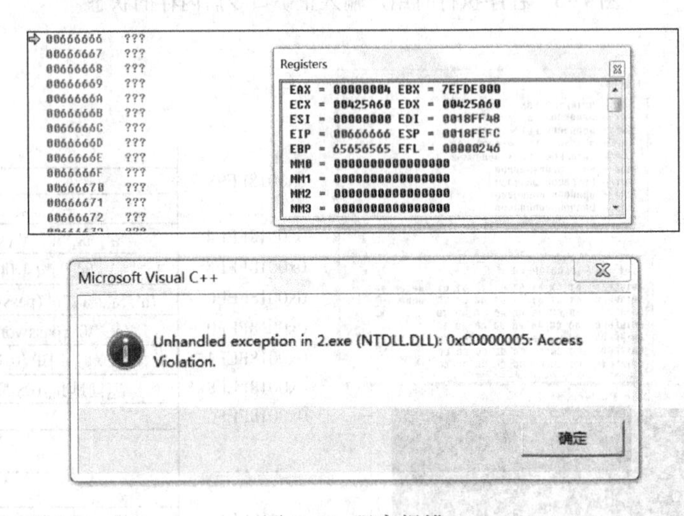

图 7-8　程序报错

由于从键盘上输入的字符必须是可打印字符，而将一个有效地址作为 ASCII 对应的字符不一定能打印，如 0x011，因此，将程序 1 稍进行修改，将程序输入改为读取密码文件 password. txt。

程序 2：栈溢出后修改返回地址 RET。

```
#include <stdio. h>
#include <string. h>
#include <stdlib. h>
void Attack( )
{
    printf( "Hello! :-) :-) :-) \n" );//当该函数被调用时,说明溢出攻击成功了
    exit(0);
}
void fun( )
{
    char password[6] = "ABCDE";
    char str[6];
    FILE * fp;
```

```
    if(!(fp=fopen("password.txt","r")))
    {
        exit(0);
    }
    fscanf(fp,"%s",str);

    str[5]='\0';
    if(strcmp(str,password)==0)
        printf("OK.\n");
    else
        printf("NO.\n");
}
int main()
{
    fun();
    return 0;
}
```

如果在 password. txt 文件中存入 23 个字符 “aaaabbbbccccddddeeeefff”，程序运行的结果将与从键盘输入一致。为了让程序在调用 fun()函数返回后去执行所希望的函数 Attack()，必须将 password. txt 文件中的最后 4 个字节改为 Attack()函数的入口地址 0x0040100F（得到函数入口地址的方法很多，可以利用 OllyDbg 工具查看）。利用十六进制编辑软件 UltraEdit 打开 password. txt 文件，将最后 4 字节改为相应的地址即可，如图 7-9 所示。

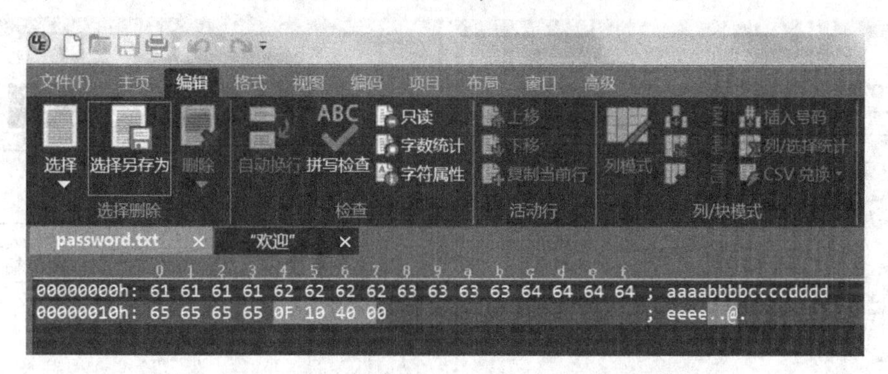

图 7-9　利用 UltraEdit 修改 password. txt 文件中的最后 4 个字节

函数调用返回时，从栈帧中弹出返回地址，存入 EIP 中。从图 7-10a 中可以看到，此时 EIP=0x0040100F，CPU 按该地址获取指令，跳转到 Attack()函数。图 7-10b 显示的程序运行结果表明，函数 Attack()被正常执行了，说明溢出修改返回地址成功。

（6）栈溢出攻击

上面介绍了用户进程能够修改相邻变量及修改返回地址两种缓冲区溢出漏洞。实际攻击中，攻击者通过缓冲区溢出改写的目标往往不是某一个变量，而是栈帧高地址的 EBP 和函数的返回地址等值。通过覆盖程序中的函数返回地址和函数指针等值，攻击者可以直接将程序跳转到其预先设定或已经注入目标程序的代码上去执行。

栈溢出攻击是一种利用栈溢出漏洞所进行的攻击，目的在于扰乱具有某些特权的运行程序的功能，使得攻击者取得程序的控制权。如果该程序具有足够的权限，那么整个主机就被控制了。

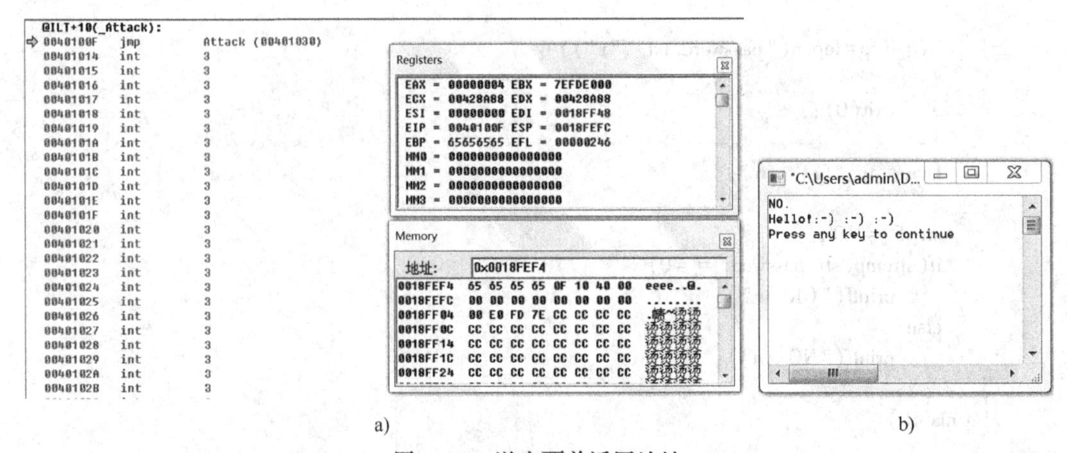

a) b)

图 7-10 溢出覆盖返回地址

a）跳转到 Attack( )函数 b）Attack( )正常执行

【例 7-2】SQL 注入漏洞及攻击分析。

用浏览器访问 AltoroMutual 网站（http://demo.testfire.net，IBM 所提供的 Web 安全漏洞演示网站），单击“Sign In”链接打开登录页面，在用户名和密码处均输入括号中的内容（' or '1'='1），如图 7-11a 所示；如果攻击者猜测系统存在一个名为 admin 的账户，还可以在用户名处输入(admin' --)，在密码处随意输入字符，如图 7-11b 所示。因为这不是正确的用户名和密码，正常的结果页面应当显示拒绝登录的信息，但是实际却能以管理员身份成功登录，如图 7-12 所示。

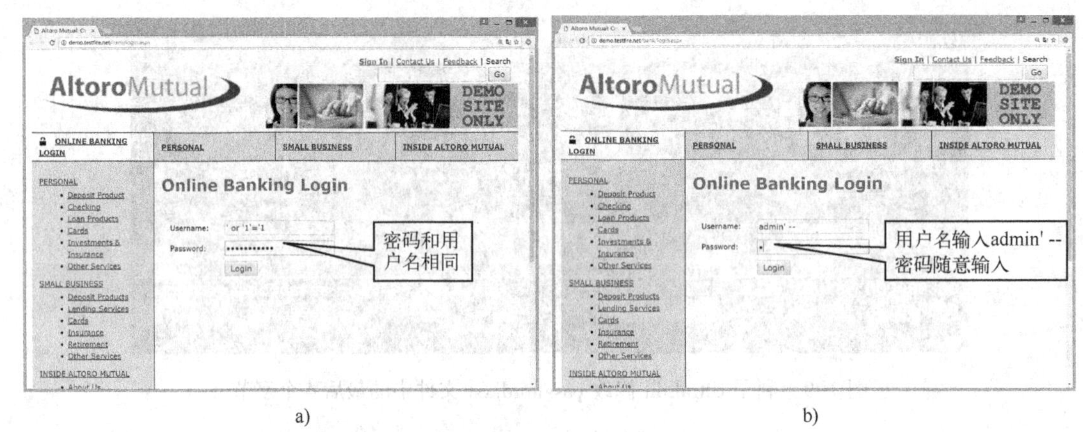

a) b)

图 7-11 登录 AltoroMutual 网站

a）在用户名和密码处均输入' or '1'='1 b）用户名输入 admin' --

（1）SQL 注入漏洞

SQL 注入漏洞是指，攻击者能够利用现有 Web 应用程序将恶意的代码当作数据插入查询语句或命令中，这些恶意数据可以欺骗解析器，从而执行非授权操作。

SQL 注入漏洞的主要危害如下。

- 数据丢失、破坏或泄露给非授权方。
- 缺乏可审计性或是拒绝服务。
- 获取承载主机和网络的控制权。

（2）SQL 注入漏洞利用

就攻击技术的本质而言，SQL 注入攻击利用的工具是 SQL 语法，针对的是应用程序开发编程中的漏洞。当攻击者能操作数据，并向应用程序中插入一些 SQL 语句时，SQL 注入攻击就容易发生。虽然还有其他类型的注入攻击，但绝大多数情况下涉及的都是 SQL 注入。

本例中的 SQL 注入攻击过程分析如下。

1）该 Web 安全漏洞演示网站的登录页面控制用户的访问，它要求用户输入一个用户名和密码。登录页面中输入的内容将直接用来构造动态的 SQL 命令，或者直接用作存储过程的参数。下面是 ASP. NET 应用构造查询的一个例子。

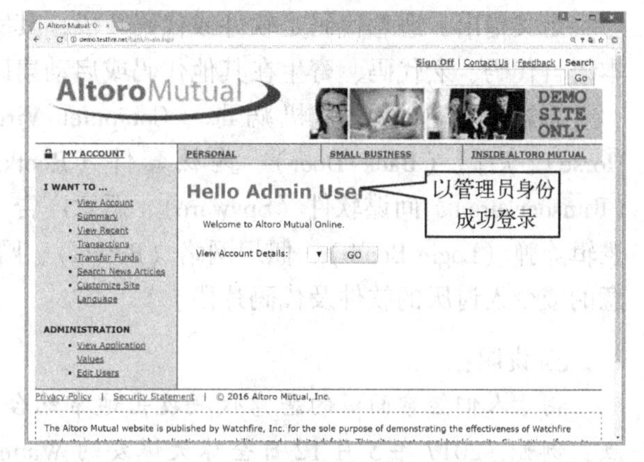

图 7-12　以管理员身份成功登录

```
System. Text. StringBuilder query = new System. Text. StringBuilder(
"SELECT * from Users WHERE login ='" )
. Append( txtLogin. Text). Append( "' AND password='" )
. Append( txtPassword. Text). Append( "'" ) ;
```

2）当攻击者在用户名和密码输入框中输入' or '1'='1 后，该输入内容提交给服务器，服务器运行上面的 ASP. NET 代码，构造出查询用户的 SQL 命令：

```
SELECT * from Users WHERE login = '' or '1'='1' AND password = '' or '1'='1'
```

服务器执行查询或存储过程，将用户输入的身份信息和服务器中保存的身份信息进行对比。由于 SQL 命令中的逻辑判断语句实际上已被修改为恒真，已经不能真正验证用户身份，所以系统会错误地授权给攻击者。

3）当攻击者在用户名处输入 admin' --后，该输入内容提交给服务器，服务器运行上面的 ASP. NET 代码，构造出查询用户的 SQL 命令：

```
SELECT * from Users WHERE login = 'admin' -- AND password = '输入的任意字符'
```

由于系统恰好有一个名为 admin 的账户，因此用户名匹配成功。另外，注释标记“--”使得此后的执行语句被忽略，不再进行密码的判断了，所以系统同样错误地授权给攻击者。

【例 7-3】　安全协议、云计算及移动智能终端中出现的新型软件漏洞分析。

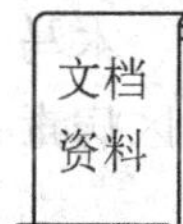

新型软件漏洞分析
来源：本书整理
请扫描二维码查看全文。

7.1.2　恶意代码

恶意代码已经成为攻击计算机信息系统主要的载体，攻击的威力越来越大，攻击的范围越来越广。什么是恶意代码？它与大家常说的传统的计算机病毒有怎样的关系？

1. 恶意代码的概念

恶意代码（Malicious Code）是在未被授权的情况下以破坏软硬件设备、窃取用户信息、干扰用户正常使用、扰乱用户心理为目的而编制的软件或代码片段。

定义指出，恶意代码是软件或代码片段，其实现方式可以有多种，如二进制执行文件、脚本语言代码、宏代码、寄生在其他代码或启动扇区中的一段指令。

恶意代码包括计算机病毒（Computer Virus）、蠕虫（Worm）、特洛伊木马（Trojan Horse）、后门（Back Door）、内核套件（Rootkit）、恶意脚本（Malice Script）、勒索软件（Ransomware）、间谍软件（Spyware）、恶意广告（Dishonest Adware）、流氓软件（Crimeware）、逻辑炸弹（Logic Bomb）、僵尸网络（Botnet）、网络钓鱼（Phishing）、垃圾信息（Spam）等恶意的或令人讨厌的软件及代码片段。

☒ **说明：**

由于人们经常面对的恶意代码攻击通常结合了计算机病毒、蠕虫、木马等多种类型的特点，例如，2017 年 5 月 12 日全球大爆发的 WannaCry 勒索软件攻击，就具有主动扫描、远程漏洞利用等蠕虫和木马的一些特点，因此大家在称呼 WannaCry 勒索软件的时候，又称其为勒索病毒或是木马。对于震网病毒的称呼也是如此，因其具有病毒、蠕虫的一些特点和行为，人们也称其为震网蠕虫。

实际上，恶意代码的不同类型还是具有比较明显的特点的。本小节接下来对这几种主要恶意代码各自的特点及其基本工作原理进行介绍。介绍中主要关注恶意代码以下 4 个方面的内容。

- 危害：它们如何影响用户和系统。
- 传播：它们如何安装自身以进行复制和传播。
- 激活：它们如何启动破坏功能。
- 隐藏：它们如何隐藏以防被发现或查杀。

2. 计算机病毒

（1）计算机病毒（Computer Virus）的概念

我国 1994 年 2 月 28 日颁布的《计算机信息系统安全保护条例》中是这样定义计算机病毒的：计算机病毒，是指编制或者在计算机程序中插入的破坏计算机功能或者毁坏数据，影响计算机使用，并能自我复制的一组计算机指令或者程序代码。

计算机病毒是一种计算机程序。此处的计算机为广义的、可编程的电子设备，包括数字电子计算机、模拟电子计算机、嵌入式电子系统等。既然计算机病毒是程序，那么就能在计算机的中央处理器（CPU）的控制下执行。此外，它能像正常程序一样，存储在磁盘、内存储器中，也可固化成固件。

不少人甚至一些文献把蠕虫、木马、勒索软件等称为计算机病毒。实际上，蠕虫、木马、勒索软件等并不符合计算机病毒的定义。因此，本书所指的计算机病毒仅仅包括引导区病毒、文件型病毒及混合型病毒。

- 引导区病毒。指寄生在磁盘引导扇区中的病毒。
- 文件型病毒。可分为感染可执行文件病毒和感染数据文件的病毒。前者主要指感染 COM 文件或 EXE 文件，甚至系统文件的病毒，如 CIH 病毒。后者主要指感染 Word、PDF 等数据文件的病毒，如宏病毒等。
- 混合型病毒。主要指那些既能感染引导区又能感染文件的病毒。

计算机病毒的主要特点如下。

- 破坏性。这是计算机病毒的本质属性，病毒侵入系统的目的就是要破坏系统的保密性、完整性和可用性等。计算机病毒编制者的目的和所入侵系统的环境决定了破坏程度。较轻者可能只是显示一些无聊的画面文字，发出点声音；稍重一点可能是消耗系统资源；严重者则可以窃取或损坏用户数据，甚至是瘫痪系统，毁坏硬件。

- 传染性。计算机病毒可以通过U盘等移动存储设备及网络扩散到未被感染的计算机。一旦进入计算机并得以执行，它就会搜寻符合其传染条件的程序，将自身代码插入其中，达到自我繁殖的目的。
- 潜伏性。大部分计算机病毒在感染系统或软件后不会马上发作，可以长时间潜伏在系统中，只在条件满足时被激活，启动病毒的破坏功能。
- 隐藏性。计算机病毒不是用户所希望执行的程序，因此病毒为了隐藏自己，一般不独立存在（计算机病毒本原除外），而是寄生在别的有用的程序或文档之上。同时，计算机病毒还采取隐藏窗口、隐藏进程、隐藏文件，以及远程DLL注入、远程代码注入、远程进程（线程）注入等方式来隐藏执行。

（2）计算机病毒的基本结构及其工作机制

从计算机病毒的生命周期来看，它一般会经历4个阶段：潜伏、传染、触发和发作。由此，计算机病毒的典型组成包括3个部分：引导模块、传染模块和表现模块。

1）引导模块。引导模块是计算机病毒程序的主控模块，在总体上控制计算机病毒的执行。计算机病毒执行时，首先运行的就是引导模块。引导模块的主要工作如下。

① 将计算机病毒程序引入计算机系统内存。病毒驻留内存有两条路径：自己开辟内存空间，或者部分覆盖操作系统所占用的内存空间。当然，有些病毒并不驻留内存。

② 设置计算机病毒激活及触发条件。病毒程序利用多种潜伏机制欺骗系统，隐蔽在系统中，等待满足激活及触发条件。

③ 提供自保护功能，以避免在内存中被覆盖或清除，或是被防病毒程序查杀。

④ 有些病毒会在加载之前进行动态反跟踪和病毒体解密工作。

例如，引导区病毒的引导程序将抢占原操作系统引导程序的位置，并将原系统引导程序迁移至某特定位置。一旦系统启动，病毒引导模块会自动装入内存并获得执行权，接着将病毒传染模块和破坏模块装入内存的适当位置，并利用常驻内存技术来保证传染模块和破坏模块不被覆盖，然后为这两个模块设定激活条件，并使之适时获得执行权。最后，病毒引导模块才将操作系统的引导模块装入内存，系统启动后就将在带毒状态下运行。

再如，可执行文件型病毒程序通常需要修改其寄生的可执行文件，使该寄生文件一旦执行便转入病毒程序引导模块。该引导模块将病毒程序的传染模块和破坏模块驻留内存并实现初始化，此后将执行权交给宿主执行文件，从而实现系统及该文件的带毒运行。

2）传染模块。传染模块完成病毒的传播和感染。传染过程通常包括以下3个步骤。

① 寻找目标文件。病毒的传染有针对性，或针对不同的系统，或针对同种系统的不同环境。

② 检测目标文件。传染模块检查寻找到的潜在目标文件是否带有感染标记或设定的感染条件是否满足。

③ 实施感染。如果潜在目标文件中没有感染标记或没有满足感染条件，传染模块就实施感染，将病毒代码和感染标记放入宿主程序。

感染标记，又称为病毒签名。病毒感染时要根据是否有感染标记以决定是否实施。不同病毒的感染标记不仅位置不同，内容也不同。

可以将感染标记作为病毒特征码的一部分来进行病毒检测，也可在程序中人为加入感染标记，以实现病毒免疫。

3）表现模块。表现模块又称为破坏模块，病毒依据设定的触发条件进行判断以决定什么时候表现及怎样表现。表现模块是病毒程序的主体，它在一定程度上反映了病毒设计者的意图。表现模块是病毒间差异最大的部分。

计算机病毒的触发条件多种多样，常用的有日期触发、时间触发、键盘触发、感染触发、启动触发、访问磁盘次数触发、调用中断功能触发等。多数病毒采用的是组合触发条件，而且通常先基于时间，再辅以访问磁盘、击键操作等其他条件实现触发。

计算机病毒的攻击部位和破坏目标包括系统数据区、文件、内存、磁盘、CMOS、主板和网络等。病毒破坏的是信息系统的保密性、完整性、可用性等，主要表现为系统运行速度下降、系统效率降低、系统数据破坏、服务中止乃至系统崩溃等形式。当然，也有一些病毒作者为了炫耀和挑衅，还会显示特定的信息或画面。

⊠ **说明：**

- 并非所有计算机病毒都需要上述 3 种模块，如引导型病毒就不需要表现模块，而某些文件型病毒则没有引导模块。
- 有的参考文献强调触发条件，并将触发模块单独列出，这样的表述与本书将其放在表现模块中介绍并没有本质不同。

3. 蠕虫

（1）蠕虫（Worm）的概念

早期恶意代码的主要形式是计算机病毒，1988 年，Morris 蠕虫爆发后，人们为了区分蠕虫和病毒，这样定义蠕虫：网络蠕虫是一种智能化、自动化的，综合网络攻击、密码学和计算机病毒技术的，不需要计算机使用者干预即可运行的攻击程序或代码，它会主动扫描和攻击网络上存在系统漏洞的结点主机，通过局域网或者因特网从一个结点传播到另外一个结点。该定义体现了网络蠕虫智能化、自动化和高技术化的特征，也体现了蠕虫与计算机病毒的区别，即病毒的传播需要人为干预，蠕虫则无须用户干预而自动传播。传统计算机病毒主要感染计算机的文件系统，而蠕虫影响的主要是计算机系统和网络性能。

计算机网络条件下的共享文件夹、电子邮件、网页、大量存在漏洞的服务器等都是蠕虫传播的途径。因特网的发展使得蠕虫可以在几个小时内蔓延全球，而且蠕虫的主动攻击性和破坏性常常使人手足无措。

（2）蠕虫的基本结构及工作机制

网络蠕虫的攻击行为通常可以分为 4 个阶段：信息收集、扫描探测、攻击渗透和自我推进。由此，网络蠕虫的功能结构框架如图 7-13 所示，包括主体功能模块和辅助功能模块两大部分。

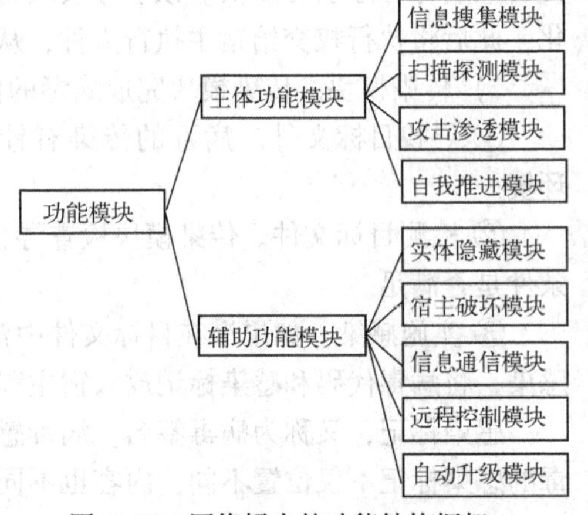

图 7-13　网络蠕虫的功能结构框架

1）主体功能模块。主体功能模块由 4 个子模块构成，主要完成复制传播流程。

① 信息搜集模块。该模块决定采用何种搜索算法对本地或者目标网络进行信息搜集，内容包括本机系统信息、用户信息、邮件列表、对本机信任或授权的主机信息、本机所处网络的拓扑结构、边界

路由信息等，这些信息可以单独使用或被其他个体共享。

② 扫描探测模块。该模块完成对特定主机的漏洞检测，决定采用何种攻击渗透方式。

③ 攻击渗透模块。该模块利用发现的安全漏洞进行渗透，实施攻击。

④ 自我推进模块。该模块完成蠕虫的传播。

2）辅助功能模块。辅助功能模块主要由以下 5 个功能子模块构成。包含辅助功能模块的蠕虫程序具有更强的生存能力和破坏能力。

① 实体隐藏模块。该模块包括对蠕虫各个实体组成部分的隐藏、变形、加密，以及进程的隐藏，主要提高蠕虫的生存能力。

② 宿主破坏模块。该模块用于摧毁或破坏被感染主机，破坏网络正常运行，在被感染主机上留下后门等。

③ 信息通信模块。利用该模块，蠕虫间可以共享某些信息，也可使蠕虫的使用者更好地控制蠕虫行为。

④ 远程控制模块。该模块的功能是执行蠕虫使用者下达的指令，调整蠕虫行为，控制被感染主机。

⑤ 自动升级模块。该模块可以使蠕虫使用者随时更新其他模块的功能，从而实现不同的攻击目的。

4. 木马

（1）木马（Trojan）的概念

特伊洛木马，简称木马，此名称取自希腊神话的特洛伊木马计。传说希腊人围攻特洛伊城，久久不能得手。后来想出了一个木马计，让士兵藏匿于巨大的木马中。大部队假装撤退而将木马弃置于特洛伊城下，特洛伊人将木马作为战利品拖入城内。到了夜晚，木马内的士兵趁特洛伊人庆祝胜利、放松警惕的时候从木马中爬出来，与城外的部队里应外合而攻下了特洛伊城。

这里讨论的木马，就是这样一种表面上无害的程序或者命令过程，但是实际上却包含了一段隐藏的、激活时会运行某种有害功能的代码。它使得非法用户达到了进入系统、控制系统甚至破坏系统的目的。

（2）木马的类型

自木马程序诞生，在每一个发展阶段，都有很多有代表性的木马。可以从木马的功能和木马的网络架构两个方面来对木马进行分类。

1）按照木马的功能划分。木马一般都包含一些基本功能，如开机自启动、通信隐藏、绕过杀毒软件和反分析等。这些基本功能体现了一个木马的整体性能水平，决定了一个木马是否能够深度隐藏自身，能否突破杀毒软件、反 Rootkit 工具的查杀存活下去，能否顺利连接控制端完成信息回传。

除上述这些基本功能外，木马一般还具备一些应用性功能。常见的应用性功能有远程命令执行、远程文件管理、信息窃取、键盘记录、进程/服务管理、远程桌面和摄像头监控等。

按照木马的应用性功能，可以将木马分为以下 3 个类别。

① 控制类木马。控制类木马在被植入到目标机器上后，植入者通过该木马的回连可以达到控制和利用目标机器的目的。控制者通过被植入的木马可以对目标系统的文件进行操作，包括上传、下载和删除文件；在远程机器上执行程序，浏览和控制该机器的运行程序，监视目标系统的桌面、剪贴板；控制目标机器关联的设备，如摄像头等；在目标机器上搭建

代理等；集中控制大量的计算机来组成僵尸网络，进而进行一些网络攻击活动，如 DDoS 攻击等。

② 信息窃取类木马。信息窃取类木马只是进行单方面的信息收集，将收集的结果返回给木马控制端。这种木马大多是 B/S 结构的，在窃取的信息到达 Web 服务器后，数据被存入数据库，控制者通过浏览器查看窃取信息的具体内容。信息窃取类木马收集的信息主要有网络游戏账号信息、聊天软件账号信息和聊天记录、邮件客户端信息、用户收发邮件的内容、网络银行信息、在线支付应用信息和信用卡账户信息，甚至账户内的货币。

③ 下载者类木马。下载者类木马的功能比较简单，实际上是攻击者入侵的前行者。此类木马在植入目标机器后，回连到指定地址，下载配置好的恶意软件或者恶意推广的软件，然后在被控制机器上安装和执行下载的恶意软件，以开展进一步的攻击活动。

2）按照木马的网络架构划分。木马的控制端和被控端之间是通过网络进行数据交换的，从这个角度上讲，木马是一类网络通信软件。常见的网络结构主要有 C/S 结构、B/S 结构和 P2P 结构等，因此，木马也可分为以下 3 类。

① C/S 结构。对于正向连接的木马来说，被控端是服务器端，控制端是客户端，被控端建立端口侦听，而后控制端主动连接被控端进行通信；对于反向木马来说，被控端是客户端，控制端是服务器端，被控端主动向控制端发起连接和请求。虽然有主从之分，但 C/S 结构的木马的通信交互是双向的。

② B/S 结构。严格意义上来讲，木马的被控端并没有包含在这个结构中。控制者通过浏览器将控制命令发往服务器，服务器对该数据进行缓存，木马被控端不断地向服务器请求已缓存的控制命令和数据，被控端从服务器得到控制者的命令和数据后进行解析处理。被控端将窃取的数据发送到服务器，控制端通过浏览器查看这些数据。

③ P2P 结构。也就是对等计算机网络，是一种在对等结点之间分配任务和工作的分布式应用架构，是对等计算模型在应用层形成的一种网络形式。P2P 结构的木马具有去中心化、扩展性强等优点，能提高木马通信的隐蔽性，避免了木马控制端和被控端之间直接交互数据而导致木马控制端信息暴露的问题。P2P 结构的木马，主要用来组建和控制僵尸网络。现有的 P2P 结构的僵尸网络主要有集中式类型、非结构化类型、结构化类型等。

当然在很多情况下，木马植入者的目的不是那么单一，很多时候都包含了多个目的，如既能完成下载者的功能，又能当作后门，甚至还能完成代理的功能。在一些新的木马样本中甚至大量使用脚本解释器，通过动态下发功能来随时完成控制者期望的功能。同时，木马的网络架构也在随着互联网的快速发展而发生演变。总之，在安全软件不断发展、前进的时候，木马也在快速演化着。

(3) 木马的特点

木马的主要特点如下。

- 破坏性。木马一旦被植入某台机器，操纵木马的人就能通过网络像使用自己的机器一样远程控制这台机器，实施攻击。
- 非授权性。控制端与受控端一旦连接，控制端将享有受控端的大部分操作权限，而这些权限并不是受控端赋予的，而是通过木马程序窃取的。
- 隐蔽性。木马的设计者为了防止木马被发现，会采用多种手段隐藏木马，这样受控端即使发现感染了木马，也不能确定其具体位置。

蠕虫和木马之间的联系也非常有趣。一般而言，这两者的共性是自我传播，都不感染其他文件。在传播特性上，它们的微小区别是，木马需要诱骗用户上当后进行传播，而蠕虫不是。蠕虫包含自我复制程序，它利用所在的系统进行主动传播。一般认为，蠕虫的破坏性更多地体现在耗费系统资源的拒绝服务攻击上，而木马更多地体现在秘密窃取用户信息上。

（4）木马的基本结构及工作机制

用木马进行网络入侵大致可分为 6 个步骤：配置木马、传播木马、运行木马、信息反馈、建立连接和远程控制。下面以木马常见的 C/S 架构为例介绍其结构和工作原理。

本质上，木马是一套复杂且精细的网络交互式软件系统。木马程序不同于常见的软件应用，它需要灵活的组织架构，既能保证在代码层面上易于修改和扩展，又要保证在不重新编译木马的情况下，可以扩展和修改木马功能和执行流程。同时，还要确保尽可能少地将木马组件暴露给反病毒软件。因此，木马的系统结构应容易扩展，功能上要容易组合，能通过配置或者预编译条件迅速搭配出特定功能的、针对特定目标的木马程序。

一种包含主要功能模块的木马系统框架如图 7-14 所示。木马架构的模块化，主要是以功能为单元进行划分的，但在针对具体的组件内容时，可以根据实际情况进行组织。

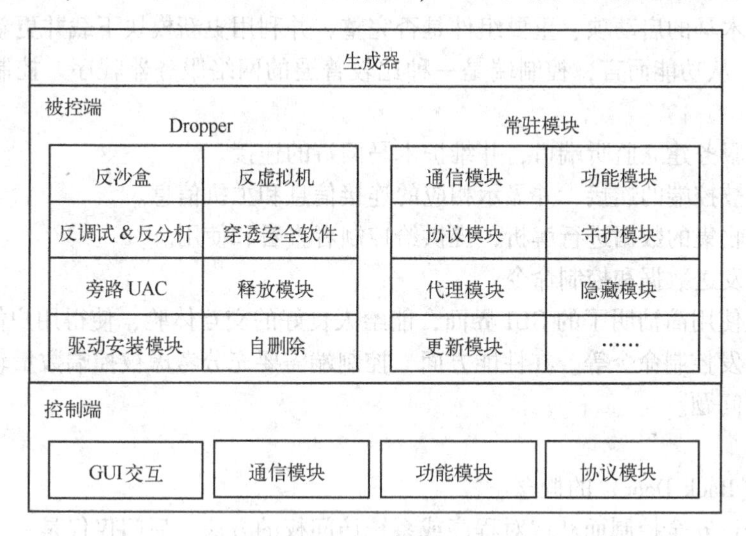

图 7-14　一种木马系统框架

1）生成器。生成器可根据具体的需求配置被控端的功能、回连地址、回连方式，甚至是启动方式等木马核心功能，生成被控端。

为了实现伪装和信息反馈，木马配置时还需要采用多种伪装手段隐藏自己，如修改图标、捆绑文件、定制端口、自我销毁等。配置的回连方式或地址通常为 IP 地址、E-mail 地址等。

2）被控端。被控端运行在被控制的目标主机上，我们通常说的“中了木马”就是指被安装了木马的被控端程序。

被控端包含 Dropper 与常驻模块两部分。

① Dropper 是木马在植入过程中执行的组件。Dropper 只在目标机器上执行一次，然后自行删除。Dropper 组件是木马能否成功植入目标机器的关键。Dropper 主要负责以下工作。

- 首先判断系统环境，如果检测出在沙盒或者虚拟机中运行，则执行非木马本身的功能。如果有调试器存在，则放弃执行。
- 如果没有发现异常，则继续获取系统中安装的安全软件类型等信息，对不同的杀毒软件使用不同的穿透策略，如不同方式的启动项写入、不同的文件释放方式、不同的驱动安装方式等。在一些情况下，要利用某些杀毒软件的功能缺陷对杀毒软件的功能进行禁用或关闭。

- Dropper 在执行过程中还要将执行权限提升至管理员权限，而非受限用户权限，否则无法成功植入。
- 完成木马的植入后，Dropper 进行自我清除。

② 常驻模块是木马植入后在目标机器上长期运行的模块。常驻模块主要负责以下工作。

- 自动判断目标机器所在的网络是否使用了代理，并能穿透代理，与控制端之间建立稳定的通信连接。
- 通过网络连接能将收集的数据发送到控制端，并能通过该连接获取控制端的控制指令，确保控制者对该目标主机的控制。
- 完成信息收集的工作，如目标主机的系统信息、浏览器记录、收发的邮件等。
- 执行控制者下达的各种功能指令，如远程屏幕监控、远程文件操作等。
- 使用 Rootkit 技术隐藏木马的主要组件模块、通信端口和连接等信息。
- 定时检查木马的启动项、重要组件是否完整，并利用更新模块下载并更新木马组件。

3）控制端。从功能而言，控制端是一种比较普通的网络服务器程序。控制端主要负责以下工作。

- 使用网络服务建立监听端口，并维护木马两端的连接。
- 接收所有被控端的连接，并显示相应的连接信息和主机信息。
- 对被控端收集的数据进行解析，提供给控制者查看和使用。
- 向被控端发送数据和控制命令。

控制端一般使用简洁明了的 GUI 界面，能给人良好的交互体验，使得用户能方便地对被控端进行操作、下发控制命令等。在性能方面，控制端需要充分考虑被控端数量较多情况下的大并发连接的处理问题。

5. 后门

（1）后门（Back Door）的概念

后门是指绕过安全控制而获取对程序或系统访问权的方法。后门仅仅是一个访问系统或控制系统的通道，其本身并不具有其他恶意代码的直接攻击行为。

因此，后门和计算机病毒、蠕虫的最大差别在于，后门不会感染其他计算机。后门与木马的相似之处在于，它们都隐藏在用户系统中，本身具有一定权限，以便远程机器对本机的控制。它们的区别在于，木马是一个完整的软件，而后门是系统中软件所具有的特定功能。

（2）后门的产生

后门的产生有两种情况：一种是软件厂商或开发者留下的，另一种是攻击者植入的。

1）开发者用于软件开发调试产生的后门。软件开发人员在软件开发与调试期间，为了测试一个模块，或者为了今后的修改与扩充，又或者为了在程序正式运行后，当程序发生故障时能够访问系统内部信息等而有意识地预留后门。因此，后门通常是一个软件模块的秘密入口，而且由于程序员不会将后门写入软件的开发文档，所以用户也就无从知道后门的存在。当然，后门也可能是软件设计或编程漏洞产生的。不论是软件开发者有意还是无意留下的后门，如果在软件开发结束后不及时删除，就可能被软件的开发者秘密使用，也可能被攻击者发现并利用而成为安全隐患。

2）攻击者在软件中设置的后门。后门也可能是恶意的软件开发者故意放置在软件中的，还可能是攻击者为了自己能够顺利重返被入侵系统而设置的。

【例 7-4】微软的 Windows 自动更新。

Windows 自动更新可以算是最著名的后门程序了。Windows 自动更新的动作不外乎以下 3 个：开机时自动连上微软的网站；将计算机的状况报告给该网站以进行处理；网站通过 Windows Update 程序通知使用者是否有必须更新的文件，以及如何更新。

微软通过系统中的自动更新这个后门，了解用户当前系统的版本和补丁信息，并强制用户进行更新。

6. Rootkit

（1）Rootkit 的概念

最初，Rootkit（内核套件）是攻击者用来修改 UNIX 操作系统和保持超级用户（root）权限且不被发现的工具，由于它是用来获得 root 后门访问的 kit 工具包，所以被命名为“root” + “kit”。目前通常所说的 Rootkit 是指一类木马后门工具，通过修改现有的操作系统软件，使攻击者获得访问权限并隐藏在计算机中。

Rootkit 与木马、后门等既有联系又有区别。首先，Rootkit 属于木马的范畴，它用恶意的版本替换或修改现有操作系统软件来伪装自己，从而达到掩盖其真实的恶意目的，而这种伪装和隐藏机制正是木马的特性。此外，Rootkit 还作为后门行使其职能，各种 Rootkit 通过后门口令、远程 Shell 或其他可能的后门途径，为攻击者提供绕过检查机制的后门访问通道，这是后门工具的又一特性。Rootkit 强调的是强大的隐藏功能、伪造和欺骗的功能，而木马、后门强调的是窃取功能、远程侵入功能。两者的侧重点不一样，两者结合起来则可以使得攻击者的攻击手段更加隐蔽、强大。

应当说 Rootkit 技术自身并不具备恶意特性，一些具有高级特性的软件（如反病毒软件）也会使用一些 Rootkit 技术来使自己处在攻击的最底层，进而可以发现更多的恶意攻击。然而，Rootkit 技术一旦被木马、病毒等恶意程序利用之后，它便具有了恶意特性。一般的防护软件很难检测到此类恶意软件的存在。这类恶意软件就像幕后的黑手一样在操纵着用户的计算机，而用户却一无所知。它可以拦截加密密钥、获得密码甚至攻破操作系统的驱动程序签名机制来直接攻击硬件和固件，获得网卡、硬盘甚至 BIOS 的完全访问权限。

（2）Rootkit 的分类及工作机制

Rootkit 有多种分类方式，按照操作系统来分，可以分为 Windows Rootkit、Linux Rootkit 和移动操作系统 Rootkit 等。还可以按照 Rootkit 在计算机系统所处的层次和从 Rootkit 技术发展演化的角度来划分，下面分别介绍。

1）Rootkit 在计算机系统所处的层次及工作原理。从 Rootkit 在计算机系统所处的层次来看，自上而下可将其划分为如下 4 种类型。

① 用户层 Rootkit。用户层 Rootkit 运行于计算机系统的应用层，处于 Windows 系统的用户模式，其权限受控。用户层 Rootkit 修改的是操作系统用户态中用户和管理员所使用的系统程序和库文件。Windows 用户层的 Rootkit 由于处在 API 调用的上层，需要调用底层的 API 甚至发送 IRP 请求才能完成实际的功能，因而只要其他程序处在 API 调用的底层，那么用户层 Rootkit 本身可能已经不是期望的执行路径，从而失去了存在的意义。

② 内核层 Rootkit。内核层 Rootkit 运行于 Windows 系统的内核模式，拥有可执行 CPU 的特权指令。操作系统内核作为操作系统最重要的部分，具有文件系统、进程调度、系统调用、存储管理等功能。内核层 Rootkit 会修改操作系统的内核，例如，中断调用表、系统调用表、文

件系统等内容。Rootkit 常使用内核模式钩子，这是一种用于拦截系统调用和中断的技术，从而将控制权转交给 Rootkit 代码。这些 Rootkit 主动监控和修改输出结果，它们每次通过钩子获得控制权后能有效隐藏自己。Rootkit 通过隐藏操作系统内核结构来隐藏线程、进程与服务。这些 Rootkit 只需要执行一次，即可修改内核结构。由于系统内核在操作系统最底层，一旦受到 Rootkit 攻击，应用层的程序从内核获取的信息将不可靠，第三方的应用层检测工具都无法发现这类 Rootkit。

③ 固件 Rootkit。固件 Rootkit 运行于计算机系统的固件中，如 BIOS、SMM 和扩展 ROM 等，先于操作系统启动，其执行不受操作系统约束。

④ 硬件 Rootkit。硬件 Rootkit 运行于计算机主板的集成电路中，独立于计算机系统的 CPU 和操作系统，权限完全不受控制。

2）Rootkit 技术的发展演化。本质上，Rootkit 通过修改代码、数据和程序逻辑，破坏 Windows 系统内核数据结构及更改指令执行流程，从而达到隐匿自身及相关行为痕迹的目的。由于 IA-32（Intel Architecture 32 bit）硬件体系结构的缺陷（无法区分数据与代码）和软件程序逻辑错误的存在，导致 Rootkit 持续存在并继续发展。回顾 Windows Rootkit 的技术演化历程，其遵循从简单到复杂、由高层向低层的演化趋势。从 Rootkit 技术复杂度的视角，可将其大致划分为 5 代。

① 更改指令执行流程的 Rootkit。对于更改指令执行流程的 Rootkit，主要采用钩子（Hooking）技术。Windows 系统为了正常运行，需跟踪、维护对象、指针及句柄等多种数据结构。这些数据结构通常类似于具有行和列的表格，是 Windows 程序运行所不可或缺的。钩挂此类内核数据表格，能改变程序指令执行流程：首先执行 Rootkit，然后执行系统原来的服务例程，从而达到隐藏的目的。由于 Hooking 技术的普及，此类 Rootkit（如 NT Rootkit、He4hook 和 Hacker Defender 等）较易被检测与取证分析。

② 直接修改内核对象的 Rootkit。与传统的 Hooking 技术更改指令执行流程不同，这类 Rootkit 直接修改内存中本次执行流内核和执行体所使用的内核对象，从而达到进程隐藏、驱动程序隐藏及进程特权提升等目的。然而，自 Rutkowska 编写了 SVV（System Virginity Verifier）检测工具后，此类 Rootkit 也易被检测出来。

③ 内存视图伪装 Rootkit。这类 Rootkit 主要通过创建系统内存的伪造视图以隐匿自身。例如，利用底层 CPU 的结构特性，即 CPU 将最近使用的数据和指令分别存储在两个并行的缓冲器——DTLB（Data Translation Lookaside Buffers，数据快速重编址缓冲器）和 ITLB（Instruction Translation Lookaside Buffers，指令快速重编址缓冲器）中，通过强制刷新 ITLB 但不刷新 DTLB 来引发 TLB 不同步错误，使读/写请求和执行请求得到不同的数据，从而达到隐匿目的。然而，在微软为其 64 位 Windows 系统引入 Patchguard 技术后，基本宣告了内核层 Rootkit 技术的终结。从此，Rootkit 技术开始进入虚拟领域。

④ 虚拟 Rootkit。与直接修改操作系统的 Rootkit 不同，虚拟 Rootkit 专门为虚拟环境而设计，通过在虚拟环境下加载恶意系统管理程序，完全劫持原生操作系统，并可有选择地驻留或离开虚拟环境，从而达到自如隐匿的目的。就其类型而言，可分为 3 种：虚拟感知恶意软件（Virtualization-Aware Malware，VAM）、基于虚拟机的 Rootkit（Virtual Machine Based Rootkit，VMBR）、系统管理虚拟 Rootkit（Hypervisor Virtual Machine Rootkit，HVMR）。随着防御者利用逻辑差异、资源差异和时间差异等方法检测到虚拟 Rootkit 后，攻防博弈开始向底层硬件方向发展。

⑤ 硬件 Rootkit。又称为 Bootkit，它通过感染 MBR（Master Boot Record，主引导记录）的方式实现绕过内核检查和启动隐身。从本质上分析，只要早于 Windows 内核加载，并实现内核劫持技术的 Rootkit，都属于硬件 Rootkit 技术范畴。如 SMM Rootkit，它能将自身隐藏在 SMM（System Management Mode，系统管理模式）空间中。SMM 权限高于 VMM（Virtual Machine Monitor，虚拟机监控），在设计上不受任何操作系统的控制、关闭或禁用。此外，SMM 优先于任何系统调用，任何操作系统都无法控制或读取 SMM，使得 SMM Rootkit 有超强的隐匿性。之后，陆续出现的 BIOS Rootkit、VBootkit 都属于硬件 Rootkit。

7. 恶意脚本

动态程序一般有以下两种实现方式。

- 二进制方式。该方式先将我们编写的程序进行编译，变成机器可识别的指令代码（如 .exe 文件），然后执行。这种编译好的程序只能执行、使用，不使用特殊的工具是看不到程序的内容的。
- 脚本（Script）方式。这是使用一种特定的描述性语言，依据一定的格式编写的可执行文件，又称作宏或批处理文件。

脚本简单地说就是一条条的文字命令，这些文字命令是我们可以看到的（如可以用记事本打开、查看、编辑），脚本程序在执行时是由系统的一个解释器将其一条条地翻译成机器可识别的指令，并按程序顺序执行。因此，攻击者可以在脚本中加入一些破坏计算机系统的命令，这样，一旦诸如浏览器中的解释器调用这类脚本时，便会使用户的系统受到攻击。

【例 7-5】由 5 个字符组成的一个恶意脚本就可以让计算机彻底死机。

将“%0|%0”这 5 个字符复制到记事本，以 .bat 为扩展名保存，双击保存好的文件，计算机不到 1 min 就会死机。

原理是,%0 是命令行参数，例如命令 add a b，add 对应%0，a 对应%1，b 对应%2。“%0|%0”中的符号“|”是一个管道符号，表示将前一个命令的输出作为后一个命令的输入。由此可知，这个 .bat 文件每次都是将自己的输出作为输入，这样无限循环，并且在每次执行的同时再开启同样的过程。此代码会逐渐耗尽内存，最终导致死机。

【例 7-6】XSS 跨站脚本。

Web 浏览器可以执行 HTML 页面中嵌入的脚本命令，支持多种脚本语言类型（如 JavaScript、VBScript、ActiveX 等），其中最主要的是 JavaScript。

跨站脚本（Cross Site Script，简称 XSS）漏洞是指，应用程序没有对接收到的不可信数据经过适当的验证或转义就直接发给客户端浏览器。XSS 是脚本代码注入的一种。攻击者利用 XSS 漏洞将恶意脚本代码注入网页中，当用户浏览该网页时，便会触发执行恶意脚本。

XSS 漏洞的主要危害在于：非法访问、篡改敏感数据；会话劫持；控制受害者机器重定向到恶意网站，或向其他网站发起攻击。

8. 勒索软件

（1）勒索软件（Ransomware）的概念

勒索软件是黑客用来劫持用户资产或资源并以此为条件向用户勒索钱财的一种恶意软件。勒索软件通常会将用户系统中的文档、邮件、数据库、源代码、图片等多种文件进行某种形式的加密操作，使之不可用，或者通过修改系统配置文件，以干扰用户正常使用系统的方法使系统的可用性降低，然后通过弹出窗口、对话框或生成文本文件等的方式向用户发出勒索通知，要求用户向指定账户汇款来获得解密文件的密码或者获得恢复系统正常运行的方法。

勒索软件是近年数量增长最快的恶意代码类型。主要原因如下。

1）加密手段有效，解密成本高。勒索软件都采用成熟的密码学算法，使用高强度的对称加密算法和非对称加密算法对文件进行加密。除非在实现上有漏洞或密钥泄密，不然在没有私钥的情况下几乎没有可能解密。当受害者数据非常重要但又没有备份的情况下，除了支付赎金没有别的方法去恢复数据，正是因为这个原因，勒索者能源源不断地获取高额收益，推动了勒索软件的增长。

2）使用电子货币支付赎金，变现快，追踪困难。几乎所有勒索软件支付赎金的手段都是采用比特币来进行的。比特币因为匿名，变现快，追踪困难，再加上大众比较熟知，支付起来困难不是很大而被攻击者大量使用。可以说，比特币帮助勒索软件解决了支付赎金的问题，进一步推动了勒索软件的发展。

3）勒索软件即服务（Ransomware-as-a-server）的出现，降低了攻击的技术门槛。勒索软件服务化，开发者提供整套勒索软件的解决方案，从勒索软件的开发、传播到赎金的收取都提供完整的服务。攻击者不需要任何知识，只要支付少量的租金即可租赁他们的服务开展勒索软件的非法勾当。这大大降低了使用勒索软件的技术门槛，推动了勒索软件大规模爆发。

（2）勒索软件的发展演化

1）勒索软件的发展。最早的一批勒索软件病毒出现在2008—2009年，那时勒索软件的勒索形式还比较温和，主要通过一些虚假的计算机检测软件提示用户计算机出现了故障或被病毒感染，需要提供赎金才能帮助用户解决问题和清除病毒。这期间的勒索软件以FakeAV为主。

随着人们安全意识的提高，这类以欺骗为主的勒索软件逐渐地失去了地位，慢慢消失了。随后出现的是locker类型的勒索软件。此类病毒不加密用户的数据，只是锁住用户的设备，阻止对设备的访问，需提供赎金才能帮用户进行解锁。期间，LockScreen家族占主导地位。由于它不加密用户数据，所以只要清除了病毒就不会给用户造成任何损失。

随之而来的是一种更恶毒的、以加密用户数据为手段的勒索赎金的勒索软件。2017年，全球大爆发的WannaCry就属于此类勒索软件。为了达到侵入受害者主机，控制系统及文件的目的，勒索软件常常具有蠕虫、木马等功能。

目前，这类勒索软件采用了高强度的对称加密算法和非对称加密算法对用户文件进行加密，在无法获取私钥的情况下要对文件进行解密，以个人计算机目前的计算能力几乎是不可能完成的事情。正是因为这一点，该类型的勒索软件能够带来很大利润，因而雨后春笋般出现了，比较著名的有CTB-Locker、TeslaCrypt、CryptoWall、Cerber等。

2）勒索软件的传播。勒索软件的传播途径和其他恶意软件的传播类似，主要有以下一些方法。

- 垃圾邮件传播。这是最主要的传播方式。攻击者通常会用搜索引擎和爬虫在网上搜集邮箱地址，然后利用已经控制的僵尸网络向这些邮箱发送带有病毒附件的邮件。
- 漏洞传播。攻击者对有漏洞的网站挂马，当用户访问网站时，会将勒索软件下载到用户主机上，进而利用用户系统的漏洞进行侵害。
- 捆绑传播。与其他恶意软件捆绑传播。
- 可移动存储介质、本地和远程驱动器传播。恶意软件会自我复制到所有本地驱动器的根目录中，并成为具有隐藏属性和系统属性的可执行文件。
- 社交网络传播。勒索软件以社交网络中的图片等形式或其他恶意文件为载体传播。

【例 7-7】勒索软件 WannaCry 分析。

（1）WannaCry 基本情况

勒索软件 WannaCry（又叫 Wanna Decryptor）的基本信息见表 7-2。2017 年 5 月 12 日，WannaCry 全球大爆发，至少 150 个国家和地区、30 万用户中招，影响到金融、能源、医疗、教育等众多行业，造成损失达 80 亿美元。我国部分 Windows 操作系统用户遭受感染，校园网用户首当其冲，大量实验室数据和毕业论文被加密锁定，病毒会提示支付价值相当于 300 美元（约合人民币 2000 多元）的比特币才可解密。部分大型企业的应用系统和数据库文件被加密后无法正常工作，影响巨大。

表 7-2　WannaCry 基本信息

文 件 名	wcry. exe
SHA1	5ff465afaabcbf0150d1a3ab2c2e74f3a4426467
MD5	84c82835a5d21bbcf75a61706d8ab549
文件大小	3. 35 MB

WannaCry 借助了之前泄露的 Equation Group（方程式组织）的 EternalBlue（永恒之蓝）漏洞利用工具的代码。该工具利用了微软 2017 年 3 月份修补的 MS17-010 SMB 协议远程代码执行漏洞。该漏洞可影响主流的绝大部分 Windows 操作系统版本，包括 Windows 2000/2003/XP/Vista/7/8/10/2008/2012。安装了上述操作系统的机器，若没有安装 MS17-010 补丁文件，只要开启了 445 端口，就会受到影响。

（2）WannaCry 传播和工作原理

WannaCry 主要利用了 Windows 操作系统 445 端口存在的漏洞，主动扫描，并结合远程漏洞利用的蠕虫特性使其在各大专网、局域网中迅速传播。如图 7-15 所示，存在漏洞的受害机感染病毒后，病毒母体也就是漏洞利用模块（mssecsvc. exe）启动，之后会释放加密器（taskche. exe）和解密器（@ WanaDecryptor@ ）。解密器中内置了一个公钥的配对私钥，可以解密使用该公钥加密的几个文件，用于向用户证明程序能够解密文件，诱导用户支付比特币。

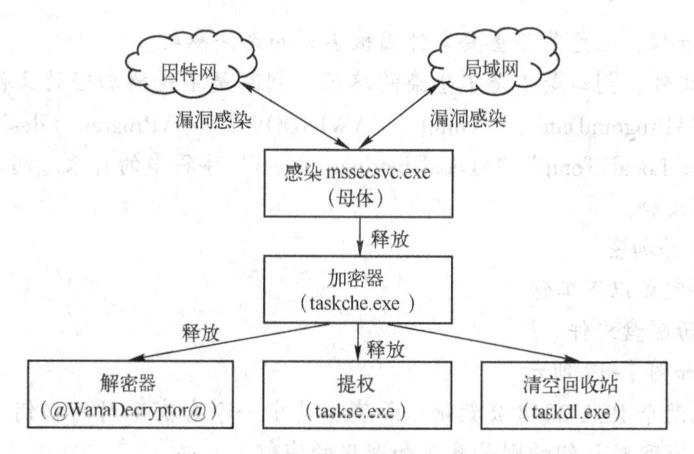

图 7-15　WannaCry 基本工作原理

下面主要分析漏洞利用和加密器的工作过程。

1）病毒传播和感染。在这一阶段，病毒搜索存在漏洞的主机进行感染，并启动漏洞利用模块。若本地计算机能够成功访问 www. iuqerfsodp9ifjaposdfjhgosurijfaewrwergwea. com，则退出进程，不再进行感染，否则主要完成以下工作。

- 从病毒样本自身读取 MS17-010 漏洞利用代码，分为 x86 和 x64 两个版本。
- 病毒样本创建两个线程，分别扫描内网和外网的 IP，开始蠕虫感染。
- 对公网随机 IP 地址 445 端口进行扫描，若存在 MS17-010 漏洞则感染。
- 对于局域网，则直接扫描当前计算机所在的网段进行感染。在感染过程中尝试连接 445 端口。如果连接成功，则发送漏洞利用程序数据包到目标主机。

2）释放加密器。这一阶段主要完成以下工作。

- 启动加密器，之后复制自身到 C:\ProgramData\dhoodadzaskflip373（不同的系统会复制到不同的目录）目录下。
- 解压释放出若干文件，解压密码为 WNcry@ 2ol7。释放的文件包括解密器程序（@ Wana-Decryptor@）、提权模块（taskse. exe）、清空回收站模块（taskdl. exe），还有一些语言资源文件和配置文件，如图 7-16 所示。释放的文件夹中的所有文件被设置为“隐藏”属性。

msg	1.26 MB
@Please_Read_Me@.txt	1 KB
@WanaDecryptor@.exe	240 KB
@WanaDecryptor@.exe.lnk	1 KB
00000000.eky	1.25 KB
00000000.pky	1 KB
00000000.res	1 KB
b.wnry	1.37 MB
c.wnry	1 KB
f.wnry	1 KB
r.wnry	1 KB
s.wnry	2.89 MB
t.wnry	64.27 KB
taskdl.exe	20 KB
tasksche.exe	3.35 MB
taskse.exe	20 KB
u.wnry	240 KB

图 7-16　加密器释放的文件

3）关闭指定进程，避免某些重要文件因被占用而无法感染。

4）遍历查找文件，判断是不是不感染的路径，判断是不是要加密的文件类型。遍历磁盘文件时避开含有“\ProgramData”“\Intel”“\WINDOWS”“\Program Files”“\Program Files (x86)”“\AppData\Local\Temp”“\Local Settings\Temp”字符串的目录。同时，也避免感染木马释放出来的说明文档。

（3）读取文件并加密

这一阶段主要完成以下工作。

1）加密器遍历磁盘文件。

2）加密流程如图 7-17 所示。

加密器中内置两个 RSA 2048 公钥用于加密，其中一个含有配对的私钥，用于演示能够解密文件，另一个没有配对私钥的则是真正加密用的密钥。

加密器随机生成一个 256 字节的加密密钥，并复制一份用 RSA 2048 加密，RSA 公钥内置于程序中。

构造文件头，文件以“WANACRY!”开头，包含密钥大小、RSA 加密过的密钥、文件大小等信息。

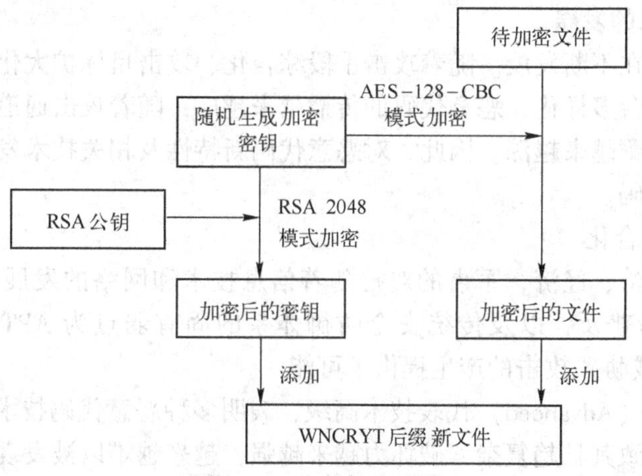

图 7-17　文件加密流程

使用 AES-128-CBC 模式加密文件内容，并将文件内容写入到构造好的文件头后，保存成扩展名为 .WNCRY 的文件，并用随机数填充原始文件后再删除，防止数据恢复。

图 7-18　被加密的文件

此时加密后的文件添加了扩展名 .WNCRY，如图 7-18 所示。

3）完成所有文件加密后释放说明文档，设置桌面背景显示勒索信息（如图 7-19a 所示），弹出勒索界面（如图 7-19b 所示），给出比特币钱包地址和付款金额，要求受害者支付价值数百美元的比特币到攻击者的比特币钱包，威胁用户在指定时间内不付款文件将无法恢复。3 个比特币钱包地址硬编码于程序中，每次随机选取一个显示。

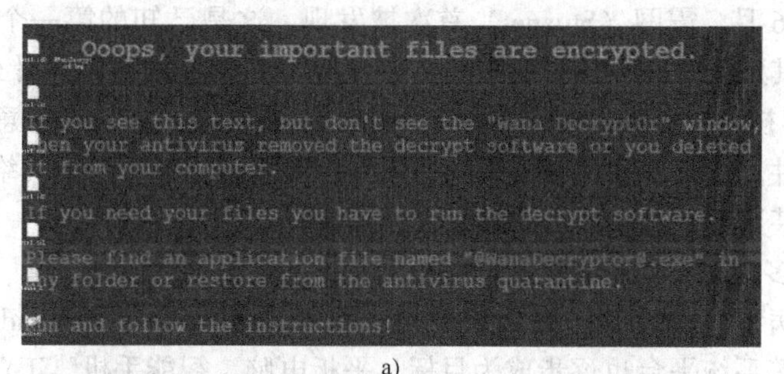

a)

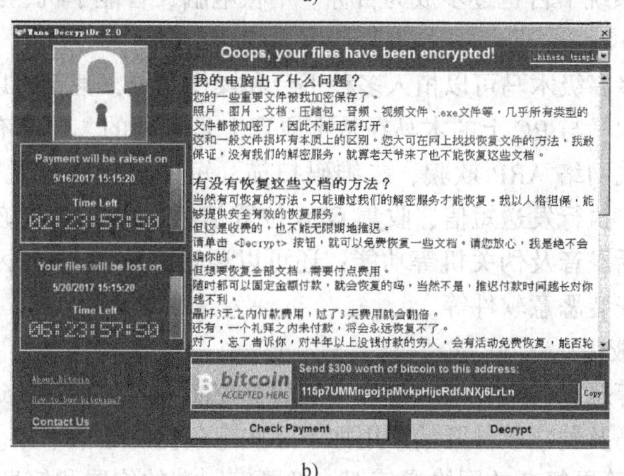

b)

图 7-19　病毒弹出勒索信息和勒索界面

a）桌面显示的勒索信息　b）勒索界面

9. 恶意代码技术的发展

恶意代码技术还在不断发展。随着攻击手段综合化、攻击目标扩大化，恶意代码的危害越来越大；随着攻击平台多样化，恶意代码的传播越来越广；随着攻击通道隐蔽化、攻击技术纵深化，恶意代码的隐藏越来越深。因此，对恶意代码新特性及相关技术发展趋势的掌握，有利于更好地应对恶意代码。

(1) 攻击手段综合化

近几年，国际政治、经济、军事的对抗随着信息技术和网络的发展而转向网络空间的对抗，移动网络的不断普及，以及传统安全防御体系的固有弱点为 APT（Advanced Persistent Threat，高级持续性威胁）攻击的产生提供了可能。

APT 的首字母 A（Advanced）代表技术高级，表明多种恶意代码技术已向相互渗透、相互融合的方向发展，导致其日趋复杂，破坏力越来越强，越来越难以被发现和清除。技术的高级主要体现在以下方面。

- 攻击者购买或自己开发 0 day 漏洞攻击工具。
- 攻击者掌握先进的软件技术对抗恶意代码检测，如代码混淆、多态、变形、加壳、虚拟执行等（这些技术也用于软件保护）。
- 攻击者能够综合使用多种恶意代码类型。

(2) 攻击目标扩大化

恶意代码的攻击目标已经不仅仅停留在窃取个人用户设备中的隐私数据、破坏个人用户设备系统，而是以破坏国家或大型企业的关键基础设施为目标，窃取内部核心机密信息，危害国家安全和社会稳定。

例如，2010 年 6 月，震网（Stuxnet）首次被发现，这是已知的第一个以关键工业基础设施为目标的蠕虫，其感染并破坏了伊朗纳坦兹核设施，并最终使伊朗布什尔核电站推迟启动。2015 年末至 2016 年初，乌克兰发生了国家电网电力中断事件，这是由恶意软件攻击导致国家基础设施瘫痪的事件。攻击者利用电力系统的漏洞植入恶意软件，发动网络攻击来干扰控制系统从而引起停电，甚至还干扰事故后的维修工作。

(3) 攻击平台多样化

目前，计算机病毒、木马等恶意代码的植入系统也不再局限于 Windows 系统，Android、iOS、OS X、Linux 等系统平台也逐步成为目标。平板电脑、智能手机、工业控制设备等正成为新的攻击对象。

例如，当前，许多高级木马可以植入多种平台和操作系统，甚至可以从一类设备感染另一类设备。智能设备的木马与 PC 上的木马在基本原理上是相通的，但又有一定的特殊之处。例如，此类木马可由无线网络 ARP 欺骗、二维码扫描、短信链接和开发工具挂马等方式植入；可通过短信接收命令，执行发送短信、收集 GPS 位置信息、进行 Root 攻击、窃取各种账号和口令及文件信息、通话录音及伪关机等功能；还可以通过修改 Boot 分区和启动配置脚本等方式取得高权限，自动安装恶意软件等。

(4) 攻击通道隐蔽化

木马、勒索软件等恶意代码在植入目标主机后，控制端与被控端的通信是安全软件查杀的重点。目前，一些木马及勒索软件开始采用如下一些隐蔽化的通信手段。

- 使用 Tor、P2P 等更复杂的网络通信架构隐藏控制端的位置和信息。
- 使用 Google Docs、Google Drive 等公共服务作为通信中转代理。此类方法有很好的网络穿透性能，而且被控端与控制端之间的耦合性更弱，更利于控制端的隐藏。

- 使用更底层的通信协议，甚至实现不同于 TCP/IP 的私有协议，以达到更好的通信过程隐蔽化。

（5）攻击技术纵深化

从计算机系统纵向层次的角度看，恶意代码技术正向纵深方向发展：由高层向低层，由用户层向内核层，由磁盘空间向内存空间，由软件向硬件。从某种意义上说，恶意代码正在践行“只有想不到，没有做不到”的发展理念。

例如，目前的安全机制对计算机外围设备及其固件的检测还偏少。木马利用硬件、设备固件方面的漏洞，在绕过各种安全机制方面出现了新的思路，呈现出硬件化的特点。硬件化木马是指被植入电子系统中的特殊模块或设计者无意中留下的缺陷模块，在特殊条件触发下，该模块能够被攻击者利用以实现破坏性功能。硬件化木马可以独立完成攻击功能，如泄露信息给攻击者，改变电路功能，甚至直接破坏电路，也可以在上层恶意软件的协同下完成类似功能。在一些已经披露的 APT 攻击中，都使用了一些超底层的和复杂的木马程序，这些木马利用硬件固件的可改写机制实现了在目标机器长期驻留、Boot 启动及跨系统感染等高级功能。木马实现硬件化的一个著名例子是 2014 年美国黑帽大会上公开的 BadUSB 攻击。

✍ **小结**

应当说，一定还有很多恶意代码在潜伏使用中，这些恶意代码及其采用的新技术可能要很久之后才能被发现，然而“魔高一尺，道高一丈”，人们对恶意代码技术的研究也在不断深入。

7.1.3 软件侵权

1. 软件版权的概念

计算机软件产品开发完成后复制成本低，复制效率高，所以往往成为版权侵犯的对象。

版权，又称著作权或作者权，是指作者对其创作的作品享有的人身权和财产权。人身权包括发表权、署名权、修改权和保护作品完整权等；财产权包括作品的使用权和获得报酬权。

2. 软件侵权行为

常见的软件侵权行为包括以下几种：

- 未经软件著作权人许可，发表、登记、修改、翻译其软件；
- 将他人软件作为自己的软件发表或者登记，在他人软件上署名或者更改他人软件上的署名；
- 未经合作者许可，将与他人合作开发的软件作为自己单独完成的软件发表或者登记；
- 复制或者部分复制著作权人的软件；
- 向公众发行及出租、通过信息网络传播著作权人的软件；
- 故意避开或者破坏著作权人为保护其软件著作权而采取的技术措施；
- 故意删除或者改变软件权利管理电子信息；
- 转让或者许可他人行使著作权人的软件著作权。

在软件侵权行为中，对于一些侵权主体比较明确的，一般通过法律手段予以解决，但是对于一些侵权主体比较隐蔽或分散的，政府管理部门受到时间、人力和财力等诸多因素的制约，还不能进行全面管制，因此有必要通过技术手段来保护软件。

3. 软件逆向工程

在软件侵权行为中，对软件的逆向分析是侵权的基础。软件的版权保护实际上主要是防范软件的逆向分析。

（1）软件逆向工程的概念

1）软件逆向工程的定义。软件逆向工程又称软件逆向分析工程，是对运行于机器上的低级代码进行等价的提升和抽象，最终得到更加容易被人所理解的表现形式的过程。简而言之，软件逆向分析就是关于如何打开一个软件“黑盒子”且一探究竟的过程。如图 7-20 所示，可以将这种分析过程看作一个黑盒子，其输入是可以被处理器理解的机器码表示形式，输出则可以表现为图表、文档甚至源代码等多种形式。

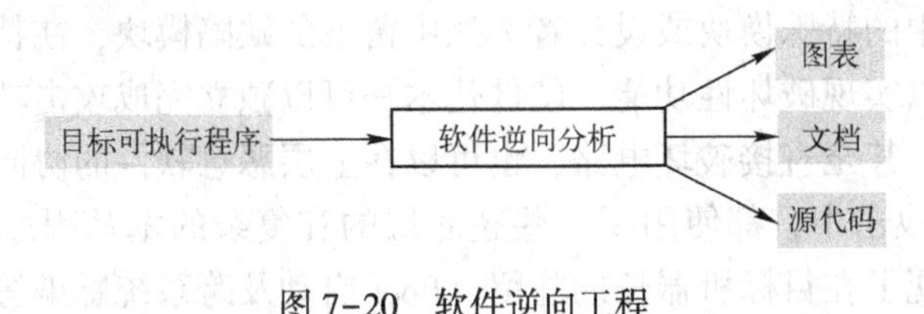

图 7-20　软件逆向工程

2）软件逆向工程的作用。逆向工程对于软件设计与开发人员、信息安全人员，以及恶意软件开发者或网络攻击者，都是一种非常重要的分析程序的手段。

对于软件设计与开发人员，为了保护所开发软件的知识产权，一般不会将源程序公开，然而他们又往往通过对感兴趣的软件进行逆向工程，来了解和学习这些软件的设计理念及开发技巧，以帮助自己在软件市场竞争中取得优势。一些游戏玩家通过逆向工程技术来设计和实现游戏的外挂，国内的一些软件汉化爱好者也是通过对外文版的软件进行逆向工程而找到目标菜单的源代码，然后用汉语替换相应的外文，完成软件汉化的。

对于恶意软件开发者或网络攻击者，他们使用逆向分析方法对加密保护技术、数字版权保护技术进行跟踪分析，进而实施破解。他们还常常利用逆向工程技术挖掘操作系统和应用软件的漏洞，进而开发或使用漏洞利用程序获取应用软件关键信息的访问权，甚至完全控制整个系统。

对于软件开发人员，尤其是信息安全人员，可以使用逆向分析技术对二进制代码审核，跟踪分析程序执行的每个步骤，主动挖掘软件中的漏洞；也可以进一步对代码实现的质量和健壮性进行评估，这为无法通过查阅软件源代码评估代码的质量和可靠性提供了新途径；还可以对恶意程序进行解剖和分析，为清除恶意程序提供帮助。

3）软件逆向工程的正确应用。合理利用逆向工程技术，将有利于打破一些软件企业对软件技术的垄断，有利于中小软件企业开发出更多具有兼容性的软件，从而促进软件产业的健康发展。

但是，技术从来都是一把双刃剑，逆向工程技术也已成为剽窃软件设计思想、侵犯软件著作权的利器。对于侵权的、不合理的逆向工程，各国政府都采取了很多法律措施进行规范和打击。

不过，世界知识产权组织在《WIPO 知识产权手册：政策、法律与使用》（*WIPO Intellectual Property Handbook*：*Policy*，*Law and Use*）中认定：软件合法用户对软件进行反编译的行为，只要不利用所获取的信息开发相似的软件，并不会与著作权所有人正常使用软件冲突，也不会对著作权所有人的合法权益造成不合理的损害。而且许多国家和地区包括我国的相关法律部门认为：只要反编译并非以复制软件为目的，在实施反编译行为的过程中所涉及的复制只是一种中间过渡性的复制，反编译最终所达到的目的是使公众可以获得包含在软件中不受著作权保护的成分，这样的反编译并不会被认为是侵权。

(2) 软件逆向分析的方法

针对软件的逆向分析方法通常分为3类：动态逆向分析、静态逆向分析及动静结合的逆向分析。实际应用中究竟选择哪一类，取决于目标程序的特点及希望通过分析达到的目的等因素。

1) 动态逆向分析方法。动态逆向分析是一个将目标代码变换为易读形式的逆向分析过程，但是，这里不是仅仅静态阅读变换之后的程序，而是在一个调试器或调试工具中加载程序，然后一边运行程序一边对程序的行为进行观察和分析。这些调试器或调试工具包括一些集成开发环境（Integrated Development Environment，IDE）提供的调试工具、操作系统提供的调试器及软件厂商开发的调试工具。

例如，在软件的开发过程中，程序员会使用一些IDE（如Visual C++ 6.0、Visual Studio 2013）提供的调试工具观察软件的执行流程及软件内部变量值的变化等，以便高效地找出软件中存在的错误。

调试者还可以借助操作系统提供的调试器和一些调试工具，例如，Windows调试器（WinDbg）以指令为单位执行程序，可以随时中断目标的指令执行，以观察当前的执行情况和相关计算的结果。此外，还有一些著名的动态逆向分析调试工具，如OllyDbg。

当然，动态逆向分析技术也有不足之处。

- 动态逆向分析的运行效果严重依赖于程序的输入，因此只能够对某次运行时执行的代码进行分析，这就需要构造良好的测试输入集合来保证所有的代码分支都能够执行。这对于缺乏相关文档或源代码的可执行程序来说是非常困难的。
- 在实际分析中，在一些场景下无法动态运行目标程序，比如软件的某一模块无法单独运行、设备环境不兼容而导致无法运行等。
- 动态逆向分析恶意程序时，虽然可以在虚拟机环境中进行观察和分析，但是目前的很多恶意程序已具有了检测运行环境的能力，发现了虚拟机环境后不表现出恶意行为，这使得对恶意程序的动态逆向分析失效。

2) 静态逆向分析方法。静态逆向分析是相对于动态执行程序进行逆向分析而言的，是指不执行代码，而是使用反编译、反汇编工具把程序的二进制代码翻译成汇编语言，之后，分析者可以手工分析，也可以借助工具自动化分析。静态逆向分析方法能够精确地描绘程序的轮廓，从而可以轻易地定位自己感兴趣的部分来重点分析。

静态逆向分析的常用工具有IDA Pro、C32Asm、Win32Dasm、VB Decompiler Pro等。前面提及的OllyDbg虽然也具有反汇编功能，但其反汇编辅助分析功能有限，因而仍算作动态调试工具。

静态逆向分析面临的主要困难如下。

- 程序加壳，这是对付静态逆向分析的常用方法。
- 代码混淆甚至被加密处理，这也是对付静态逆向分析的常用方法。
- 汇编语言相对来说阅读比较困难，它往往要求分析人员具备很强的代码理解能力，毕竟看不到程序如何处理数据，也看不到它是如何流动的。

所以说，静态逆向分析技术是逆向分析中比较高级的技术，适合对小型的、核心的应用逆向。

3）动静结合的逆向分析方法。基于上述静态和动态逆向分析的优点与不足，人们经常采用动静结合的逆向分析。通过静态逆向分析达到对代码整体的掌握，通过动态逆向分析观察程序内部的数据流信息。动态逆向分析和静态逆向分析需要相互配合，为对方提供数据以帮助对方更好地完成分析工作。

动静结合的逆向分析能够很好地达到软件逆向分析的要求，但也存在着结构复杂、难以实现等不足之处。如何有效地将两种框架结合起来是国内外许多研究机构和学者的研究兴趣。

(3) 软件逆向分析的一般过程

软件逆向分析的一般过程涉及文件装载、指令解码、语义映射、相关图构造、过程分析、类型分析、结果输出7个阶段，如图7-21所示。

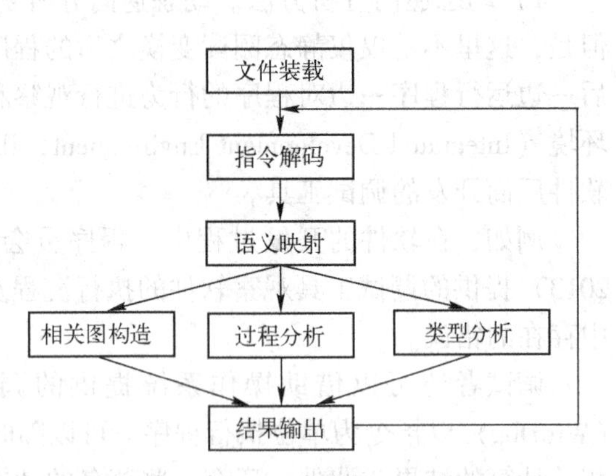

图7-21 软件逆向分析的一般过程

需要说明的是，软件逆向分析的过程根据其不同的目的可以选取若干阶段。逆向分析的各个阶段并不是一个严格的直线过程，而是可以并行的，并且需要通过循环执行分析过程，针对某些特殊问题（例如，非 N 分支代码产生的间接跳转指令）进行分析和恢复。

下面对这7个阶段做简要的介绍。

1）文件装载。本阶段主要工作是读入目标文件并进行与目标文件相关的一些初步分析，包括文件格式解析（如 Windows 系列的 PE 格式和 Linux 操作系统上的 ELF 格式）、文件信息搜集、文件性质判定等。通过文件装载阶段的操作，可以分析出文件执行的入口地址，初步分析文件的数据段和代码段信息，以及文件运行所依赖的其他文件信息等。当然，由于这些信息中的部分内容与目标文件的运行没有直接关系，因而并不存在于目标文件中，或者即便存在也是不可信的（如恶意程序）。

2）指令解码。本阶段的主要工作是根据目标体系结构的指令编码规则对目标文件中使用的指令进行解释、识别和翻译。可以将指令解码阶段看作一个反汇编器。根据逆向分析的目的和手段，可以将目标指令映射为汇编指令，也可以映射为某种中间表示形式。

3）语义映射。本阶段的主要工作是将二进制指令的执行效果通过语义描述的方法表示出来，并加以记录。由于指令的执行语义往往保存在与体系结构相关的文献资料中，因此该映射过程需要技术人员手工实现。但即便如此，仍需要用某种方法来描述指令的语义，通常有以下两种方法。

- 直接代码实现。该方法由程序员通过编码的方式在目标软件中借助编程语言完成对目标指令语义的模拟。这种方法能够充分利用目标语言的表达能力提高目标可执行程序的运行效率。但是，当分析的目标体系结构发生改变的时候，或者体系结构中增加了新的指令时，则需要重新构建和编译原有的软件系统。
- 使用语义描述语言描述指令语义。该方法借助一种专门用于描述指令语义的手段，在运行过程中动态加载所需体系结构的描述驱动文件，构成指令与语义描述之间的映射关系，从而在分析过程中将二进制指令序列映射为中间表示语句的序列。这种方法无须重新构建软件系统，只需根据需要增加对应的指令语义描述代码即可。

4）相关图构造。本阶段的主要工作是借助于编译理论中的许多知识完成相关图构造，如控制流图（Control Flow Graph，CFG）、调用图（Call Graph，CG）、依赖图（Dependence Graph，DG）等。在此基础之上便可以完成诸如控制流分析、数据流分析、依赖分析等操作，从而进一步对程序进行切片等高级操作。

5）过程分析。经过编译器翻译后的程序大多是面向过程的，即使对于面向对象语言生成的可执行程序来说，编译器依然通过相关技术将其翻译为过程式代码。过程分析阶段的主要目标就是将目标文件中的过程信息恢复出来，包括过程边界信息、过程名（可能并不存在）、参数列表和返回值信息。过程边界信息可以通过相关过程调用指令和返回指令的信息得到，有时也需要借助一些特殊的系统库函数调用（如 exit 函数）。对于某些经过优化的程序，可能会将调用或返回指令直接编译为跳转指令，这也是自动分析手段需要解决的难点之一。对于过程名来说，由于大多数过程名与程序运行无关，因此经过优化的程序可能会删除目标文件中与过程名相关的信息。参数列表和返回值信息则依赖于程序变量的定值—引用信息获得。

6）类型分析。本阶段的目标在于正确反映原程序中各个存储单元（包括寄存器和内存）所携带的类型信息。该分析主要有以下两种方式。

- 基于指令语义的方式。该方式根据具体指令的执行方式完成类型定义及转换操作。这种方式实现起来比较简单，但无法反映程序指令上下文之间的联系。
- 基于过程式分析的方式。该方式基于格理论（Lattice Theory）将所有的数据类型进行概括和归纳，并且制定相应的类型推导规则。因此，在对程序进行分析的过程中，便可以充分利用程序上下文的信息对目标存储单元的类型进行推导。

7）结果输出。结果输出是逆向分析的最终阶段。该阶段决定了如何将分析结果有效地呈现在分析人员面前。例如，输出结果是以某种高级语言为载体的程序代码，这样容易被人理解，通过简单的修改便可以应用在其他软件系统之中。当然，输出的方式可以是多种多样的，究竟选择哪种方式完成依赖于具体分析的需求。

📖 拓展阅读

读者要想了解更多应用系统安全问题，可以阅读以下书籍资料。

[1] 金钟河．致命 Bug：软件缺陷的灾难与启示［M］．叶蕾蕾，译．北京：机械工业出版社，2016.

[2] 王清．0 day 安全：软件漏洞分析技术［M］．2 版．北京：电子工业出版社，2011.

[3] Regalado D. 灰帽黑客：正义黑客的道德规范、渗透测试、攻击方法和漏洞分析技术［M］．4 版．李枫，译．北京：清华大学出版社，2016.

[4] 钱林松，等．C++反汇编与逆向分析技术揭秘［M］．北京：机械工业出版社，2011.

[5] 爱甲健二．有趣的二进制［M］．周自恒，译，北京：人民邮电出版社，2015.

[6] 赵荣彩，等．反编译技术与软件逆向分析［M］．北京：国防工业出版社，2010.

[7] 李承远．逆向工程核心原理［M］．武传海，译．北京：人民邮电出版社，2014.

[8] Dang B. 逆向工程实战［M］．单业，译．北京：人民邮电出版社，2015.

[9] Eilam E. Reversing：逆向工程揭密［M］．韩琪，等译．北京：电子工业出版社，2007.

[10] Yurichev D. 逆向工程权威指南［M］．安天安全研究与应急处理中心，译．北京：人民邮电出版社，2017.

[11] 庞建民．编译与反编译技术实战［M］．北京：机械工业出版社，2017.

[12] 张银奎．格蠹汇编：软件调试案例集锦［M］．北京：电子工业出版社，2013.

[13] Grotker T，等．软件调试实战［M］．赵俐，译．北京：人民邮电出版社，2010.
[14] Eagle C. IDA Pro 权威指南［M］．2 版，石华耀，段桂菊，译．北京：人民邮电出版社，2012.
[15] 冀云．逆向分析实战［M］．北京：人民邮电出版社，2017.
[16] 孙聪，李金库，马建峰．软件逆向工程原理与实践［M］．西安：西安电子科技大学出版社，2018.
[17] 段钢．加密与解密［M］．4 版，北京：电子工业出版社，2018.
[18] 陈波，于泠．软件安全技术［M］．北京：机械工业出版社，2018.

7.2 安全软件工程

本节首先介绍软件安全开发模型，然后重点介绍微软的软件安全开发生命周期模型。

7.2.1 软件安全开发模型

软件安全开发主要是从生命周期的角度对安全设计原则、安全开发方法、最佳实践和安全专家经验等进行总结，通过采取各种安全活动来确保得到尽可能安全的软件。主要模型有：

1）微软的软件安全开发生命周期（Secure Development Lifecycle，SDL）模型，以及相关的敏捷 SDL 和 ISO/IEC 27034 标准。

2）McGraw 的内建安全（Building Security In，BSI）模型，以及 BSI 成熟度模型（Building Security In Maturity Model，BSIMM）。

3）美国国家标准与技术研究院（NIST）的安全开发生命周期模型。

4）OWASP 提出的综合的轻量级应用安全过程（Comprehensive Lightweight Application Security Process，CLASP），以及软件保障成熟度模型（Software Assurance Maturity Model，SAMM）。

以上各类模型的核心思想是，为了开发尽可能安全的软件，把安全活动融入到软件生命周期的各个阶段中去。

7.2.2 微软的软件安全开发生命周期模型

1. SDL 模型及简化描述

2002 年，微软推行可信计算计划，期望提高微软软件产品的安全性。2004 年，微软公司的 Steve Lipner 在计算机安全应用年度会议（ACSAC）上提出了可信计算安全开发生命周期（Trustworthy Computing Security Development Lifecycle）模型，简称安全开发生命周期（SDL）模型。

SDL 模型是由软件工程的瀑布模型发展而来的，在瀑布模型的各个阶段添加了安全活动和业务活动目标。SDL 模型的简化描述如图 7-22 所示，它包括了必需的安全活动：安全培训、安全需求分析、安全设计、安全实施、安全验证、安全发布和安全响应。为了实现所需的安全目标，软件项目团队或安全顾问可以自行添加可选的安全活动。

2. SDL 模型 7 个阶段的安全活动

这里对 SDL 模型开发过程中 7 个阶段的安全活动介绍如下。

第 1 阶段：安全培训。

在软件开发的初始阶段，对开发团队和高层进行安全意识和能力培训，使之了解安全基础

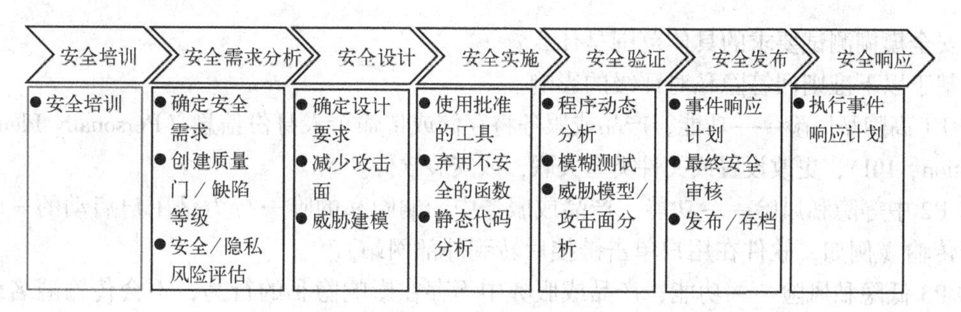

图 7-22　SDL 模型的简化描述

知识及安全方面的最新趋势。

基本软件安全培训应涵盖的基础概念如下。

- 安全设计培训。主题包括减少攻击面、纵深防御、最小权限原则、默认安全配置。
- 威胁建模培训。主题包括威胁建模概述、威胁模型的设计意义、基于威胁模型的编码约束。
- 安全编码培训。主题包括 C/C++程序中的缓冲区溢出、整数溢出等漏洞，托管代码和 Web 应用程序中的跨站脚本、SQL 注入等漏洞。
- 弱加密安全测试培训。主题包括安全测试与功能测试之间的区别、风险评估、安全测试方法。
- 隐私保护培训。主题包括隐私敏感数据的类型、隐私设计最佳实践、风险评估、隐私开发最佳实践、隐私测试最佳实践。
- 高级概念方面的培训。包括但不限于以下主题：高级安全设计和体系结构、可信用户界面设计、安全漏洞细节、实施自定义威胁缓解。

第 2 阶段：安全需求分析。

1）确定安全需求。在安全需求分析阶段，确定软件安全需要遵循的安全标准和相关要求，建立安全和隐私要求的最低可接受级别。

2）创建质量门/缺陷等级。质量门和缺陷等级用于确立安全和隐私质量的最低可接受级别。在项目开始时定义这些标准可增强团队对安全问题相关风险的理解，并有助于团队在开发过程中发现和修复安全缺陷。项目团队必须协商确定每个开发阶段的质量门（例如，必须在嵌入代码之前会审并修复所有编译器警告），随后将质量门交由安全顾问审批。安全顾问可以根据需要添加特定于项目的说明及更加严格的安全要求。

缺陷等级是应用于整个软件开发项目的质量门，它用于定义安全漏洞的严重性阈值，例如，应用程序在发布时不得包含具有“关键”或“重要”评级的已知漏洞。缺陷等级一经设定，便绝不能放松。

3）安全/隐私风险评估。安全风险评估（SRA）和隐私风险评估（PRA）是必需的过程，用于确定软件中需要深入评析的功能环节。这些评估必须包括以下信息。

- 安全项目的哪些部分在发布前需要威胁模型？
- 安全项目的哪些部分在发布前需要进行安全设计评析？
- 安全项目的哪些部分（如果有）需要由不属于项目团队但双方认可的小组进行渗透测试？
- 是否存在安全顾问认为的有必要增加的测试或分析要求，以缓解安全风险？

- 安全模糊测试要求的具体范围是什么？
- 基于以下准则回答隐私对评级的影响。

① P1 高隐私风险——功能、产品或服务将存储或传输个人身份信息（Personally Identifiable Information，PII），更改设置或文件类型关联，或安装软件。

② P2 中等隐私风险——功能、产品或服务中影响隐私的唯一行为是用户启动的一次性匿名数据传输（例如，软件在用户单击链接后转到外部网站）。

③ P3 低隐私风险——功能、产品或服务中不存在影响隐私的行为，不会传输匿名或个人数据，不在计算机上存储 PII，不代替用户更改设置，并且不安装软件。

第 3 阶段：安全设计。

在安全设计阶段，从安全性的角度定义软件的总体结构。通过分析攻击面，设计相应的功能和策略，降低并减少不必要的安全风险，同时通过威胁建模分析软件或系统的安全威胁，提出缓解措施。

此外，项目团队还必须理解"安全的功能"与"安全功能"之间的区别。实现的安全功能实际上很可能是不安全的。将"安全的功能"定义为在安全方面进行了完善设计的功能，例如，在处理之前对所有数据进行严格验证或是通过加密方式可靠地实现加密服务。将"安全功能"定义为具有安全影响的程序功能，如 Kerberos 身份验证或防火墙。

1）确定设计要求。设计要求活动包含创建安全和隐私设计规范、规范评析及最低加密设计要求规范。设计规范应描述用户会直接接触的安全或隐私功能，例如，需要用户身份验证才能访问特定数据或在使用高风险隐私功能前需要用户同意的那些功能。此外，所有设计规范都应描述如何安全地实现给定特性或功能所提供的全部功能。针对应用程序的功能规范验证设计规范。功能规范应准确、完整地描述特性或功能的预期用途，描述如何以安全的方式部署特性或功能。

2）减少攻击面。在安全设计中，减少攻击面与威胁建模紧密相关，不过其解决安全问题的角度稍有不同。减少攻击面通过减少攻击者利用潜在弱点或漏洞的机会来降低风险。减少攻击面包括关闭或限制对系统服务的访问、应用最小权限原则，以及尽可能进行分层防御。

3）威胁建模。威胁建模用于存在重大安全风险的环境之中。威胁建模使开发团队可以在其计划的运行环境背景下，以结构化方式考虑、记录并讨论设计的安全影响。通过威胁建模还可以考虑组件或应用程序级别的安全问题。威胁建模是一项团队活动（涉及项目经理、开发人员和测试人员），并且是软件开发设计阶段中执行的主要安全分析任务。威胁建模首选基于 STRIDE 威胁等级分类法的 SDL 威胁建模工具。

第 4 阶段：安全实施。

在安全实施阶段，按照设计要求对软件进行编码和集成，实现相应的安全功能、策略及缓解措施。在该阶段通过安全编码和禁用不安全的 API，减少实现时导致的安全问题和由编码引入的安全漏洞，并通过代码静态分析等措施来确保安全编码规范的实施。

1）使用批准的工具。所有开发团队都应定义并发布获准工具及其关联安全检查的列表，如编译器或链接器选项和警告。此列表应由项目团队的安全顾问批准。一般而言，开发团队应尽量使用最新版本的获准工具，以利用新的安全分析功能和保护措施。

2）弃用不安全的函数。许多常用函数和应用编程接口（API）在当前威胁环境下并不安全。项目团队应分析与软件开发项目结合使用的所有函数和 API，并禁用确定为不安全的函数和 API。确定禁用列表之后，项目团队应使用头文件（如 banned.h 和 strsafe.h）、较新的编译器或代码扫描工具来检查代码（在适当情况下还包括旧代码）中是否存在禁用函数，并使用更安全的备选函数替代这些禁用函数。

3）静态代码分析。项目团队应对源代码执行静态分析。源代码静态分析可以帮助确保对安全代码策略的遵守。静态代码分析本身通常不足以替代人工代码评析。安全团队和安全顾问应了解静态分析工具的优点和缺点，并根据需要为静态分析工具准备好其他工具或人工评析。一般而言，开发团队应确定执行静态分析的最佳频率，从而在工作效率与足够的安全覆盖率之间取得平衡。

第5阶段：安全验证。

在安全验证阶段，通过动态分析和安全测试手段检测软件的安全漏洞，全面核查攻击面，检查各个关键因素上的威胁缓解措施是否得以正确实现。

1）程序动态分析。为确保程序按照设计方式工作，有必要对运行时的软件程序进行验证。此验证任务应指定一些工具，用于监控应用程序行为是否存在内存损坏、用户权限问题及其他重要安全问题。SDL过程使用运行时工具（如APP Verifier）及其他方法（如模糊测试）来实现所需级别的安全测试覆盖率。

2）模糊测试。模糊测试是一种专门形式的动态分析，它通过故意向应用程序引入不良格式或随机数据诱发程序故障。模糊测试策略的制定以应用程序的预期用途、功能和设计规范为基础。安全顾问可能要求进行额外的模糊测试，或扩大模糊测试的范围并增加持续时间。

3）威胁模型/攻击面评析。应用程序经常会与软件开发项目要求和设计阶段所制定的功能及设计规范发生偏离。因此，在应用程序完成编码后对其重新评析威胁模型和度量攻击面是非常重要的。此评析可确保对系统设计或实现方面所做的全部更改，并确保因这些更改而形成的所有新攻击平台得以评析和缓解。

第6阶段：安全发布。

在安全发布阶段建立可持续的安全维护响应计划，对软件进行最终安全核查。本阶段应将所有相关信息和数据存档，以便对软件进行发布与维护。这些信息和数据包括所有规范、源代码、二进制文件、专用符号、威胁模型、文档、应急响应计划等。即使在发布时不包含任何已知漏洞的程序，也可能面临日后新出现的威胁。

1）事件响应计划。事件响应计划包括以下几个方面。

- 单独指定的可持续工程（Sustained Engineering，SE）团队。如果团队太小以至于无法拥有SE资源，则应制订应急响应计划，在该计划中确定相应的工程人员、市场营销人员、通信人员和管理人员充当发生安全紧急事件时的首要联系点。
- 与决策机构的电话联系（7×24小时随时可用）。
- 针对从组织中其他小组继承的代码的安全维护计划。
- 针对获得许可的第三方代码的安全维护计划，包括文件名、版本、源代码、第三方联系信息及要更改的合同许可（如果适用）。

2）最终安全审核。最终安全审核（Final Security Review，FSR）是在发布之前仔细检查对软件应用程序执行的所有安全活动。FSR由安全顾问在普通开发人员及安全和隐私团队负责人的协助下执行。FSR不是“渗透和修补”活动，也不是执行以前忽略或忘记的安全活动的时机。FSR通常要根据以前确定的质量门或缺陷栏检查威胁模型、异常请求、工具输出和性能。

执行FSR将得出以下3种结果。

- 通过FSR。在FSR过程中确定的所有安全和隐私问题都已得到修复或缓解。

- 通过 FSR 但有异常。在 FSR 过程中确定的安全和隐私问题都已得到修复或缓解，或者异常都已得到圆满解决。无法解决的问题（例如，由以往的“设计水平”问题导致的漏洞）将被记录下来，在下次发布时更正。
- 需上报问题的 FSR。如果团队未满足所有的 SDL 要求，并且安全顾问和产品团队无法达成一致，则安全顾问不能批准项目，项目不能发布。团队必须在发布之前解决所有可以解决的 SDL 要求问题，或上报高级管理层进行抉择。

3）发布/存档。发布软件的生产版本还是 Web 版本取决于 SDL 过程完成时的条件。被指派负责发布事宜的安全顾问必须证明（使用 FSR 和其他数据）项目团队已满足安全要求。同样，对于至少有一个组件具有相应隐私影响评级的所有产品，项目的隐私顾问必须先证明项目团队满足隐私要求，然后才能交付软件。

此外，必须对所有相关信息和数据进行存档，以便可以对软件进行发布后维护。这些信息和数据包括所有规范、源代码、二进制文件、专用符号、威胁模型、文档、应急响应计划、任何第三方软件的许可证和服务条款，以及执行发布后维护任务所需的任何其他数据。

第 7 阶段：安全响应。

在安全响应阶段，响应安全事件与漏洞报告，实施漏洞修复和应急响应。同时发现新的问题与安全问题模式，并将它们用于 SDL 的持续改进过程中。

除了以上 7 个必选阶段的安全活动，SDL 还包括了可选的安全活动。

SDL 可选的安全活动通常在软件应用程序可能用于重要环境或方案时执行。这些活动通常由安全顾问在附加商定的要求中指定，以确保对某些软件组件进行更高级别的安全分析。以下是部分可选活动。

1）人工代码审核。人工代码审核通常由安全团队中具备高技能的人员或安全顾问执行。尽管分析工具可以进行很多查找和标记漏洞的工作，但这些工具并不完美。因此，人工代码审核通常用于处理或存储敏感信息（如 PII）的组件中，或是加密等关键功能中。

2）渗透测试。渗透测试是模拟黑客攻击行为对软件系统进行的测试。渗透测试的目的是发现由于编码错误、系统配置错误或其他运行部署弱点导致的潜在漏洞。渗透测试通常与自动审核及人工代码审核一起执行，以提供比平常更高级别的安全测试。

3）相似应用程序的漏洞分析。在因特网上可以找到许多有价值的软件漏洞信息。通过对类似软件应用程序中漏洞的分析，可以为所开发软件中的潜在问题提供帮助。

4）根本原因分析。对发现的漏洞应进行调查，以确切找出这些漏洞产生的原因，如人为错误、工具失败和策略错误。漏洞根本原因的分析有助于确保在将来修订 SDL 时不发生类似错误。

5）过程定期更新。软件威胁不是一成不变的，因此，用于保护软件安全的过程也不能一成不变。软件开发团队应从各种实践（如根本原因分析、策略更改，以及技术和自动化改进）中汲取经验教训，并将其定期应用于 SDL。

3. SDL 模型实施的基本原则

SD3+C 原则是 SDL 模型实施的基本原则，其基本内容如下。

- 安全设计（Secure by Design）。在架构设计和实现软件时，需要考虑保护其自身及其存储和处理的信息，并能抵御攻击。
- 安全配置（Secure by Default）。在现实世界中，软件达不到绝对安全，所以设计者应假定其存在安全缺陷。为了使攻击者针对这些缺陷发起攻击时造成的损失最小，软件在默认状态下应具有较高的安全性。例如，软件应在最低的所需权限下运行，非广泛需要的服务和功能在默认情况下应被禁用或仅可由少数用户访问。

- 安全部署（Security by Deployment）。软件需要提供相应的文档和工具，以帮助最终用户或管理员安全地使用。此外，更新应该易于部署。
- 沟通（Communication）。软件开发人员应为产品漏洞的发现准备响应方案，并与系统应用的各类人员不断沟通，以帮助他们采取保护措施（如打补丁或部署变通办法）。

🕮 拓展阅读

读者要了解更多微软安全开发生命周期相关技术，可以阅读以下书籍资料。

[1] Lipner S. The Trustworthy Computing Security Development Lifecycle [C] // the 2004 Annual Computer Security Applications Conference. IEEE Computer Society, 2004: 2-13.

[2] Lipner S, Howard M. The Trustworthy Computing Security Development Lifecycle [EB/OL]. https://msdn.microsoft.com/en-us/library/ms995349.aspx.

[3] Howard M, Lipner S. 软件安全开发生命周期 [M]. 李兆星，原浩，张钺，译. 北京：电子工业出版社，2008.

[4] Microsoft. Microsoft SDL 的简化实施 [R]. https://www.microsoft.com/en-us/sdl/default.aspx.

[5] Ransome J, Misra A. 软件安全：从源头开始 [M]. 丁丽萍，等译. 北京：机械工业出版社，2016.

应用实例：Web 应用漏洞消减模型设计

目前，国内外有着围绕漏洞的挖掘、交易、利用的地下产业链，给国家和社会乃至个人造成了极大的危害。本实例以漏洞的产生、挖掘、交易、传播、利用、危害、消亡这一生命周期为主线，结合产生漏洞的诸多环节，如需求、设计、实现、配置和运行等，试在已有软件安全开发模型的基础上，以漏洞消减为目的，从开发者和管理者两个角度，提出 Web 应用开发过程中的漏洞消减模型，并介绍漏洞消减过程中不同方面所应采取的策略和方法。

图 7-23 所示是一个以漏洞的生命周期为主线，以漏洞消减为目的，从开发者和管理者两个角度给出的 Web 应用开发漏洞消减模型。

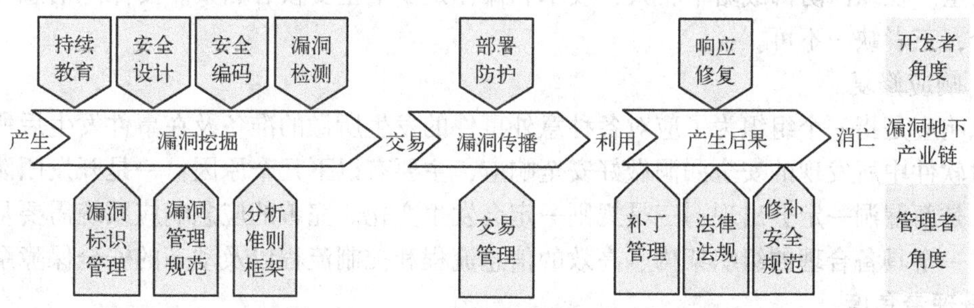

图 7-23　Web 应用开发漏洞消减模型

漏洞消减过程中不同方面所应采取的策略和方法如下所述。

1. 开发者角度

(1) 持续教育

对安全的理解不是一蹴而就的，需要进行持续的教育，主要包括以下两点。

1）理解安全原则。安全是开发、测试、使用及维护人员都必须知道的规程。因此必须要求相关的人员理解并遵循下面这些安全原则，使其能够预防漏洞并建立起相对安全的系统。常见安全原则包括简单易懂，最小特权，故障安全化，保护最弱环节，提供深度防御，分隔，总体调节，默认不信任，保护隐私，公开设计。

2）掌握安全规范。在软件开发项目的起始阶段就必须考虑安全规范，包括安全原则、规则及规章等。本阶段应该创建一份系统范围的规范，在其中定义系统的安全需求。此规范可基于特定的行业规范、公司制度或法律条文来定义。

（2）安全设计

进行安全设计，首先要了解一个系统有怎样的安全需求。安全需求是整个软件漏洞分析中非常重要的一个环节，例如，通过威胁建模可以得到Web应用的安全需求。典型的Web应用安全需求包括审计和日志记录、身份验证、会话管理、输入验证和输出编码、异常处理、加密要求、配置安全要求等。

（3）安全编码

应用软件中的大部分漏洞都是在开发过程产生的，为此，研究者提出了安全编码的一些原则，如保持简单、验证输入、默认拒绝等。例如，PHP语言提供了大量方便Web应用程序开发人员使用的函数，但是在使用这些函数时很容易引入安全漏洞，因此，应当为开发人员提供辅助提示工具，提醒开发人员在使用某些危险函数时需要注意的相关安全问题，辅助开发人员进行安全编码，及早地对安全漏洞进行消减。

（4）漏洞检测

程序测试是使程序成为可用产品的至关重要的措施，也是发现和排除程序不安全因素最有用的手段之一。测试的目的有两个：一个是确定程序的正确性，另一个是排除程序中的安全隐患。测试的方法主要包括静态测试、动态测试、模糊测试和渗透测试。

（5）部署防护

在信息技术、产品、系统的使用和维护过程中对漏洞进行预防的关键就是要对信息技术、产品、系统进行面向漏洞的专项安全防护。信息系统技术防护体系可以参照美国信息保障技术框架（Information Assurance Technical Framework，IATF）架构。IATF的核心思想是纵深防御战略。所谓“深层防御战略”，就是采用一个多层次的、纵深的安全措施来保障用户信息及信息系统的安全。在纵深防御战略中，人、技术和操作是3个主要核心因素。要保障信息及信息系统的安全，三者缺一不可。

（6）响应修复

应急响应是指一个组织为了应对各种意外事件的发生所做的准备及在事件发生后所采取的措施。对软件中所发现的安全漏洞做好安全响应，主要有以下几个原因：一是开发团队一定会出错；二是新漏洞一定会出现；三是规则一定会发生变化。完善的应急响应系统需要从全局的角度建立一个具备合理的组织架构、高效的信息流程和控制流程以及动态的安全保障系统。

2. 管理者角度

漏洞管理是一个循环的多步骤过程，面向互联网、各种信息系统及部署在其上的各种软硬件中所存在的漏洞，主要包括漏洞标识管理、漏洞管理规范、分析准则框架、交易管理、补丁管理、法律法规等，以避免漏洞被恶意利用而给信息系统用户带来损失。

（1）漏洞标识管理及漏洞管理规范

这里主要介绍漏洞管理规范。信息安全漏洞管理规范涉及漏洞的产生、发现、利用、公开和修复等环节，适用于用户、厂商和漏洞管理组织进行信息安全漏洞的管理活动，包括漏洞的预防、收集、消减和发布。信息安全漏洞管理遵循以下原则。

1）公平、公开、公正原则。厂商在处理自身产品的漏洞时应坚持公开、公正原则。漏洞管理组织在处理漏洞信息时应遵循公平、公开、公正原则。

2）及时处理原则。用户、厂商和漏洞管理组织在处理漏洞信息时都应遵循及时处理的原则，及时消除漏洞与隐患。

3）安全风险最小化原则。在处理漏洞信息时应以用户的风险最小化为原则，保障广大用户的利益。

（2）分析准则框架

漏洞分析的准则框架既可以明确漏洞的相关概念，对参与漏洞研究的主体进行指导和约束，也可以为漏洞信息的表达和传递提供统一的可理解的方式，对与漏洞相关的安全信息提供规范、一致的描述方法。漏洞分析准则框架主要包括以下几个特点。

1）明确漏洞相关概念与范畴。即确定准则规范所提出的知识领域。漏洞研究是信息技术、信息安全领域的一部分，针对漏洞的相关准则必须明确漏洞相关术语的概念，以确定准则的定位和框架范围。

2）为漏洞信息表达和传递提供统一的可理解的方式，使这些信息在不同对象之间有效传递。漏洞准则框架要为系统评估者提供标准的、规范的、系统的描述和表达方式，提供一种权威的、可信的信息安全表达方式。

（3）交易管理

目前的漏洞管理方式实际上是对漏洞信息管理的一种强制性聚集，各级机构均试图利用自身在政策、技术方面的优势对所收集的漏洞资源进行垄断。但漏洞机构不可能垄断所有的漏洞信息，也不可能网罗所有的漏洞挖掘者。因此，仍然存在广泛的漏洞信息在地下市场传播。基于漏洞信息的特殊性，要实现漏洞信息的公开交易，必须采取有效措施，在漏洞的鉴定、交易者的注册和选择以及交易资金的担保与支付等环节上实施严格管制，以有效管理漏洞交易流程涉及的3类对象：漏洞发现者、漏洞购买者及漏洞交易机构。

（4）补丁管理

漏洞补丁管理是漏洞管理的重要部分，也是关键步骤。补丁管理是一个基于时间顺序组织起来的由若干阶段组成的过程，对其所要完成的目标、达成目标的手段等都要有所要求和限制。可将补丁管理过程看成一种循环的过程，包括评估、识别、计划和部署。

（5）法律法规

互联网注定要走向规范化和多元化，在充分发挥互联网功能的同时需要对互联网进行有效的监督管理。漏洞管理是维护网络信息安全的必要措施，优化漏洞管理体制，设计合理的漏洞交流和运行机制，健全互联网行业的法律法规及相关的监管制度和体系，使漏洞的发现、分析与修复之间能够相互协调，在安全厂商、黑客组织与软件开发商之间建立一个沟通的桥梁。以我国国家信息安全漏洞库为依托，积极探索并建立有效的漏洞管控机制，使安全厂商、黑客组织与软件厂商之间建立良好的协调渠道。

（6）修补安全规范

修补安全规范，不仅要以文档的形式记录安全规范，还要通过跟踪和评估来使其成为一种不断发展的基本原则。事后的修补可能发现事前计划的不足，吸取教训，从而进一步完善安全规范。因此，要形成一种反馈机制，逐步强化组织的安全防范体系。

7.3 软件可信验证

本节介绍恶意代码的技术防护措施，有关恶意代码的法律惩处将在本书第 10 章介绍。

7.3.1 软件可信验证模型

1. 恶意代码的系统化防范思想

恶意代码检测的传统方法主要有特征码方法、基于程序完整性的方法、基于程序行为的方法及基于程序语义的方法等。近年来又出现了许多新型的检测方法，如基于数据挖掘和机器学习的方法、基于生物免疫的检测方法及基于人工智能的方法等。各种检测方法都有一定的侧重点，有的侧重于提取判定依据，有的侧重于设计判定模型。

面对恶意代码攻击手段的综合化、攻击目标的扩大化、攻击平台的多样化、攻击通道的隐蔽化、攻击技术的纵深化，采用单一技术的恶意代码检测变得越来越困难。为此，本书从系统化的、宏观的角度来探讨恶意代码的防范问题。

在网络空间环境中，攻击者可以肆意传播恶意代码，或是对正常软件进行非法篡改，或捆绑上恶意软件，以达到非法目的。可以说，恶意软件的泛滥及其产生严重危害的根源是软件的可信问题。

在网络空间环境中，计算机系统包括硬件及其驱动程序、网络、操作系统、中间件、应用软件、信息系统使用者及系统启动时的初始化操作等形成的链条上的任何一个环节出现问题，都会导致计算机系统的不可信。其中，各种应用软件的可信性问题是一个重要环节。

由于网络的应用规模不断扩展，应用复杂度不断提高，所涉及的资源种类和范围不断扩大，各类资源具有开放性、动态性、多样性、不可控性和不确定性等特性，这都对网络空间环境下软件的可信保障提出了更高的要求。人们日益认识到，在网络空间环境下，软件的可信性已经成为一个亟待解决的问题。

影响软件可信的因素包括软件危机、软件缺陷、软件错误、软件故障、软件失效及恶意代码的威胁等。这里所关注的是恶意代码所带来的软件可信问题。

2. 软件可信验证模型的提出

对于软件可信问题的讨论由来已久。Anderson 于 1972 年首次提出了可信系统的概念，自此，应用软件的可信性问题就一直受到广泛关注。多年来，人们对于可信的概念提出了很多不同的表述，ISO/IEC 15408 标准和可信计算组织（Trusted Computing Group）将可信定义为“一个可信的组件、操作或过程的行为在任意操作条件下是可预测的，并能很好地抵抗应用软件、病毒及一定的物理干扰造成的破坏”。概括而言，如果一个软件系统的行为总是与预期相一致，则可称之为可信。可信验证可从以下 4 个方面进行，建立的软件可信验证 FICE 模型如图 7-24 所示。

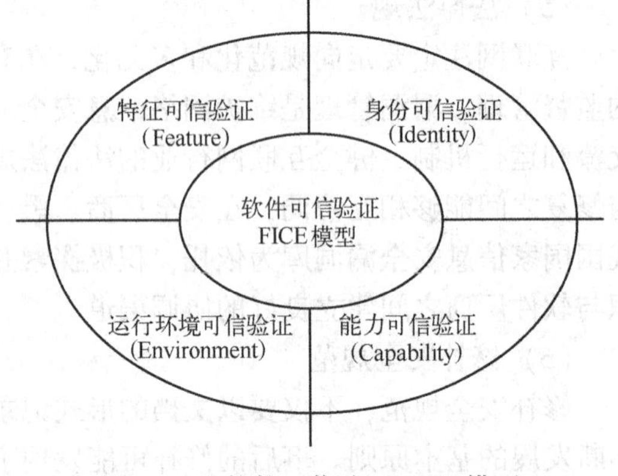

图 7-24 软件可信验证 FICE 模型

1）软件特征（Feature）可信。要求软件独有的特征指令序列总是处于恶意软件特征码库之外，或其 Hash 值总是保持不变。其技术核心是特征码的获取和 Hash 值的比对。

2）软件身份（Identity）可信。要求软件对计算机资源的操作和访问总是处于规则允许的范围之内。其技术核心是基于身份认证的访问授权与控制，如代码签名技术。

3）软件能力（Capability）可信。要求软件系统的行为和功能是可预期的。其技术核心是软件系统的可靠性和可用性，如源代码静态分析法、系统状态建模法等，统称为能力（行为）可信问题。

4）软件运行环境（Environment）可信。要求其运行的环境必须是可知、可控和开放的。其技术核心是运行环境的检测、控制和交互。

对软件特征、身份（来源）、能力（行为）和运行环境的直接采集和间接评估，可对软件的可信性做出全面、准确的判断，以保证软件的安全、可靠、可用。

7.3.2 特征可信验证

从软件特征的角度进行可信验证，主要采用基于特征码的验证、完整性验证及污点跟踪技术。

1. 基于特征码的验证方法

基于特征可信验证的特征码扫描技术，首先提取已知恶意软件所独有的特征指令序列，并将其更新至病毒特征码库，在检测时将当前文件与特征库进行对比，判断是否存在某一文件片段与已知样本相吻合，从而验证文件的可信性。

该验证技术的核心是提取出恶意软件的特征码。在提取病毒特征码时，需要尽量保证特征码的长度适当，既要维持特征码的唯一性，又要尽可能地减小空间和时间开销。为了提高检测的准确度，一般需要提取病毒的多处特征来组合构成特征码。

基于特征码的验证方法的优点是判断准确率高，误报率低，因此成了主流的恶意代码检测方法。然而，该验证方法无法检测未知的恶意代码，无法有效应对 0 day 攻击，通常需要一部分主机感染病毒后才能提取其特征码。另外，模糊变换技术会导致该方法无法检测到那些在传播过程中自动改变自身形态的恶意代码，从而有效提高恶意代码的生存能力。

2. 完整性验证

完整性验证方法无须提取软件的独有特征指令序列，首先计算正常文件的哈希值（校验和），并将其保存起来，当需要验证该文件的可信性时，只需再次计算其哈希值，并与之前保存起来的值比较即可。若存在差异，则说明该文件已被修改，成为不可信软件。

例如，完整性验证法常用于验证下载软件的可信性。

再如，很多文件自身提供了校验机制，例如，Windows 系统上的 PE 文件可选映像头（IMAGE OPTION_HEADER）中的 Checksum 字段即该文件的校验和。一般 EXE 文件可以为 0，但一些重要的 DLL 系统文件及驱动文件必须有一个校验和。Windows 提供的 API 函数 MapFileAndCheckSum 可以检测文件的 Checksum，该函数位于 IMAGEHLP. DLL 链接库中。

完整性校验可抵御病毒直接修改文件，但对进入内存的代码无法检测，这时可采用内存映像校验。程序在内存中有代码段和数据段，由于数据段是动态变化的，因此该段无校验意义，而代码段存放的是只读的程序代码，因此可以采用以下方法进行代码内存校验：先从内存映像中得到代码块相对虚拟地址 RVA 和内存大小等的 PE 相关数据，并据此计算出其 Hash 值；再读取自身文件 Checksum 字段中先前存储的 Hash 值，对二者进行比较，来判断内存中的代码是否满足完整性要求。

由于完整性验证方法本质上是考察文件自身的校验和，而不依赖外部信息，因此它既可以用来检测已知病毒，也可以用来检测未知病毒。这种方法最大的局限是验证的滞后性，只有当感染发生后才可验证相应文件的可信性，而且文件内容变化的原因很多（如软件版本更新、变更口令、修改运行参数等），所以易产生误报。另外，该方法需要维护庞大的正常文件Hash值库，该Hash值库自身也就成了安全软肋，可能遭到感染和破坏。再者，对于一些大型的系统，其文件数量庞大，若对每个文件计算Hash值并保存，则应对系统的效率和性能提出较高的要求。

3. 污点跟踪技术

动态污点跟踪分析法是一种比较新颖的技术，其技术原理是，将来自网络等不可信渠道的数据标记为“被污染”的，并且经过一系列算术和逻辑操作之后产生的新数据也会继承源数据“是否被污染”的属性，这样一旦检测到已被污染的数据进行跳转（jmp）和调用（call、ret）等操作，以及其他使EIP寄存器被填充为“被污染数据”的操作，都会被视为非法操作，此后系统便会报警，并生成当前相关内存、寄存器和一段时间内网络数据流的快照，传递给特征码生成服务器，以作为生成相应特征码的原始资料。

上述步骤中提取的特征码原始资料，由于是攻击发生时的快照，而且只提取被污染的数据，而不是攻击成功后执行的恶意代码，因而具有较大的稳定性和准确性，非常有利于特征码生成服务器从中提取出比较通用、准确的特征码，以降低误报率。

7.3.3 身份（来源）可信验证

通常，用户获得的软件程序不是购自供应商就是来自网络的共享软件。用户对这些软件往往非常信赖，殊不知正是由于这种盲目的信任，将可能招致重大的损失。

传统的基于身份的信任机制主要提供面向同一组织或管理域的授权认证。例如，PKI和PMI等技术依赖于全局命名体系和集中可信权威，对于解决单域环境的安全可信问题具有良好效果。然而，随着软件应用向开放和跨组织的方向发展，如何在不可确知系统边界的前提下实现有效的身份认证，如何对跨组织和管理域的协同提供身份可信保障已成为新的问题。因此，代码签名技术应运而生。

如图7-24所示，软件发布者代码签名的过程如下。

1）到CA中心申请一个数字证书。

2）使用散列函数计算代码的哈希值，并用申请到的私钥对该哈希值进行签名，然后将该签名后的哈希与原软件合成，并封装公钥证书，生成包含数字签名的新软件。

图7-25所示为代码签名与验证过程。用户验证签名的过程如下。

1）用户的运行环境访问该软件包，并检验软件发布者的代码签名证书的有效性。由于发布代码签名证书机构的根证书已经嵌入到用户运行环境的可信根证书库，所以运行环境可验证发布者代码签名证书的真实性。

2）用户的运行环境使用软件数字签名证书中含有的公钥来解密私钥签名，获得软件的原Hash值。

3）用户的运行环境使用同样的算法新产生一个原代码的哈希值。

4）用户的运行环境比较两个哈希值，若两个值一致，则表明用户可以相信该代码确实由证书拥有者发布，并且未经篡改。

实际应用过程中，用户验证代码签名用的公钥证书不一定到证书颁发机构，用户的计算机操作系统中如果安装了证书颁发机构的根证书，操作系统将可以直接帮助用户验证证书的合法性。

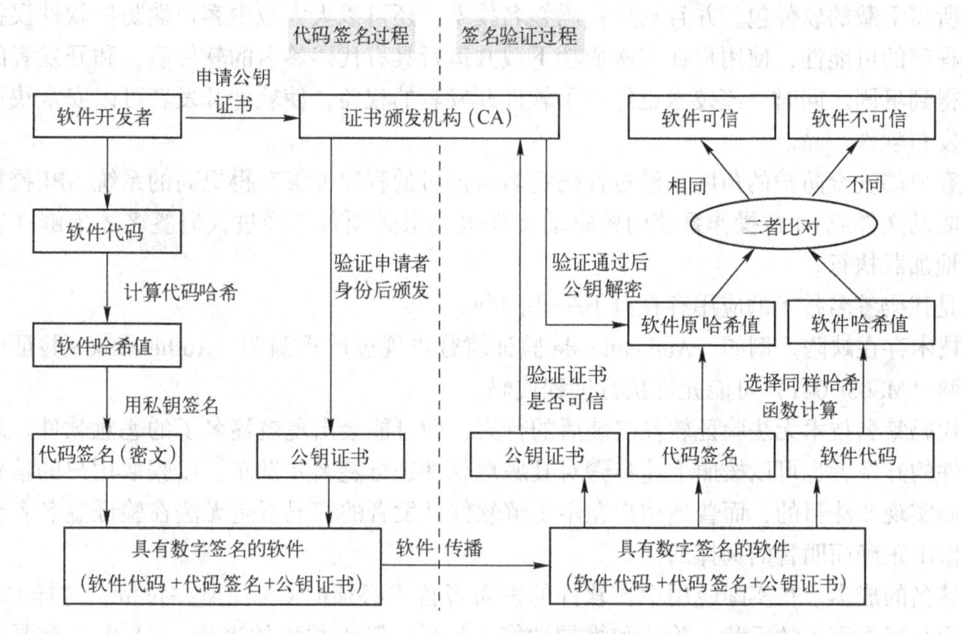

图 7-25　代码签名与验证过程

以上整个签名与验证过程能够保证以下 4 个实质性问题。

1）一个软件的发布者向 CA 注册并付费，CA 会负责对软件的发布者做一系列的验证，从而确保其身份的合法性。

2）用签名私钥进行数字签名，符合我国《电子签名法》中第十三条的要求“签署时电子签名制作数据仅由电子签名人控制”，以及符合 ISO 7498-2 标准中说明的“签署时电子签名数据是签名人用自己的私钥对数据电文进行了数字签名”的要求。

3）数字签名的作用主要是保证电子文件确实是由签名者所发出的。这符合数字签名在 ISO 7498-2 标准中所定义的“附加在数据单元上的一些数据，或是对数据单元所做的密码变换，这种数据和变换允许数据单元的接收者用以确认数据单元来源”。

4）签名验证成功，说明这种签名允许数据单元的接收者用以确认数据单元来源和数据单元的完整性，并保护数据，防止被人（如接收者）伪造，达到不可否认的目的。满足了《电子签名法》中“签署后对电子签名的任何改动能够被发现”及“签署后对数据电文的内容和形式的任何改动能够被发现”。

以上几点就是对我国《电子签名法》中所规定的“安全的电子签名具有与手写签名或者盖章同等的效力”的具体体现。

因此，代码签名技术可以用来进行代码来源（身份）可信性的判断，即通过软件附带的数字证书进行合法性、完整性的验证，以免受恶意软件的侵害。

从用户角度，可以通过代码签名服务鉴别软件的发布者及软件在传输过程中是否被篡改。如果某软件在用户计算机上执行后造成恶性后果，由于代码签名服务的可审计性，用户可依法向软件发布者索取赔偿，这将很好地制止软件开发者发布攻击性代码的行为。

从软件开发者和 Web 管理者的角度，利用代码签名的抗伪造性，可为其商标和产品建立一定信誉。利用可信代码服务，一方面，开发者可借助代码签名获取更高级别权限的 API，设计各种功能强大的控件和桌面应用程序来创建出丰富多彩的页面，另一方面，用户也可以理性地选择所需下载的软件包。并且利用代码签名技术，还可以大大减少客户端防护软件误报病毒或恶意程序的可能性，使用户在多次成功下载并运行具有代码签名的软件后，和开发者间的信任关系得到巩固。同时，该技术也保护了软件开发者的权益，使软件开发者可以安全快速地通过网络发布软件产品。

从客户端安全防护的角度，经过代码签名认证过的程序能够获得更高的系统 API 授权。一些硬件驱动文件或 64 位操作系统内核驱动文件也要求必须首先经过代码签名才能够在客户端上正确地加载执行。

但是代码签名技术的应用存在以下一些问题。

- 技术存在缺陷。例如，Authenticode 验证就曾出现过严重漏洞。Authenticode 验证中的漏洞（MS03-041）可能允许执行远程代码。
- 代码签名技术无法验证软件安装后的行为，即可能会出现被签名了的恶意软件。恶意软件的开发者也可以按照上述步骤对其恶意软件进行签名并发布，以骗取用户的信任，从而实现非法目的，而普通用户在不了解软件开发者的情况下是无法在验证签名者信息时做出正确而明智的选择的。
- 签名的成本。在实际应用中，软件的发布者首先必须向 CA 注册并付费，这样 CA 才会为其提供证书的下载、验证和维护功能。另外，随着技术的进步，CA 中心会要求证书的申请者更新其证书，以提高安全性，而这也会使得签名的成本增加。

鉴于以上的分析，软件身份（来源）的可信验证技术还必须与其他可信验证技术相结合，以提高验证的可靠性。

7.3.4 能力（行为）可信验证

可以从分析软件的静态行为和动态行为两大方面进行软件的能力可信验证。

1. 静态行为分析

所谓“静态行为分析”，是指在不运行可执行文件的前提下，对可执行文件进行分析，收集其中所包含信息的方法。

静态行为分析法类似于软件测试方法论中的代码搜查和检查，其基本思想是，在程序加载前，首先利用反汇编工具扫描其代码，查看其模块组成和系统函数调用情况，然后与预先设置好的一系列恶意程序特征函数集进行交集运算，这样可确定待验证软件的危险系统函数调用情况，并大致估计其功能和类型，从而判断出该软件的可信性。

在具体的实现过程中，可以从程序访问的资源入手，如选择表 7-3 所示的各个操作行为主要监控点，检查其调用的相关系统 API 函数，并进行关联分析，实现基于系统服务 Hook 的程序异常行为检测。一些静态扫描工具可以帮助我们完成这些工作，请读者完成课后的相关实验。

表 7-3 主要资源操作所对应的 API 函数

对注册表的操作	键值的创建、读取	ZwCreateKey、ZwQueryKey、ZwQueryValueKey
	键值的打开	ZwOpenKey
	键值的写操作	ZwSetValueKey
	键值的删除操作	ZwDeleteKey

（续）

对文件资源的操作	文件的创建	ZwCreateFile、ZwOpenFile
	文件的读取	ZwReadFile
	文件的写操作	ZwWriteFile
	文件的删除	ZwDeleteFile
	文件的重命名	ZwRenameFile
对进程的操作	创建一个进程	ZwCreateSection、ZwCreateProcess、ZwCreateProcessEX
	打开一个进程	ZwOpenProcess
	关闭其他进程	TerminateProcess

源代码静态分析法对于未知的不可信软件具有较强的检测能力，但其也存在诸多不足。

- 误报率较高。由于很难准确定义恶意程序函数调用集合，因此对于与恶意程序具有较多相似调用集合的可信软件来说，该方法容易产生误报。
- 实现困难。该方法的检测目标——软件源程序往往很难获得，其获取过程需要代码逆向工程和虚拟机技术的配合，这降低了验证系统的工作效率。
- 依赖于代码分析人员的素质。分析人员的素质越高，分析过程就越快，越准确；反之，则易产生误报和漏报。

2. 动态行为分析

鉴于源代码静态分析法在直接分析相应软件源代码方面的困难，动态行为可信验证技术诞生了。所谓“动态行为分析”，是在一个可以控制和检测的环境下运行可执行文件，然后观察并记录其对系统的影响。下面介绍系统状态建模、系统关键位置监测软件行为、内核状态监测等关键技术。

（1）系统状态建模

该方法的基本思想是首先在一个虚拟环境中运行待验证软件，记录软件运行时的系统资源消耗情况，建立系统状态模型，从中发现该软件的异常行为，进而验证其可信性。

一般情况下，可采用程序运行时的系统资源消耗情况来衡量程序的性能状态，而CPU、内存和磁盘输入及输出等是最关键的系统资源。

该方法在验证一些未知的恶意软件方面具有一定的使用价值，但还是存在以下一些问题。

1）作为关键技术的临界曲面的选取是建立在经验基础之上的。对于那些设计精巧、目的特殊的恶意软件，如果其CPU使用率、内存消耗率和运行时间与正常软件所表现的都极为相似，则该方法将容易产生漏报。

2）适用范围小。该方法仅适用于对运行时资源占用超标的程序进行分析。

3）随着恶意程序实现技术和运行状态的不断更新，系统状态变化变得越来越难以捕获，单从监视CPU使用率和内存消耗率等基本信息的变化来验证软件的可信性已显得较为粗糙。

（2）系统关键位置监测软件行为

系统关键位置监测软件行为借助于虚拟环境，通过对系统的一些关键位置进行全方位、多角度的实时监测，捕获软件在安装、启动和运行时的多种行为特征，然后结合机器学习等方面的技术，利用程序行为样本库中的样本行为对训练模块进行训练，提取出规则、知识，从而使验证模块能够对检测到的软件行为做出自动化评定，区分出可信软件和危险软件。相较于系统状态建模，系统关键位置监测软件行为使得软件可信验证过程更加客观和严谨。

系统关键位置监测软件行为的工作流程如图 7-26 所示。

在系统关键位置监测软件行为方法中有 3 个核心技术。

1）软件行为的捕获。要选择有利于系统决策的行为特征，如修改注册表、修改关键文件、控制进程、访问网络资源、修改系统服务和控制窗口等。行为捕获主要采用 API Hook 技术，截获的对象是系统用户态的服务调用，有以下一些实现方法。

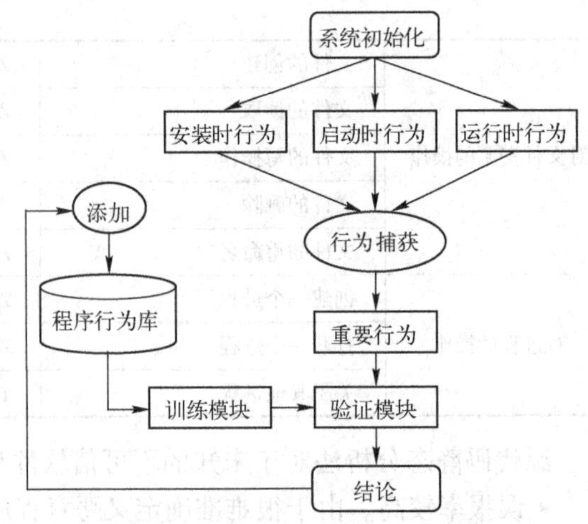

图 7-26　系统关键位置监测软件行为的工作过程

- DLL 代理方式。该方法通过为原来的 DLL 创建一个代理来实现对 API 调用的截获。代理 DLL 中包含了与原动态链接库中相同的输出函数表，对于需要截获的函数，需要在代理 DLL 中该函数的位置上替换新的函数以完成附加的功能。
- DLL 注入方式。Windows 提供了这种机制，因为 DLL 和使用它的 . exe 文件在同一个地址空间，为了实现一个 DLL 能被目标 . exe 文件载入，就需要 DLL 注入技术，有 SetWindowsHookEx 和 CreateRemoteThread 两种方法。
- 在系统调用中加入补丁。在目标应用程序中欲截获的 API 函数处添加定位代码（补丁），将调用转到新的位置。此方法需要反汇编技术的支持。
- 修改输入地址表（Import Address Table，IAT）。IAT 中保存可执行代码所调用的输入函数相对于文件的偏移地址。该方法借助于 Windows IAT 的重定位机制来实现 API 函数的调用截获。
- 修改 API 函数。实现这种机制有两种方法：一是利用断点中断指令（INT 3）对目标 API 函数设置断点，同时将截获代码作为调式代码；另一种是利用 CPU 的转移控制指令替换目标 API 函数的第 1 个字节，如 CALL 或 JMP 等。
- 利用 Detours。微软开发的 Detours 的主要功能是拦截 x86 机器上的任意 Win32 二进制函数（API Hook）、编辑二进制文件的输入表、向二进制文件添加任意数据段。借助于 Detours，可以轻易地实现 API Hook 的功能。

2）分类问题。对软件行为的判别实际上是一个二分类问题。分类学习的方法有很多种，如基于决策树的方法、基于神经网络的方法、基于数据聚类的方法等，这些方法各有其优缺点。

3）软件验证环境的搭建。验证环境的搭建原则是，与宿主操作系统隔离、应用程序透明、可配置的计算环境再现、软件执行结果的提交、较强的容错和恢复能力。鉴于此，虚拟机技术通常成为选用的环境。不过，现在有的恶意软件已具有检测其自身是否运行于虚拟机环境中的功能，其行为模式在不同的环境中会发生变化，或者干脆不运行。

系统关键位置监测软件行为具有诸多优点。

- 与传统的特征码扫描法相比，它无须进行新病毒特征码的提取等复杂操作，恶意代码特征码与其行为之间没有必然的联系，无论其特征码是否已知，只要其行为包含在“行为特征库”中，就能被检测到，弥补了传统验证法无法检测正在运行的、已加密的和能够多态变形的恶意程序的不足。

- 由于恶意程序的自启动设置，以及进程、线程和通信隐藏的实现途径有限，它们在安装、启动、运行和通信阶段的行为特征具有很大的相似性，所以只需维护比特征码库小得多的行为库即可。
- 对某些隐藏通信端口、无连接的不可信软件，使用网络监控很难发现，而根据行为特征则可以检测出它们。
- 能第一时间收集到新病毒样本，对于新恶意代码的尽早发现和控制具有特殊意义。

（3）内核状态监测

系统内核负责一切实际的工作，包括 CPU 任务调度、内存分配管理、设备管理、文件操作等，因此如果内核变得不可信，那么任何其他的信息都将不可信。

例如，Rootkit 实质是一种越权执行的应用程序，它设法让自己达到和内核一样的运行级别，甚至进入内核空间，因而可以对内核指令进行修改。最常见的是修改内核枚举进程的 API，让它们返回的数据始终“遗漏”Rootkit 自身进程的信息。

内核状态检测包括以下几种方法。

1）系统守护。可以截获系统服务的软件中断。处理器可通过 INT 2EH 或“sysenter”软件中断由用户态进入到内核态，所有的系统服务调用请求都是通过该中断与 NT 执行体打交道的。

也可以监视那些进入系统的进程和设备驱动程序等，一旦发现有 Rootkit 试图进入系统，便立刻中止其执行。系统守护进程监视的目标有 NtLoadDriver 和 NtOpenSection 等内核函数，以及对进程、文件、注册表操作的函数。

该方法具有诸多缺点：无法完全防范 Rootkit，因为将 DLL 加载到另一个进程中也能实现将 Rootkit 安装到系统中的目的；很难区分是正常进程还是 Rootkit 调用了内核函数。

2）内存扫描。为了避免对进入内核或进程地址空间的所有入口点都进行繁重的守护工作，可以采取周期性的内存扫描，查找与 Rootkit 相对应的已知模块或者模块签名。

该方法的优点在于简单，但也有 3 点不足：这种技术只能发现已知的攻击者；无法阻止 Rootkit 的加载；无法阻止 Rootkit 对扫描软件工作的干预。

3）查找钩子（Hook）。钩子是 Rootkit 使用最多的技术，钩子可以隐藏在许多位置，如导入地址表（IAT）、系统服务调度表（SSDT）、中断描述符表（IDT）、驱动程序、I/O 请求报文（IRP）、内联函数等，这些地方都是 Rootkit 滋生的关键场所。

然而，扫描钩子同样是在 Rootkit 加载后进行的，也面临着 Rootkit 的干扰；各种钩子很难标识（如内联钩子），因为它们可以位于函数的任意位置，且函数在正常环境下可以跨模块调用，为了发现它们，需要对函数进行反汇编。

4）基于行为的检测方法。Rootkit 的行为特征有挂钩子、监听数据、篡改数据和返回数据等。通过对进程是否隐藏自己这一行为实施检测，可以有效地识别出 Rootkit。例如，通过调用 ntoskrnl. exe 中的 SwapContext 函数将当前运行线程的上下文与重新执行线程的上下文进行交换。对于这种检测方法，将 SwapContext 的前导替换成指向 Detour 函数的 5 字节无条件跳转指令。Detour 函数应该验证要交换进入的线程的 KTHREAD 指向一个正确链接到 EPROCESS 块的双向链表的 EPROCESS 块。根据这些信息可以发现，通过直接内核对象操作技术（Direct Kernel Object Manipulation，DKOM）进行隐藏的进程。这种方法有效的原因在于内核中基于线程进行调度，并且所有线程都链接到它们的父进程。

内核状态监测法虽然可以发现在内核级实现的不可信软件，但仍存在较多问题。

- 由于微软公司对 Windows 系统内核的保护，使得内核级不可信软件的验证及研究变得异常困难，如缺乏足够的资料、多数系统服务函数未公开和接口参数描述不明确等。
- 由于内核态和用户态调用传递参数的不同，一个用户态的系统服务函数可能对应到内核态的一系列系统函数，且其形态和参数都将发生变化，处理过程过于复杂。
- 截获代码只能在内核态运行，必须通过编写内核模式的设备驱动程序来实现，而这在无文档支持的情况下很困难，且易导致系统不稳定。

7.3.5 运行环境可信验证

随着虚拟机技术的飞速发展，虚拟化恶意软件已悄然出现。所谓“虚拟化恶意软件”，是指在支持虚拟化功能的 CPU 上运行操作系统，即在目标系统和硬件层之间插入虚拟机监视器（Virtual Machine Monitor，VMM），使目标系统运行在虚拟机监控器之上，并受其完全控制。例如，一种名为虚拟机 Rootkit（Virtual-Machine Based Rootkit，VMBR）的实验室恶意软件，对系统具有更高的控制程度，能够提供多方面的功能，并且其状态和活动对运行在目标系统中的安全检测程序来说是不可见的。VMBR 在正在运行的操作系统中安装一个 VMM，并将这个原有操作系统迁移到虚拟机里，而目标系统中的软件无法访问其状态，因此 VMBR 很难被检测和移除。

应当说，虚拟机恶意软件还是个新课题，它的出现提醒了大家，软件的运行环境也可能有问题，需要进行验证。

1. 软件虚拟化环境下的 VMBR 的检测

SubVirt 是美国密西根大学和微软公司利用现有商用的 VMM（如 Virtual PC）开发的基于 Windows 及 Linux 操作系统的概念验证型 VMBR。

为了使 VMBR 运行在目标操作系统及其应用程序之下，攻击者必须获得目标系统足够的访问权限以更改其启动顺序，确保自己在目标操作系统和应用程序之前被装载。在被成功装载之后，VMBR 利用 VMM 启动目标操作系统，虽然目标操作系统仍能正常启动并运行，但 VMBR 运行在更低的层次上并获得了更高的特权级，对目标操作系统具有完全的控制权。

VMBR 使用一个独立的攻击操作系统来部署恶意软件。对于目标操作系统来说，攻击操作系统的所有状态都是不可见的。

软件虚拟化环境下的 VMBR 的检测有如下两种基本方法。

1）由于 VMBR 的存在，必然会对系统造成影响，即使虚拟系统状态可以隐藏其中的大部分信息，但仍有迹可循。其中一个就是它需要占用系统资源，包括 CPU 时间、内存和磁盘空间、网络带宽及指令处理时间上的延迟等。

2）VMM 提供给目标系统的虚拟硬件较之物理硬件有一定的性能损失，通过查看正确的物理内存和磁盘信息可以发现由于 VMBR 的存在而引起的异常。

2. 硬件辅助虚拟化环境下的 VMBR 的检测

Blue Pill 是 Invisible Things 公司研发的一种硬件辅助虚拟化的 VMBR。它利用 AMD64 的 SVM 扩展将直接运行在硬件上的操作系统动态地搬移到 Hypervisor 上，由 Hypervisor 获得对操作系统的完全控制。SVM 扩展的实质是对 AMD64 指令集在虚拟化技术方面的扩展。

Blue Pill 的执行需要操作系统显式调用其代码。Blue Pill 代码首先开启 SVM 支持，准备好相关结构，然后把程序计数器置为操作系统调用 BluePill 代码之后的下一条指令，最后恢复目标操作系统的正常执行。此时，目标操作系统已经作为客户操作系统运行，完全受到 Blue Pill 的控制。Blue Pill 不需要修改 BIOS、启动扇区和系统文件，因此对它的检测非常困难，主要通过监视系统启动时的程序加载情况，或通过其他媒介启动的方法来检测（如 CD-ROM、USB 等）。

🕮 拓展阅读

读者要想了解更多恶意代码防护相关技术，可以阅读以下书籍资料。

[1] 孙钦东．木马核心技术剖析［M］．北京：科学出版社，2016.

[2] 张瑜．Rootkit 隐遁攻击技术及其防范［M］．北京：电子工业出版社，2017.

[3] 张正秋．Windows 应用程序捆绑核心编程［M］．北京：清华大学出版社，2006.

[4] Blunden B．Rootkit：系统灰色地带的潜伏者［M］．2 版．姚领田，等译．北京：机械工业出版社，2013.

[5] 王倍昌．走进计算机病毒［M］．北京：人民邮电出版社，2010.

[6] Gregg M．网络安全测试实验室搭建指南［M］．曹绍华，等译．北京：人民邮电出版社，2017.

[7] 刘晓楠，陶红伟，岳峰，等．编译与反编译技术实战［M］．北京：电子工业出版社，2017.

[8] Koret J，Bachaalany E．黑客攻防技术宝典：反病毒篇［M］．周雨阳，译．北京：人民邮电出版社，2017.

[9] 陈树宝．Windows 内核设计思想［M］．北京：电子工业出版社，2015.

[10] 谭文，陈铭霖．Windows 内核安全与驱动开发［M］．北京：电子工业出版社，2015.

7.4 软件知识产权技术保护

软件知识产权保护是一个法律问题，也是一个技术问题。按照国际惯例和我国法律，知识产权主要是通过版权（著作权）进行保护的。本节首先讨论软件版权的技术保护目标及基本原则，然后介绍软件版权保护的基本技术，最后介绍云环境下软件的版权保护。有关软件知识产权保护的法律保护措施将在本书第 10 章介绍。

7.4.1 软件版权的技术保护目标及基本原则

软件版权保护旨在保护某个特定的计算机程序，以及程序中所包含信息的完整性、保密性和可用性。

1. 软件版权保护的目标

通过技术手段进行软件版权保护主要包括以下几个方面。

1）防软件盗版，即对软件进行防非法复制和使用的保护。

2）防逆向工程，即防止软件被非法修改或剽窃软件设计思想等。

3）防信息泄露，即对软件载体及涉及数据的保护，如加密硬件、加密算法的密钥等。

🖂 说明：

- 软件版权保护的目标是软件保护目标的一个子集。软件保护除了确保软件版权不受侵害以外，还要防范针对软件的恶意代码感染、渗透、篡改、执行等侵害。

● 软件版权保护的许多措施同样可以应用于软件保护。

2. 软件版权保护的基本原则

软件版权保护技术在设计和应用中应遵循以下几条原则。

1）实用和便利性。对软件的合法用户来说，不能在用户使用或安装软件的过程中加入太多的验证需求以打断或影响用户的使用，也不能要求改变用户计算机的硬件结构，除非是软件功能上的需要，或是特定用户群的强制性要求。

2）可重复使用。要允许软件在用户的设备上被重新安装使用。

3）有限的交流和分享。要允许用户在一定范围进行软件的交流使用。不能交流分享的软件是没有活力的，也是难以推广的。当然，这种交流分享不是大范围的、无限制的。

7.4.2 软件版权保护的基本技术

软件版权保护技术可以分为基于硬件的和基于软件的两大类。

1. 基于硬件的保护技术

基于硬件的保护技术原理是，为软件的运行及使用关联一个物理介质或物理模块，其中包含秘密信息，如序列号、一段代码或密钥，并使得这个秘密信息不易被复制、篡改和观察分析。实际应用的基于硬件的保护包括对发行介质的保护、软件狗及可信计算芯片。

（1）对发行介质的保护

在网络发布软件流行之前，光盘是商业软件最常用的传播载体之一，大多数商业软件以光盘的形式发放到用户手中。由于光盘这类介质很容易复制，所以软件光盘的盗版现象严重。

防止光盘复制的一种常用做法是巧妙利用光盘标准格式。例如，光盘的格式标准 ISO 9660 规定，光盘的名称只能由 A~Z、0~9、_ 这些字符组成，所以在光盘名中加上一个空格，就会导致 CD 光盘刻录失败。与此类似的技巧还有，在 TOC 目录中填写错误的文件大小，或者令 TOC 中记录的光盘中的数据大于光盘实际支持的容量。

另外，也可以在光盘中没有存放实际数据的区域的帧中插入错误。当程序从光盘上开始执行时是不会读取这些区域中的数据的，但进行盘对盘的复制时就会读取这些区域中的数据，从而引发错误。

还可以在光盘中放置秘密信息，该信息能唯一地标识原始光盘，并不会在光盘复制时被复制出来。当光盘上的软件运行时，检测机器光驱中的光盘是否带有秘密信息，如果没有就拒绝运行。这样就将软件的运行与发布软件的光盘进行了绑定，用户即使将光盘软件复制到硬盘，没有相应的光盘，软件也不能正常运行。

（2）软件狗

软件狗（Software Dog）又叫加密狗或加密锁，其产品如图 7-27 所示，用于对软件使用授权。软件运行过程中，软件狗必须插在用户计算机的 USB 口上，软件会不断检测软件狗，如果没有收到正确响应的话，就会停止运行。软件狗保护的有效性不仅在于通过硬件的引入提高了侵权的成本，还在于提高了破解的技术难度。

图 7-27 软件狗产品

软件中的注册验证模块和部分关键模块采用高强度加密算法加密并存储在该硬件中，软件运行时执行存储在该硬件中的模块，模块解码和执行结果的加密由内置 CPU 完成。可以在硬件驱动中添加反跟踪代码以防止对硬件数据进行截取。硬件中包含了程序运行必需的关键模块，要对软件实施破解，必须对程序函数调用进行分析。硬件内置 CPU 实现的加密功能和硬件驱动程序的反跟踪，可以在很大程度上保护功能模块不被仿真及破解。

新一代软件狗正在向智能型方向发展。尽管如此，软件狗仍面临软件狗克隆、动态调试跟踪、拦截通信等破解威胁。攻击者通过跟踪程序的执行，找出和软件狗通信的模块，然后设法将其跳过，使程序的执行不需要和软件狗通信，或是修改软件狗的驱动程序，使之转而调用一个与软件狗行为一致的模拟器。此外，当一台计算机上运行多个需要保护的软件时，就需要多个软件狗，运行时需要更换不同的软件狗，这会给用户带来很大的不便。

(3) 可信计算芯片

为了防止软件狗这类硬件设备被跟踪破解，一种新技术是在计算机中安装一个可信计算模块（Trusted Platform Module，TPM）安全芯片，用来实现以下功能。

- 对程序加密。因为密钥也封装于芯片中，因此这样可以保证一台机器上的程序（包括数据）在另一台机器上不能运行或打开。
- 确保软件在安全的环境中运行。

2. 基于软件的保护技术

基于软件的保护技术，因为其丰富的技术手段和优良的性价比，使其成为目前市场上主流的软件版权保护方式。典型的技术包含以下几类。

(1) 注册验证

通过注册验证保护软件版权，要求在软件安装或使用的过程中按照指定的要求输入由字母、数字或其他符号所组成的注册码。如果注册码正确，软件可以正常使用，反之，软件不能正常使用。

目前，注册验证有以下几种常用方式。

1）安装序列号方式。通过一种复杂的算法生成序列号（Serial Number，SN），在安装过程中，安装程序对用户输入的序列号进行校验来验证该系统是否合法，从而完成授权。

2）用户名+序列号方式。软件供应商给用户提供有效的用户名和序列号，用户在安装过程或启动过程中输入有效的用户名和序列号，软件通过算法校验后完成软件授权。

3）在线激活注册方式。用户安装软件时输入购买软件的激活码，软件会根据用户机器的关键信息（如 MAC 地址、CPU 序列号、硬盘序列号等）生成一个注册凭证，并在线发送给软件供应商进行验证。激活码及用户身份信息验证有效后，软件完成授权。

4）许可证保护方式。许可证保护（License Protection）方式是将软件的授权信息保存在许可证中，当使用软件时需要提供许可证，无许可证则不能正常使用该软件。通常，许可证以授权文件（Key File）或注册表数据的形式存在，文件中存有经过加密的用户授权信息。按照许可证保护验证的级别，可将软件许可证保护分为组件级和程序级两大类。

- 组件级的许可证保护验证失败时，主程序窗口还可以正常运行，但部分控件将无法正常显示，功能上会有一定限制。
- 程序级的许可证保护验证失败时，软件将无法继续正常运行，将抛出异常或者退出。

攻击者可以采取修改程序并绕过注册验证逻辑的方式实现破解，因此，基于注册验证的版权控制还应该与防止对程序进行逆向分析和篡改的技术相结合。

很多商用软件和共享软件采用注册码授权的方式来保证软件本身不被盗用，以保证自身的利益。尽管很多常用软件的某些版本已经被人破解，但对于软件这个特殊行业而言，注册码授权方式仍然是一种在用户使用便利性方面具有一定交流分享能力和保护软件系统之间平衡的手段。因为，软件开发者往往并不急于限制对软件本身的随意复制、传播和使用，相反，他们还会充分利用网络这种便利的传播媒体来扩大对自己软件的宣传。对他们来说，自己所开发的软件传播的范围越广越好，使用的人越多越好。

(2) 软件水印

软件水印是指把程序的版权信息或用户身份信息嵌入到程序中，以标识作者、发行者、所有者、使用者等。软件水印信息可以被提取出来，用于证明软件产品的版权所有者，由此可以鉴别出非法复制和盗用的软件产品，以保护软件的知识产权。

根据水印的嵌入位置，软件水印可以分为代码水印和数据水印。代码水印隐藏在程序的指令部分，而数据水印则隐藏在头文件、字符串和调试信息等数据中。

根据水印被加载的时刻，软件水印可分为静态水印和动态水印。静态水印的存在不依赖于软件的运行状态，静态水印在软件编码时或编码完成后就被直接嵌入，可以在存放、分发及运行时被验证。动态水印的存在依赖于软件的运行状态，通常是在某种特殊的输入下触发才会产生，其验证也必须在特定时机才可完成。

静态水印又可以细分为以下两类。

1) 静态数据水印。这类水印一般处于程序流程之外，通常存放在软件的固定数据区。这种水印验证方法往往比较简单，一般软件会有固定显示这种水印的时机或可直接找到存放水印的位置。

2) 静态代码水印。这类水印一般存放在软件的可执行流程之中，通常放在一些不会被执行到的分支流程内，比较典型的就是放在一系列比较判断之中或是函数调用返回之前。这类水印的验证需要事先知道水印的具体位置，同时也要防止水印在一些具有优化功能的编译器中被自动删除。

静态水印的优点是生成方式灵活多样，而且验证方便、快速。静态水印的缺点是很容易被攻击者发现存放位置，而且静态水印依赖于物理文件格式和具体的程序文件，因此很难设计出通用性好、逻辑层次高的水印方案。

动态水印根据水印产生的时机和位置可细分为以下 3 类。

1) 复活节彩蛋 (Easter Egg) 水印。在软件接收某种特殊输入时产生有代表意义的特定输出信息，如软件所有者的照片、软件开发公司的标识等。

2) 动态数据结构水印。把水印信息隐藏在堆、栈或全局变量域等程序状态中，通过检测特定输入下的程序变量当前值来进行水印提取。

3) 动态执行序列水印。在接收到一类特殊的输入触发后，对运行程序中指令的执行顺序或内存地址走向进行编码以生成水印，水印检测则通过控制地址和操作码顺序的统计特性来完成，这类特征可以用来作为软件的知识产权标志。

性能良好的软件水印技术应该在能够抵抗非法攻击和保障软件正常运行的前提下尽可能多而隐蔽地嵌入软件版权信息，同时不易被发觉。其中，软件水印算法的好坏起着重要作用。

虽然现有软件水印技术比起以前已经有了很大改善，但是其在防静态分析、防动态跟踪、反逆向工程、保护水印和软件的完整性方面仍有待提高，攻击者仍然可以通过裁剪攻击、变形攻击、附加攻击、合谋攻击等手段对软件水印技术进行攻击。

(3) 代码混淆

代码混淆（Code Obfuscation）技术也称为代码迷惑技术。通过代码混淆技术可以将源代码转换为与之功能等价但是逆向分析难度增大的目标代码，这样，即使逆向分析人员反编译了源程序，也难以得到源代码所采用的算法、数据结构等关键信息。因此，代码混淆可以抵御逆向工程、代码篡改等攻击行为。

代码混淆按保护方式的侧重点不同可分为布局混淆、控制流混淆、数据混淆和预防性混淆4类。

1）布局混淆（Layout Obfuscation）。布局混淆主要通过删除注释和源代码的结构信息，以及名称混淆，增加攻击者阅读和理解代码的难度。

① 代码注释中往往包含关于程序的功能、算法、输入、输出等多种信息，源代码的结构信息则包含方法和类等信息结构。删除注释和源代码的结构信息之后，不但使攻击者难以阅读和理解代码的语义，还可以减小程序的规模，提高程序装载和执行的效率。

② 名称混淆。软件代码中的常量名、变量名、类名、方法名等标识符的命名规则和字面意义有利于攻击者对代码的理解，通过混淆这些标识符可增加攻击者对软件代码理解的难度。名称混淆的方法有多种，如哈希函数命名、标识符交换和重载归纳等。

- 哈希函数命名是简单地将原来标识符的字符串替换成该字符串的哈希值，这样，标识符的字符串就与软件代码不相关了。
- 标识符交换是指先收集软件代码中所有的标识符字符串，然后随机地分配给不同的标识符，该方法不易被攻击者察觉。
- 重载归纳是指利用高级编程语言命名规则中的一些特点，例如，在不同的命名空间中变量名可以相同，使软件中不同的标识符尽量使用相同的字符串，增加攻击者对软件源代码的理解难度。

布局混淆是最简单的混淆方法，它不改变软件的代码和执行过程。布局混淆常用于Java字节码和.NET中间代码MSIL的混淆。由于攻击者通常无法直接获取软件的源代码，而是通过反混淆工具进行依赖性分析，或是直接进行逆向分析，因而布局混淆保护的意义不大。

2）控制流混淆。控制流混淆的目的是增加软件中控制流的复杂度，其不修改代码中的计算部分，只是对控制结构进行修改。根据对控制流的修改方式不同，可以将控制流混淆分为聚集变换、次序变换和计算变换等类型。

①聚集变换是指通过破坏代码间的逻辑关系实现控制流混淆，其基本思想是把逻辑上相关的代码拆分开，把它们分散到程序的不同地方，或者把不相关的代码聚集到一起，例如聚集到一个函数中，其主要混淆方法有以下几种。

- 内嵌函数方法，用函数体内部的代码替换程序中该函数的调用语句，这样就可以减少一个函数的定义，其内部代码整体的语义也就变得不如之前清晰了。
- 外提函数方法，该方法与内嵌函数正好相反，它把没有任何关系的代码合在一起来创造一个新的函数，该函数没有任何实际意义，但是，在程序执行过程中却被多次调用，从而使攻击者产生误解，认为该函数很有意义。
- 克隆函数方法，将一个函数复制为多个函数，新生成函数的功能是一致的，但是名称和实现的细节有些不同，可以调用其中的任何一个函数来替换原来的函数，这样可以有效增加攻击者逆向分析的工作量。
- 循环变换方法，通过对循环退出条件的等价变换使循环的结构变得复杂，如循环的模块化、循环展开和循环分裂等。

- 交叉合并方法，把不同功能的函数合并成一个函数，随着函数功能的不断增加，其代码整体的意义就变得越来越模糊了，由此增加了攻击者的理解难度。其实现方式比较简单，可以通过增加一个标识参数来区分不同的功能。

② 通常，语义相关的代码在源代码中的物理位置也相近，例如，功能相似或有依赖关系的函数会连续地放在同一个文件中或同一段代码中，这样有利于代码的阅读和理解。次序变换的目的是将语义相关的代码分散到不同的位置，尽量增加代码的上下文无关性。实现方法包括对文件中的函数重新排序、对循环体或函数体内部的语句块重新排序，以及对语句块内部的语句重新排序等。

③ 计算变换是指引入混淆计算代码来隐藏真实的控制流。该方法的应用效果和保护强度都很好，其主要混淆方法有以下几种。

- 引入不透明谓词。如果在程序中的某一点，一个谓词的输出对于混淆者是可知的（基于先验知识），而对于其他人却是难以获知的，则称该谓词为不透明谓词（Opaque Predicate）。不透明谓词技术所引入的路径分支并不影响代码的实际执行顺序，新插入的路径分支条件恒为真，或者恒为假，因此，这些路径分支不改变软件代码的语义，只是使代码的控制流变得复杂且难以分析。
- 插入垃圾代码。插入垃圾代码是指利用不透明谓词技术在其不可达分支上插入垃圾代码，增加代码静态分析的复杂度。因为在程序执行过程中，这些垃圾代码是永远不会被执行到的，因此垃圾代码与软件的语义无关，并不影响软件的执行结果。
- 扩展循环条件。扩展循环条件的基本思想是，在循环的退出条件中加入恒为真或者恒为假的不透明谓词 PT 和 PF，使循环结构变得更为复杂和难以分析。实际上，这些不透明谓词并不影响循环的实际执行次数，因此也不会改变程序的语义。
- 将可归约控制流图转化为不可归约控制流图。利用高级语言与低级语言表达能力上的差异，引入一些高级语言没有对应表达方式的控制流结构来增加攻击者反编译的复杂度。通常，低级语言（如汇编语言和机器语言）要比高级语言的表达能力强，例如，Java 语言中没有 goto 语句，只有结构化的控制流语句，而在 Java 字节码中则包含 goto 指令，因此，从技术上讲，Java 语言只能表示可归约的控制流图，而 Java 字节码则可以表示不可归约的控制流图。
- 代码并行化。并行化是一种重要的编译优化方法，用来提高程序在多处理器平台上的运行效率。并行化混淆是利用并行化机制隐藏程序真实的控制流，因为随着并行执行进程数量的增加，程序中可能的可执行路径数量将呈指数增长，静态分析难以应对如此高的复杂度。基于并行化混淆的实现方法有两种：一是创建不会对程序产生影响的垃圾进程；二是将程序的代码序列分割成多个部分，然后并行执行。

3）数据混淆。数据混淆是指在不影响软件功能的前提下变换软件代码中的数据或数据格式，增加软件代码的复杂度。根据混淆方式不同，数据混淆可以分为存储和编码变换、聚集变换和顺序变换等。

① 存储和编码变换。通过混淆软件代码中变量的存储方式和编码方式来消除变量的含义，使它们的操作和用途变得晦涩难懂，主要的混淆方法包括以下几种。

- 分割变量。例如，把一个二进制变量 v 拆分成两个二进制变量 p 和 q，然后通过函数建立 p、q 与 v 之间的映射关系，并建立基于新的变量编码结构的运算规则。

- 将简单的标量变成复杂的对象结构。例如，在 Java 语言中可以将整型变量变成与整型相关的对象结构。
- 改变变量的生命周期。例如，将一个局部变量变成一个全局变量。
- 将静态数据用函数表示。例如，软件代码中的字符串常量用一个函数来动态构造等。
- 修改编码方式。例如，用更复杂的等价的多项式替换数组变量原始的下标表达式等。

② 聚集变换是指通过将多个数据聚集在一起形成新的数据结构，实现隐藏原始数据格式的目的。聚集变换常用于混淆面向对象的高级语言。聚集方式有数组聚集和对象聚集两种，聚集方法有以下几种。

- 合并标量变量。例如，将多个变量 v_1，…，v_n 合并成一个变量 v_m。
- 重新构造数组来混淆数组运算。重构数组的方法有很多种，例如，将一个数组分割成两个小的数组，将多个数组合并成一个大数组，将一维数组“折叠”成多维数组，将多维数组“压平”成一维数组等。
- 修改类的继承关系也可以增加代码的复杂度，可以把两个无关的类进行聚集，生成一个新的无意义的父类，也可以把一个类拆分成两个类，其关键是增加软件代码中类的继承深度，因为软件的复杂度与类的继承深度成正比。

③ 顺序混淆。与控制混淆中混淆代码所执行的顺序类似，对源代码中的声明进行随机化也是一种常见的混淆形式。与控制顺序混淆不同的是，此处是对方法及类中的变量、方法中形式参数的顺序进行随机化。在对方法中形式参数的顺序进行随机化的过程中，实参顺序也要进行相应的重新排序。这种混淆的强度虽然较低，但是抗分析性比较好。

4）预防性混淆。与控制混淆和数据混淆的目的在于迷惑程序或者分析人员不同，预防性混淆则是通过降低各种已知的自动反混淆技术的分析能力（内在的预防混淆），或者利用当前的各种反混淆器和反编译器中的弱点（目标性预防混淆）来实现。

预防性混淆的主要目的不是使代码变得难以被攻击者理解，而是使自动化的逆向分析工具难以理解。预防性混淆根据自动逆向分析工具的弱点，有针对性地设计混淆策略，阻止反汇编或反编译等分析工具的自动化处理，主要的实现方法分为内在的预防混淆和目标性预防混淆两类。

① 内在的预防混淆是指利用已知的某种逆向分析技术的缺陷进行有针对性的混淆变换，所有使用该技术的逆向分析工具都将受到影响。

② 目标性预防混淆是指针对某个反汇编或反编译等逆向分析工具的缺陷进行专门设计的混淆变换。该混淆变换不会影响其他的逆向分析工具。

拓展知识：国际 C 语言混乱代码大赛

国际 C 语言混乱代码大赛（The International Obfuscated C Code Contest，IOCCC）是一项著名的国际编程赛事。比赛的目的是写出最有创意的、最让人难以理解的 C 语言代码，当然也要有趣，以充分展示 C 语言和程序员的强大。

图 7-28 所示是 2011 年“最佳秀”（Best of Show）奖得主的代码，看上去是一个卡通女孩，实际上是一个能够处理 3 种文件格式（PGM、PPM 和 ASCII Art）的降采样工具。它的作者是一位在 Google 工作的华裔工程师 Don Hsi-Yun Yang。C 语言源代码可以从 IOCCC 官网下载 http://www.ioccc.org/2011/akari/akari.c，代码解释参见 http://www.ioccc.org/2011/akari/hint.html。

图 7-28　2011 年获奖代码

(4) 软件加壳

加壳是指在原二进制文件（如可执行文件、动态链接库）上附加一段专门负责保护该文件不被反编译或非法修改的代码或数据，以对原文件进行加密或压缩，并修改原文件的运行参数或运行流程，使其被加载到内存中执行时附加的这段代码——保护壳先于原程序运行，执行过程中先对原程序文件进行解密和还原，完成后再将控制权转交给原程序。加壳后的程序能够增加逆向（静态）分析和非法修改的难度。

根据对原程序实施保护方式的不同，壳大致可以分为以下两类。

1）压缩保护型壳。即对原程序进行压缩存储的壳。这种壳以减小原程序的体积为目的，在对原程序的加密保护上并没有做过多的处理，所以安全性不高，很容易脱壳。

2）加密保护型壳。程序执行时会提示用户输入口令或注册码，输入的正确信息才能对原程序进行解密。

(5) 虚拟机保护

虚拟机保护（Virtual Machine Protection）的基本保护思想来自俄罗斯的著名软件保护产品 VMProtect。虚拟机保护的原理是，首先模拟产生自己定制的虚拟机，然后将软件程序集代码翻译为这个模拟产生的虚拟机才能解释执行的虚拟机代码。由于软件执行的时候部分运算是在虚拟机中进行的，虚拟机的复杂度很高，软件攻击者需要了解虚拟机的结构或者看懂虚拟机指令集才能够逆向成功，这无疑加大了软件程序集代码被逆向的难度，极大地提高了软件程序集的保护强度。

✍ **小结**

对于攻击者而言，基于硬件的保护技术的攻击点是明确的，而基于软件的保护技术虽然有多种，但是各类保护技术或多或少地存在不足，因此仍然面临被攻击的风险。实际应用中，我们可以将基于硬件及基于软件的多种保护手段结合起来，以增强保护的强度。

7.4.3　云环境下软件的版权保护

云计算环境下，将软件作为一种服务提供给客户的 SaaS 模式，用软件服务代替传统的软件产品销售，不仅可以降低软件消费企业购买、构建、维护基础设施及应用程序的成本和困难，而且可以使软件免于盗版的困扰。

SaaS 模式已经开始在中小企业中流行起来。例如，软件服务商将自己的财务软件放在服务器上，利用网络向其用户单位有偿提供在线的财务管理系统应用服务，并对租用者承担维护和管理软件、提供技术支援等责任。用户单位只需登录到 SaaS 服务商的站点，访问其被授权使用的软件应用系统，就可以在该系统中进行一系列功能操作，这很受中小企业用户的欢迎。然而，在 SaaS 模式下，租用者的数据需要保存在软件供应商指定的存储系统中，不管在感觉上还是在具体的操作过程中，都存在一定的安全风险。云计算环境下的安全问题是一个大的课题，本书不展开讨论。

前面介绍的已有的软件保护方式无法满足云计算环境下 SaaS 模式的新需求。例如，对于软件狗这类一次性永久授权模式，在云计算环境下的弊端是明显的：硬件的存在带来了生产、初始化、物流和维护的成本，无法实现电子化发行，无法实现试用版本和按需购买，额外的接口要求和硬件设备影响软件用户的使用，难以进行升级、跟踪及售后管理等。手工发放序列号的授权方式不易于管理，对于大批量的用户，必须自己建立管理系统，并且软件用户操作复杂，容易出错，购买维护专门的授权服务器的成本也很高。

国内外的一些互联网公司适时推出了云环境下的软件授权管理解决方案。例如，Flexera 公司的 FlexNet 系列产品、Bitanswer 公司的比特安索软件授权管理与保护系统等。

🕮 拓展阅读

读者要想了解更多软件技术保护的理论和技术，可以阅读以下书籍资料。

[1] Collberg C. 软件加密与解密 [M]. 崔孝晨，译. 北京：人民邮电出版社，2012.
注：这本书的英文名为 *Surreptitious Software*，更准确的译名应为《隐蔽软件》。

[2] 段钢. 加密与解密 [M]. 4 版，北京：电子工业出版社，2018.

[3] 王建民，等. 软件保护技术 [M]. 北京：清华大学出版社，2013.

[4] 章立春. 软件保护及分析技术——原理与实践 [M]. 北京：电子工业出版社，2016.

[5] 赵丽莉. 著作权技术保护措施信息安全遵从制度研究 [M]. 武汉：武汉大学出版社，2016.

[6] 陈波，于泠. 软件安全技术 [M]. 北京：机械工业出版社，2018.

7.5 思考与实践

1. 根据本书的介绍，应用系统面临的安全问题可以分为哪几类？
2. 试谈谈对软件漏洞的认识，举出软件漏洞造成危害的事件例子。
3. 程序运行时的内存布局是怎样的？
4. 在程序运行时，用来动态申请分配数据和对象的内存区域形式称为什么？
5. 什么是缓冲区溢出漏洞？
6. 什么是恶意代码？除了传统的计算机病毒，还有哪些恶意代码类型？
7. 试解释以下与恶意代码程序相关的计算机系统概念，以及各概念之间的联系与区别：进程、线程、动态链接库、服务、注册表。
8. 从危害、传播、激活和隐藏 4 个主要方面分析计算机病毒、蠕虫、木马、后门、Rootkit

及勒索软件这几类恶意代码类型的工作原理。

9. 试述计算机病毒的一般构成、各个功能模块的作用和工作机制。

10. 网络蠕虫的基本结构和工作原理是什么？

11. 病毒程序与蠕虫程序的主要区别有哪些？限制病毒传播速度的有效措施有哪些？

12. 什么是 Rootkit？它与木马和后门有什么区别与联系？

13. 什么是勒索软件？为什么勒索软件成为近年来数量增长最快的恶意代码类型？

14. 恶意代码防范的基本措施包括哪些？

15. 如何防止把带有木马的程序装入内存运行？请给出几个有效的方法，并说明这些方法对系统运行效率的影响。

16. 对于程序语言中出现的安全问题，如越界问题、不安全的信息流问题，你觉得编译器应如何解决这些问题？

17.针对软件的版权有哪些侵权行为？

18. 什么是软件逆向工程？

19. 有哪些常用的软件逆向分析方法和工具？

20. 有哪些典型的软件开发模型？

21. 微软的 SDL 模型与传统的瀑布模型的关系是怎样的？

22. SD3+C 原则是 SDL 模型实施的基本原则，试简述其内容。

23. 知识拓展：微软在其安全开发生命周期网站上（https://www.microsoft.com/en-us/sdl/default.aspx）提供免费的可下载工具和指南，其中包括敏捷的安全开发生命周期（SDL）、威胁建模工具和攻击面分析器，以帮助实现安全开发生命周期（SDL）流程的自动化，并对其进行提高效率，以及实现安全开发生命周期（SDL）实施的易用性。请访问该网站，了解相关信息。

24. 知识拓展：访问安码（Software Assurance Forum for Excellence in Code，SAFECode）网站 http://www.safecode.org，了解最新的软件安全开发报告等信息。

25. 知识拓展：访问以下网站，了解软件版权保护产品或服务。

1）富莱睿公司的 FlexNet 系列产品，http://www.flexerasoftware.cn。

2）比特安索公司，http://www.bitanswer.cn。

3）深思数盾公司，http://www.sense.com.cn。

4）金雅拓公司，http://cn.safenet-inc.com。

26. 读书报告：查阅资料，了解移动恶意代码的种类、危害及防范措施。完成读书报告。

27. 读书报告：查阅资料，了解目前国内外常见的恶意软件自动化分析平台，并通过实际测试比对分析各自的优缺点，进一步思考如何构建一款自动化的恶意软件分析平台，请给出具体架构设计，并论述其中的关键技术和难点。完成读书报告。

28. 读书报告：基于特征码的检测是当前主流的恶意代码检测方法。访问以下网站并查阅资料，了解恶意代码特征码的提取方法，并分析特征码检测方法的优缺点。完成读书报告。

1）https://www.hybrid-analysis.com。

2）https://malwr.com。

29. 综合实验：以下是一些有漏洞的程序，均源于不良的编程习惯或极不专业的编程能力。请回答：

1）请找出漏洞并加以改正。

2）通常找出漏洞的方法包括静态检测和动态检测，请解释这两种检测方法。

程序 1：

```
#define BUFFERSIZE   64
void func( size_t buffersize, char  * buf)
{       if( buffersize<BUFFERSIZE)
        {   char  * pBuff=new char[ buffersize-1];
            memcpy( pBuff, buf, buffersize-1];
        }
}
```

程序 2：

```
Function StringDBLookupByPostCode( strPostCode)
{   Connection = " server = weatherserver; user = sysadmin; password = xyzzyl" ;
    String query = " SELECT  * FROMweatherdata WHERE postcode = ' " +strPostCode+" '" ;
    String weather = Connection. ExecuteQuery( query) ;
    Connection. Close( ) ;
    Return Weather;
}
```

30. 综合实验：可以将内存访问错误大致分成以下几类：数组越界读或写、访问未初始化内存、访问已经释放的内存、重复释放内存和释放非法内存。下面的代码集中显示了上述问题。这个包含许多错误的程序不但可以编译、链接，而且可以在很多平台上运行。但是这些错误就像定时炸弹，会在特殊配置下触发，造成不可预见的错误。这就是内存错误难以发现的一个主要原因。试分析以下代码中存在的安全问题。

```
1    #include <iostream>
2    using namespace std;
3    int main( ) {
4        char *  str1 = " four" ;
5        char *  str2 = new char[ 4] ;//not enough space
6        char *  str3 = str2;
7        cout<<str2<<endl;              //UMR
8        strcpy( str2, str1) ;          //ABW
9        cout<<str2<<endl;              //ABR
10      delete str2;
11       str2[ 0] + = 2;                //FMR and FMW
12       delete str3;                   //FFM
13   }
```

31. 综合实验：分析下面这段代码是否存在安全漏洞，若有，请给出漏洞利用方法。

```
<?php
    $id =$_GET[ 'id'] ;
    $id = mysql_real_escape_string( $id) ;
    $getid = " SELECT first_name, last_name FROM users WHERE user_id = $id" ;
    $result = mysql_query( $getid) or die( '<pre>' . mysql_error( ) . '</pre>' ) ;
    $num = mysql_numrows( $result) ;
    $i = 0;
    while ( $i < $num) {
        $first = mysql_result( $result, $i, " first_name" ) ;
        $html = 'ID: ' . $id . '<br>First name: ' . $first;
        $i++;
    }
? >
```

32. 操作实验：SQL 注入工具使用。实验内容：

1）使用 SQLMap（http://sqlmap.org）开源工具进行 SQL 注入实验。

2）使用 Pangolin 进行 SQL 注入实验。

3）了解更多注入类工具并进行比较。

完成实验报告。

33. 操作实验：熊猫烧香病毒分析。实验内容：

1）基于虚拟机软件及其快照功能，搭建一个恶意代码分析实验环境。

2）分析熊猫烧香病毒的程序结构、入侵过程。

完成实验报告。

34. 操作实验：WannaCry 勒索软件分析及防治。实验内容：

1）基于虚拟机软件及其快照功能，搭建一个恶意代码分析实验环境。

2）分析 WannaCry 勒索软件的程序结构、入侵过程，重点对漏洞利用模块和加密器进行分析。

3）实践打补丁和关闭端口等防治 WannaCry 勒索软件的方法。

完成实验报告。

35. 操作实验：反恶意代码软件的分析和使用。ClamAV（http://www.clamav.net/）是一个类 UNIX 系统上使用的开放源代码的防毒软件；OAV（Open AntiVirus，http://www.openantivirus.org）项目是在 2000 年 8 月由德国开源爱好者发起的，旨在为开源社区的恶意代码防范开发者提供一个资源交流平台。实验内容：

1）下载这两款反恶意代码软件，掌握使用方法。

2）了解这两款反恶意代码软件查毒引擎的框架和核心代码。

完成实验报告。

36. 编程实验：编写程序，用 API 函数 MapFileAndCheckSum 检测一个 EXE 或 DLL 程序是否被修改。完成实验报告。

37. 综合实验：恶意代码分析。实验内容：

1）基于虚拟机软件及其快照功能，搭建一个恶意代码分析实验环境。

2）从 Microsoft 官方网站 http://docs.microsoft.com/zh-cn/sysinternals 下载文件和磁盘工具、网络工具、进程工具、安全工具、系统信息工具及混合工具，如 Filemon、Regmon、Process Explorer、TCPView 等。选择一款软件，运用这些工具对该软件的各类行为进行监控和分析。

3）在分析恶意代码的过程中，除了使用行为监控工具进行行为监控以外，还需要使用一些辅助工具协助分析，这些工具可以扫描和监控恶意代码进程使用的多种手段，如隐藏进程、保护进程、保护文件、禁止复制、DLL 注入、SPI、BHO、API Hook、消息钩子等。请下载并安装 IceSword、HijackThis 等软件，完成对某个恶意代码文件的监控辅助分析。

4）编程实现对该软件的文件、注册表、进程及网络等行为进行监控和分析。完成实验报告。

38. 综合实验：软件进行代码签名和验证。实验内容：

1）对本机系统软件（如 Windows 系统）进行代码签名验证。

2）IE、Firefox 等浏览器中软件签名验证的设置。

3）申请免费代码签名数字证书，使用代码签名工具（如微软的 SignCode.exe）对自己开发的软件进行代码签名和验证。

4）阅读《中华人民共和国电子签名法》(可访问中国人大网 http://www.npc.gov.cn/wxzl/

gongbao/2015-07/03/content_1942836. htm)，了解电子签名的法律要求和法律效力。

5）分析代码签名目前面临的问题，并思考解决之道。

完成实验报告。

39. 操作实验。软件加壳工具应用。实验内容：

1）学习使用以下压缩壳工具。

- ASPack，http://www. aspack. com。
- UPX，https://upx. github. io。
- PECompact，https://bitsum. com/portfolio/pecompact。

2）学习使用以下加密壳工具。

- ASProtect，http://www. aspack. com/asprotect32. html。
- Armadillo，http://arma. sourceforge. net。
- EXECryptor，https://execryptor. en. softonic. com。
- Themida，http://www. oreans. com/themida. php。

完成实验报告。

40. 操作实验。代码混淆工具的使用。实验内容：根据自己熟悉的开发语言选择下列常用的代码混淆器，进行代码混淆实验。完成实验报告。

- yGuard（Java 语言），http://www. yworks. com/products/yguard。
- JODE（Java 语言），http://jode. sourceforge. net/。
- Dotfuscator（. NET），https://www. preemptive. com/products/dotfuscator/downloads; https://docs. microsoft. com/zh-cn/visualstudio/ide/dotfuscator/。

41. 编程实验：编程实现软件注册保护、时间限制、功能限制、次数限制等软件版权保护功能。

42. 编程实验：试了解 . NET 开发平台及 IL 代码，并利用 Visual Studio 2013 开发工具生成 . NET 静态水印。

7.6 学习目标检验

请对照本章学习目标列表，自行检验达到情况。

学习目标		达到情况
知识	了解计算机应用系统面临的三大类安全威胁	
	了解软件漏洞的概念、特点、成因及分类	
	了解缓冲区溢出漏洞的基本概念、原理及利用方法	
	了解 SQL 注入类漏洞的原理及利用方法	
	了解计算机病毒、蠕虫、木马、后门、Rootkit、恶意脚本及勒索软件等主要几类恶意代码的概念，以及它们在危害、传播、激活和隐藏 4 个主要方面的工作原理	
	了解计算机病毒、蠕虫、木马、后门、Rootkit、恶意脚本及勒索软件这几类恶意代码工作原理上的区别与联系	
	了解当前恶意代码技术的发展	

（续）

学习目标		达到情况
知识	了解哪些是软件侵权行为	
	了解典型的软件开发模型，以及这些软件开发模型之间的区别与联系	
	了解微软的软件安全开发生命周期（SDL）模型	
	了解恶意代码的特征检测、身份（来源）检测、能力（行为）检测及运行环境检测的技术	
	了解软件知识产权保护的常用技术	
能力	能够对缓冲区溢出漏洞、SQL 注入漏洞等常见软件漏洞及其利用方式进行分析	
	能够在实际应用软件开发中建立合适的安全开发模型，明确开发者和管理者围绕安全应当开展哪些活动	
	能够搭建恶意代码分析虚拟实验环境	
	掌握恶意代码的源代码分析和软件行为分析的方法	
	掌握软件代码签名和验证的方法	
	掌握软件保护的常用技术措施	

第8章　应急响应与灾备恢复

导学问题

- 为什么 PDRR 模型中要设置应急响应与灾备恢复这一环节？☞8.1节
- 什么是应急响应？应急响应如何组织？☞8.2.1小节
- 应急响应的过程是怎样的？过程中每一阶段的主要工作有哪些？☞8.2.2小节
- 应急响应涉及哪些关键技术？☞8.2.3小节
- 作为应急响应中的关键环节，什么是容灾备份与恢复？☞8.3.1小节
- 容灾备份与恢复涉及的关键技术有哪些？☞8.3.2小节

8.1　应急响应和灾备恢复的重要性

就像汽车、火车和飞机的普及将车祸、出轨和空难引入我们的生活一样，计算机、无线通信和互联网普及的同时，计算机系统宕机、数据库系统崩溃和通信网络瘫痪也成为常见的事件。虽然人们研究了各种各样的措施来防范和解决这些安全问题，但是由于安全漏洞的普遍性，如人为的破坏和无意的误操作等原因，安全事故甚至是灾难事故层出不穷，给人们的工作、学习、生活，乃至社会稳定和国家安全带来了巨大危害。

第1章介绍的 PDRR 模型中包含了响应环节，这一环节的主要工作是应急响应和灾难备份与恢复（简称灾备恢复）。应急响应与灾备恢复在信息系统安全中占有相当重要的地位，它包括平时的事件响应、应急响应和灾备恢复，重点在于对安全事件的应急处理，关系到系统在经历灾难后能否迅速恢复。

案例 8-1　2016年1月28日早晨，全球最大的开源平台 GitHub 服务出现宕机。GitHub 作为开源代码库及版本控制系统，目前拥有140多万开发者用户，已经成为了管理软件开发及发现已有代码的首选平台。GitHub 出现问题已经不是第一次了，在2012年、2013年和2015年均出现不同原因的服务故障。

2017年1月31日，在线服务网站 GitLab. com 发生了由管理员误删除引起的主数据库数据丢失的严重事故。GitLab 是一个用于仓库管理系统的开源项目。这次事故导致了 GitLab 服务长时间中断，还永久损失了部分生产数据，无法恢复。更严重的是，还损失了数据库的相关记录数据，包括项目、注释、用户账户、问题和代码段。

案例 8-2　2001年9月11日，美国发生了震惊世界的9·11恐怖袭击事件，不仅造成两栋400 m高的摩天大厦坍塌，2000余名无辜者不幸罹难，还彻底毁灭了数百家公司所拥有的重要数据。

名列世界财富500强的金融界巨头摩根斯坦利公司的全球营业部也设在世贸大厦，当大家认为摩根斯坦利公司也会成为这一恐怖事件的殉葬品之一的时候，该公司竟然奇迹般地宣布，全球营业部第二天就可以照常工作。摩根斯坦利公司之所以能够在9月12日恢复营业，主要原因是，它不仅像一般公司那样在内部进行数据备份，而且在新泽西州建立了灾备中心，并保留着数据备份。

9·11恐怖袭击事件发生后，摩根斯坦利公司立即启动新泽西州的灾难备份中心，从而保障了公司全球业务的不间断运行，有效降低了灾难对于整个企业发展的影响。数据备份和远程容灾系统在关键时刻挽救了摩根斯坦利公司，同时也在一定程度上挽救了美国的金融行业。

9·11恐怖袭击事件给我们带来了深切的启示——容灾备份是重要信息系统安全的基础设施。重要信息系统必须构建容灾备份系统，以防范和抵御灾难所带来的毁灭性打击。

正面和反面的案例反复提醒人们，对于信息系统的安全还需要做到以下两点。

- 高度重视：在当今这个由数据驱动的世界里，组织和个人是高度依赖于其数据的。
- 有效应对：为了避免数据灾难，除了确保数据的保密性等安全需求以外，我们还要确保数据的可用性，即重视数据的容灾备份和恢复。

8.2 应急响应

本节介绍信息安全应急响应的基本概念、应急响应的一般过程及应急响应涉及的关键技术，最后给出了一个安全应急响应预案制订的应用实例。

8.2.1 应急响应的概念

1. 应急响应

应急响应（Incident Response或Emergency Response）是指一个组织为了应对各种网络安全事件的发生所做的准备，以及在事件发生后所采取的措施。其目的是尽可能减少和控制安全事件的损失，提供有效的响应和恢复指导，并努力防止安全事件的发生。应急响应的重点并不是应急，而是预防。

这里的“安全事件”（Security Accident）可以分为有害程序事件、网络攻击事件、信息破坏事件、信息内容安全事件、设备设施故障、灾害性事件和其他网络安全事件等。

1）有害程序事件，包括计算机病毒事件、蠕虫事件、特洛伊木马事件、僵尸网络事件、混合程序攻击事件、网页内嵌恶意代码事件和其他有害程序事件。

2）网络攻击事件，包括拒绝服务攻击事件、后门攻击事件、漏洞攻击事件、网络扫描窃听事件、网络钓鱼事件、干扰事件和其他网络攻击事件。

3）信息破坏事件，包括信息篡改事件、信息假冒事件、信息泄露事件、信息窃取事件、信息丢失事件和其他信息破坏事件。

4）信息内容安全事件，包括通过网络传播法律法规禁止信息，组织非法串联、煽动集会游行或炒作敏感问题并危害国家安全、社会稳定和公众利益的事件。

5）设备设施故障，包括软硬件自身故障、外围保障设施故障、人为破坏设施故障和其他设备设施故障。

6）灾害性事件，包括由自然灾害等突发事件导致的网络安全事件。

7）其他网络安全事件。是指不能归为以上分类的网络安全事件。

☒ **说明：**

由于不同的组织有不同的安全策略，因此对安全事件的定义也各不相同。

2. 应急响应组织

国际上通常把应急响应组织称为 CSIRT（Computer Security Incident Response Team，计算机安全事件响应组织）。根据 RFC 2350 中的定义，CSIRT 是对一个固定范围的客户群内的安全事件进行处理、协调或提供支持的一个团队。一个应急响应组的人员数由应急响应组的服务范围和类型而定，甚至可以是一个人。根据资金的来源、服务的对象等多种因素，应急响应组可分成公益性、商业性、厂商及内部等几种。

美国国防部于 1989 年资助卡内基梅隆大学（CMU）建立了世界上第一个计算机应急响应小组（Computer Emergency Response Team，CERT）及协调中心（CERT/CC），中心网站为 http://www.cert.org。CERT 的成立标志着信息安全由传统的静态保护手段开始转变为完善的动态防护机制。

从 CERT/CC 成立至今，许多国家和地区特别是发达国家都已相继建立了信息安全应急组织。我国建立的应急处理组织包括国家互联网应急中心（CNCERT/CC）、国家计算机病毒应急处理中心（NCVERC）、国家计算机网络入侵防范中心（NCNIPC）等。

文档资料

国内计算机安全应急响应中心列表
来源：https://github.com/codingsafe
请访问网站链接或扫描二维码查看全文。

为了各响应组之间的信息交换与协调，1990 年 11 月，由美国等国家的应急组织发起，一些国家的 CERT 组织参与成立了计算机事件响应与安全工作组论坛（Forum of Incident Response and Security Teams，FIRST）。FIRST 的基本目的是使各成员能在安全漏洞、安全技术、安全管理等方面进行交流与合作，以实现国际间的信息共享、技术共享，最终达到联合防范计算机网络攻击行为的目标。我国的国家互联网应急中心（CNCERT/CC）于 2002 年 8 月成为 FIRST 的正式成员。

3. 应急响应体系

现实表明，单一的应急响应组织已经不能应对当今的网络安全威胁。应急响应体系（Emergency Response System）是指，在突发或重大信息安全事件发生前后，对包括计算机运行在内的业务运行进行维持或恢复的各种管理策略、规程及技术。

8.2.2 应急响应的过程

应急响应过程可以划分为 4 个主要阶段：应急准备、监测与预警、应急处置和总结与改进。各阶段之间的关系及各阶段对应的主要工作内容如图 8-1 所示。

1. 应急准备

应急准备阶段的工作包括建立应急响应组织、制定应急响应制度、风险评估与改进、划分应急事件级别、应急响应预案制订，以及培训和演练。

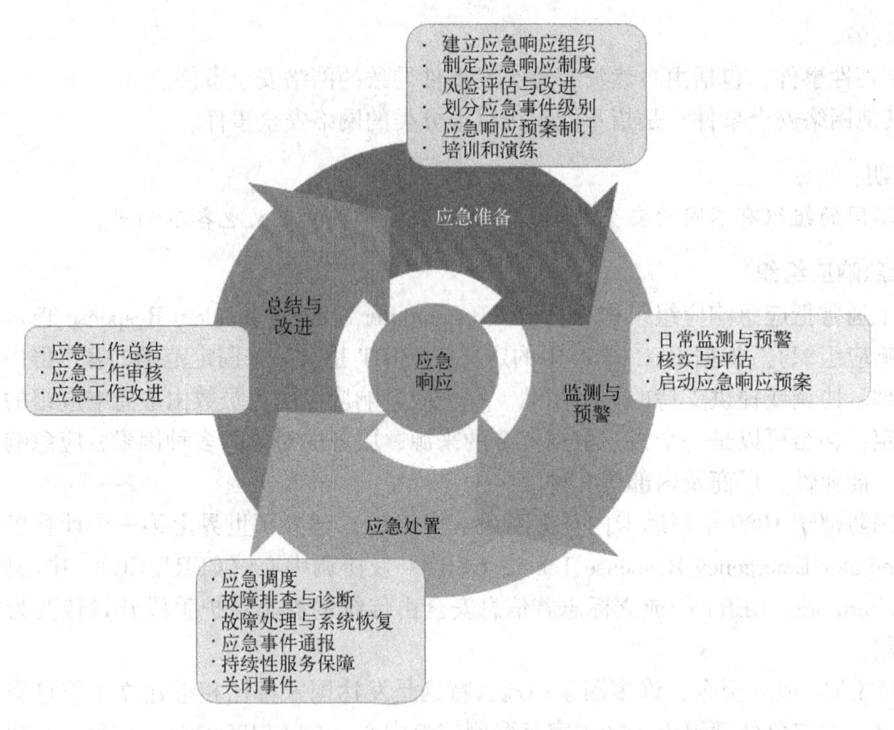

图 8-1　应急响应过程 4 个阶段的关系及主要工作内容

(1) 建立应急响应组织

1) 通用的网络安全应急工作组织架构如图 8-2 所示。

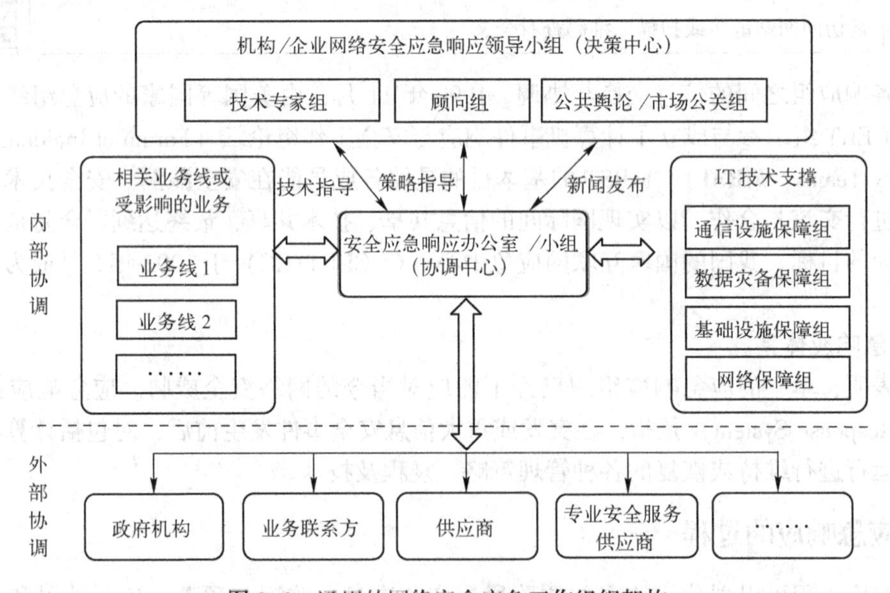

图 8-2　通用的网络安全应急工作组织架构

在具体职能上，机构/企业网络安全应急响应领导小组对安全应急工作进行统一指挥，安全应急响应办公室具体负责执行。例如，安全应急响应办公室负责各类上报信息的收集和整体态势的研判、信息的对外通报等；相关业务线的协调工作是指，安全事件影响了机构或企业的某些业务，使之无法正常运行，甚至瘫痪，需要业务线相关人员参与到应急响应工作中，配合查明原因，恢复业务；各专项保障组在各级网络安全应急办公室的领导下，承担执行网络系统安全应急处置与保障工作；技术专家组的任务是指导技术实施人员采取有效技术措施，及时诊断网络安全事故，及时响应；顾问专家组则主要提供总体或专项策略支持；而市场公关组则负责对外的消息发布，以及应急处置情况的公开沟通与回应。

在外部协调上，安全应急响应办公室需要和政府机构（如公安部门、工信部门、CNCERT等）及时通报情况，并沟通应急处置事宜；业务关联方、供应商也是外部协调对象。通常来说，专业安全服务厂商也是供应商的一种，但是根据近年来的安全应急响应实践来看，专业安全服务供应商的作用越来越大，也受到各方的重视，因此在一般模型中单独列出。

需要强调的是，安全应急响应办公室是应急响应执行的关键组织保障，其负责人需要在有足够的协调能力的同时有足够的权力，才能调动内部部门、主营业务领域的协同力量。机构内部的技术专家组和顾问组对安全应急响应的制度流程建设及完善有重要支撑作用，在应急事件响应上也发挥着参谋作用，并且需要和保障层的软件供应商、设备供应商、系统集成商、服务提供商的相关技术支持人员，以及专业安全服务供应商的支持人员保持密切配合。

2）我国网络安全应急响应组织架构如图 8-3 所示。该架构由国家网络安全主管部门、国家互联网应急中心等组织构成。

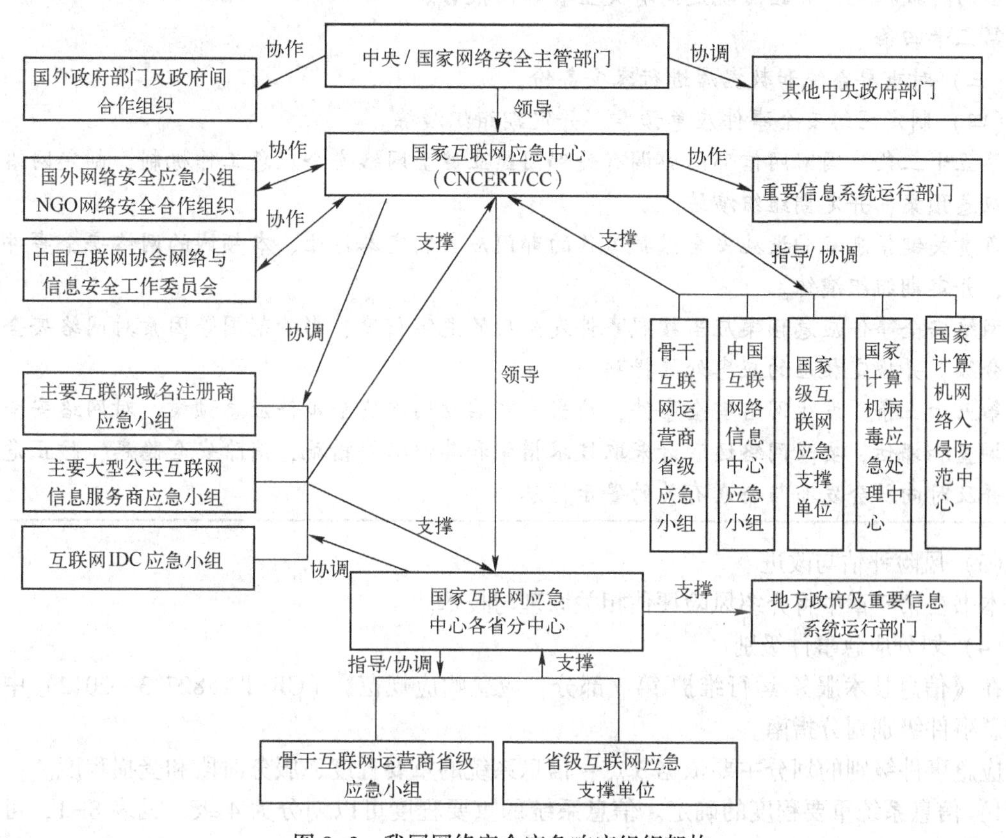

图 8-3　我国网络安全应急响应组织架构

（2）制定应急响应制度

我国从国家层面、行业层面都建立了明确的应急工作机制及相关的制度，可以指导网络安全应急工作顺利地开展。有些行业还充分利用国家网络安全机构的力量建立情报共享、多方合作及事件通报机制，实现网络安全信息情报的及时、有效沟通，能够为网络安全应急提供充足的预警、决策、反应时间。

2005 年，我国出台了《国家突发公共事件总体应急预案》，构建了我国应急体系和预案体系基本架构。预案要求各地各部门要结合实际，有计划、有重点地组织有关部门对相关预案进行演练。

2008 年，公安部发布的《信息系统安全等级保护基本要求》和 2016 年 11 月 7 日发布的《中华人民共和国网络安全法》（简称《网络安全法》）都对应急响应工作提出了要求。《网络安全法》从立法高度明确了网络安全应急工作机制。

2016 年 12 月，我国首次公开发布《国家网络空间安全战略》。战略中明确提出当前和今后一个时期国家网络空间安全工作的战略任务："建立国家网络安全技术支撑体系，完善网络安全监测预警和网络安全重大事件应急处置机制"。

拓展知识：我国《网络安全法》中关于应急响应工作的要求

第二十五条　网络运营者应当制定网络安全事件应急预案，及时处置系统漏洞、计算机病毒、网络入侵、网络攻击等安全风险；在发生危害网络安全的事件时，立即启动应急预案，采取相应的补救措施，并按照规定向有关主管部门报告。

第三十四条

（三）对重要系统和数据库进行容灾备份。

（四）制定网络安全事件应急预案，并定期组织演练。

第五十三条　国家网信部门协调有关部门建立健全网络安全应急工作机制，制定网络安全事件应急预案，并定期组织演练。

负责关键信息基础设施安全保护工作的部门应当制定本行业、本领域的网络安全事件应急预案，并定期组织演练。

网络安全事件应急预案应当按照事件发生后的危害程度、影响范围等因素对网络安全事件进行分级，并规定相应的应急处置措施。

第五十五条　发生网络安全事件，应当立即启动网络安全事件应急预案，对网络安全事件进行调查和评估，要求网络运营者采取技术措施和其他必要措施，消除安全隐患，防止危害扩大，并及时向社会发布与公众有关的警示信息。

（3）风险评估与改进

本书在第 9 章中将介绍风险评估相关原理与技术。

（4）划分应急事件级别

在《信息技术服务 运行维护 第 3 部分：应急响应规范》（GB/T 28827.3—2012）中给出了应急事件级别划分指南。

应急事件级别的划分主要依据 3 点：信息系统的重要程度、服务时段和受损程度。

1）信息系统重要程度的确定。信息系统的重要程度可以划分为 4 级，见表 8-1，可由以下 4 个因素决定。

① 信息系统所属类型，即信息系统资产的安全利益主体。

② 信息系统主要处理的业务信息类别。

③ 信息系统服务范围，包括服务对象和服务网络覆盖范围。

④ 业务对信息系统的依赖程度。

其中，第①、②个因素决定信息系统内信息资产的重要性，第③个因素决定信息系统所提供服务的重要性。而信息资产及信息系统服务的重要性决定了信息系统的重要性。

表 8-1　信息系统重要程度分类

赋　值	信息系统的重要性
1	信息系统受到破坏后，会对公民、法人和其他组织的合法权益造成损害，但不损害国家安全、社会秩序和公共利益
2	信息系统受到破坏后，会对公民、法人和其他组织的合法权益产生严重损害，或者对社会秩序和公共利益造成损害，但不损害国家安全
3	信息系统受到破坏后，会对社会秩序和公共利益造成严重损害，或者对国家安全造成损害
4	信息系统受到破坏后，会对社会秩序和公共利益造成特别严重的损害，或者对国家安全造成严重损害

2）信息系统服务时段的确定。信息系统服务时段可以划分为 3 级。依据应急事件发生的不同时间对信息系统恢复正常服务所需的时间要求而确定，具体划分方法见表 8-2。

表 8-2　信息系统服务时段赋值表

赋　值	描　述
1	非系统服务时段（不含系统服务时段即将开始）
2	系统服务时段或系统服务时段即将开始
3	系统处于重点时段保障或处于服务高峰时段

3）信息系统受损程度的确定。应急事件造成的信息系统损失程度可以划分为 3 级。依据故障发生对信息系统提供的服务能力的下降程度而确定，具体划分方法见表 8-3。

表 8-3　信息系统损失程度赋值表

系统性能	系 统 功 能		
	功能无损	部分损失	全部损失
小于阈值	——	1	3
大于或等于阈值	1	2	3

注：重点时段保障的损失程度赋值为 3。

事件定级步骤：首先为应急事件的 3 个定级要素赋值，然后将 3 个要素赋值相乘，得到应急事件具体分值，其范围为 1~36。建议将分值在区间 1~6 的定义为三级事件，分值在 8~18 的定义为二级事件，分值在 24~36 的定义为一级事件。

（5）应急响应预案制订

应急预案是指针对可能发生的事故，为迅速、有序地开展应急行动而预先制订的行动方案。安全应急预案应形成体系，针对各级各类可能发生的安全事件和所有风险源制订专项应急预案和处置方案，并明确事前、事中和事后的各个过程中相关部门和有关人员的职责。

应急预案体系一般包括总体应急预案、综合应急预案、专项应急预案。

- 总体应急预案是应急预案体系的总纲，明确了各类网络安全事件分级分类和预案框架体系，规定了应对安全事件的组织体系、工作机制等内容，是指导预防和处置各类网络安全事件的规范性文件。2017 年 1 月 10 日，中央网信办发布的《国家网络安全事件应急预案》属于这类。

- 综合应急预案是从总体上阐述处理安全事件的应急方针、政策，应急组织结构及相关应急职责，应急行动、措施和保障等基本要求和程序，是应对各类网络安全事件的综合性文件。2017 年 11 月 23 日，工业和信息化部发布的《公共互联网网络安全突发事件应急预案》属于这类。
- 专项应急预案是针对具体的安全事件而制订的计划或方案，按照综合应急预案的程序和要求组织制订。专项应急预案应制定明确的应急流程和具体的应急处置措施。

文档资料

《国家网络安全事件应急预案》
来源：http://www.cac.gov.cn/2017-06/27/c_1121220113.htm
请访问网站链接或是扫描二维码查看全文。

文档资料

《公共互联网网络安全突发事件应急预案》
来源：http://www.miit.gov.cn
请访问网站链接或是扫描二维码查看全文。

（6）培训和演练

应急演练是为检验应急计划及应急预案的有效性、应急准备的完善性、应急响应能力的适应性和应急人员的协同性而进行的一种模拟应急响应的实践活动，是提高安全应急响应能力的重要环节。开展应急演练，可以有效推进应急机制建设和应急预案的完善，能在网络安全突发事件发生时有效减少损失，迅速从各种灾难中恢复正常状态。

应急演练工作可分为准备、实施、总结和成果运用 4 个阶段，如图 8-4 所示。

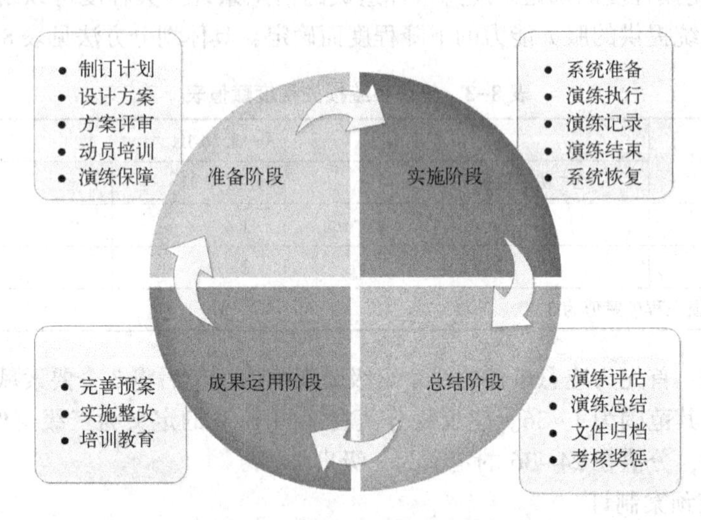

图 8-4　安全应急演练实施阶段

2. 监测与预警

监测与预警阶段的主要工作包括进行日常监测，及时发现应急事件并有效预警；进行核实和评估，以规定的策略和程序启动预案，并保持对应急事件的跟踪。

（1）日常监测与预警

1）开展日常监测活动，实施有效预警的范围如下。

① 信息系统所承载的业务数据。

② 承载业务数据的信息系统。包括应用系统，支撑应用系统运行的系统软件、工具软件，网络及网络设备，安全设备，主机、存储、外设、终端等设备，电力、空调、消防等基础环境。

2）手段与工具。可以采用运行维护工具与人工相结合的方式开展日常监测与预警活动。

3）记录与报告。应建立监测、预警的记录和报告制度，并按照约定的形式和时间间隔上报现场负责人。发现应急事件时，值班人员应提交报告，报告内容应包括应急事件发生及发现的时间、位置，现象描述，影响的范围，初步原因分析，报告人。

报告应及时提交给现场负责人。报告方式包括电话、邮件、传真或书面文件等，并确认对方收到报告。

值班人员应采取必要措施开展应急事件的先期处置，以提高应急响应效率，避免次生、衍生事件的发生。

相关人员应该对应急事件保持持续性跟踪。

（2）核实与评估

1）核实。现场负责人应对报告内容进行逐项核实。核实确认后的应急事件报告应提交给应急响应责任者。应急事件报告应作为事件级别评估的输入。重点时段保障需求也应作为事件级别评估的输入。

2）事件级别评估。现场负责人应根据事件级别定义，初步确定应急事件所对应的事件级别，应将事件级别置于动态调整控制中。

（3）应急响应预案的启动、信息通报、监测与预警状态的调整

1）预案启动。组织应建立、审议应急响应预案启动的策略和程序，以控制预案启动的授权和实施。组织应就应急响应预案启动可能造成的影响进行评估。相关利益方之间应就启动何种类型预案达成一致，包括当事件升级时，与之相对应的预案调整的方式。

可根据先期处理要求进行应急响应预案的自动启动，或由应急响应责任者或现场负责人启动预案。应记录应急响应预案启动的过程和结果。

2）信息通报。现场负责人应向相关利益方通报应急响应预案启动信息，应包括以下内容：预案启动的原因；事件级别；事件对应的预案；要求采取的技术应对措施或处置的目标；实现目标所应采取的保障措施，如人员、资金和设备等；对应急处置过程及结果的报告要求，如报告程序、报告内容、报告频率；信息通报的范围和接收者。

信息通报应选取适当的方式，如电话、邮件、传真、书面文件等。所有相关利益方应对收到的通报信息进行确认和反馈。

3）监测与预警状态的调整。通报信息应作为监测与预警状态调整的输入，调整内容包括监测范围、监测频率等。监测与预警状态的调整应通知各相关利益方。

3. 应急处置

应急处置阶段的工作包括采取必要的应急调度手段，基于预案开展故障排查与诊断，对故障进行有效、快速的处理与系统恢复，事件升级与及时通报应急事件，提供持续性服务保障，进行结果评价，关闭事件。

（1）应急调度

按照预案开展统一的应急调度，包括人员、资金和设备。应急调度中应获取现场信息，组

织必要人员进行勘察、分析，下达调度命令并保持跟踪，保护可追查的相关线索。

（2）排查与诊断

1）故障排查与诊断的流程应包含以下内容。

- 现场负责人调度处置人员进行现场故障排查。
- 现场处置人员进行故障排查和诊断，必要时可组织其他人员以现场或远程方式进行支持，在此过程中可借助各类排查诊断分析工具，如应用软件、电子分析工具、故障排查知识库等。
- 现场处置人员应随时向现场负责人汇报故障排查情况、诊断信息、故障定位结果等。
- 将排查与诊断的过程及结果信息进行整理与归档。

2）问题沟通与确认。

处置过程中，现场负责人应及时与相关利益方进行沟通。沟通的内容主要包括系统故障点、造成故障的原因、排查诊断状况等。

现场负责人应组织相关利益方对问题进行确认。问题确认过程不应延误处理与恢复工作的开展。

（3）处理与恢复

应基于应急响应预案、配置管理数据库、知识库等进行故障处理和系统恢复，处理与恢复的原则包括以下两条。

- 应在满足事件级别处置时间要求的前提下尽快恢复服务。
- 采用的方法、手段不应造成次生、衍生事件的发生。

必要时可启用备品备件、灾备系统等。应该对过程及结果信息进行记录，并及时告知相关利益方。现场负责人应组织对处理与恢复的结果进行初步确认。

（4）事件升级与信息通报

1）升级。组织应建立、审议应急事件升级的策略和程序，以控制应急事件升级的授权和实施。当实际处置时间超过事件级别处置时间要求时，应作为事件升级的参考要素。组织应该对事件升级可能造成的影响进行评估，并在相关利益方之间达成一致。

事件升级内容应包含预案调整、人员调整、资金调整及设备调整。事件升级的实施授权应由现场负责人启动。应该对事件升级的过程和结果信息进行整理与归档。

2）信息通报。现场负责人应向相关利益方通报事件升级信息，应包括以下内容：事件升级的原因；事件升级后的级别；事件升级后对应的预案；对升级事件处置过程及结果的报告要求，如报告程序、报告对象、报告内容、报告频率等；信息通报的范围和涉及的接收者。

信息通报应选择适当的方式，如电话、邮件、传真、书面文件等形式。事件升级信息应作为处理与恢复的参考要素。

（5）持续服务

完成处理与恢复后，应组织运行维护人员提供持续服务。组织应对持续服务的效果进行评价。持续服务的评价结果，应作为应急事件关闭的输入。

（6）事件关闭

1）申请。组织应建立、审议事件关闭的策略和程序，以控制事件关闭的授权和实施。应该对应急事件处置的过程文档进行整理。

事件关闭申请应由相关的分组负责人提出，并提交相关文档资料。事件关闭申请和文档资料，应作为事件关闭的参考要素。

2）核实。现场负责人接到事件关闭申请后，应逐项核实报告内容，以判别应急事件处置过程和结果信息是否属实。

3）调查和取证。当应急事件涉及责任认定、赔偿或诉讼时，应收集、保留和呈递证据，证据可能用于内部问题分析，合同违约或其他纠纷的法律取证，与相关方谈判赔偿事宜。

4）关闭通报。组织应建立、审议应急事件关闭通报制度。现场负责人应向相关利益方通报事件关闭信息，应包括以下内容：事件发生的原因、事件级别及影响范围，事件对应的预案，事件的处置过程和方法，事件的调整升级情况，持续服务情况，事件处置评价，事件关闭申请的处理意见，关闭通报的范围和涉及的接收者。

应急事件发生的原因、处置过程和方法应记入知识库。

4. 总结与改进

总结与改进阶段的工作包括对应急事件的发生原因、处理过程和结果进行总结分析，持续改进应急工作，完善信息系统。

（1）应急工作总结

组织应定期对应急响应工作进行分析和回顾，总结经验教训，并采取适当的后续措施。

对应急响应工作的分析和回顾应考虑以下方面：应急响应工作的绩效；应急准备工作的充分性和针对性；应急事件发生的原因、数量及频率；应急事件处理的经验得失；应急事件的趋势信息；信息系统中潜在的类似隐患。

对应急响应工作的分析和回顾应形成总结报告，并将总结报告作为改进应急响应工作及信息系统的重要依据。

（2）应急工作审核

为保证应急响应的有效性和时效性，应急响应责任者应定期组织对应急响应工作的评审，以确保应急响应过程和管理符合预定的标准及要求。审核的结果应该正式存档并通知给相关利益方。评审应至少每年举行一次。

审核时应考虑的要素：相关利益方的要求和反馈；组织所采纳的用于支持应急响应的各种资源和流程；风险评估的结果及可接受的风险水平；应急预案的测试结果及实际执行效果；上次评审的后续活动跟踪；可能影响应急响应的各种业务变更；近期在处置应急事件过程中总结的经验和教训；培训的结果和反馈。

审核的输出结果应该包括以下内容：改进目标；改进的具体工作内容；所需的各种资源，包括人员、资金和设备等。

（3）应急工作改进

应急事件总结、应急工作审核的结果应该作为应急准备阶段各项工作的改进要素。组织应根据总结报告中给出的建议项和评审结果完善信息系统，深化应急准备工作。

8.2.3 应急响应的关键技术

安全应急响应技术是一门综合性的技术，几乎与网络空间安全学科内所有的技术有关。本小节简单介绍操作系统加固优化技术、网络陷阱及诱骗技术、阻断技术、攻击抑制技术、紧急恢复技术、网络追踪技术，并详细介绍计算机取证技术。

1. 操作系统加固优化技术

操作系统是计算机网络应用与服务的基础，只有拥有安全可靠的操作系统环境才能确保整体系统的安全稳定运行。操作系统的加固优化可通过以下两种途径实现。

1）将服务和应用建立在安全级别较高（如 B1 级）的操作系统上。

2）不断加固现有的操作系统，通过自我学习、自我完善不断修正操作系统中发现的漏洞，加强对重要文件、重点进程的监控与管理，增强操作系统的稳定性和安全性。

2. 网络陷阱及诱骗技术

网络陷阱及诱骗技术通过一个精心设计的、存在明显安全漏洞的特殊系统来诱骗攻击者，将黑客的入侵行为引入一个可以控制的范围，消耗其资源，了解其使用的方法和技术，追踪其来源，记录其犯罪证据。该技术不但可以研究和防止黑客攻击行为，增加攻击者的工作量和攻击复杂度，为真实系统做好防御准备赢得宝贵时间，还可为打击计算机犯罪提供举证。蜜罐（HoneyPot）、蜜网（HoneyNet）是当前网络陷阱及诱骗技术的主要应用形式。

近几年蜜罐技术被关注得越来越多，也逐渐形成低交互、中交互、高交互等交互程度的各类蜜罐，从 Web 业务蜜罐、SSH 应用蜜罐、网络协议栈蜜罐到系统主机型蜜罐等各功能型蜜罐。蜜罐技术小到一个 Word 文档的蜜标（Honey Beacon），到一个系统级的服务蜜罐，再到由多功能蜜罐组成的蜜网，大到由流控制重定向分布式蜜网组成的蜜场（Honeypot Farms）。随着虚拟化技术的发展，各种虚拟蜜罐也得到发展，可以通过虚拟机来实现高交互蜜罐，以及通过 Docker 实现业务型蜜罐，不再像以前那样需要昂贵硬件设备的部署支撑，这大大减少了蜜罐的部署成本，一台主机就可以实现集数据控制、数据捕获和数据分析于一体的多功能多蜜罐高交互蜜网的体系架构。

3. 阻断技术

主要有以下 3 种阻断方式。

1）ICMP 不可达响应。通过向被攻击主机或攻击源发送 ICMP 端口报文或目的不可达报文来阻断攻击。

2）TCP-RST 响应。也称阻断会话响应，通过阻断攻击者和受害者之间的 TCP 会话来阻断攻击。

3）防火墙联动响应。当入侵检测系统检测到攻击事件后向防火墙发送规则，由防火墙阻断当前及后续攻击。

4. 攻击抑制技术

攻击抑制是指通过多种技术手段限制攻击造成影响的范围和程度。抑制一般分为物理抑制、网络抑制、主机抑制和应用抑制。例如，在攻击事件发生的第一时间对故障系统或区域实施有效隔离和处理，或根据所拥有的资源状况和事件等级，采用临时关闭受影响的系统并将业务切换到备份系统等措施降低损失、避免事件扩散和对受害系统的持续性破坏。

攻击抑制技术主要涉及事件优先级认定、完整性检测和域名切换等技术。攻击抑制技术水平的高低也决定了应急响应效率的高低。

5. 紧急恢复技术

在发生灾难性安全事件后，可以通过紧急恢复技术进行系统恢复、数据恢复和功能恢复等工作，保持系统为可用状态或维持最基本服务能力。

6. 网络追踪技术

网络追踪技术是指通过收集及分析网络中相关主机的有关信息，找到事件发生的源头，确定攻击者的网络地址及展开攻击的路径。其关键是如何确认网络中的相关主机都是安全可信的，在此基础上对收集到的数据进行处理，将入侵者在整个网络中的活动轨迹连接起来。网络追踪技术可分为主动追踪技术和被动追踪技术。

1）主动追踪技术。主要涉及信息隐形技术，如在返回的 HTTP 报文中加入不易察觉并有特殊标记的内容，从而在网络中通过检测这些标记来定位网络攻击的路径。

2）被动追踪技术。主要采用网络纹印（Thumb Printing）技术，其理论依据是网络连接不同，描述网络连接特征的数据也会随之发生变化。因此通过记录网络入侵状态下不同结点的网络标识，分析整个网络在同一时刻不同网络结点处的网络纹印，找出攻击轨迹。

7. 计算机取证技术

（1）计算机取证的概念

计算机取证（Computer Forensic）用于揭露或帮助响应即将发生或已经发生的入侵、破坏或危及系统安全的犯罪行为。采用计算机取证技术可以通过法律的手段对网络入侵者实施惩治和威慑，从而规范网络用户的行为，维护网络的正常运行。

由于最早的取证技术应用场景是围绕计算机及其周边设备的，因此约定俗成地就一直使用计算机取证这个术语。如今电子取证/数字取证（Digital Forensic）这些词也越来越常用。

无论名称如何，其核心都是以某种信息技术作为载体来保存证据的相关处理问题，即利用信息技术，按照法律规范允许的方式，对电子证据进行识别、收集、固定、分析和呈现问题。

1）证据的识别。取证的证据主要来自以下 3 个方面。

① 来自系统的证据。计算机的硬盘、移动存储设备、磁带和光盘等存储介质上往往包含相关的电子证据，具体如下。

- 用户创建的文档，如 Word 文件、图片视频文件、E-mail、文本文件、程序文件、数据库文件等。
- 用户保护的文档，如加密及隐藏的文件，入侵者残留的程序、脚本、进程、内存映像等。
- 系统创建的文件，包括系统日志文件、安全日志文件、交换文件、系统恢复文件、注册表等。这些文件中往往有用户或程序的运行记载，例如，Cookies 中记载了用户的信息，交换文件中有用户的 Internet 活动记录、访问过的网站等信息。
- 其他数据区可能存在的数据证据，例如，硬盘上的坏簇、文件 Slack 空间、未分配的空间、系统数据区、系统缓冲区、系统内存等空间通常包含很多重要的证据。这里我们尤其要注意两个特殊区域：文件 Slack 空间和未分配的空间。

② 来自网络通信数据报文的证据。

③ 来自其他安全产品的证据。防火墙、入侵检测系统、访问控制系统、路由器、网卡，以及其他安全设备、网络设备、网络取证分析系统产生的日志信息。

2）证据的收集。使用软件和工具，按照一些预先定义的程序全面地检查计算机和网络系统，以提取和保护有关计算机犯罪的证据。在提取电子证据时，应采取有效的措施来保护电子证据的完整性和真实性。

3）证据的固定。取证人员要备份或打印系统原始数据，将获取的信息安全地传送到取证分析机上，并详细记录有关的日期、时间和操作步骤。

4）证据的分析。对电子证据进行相关分析，并给出专家证明。分析的目的是进行犯罪行为重构、嫌疑人画像、犯罪动机确定、受害程度行为分析等。

5）证据的提交。向管理者、律师或者法院提交证据。

拓展知识：文件 Slack 空间和未分配的空间

硬盘的存储空间是以簇为单位分配给文件的。一个簇通常由若干扇区组成，而文件大小往往不是簇大小的整数倍，所以分配给文件的最后一个簇通常会有剩余的部分，我们称之为 Slack 空间。这个空间可能包含了先前文件遗留下来的信息，这可能就是重要的证据，而且这一空间也可能被用来保存隐藏的数据。取证时，对硬盘的复制不能在文件级别上进行，因为正常的文件系统接口是访问不到这些 Slack 空间的。

对于未分配的空间，当一个文件被删除时，原先占用的所有数据块会被回收，处于未分配状态，这些未分配空间中实际上还保存着先前的文件数据。

（2）常用计算机取证技术

从理论上讲，要实现计算机取证有以下 3 个条件。

- 有关犯罪的电子证据没有被覆盖。
- 取证软件能够找到这些数据。
- 取证人员能够证明获取的数据与犯罪有关。

因此，常用计算机取证技术主要解决上述 3 类问题，介绍如下。

1）存储介质的安全无损备份技术。取证操作应尽量避免在原始盘上进行，以避免对原始数据造成损坏，也避免破坏证据的完整性。因此，可使用磁盘镜像复制的方法将被攻击机器的磁盘原样复制一份，其中包括磁盘的临时文件、交换文件及磁盘未分配空间等，然后对复制的磁盘进行取证分析。

2）已删除文件的恢复技术。通常，将硬盘数据删除并清空回收站后，数据还仍然保留在硬盘上，只是硬盘 FAT 表中相应文件的文件名被标记，只要该文件的位置没有被重新写入数据，原来的数据就可能恢复出来。

3）日志反清除技术。攻击者一旦获得了系统权限，就可以轻易地破坏或删除系统所保存的日志记录，从而掩盖他们留下的痕迹，在实践中可以考虑使用安全的日志系统和第三方日志工具来对抗日志的清除问题。

4）日志分析技术。系统日志数据包括系统审计数据、防火墙日志数据、来自监视器或入侵检测工具的数据等。这些日志一般都包括以下信息：CPU 时段负荷、IP 来源、访问开始和结束的时间、被访问的端口、执行的任务名或命令名、改变权限的尝试、被访问的文件等。可以通过手工或使用日志分析工具对日志进行分析，以得到攻击的蛛丝马迹。

5）取证数据的安全传输技术。为了确保将所记录的数据从目标机器安全地转移到取证分析机上，避免在传输途中遭受非法窃取或完整性破坏，可采用 IP 加密、SSL 加密等协议标准，保证数据传输的安全。

6）取证数据的完整性检测技术。可以为每个证据文件建立散列值数据库，以便确保数据的完整性。

7）网络数据报文截获和分析技术。捕获并分析网络数据报文，可得到源地址和攻击的类型及方法。一些网络命令可用来获得有关攻击的信息，例如，netstat、nslookup、whois、ping、traceroute 等命令可收集信息，了解网络通信的大致情况。

8）解密技术。越来越多的计算机犯罪者使用加密技术保存关键文件，隐藏自己进行攻击的记录和操作。为了取得最终的攻击证据，取证人员应能将已发现的文件内容进行解密。

(3) 计算机取证技术的发展

当前的计算机取证技术还存在着很大的局限。更严重的问题是，在计算机取证技术蓬勃发展的同时，反取证技术也悄然出现了。反取证就是删除或者隐藏证据使取证调查无效。现在的反取证技术可以分为3类：数据擦除、数据隐藏和数据加密。这些技术还可以结合起来使用，让取证工作的效果大打折扣。因此，取证技术一方面寻求对于反取证技术的解决之道，另一方面还要在实时取证、海量数据取证、智能分析等方面进行深入研究。

1）实时取证技术（工具）。不论是运行中的网络系统还是一台独立运行的设备，取证发展趋势都倾向于能实时获得当前运行状态下的数字证据。

2）移动智能终端取证分析工具。采用 iOS 的 iPhone 和 iPad，以及采用 Android 等系统的智能手机，这些新的智能终端都在挑战现有的计算机取证技术和工具。

3）海量数据获取、存储与分析工具。互联网上针对 Web 数据的抽取和分析是信息情报专业所研究的内容，现今越来越广泛地被应用到互联网取证中，用于实现对于数据量巨大的文本、视频和语音等海量数据的处理。

4）自动智能分析工具。利用人工智能、机器学习、神经网络等技术开发智能化分析工具。

5）证据可视化技术（工具）。根据获取的各种数据信息，运用关联分析、可视化技术及自动布局画图算法，将获取的关联数据以图形化的方式展现出来，帮助调查取证人员进行更深入的分析并将结果作为证据呈现。

6）取证的工具和过程标准化。制定取证工具的评价标准、取证机构和从业人员的资质审核办法及取证工作的操作规范是非常必要的。

文档资料

计算机取证工具列表
来源：本书整理
请扫描二维码查看全文。

拓展阅读

读者要想了解更多有关计算机取证的原理与技术，可以阅读以下书籍资料。

[1] 麦永浩，邹锦沛．计算机取证与司法鉴定［M］．3版．北京：清华大学出版社，2018.

[2] 黄惠芬，孙占权．数字图像司法取证技术［M］．济南：山东大学出版社，2015.

[3] 王连海，张睿超，徐丽娟，等．内存取证原理与实践［M］．北京：人民邮电出版社，2018.

应用实例：安全应急响应预案制订

信息（网络）安全应急响应预案又称安全应急响应预案计划，是针对可能发生的安全突发事件，为保证迅速、有序、有效地开展应急与救援行动，降低事故损失而预先制定的包括网络信息系统运行、维持、恢复在内的策略和规程。

应急响应预案与应急响应实践是相互补充与促进的关系。一方面，应急响应预案为应急响应实践提供了指导策略和规程；另一方面，应急响应实践可以发现事前制订的应急响应预案的不足，从而吸取教训，进一步完善应急响应预案。

毫无章法和事前准备的应急响应有可能造成比突发事件本身更大的危害和损失，由此可见制订应急响应预案的必要性。这是制订应急响应预案之前就应有的认识，是制订应急响应预案的思想准备。应急响应预案规范要求使用者按照既定标准、规范的要求进行操作，使应急响应预案达到规定的标准。

在应急响应涉及的各种活动中需要抓住应急响应预案的 3 个关键环节，即预案的准备、编制和实施，形成一个不断反馈螺旋上升的闭环。应急响应的基础是预案的准备，应急响应的依据是预案的编制，应急响应的核心是预案的实施。

网络安全应急响应预案的工作流程如图 8-5 所示。

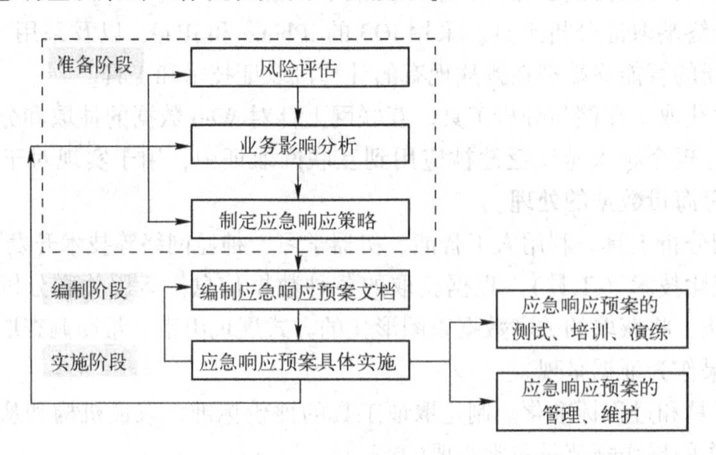

图 8-5　网络安全应急响应预案的工作流程

1. 预案的准备阶段

“不打无准备之仗”，在从事任何一项工作之前都要弄清楚为什么和是什么，应急响应也不例外。在图 8-5 中，应急响应预案的准备包括风险评估、业务影响分析和应急响应策略的制定。业务影响分析和策略的制定是建立在风险评估基础之上的，并且是紧紧围绕着组织的业务战略来展开的。

（1）风险评估阶段

风险评估阶段的工作是，标识信息系统的资产价值，识别信息系统面临的自然的和人为的威胁，识别信息系统的脆弱性，分析各种威胁发生的可能性。风险评估的方法将在第 9 章介绍。

（2）业务影响分析（Business Impact Analysis，BIA）

BIA 是在风险评估的基础之上分析各种网络安全事件对业务功能可能产生的影响，进而确定响应的恢复目标。

BIA 所要求完成的工作如下。

1）分析业务功能和相关资源配置。对单位或者部门的各项业务功能及各项业务功能之间的相关性进行分析，确定支持各种业务功能的相应信息系统资源及其他资源，明确相关信息的保密性、完整性和可用性要求。

2）确定信息系统关键资源。对信息系统进行评估，以确定系统所完成的关键功能，并确定完成这些功能所需的特定系统资源。

3）确定信息安全事件影响。采用如下的定量或定性的方法，对业务中断、系统宕机、网络瘫痪等信息安全事件造成的影响进行评估。

- 定量分析：以量化方法评估业务中断、系统宕机、网络瘫痪等可能给组织带来的直接经济损失或间接经济损失。
- 定性分析：运用归纳与演绎、分析与综合以及抽象与概括等方法，评估业务中断、系统宕机、网络瘫痪等可能给组织带来的非经济损失，包括组织的声誉、顾客的忠诚度、员工的信心、社会和政治影响等。

4）确定应急响应的恢复目标。那么，什么是应急响应的恢复目标？怎样确定需要恢复的目标？如何度量目标已有效恢复？恢复目标实际上就是在风险评估中所识别和整理出来的“重要资产清单”，为了科学地衡量目标是否有效恢复，需要进一步确定以下两点。

- 关键业务功能及恢复的优先顺序。也就是说，模拟整个组织的业务全面中断之后，最先应该抢修的是哪个子系统。可依据的指标是时间和范围，即恢复时间目标（Recovery Time Objective，RTO）和恢复点目标（Recovery Point Objective，RPO）的范围。模拟业务停顿随时间造成的损失，进而确定优先顺序，这对组织而言是比较合适的。
- 业务重要性。业务越重要，相应的 RTO 值就越小。从用户的角度来讲当然希望所有 RTO 都趋于零，但这在应急响应中是办不到的，否则就落入了什么都重要等于什么都不重要的怪圈，因此需要从风险控制和承担剩余风险的角度来量化分析 RTO 和 RPO。

（3）制定应急响应策略

应急响应策略提供了在业务中断、系统宕机、网络瘫痪等信息安全事件发生后快速、有效地恢复信息系统运行的方法。这些策略应涉及在业务影响分析（BIA）中确定的应急响应的恢复目标。

2. 预案的编制阶段

在明确了应急响应的需求和响应策略的基础上科学编制预案文件。一份安全应急响应预案的结构如图 8-6所示，详细预案编制方法请扫描二维码查看。

文档资料

应急预案制订
来源：本书整理
请扫描二维码查看全文。

3. 预案的实施阶段

预案策略完成后，需要对应急响应参与的人员按照预案进行测试、培训和演练，以及对应急响应预案进行管理和更新维护。

（1）应急响应预案的测试、培训和演练

主要工作包括：

- 预先制订测试、培训和演练计划，在计划中说明测试和演练的场景；
- 测试、培训和演练的整个过程应有详细的记录，并形成报告；
- 测试和演练不能打断信息系统正常的业务运行；
- 每年应至少完成一次有最终用户参与的完整测试和演练。

（2）应急响应预案的管理和维护

主要工作包括：

- 应急响应预案文档的保存与分发；
- 应急响应预案文档的更新维护。

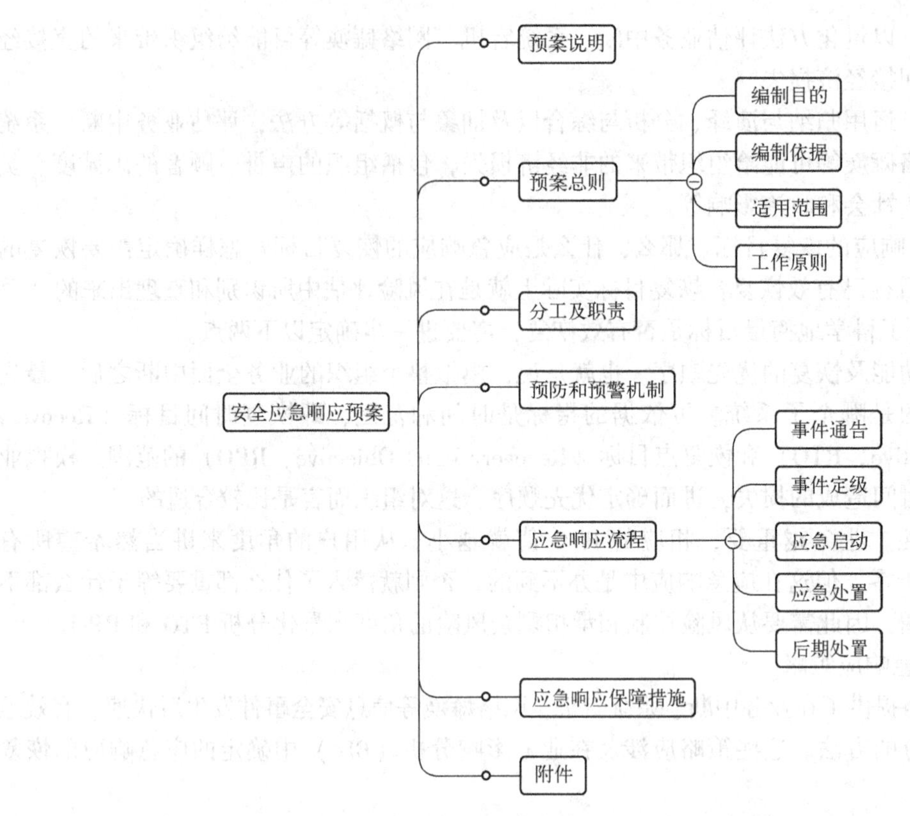

图 8-6　一份安全应急响应预案的结构

8.3　容灾备份和恢复

容灾备份与恢复是应急响应过程中的关键环节。本节首先介绍容灾备份与恢复的概念，然后介绍容灾备份与恢复涉及的关键技术，最后给出一个网站备份与恢复系统的应用实例。

8.3.1　容灾备份与恢复的概念

1. 灾难的概念

根据《信息安全技术 信息系统灾难恢复规范》（GB/T 20988—2007）的定义，灾难是指，由于人为或自然的原因，造成信息系统严重故障或瘫痪，使信息系统支持的业务功能停顿或服务水平令人不可接受、达到特定的时间的突发性事件。这时，信息系统需要切换到灾难备份中心运行。

灾难包括地震、火灾、水灾、战争、恐怖袭击、设备系统故障、人为破坏等无法预料的突发事件。

2. 灾难恢复

（1）灾难恢复的概念

灾难恢复（Disaster Recovery）是指，为了将信息系统从灾难造成的故障或瘫痪状态恢复到正常运行状态，并将其支持的业务功能从灾难造成的不正常状态恢复到可接受状态，而设计的活动和流程。

(2) 灾难恢复的特点

灾难恢复是一个分阶段实施的过程，从安全事故发生、业务受到影响，到恢复部分业务运行，直到完全恢复到原始状态，都是灾难恢复的工作。

(3) 灾难恢复与容灾备份的关系

为了应对可能发生的灾难，提前做好备份是基础。如果没有备份，灾难应急和灾难恢复都是空谈。

3. 容灾备份

(1) 容灾备份的概念

容灾备份是指利用技术、管理手段以及相关资源确保既定的关键数据、关键数据处理信息系统和关键业务在灾难发生后可以恢复和重续运营的过程。

(2) 容灾备份系统的种类

根据容灾备份系统对灾难的抵抗程度，容灾备份系统可分为以下两种。

- 数据容灾：指建立一个异地的数据系统，该系统可对本地系统的关键应用数据实时复制。当出现灾难时，可由异地系统迅速接替本地系统而保证业务的连续性。
- 应用容灾：应用容灾比数据容灾的层次更高，即在异地建立一套完整的、与本地数据系统相当的备份应用系统（可以同本地应用系统互为备份，也可与本地应用系统共同工作）。在灾难出现后，远程应用系统迅速接管或承担本地应用系统的业务运行。

(3) 容灾备份系统的组成

一个完整的容灾备份系统通常主要由数据备份系统、备份数据处理系统、备份通信网络系统和完善的灾难恢复预案（计划）所组成。

1) 数据备份系统。数据备份是通过一定的数据备份技术，在容灾备份中心保留一份完整的可供灾难恢复的数据。容灾备份中心是专门为容灾备份功能设计及建造的高等级数据中心，提供机房、办公和生活空间、数据处理设备、网络资源，以及日常的运行管理。一旦灾难发生，容灾备份中心将接替生产中心运行，利用其各种资源恢复信息系统运行和业务运作。容灾备份中心是备份系统的基础，也是衡量容灾备份系统等级的主要标准。备份系统的关键技术将在后面介绍。

2) 备份数据处理系统。备份数据处理系统是指在容灾备份中心配置的主机系统、存储系统、网络系统、应用软件，以供灾难恢复使用。备份数据处理系统所需要达到的处理能力和范围应基于恢复目标及成本效益等因素，选择合适的产品来实现。在建立备份数据处理系统时可采用跨平台、系统集成及虚拟主机等技术来实现资源共享，达到低成本、高效益。

3) 备份通信网络系统。需要根据灾难恢复目标的要求，选择合适的通信网络技术与产品来建立备份通信网络系统，提供安全快速的网络切换方案，实现灾难恢复时各业务的对外服务。

4) 灾难恢复预案（计划）。灾难恢复预案是为了规范灾难恢复流程，使组织机构在灾难发生后能够快速地恢复业务处理系统运行和业务运作。同时可以根据灾难恢复预案对其容灾备份中心的灾难恢复能力进行测试，并将灾难恢复预案作为相关人员的培训资料之一。灾难恢复预案应包含灾难恢复目标、灾难恢复队伍及联络清单、灾难恢复所需的各类文档和手册等内容。为保持容灾备份系统的及时性和有效性，需要定期对其进行演练测试，演练的另一目的是为了让灾难恢复队伍和有关的人员熟悉灾难恢复预案。

🖂 **说明：**

- 容灾备份系统的规划设计是一项复杂的工作，在一般情况下，容灾备份方案的设计不仅需要考虑技术手段和容灾备份目标，还需考虑投资成本及管理方式等多方面的因素。一般而言，关键业务系统容灾备份的等级可以比较高，其他非核心业务系统则可选用较低级别。因此，一个容灾备份方案可能因为业务的容灾备份需求不同而包含多个容灾备份级别。

- 对于关键业务，如果不允许业务系统停止运作或交易中断，就必须采用“热备份中心”。若业务面可以允许系统停顿一定时间，则通常考虑采用“冷备份中心”。
- 对于业务数据，数据中心针对不同的应用场合，可以选择即时备份、差量备份、完全备份、增量备份等不同的备份方式。此外，还需要通过多数据中心等技术，将数据备份到处于不同区域的其他数据中心，以将本地端数据保护直接延伸到异地灾备，最大限度地保障备份数据的安全。

4. 灾备恢复的标准

（1）国内外标准

美国 NIST 在 2016 年发布了 *Guide for Cybersecurity Event Recovery*（《网络安全事件恢复指南》），旨在帮助各职能机构制订并实施恢复计划，从而应对各类可能出现的网络攻击活动。

“大家需要考虑的已经不再是自己是否会遭遇网络安全事故，而是何时遭遇网络安全事故，”这份指南材料的作者，计算机科学家 Murugiah Souppaya 解释称，“要成功应对网络安全事故，各类组织机构需要提前制订自己的规划与解决措施，确保团队内部各位成员了解筹备工作级别并不断重复强调。”

我国目前已经发布了如下一些标准文件。

- 《信息安全技术 灾难恢复中心建设与运维管理规范》（GB/T 30285—2013）。
- 《信息安全技术 信息系统灾难恢复规范》（GB/T 20988—2007）。
- 《信息安全技术 灾难恢复服务要求》（GB/T 36957—2018）。
- 《信息安全技术 灾难恢复服务能力评估准则》（GB/T 37046—2018）。

这些标准中给出了衡量容灾抗毁能力的一系列指标。

（2）衡量容灾备份的技术指标

信息系统容灾的目标是在灾难发生后减少数据丢失量和系统的宕机时间，保证业务系统的连续运行。不同的业务对数据丢失的容忍和要求业务恢复的时间长短各不相同。例如，一种业务对数据丢失量的要求为“零丢失”，但是可以容忍较长的恢复时间；另一种业务可能能够容忍较多的数据丢失，但是要求系统“实时”恢复运转。

信息系统容灾的目标应根据不同的业务制定。一般容灾的目标主要包括以下 3 个。

1）恢复点目标（Recovery Point Objective，RPO）：指业务系统所能容忍的数据丢失量。

2）恢复时间目标（Recovery Time Objective，RTO）：指所能容忍的业务停止服务的最长时间，也就是从灾难发生到业务系统恢复服务功能所需要的最短时间周期。

3）降级运行目标（Degrade Operation Objective，DOO）：指在恢复完成后到防止第二次灾难的所有保护恢复以前的时间。

在只有一个生产中心和一个容灾中心的情况下，当灾难发生时，业务操作切换到容灾中心后，应尽快恢复或重建生产中心，减少降级运行时间。因为，如果在降级运行期间发生第二次灾难，再从第二次灾难中恢复几乎是不可能的，从而导致更长时间的停机。

（3）灾难恢复能力等级

信息系统灾难恢复能力等级与恢复时间目标和恢复点目标具有一定的对应关系，各行业可根据行业特点、信息技术的应用情况制定相应的灾难恢复能力等级要求和指标体系。

灾难恢复能力等级划分为6级。

- 第1级：基本支持。
- 第2级：备用场地支持。
- 第3级：电子传输和部分设备支持。
- 第4级：电子传输及完整设备支持。
- 第5级：实时数据传输及完整设备支持。
- 第6级：数据零丢失和远程集群支持。

如要达到某个灾难恢复能力等级，应同时满足该等级中7个要素的相应要求：数据备份系统、备用数据处理系统、备用网络系统、备用基础设施、专业技术支持能力、运行维护管理能力、灾难恢复预案。

8.3.2 容灾备份与恢复关键技术

容灾备份与恢复技术涉及很多方面，本小节紧紧围绕数据和服务的容灾备份与恢复介绍冗余磁盘阵列（Redundant Array of Inexpensive Disks，RAID）技术、数据存储技术、双机热备技术及多数据中心技术。

1. RAID 技术

RAID是指把多块独立的物理磁盘按一定的方式组合以形成一个磁盘阵列（逻辑磁盘），采用冗余信息的方式进行数据存储，当磁盘发生数据损坏时可利用冗余信息恢复数据，从而提供比单个磁盘更大的存储容量、更好的可靠性和更快的存取速度。

RAID技术根据数据块分布的规则不同被划分为多个RAID级别，最常用的是RAID 0、RAID 1、RAID 10和RAID 5这4个级别。

1）RAID 0：如图8-7所示，RAID 0提高存储性能的原理是把连续的数据分散到多个磁盘上存取。这样，数据请求就可以被多个磁盘并行执行，每个磁盘执行属于它自己的那部分数据请求。这种数据上的并行操作可以充分利用总线的带宽，显著提高磁盘整体存取性能。不过RAID 0不提供数据冗余，因此一旦某一个磁盘上的数据损坏，可能造成全部数据的丢失。

2）RAID 1：如图8-8所示，RAID 1通过磁盘数据镜像实现数据冗余，在成对的独立磁盘上产生互为备份的数据。当原始数据繁忙时，可直接从镜像复制中读取数据，因此RAID 1可以提高读取性能。RAID 1是磁盘阵列中单位成本最高的，但提供了很高的数据安全性和可用性。当一个磁盘失效时，系统可以自动切换到镜像磁盘上读写，而不需要重组失效的数据。

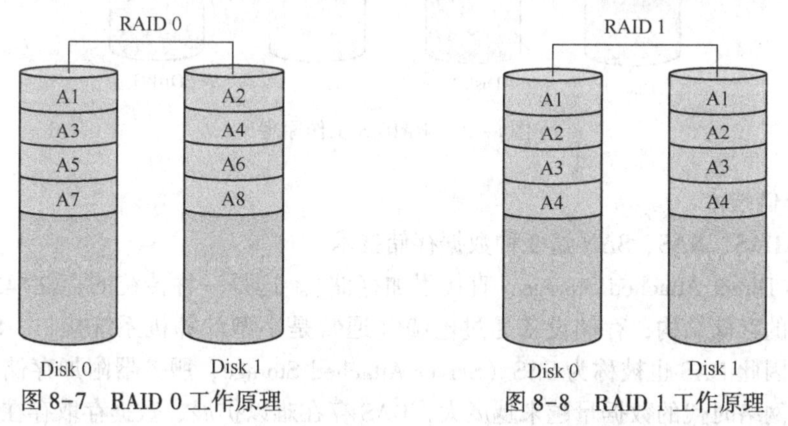

图8-7　RAID 0工作原理　　图8-8　RAID 1工作原理

3）RAID 10：如图8-9所示，RAID 10是RAID 1和RAID 0的综合方案，在连续地以位或字节为单位分割数据且并行读/写多个磁盘的同时，为每一块磁盘做磁盘镜像进行冗余。它的优点是同时拥有 RAID 0 的快速存取和 RAID 1 的数据高可靠性，但是磁盘的利用率较低。

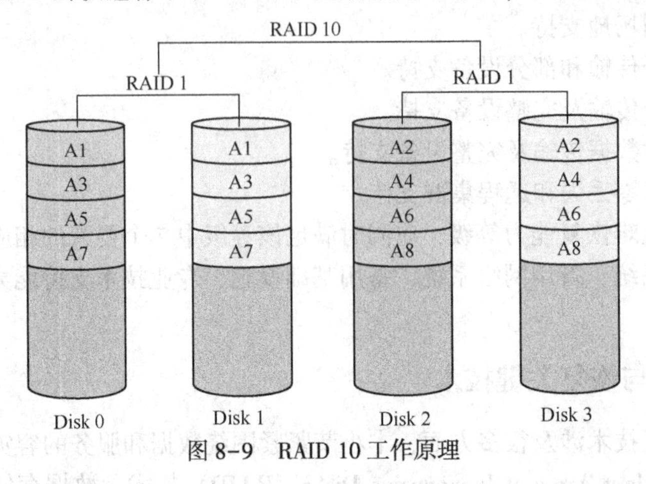

图 8-9 RAID 10 工作原理

4）RAID 5：RAID5 是 RAID 0 和 RAID 1 的折中方案，是一种存储性能、数据安全和存储成本兼顾的存储解决方案。以 4 个硬盘组成的 RAID 5 为例，其数据存储方式如图 8-10 所示，P1 为数据块 A1、A2 和 A3 的奇偶校验信息，P2 为数据块 A4、A5、A6 的奇偶校验信息，以此类推。RAID 5 不对存储的数据进行备份，而是把数据和相对应的奇偶校验信息存储到组成 RAID 5 的各个磁盘上，并且奇偶校验信息和相对应的数据分别存储于不同的磁盘上。当 RAID 5 的一个磁盘数据发生损坏后，利用剩下的数据和相应的奇偶校验信息去恢复被损坏的数据。RAID 5 可以为系统提供数据安全保障，但保障程度要比 RAID 1 低，而磁盘空间利用率比 RAID1 高，存储成本相对较低。RAID 5 具有和 RAID 0 相近的数据读取速度，只是多了一个奇偶校验信息，写入数据的速度比对单个磁盘进行写入的操作稍慢。

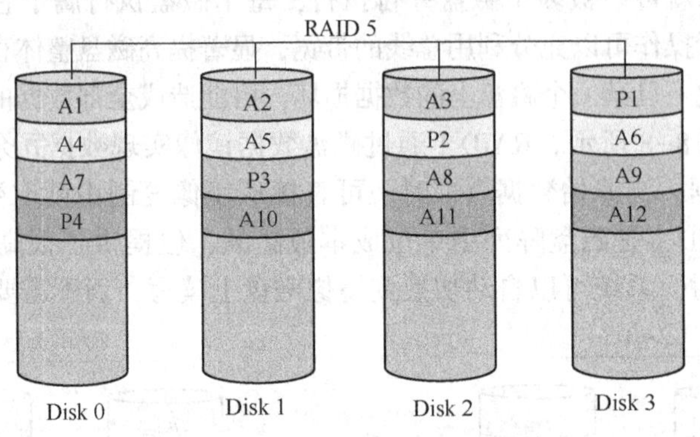

图 8-10 RAID 5 工作原理

2. 数据存储技术

下面介绍 DAS、NAS、SAN 这 3 种数据存储技术。

1）DAS（Direct Attached Storage，直接附加存储）。这是一种传统的存储模式。DAS 是以服务器为中心的存储结构，存储设备通过电缆（通常是小型计算机系统接口，SCSI）直接连接到服务器，因此 DAS 也被称为 SAS（Server Attached Storage，服务器附加存储），如图 8-11 所示。伴随着网络时代的数据量越来越庞大，DAS 存在难以扩展、数据存取存在瓶颈、维护和安全性存在缺陷等问题。

2）NAS（Network Attached Storage，网络附加存储）。NAS 系统不再像 DAS 那样需要一个专门的文件服务器，而是在其内部拥有一个优化的文件系统和一个“瘦”操作系统——面向用户设计的、专门用于数据存储的简化操作系统。NAS 可有效地将存储的数据从服务器后端移出，直接将数据放在传输网络上，如图 8-12 所示。简单地说，NAS 是与网络直接连接的磁盘阵列，它具备了磁盘阵列的所有主要优点：高容量、高效能、高可靠。

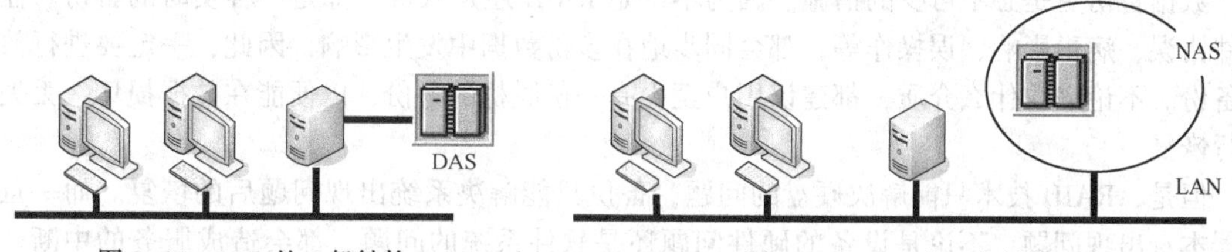

图 8-11　DAS 的一般结构　　图 8-12　NAS 的一般结构

3）SAN（Storage Area Network，存储区域网络）。SAN 是一种通过光纤集线器、光纤路由器、光纤交换机等连接设备，将大型磁盘阵列或备份磁带库等存储设备与相关服务器连接的，实现高速、可靠访问的专用网络，如图 8-13 所示。在 SAN 中，存储设备并不隶属于任何一台单独的服务器。相反，所有的存储设备都可以在全部的网络服务器之间作为对等资源共享。就像局域网可以用来连接客户机和服务器一样，SAN 绕过了传统网络的瓶颈，在服务器与存储设备间、服务器之间及存储设备之间建立连接，实现高速传输。

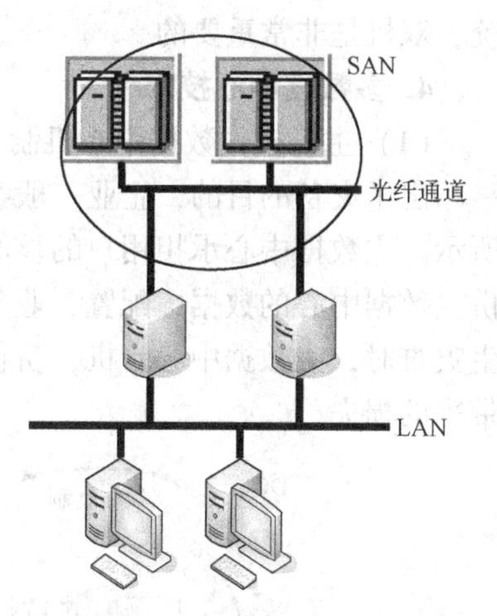

图 8-13　SAN 的一般结构

3. 双机热备技术

（1）双机热备的工作原理

通常来讲，双机热备就是对于重要的服务，使用两台服务器互相备份，共同执行同一服务。当一台服务器出现故障时，可以由另一台服务器承担服务任务，从而在不需要人工干预的情况下自动保证系统能持续提供服务。双机热备由备用的服务器解决了在主服务器故障时服务不中断的问题。从狭义上讲，双机热备特指基于 active/standby 方式的服务器热备。包括数据库数据在内的服务器数据同时向两台或多台服务器中写，或者使用一个共享的存储设备。在同一时间内只有一台服务器运行。当其中运行着的一台服务器出现故障无法启动时，另一台备份服务器会通过软件诊测（一般是通过心跳诊断）将 standby 机器激活，保证应用在短时间内完全恢复正常使用。

（2）双机热备的特点

一般意义上的双机热备都会有一个切换过程，这个切换过程可能是 1 min 左右。在切换过程中，服务是有可能短时间中断的。但是，当切换完成后，服务将正常恢复。因此，双机热备不是无缝、不中断的，但它能够保证在出现系统故障时很快恢复正常的服务，使业务不受到影响。而如果没有双机热备，一旦出现服务器故障，可能会出现几个小时的服务中断，对业务的影响就可能会很严重。另有一点需要强调，即服务器的故障与交换机、存储设备的故障不同，其复杂度要大得多。原因在于，服务器是比交换机、存储设备复杂得多的设备，同时也是既包括硬件也包括操作系统、应用软件系统的复杂系统。不仅设备故障可能引起服务中断，而且软件方面的问题也可能导致服务器不能正常工作。

(3) 双机热备与数据备份的关系

应该说，RAID 和数据备份都是很重要的。对于 RAID 而言，可以以很低的成本大大提高系统的可靠性，而且其复杂程度远远低于双机，毕竟硬盘是系统中机械操作最频繁、易损率最高的部件。如果采用 RAID，就可以使出现故障的系统很容易修复，同时减少服务器停机进行切换的次数。

数据备份更是必不可少的措施。因为不论是 RAID 还是双机，都是一种实时的备份。任何软件错误、病毒影响、误操作等，都会同步地在多份数据中发生影响，因此，一定要进行数据的备份。不论采取什么介质，都建议用户至少有一份脱机的备份，以便能在数据损坏、丢失时进行恢复。

但是，RAID 技术只能解决硬盘的问题，备份只能解决系统出现问题后的恢复。而一旦服务器本身出现问题，不论是设备的硬件问题还是软件系统的问题，都会造成服务的中断。因此，RAID 及数据备份技术不能解决服务中断的问题。对于需要持续可靠地提供应用服务的系统，双机是非常重要的。

4. 多数据中心技术

(1) 主备模式数据中心机制

出于灾备的目的，企业一般都会建设两个或多个数据中心（Data Center，DC），如图 8-14 所示。主数据中心承担用户的核心业务，其他的数据中心主要承担一些非关键业务，并同时备份主数据中心的数据、配置、业务等。正常情况下，主数据中心和备份数据中心各司其职，发生灾难时，主数据中心宕机，备份数据中心可以快速恢复数据和应用，从而减轻因灾难给用户带来的损失。

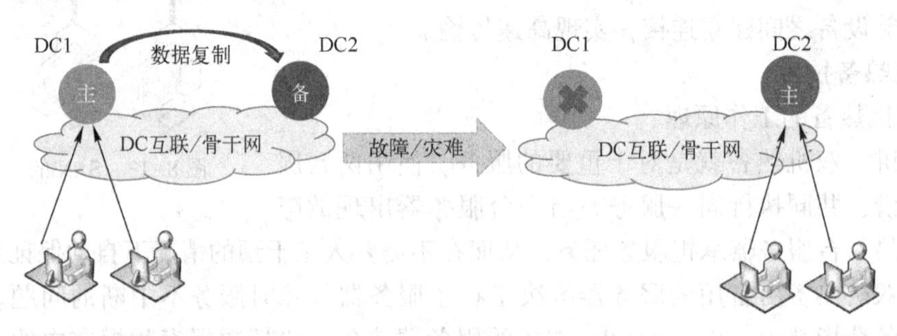

图 8-14 主备模式数据中心工作机制

灾难是小概率事件，而采用一主一备这种方式，备份数据中心只在灾难发生时才能起到作用，并且随着企业容灾建设标准（GB/T 20988—2007《信息系统灾难恢复规范》）的提升，备份 IT 资源和资金的投入越来越大，相互又不能够复用，从而造成浪费。另外主备模式的应用，备份数据中心在接替主数据中心时需要较长的时间，关系复杂，往往会严重影响用户的业务办理。

典型的如国内外银行等高端用户多采用“两地三中心”（即生产数据中心、同城灾备中心、异地灾备中心）方案。这种模式下，多个数据中心是主备关系，即存在主次，业务部署优先级存在差别，针对灾难的响应与切换周期非常长，RTO 与 RPO 目标无法实现业务零中断，资源利用率低下，投资回报无法达到预期。“两地三中心”本质上是一种通过简单资源堆砌提高可用性的模式，对高可用的提高、业务连续性的保证仍然只是量变，业务连续性及容灾备份一直没有实质性的跨越。

(2) 分布式多活数据中心机制

目前，以银行为代表的包括政府、公共交通、能源电力等在内的诸多行业用户，开始将关注点转向“分布式多活数据中心”（Distributed Active Data Centers）的建设，如图 8-15 所示。分布式多活数据中心将业务分布到多个数据中心，彼此之间并行为客户提供服务。分布式多活包括两大关键特征——分布式和多活，体现出企业级用户在建设与使用数据中心时对资源调度利用和业务部署灵活性的新思路。

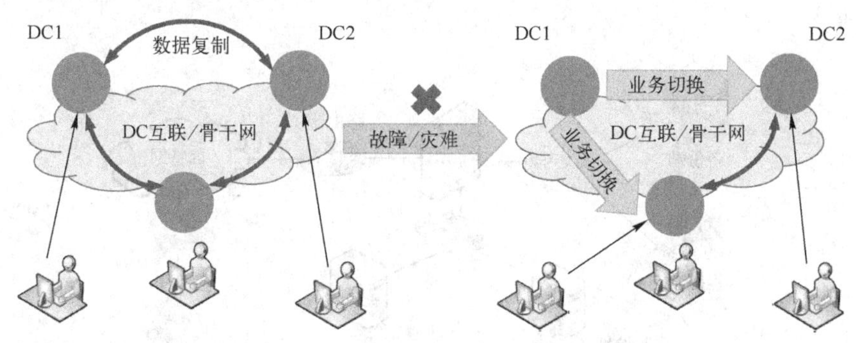

图 8-15　分布式多活数据中心工作机制

所谓“分布式”，一是指数据中心在机房基础设施、地理空间、计算/存储/网络资源的软硬件部署上是分布的而非集中的，满足灾备建设与业务联系的要求，多个 DC 在建设上可以循序渐进地展开，彼此保持一定的独立性，未来扩容升级可与现有架构保持良好兼容；二是指资源的调度可以跨越多个数据中心，运维管理可以基于全局，多个数据中心间可实现有机结合与资源共享，逻辑上可以视为一个全局的大数据中心。

所谓“多活”，一是多中心之间地位均等，正常模式下协同工作，并行地为业务访问提供服务，实现了对资源的充分利用，避免一个或两个备份中心处于闲置状态，造成资源与投资浪费。通过资源整合，多活数据中心的服务能力往往双倍甚至数倍于主备数据中心模式。二是在一个数据中心发生故障或灾难的情况下，其他数据中心可以正常运行并对关键业务或全部业务实现接管，达到互为备份的效果，实现用户的“故障无感知”。

分布式多活数据中心与云计算建设的思路既有相同之处也有差别。云的形成可以基于数据中心的分布式技术，建设模型更接近互联网数据中心。分布式多活数据中心的实现和实践的门槛要低，用户在建设运维时更多地关注自身业务联系性的要求与业务的快速响应及 IT 建设的持续优化，对复杂的企业级应用可以提供更好的支撑，使得 IT 建设更多地基于自身现有资源和能力，不盲目追求先进，体现了企业对于自身 IT 建设的把握与未来方向的掌控，是大型企业数据中心持续稳健前行的必经之路。

应用实例：网站备份与恢复系统

在第 7 章中，本书以 Web 应用系统为例，运用安全软件开发理论，介绍了 Web 安全防护的关键技术。尽管如此，用户仍然会面对黑客攻入了 Web 服务器，非法篡改了网页甚至宕掉了 Web 服务器的情况，这时就需要一个有效工作的网站实时备份与恢复系统。

网站实时监控与自动恢复技术属于信息安全领域灾难恢复研究的范畴，该技术是对传统计算机安全的概念、方法和工具的进一步拓展，使得网站系统具有在受到攻击时具备继续完成既定任务的能力。它的内涵远比安全、保险、可靠性和可用性的内容要多。它综合了各种质量属性以保证尽管一个系统的某些重要部分已经受到破坏，该系统的网络、软件和其他服务的任务仍会进行下去。

1. 系统工作原理与总体结构

系统的工作原理是，对 Web 服务器上的关键文件进行实时的一致性检查，一旦发现文件的内容、属主、时间等被非法修改就及时报警，并立即进行自动恢复。

系统的体系结构及在网站中的部署如图 8-16 所示。系统由备份端、监控端、远程控制端 3 个部分组成。

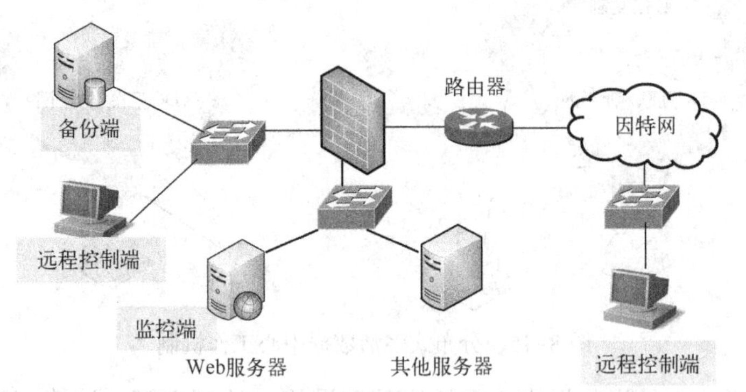

图 8-16　网站备份与恢复系统的体系结构及在网站中的部署示意

（1）备份端

备份端用于保存被保护对象的备份，等待来自监控端的连接，响应监控端的请求，包括备份文件、恢复文件、删除文件等。

（2）监控端

监控端运行在被保护对象所在的服务器上，可对被保护对象进行一致性检查，一旦发现被保护对象被非法篡改，就使用备份端的备份内容进行自动恢复。具体包括以下内容：设置被保护对象；对被保护对象进行一致性检查，如发现被保护目录下被非法添加了文件、被保护目录或文件被非法删除、内容被非法篡改，则立即对非法添加的文件进行删除，对被非法删除、非法篡改的文件进行恢复；记录和整理日志；接收用户通过界面（主要是通过菜单命令）发送的命令，如开始、停止监测等命令；响应远程控制端的各项控制请求；响应上传控制端的各项上传控制请求。其中包括 4 个模块，即定制监控网页、定时监控、实时监控、日志管理，来实现这些具体的功能。

（3）远程控制端

远程控制端可对监控端和备份端实行远程控制，具体包括以下内容：与监控端建立连接，实时获取并显示监控信息；远程发送控制命令（如开始、停止监控，初始化数据库，终止上传状态等命令）；进行远程的日志管理。

系统主要功能如下。

1）系统用户身份认证。包括控制端、备份端用户身份认证功能，修改用户信息等功能。

2）定制监控网页。包括添加、更新和恢复被监控网页。

3）定时监控。当需要监控的网页数量较多，且运行该系统的服务器负载较大时，可以选择定时监控功能。用户可自己选择监控时间。这样系统就会每隔指定的时间将数据表中所需监控的文件轮询一遍，通过将文件所计算出的当前数字指纹与数据表中该文件原有的数字指纹比较来判断文件是否被修改。若发现改动，立即用备份端上的备份文件进行恢复。

4）实时监控。若运行该系统的主机负载可以承受，则可采用实时监控方式，即在发现文件被修改的情况下实时恢复。可以将所需监控的所有网页文件按照其所属目录进行分类，利用分类链表结构记录下来，然后利用并发的多线程实施实时监控。

5）日志管理。当系统发现被监控网页文件发生了变化后，除了进行自动恢复外，系统还会将这一过程记录进日志，以供管理人员查看、删除、汇总。日志文件依旧采用数据表形式，内容包括文件修改时间、日期，被修改网页的文件名及备注字段。

6）远程控制。远程控制监控端的行为；远程控制监控端的状态；实时获取并显示监控信息；远程日志操作；对被保护对象的正常维护支持功能。

7）系统的可拓展性。系统对网页文件、文本文件、Office 文档、图像文件能够进行实时的监控与恢复。

2. 系统采用的关键技术

1）备份与恢复技术。这里采用的网站灾难恢复技术是异机备份技术，而且是一台备份机面向多台监控机，涉及优化网络通信、即时备份技术，以及数据传输过程中的加密技术。

2）文件扫描与一致性检查技术。利用哈希函数，生成被保护文件的哈希值并保存。在运行过程中实时计算被保护文件的哈希值，并与被保护文件数据库中的相关记录比较，判断其是否被修改。

3）远程控制技术。目前，许多网站都是远程托管的，如何在远端控制网站监控与实时恢复系统的运行状态与运行行为是很关键的。远端控制包括参数的设定、运行状态的管理等。

4）网站文件安全修改技术。一般来说，Web 文档目录会被设定为被监控目录，系统在不中断监控的情况下对网站文件进行更新，该部分功能由远程控制端实现。

5）多线程并行技术。在进行实时监控时，系统对需监控的所有网页文件按照其所属目录进行分类，然后启动多个并发的工作者线程对多个目录实施实时监控，一个线程监控一个目录。

6）自身安全性能的提高。只有确保该系统自身运行平台的安全性，才可能发挥该系统的安全防护作用，所以将该系统所运行的平台操作系统的抗毁性技术融入其中，增加系统的容攻击能力。

7）与 Web 服务器的整合。指将网站监控与自动恢复系统的功能和 Web 服务软件整合为一体，如做成 Apache 服务器的一个模块，甚至与操作系统（如 Linux 操作系统）结合起来，做到功能的整合。

网站监控与自动恢复系统的关键性能指标是资源占有量、正确性和实时性指标的好坏，提高这几个方面的性能是提高该系统整体性能的关键，所以算法的效率非常关键。

📖 拓展阅读

读者要想了解更多应急响应与灾备恢复的原理与技术，可以阅读以下书籍资料。

[1] 连一峰，戴英侠．计算机应急响应系统体系研究［J］．中国科学院研究生院学报，2004，21（2）：202-209.

[2] 中国网络空间研究院，中国网络空间安全协会．网络安全应急响应培训教程［M］．北京：人民邮电出版社，2016.

[3] 杨志国．应急管理在银行业数据中心的策略与实践［M］．北京：人民邮电出版社，2018.

[4] 邹恒明. 有备无患——信息系统之灾难应对[M]. 北京：机械工业出版社，2009.
[5] 张胜生，刘静，陈乐然. 网络犯罪过程分析与应急响应——红黑演义实战宝典[M]. 北京：人民邮电出版社，2019.

8.4 思考与实践

1. 请搜集当下的一些事例，谈谈应急响应与灾难恢复在PDRR模型中的重要地位和作用。

2. “应急响应就是指安全事件发生后采取应急措施。应急响应的重点是应急”，请谈谈对于应急响应这样的理解是否正确。

3. 应急响应应对的安全事件是指哪些事件？

4. 国内外有哪些应急响应组织？其主要工作是什么？

5. 应急响应过程可以划分为哪几个主要阶段？过程中每一阶段的主要工作有哪些？

6. 请给出一种应急事件级别的划分方法。

7. 什么是网络陷阱和诱骗技术？

8. 什么是网络追踪技术？目前有哪些追踪手段？

9. 什么是计算机取证？取证的数据来自哪些地方？取证涉及哪些关键技术？

10. “容灾备份就是指对于组织关键数据的备份”，请谈谈对于灾难备份这样的理解是否正确。

11. 容灾备份的目标是什么？它与灾难恢复的关系是怎样的？

12. 一个容灾备份系统的组成是怎样的？

13. 试解释容灾备份与恢复系统中涉及的技术术语：RAID、DAS、NAS、SAN。

14. 什么是双机热备技术？这一技术与数据备份有什么联系与区别？

15. 国内外银行等企业多采用多数据中心技术，什么是多数据中心技术？为什么这些企业要选择多数据中心？

16. 网站备份与恢复系统涉及的关键技术有哪些？

17. 知识拓展：访问8.2.1小节“文档资料”网站链接和二维码给出的国内计算机安全应急响应中心列表，了解最新的安全事件以及信息安全研究动态和研究成果。

18. 知识拓展：访问8.2.3小节“文档资料”网站链接和二维码给出的计算机取证工具网站，了解当前的取证产品有哪几类，分别具有何功能；了解取证的过程、内容和取证系统的结构；了解最新技术及取证产品信息。

19. 知识拓展：请阅读以下国家或企业标准，了解信息安全应急响应与灾难恢复的各项要求。

1）GB/T 24363—2009《信息安全技术 信息安全应急响应计划规范》。

2）GB/T 28827.3—2012《信息技术服务 运行维护 第3部分：应急响应规范》。

3）GB/T 20988—2007《信息安全技术 信息系统灾难恢复规范》。

4）GB/T 36957—2018《信息安全技术 灾难恢复服务要求》。

5）GB/T 37046—2018《信息安全技术 灾难恢复服务能力评估准则》。

6）GB/T 30285—2013《信息安全技术 灾难恢复中心建设与运维管理规范》。

7）GB 50174—2017《数据中心设计规范》。

8）GB 50462—2015《数据中心基础设施施工及验收规范》。

9）JR/T 0044—2008《银行业信息系统灾难恢复管理规范》。

10）YD/T 2914—2015《信息系统灾难恢复能力评估指标体系》。

20. 读书报告：搜集资料，了解蜜罐、蜜网、蜜场最新的研究成果。完成读书报告。

21. 读书报告：访问美国 NIST 官网，下载并阅读 *Guide for Cybersecurity Event Recovery*（《网络安全事件恢复指南》，https：//csrc. nist. gov/publications/detail/sp/800-184/final）。完成读书报告。

22. 操作实验：数据恢复软件 Easy Recovery 的安装与使用。完成实验报告。

23. 操作实验：访问蜜网项目组（The Honeynet Project，http://www. honeynet. org）官网，下载使用相关蜜网工具，完成实验报告。

24. 操作实验：下载使用开源多蜜罐平台 T-Pot（https://github. com/dtag-dev-sec/tpotce），完成实验报告。

25. 操作实验：Windows 系统的 Cookie 文件夹中有一个 index. dat 文件，这是一个具有“隐藏”属性的文件，它记录着通过浏览器访问过的网址、访问时间、历史记录等信息。实际上，它是一个保存了 Cookie、历史记录和 IE 临时文件中所记录内容的副本。即使用户在 IE 中执行删除脱机文件、清除历史记录、清除表单等操作，index. dat 文件也不会被删除。如果试图人工删除它，系统会警告“无法删除 index：文件正被另一个人或程序使用”。即使重新启动系统且不打开任何程序窗口，也同样无法用常规方法删除它。试下载第三方软件，如“Index. Dat FileViewer”，查看 index. dat 中的内容，并利用 Tracks Eraser Pro 软件删除 index. dat。完成实验报告。

26. 操作实验：主流服务器 RAID 磁盘配置。完成实验报告。

27. 综合实验：计算机取证实践。分别完成实验报告。

1）使用内存取证工具提取 Windows 内存信息，如 GMG 公司的 KnTTools、MoonSols 公司的 DumpIt，以及开源工具 Rekall 项目中的 Winpmem，然后使用 Redline、Volatility 等工具分析内存数据。

2）使用 Kali Linux 提供的磁盘镜像工具 Guymager 获取磁盘镜像文件。

3）使用 Bro 进行入侵流量分析。

28. 综合实验：使用 Python 编程实现对火狐浏览器数据库的取证分析。

29. 材料分析：2015 年 5 月 28 日上午 11 点左右，携程旅行网官方网站和 App 突然陷入全面瘫痪，内部功能均无法正常使用。打开主页后单击时均显示“Service Unavailable”，而百度搜索上的携程官方页面也显示 404 错误。官方表示是因服务器遭受不明攻击所致，技术人员正在紧急修复中。

《法制晚报》微博给出的消息称，携程的服务器数据在此次故障中全部遭到物理删除，且备份数据也无法使用。可以说，这对携程来说几乎是一次致命的打击。

国内数一数二的大型互联网公司出现数据灾难，不得不让网民担心。

请根据上述材料谈谈容灾备份系统的设计要点。

30. 方案制订：请依据《信息安全技术 信息安全应急响应计划规范》（GB/T 24363—2009）为你的学校制订一份应急响应预案。

8.5 学习目标检验

请对照本章学习目标列表，自行检验达到情况。

	学习目标	达到情况
知识	了解应急响应与灾备恢复的重要性	
	对应急响应概念的完整理解	
	了解应急响应应对的安全事件有哪些	
	了解有哪些应急响应组织，以及这些组织的主要工作	
	了解应急响应的一般过程，以及过程中每一阶段的主要工作	
	了解我国应急响应制度的建设	
	了解应急响应涉及的关键技术	
	对容灾备份与恢复相关概念完整理解	
	了解容灾备份系统的基本组成	
	了解灾备恢复的技术指标等标准	
	了解容灾备份与恢复涉及的关键技术	
能力	掌握应急事件级别的划分方法	
	能够设计应急响应预案	
	能够设计容灾备份系统框架	
	能进行容灾备份与恢复技术的应用，如取证、冗余备份、紧急恢复等	

第9章　计算机系统安全风险评估

导学问题

- 为什么要进行安全风险评估？☞9.1.1 小节
- 什么是风险？什么是安全风险评估？它与安全测评的关系是什么？☞9.1.2 小节
- 安全风险评估有哪些种类？☞9.1.3 小节
- 安全风险评估有哪些基本方法？☞9.1.4 小节
- 安全风险评估有哪些工具？☞9.1.5 小节
- 安全风险评估如何实施？☞9.2 小节

9.1　安全风险评估概述

本节首先介绍计算机信息系统安全风险评估的重要性，然后介绍安全风险评估的概念、分类、基本方法和工具。

9.1.1　风险和风险评估的重要性

任何系统的安全性都可以通过风险的大小来衡量。在日常生活和工作中，风险评估也是随处可见的。比如，人们经常会提出这样一些问题：什么地方、什么时间可能出问题，出问题的可能性有多大，这些问题的后果是什么，应该采取什么样的措施加以避免和弥补。人们为了找出答案，会分析及确定系统风险及风险大小，进而决定采取什么措施去减小、转移、避免风险，把风险控制在可以容忍的范围内，这一过程实际上就是风险评估。早在 19 世纪初期，科学家就已开始研究风险管理理论。

随着信息技术的发展和互联网应用的普及，网络和信息系统面临着前所未有的安全风险。什么样的计算机系统是安全的？如何评估计算机系统的安全？这些是各国政府、各种应用计算机的组织及广大计算机用户非常关心的问题。

案例 9-1　我国 2017 年 6 月 1 日正式生效的《网络安全法》第十七条和二十六条规定，国家推进网络安全社会化服务体系建设，鼓励有关企业、机构开展网络安全认证、检测和风险评估等安全服务，加强对网络安全风险的分析评估。针对网络攻击、僵尸网络、病毒木马、终端安全等网络安全风险，网络安全评估将逐渐走上规范化和法制化的轨道上来，信息系统及相关产品的风险评估认证将成为必需环节。

计算机信息系统安全风险评估是信息安全建设的起点和基础，是加强信息安全保障体系建设和管理的关键环节。开展安全风险评估工作，可以发现信息安全存在的主要问题和矛盾，找到解决诸多关键问题的办法。在第 8 章介绍的应急响应过程中就包含了风险评估这一重要环节。

风险评估实际上体现了适度安全的思想。所谓“适度安全”，就是坚持从实际出发，坚持有针对性地进行信息系统安全建设和管理。从理论上讲，不存在绝对安全的信息系统，风险总是客观存在的。风险评估不是追求零风险、不计成本的绝对安全，或试图完全消灭风险或规避风险。风险评估是要求在建设和管理成本之间寻求一个最佳平衡点，也就是在认清风险的基础上，决定哪些风险是必须避免的，哪些风险是可以容忍的。

9.1.2 安全风险评估的概念

1. 风险的概念

本书将风险（Risk）定义为，在特定客观环境下，在特定时期内，某一事件的期望结果与实际结果之间变动程度的概率分布。该定义反映了风险的客观性和时空特性，特别是反映了风险的不确定性，即风险是与特定时间和空间相关的，随着环境的变化而变化；风险也与人们的期望有关，没有期望的结果就没有风险，期望的结果不同，风险也会不同。

2. 安全风险评估的概念

（1）安全风险评估的定义

信息安全风险评估（Risk Assessment）是指，在风险事件发生之前或之后，运用科学的方法和手段，系统地分析网络与信息系统所面临的威胁及其存在的脆弱性，评估安全事件一旦发生，给组织和个人各个方面造成的影响和损失程度，提出有针对性的抵御威胁的防护对策和整改措施，并为防范和化解信息安全风险，将风险控制在可接受的水平，最大程度地为保障计算机网络信息系统安全提供科学依据。

（2）安全风险评估与安全测评的关系

通常，人们也将风险事件发生后再进行的评估称为安全测评。风险评估可以看作安全建设的起点，系统测评看作安全建设的终点，或者可以理解为，系统安全测评是对实施风险管理措施后的风险再评估。

9.1.3 安全风险评估的分类

在风险评估过程中，应当针对不同的环境和安全要求选择适当的风险评估种类。目前，实际工作中经常使用的风险评估种类包括基线评估、详细评估和组合评估。

1. 基线评估（Baseline Risk Assessment）

组织根据自己的实际情况（所在行业、业务环境与性质等）对信息系统进行安全基线检查，即拿现有的安全措施与安全基线规定的措施进行比较，找出其中的差距，得出基本的安全需求，通过选择并实施标准的安全措施来消减和控制风险。

所谓“安全基线”，是在诸多标准规范中规定的一组安全控制措施或者惯例，这些措施和惯例适用于特定环境下的所有系统，可以满足基本的安全需求，能使系统达到一定的安全防护水平。例如，安全基线通常可以选择国际标准和国家标准、行业标准或推荐标准、其他有类似目标和规模的组织的惯例。当然，如果环境和目标较为典型，组织也可以自行建立基线。

基线评估的目标是建立一套满足信息安全基本目标的最小对策集合，它可以在全组织范围内实行，如果有特殊需要，应该在此基础上对特定系统进行更详细的评估。

基线评估的优点是，需要的资源少，周期短，操作简单。对于环境相似且安全需求相当的诸多组织，基线评估显然是最经济有效的风险评估途径。

基线评估的缺点是，基线水平的高低难以设定。如果过高，可能导致资源浪费和限制过度；如果过低，可能难以达到充分的安全。

2. 详细评估

详细评估要求对资产进行详细识别和评估，对可能引起风险的威胁和脆弱点进行评估，根据风险评估的结果来识别和选择安全措施。

这种评估途径集中体现了风险管理的思想，即识别资产的风险并将风险降低到可接受的水平，以此证明管理者采用的安全控制措施是恰当的。

详细评估的优点是，组织可以通过详细的风险评估对信息安全风险有一个精确的认识，并且准确定义出组织目前的安全水平和安全需求。

详细评估的缺点是，可能非常耗费时间、精力和资源，因此，组织应该仔细设定待评估的信息系统范围，明确商务环境、操作和信息资产的边界。

3. 组合评估

在实践中多采用基线评估和详细评估二者结合的组合评估方式，这样会对两种评估方式扬长避短。

为了决定选择哪种风险评估途径，组织可以首先对所有的系统进行一次初步的风险评估，着眼于信息系统的商务价值和可能面临的风险，识别出组织内具有高风险的或者对其商务运作极为关键的信息资产或系统。这些资产或系统应该划入详细风险评估的范围，而其他系统则可以通过基线风险评估直接选择安全措施。

组合评估将基线评估和详细评估的优点结合了起来，既节省了评估所耗费的资源，又能确保获得一个全面、系统的评估结果，而且组织的资源和资金能够应用到最能发挥作用的地方，具有高风险的信息系统能够被预先关注。

当然，组合评估也有缺点：如果初步的风险评估不够准确，某些本来需要详细评估的系统也许会被忽略，最终导致结果失准。

9.1.4 安全风险评估的基本方法

在风险评估过程中，可以采用多种操作方法。无论何种方法，共同的目标都是找出组织信息资产面临的风险及其影响，以及目前的安全水平与组织安全需求之间的差距。

1. 基于知识和基于模型的评估方法

（1）基于知识的评估方法

基于知识的评估方法又称作经验方法，它牵涉对来自类似组织（包括规模、商务目标和市场等）的“最佳惯例”的重用，适合一般性的信息安全组织。

采用这种方法，组织不需要付出很多精力、时间和资源，只要通过多种途径采集相关信息，识别组织的风险所在和当前的安全措施，与特定的标准或最佳惯例进行比较，从中找出不符合的地方，并按照标准或最佳惯例的推荐选择安全措施，最终达到消减和控制风险的目的。

信息采集的途径包括会议讨论、对当前的信息安全策略和相关文档进行复查、问卷调查、对相关人员访谈，以及实地考察等。

（2）基于模型的评估方法

基于模型的评估方法指采用 UML 建模语言分析和描述被评估信息系统及其安全风险相关要素，运用面向对象的分析方法，采用图形化建模技术，提高系统及其相关安全要素描述的精确性，提高评估结果质量。

UML 在风险评估中的应用，有利于风险评估过程与系统开发过程的相互支持，有利于对安全风险相关要素进行模式抽象和总结，通过模式的复用及开发应用基于模型方法的工具集，提高效率，降低成本。

2. 定性和定量评估方法

（1）定性评估方法

定性的评估方法主要由评估者根据自己的知识和经验，针对组织的资产价值、威胁的可能性、漏洞被利用的容易度、现有控制措施的效力等风险管理诸要素确定大小或高低等级。

在定性评估中并不使用具体的数值，而是指定期望值，如设定每种风险的影响值和发生的概率值为“高”“中”“低”。有时单纯使用期望值并不能明显区别风险值之间的差别，也可以为定性数据指定数值，如“高”的值设置为3，“中”的值设置为2，“低”的值设置为1。不过，这样的设定只是考虑了风险的相对等级，并不代表风险究竟有多大。

典型的定性分析方法有因素分析法、逻辑分析法、历史比较法、德尔斐法（Delphi Method）。

（2）定量评估方法

定量评估方法是指运用数量指标来对风险进行评估，即对构成风险的各个要素和潜在损失的水平赋予数值或货币金额，当度量风险的所有要素（资产价值、威胁频率、漏洞利用程度、安全措施的效率和成本等）都被赋值时，风险评估的整个过程和结果就都可以被量化了。

典型的定量分析方法有因子分析法、聚类分析法、时序模型、回归模型等风险图法、决策树法等。

定性分析和定量分析的优缺点比较如下。

- 定性分析方法的主观性很强，往往需要凭借分析者的经验和直觉，或者业界的标准和惯例，因此，与定量分析相比较，定性分析的精确性不够。
- 定性分析没有定量分析那样繁重的计算负担，但要求分析者具备一定的经验和能力。
- 定量分析比较客观，依赖大量的统计数据。
- 定量分析的结果直观，容易理解，而定性分析的结果则很难有统一的解释。

【例 9-1】定量分析示例。

假定某公司投资 500000 美元建了一个网络运营中心，其最大的威胁是火灾，一旦火灾发生，网络运营中心的估计损失程度 EF 是45%。根据消防部门推断，该网络运营中心所在的地区每5年会发生一次火灾，于是得出威胁年度发生率 ARO 为0.20。基于以上数据，计算该公司网络运营中心的年度损失期望 ALE。

首先解释一下以下含义。

- 暴露因子（Exposure Factor，EF）：特定威胁对特定资产造成损失的百分比，即损失的程度。
- 单一损失期望（Single Loss Expectancy，SLE）：或者称作 SOC（Single Occurrence Costs），即特定威胁可能造成的潜在损失总量。
- 年度发生率（Annualized Rate of Occurrence，ARO）：威胁在一年内估计会发生的频率。
- 年度损失期望（Annualized Loss Expectancy，ALE）：或者称作 EAC（Estimated Annual Cost），表示特定资产在一年内遭受损失的预期值。

定量分析的过程如下：

1）识别资产并为资产赋值。

2）进行威胁和漏洞评估，评估特定威胁作用于特定资产所造成的影响，即确定EF（取值在0%~100%之间)。

3)计算特定威胁年度发生的频率,即ARO。

4)计算资产的SLE:SLE=总资产值×EF。

5)计算资产的ALE:ALE=SLE×ARO=500000×45%×0.20=45000美元。

(3)定性与定量相结合的综合评估方法

定量评估方法的优点是用直观的数据来表述评估的结果,可以对安全风险进行准确的分级。但这有个前提,那就是可供参考的数据指标是准确的,然而在信息系统日益复杂多变的今天,定量分析所依据的数据的可靠性是很难保证的。此外,常常为了量化,使本来比较复杂的事物简单化、模糊化了,有的风险因素被量化以后还可能被误解和曲解。

此外,系统风险评估是一个复杂的过程,需要考虑的因素很多。有些评估要素可以用量化的形式来表达,而对有些要素的量化很困难,甚至是不可能的,所以在复杂的信息系统风险评估过程中,应该将定量和定性两种方法融合起来。定量分析是定性分析的基础和前提,定性分析应建立在定量分析的基础上才能揭示客观事物的内在规律。层次分析法(Analytical Hierarchy Process,AHP)是一种定性与定量相结合的多目标决策分析方法。

9.1.5 安全风险评估的工具

信息系统安全风险评估工具是风险评估的辅助手段,是保证风险评估结果可信度的一个重要因素。风险评估工具的使用不但在一定程度上解决了手动评估的局限性,最主要的是它能够将专家知识进行集中,使专家的经验知识被广泛地应用。

根据风险评估过程中的主要任务和作用原理的不同,风险评估的工具可以分成管理型风险评估工具、技术型风险评估工具及风险评估辅助工具3类。

1. 管理型风险评估工具

管理型风险评估工具主要从安全管理方面入手,对信息系统面临的威胁进行全面考量,评估信息资产所面临的风险。根据实现方法的不同,管理型风险评估工具可以分为3类。

1)基于信息安全标准的风险评估与管理工具。目前,国际上存在多种风险分析标准或指南(本书10.2.2小节介绍),不同的风险分析方法侧重点不同。以这些标准或指南的内容为基础,分别开发相应的评估工具,完成遵循标准或指南的风险评估过程。

2)基于知识的风险评估与管理工具。这类工具并不仅仅遵循某个单一的标准或指南,而是将各种风险分析方法进行综合,并结合最佳实践经验,形成风险评估知识库,以此为基础完成综合评估。

3)基于模型的风险评估与管理工具。这类工具使用定性或定量的分析方法,在对系统各组成部分、安全要素充分研究的基础上,对典型系统的资产、威胁、脆弱性建立量化或半量化的模型,得到评价结果。

2. 技术型风险评估工具

技术型风险评估工具包括脆弱性扫描工具和渗透性测试工具。

1)脆弱性扫描工具。通常也称为漏洞扫描器,主要用于寻找信息系统中的操作系统、数据库系统、网络设备、应用程序等的脆弱性(漏洞)。一些扫描器还可以对信息系统中存在的脆弱性进行评估,给出已发现漏洞的严重程度和被利用的容易程度。

2)渗透性测试工具。该工具能够根据脆弱性扫描工具扫描的结果进行模拟攻击测试,判断被非法访问者利用的可能性。这类工具通常包括黑客工具、脚本文件。渗透性测试的目的是检测已发现的脆弱性是否真正会给系统或网络带来影响。通常渗透性测试工具与脆弱性扫描工具一起使用，这可能会对被评估系统的运行带来一定的安全影响。

☞ 请读者完成本章思考与实践第 19~21 题，应用漏洞扫描器和渗透性测试工具。

3. 风险评估辅助工具

风险评估需要大量的实践和经验数据的支持，这些数据的积累是风险评估科学性的基础。风险评估辅助工具可以实现对数据的采集、现状分析和趋势分析等单项功能，为风险评估各要素的赋值、定级提供依据。常用的辅助工具如下。

1）检查列表。检查列表是基于特定标准或基线建立的对特定系统进行审查的项目条款。通过检查列表，操作者可以快速定位系统目前的安全状况与基线要求之间的差距。

2）入侵检测系统。入侵检测系统通过部署检测引擎，收集、处理整个网络中的通信信息，以获取可能对网络或主机造成危害的入侵攻击事件；帮助检测各种攻击试探和误操作；同时也可以作为一个警报器，提醒管理员发生的安全状况。

3）安全审计工具。用于记录网络行为，分析系统或网络安全现状；它的审计记录可以作为风险评估中的安全现状数据，并可用于判断被评估对象威胁信息的来源。

4）拓扑发现工具。通过接入点接入被评估网络，完成被评估网络中的资产发现功能，并提供网络资产的相关信息，包括操作系统版本、型号等。拓扑发现工具主要是自动完成网络硬件设备的识别、发现功能的。

5）资产信息收集系统。通过提供调查表形式，完成被评估信息系统数据、人员等资产信息的收集功能，了解组织的主要业务、重要资产、威胁、管理上的缺陷、采用的控制措施和安全策略的执行情况。此类系统主要采取电子调查表形式，需要被评估系统管理人员参与填写，并自动完成资产信息获取。

6）其他。如用于评估过程参考的评估指标库、知识库、漏洞库、算法库、模型库等。

9.2 安全风险评估的实施

本节首先介绍计算机信息系统安全风险评估实施的基本原则，然后围绕安全风险评估实施的 4 个阶段展开介绍。

9.2.1 风险评估实施的基本原则

1. 标准性原则

风险评估应当依据国家政策法规、技术规范与管理要求、行业标准或国际标准进行。

2. 关键业务原则

信息安全风险评估应以被评估组织的关键业务作为评估工作的核心，把涉及这些业务的相关网络与系统，包括基础网络、业务网络、应用基础平台、业务应用平台等，作为评估的重点。

3. 可控性原则

在风险评估项目实施过程中，应严格按照标准的项目管理方法对服务过程、人员和工具等进行控制，以保证风险评估实施过程的可控和安全。

- 服务可控性：评估方应事先在评估工作沟通会议中向用户介绍评估服务流程，明确需要得到的被评估组织协作的工作内容，确保安全评估服务工作的顺利进行。

- 人员与信息可控性：所有参与评估的人员应签署保密协议，以保证项目信息的安全；应对工作过程数据和结果数据严格管理，未经授权不得泄露给任何单位和个人。
- 过程可控性：应按照项目管理要求，成立项目实施团队，实行项目组长负责制，达到项目过程的可控。
- 工具可控性：安全评估人员所使用的评估工具应该事先通告用户，并在项目实施前获得用户的许可，包括产品本身、测试策略等。

4. 最小影响原则

对于在线业务系统的风险评估，应采用最小影响原则，即首要保障业务系统的稳定运行，而对于需要进行攻击性测试的工作内容，需与用户沟通并进行应急备份，同时避开业务的高峰时间进行。

5. 自评估和检查评估相结合原则

自评估是信息系统拥有、运营或使用单位发起的对本单位信息系统进行的风险评估，可由发起方实施或委托信息安全服务组织支持实施。实施自评估的组织可根据组织自身的实际需求进行评估目标的设立，采用完整或剪裁的评估活动。

检查评估是信息系统上级管理部门或国家有关职能部门依法开展的风险评估。检查评估也可委托信息安全服务组织支持实施。检查评估除可对被检查组织的关键环节或重点内容实施抽样评估外，还可实施完整的风险评估。

风险评估应以自评估为主，自评估和检查评估相互结合、互为补充。

9.2.2 风险评估过程

图 9-1 所示是安全风险评估实施的基本流程图。评估准备阶段的工作是对评估实施有效性的保证，是评估工作的开始；风险要素识别阶段的工作主要是对评估活动中的各类关键要素，如资产、威胁、脆弱性、安全措施等，进行识别与赋值；风险分析阶段的工作主要是对识别阶段中获得的各类信息进行关联分析，并计算风险值；风险处理阶段的工作主要针对评估出的风险提出相应的处置建议，以及按照处置建议实施安全加固后进行残余风险处理等内容。

1. 评估准备阶段

风险评估准备是整个风险评估过程有效性的保证，具体包括以下内容。

（1）确定评估目标

信息系统的生命周期一般包括信息系统的规划、设计、实施、运维和废弃 5 个阶段，风险评估活动应贯穿于信息系统生命周期的上述各个阶段。组织应首先根据当前信息系统的实际情况来确定在信息系统生命周期中所处的阶段，并以此来明确风险评估目标。一般而言，组织确定的各阶段的评估目标应符合以下原则。

1）规划阶段：识别系统的业务战略，以支撑系统安全需求及安全战略等。规划阶段的评估应能够描述信息系统建成后对现有业务模式的作用，包括技术、管理等方面，并根据其作用确定系统建设应达到的安全目标。

2）设计阶段：根据规划阶段所明确的系统运行环境、资产重要性提出安全功能需求。设计阶段的风险评估结果应对设计方案中所提供的安全功能符合性进行判断，作为采购过程风险控制的依据。

3）实施阶段：根据系统安全需求和运行环境对系统开发、实施过程进行风险识别，并对系统建成后的安全功能进行验证，根据设计阶段分析的威胁和制定的安全措施在实施及验收时进行质量控制。

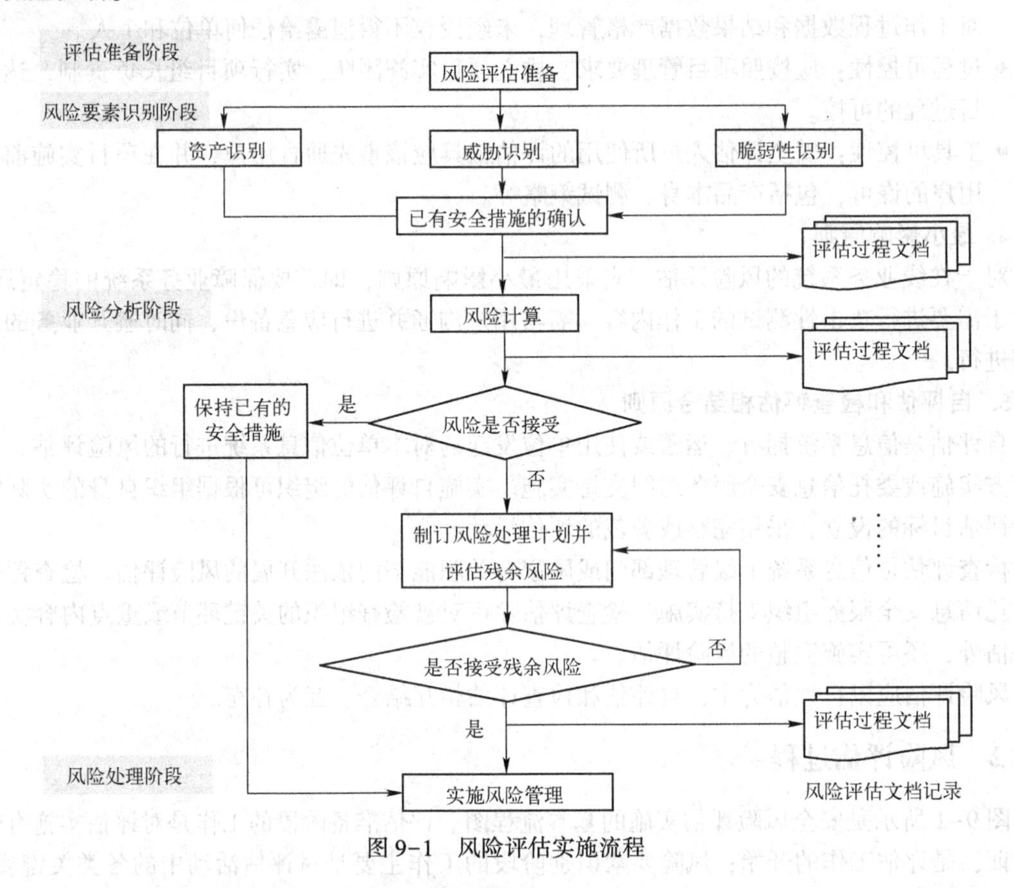

图 9-1　风险评估实施流程

4）运行维护阶段：该阶段可了解和控制运行过程中的安全风险。评估内容包括信息系统的资产、面临的威胁、自身脆弱性及已有安全措施等各方面。

5）废弃阶段：确保废弃资产及残留信息得到了适当的处置，并对废弃资产对组织的影响进行分析，以确定是否会增加或引入新的风险。

此外，当信息系统的业务目标和需求或技术和管理环境发生变化时，需要再次进行上述 5 个阶段的风险评估，使得信息系统的安全适应自身和环境的变化。

（2）确定评估范围

风险评估范围可以是组织全部的信息及与信息处理相关的各类资产、管理机构，也可以是某个独立的信息系统、关键业务流程等。

可以参考以下依据来作为评估范围边界的划分原则。

- 业务系统的业务逻辑边界。
- 网络及设备载体边界。
- 物理环境边界。
- 组织管理权限边界。
- 其他。

（3）组建评估团队

风险评估实施团队应由被评估组织、评估机构等共同组建。由被评估组织领导、相关部门负责人，以及评估机构相关人员成立风险评估领导小组。聘请相关专业的技术专家和技术骨干组成专家组。

风险评估小组应完成评估前的表格、文档 、检测工具等各项准备工作，进行风险评估技术培训和保密教育，制定风险评估过程管理相关规定，编制应急预案等。双方应签署保密协议，适情签署个人保密协议。

（4）评估工作启动会议

为保障风险评估工作的顺利开展，包括确立工作目标、统一思想、协调各方资源，应召开风险评估工作启动会议。启动会一般由风险评估领导小组负责人组织召开，参与人员应该包括评估小组全体人员、相关业务部门主要负责人，如有必要可邀请相关专家组成员参加。

通过启动会可对被评估组织参与评估人员及其他相关人员进行评估方法和技术培训，使全体人员了解和理解评估工作的重要性，以及各工作阶段所需配合的工作内容。启动会主要内容如下。

- 被评估组织领导宣布此次评估工作的意义、目的、目标，以及评估工作中的责任分工。
- 被评估组织项目组长说明本次评估工作的计划和各阶段工作任务，以及需配合的具体事项。
- 评估机构项目组长介绍评估工作的一般性方法和工作内容等。

（5）系统调研

系统调研是了解、熟悉被评估对象的过程，风险评估小组应进行充分的系统调研，以确定风险评估的依据和方法。调研内容应包括以下内容。

- 系统安全保护等级。
- 主要的业务功能和要求。
- 网络结构与网络环境，包括内部连接和外部连接。
- 系统边界，包括业务逻辑边界、网络及设备载体边界、物理环境边界、组织管理权限边界等。
- 主要的硬件、软件。
- 数据和信息。
- 系统和数据的敏感性。
- 支持和使用系统的人员。
- 信息安全管理组织建设和人员配备情况。
- 信息安全管理制度。
- 法律法规及服务合同。
- 其他。

系统调研可采取问卷调查、现场面谈相结合的方式进行。

（6）确定评估依据和方法

根据风险评估目标及系统调研结果，确定评估依据和评估方法。评估依据应包括以下内容。

- 适用的法律、法规。
- 现有国际标准、国家标准、行业标准。
- 行业主管机关的业务系统的要求和制度。
- 与信息系统安全保护等级相应的基本要求。
- 被评估组织的安全要求。

● 系统自身的实时性或性能要求等。

根据评估依据，应根据被评估对象的安全需求来确定风险计算方法，使之能够与组织环境和安全要求相适应。

【例 9-2】可供参考的评估依据。

1）政策法规。

●《中华人民共和国网络安全法》第十七条规定：国家推进网络安全社会化服务体系建设，鼓励有关企业、机构开展网络安全认证、检测和风险评估等安全服务。

●《国家电子政务工程建设管理暂行办法》（国家发改委令第 55 号）第三十一条规定：项目建设单位应在完成项目建设任务后的半年内，组织完成建设项目的信息安全风险评估和初步验收工作。

2）评估标准。

部分评估标准列举如下。

● GB/T 20984—2007《信息安全技术 信息安全风险评估规范》。
● GB/T 31509—2015《信息安全技术 信息安全风险评估实施指南》。
● GB/T 20918—2007《信息技术 软件生存周期过程风险管理》。
● GB/Z 24364—2009《信息安全技术 信息安全风险管理指南》。
● GB/T 31722—2015《信息技术 安全技术 信息安全风险管理》。
● GB/T 36466—2018《信息安全技术 工业控制系统风险评估实施指南》。
● HS/T 28—2010《海关信息系统信息安全风险评估规范》。
● JR/T 0058—2010《保险信息安全风险评估指标体系规范》。
● MH/T 0040—2012《民用运输航空公司网络与信息系统风险评估规范》。
● DB44/T 2010—2017《云计算平台信息安全风险评估指南》。
● DB32/T 1439—2009《信息安全风险评估实施规范》。

更多标准和规范本书将在第 10 章介绍。

（7）确定评估工具

根据评估对象和评估内容合理选择相应的评估工具。评估工具的选择和使用应遵循以下原则。

● 必须符合国家有关规定。
● 对于系统脆弱性评估工具，应具备全面的已知系统脆弱性核查与检测能力。
● 评估工具的检测规则库应具备更新功能，能够及时更新。
● 评估工具使用的检测策略和检测方式不应对信息系统造成不正常影响。
● 可采用多种评估工具对同一测试对象进行检测，如果出现检测结果不一致的情况，应进一步采用必要的人工检测和关联分析，并给出与实际情况最为相符的结果判定。

（8）制订评估方案

风险评估方案是评估工作实施活动总体计划，用于管理评估工作的开展，使评估各阶段工作可控，并作为评估项目验收的主要依据之一。风险评估方案应得到被评估组织的确认和认可。风险评估方案的内容如下。

● 风险评估工作框架：包括评估目标、评估范围、评估依据等。
● 评估团队组织：包括评估小组成员、组织结构、角色、责任；如果有必要，还应包括风险评估领导小组和专家组组建介绍等。
● 评估工作计划：包括各阶段工作内容、工作形式、工作成果等。

- 风险规避：包括保密协议、评估工作环境要求、评估方法、工具选择、应急预案等。
- 时间进度安排：评估工作实施的时间进度安排。
- 项目验收方式：包括验收方式、验收依据、验收结论定义等。

✉ **说明：**

为了确保风险评估工作的顺利开展，评估准备阶段要有一系列的保障工作。

- 组织协调。风险评估方案应得到被评估组织最高管理者的支持、批准。同时，要对管理层和技术人员进行传达，在组织范围内就风险评估相关内容进行培训，以明确有关人员在评估工作中的任务。
- 文档管理。确保文档资料的完整性、准确性和安全性。
- 风险评估工作自身也存在风险：一是评估结果是否准确有效，能否达到预期目标存在不确定因素；二是评估中的某些测试操作可能给被评估组织或信息系统引入新的风险。因此，风险评估工作应实行质量控制，以保证评估结果的准确有效。此外，在进行脆弱性识别前，应做好应急准备。评估机构应对测试工具进行核查。内容包括：测试工具是否安装了必要的系统补丁，是否存有与本次评估工作无关的残余信息、病毒木马，漏洞库或检测规则库升级情况及工具运行情况；核查人员应填写测试工具核查记录；评估人员事先应将测试方法与被评估组织相关人员进行充分沟通；测试过程中，评估人员应在被评估组织相关人员的配合下进行测试操作。

2. 风险要素识别阶段

风险要素识别阶段是风险评估工作的重要工作阶段，对组织和信息系统中的资产、威胁、脆弱性等要素进行识别，是进行信息系统安全风险分析的前提。

首先介绍风险要素及各属性的关系。风险评估围绕资产、威胁、脆弱性和安全措施这些基本要素展开，在对基本要素的评估过程中，还需要充分考虑业务战略、资产价值、安全需求、安全事件、残余风险等与这些基本要素相关的各类属性。图 9-2 所示为风险要素及属性之间的关系，图中的方框表示风险评估的基本要素，椭圆表示与这些要素相关的属性。

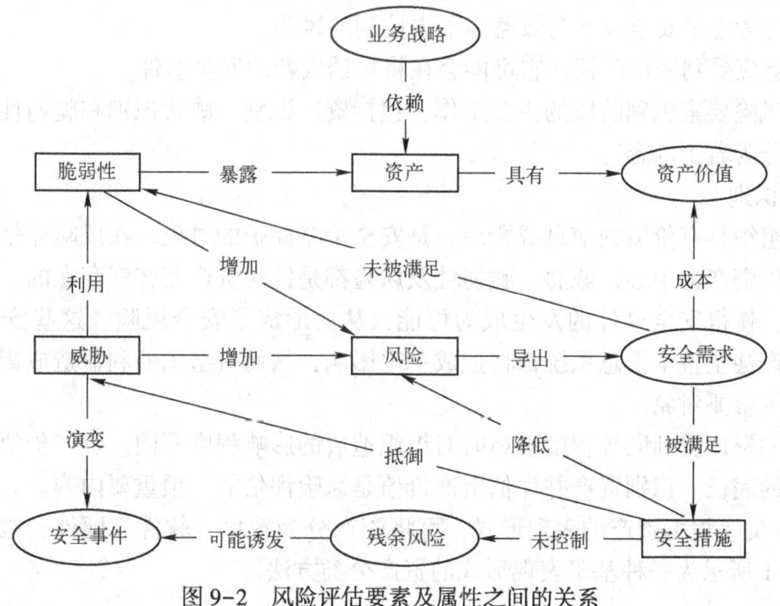

图 9-2　风险评估要素及属性之间的关系

1）风险要素及属性的相关术语。

- 威胁（Threat）：可能导致对系统或组织危害的不希望事故的潜在起因。
- 脆弱性（Vulnerability）：可能被威胁所利用的资产或若干资产的薄弱环节。
- 安全措施（Security Measure）：保护资产、抵御威胁、减少脆弱性、降低安全事件的影响，以及打击信息犯罪而实施的各种实践、规程和机制。
- 风险（Risk）：人为或自然的威胁利用信息系统及其管理体系中存在的脆弱性导致安全事件发生及其对组织造成影响。
- 业务战略（Business Strategy）：组织为实现其发展目标而制定的一组规则或要求。
- 资产价值（Asset Value）：资产的重要程度或敏感程度的表征。资产价值是资产的属性，也是进行资产识别的主要内容。
- 安全需求（Security Requirement）：为保证组织业务战略的正常运作而在安全措施方面提出的要求。
- 安全事件（Security Incident）：系统、服务或网络的一种可识别状态的发生，它可能是对信息安全策略的违反或防护措施的失效，或是未预知的不安全状况。
- 残余风险（Residual Risk）：采取了安全措施后，信息系统仍然可能存在的风险。

2）风险要素与属性之间的关系。

- 业务战略的实现对资产具有依赖性，依赖程度越高，要求其风险越小。
- 资产是有价值的，组织的业务战略对资产的依赖程度越高，资产价值就越大。
- 风险是由威胁引发的，资产面临的威胁越多则风险越大，并可能演变成安全事件。
- 资产的脆弱性可能暴露资产的价值，资产具有的脆弱性越多则风险越大。
- 脆弱性是未被满足的安全需求，威胁利用脆弱性危害资产。
- 风险的存在及对风险的认识导出安全需求。
- 安全需求可通过安全措施得以满足，需要结合资产价值考虑实施成本。
- 安全措施可抵御威胁，降低风险。
- 残余风险有些是在安全措施不当或无效的情况下，需要加强才可控制的风险，而有些则是在综合考虑了安全成本与效益后不去控制的风险。
- 残余风险应受到密切监视，它可能会在将来诱发新的安全事件。

下面介绍风险要素识别阶段的主要工作，包括资产识别、威胁识别和脆弱性识别。每一类识别工作又细分为若干内容。

（1）资产识别

资产是对组织具有价值的信息或资源，是安全策略保护的对象。在风险评估工作中，风险的重要因素都以资产为中心，威胁、脆弱性及风险都是针对资产而客观存在的。威胁利用资产自身的脆弱性，使得安全事件的发生成为可能，从而形成了安全风险。这些安全事件一旦发生，对具体资产甚至整个信息系统都将造成一定影响，从而对组织的利益造成影响。因此，资产是风险评估的重要对象。

不同价值的资产受到同等程度破坏时对组织造成的影响程度不同。资产价值是资产重要程度或敏感程度的表征。识别资产并评估资产价值是风险评估的一项重要内容。

1）资产分类。根据资产的表现形式，可将资产分为数据、软件、硬件、服务、文档、人员等类。表 9-1 所示为一种基于表现形式的资产分类方法。

表 9-1　一种基于表现形式的资产分类

分　类	示　例
数据	保存在信息媒介上的各种数据资料，包括源代码、数据库数据、系统文档、运行管理规程、计划、报告、用户手册等
软件	系统软件：操作系统、数据库管理系统、语言包、开发系统等 应用软件：办公软件、数据库软件，各类工具软件等 源程序：各种共享源代码、自行或合作开发的各种程序等
硬件	网络设备：路由器、网关、交换机等 计算机设备：大型机、小型机、服务器、工作站、台式计算机、便携式计算机等 存储设备：磁带机、磁盘阵列、磁带、光盘、软盘、U 盘、移动硬盘等 传输线路：光纤、双绞线等 保障设备：动力保障设备（UPS、变电设备等）、空调、保险柜、文件柜、门禁、消防设施等 安全保障设备：防火墙、入侵检测系统、身份验证等 其他电子设备：打印机、复印机、扫描仪、传真机等
服务	办公服务：为提高效率而开发的管理信息系统（MIS），它包括各种内部配置管理、文件流转管理等服务 网络服务：各种网络设备、设施提供的网络连接服务 信息服务：对外依赖该系统开展的各类服务
文档	纸质的各种文件、传真、电报、财务报告、发展计划等
人员	掌握重要信息和核心业务的人员，如主机维护主管、网络维护主管、应用项目经理及网络研发人员等
其他	企业形象、客户关系等

2）资产调查。资产调查一方面应识别出有哪些资产，另一方面要识别出每项资产自身的关键属性。图 9-3 所示为资产识别的一般步骤。

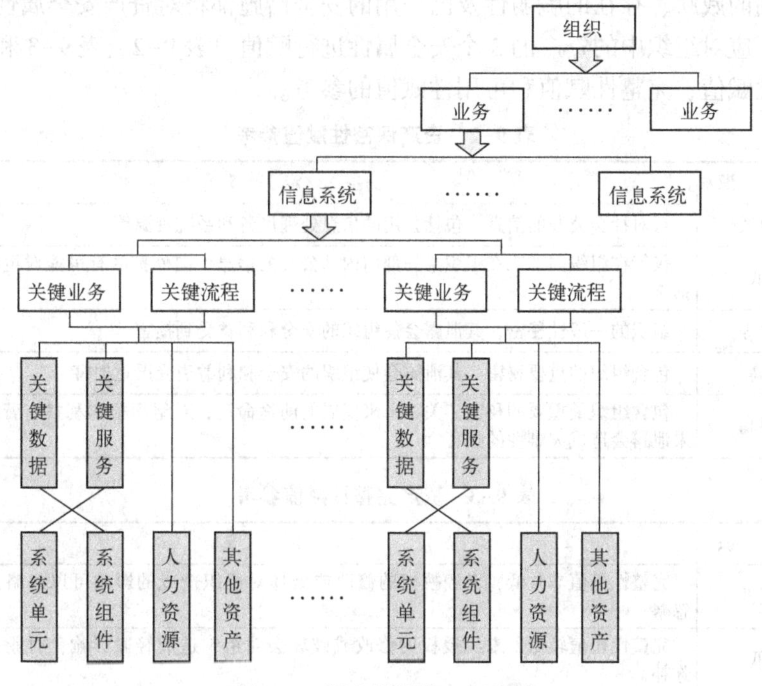

图 9-3　资产识别的一般步骤

一般步骤描述如下。

① 根据评估目标和范围，确定风险评估对象中包含的信息系统。

② 识别信息系统处理的业务功能，以及处理业务所需的业务流程，特别应识别出关键业

务功能和关键业务流程。

③ 根据业务特点、业务流程识别业务需要处理的数据和提供的服务，特别应识别出关键数据和关键服务。

④ 识别处理数据和提供服务所需的系统单元、系统组件，特别应识别出关键系统单元和关键系统组件。

🖂 **说明：**

- 信息系统依赖于数据和服务等信息资产，而信息资产又依赖于支撑和保障信息系统运行的硬件和软件资源，即系统平台，包括物理环境、网络、主机和应用系统等。其基础设施，如服务器、交换机、防火墙等，称为系统单元；在系统单元上运行的操作系统、数据库、应用软件等称为系统组件。在数据和服务等信息资产识别的基础上，根据业务处理流程可识别出支撑业务系统运行所需的系统平台，并且识别出这些软硬件资源的重要性、保密性、完整性、可用性、抗抵赖性等安全属性。
- 系统单元、系统组件均可作为安全技术脆弱性测试的对象。所有资产均可作为安全管理脆弱性测试的对象。
- 资产调查的方法包括阅读文档、访谈相关人员、查看相关资产等。

3）资产赋值。保密性、完整性和可用性是评价资产的 3 个安全属性。风险评估中，资产的价值不是以资产的经济价值来衡量的，而是由资产在这 3 个安全属性上的达成程度或者其安全属性未达成时所造成的影响程度来决定的。安全属性达成程度的不同将使资产具有不同的价值，而资产面临的威胁、存在的脆弱性及已采用的安全措施都将对资产安全属性的达成程度产生影响。为此，应对组织中的资产的 3 个安全属性进行赋值。表 9–2、表 9–3 和表 9–4 分别给出了资产保密性赋值、完整性赋值和可用性赋值的参考。

表 9–2　资产保密性赋值参考

赋　值	标　识	定　义
1	很低	可对社会公开的信息，包括公用的信息处理设备和系统资源等
2	低	仅能在组织内部或在组织某一部门内部公开的信息，向外扩散有可能对组织的利益造成轻微损害
3	中等	组织的一般性秘密，其泄露会使组织的安全和利益受到损害
4	高	包含组织的重要秘密，其泄露会使组织的安全和利益遭受严重损害
5	很高	包含组织最重要的秘密，关系未来发展的前途命运，对组织根本利益有着决定性的影响，如果泄露会造成灾难性的损害

表 9–3　资产完整性赋值参考

赋　值	标　识	定　义
1	很低	完整性价值非常低，未经授权的修改或破坏对组织造成的影响可以忽略，对业务冲击可以忽略
2	低	完整性价值较低，未经授权的修改或破坏会对组织造成轻微影响，对业务冲击轻微，容易弥补
3	中等	完整性价值中等，未经授权的修改或破坏会对组织造成影响，对业务冲击明显，但可以弥补
4	高	完整性价值较高，未经授权的修改或破坏会对组织造成重大影响，对业务冲击严重，较难弥补
5	很高	完整性价值非常关键，未经授权的修改或破坏会对组织造成重大的或无法接受的影响，对业务冲击重大，并可能造成严重的业务中断，难以弥补

表 9-4　资产可用性赋值参考

赋　值	标　识	定　义
1	很低	可用性价值可以忽略，合法使用者对信息及信息系统的可用度在正常工作时间低于25%
2	低	可用性价值较低，合法使用者对信息及信息系统的可用度在正常工作时间达到25%以上，或系统允许中断时间小于60 min
3	中等	可用性价值中等，合法使用者对信息及信息系统的可用度在正常工作时间达到70%以上，或系统允许中断时间小于30 min
4	高	可用性价值较高，合法使用者对信息及信息系统的可用度达到每天90%以上，或系统允许中断时间小于10 min
5	很高	可用性价值非常高，合法使用者对信息及信息系统的可用度达到年度99.9%以上，或系统不允许中断

资产的最终价值应依据资产在保密性、完整性和可用性上的赋值等级，经过综合评定得出。综合评定方法可以根据自身的特点，选择对资产保密性、完整性和可用性最为重要的一个属性的赋值等级作为资产的最终赋值结果；也可以根据资产保密性、完整性和可用性的不同等级对其赋值进行加权计算，得到资产的最终赋值结果，加权方法可根据组织的业务特点确定。表9-5所示为资产等级的划分。

表 9-5　资产等级划分

等　级	标　识	描　述
1	很低	不重要，其安全属性破坏后对组织造成很小的损失，甚至忽略不计
2	低	不太重要，其安全属性破坏后可能对组织造成较低的损失
3	中等	比较重要，其安全属性破坏后可能对组织造成中等程度的损失
4	高	重要，其安全属性破坏后可能对组织造成比较严重的损失
5	很高	非常重要，其安全属性破坏后可能对组织造成非常严重的损失

(2) 威胁识别

威胁是指可能导致危害系统或组织的不希望事故的潜在起因。威胁是客观存在的，无论对于多么安全的信息系统，它都存在。威胁的存在，组织和信息系统才会存在风险。因此，风险评估工作中需全面、准确地了解组织和信息系统所面临的各种威胁。

1) 威胁分类。识别威胁的关键在于确认引发威胁的人或事物，即所谓的威胁来源。威胁来源通常可分为环境因素和人为因素，见表9-6。

表 9-6　威胁来源列表

来　源		描　述
环境因素		断电、静电、灰尘、潮湿、温度、鼠蚁虫害、电磁干扰、洪灾、火灾、地震、意外事故等环境危害或自然灾害，以及软件、硬件、数据、通信线路等方面的故障
人为因素	恶意人员	有预谋的内部人员对信息系统进行恶意破坏；采用自主或内外勾结的方式盗窃机密信息或进行篡改，获取利益 外部人员利用信息系统的脆弱性，对网络或系统的保密性、完整性和可用性进行破坏，以获取利益或炫耀能力
	非恶意人员	内部人员由于缺乏责任心，或者由于不关心或不专注，或者没有遵循规章制度和操作流程而导致故障或信息损坏；内部人员由于缺乏培训、专业技能不足、不具备岗位技能要求而导致信息系统故障或遭受攻击

威胁有多种分类方法。针对上述威胁来源的一种分类见表 9-7。

表 9-7　针对上述威胁来源的分类列表

种　类	描　述	威 胁 子 类
软硬件故障	对业务实施或系统运行产生影响的设备硬件故障、通信链路中断、系统本身或软件缺陷等问题	设备硬件故障、传输设备故障、存储媒体故障、系统软件故障、应用软件故障、数据库软件故障、开发环境故障等
物理环境影响	对信息系统正常运行造成影响的物理环境问题和自然灾害	断电、静电、灰尘、潮湿、温度、鼠蚁虫害、电磁干扰、洪灾、火灾、地震等
无作为或操作失误	应该执行而没有执行相应的操作，或无意执行了错误的操作	维护错误、操作失误等
管理不到位	安全管理无法落实或不到位，从而破坏信息系统正常有序运行	管理制度和策略不完善、管理规程缺失、职责不明确、监督控管机制不健全等
恶意代码	故意在计算机系统上执行恶意任务的程序代码	病毒、特洛伊木马、蠕虫、陷门、间谍软件、窃听软件等
越权或滥用	通过采用一些措施，超越自己的权限访问本来无权访问的资源，或者滥用自己的权限，做出破坏信息系统的行为	非授权访问网络资源、非授权访问系统资源、滥用权限非正常修改系统配置或数据、滥用权限泄露秘密信息等
网络攻击	利用工具和技术，通过网络对信息系统进行攻击和入侵	网络探测和信息采集、漏洞探测、嗅探（账号、口令、权限等）、用户身份伪造和欺骗、用户或业务数据的窃取和破坏、系统运行的控制和破坏等
物理攻击	通过物理的接触造成对软件、硬件、数据的破坏	物理接触、物理破坏、盗窃等
泄密	信息泄露给不应了解的他人	内部信息泄露、外部信息泄露等
篡改	非法修改信息，破坏信息的完整性使系统的安全性降低或信息不可用	篡改网络配置信息、篡改系统配置信息、篡改安全配置信息、篡改用户身份信息或业务数据信息等
抵赖	不承认收到的信息及所做的操作和交易	原发抵赖、接收抵赖、第三方抵赖等

拓展知识：微软 STRIDE 威胁分类

微软提出了一种名为 STRIDE 的威胁分类方法，并在其开发的威胁建模工具中应用。STRIDE 是 6 种安全威胁的英文首字母缩写，分别是 Spoofing（假冒）、Tampering（篡改）、Repudiation（否认）、Information Disclosure（信息泄露）、Denial of Service（拒绝服务）和 Elevation of Privilege（特权提升）。STRIDE 分类方法使得记忆和查找各种威胁变得容易，而且有助于描述威胁及设计有效的缓解措施。

并非所有的威胁都能归入 STRIDE 类别，一些威胁可能适用于多个类别。这 6 个威胁类型之间也不是完全孤立存在的，当软件面对某类威胁时，很可能与另一类威胁相关联。例如，特权提升可能是由于信息泄露而产生假冒的结果，或只是由于缺乏抗抵赖控制而导致的。在这种情况下，对威胁进行分类时可以根据个人的经验判断，或者根据威胁被物化的可能性选择相关性最大的威胁类别，或者将所有适用的威胁类别归档。

除了微软的 STRIDE 威胁分类方法外，OWASP Top10 是针对 Web 应用的典型威胁分类，CWE Top25 最危险的编程错误也是典型的威胁列表。

2）威胁调查。威胁是客观存在的，任何一个组织和信息系统都面临威胁。但在不同的组织和信息系统中，威胁发生的可能性和造成的影响可能不同。不仅如此，同一个组织或信息系统中，不同资产所面临的威胁发生的可能性和造成的影响也可能不同。威胁调查就是要识别组织和信息系统中可能发生并造成影响的威胁，进而分析发生可能性较大、可能造成重大影响的威胁。

威胁调查工作包括分析威胁源动机及其能力、威胁途径、威胁可能性及其影响。

① 威胁源动机及其能力。

根据威胁源的不同，可以将威胁分为非人为的和人为的。

- 非人为的安全威胁主要是自然灾难。另外，由于技术的局限性造成系统不稳定、不可靠等情况，也会引发安全事件，这也是非人为的安全威胁。
- 人为的安全威胁是指某些个人和组织对信息系统造成的安全威胁。人为的安全威胁主体可以来自组织内部，也可以来自组织外部。

从威胁动机来看，人为的安全威胁又可细分为非恶意行为和恶意攻击行为。

- 非恶意行为主要指粗心或未受到良好培训的管理员和用户由于特殊原因而导致的无意行为，从而造成对信息系统的破坏。
- 恶意攻击行为是指出于各种目的而对信息系统实施的攻击。恶意攻击具有明显的目的性，一般经过精心策略和准备，也可能是有组织的，并投入一定的资源和时间。表 9-8 给出了典型的攻击者类型、动机和能力。

表 9-8　典型的攻击者类型、动机和能力

类　型		描　述	主要动机	能　力
恶意员工		主要指对机构不满或具有某种恶意目的的内部员工	由于对机构不满而有意破坏系统，或出于某种目的窃取信息或破坏系统	掌握内部情况，了解系统结构和配置；具有系统合法账户，或掌握可利用的账户信息；可以从内部攻击系统最薄弱的环节
独立黑客		主要指个体黑客	企图寻找并利用信息系统的脆弱性，以达到满足好奇心、检验技术能力及恶意破坏等目的；动机复杂，目的性不强	占有少量资源，一般从系统外部侦察并攻击网络和系统；攻击者水平高低差异很大
有组织的攻击者	国内外竞争者	主要指具有竞争关系的国内外工业和商业机构	获取商业情报；破坏竞争对手的业务和声誉，目的性较强	具有一定的资金、人力和技术资源，主要是通过多种渠道搜集情报，包括利用竞争对手内部员工、独立黑客甚至犯罪团伙
	犯罪团伙	主要指计算机犯罪团伙。对犯罪行为可能进行长期的策划和投入	偷窃、诈骗钱财；窃取机密信息	具有一定的资金、人力和技术资源；实施网上犯罪，对犯罪有精密策划和准备
	恐怖组织	主要指国内外恐怖组织	通过强迫、恐吓政府或社会，以满足其需要为目的，采用暴力或恐怖方式制造恐慌	具有丰富的资金、人力和技术资源，对攻击行为可能进行长期策划和投入，可能获得敌对国家的支持
外国政府		主要指其他国家或地区设立的从事网络和信息系统攻击的军事、情报等机构	从其他国家搜集政治、经济、军事情报或机密信息，目的性极强	组织严密，具有充足的资金、人力和技术资源，将网络和信息系统攻击作为战争的作战手段

② 威胁途径。威胁途径是指威胁源对组织或信息系统造成破坏的手段和路径。非人为的威胁途径表现为发生自然灾难、出现恶劣的物理环境、出现软硬件故障或性能降低等；人为的威胁手段包括主动攻击、被动攻击、邻近攻击、分发攻击、误操作等。其中，人为的威胁主要表现如下。

- 主动攻击。主动攻击指攻击者主动对信息系统实施攻击，导致信息或系统功能改变。常见的主动攻击包括利用缓冲区溢出漏洞执行代码，协议、软件、系统中设置后门，插入和利用恶意代码，伪装，盗取合法建立的会话，非授权访问，越权访问，重放所截获的数据，修改数据，插入数据，拒绝服务攻击等。

- 被动攻击。被动攻击不会导致对系统信息的篡改，而且系统操作与状态不会改变。被动攻击一般不易被发现。常见的被动攻击包括侦察、嗅探、监听、流量分析、口令截获等。
- 邻近攻击。邻近攻击是指攻击者在地理位置上尽可能接近被攻击的网络、系统和设备，目的是修改、收集信息，或者破坏系统。这种接近可以是公开的或秘密的，也可能是两种都有。常见的邻近攻击包括偷取磁盘后又还回，偷窥屏幕信息，收集作废的打印纸，房间窃听，毁坏通信线路。
- 分发攻击。分发攻击是指在软件和硬件的开发、生产、运输和安装阶段，攻击者恶意修改设计、配置等行为。常见的分发攻击包括利用制造商在设备上设置的隐藏功能，在产品分发、安装时修改软硬件配置，在设备和系统维护升级过程中修改软硬件配置等。直接通过互联网进行远程升级维护具有较大的安全风险。
- 误操作。误操作是指由于合法用户的无意行为造成了对系统的攻击。误操作并非故意要破坏信息和系统，但由于经验不足、培训不足而导致一些特殊的行为发生，从而对系统造成了无意的破坏。常见的误操作包括由于疏忽破坏了设备或数据，删除文件或数据，破坏线路，配置和操作错误、无意中使用了破坏系统的命令等。

☒ **说明：**

威胁源对威胁客体造成破坏，有时候并不是直接的，而是通过中间若干媒介的传递，形成一条威胁路径。在风险评估工作中，调查威胁路径有利于分析各个环节威胁发生的可能性和造成的破坏。威胁路径调查要明确威胁发生的起点、威胁发生的中间点及威胁发生的终点，并明确威胁在不同环节的特点。

③ 威胁可能性及其影响。威胁是客观存在的，但对于不同的组织和信息系统，威胁发生的可能性不尽相同。威胁产生的影响与脆弱性是密切相关的。脆弱性越大，越严重，威胁产生影响的可能性越大。

威胁客体是威胁发生时受到影响的对象，威胁影响与威胁客体密切相关。当一个威胁发生时，会影响多个对象。这些威胁客体有层次之分，通常，威胁直接影响的对象是资产，间接影响的是信息系统和组织。在识别威胁客体时，首先识别那些直接受影响的客体，再逐层分析间接受影响的客体。

威胁客体的价值越重要，威胁的影响越大；威胁破坏的客体范围越广泛，威胁的影响越大。分析并确认威胁发生时受影响客体的范围和客体的价值，有利于分析组织和信息系统存在风险的大小。

遭到威胁破坏的客体，有的可以补救且补救代价可以接受，有的不能补救或补救代价难以接受。受影响客体的可补救性也是威胁影响的一个重要方面。

☒ **说明：**

威胁调查的方法多种多样，可以根据组织和信息系统自身的特点进行调查，举例如下。

- 运行过一段时间的信息系统，可根据以往发生的安全事件记录分析信息系统面临的威胁，如系统受到病毒攻击的频率、系统不可用频率、系统遭遇黑客攻击的频率等。

● 在实际环境中，通过检测工具及各种日志可分析信息系统面临的威胁。
● 可参考组织内其他信息系统面临的威胁来分析本系统所面临的威胁；或者参考其他类似组织或其他组织类似信息系统面临的威胁分析本组织和本系统面临的威胁。
● 参考第三方组织发布的安全态势方面的数据。

3）威胁分析。通过威胁调查，可识别存在的威胁源名称、类型、攻击能力和攻击动机、威胁路径、威胁发生的可能性、威胁影响客体的价值、覆盖范围、破坏严重程度和可补救性。在威胁调查的基础上，可进行如下威胁分析。

● 通过分析威胁路径，结合威胁自身属性、资产存在的脆弱性及所采取的安全措施，识别出威胁发生的可能性，也就是威胁发生的概率。
● 通过分析威胁客体的价值、威胁覆盖范围、破坏严重程度和可补救性等，识别威胁影响。
● 分析并确定通过威胁源攻击能力、攻击动机、威胁发生概率、影响程度计算威胁值的方法。

威胁赋值分为很高、高、中、低、很低 5 个级别，级别越高表示威胁发生的可能性越大。表 9-9 给出了各级别赋值的描述。

表 9-9　威胁赋值级别的描述

等　级	标　识	描　述
1	很低	威胁几乎不可能发生，仅可能在非常罕见和例外的情况下发生
2	低	威胁发生的频率较小，或一般不太可能发生，或没有被证实发生过
3	中	威胁出现的频率中等（或>1 次/半年）；或在某种情况下可能会发生；或被证实曾经发生过
4	高	威胁出现的频率较高（或≥1 次/月）；或在大多数情况下很有可能会发生；或可以证实多次发生过
5	很高	威胁出现的频率很高（或≥1 次/周）；或在大多数情况下几乎不可避免；或可以证实经常发生过

4）威胁分析报告。威胁分析报告是进行脆弱性识别的重要依据。在识别脆弱性时，对于那些可能被严重威胁利用的脆弱性要进行重点识别。

威胁分析报告应包括如下内容。

● 威胁名称、威胁类型、威胁源攻击能力、攻击动机、威胁发生概率、影响程度及威胁发生的可能性。
● 威胁赋值。
● 严重威胁说明等。

（3）脆弱性识别

脆弱性是资产自身存在的，如果没有被威胁利用，那么脆弱性本身不会对资产造成损害，也就是说，威胁利用资产的脆弱性，才可能造成危害。因此，组织一般通过尽可能消减资产的脆弱性来阻止或消减威胁造成的影响，所以脆弱性识别是风险评估中最重要的一个环节。

1）脆弱性识别内容。脆弱性可从技术和管理两个方面进行识别。

● 技术方面。可从物理环境、网络、主机系统、应用系统、数据等方面识别资产的脆弱性。
● 管理方面。可从技术管理脆弱性和组织管理脆弱性两方面识别资产的脆弱性，技术管理脆弱性与具体技术活动相关，组织管理脆弱性与管理环境相关。

表 9-10 提供了一种脆弱性识别内容的参考。脆弱性识别所采用的方法主要有文档查阅、问卷调查、人工核查、工具检测、渗透性测试等。

表 9-10　脆弱性识别内容参考

类　型	识别对象	识别内容
技术脆弱性	物理环境	机房选址、建筑物的物理访问控制、防盗窃和防破坏、防雷击、防火、防水和防潮、防静电、温湿度控制、电力供应、电磁防护等
	网络	网络拓扑图、VLAN 划分、网络访问控制、网络设备防护、安全审计、边界完整性检查、入侵防范、恶意代码防范等
	主机系统	身份鉴别、访问控制、安全审计、剩余信息保护、入侵防范、恶意代码防范、资源控制等
	应用系统	身份鉴别、访问控制、安全审计、剩余信息保护、通信完整性、通信保密性、抗抵赖、软件容错、资源控制等
	数据	数据泄露、数据篡改和破坏、数据不可用等
管理脆弱性	管理组织	组织对安全管理机构的设置、职能部门的设置、岗位的设置、人员的配置等是否合理，分工是否明确，职责是否清晰，工作是否落实等
	管理策略	核查安全管理策略的全面性和合理性
	管理制度	制度落实，以及安全管理制度的制定与发布、评审与修订、废弃等管理方面存在的问题
	人员管理	人员录用、教育与培训、考核、离岗等，以及外部人员访问控制安全管理
	系统运维管理	物理环资产、设备、介质、网络、系统、密码的安全管理，恶意代码防范，安全监控和监管、变更、备份与恢复，安全事件、应急预案管理等

2）已有安全控制措施确认。在识别脆弱性的同时，评估人员应对已采取的安全措施及其有效性进行确认。安全措施确认时应分析其有效性，即是否能够抵御威胁的攻击。对有效的安全措施继续保持，以避免不必要的工作和费用，防止安全措施的重复实施；对确认为不适当的安全措施，应核实是否需要取消或对其进行修正，或用更合适的安全措施替代。

3）脆弱性分析报告。脆弱性分析报告中应当包括如下内容。

- 资产存在的各种脆弱性。
- 脆弱性的特征及其赋值。
- 计算脆弱性严重程度的方法。
- 严重脆弱性说明。
- 脆弱性之间的关联分析。不同的脆弱性可能反映同一方面的问题，或可能造成相似的后果，这些脆弱性可以合并；某些脆弱性的严重程度互相影响，特别对于某些资产，其技术脆弱性的严重程度还受到组织管理脆弱性的影响，因而这些脆弱性的严重程度可能需要修正。

脆弱性严重程度分为很高、高、中、低、很低 5 个级别，级别越高表示脆弱性越严重。表 9-11 给出了各级别赋值的描述。

表 9-11　脆弱性严重程度级别赋值的描述

等　级	标　识	描　述
1	很低	如果被威胁利用，将对资产造成的损害可以忽略
2	低	如果被威胁利用，将对资产造成较小损害
3	中	如果被威胁利用，将对资产造成一般损害
4	高	如果被威胁利用，将对资产造成重大损害
5	很高	如果被威胁利用，将对资产造成完全损害

3. 风险分析阶段

风险分析的主要方法是对业务相关的资产、威胁、脆弱性及其各项属性进行关联分析，综合进行风险分析和计算。

（1）风险分析模型

一种风险分析模型如图 9-4 所示。

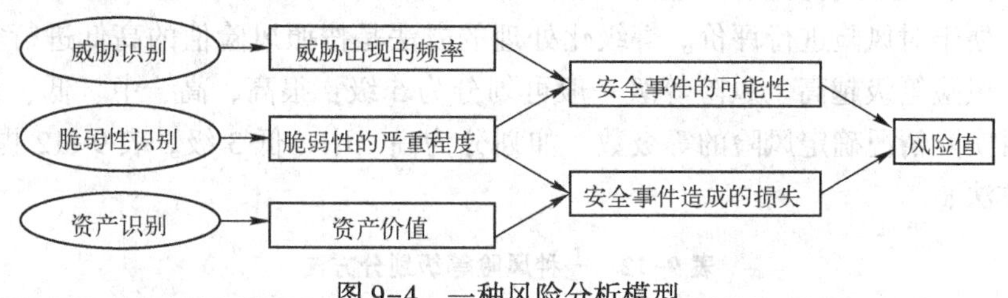

图 9-4　一种风险分析模型

根据图 9-4 所示，风险值的计算可以用下面的范式形式加以说明。

1）计算安全事件发生的可能性。根据威胁出现频率及脆弱性的状况，计算威胁利用脆弱性导致安全事件发生的可能性，即：

$$安全事件的可能性=L(威胁出现频率,脆弱性)=L(T,V)$$

其中，L 表示威胁利用资产的脆弱性导致安全事件的可能性；T 表示威胁出现频率；V 表示脆弱性。

2）计算安全事件发生后造成的损失。根据资产价值及脆弱性严重程度，计算安全事件一旦发生后造成的损失，即：

$$安全事件造成的损失=F(资产价值,脆弱性严重程度)=F(I_A,V_A)$$

其中，F 表示安全事件发生后造成的损失；I_A表示安全事件所作用的资产价值；V_A表示脆弱性严重程度。

3）计算风险值。根据计算出的安全事件的可能性及安全事件造成的损失，计算风险值，即：

$$\begin{aligned}风险值&=R(安全事件的可能性,安全事件造成的损失)=R(A,T,V)\\&=R(L(T,V),F(I_A,V_A))\end{aligned}$$

其中，R 表示安全风险计算函数；A 表示资产。

（2）风险计算方法

对于组织或信息系统安全风险，需要通过具体的计算方法实现风险值的计算。风险计算方法一般分为定性计算方法和定量计算方法两大类。

定性计算方法是将风险的各要素资产、威胁、脆弱性等的相关属性进行量化（或等级化）赋值，然后选用具体的计算方法（如矩阵法或相乘法）进行风险计算。矩阵法通过构造一个二维矩阵，形成安全事件的可能性与安全事件造成的损失之间的二维关系；相乘法通过构造经验函数，将安全事件的可能性与安全事件造成的损失进行运算得到风险值。具体步骤请参考《信息安全风险评估规范》（GB/T 20984—2007）。

定量计算方法是通过将资产价值和风险等量化为财务价值的方式来进行计算的一种方法。由于定量计算方法需要等量化财务价值，在实际操作中往往难以实现。

☒ **说明：**

由于定量计算方法在实际工作中的可操作性较差，因此一般风险计算多采用定性计算方法。风险的定性计算方法实质反应的是组织或信息系统面临风险大小的准确排序，确定风险的性质（无关紧要、可接受、待观察、不可接受等），而不是风险计算值本身的准确性。

(3) 风险分析与评价

通过风险计算，应对风险情况进行综合分析与评价。

1）风险分析是基于计算出的风险值确定风险等级的。风险等级化处理的目的是对风险的识别直观化，便于对风险进行评价。等级化处理的方法是按照风险值的高低进行等级划分的，风险值越高，风险等级越高。风险等级一般可划分为 5 级：很高、高、中、低、很低。另外，也可根据项目实际情况确定风险的等级数，如划分为高、中、低 3 级。表 9-12 提供了一种风险等级划分方法。

表 9-12　一种风险等级划分方法

等　级	标　识	描　述
1	很低	一旦发生，造成的影响几乎不存在，通过简单的措施就能弥补
2	低	一旦发生，造成的影响程度较低，一般仅限于组织内部，通过一定手段很快能解决
3	中	一旦发生会造成一定的经济、社会或生产经营影响，但影响面和影响程度不大
4	高	一旦发生将产生较大的经济或社会影响，在一定范围内给组织的经营和组织信誉造成损害
5	很高	一旦发生将产生非常严重的经济或社会影响，如组织信誉严重破坏、严重影响组织的正常经营、经济损失重大、社会影响恶劣

2）风险评价方法是根据组织或信息系统面临的各种风险等级，通过对不同等级的安全风险进行统计、分析，并依据各等级风险所占全部风险的百分比，确定总体风险状况。具体风险评价见表 9-13。

表 9-13　安全风险评价表

风 险 等 级	占全部风险百分比	总体风险评价结果		
		高	中	低
很高	≥10%	高		
高	≥30%	高		
中	≥30%		中	
低				低
很低				低

(4) 风险评估报告

风险评估报告是风险分析阶段的输出文档，是对风险分析阶段工作的总结。在风险评估报告中需要对建立的风险分析模型进行说明，并需要阐明采用的风险计算方法及风险评价方法。

报告中应对计算分析出的风险给予详细说明，主要包括风险对组织、业务及系统的影响范围、影响程度，依据的法规和证据，风险评价结论。

风险评估报告是风险评估工作的重要内容，是风险处理阶段的关键依据。同时，风险评估报告可作为组织从事其他信息安全管理工作的重要参考内容，如信息安全检查、信息系统等级保护测评、信息安全建设等。

4. 风险处理阶段

风险处理依据风险评估结果，针对风险分析阶段输出的风险评估报告进行风险处理。

(1) 风险处理原则

风险处理的基本原则是适度接受风险，根据组织可接受的处置成本将残余安全风险控制在可以接受的范围内。

依据国家、行业主管部门发布的信息安全建设要求进行的风险处理，应严格执行相关规定。例如，依据等级保护相关要求实施的安全风险加固工作，应满足等级保护相应等级的安全技术和管理要求；对于因不能够满足该等级安全要求而产生的风险，则不适用适度接受风险的原则。对于有行业主管部门特殊安全要求的风险处理工作，同样不适用该原则。

(2) 安全整改建议

风险处理方式一般包括接受、消减、转移、规避等。安全整改是风险处理中常用的风险消减方法。风险评估需提出安全整改建议。

安全整改建议需根据安全风险的严重程度、加固措施实施的难易程度、降低风险的时间紧迫程度、所投入的人员力量及资金成本等因素综合考虑。

(3) 组织评审会

组织召开评审会是评估活动结束的重要标志。评审会应由被评估组织组织，评估机构协助。评审会参与人员一般包括被评估组织、评估机构及专家等。

评审会由被评估组织人员主持，提供有关文档供评审人员进行核查。风险评估文档是指在整个风险评估过程中产生的评估过程文档和评估结果文档。表 9-14 列出了应当提交的评估文档（但不仅限于此）。

表 9-14　风险评估文档列表

工作阶段	输出文档	文档内容
评估准备阶段	《系统调研报告》	对被评估系统的调查情况，涉及网络结构、系统情况、业务应用等内容
	《风险评估方案》	根据调研情况及评估目的，确定评估的目标、范围、对象、工作计划、主要技术路线、应急预案等
风险要素识别阶段	《资产价值分析报告》	资产调查情况，分析资产价位，以及重要资产说明
	《威胁分析报告》	威胁调查情况，明确存在的威胁及其发生的可能性，以及严重威胁说明
	《安全技术脆弱性分析报告》	物理、网络、主机、应用、数据等方面的脆弱性说明
	《安全管理脆弱性分析报告》	安全组织、安全策略、安全制度、人员安全、系统运维等方面的脆弱性说明
	《已有安全措施分析报告》	分析组织或信息系统已部署安全措施的有效性，包括技术和管理两方面的安全管控说明
风险分析阶段	《风险评估报告》	对资产、威胁、脆弱性等评估数据进行关联计算、分析评价等，应说明风险分析模型、分析计算方法
风险处理阶段	《安全整改建议》	对评估中发现的安全问题给予有针对性的风险处理建议

☒ **说明：**

对于风险评估过程中形成的相关文档，还应规定其标识、储存、保护、检索、保存期限及处置所需的控制。

（4）评审意见

评审会成果是会议评审意见。评审意见包括针对评估项目的实施流程、风险分析的模型与计算方法、评估的结论及评估活动产生的各类文档等内容提出意见。评审意见对于被评估组织是否接受评估结果，具有重要的参考意义。

依据评审意见，评估机构应对相关报告进行完善、补充和修改，并将最终修订材料一并提交被评估组织，作为评估项目结束的移交文档。

（5）残余风险处理

残余风险处理是风险评估活动的延续，是被评估组织按照安全整改建议全部或部分实施整改工作后，对仍然存在的安全风险进行识别、控制和管理的活动。

对于已完成安全加固措施的信息系统，为确保安全措施的有效性，可进行残余风险评估，评估流程及内容可做有针对性的剪裁。

残余风险评估的目的是对信息系统仍存在的残余风险进行识别、控制和管理。例如，某些风险在完成了适当的安全措施后，残余风险的结果仍处于不可接受的风险范围内，此时应考虑进一步增强相应的安全措施。

拓展知识：工业控制系统信息安全风险评估

首先要了解工业控制系统与传统信息系统有哪些本质的区别，见表9-15。

表9-15　工业控制系统与传统信息系统的本质区别

对　比　项	工业控制系统	传统信息系统
网络架构	利用各种自动化控制技术、不同的工业协议，实现工业自动化过程及设备的智能控制、监测与管理。各类工业行业乃至同行业内的控制网络存在很大差异	利用通用的计算机、互联网技术实现数据处理和信息共享
通信协议	专用通信协议或规约（OPC、Modbus、DNP3等）直接被使用或者被作为TCP/IP的应用层使用	TCP/IP协议栈（应用层协议：HTTP、FTP、SMTP等）
系统实时性	对系统传输、信息处理的实时性要求高，不能停机或者重启	对系统的实时性要求相对不高，信息传输允许延迟，可以停机和重启恢复
系统故障响应	不可预料的中断会造成经济损失或者灾难，故障必须紧急响应处理	不可预料的中断可能会造成任务损失，系统故障的处理响应级别随IT系统要求而定
系统升级难度	专有系统兼容性差，软硬件升级较困难，一般很少进行系统升级，如需升级可能需要对整个系统升级换代	采用通用系统，兼容性好，软硬件升级较容易，且软件系统升级较频繁

通过系统本身的差别，可以推导出一些在开展风险评估方面的差别之处，主要体现在如下几个方面。

1）评估的对象不同。IT系统风险评估的主要评估对象是IT系统的组成部分，如IT网络、主机系统、路由器、交换机、数据库等，但是在工业控制系统的风险评估中，上述对象也会存在，但更重要的是工业控制系统的组成部分，如工业控制网络、工业主机、工业控制设备、生产工艺等。

2）评估的工具不同。评估对象的不同决定了评估工具也有所差异。首先，传统IT系统风险评估中所使用的评估工具大多数可以应用于工业控制系统风险评估中；其次，部分工具需要根据工业控制系统的特点进行升级，例如，漏洞扫描工具在工业控制系统风险评估中就要有工业控制的特色，漏洞库要包含工业控制相关的漏洞；最后，有些工具是工业控制系统风险评估所独有的，例如，工业控制漏洞挖掘工具就用于对工业控制设备的未知漏洞挖掘，而一般不会应用于IT系统风险评估中。

3）评估的标准不同。工业控制系统的优先级往往要高于IT系统，任何对生产造成影响的安全问题都会带来直接的经济损失甚至是人员伤亡，因此同样的评估对象其评估标准可能会有所不同，例如，工业控制系统现场中根据实际控制、生产的需要，很多PLC室/DCS室、操作台等都需要安置在生产一线，这样就使得防盗报警系统、火灾自动消防系统、防水检测和报警系统、温湿度自动调节系统等被很多实际情况制约，其评估的标准与IT系统的机房就不能一概而论。同样是主机防护措施，工业主机和办公主机因为用途不同，U盘使用、软件安装的要求就不一样，防护的要求也有所不同，防病毒软件往往就不完全适用于工业主机的安全防护。

应用实例：一个信息系统安全风险评估实例

这里给出一个信息系统安全风险评估的简单实例供读者参考，着重介绍了风险分析模型和风险计算方法。

1. 风险分析模型

根据风险的含义，风险 R 不仅是风险事件发生的概率 P 的函数，而且是风险事件所产生后果 C 的函数，可表示为 $R=f(P,C)$。P 和 C 的域值为区间 $[0,1]$，用 P_f 表示事件未发生（失败）概率，P_s 表示事件发生（成功）概率，对事件发生所产生的后果也用概率测度来表示，用 C_f 表示事件未发生（失败）影响程度的大小，C_s 表示事件发生（成功）影响程度的大小。显然有 $P_f=1-P_s$，$C_f=1-C_s$，以概率测度为变量的风险函数如下：

$$R_s=f(\text{风险事件发生的概率测度},\text{风险事件发生后果的概率测度})$$
$$=1-\text{风险事件未发生概率}\cdot\text{其未产生后果的概率测度}$$
$$=1-P_f\,C_f=1-(1-P_s)(1-C_s)=P_s+C_s-P_s\,C_s$$

这里得到的风险度是由概率测度表示的，实际上是风险事件发生和其他产生后果的似然估计，用 R_s 表示。

（1）风险事件发生的概率 P_s

前面已分析，影响系统的主要因素是威胁、脆弱性及已有的安全控制措施。它们构成了对信息系统进行安全风险评估的因素集合（论域），设因素集 U=(威胁,脆弱性,已有的安全控制措施)$=(u_1,u_2,u_3)$，U 中各元素在评估中的影响程度大小的界定实际上是一个模糊择优问题，可按照它们在不同类型系统、不同安全要求中的作用程度分类赋予权值，记为 $A=(a_1,a_2,a_3)$。在对因素集 U 中的因素做单因素评估时，根据实际工作中的情况将评估结果分为5个等级，并为每一个等级给出相应的权重，记为 $B=(b_1,b_2,b_3,b_4,b_5)=(0.1,0.3,0.5,0.7,1.0)$。

请有关专家组成的风险评估小组对事件的威胁性、脆弱性及已有的安全控制措施进行评估，从 u_i 确定该因素对等级 b_j 的隶属度 e_{ij}。

$$e_{ij}=\frac{\text{在 } i \text{ 因素 } j \text{ 量级内打勾的专家数}}{\text{参加评判的专家总数}}$$

则风险事件发生的概率 $P_s=\prod_{i=1}^{3}\prod_{j=1}^{5}(a_i\,e_{ij}\,b_j)=\boldsymbol{AEB}^{\mathrm{T}}$，其中，$\boldsymbol{E}$ 称为评判矩阵。

（2）风险事件发生后影响程度 C_s 的模糊综合评判

对风险事件后果的影响程度大小估计，通常从对资产的影响、对能力的影响及系统恢复费用3方面衡量。对资产的影响包括环境恶化、数据泄露、通信被干扰和信息丢失等。对能力的影响包括中断、延迟和削弱等。由于这种估计的不确定性因素很大，具有模糊性，因而我们采用模糊综合评判法来估计风险事件的后果大小。

设因素集$\underset{\sim}{U}$=(资产,能力,费用)=(u_1',u_2',u_3')，赋予各因素相应的权向量$\underset{\sim}{\boldsymbol{A}}=(a_1',a_2',a_3')$。评估集$V$=(可忽略,较小,中等,较大,灾难性)=$(v_1,v_2,v_3,v_4,v_5)$。由专家参照评估集分别对各因素$\underset{\sim}{U}$进行评估，可得模糊子集$\underset{\sim}{\boldsymbol{R}}_i=\{r_{i1},r_{i2},r_{i3},r_{i4},r_{i5}\}$ $(i=1,2,3)$。由此得到的评判矩阵为：

$$\underset{\sim}{\boldsymbol{R}}=\begin{pmatrix} r_{11} & r_{12} & r_{13} & r_{14} & r_{15} \\ r_{21} & r_{22} & r_{23} & r_{24} & r_{25} \\ r_{31} & r_{32} & r_{33} & r_{34} & r_{35} \end{pmatrix}$$

这样，对某个风险事件的模糊综合评判矩阵$\underset{\sim}{\boldsymbol{B}}$是$V$上的模糊子集$\underset{\sim}{\boldsymbol{B}}=\underset{\sim}{\boldsymbol{A}}\,\underset{\sim}{\boldsymbol{R}}$。

对$\underset{\sim}{\boldsymbol{B}}$进行规一化处理，得到$\underset{\sim}{\boldsymbol{B}}'=\underset{\sim}{\boldsymbol{B}}=(b_1',b_2',b_3',b_4',b_5')$。

则信息系统发生风险事件的影响程度C_s可表示为

$$C_s=\underset{\sim}{B}'V^{\mathrm{T}}=v_1b_1'+v_2b_2'+v_3b_3'+v_4b_4'+v_5b_5'$$

（3）风险度R_s的计算

风险度$R_s=P_s+C_s-P_s\,C_s$。根据表9-12，设定R的评估集V={很高风险，高风险，中等风险，低风险，很低风险}，其相应权值为{1,0.7,0.5,0.3,0.1}，一般认为$0.7<R_f<1$的为很高风险信息系统，$0.5<R_f<0.7$的为高风险信息系统，$0.3<R_f<0.5$的为中等风险信息系统，$0.1<R_f<0.3$的为低风险信息系统，$0<R_f<0.1$的为很低风险信息系统，对属于不同风险类型的信息系统可采取相应的措施。

2. 风险计算方法

笔者参与了对某单位信息系统的检测与评估，该单位属于政府类系统，在安全上要求与因特网在物理上隔绝，涉密信息必须加密传输，对访问要有权限控制，内部敏感信息有范围限制。整个系统由200余台PC、3台服务器（一台数据库服务器，一台代理服务器，一台E-mail服务器）组成。网上的主要业务是内部公文流转和内部邮件传输，对内提供FTP服务。该信息系统对外有一个在电信局机房托管的信息发布网站，通过一条专线远程维护。网站与内部网络之间有一台防火墙。在该系统试运行时，由10名专家对系统进行风险评估。在此之前，我们根据评估标准，采用一些技术辅助手段为专家提供一些技术依据，例如，用安全扫描软件对信息系统进行脆弱性检测，用在系统中运行一段时间的入侵检测系统进行威胁性检测，获取防火墙配置的安全策略等，将得到的技术指标提供给专家，再请专家对该系统的威胁性、脆弱性及已有的安全控制措施进行评价。

首先，把通过安全扫描软件得到的系统漏洞（脆弱性）和威胁严重性提供给该专家（见表9-16），同时为专家提供威胁、脆弱点的可能性等级度量表（见表9-9、表9-11）和风险等级表（表9-12）。

表9-16　脆弱性部分等级及量化

序　号	脆弱点名称	脆弱性说明	影响等级权重	可能性等级权重	脆弱点估计值
1	文件共享	（略）	1.0	0.5	0.5
2	匿名FTP	（略）	0.7	0.7	0.49
3	SYN洪水	（略）	1.0	0.7	0.7
……	……	……	……	……	……

在表 9-16 中，某专家根据系统的实际情况对每个脆弱点给出可能性等级权重，从而得到相应的脆弱点估计值=影响等级权重×可能性等级权重，以及整个脆弱性风险因素的综合评估值：

$$\frac{\sum_{i=1}^{n} \text{脆弱性估计值}_i}{n} = 0.41$$

因为该值在 0.3~0.5 之间，因此该专家在脆弱性等级 b_3 处打钩。

威胁评估等级及量化，以及安全控制措施的等级及量化均可参照上面的过程完成。

将 5 名专家对该单位信息系统进行风险评估的打钩情况汇总，得到的评判矩阵为：

$$\boldsymbol{E}=\begin{pmatrix} 0 & 0.2 & 0.8 & 0 & 0 \\ 0 & 0.4 & 0.6 & 0 & 0 \\ 0.2 & 0.8 & 0 & 0 & 0 \end{pmatrix}$$

若对于某一等级 b_j，专家没人打钩，则得到的 e_{ij} 为零，说明该信息系统在此项指标方面完全不属于 b_j 这个等级。

经专家调查确定 $\boldsymbol{A}=(0.3,0.3,0.4)$，评估集 $\boldsymbol{B}=(b_1,b_2,b_3,b_4,b_5)=(0.1,0.3,0.5,0.7,1.0)$，则可计算得出风险事件发生的概率为：

$$P_s=\boldsymbol{AEB}^{\mathrm{T}}=(0.3,0.3,0.4)\begin{pmatrix} 0 & 0.2 & 0.8 & 0 & 0 \\ 0 & 0.4 & 0.6 & 0 & 0 \\ 0.2 & 0.8 & 0 & 0 & 0 \end{pmatrix}\begin{pmatrix} 0.1 \\ 0.3 \\ 0.5 \\ 0.7 \\ 1 \end{pmatrix}=0.368$$

发生灾难后的影响程度需要专家从资产、能力及费用 3 方面进行判断，得到的模糊评判矩阵为：

$$\underset{\sim}{\boldsymbol{R}}=\begin{pmatrix} 0 & 0.3 & 0.7 & 0 & 0 \\ 0 & 0.2 & 0.7 & 0.1 & 0 \\ 0 & 0.4 & 0.4 & 0.2 & 0 \end{pmatrix}$$

并且确定 $\underset{\sim}{\boldsymbol{A}}=(0.3,0.3,0.4)$，评估集 $\boldsymbol{V}=(v_1,v_2,v_3,v_4,v_5)=(0.1,0.3,0.5,0.7,1.0)$，可计算：

$$\underset{\sim}{\boldsymbol{B}}=\underset{\sim}{\boldsymbol{A}}\,\underset{\sim}{\boldsymbol{R}}=(0,0.31,0.58,0.11,0)$$

对 $\underset{\sim}{\boldsymbol{B}}$ 进行归一化处理得到 $\underset{\sim}{\boldsymbol{B}}'$，进而求得该信息系统影响程度大小：

$$C_s=\underset{\sim}{\boldsymbol{B}}'\boldsymbol{V}^{\mathrm{T}}=0.46$$

这样就得到该信息系统的风险度为：

$$R_s=P_s+C_s-P_s\,C_s=0.368+0.46-0.368\times0.46=0.659$$

由于该信息系统的风险度介于 0.5~0.7 之间，因此该信息系统的风险属于高风险。

✍ 小结

安全评估作为信息系统安全工程重要组成部分，已经不仅仅是个别企业的问题，而是关系到国民经济各个方面的重大问题，它将逐渐走上规范化和法制化的轨道上来，国家对各种配套的安全标准和法规的制定将会更加健全，评估模型、评估方法、评估工具的研究、开发将更加活跃，信息系统及相关产品的风险评估认证将成为必需环节。

📖 **拓展阅读**

读者要想了解更多安全风险评估的原理与技术，可以阅读以下书籍资料。

[1] 范红．信息安全风险评估规范国家标准理解与实施［M］．北京：中国标准出版社，2008.

[2] 向宏．信息安全测评与风险评估［M］．2版．北京：人民邮电出版社，2014.

[3] 王晋东．信息系统安全风险评估与防御决策［M］．北京：国防工业出版社，2016.

9.3 思考与实践

1. 请谈谈计算机信息系统安全风险评估在信息安全建设中的地位和重要意义。

2. 什么是风险？什么是风险评估？它与安全测评的关系是什么？

3. 基线评估中的基线的含义是什么？如何确定基线？

4. 信息系统安全风险评估的实施可以分为哪几个阶段？每个阶段的主要工作有哪些？

5. 信息系统安全风险评估的基本原则有哪些？

6. 如何确定风险评估的目标？

7. 风险评估工作自身存在哪些风险？可以通过什么工作来规避这些风险？

8. 风险评估涉及哪些基本要素？各要素属性之间具有什么样的关系？

9. 为什么说资产是风险评估的重要对象？一个组织的资产通常包括哪几类？

10. 信息系统的安全威胁来源于哪些方面？通常有哪些威胁？

11. 组织面临的攻击者类型就是黑客吗？

12. 试举例解释以下人为威胁手段：主动攻击、被动攻击、邻近攻击、分发攻击、误操作。

13. 可以从哪几个方面进行脆弱性的识别？

14. 什么是残余风险评估？为什么要进行残余风险评估？

15. 工业控制系统安全风险评估与传统信息系统安全风险评估有什么联系与区别？

16. 简述运用模糊综合评估法对信息系统进行风险评估的基本过程。

17. 知识拓展：目前已有的漏洞库可以划分为国家级漏洞库、行业和民间级漏洞库、软件厂商漏洞库3类。请访问以下漏洞库，试从所属机构、漏洞库名称、漏洞数据类型及数量、漏洞类型和相关产品等方面进行比较。

1）国家信息安全漏洞库（China National Vulnerability Database of Information Security，CNNVD），http://www.cnnvd.org.cn。

2）美国国家漏洞库（National Vulnerability Database，NVD），https://nvd.nist.gov。

3）日本漏洞通报（Japan Vulnerability Notes，JVN），http://www.jpcert.or.jp/english/vh/project.html。

4）国家信息安全漏洞共享平台（China National Vulnerability Database，CNVD），http://www.cnvd.org.cn。

5）国家计算机网络入侵防范中心（National Computer Network Intrusion Protection Center，NCNIPC），http://www.nipc.org.cn。

6）BugTraq 漏洞库，http://www.securityfocus.com/archive/1。

7）Secunia 漏洞库，http://secunia. com。

8）安全内容自动化协议（Security Content Automation Protocol，SCAP）中文社区，http://www. scap. org. cn。

9）FreeBuf 漏洞盒子，https://www. vulbox. com。

10）Seebug 漏洞平台，https://www. seebug. org。

11）威客安全众测平台，http://www. secwk. com。

12）微软漏洞公告，https://technet. microsoft. com/zh-cn/security/bulletins。

13）补天漏洞响应平台，http://butian. 360. cn。

18. 读书报告：搜集文献，了解当前开源的安全测试方法论。目前，为了满足安全评估的需求，已经公布了很多开源的安全测试方法论。对系统安全进行评估是一项对时间进度要求很高、极富挑战性的工作，其难度取决于被评估系统的大小和复杂度。而通过使用现有的开源安全测试方法论，可以很容易地完成这一工作。在这些方法论中，有些集中在安全测试的技术层面，有些则集中在如何对重要指标进行管理上，还有一小部分两者兼顾。要在安全评估工作中使用这些方法论，最基本的做法是，根据方法论的指示，一步步执行不同种类的测试，从而精确地对系统安全性进行判定。以下是 3 个非常有名的安全评估方法论，通过了解它们的关键功能和益处，来扩展我们对网络和应用安全评估的认识。

1）开源安全测试方法（Open Source Security Testing Methodology Manual，OSSTMM），http://isecom. org/osstmm。

2）开放式 Web 应用程序安全项目（Open Web Application Security Project，OWASP），http://www. owasp. org。

3）Web 应用安全联合威胁分类（Web Application Security Consortium Threat Classification，WASC-TC），http://projects. webappsec. org/w/page/13246978/Threat%20Classification。

19. 操作实验：OpenVAS 是开放式漏洞评估系统，其核心部件是一个服务器，包括一套网络漏洞测试程序，可以检测远程系统和应用程序中的安全问题。请下载使用 OpenVAS（http://www. openvas. org）。完成实验报告。

20. 综合实验：使用渗透性测试工具 Metasploit 进行漏洞测试。实验内容：

1）安装配置 Kali Linux（https://www. kali. org）。

2）从 Kali Linux 操作系统的终端初始化和启动 Metasploit 工具。

3）使用 Metasploit 挖掘 MS08-067 等漏洞。

完成实验报告。

21. 综合实验：搜集 Web 安全漏洞扫描、渗透测试及安全风险评估工具，对 http://vulnweb. com 等实验网站进行安全测试。完成实验报告。

22. 综合实验：参考风险评估的相关标准与文献资料，提出对恶意代码、手机 App 安全性评估的标准。

23. 综合实验：参照《信息安全技术 信息安全风险评估实施指南》（GB/T 31509—2015）附录中给出的风险评估案例，对你所在单位（学校、院系）的信息系统安全做一次风险评估。

9.4 学习目标检验

请对照本章学习目标列表，自行检验达到情况。

学习目标		达到情况
知识	了解安全风险评估的重要性	
	了解风险、风险评估的概念，以及安全风险评估与安全测评的联系与区别	
	了解安全风险评估的途径	
	了解安全风险评估的基本方法	
	了解安全风险评估的工具	
	了解安全风险评估实施的基本原则	
	了解安全风险评估实施的过程及过程中每一阶段的主要工作	
能力	能够设计风险评估模型	
	能够运用漏洞扫描器和渗透性测试工具	
	能够对一个信息系统进行安全风险评估	
	能够针对特定的计算机信息系统（如手机 App）设计风险评估方法	

第 10 章　计算机系统安全管理

导学问题

- 为什么要进行安全管理？☞10.1.1 小节
- 什么是安全管理？安全管理的目标是什么？安全管理的要素包含哪些？☞10.1.2 小节
- 安全管理遵循什么样的模式？☞10.1.3 小节
- 安全管理的实施需要遵循相应的标准和规范及法律和法规，那么国际和国内有哪些主要的标准？☞10.2.1、10.2.2 和 10.2.3 小节
- 什么是网络安全等级保护制度？为什么说我国实施多年的信息安全等级保护制度已经进入了 2.0 阶段？☞10.2.4 小节
- 我国信息安全相关立法情况是怎样的？☞10.3.1 小节
- 我国针对恶意代码的法律惩处是怎样的？☞10.3.2 小节
- 我国有关公民个人信息的法律保护和管理规范有哪些？☞10.3.3 小节
- 我国有关软件知识产权保护的法律法规有哪些？☞10.3.4 小节

10.1　计算机系统安全管理概述

本节首先分析计算机系统安全管理的重要性，接着介绍安全管理的概念，最后介绍安全管理的模式。

10.1.1　安全管理的重要性

“三分技术、七分管理”——这是强调管理的重要性，在安全领域更是如此。仅通过技术手段实现的安全能力是有限的。

许多安全技术和产品远远没有达到计算机信息系统安全的标准。例如，微软的 Windows Server、IBM 的 AIX 等常见的企业级操作系统，大部分只达到了美国《可信计算机系统评估标准》（TCSEC）的 C2 级安全认证，而且核心技术和知识产权都掌握在国外大公司手中，不能满足我国涉密信息系统或商业敏感信息系统的需求。

技术往往落后于新风险的出现。例如，在与计算机病毒的对抗过程中，经常是在一种新的计算机病毒出现并已经造成大量损失后，才能开发出查杀该病毒的工具或软件。

在安全技术和产品的实际应用中，即使这些安全技术和产品在指标上达到了实际应用的安全需求，但往往由于配置和管理不当，还是不能真正地达到安全需求。例如，虽然在网络边界设置了防火墙，但由于没有进行风险分析、安全策略不明或是系统管理人员培训不足等原因，防火墙的配置出现严重漏洞，其安全功效大打折扣。再如，虽然引入了身份认证机制，但由于用户安全意识薄弱，再加上管理不严，使得口令设置或保存不当，造成口令泄露，依靠口令检查的身份认证机制实际上形同虚设。

目前，由各种安全技术和产品构成的系统日益复杂，迫切需要具备自动响应能力的综合管理体系，完成对各类网络安全设施的统一管理。要实现一个整体安全策略，需要对不同的设备分别进行设置，并根据不同设备的日志和报警信息进行管理，难度较大，特别是当全局安全策略需要进行调整时，很难考虑周全和实现全局的一致性。

所有这些告诉我们一个道理：仅靠技术不能获得整体的信息安全，需要有效的安全管理来支持和补充，才能确保技术发挥其应有的安全作用，真正实现整体的计算机系统安全。

10.1.2 安全管理的概念

计算机系统安全管理是在计算机信息系统安全这一特定领域里的管理活动，是指为了完成信息安全保障的核心任务，实现既定的信息与信息系统安全目标，针对特定的信息安全相关工作对象，遵循确定的原则，按照规定的程序（规程），运用恰当的方法，所进行的与信息系统安全相关的组织、计划、执行、检查和处理等活动。

信息安全管理是信息安全不可分割的重要内容，信息安全技术是手段，信息安全管理是保障，是信息安全技术成功应用的重要支撑。

信息安全管理的最终目标是将系统（即管理对象）的安全风险降低到用户可接受的程度，保证系统的安全运行和使用。风险的识别与评估是安全管理的基础，风险的控制是安全管理的目的，从这个意义上讲，安全管理实际上是风险管理的过程。

信息安全管理的要素如下。

- 工作目标：包括网络基础设施安全、通信基础设施安全、信息系统安全、信息安全生产、信息内容安全等。
- 工作对象：包括相应的战略规划、日常工作计划、安全目标、安全原则、安全法律法规、安全标准、安全规范、安全技术开发与应用、安全工程、安全服务、安全市场、安全产品的认证、安全保障体系与制度、安全监督与检查等。
- 工作计划：包括工作目标、步骤、工作策略、工作方法、角色与职责、日常运行保障、安全运行指标等。

10.1.3 安全管理的模式

安全管理模型遵循管理的一般循环模式，但是随着新的风险不断出现，系统的安全需求也在不断变化，也就是说，安全问题是动态的。因此，安全管理应该是一个不断改进的持续发展过程。图 10-1 所示的 PDCA 安全管理模型就体现出这种持续改进的模式。

PDCA 安全管理模型是由美国著名质量管理专家戴明博士提出的，故又称为“戴明循环”或“戴明环”。PDCA 安全管理模型实际上是有效地进行任何一项工作的合乎逻辑的工作程序，它包括计划（Plan）、执行（Do）、检查（Check）和行动（Action）的持续改进模式，每一次的安全管理活动循环都是在已有的安全管理策略指导下进行的，每次循环都会通过检查环节发现新的问题，然后采取行动予以改进，从而形成了安全管理策略和活动的螺旋式提升。

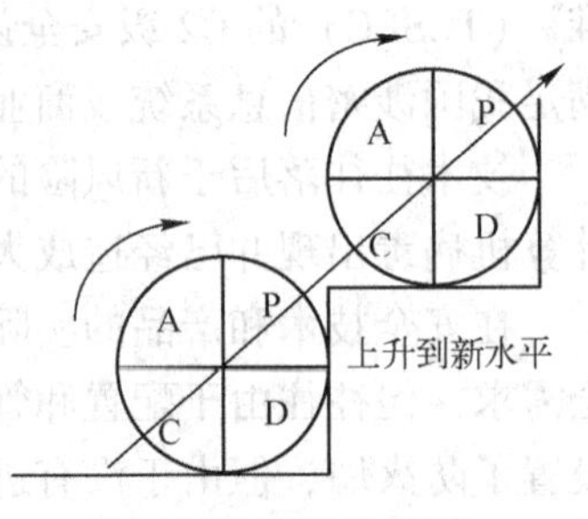

图 10-1 PDCA 安全管理模型

信息安全管理的程序遵循 PDCA 循环模式，4 个阶段的主要工作如下。

1）计划。根据法律、法规的要求和组织内部的安全需求制定信息安全方针、策略，进行风险评估，确定风险控制目标与控制方式，制订信息安全工作计划等内容，明确责任分工，安排工作进度，形成工作文件。

2）执行。按照所选择的控制目标与控制方式实施信息安全管理，包括建立权威安全机构，落实各项安全措施，开展全员安全培训等。

3）检查。在实践中检查、评估工作计划执行后的结果，包括制定的安全目标是否合适，是否符合安全管理的原则，是否符合安全技术的标准，是否符合法律法规的要求，是否符合风险控制的指标，控制手段是否能够保证安全目标的实现等，并报告结果。检查阶段的任务是明确效果，找出问题。

4）行动。行动阶段也可以称为处理阶段，依据上述检查结果，对现有信息安全管理策略的适宜性进行评审与评估，评价现有信息安全管理体系的有效性。对成功的经验加以肯定并予以规范化、标准化，指导今后的工作；对失败的教训也进行总结，避免再出现。

安全管理不只是网络管理员日常从事的管理概念，而是在明确的安全策略指导下，依据国家或行业制定的安全标准和规范，由专门的安全管理员来实施。因此，网络安全管理的主要任务就是制定安全策略并贯彻实施。制定安全策略主要是依据国家标准，结合本单位的实际情况确定所需的安全等级，然后根据安全等级的要求确定安全技术措施和实施步骤。同时，制定有关人员的职责和网络使用的管理条例，并定期检查执行情况，对出现的安全问题进行记录和处理。

本章接下来的部分将着重围绕安全管理制度，即对安全管理与标准和安全管理与立法展开介绍。

10.2　安全管理与标准

标准是政策、法规的延伸，通过标准可以规范技术和管理活动。信息安全标准也是如此。本节首先介绍信息安全标准的概念及分类，然后分别概要介绍国际及我国的信息安全标准，重点介绍我国信息安全等级保护标准的政策体系和标准体系。

10.2.1　信息安全标准概述

1. 标准的概念及重要性

什么是“标准”？《标准化工作指南 第1部分：标准化和相关活动的通用术语》（GB/T 20000.1—2014）中给出的定义是：标准是通过标准化活动，按照规定的程序经协商一致制定，对各种活动或其结果提供规则、指南或特征，供共同使用和重复使用的文件。标准宜以科学、技术和经验的综合成果为基础。

由此可以知道，信息安全标准应当是确保信息安全产品和系统在设计、研发、生产、建设、使用、测评中保持一致性、可靠性、可控性、先进性和符合性的技术规范和技术依据。

2. 标准分类

信息安全标准从适用地域范围可以分为国际标准、区域标准、国家标准、行业标准、地方标准和企业标准。

信息安全标准从涉及的内容可以分为以下7种。

- 信息安全体系标准。

- 信息安全机制标准。
- 信息安全管理标准。
- 信息安全工程标准。
- 信息安全测评标准。
- 信息系统等级保护标准。
- 信息安全产品标准。

10.2.2 国际主要标准

1. 信息系统安全评测国际标准

（1）TCSEC（*Trusted Computer System Evaluation Criteria*，《可信计算机系统评估标准》）

虽然近些年已有信息系统安全测评国际标准的颁布，但这里还是要提及一下TCSEC。

1983年，美国国防部（Department of Defense，DoD）首次公布了TCSEC，用于对操作系统的评估。这是IT历史上的第一个安全评估标准，为现今的标准提供了思想和成功借鉴。TCSEC因其封面的颜色而被业界称为"橘皮书"（Orange Book）。

TCSEC所列举的安全评估准则主要是针对美国政府的安全要求，着重点是大型计算机系统机密文档处理方面的安全要求。TCSEC把计算机系统的安全分为A、B、C、D四个大等级7个安全级别。按照安全程度由弱到强的排列顺序是D、C1、C2、B1、B2、B3、A1，见表10-1。

表10-1 TCSEC安全级别

安全级别					主要特征
1	D	无保护级	D	Minimal Protection	无安全保护
2	C	自主保护等级	C1	Discretionary Access Protection	自主访问控制
			C2	Controlled Access Protection	可控的自主访问控制与审计
3	B	强制保护等级	B1	Labeled Security Protection	强制访问控制，敏感度标记
			B2	Structured Protection	形式化模型，隐蔽信道约束
			B3	Security Domains	安全内核，高抗渗透能力
4	A	验证保护等级	A1	Verified Design	形式化安全验证，隐蔽信道分析

（2）ITSEC（*Information Technology Security Evaluation Criteria*，《信息技术安全性评估标准》）

ITSEC是英国、德国、法国和荷兰4个欧洲国家安全评估标准的统一与扩展，由欧共体委员会（Commission of the European Communities，CEC）在1990年首度公布，俗称"白皮书"。

ITSEC在吸收TCSEC成功经验的基础上，首次在评估准则中提出了信息安全的保密性、完整性与可用性的概念，把可信计算机的概念提高到了可信信息技术的高度。ITSEC成为欧洲国家认证机构进行认证活动的一致基准。自1991年7月起，ITSEC就一直被实际应用在欧洲国家的评估和认证方案中，直到其被新的国际标准所取代。

（3）CC（*Common Criteria of Information Technical Security Evaluation*，CCITSE，简称CC，《信息技术安全评估通用标准》）

CC是在美国、加拿大、欧洲等国家和地区自行推出测评准则并具体实践的基础上，通过相互间的总结和互补发展起来的。1996年，六国七方（英国、加拿大、法国、德国、荷兰、美国国家安全局和美国标准技术研究院）公布CC 1.0版。1998年，六国七方公布CC 2.0版。

1999 年 12 月，ISO 接受 CC 为国际标准 ISO/IEC 15408，并正式颁布发行。

TCSEC 主要规范了计算机操作系统和主机的安全要求，侧重对保密性的要求，该标准至今对评估计算机安全具有现实意义。ITSEC 将信息安全由计算机扩展到了更为广泛的实用系统，增强了对完整性、可用性的要求，发展了评估保证概念。CC 基于风险管理理论，对安全模型、安全概念和安全功能进行了全面系统描绘，强化了评估保证。其中，TCSEC 最大的缺点是没有安全保证要求，而 CC 恰好弥补了 TCSEC 的这一缺点。

（4）ISO/IEC 15408：2008（2009）（*Information Technology-Security Techniques—Evaluation Criteria for IT Security*）(《信息技术 安全技术 信息技术安全性评估准则》)

ISO/IEC 15408 是在 CC 等信息安全标准的基础上综合形成的，它比以往的其他信息技术安全评估准则更加规范，采用类（Class）、族（Family）及组件（Component）的方式定义准则。国标 GB/T 18336—2013 等同 ISO/IEC 15408 标准。

此标准可作为评估信息技术产品和系统安全特性的基本准则，通过建立这样的通用准则库，使得信息技术安全性评估的结果被更多人理解。该标准致力于保护资产的保密性、完整性和可用性，并给出了对应的评估方法和评估范围。此外，该标准也可用于考虑人为的（无论恶意与否）及非人为的因素导致的风险。

（5）ISO/IEC 18045：2008（*Information Technology-Security Technology-Methodology for IT Security Evaluation*）(《信息技术 安全技术 信息技术安全性评估方法》)

国标 GB/T 30270—2013 等同 ISO/IEC 18045 标准。ISO/IEC 18045 标准按照评估人员在信息技术安全保障评估过程中所要求执行的评估行为和活动组织。ISO/IEC 18045 及 GB/T 30270 根据 ISO/IEC 15408 和 GB/T 18336 给出信息系统安全评估的一般性准则，以及信息系统安全性检测的评估方法，为评估人员在具体评估活动中的评估行为和活动提供指南。此标准适用于采用 ISO/IEC 15408 和 GB/T 18336 的评估者、确认评估者行为的认证者，以及评估发起者、开发者、PP/ST 作者和其他对 IT 安全感兴趣的团体。

文档资料

信息系统安全评测国际标准内容介绍
来源：本书整理
请扫描二维码查看全文。

2. 信息安全管理国际标准

信息安全管理体系（Information Security Management System，ISMS）是 1998 年前后从英国发展起来的信息安全领域中的一个新概念，是管理体系（Management System，MS）的思想和方法在信息安全领域的应用。

近年来，伴随着 ISMS 国际标准的修订，ISMS 迅速被全球接受和认可，成为世界各国、各种类型、各种规模的组织解决信息安全问题的一个有效方法。ISMS 认证随之成为组织向社会及其相关方证明其信息安全水平和能力的一种有效途径。

ISMS 标准族自 2005 年开始制定，是国际标准化组织专门为信息安全管理体系建立的一系列相关标准的总称，已经预留了 ISO/IEC 27000 到 ISO/IEC 27059 共 60 个标准号，目前已有 50 多项标准发布。ISMS 标准族针对不同信息安全管理需求的用户提供了不同的标准和参考，至今已形成了比较完整的标准体系，如图 10-2 所示。

ISMS 标准族中的部分核心标准简要介绍如下。

1）ISO/IEC 27000：2018：*Information Technology-Security Techniques-Information Security*

Management Systems-Overview and Vocabulary（《信息技术 安全技术 信息安全管理体系概述和词汇》）。该标准提供了ISMS标准族中所涉及的通用术语和基本原则。

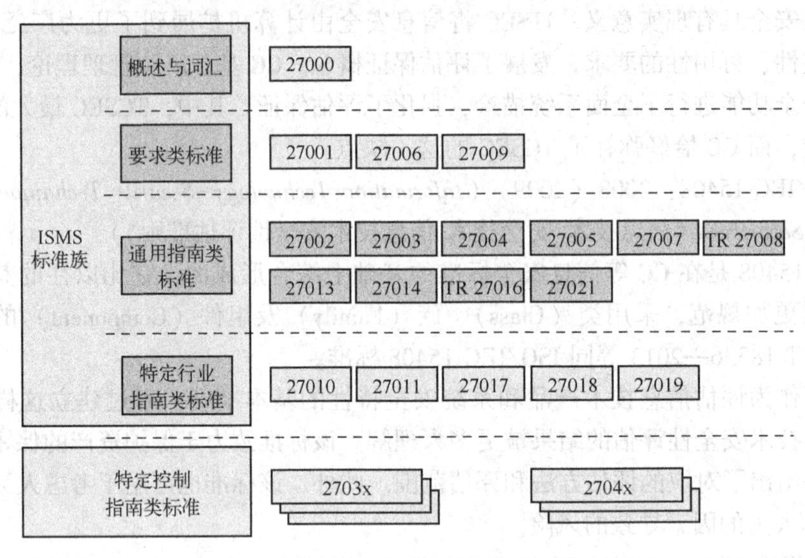

图10-2 ISMS标准体系

2）ISO/IEC 27001:2013：*Information Security Management Systems-Requirements*（《信息安全管理体系要求》）。该标准是ISMS标准族中的核心标准之一，适用于所有类型的组织，其中详细说明了建立、实施和维护信息安全管理体系的要求。它着眼于组织的整体业务风险，通过对业务进行风险评估来建立、实施、运行、监视、评审、保持和改进其信息安全管理体系，确保其信息资产的保密性、可用性和完整性。它还规定了为适应不同组织或部门的需求而制定的安全控制措施的实施要求，也是独立第三方认证及实施审核的依据。

单纯从定义理解，可能无法立即掌握ISMS的实质，可以把ISMS理解为一台“机器”，这台机器的功能就是制造“信息安全”，它由许多部件（要素）构成，这些部件包括ISMS管理机构、ISMS文件及资源等，ISMS通过这些部件之间的相互作用来实现其“保障信息安全”的功能。

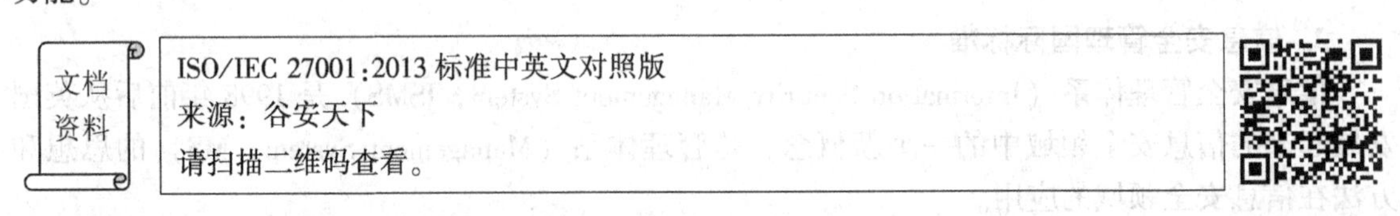

3）ISO/IEC 27002:2013：*Code of Practice for Information Security Controls*（《信息安全控制实用规则》）。该标准从11个方面提出了39个控制目标和133个控制措施，这些控制目标和措施是信息安全管理的最佳实践。从应用角度看，该标准具有专用和通用的二重性。作为ISMS标准族系列的成员之一，它是配合ISO/IEC 27001标准来使用的，体现其专用性。同时，它提出的信息安全控制目标和控制措施又是从信息安全工作实践中总结出来的，不管组织是否建立和实施ISMS，均可从中选择适合自己的思路、方法和手段来实现目标，这又体现了其通用性。

4）ISO/IEC 27003:2017：*Information Security Management Systems-Guidance*（《信息安全管理体系实施指南》）。该标准适用于所有类型、所有规模和所有业务形式的组织，为建立、实施、运行、监视、评审、保持和改进符合 ISO/IEC 27001 的信息安全管理体系提供了实施指南。它给出了 ISMS 实施的关键成功因素，按照 PDCA 安全管理模型，明确了计划、执行、检查、行动每个阶段的活动内容和详细指南。

5）ISO/IEC 27004:2016：*Information Security Management Systems-Monitoring, Measurement, Analysis and Evaluation*（《信息安全管理体系 监控、测量、分析和评估》）。该标准阐述信息安全管理的测量和指标，用于测量信息安全管理的实施效果，为组织测量信息安全控制措施和 ISMS 过程的有效性提供指南。它分为信息安全测量概述、管理责任、测量和测量改进、测量操作、数据分析和测量结果报告、信息安全管理项目的评估和改进共 6 个关键部分，该标准还详细描述了测量过程机制，分析了如何收集基准测量单位，以及如何利用分析技术和决策准则来生成信息安全的临界指标等。

6）ISO/IEC 27005:2018：*Information Security Risk Management*（《信息安全风险管理》）。该标准描述了信息安全风险管理的要求，可以用于风险评估，识别安全需求，支撑信息安全管理体系的建立和维持。作为信息安全风险管理的指南，该标准还介绍了一般性的风险管理过程，重点阐述风险评估的重要环节。其附录给出了资产、影响、脆弱性及风险评估的方法，即列出了常见的威胁和脆弱性，最后给出了根据不同通信系统、不同安全威胁选择控制措施的方法。

3. 信息系统安全工程国际标准

ISO/IEC 21827:2008 *Systems Security Engineering-Capability Maturity Model*（SSE-CMM，《信息安全工程能力成熟度模型》）是关于信息安全建设工程实施方面的标准。

SSE-CMM 的开发源于 1993 年美国国家安全局发起的研究工作。这项工作用 CMM 研究现有的各种工作，并发现安全工程需要一个特殊的 CMM 与之配套。1996 年 10 月完成了 SSE-CMM 的第 1 版，1999 年完成了模型的第 2 版。

SSE-CMM 的目的是建立和完善一套成熟的、可度量的安全工程过程。该模型定义了一个安全工程过程应有的特征，这些特征是完善的安全工程的根本保证。SSE-CMM 通常以下述 3 种方式来应用。

1）过程改善。可以使一个安全工程组织对其安全工程能力的级别有一个认识，于是可设计出改善的安全工程过程，可以提高他们的安全工程能力。

2）能力评估。使一个客户组织可以了解其提供商的安全工程过程能力。

3）保证。通过声明提供一个成熟过程所应具有的各种依据，使得产品、系统、服务更具可信性。

SSE-CMM 是系统安全工程领域里成熟的方法体系，在理论研究和实际应用方面具有举足轻重的作用。SSE-CMM 适用于所有从事某种形式安全工程的组织，而不必考虑产品的生命周期、组织的规模、领域及特殊性。它已经成为西方发达国家政府、军队和要害部门实施安全工程的通用方法。我国也已将 SSE-CMM 作为安全产品和信息系统安全性检测、评估和认证的标准之一，2006 年颁布实施了 GB/T 20261—2006《信息技术 系统安全工程 能力成熟度模型》。

📖 拓展阅读

读者想要了解更多信息系统安全国际标准的最新情况，可以访问国际标准化组织（International Organization for Standardization，ISO）官网：http://www.iso.org。

10.2.3 我国主要标准

通过自主开发的信息安全标准，才能构造出自主可控的信息安全保障体系。信息安全标准是我国信息安全保障体系的重要组成部分，是政府进行宏观管理的重要依据。虽然国际上有很多标准化组织在信息安全方面制定了许多的标准，但是信息安全标准事关国家安全利益，任何国家都不会轻易相信和过分依赖别人，总要通过自己国家的组织和专家制定出自己可以信任的标准来保护本国的利益。因此，我国在充分借鉴国际标准的前提下，建立了自己的信息安全标准化组织并制定了我国的信息安全标准。

截至目前，国内已发布或正在制定的信息安全正式标准、报批稿、征求意见稿和草案超过数百项。在这些标准中，有很多是常用的标准，如下所述。

1）信息安全体系、框架类标准。主要包括《信息技术 开放系统互连 开放系统安全框架》（GB/T 18794.1~7），共7个部分，分别为概述、鉴别框架、访问控制框架、抗抵赖框架、机密性框架、完整性框架、安全审计和报警框架。

2）信息安全机制标准。包含各种安全性保护的实现方式，如加密、实体鉴别、抗抵赖、数字签名等，这部分有很多标准，要求也比较细。如《信息技术 安全技术 IT网络安全》（GB/T 25068.1~5），共5个部分，分别为网络安全管理、网络安全体系结构、使用安全网关的网间通信安全保护、远程接入的安全保护、使用虚拟专用网的跨网通信安全保护。其中，第1、2部分已于2012年更新。

3）信息安全管理标准。包括信息安全管理测评、管理工程等标准，如《信息安全技术 信息安全风险评估规范》（GB/T 20984—2007）、《信息安全技术 信息安全风险评估实施指南》（GB/T 31509—2015）、《信息技术 系统安全工程 能力成熟度模型》（GB/T 20261—2006）等。

4）信息系统安全等级保护标准。

5）信息安全产品标准。其中包含产品的测评标准等。如《信息技术 安全技术 安全性评估准则》（GB/T 18336.1~3—2015），共3部分，分别为简介和一般模型、安全功能组件、安全保障组件。还有诸如《信息安全技术 智能卡安全技术要求（EAL4）》（GB/T 36950—2018）、《信息安全技术 物联网感知终端应用安全技术要求》（GB/T 36951—2018）等。

📖 拓展阅读

读者想要了解更多我国信息系统安全标准情况，可以访问以下官网。

1）中国标准服务网，http：//www.cssn.net.cn。

2）全国信息安全标准化技术委员会网站，https：//www.tc260.org.cn。

10.2.4 我国网络安全等级保护制度

1. 等级保护要求

（1）对信息安全分级保护是客观需求

信息系统是为社会发展、社会生活的需要而设计、建立的，是社会构成、行政组织体系及其业务体系的反映，这种体系是分层次和级别的。因此，信息安全保护必须符合客观存在。

（2）等级化保护是信息安全发展规律

按组织业务应用区域、分层、分类、分级进行保护和管理，分阶段推进等级保护制度建设，这是做好国家信息安全保护必须遵循的客观规律。

（3）等级保护是国家法律和政策要求

为了提高我国信息安全的保障能力和防护水平，维护国家安全、公共利益和社会稳定，保障和促进信息化建设的健康发展，1994 年，国务院颁布的《中华人民共和国计算机信息系统安全保护条例》规定，计算机信息系统实行安全等级保护，安全等级的划分标准和安全等级保护的具体方法，由公安部会同有关部门制定。

2017 年 6 月 1 日起实施的《网络安全法》第二十一条明确规定，国家实行网络安全等级保护制度，网络运营者应当按照网络安全等级保护制度的要求，履行安全保护义务。第三十一条规定，对于国家关键信息基础设施，在网络安全等级保护制度的基础上，实行重点保护。

为了与《网络安全法》提出的“网络安全等级保护制度”保持一致，等级保护的名称由原来的“信息系统安全等级保护”修改为“网络安全等级保护”。

《网络安全法》规定国家实行网络安全等级保护制度，标志着从 1994 年国务院颁布的《中华人民共和国计算机信息系统安全保护条例》上升到国家法律，标志着国家实施20余年的信息安全等级保护制度进入 2.0 阶段，标志着以保护国家关键信息基础设施安全为重点的网络安全等级保护制度依法全面实施。

2. 等级保护 2.0

随着等级保护制度从部门规章上升为国家法律，等级保护的重要性不断增加，等级保护对象也在扩展，等级保护的体系也在不断升级。2.0 时代网络安全等级保护的核心内容如下。

- 将风险评估、安全监测、通报预警、事件调查、数据防护、灾难备份、应急处理、自主可控、供应链安全、效果评价、综合考核等措施全部纳入等级保护制度并实施。
- 将网络基础设施、信息系统、网站、数据资源、云计算、物联网、移动互联网、工业控制系统、公众服务平台、智能设备等全部纳入等级保护和安全监管。
- 将互联网企业的网络、系统、大数据等纳入等级保护管理，保护互联网企业的健康发展。

3. 等级保护的基本概念

（1）网络安全等级保护的概念

网络安全等级保护的内容如下。

- 对网络（含信息系统、数据，下同）实施分等级保护、分等级监管。
- 对网络中使用的网络安全产品实行按等级管理。
- 对网络中发生的安全事件分等级响应、处置。

这里的“网络”是指，由计算机或者其他信息终端及相关设备组成的按照一定的规则和程序对信息进行收集、存储、传输、交换、处理的系统，包括网络设施、信息系统、数据资源等。

（2）网络安全保护等级

1）根据《信息安全技术 网络安全等级保护基本要求》(GB/T 22239—2019)(以下简称《要求》)，以及《网络安全等级保护条例》(征求意见稿)，等级保护对象根据其在国家安全、经济建设、社会生活中的重要程度，遭到破坏后对国家安全、社会秩序、公共利益以及公民、法人和其他组织的合法权益的危害程度等，由低到高被划分为 5 个安全保护等级。

- 第 1 级：属于一般网络，其一旦受到破坏，会对公民、法人和其他组织的合法权益造成损害，但不危害国家安全、社会秩序和社会公共利益。
- 第 2 级：属于一般网络，其一旦受到破坏，会对公民、法人和其他组织的合法权益造成严重损害，或者对社会秩序和社会公共利益造成危害，但不危害国家安全。

- 第 3 级：属于重要网络，其一旦受到破坏，会对公民、法人和其他组织的合法权益造成特别严重损害，或者会对社会秩序和社会公共利益造成严重危害，或者对国家安全造成危害。
- 第 4 级：属于特别重要网络，其一旦受到破坏，会对社会秩序和社会公共利益造成特别严重危害，或者对国家安全造成严重危害。
- 第 5 级：属于极其重要网络，其一旦受到破坏，会对国家安全造成特别严重危害。

2）不同级别的等级保护对象应具备的基本安全保护能力划分为如下 5 个等级，从第 1 级到第 5 级逐级增强。

- 第一级安全保护能力：应能够防护免受来自个人的、拥有很少资源的威胁源发起的恶意攻击、一般的自然灾难，以及其他相当危害程度的威胁所造成的关键资源损害，在自身遭到损害后，能够恢复部分功能。
- 第二级安全保护能力：应能够防护免受来自外部小型组织的、拥有少量资源的威胁源发起的恶意攻击、一般的自然灾难，以及其他相当危害程度的威胁所造成的重要资源损害，能够发现重要的安全漏洞和处置安全事件，在自身遭到损害后，能够在一段时间内恢复部分功能。
- 第三级安全保护能力：应能够在统一安全策略下防护免受来自外部有组织的团体、拥有较为丰富资源的威胁源发起的恶意攻击、较为严重的自然灾难，以及其他相当危害程度的威胁所造成的主要资源损害，能够及时发现、监测攻击行为和处置安全事件，在自身遭到损害后，能够较快恢复绝大部分功能。
- 第四级安全保护能力：应能够在统一安全策略下防护免受来自国家级别的、敌对组织的、拥有丰富资源的威胁源发起的恶意攻击、严重的自然灾难，以及其他相当危害程度的威胁所造成的资源损害，能够及时发现、监测发现攻击行为和安全事件，在自身遭到损害后，能够迅速恢复所有功能。
- 第五级安全保护能力：《要求》中略去，没有给出。

（3）网络安全等级保护的定级流程

根据《信息安全技术 网络安全等级保护定级指南》（GA/T 1389—2017）的规定，等级保护对象定级工作的一般流程包括：确定定级对象，初步确定等级，专家评审，主管部门审核，上级部门审核，公安机关备案审查，最终确定等级。

✍ **小结**

网络安全等级保护指对网络进行分等级保护、分等级监管，将信息网络、信息系统、网络上的数据和信息，按照重要性和遭受损坏后的危害性分成 5 个安全保护等级（从第 1 级到第 5 级逐级增高）。等级确定后，第 2 级（含）以上的网络到公安机关备案，公安机关对备案材料和定级准确性进行审核，审核合格后颁发备案证明。备案单位根据网络的安全等级，按照国家标准开展安全建设整改，建设安全设施、落实安全措施、落实安全责任、建立和落实安全管理制度。选择符合国家要求的测评机构开展等级测评。公安机关对第 2 级网络进行指导，对第 3、4 级网络定期开展监督、检查。

4. 等级保护政策标准体系

为组织开展网络安全等级保护工作，国家相关部委（主要是公安部牵头组织，会同国家保密局、国家密码管理局、原国务院信息办和发改委等部门）相继出台了一系列文件，对具体工作提供了指导意见和规范。

全国信息安全标准化技术委员会和公安部信息系统安全标准化技术委员会组织制订了信息安全等级保护工作需要的一系列标准，为开展等级保护工作提供了标准保障。对于涉密信息系统的分级保护，另有保密部门颁布的保密标准。

这些文件构成了网络安全等级保护政策和标准体系，如图 10-3 所示。

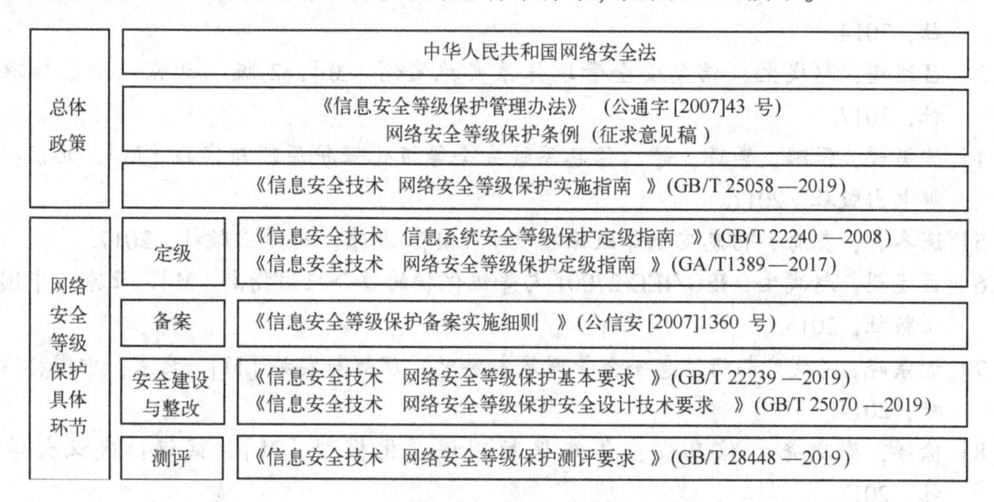

图 10-3 网络安全等级保护政策和标准体系

☒ **说明：**

很多标准还在不断修订完善中，读者可通过本章思考与实践第 10 题了解我国制定的信息系统安全相关标准。

5. 网络等级保护与信息安全管理体系的联系和区别

（1）两者的联系

信息安全管理体系是站在管理的角度上对信息进行管理的，而等级保护则是管理体系中的一部分，是基础性的工作。两者在管理目标上具有一致性，而且还有相辅相成的作用。

（2）两者的区别

1）信息安全管理体系和等级保护的工作重点不同。信息安全管理体系是从管理的角度对信息进行保护的，而等级保护则是从技术及管理两个方面来开展工作的，两者所处的角度不同，看待问题及关注的焦点自然也不同。信息安全管理体系关注的焦点在于构建高效的信息安全管理制度和组织，并将其落实到实际管理中，其注重的是管理的意义，而等级保护的主要思想是分类、分级保护，其关注点在于怎样通过对现有资源进行有效利用，从而将安全管理工作落实到位。所以说，信息安全管理体系和等级保护在关注点这一方面存在差异。

2）信息安全管理体系和等级保护所依据的标准不同。在信息安全管理体系实施的过程中，需要依据的是 GB/T 22081—2016《信息技术 安全技术 信息安全控制实践指南》等标准，在此实施规则中对管理的措施等进行了阐述，并且为体系确定管理目标而提出了具体的依据。等级保护是信息安全管理体系中的一部分，而且其主要的作用就是为了检查信息系统有没有达到规定的安全等级要求。针对不同对象的不同安全等级会制定不同的测评规范。这样就使得信息安全管理体系和等级保护两者在落实的过程中所参照的标准不同。

📖 **拓展阅读**

读者想要了解更多我国信息系统安全各类标准及应用、信息安全等级保护实践，可以阅读以下书籍资料。

[1] 中国电子技术标准化．信息安全管理体系理解与实施（基于ISO/IEC 27000系列标准）[M]．北京：中国标准出版社，2017.

[2] 谢宗晓．ISO/IEC 27001:2013标准解读及改版分析[M]．北京：中国标准出版社，2014.

[3] 吕述望，赵战生．信息安全管理体系实施案例[M]．2版．北京：中国标准出版社，2017.

[4] 沈昌祥，张鹏，李挥，等．信息系统安全等级化保护原理与实践[M]．北京：人民邮电出版社，2017.

[5] 谢冬青，黄海．信息安全等级保护攻略[M]．北京：科学出版社，2017.

[6] 吕述望，赵战生．ISO/IEC 27001与等级保护的整合应用指南[M]．北京：中国标准出版社，2015.

[7] 谢宗晓．《政府部门信息安全管理基本要求》理解与实施[M]．北京：中国标准出版社，2014.

[8] 徐洋，谢晓尧．信息安全等级保护测评量化模型[M]．武汉：武汉大学出版社，2017.

[9] 郭启全．网络安全法与网络安全等级保护制度培训教程[M]．北京：电子工业出版社，2018.

[10] 夏冰．网络安全法与网络安全等级保护2.0[M]．北京：电子工业出版社，2017.

10.3 安全管理与立法

为了保证计算机信息系统的安全，除了运用技术手段和管理手段外，还应不断加强立法和执法力度，这是对付计算机犯罪、保证计算机及网络安全、保证信息系统安全的重要基础。只有重视和加强立法和执法力度，计算机安全和信息系统的安全才能够改善和提高。本节首先介绍我国信息安全相关法律法规的保护对象、范围及现有法律法规体系等内容，然后分别围绕恶意代码惩处、公民个人信息保护及软件知识产权保护3个方面介绍我国已有的法律法规和管理规范。

10.3.1 我国信息安全相关法律法规概述

1. 保护的目标

信息系统安全法律体系不仅仅是简单的对一般违法犯罪或者侵权行为的规制，更重要的是促进网络社会和相关产业的健康发展，保障国家安全和公共安全，规范网络社会活动秩序等。

2. 保护的对象

信息安全问题均与信息资源这一客体及资源的产生与使用这一主体有关，因此，对信息系统安全的法律保护应涵盖信息资源客体及资源产生和使用的主体。

(1) 对信息资源客体的保护

对信息资源这一客体的保护可划分为信息载体的保护、对信息运行的保护、对信息内容的保护、对信息价值的保护。

1) 对信息载体的保护。这是信息安全保护的前提和基础。涉及信息存储和运行所依赖的物理载体，其中，关键信息基础设施的保护尤为重要。

2) 对信息运行的保护。这是信息安全保护的关键和核心。涉及信息安全传输、转换、处理、交换和存储等阶段的整个生命周期，以确保信息的安全共享和交换。

3) 对信息内容的保护。这是信息安全保护的重要社会目标。这里的信息内容是指电子数据通过计算机系统、网络或者移动终端等设备和软件所呈现的内容。有害的信息内容不仅不能推动社会的发展，反而会阻碍信息社会的发展。确保信息内容的呈现与传播符合国家和社会的要求有着重要意义。

4) 对信息价值的保护。这是信息安全保护的重要内容。信息社会中，信息是最重要的资源。在大数据时代，信息的价值属性不断扩张，其呈现的价值内涵具有复杂性和综合性特点，对这些信息价值的保护显得尤为重要。

(2) 对于信息资源产生和使用主体的保护

对于信息资源产生和使用的主体的保护可以分为对个人、社会、国家利益的保护。网络空间与现实空间不同，但最终都是由现实中的人参与的。也就是说，网络空间安全的破坏，必然表现为对现实空间的人、社会、国家利益的损害。网络空间安全法律的保护应是对个人合法利益、社会公共利益和国家利益的全方位保护。

1) 对国家安全利益的保护。网络空间没有现实空间那样清晰的边界，网络空间主权容易受到忽视。在如今信息爆炸的时代，哪个国家掌控了信息网络，哪个国家就占领了政治、军事和经济较量的战略制高点，因而制网权的较量成为大国之间较量的新焦点。通过法律对网络空间安全进行保护，不仅是为了宣示和明确网络空间的主权，更重要的是通过法律明确网络空间的国家安全战略，引导社会资源有效配置，将有限资源落实到网络空间的国家主权保障、关键信息基础设施的保护、关键和敏感数据的保护、个人数据安全保护及国家网络空间安全保障工作的体系化和高效运作上。通过对国家安全利益的保护，将那些信息系统建设、运行、维护和使用过程中可能危及国家安全的信息活动通过行政处罚、治安处罚、刑事处罚等措施予以制裁，从而有效保护政治安全、经济安全、文化安全和军事安全，预防因网络空间安全问题引起的国家安全利益的重大损失。

2) 对社会公共秩序及公民涉及的网络的各项合法权益的保护。由于网络在社会生活中的不可替代性和用户群的不断增长，不管是作为一项设施、一种工具、一种媒介、一个场所，还是一种财产等，若不对其相关活动进行法律规制，就有可能危及公共安全、社会公共秩序、财产，以及公民的人身与民事权利。因此，应通过制定专门法律、增加刑法条文、完善治安管理处罚法、制定相关司法解释等手段予以法律规制，使其适用于新的领域。同时也要通过民法、侵权责任法、知识产权法等法律或者司法解释将网络出现的各种侵权行为予以规定和明确，确保公民的各项民事权益。

3. 保护的范围

网络空间安全法律应贯穿于网络安全保护的各个环节、各个阶段，通过法律的规制、指引作用，使网络空间安全保护的各种要素高效组合，促使网络空间安全技术和管理的不断快速发展，有效控制网络空间安全风险因素。即网络空间安全的法律保护涉及信息系统的整个生命周期，包括系统规划、系统分析、系统设计、系统实施、运维及消亡等阶段。通过国家、行业组织和企业的管理或监督指导，按照法律设定的风险防范手段，逐一排查可能影响国家安全、社会公共利益、个人合法权益的因素，保障信息系统处于规定的安全可控的状态。

在系统建设阶段，应根据信息系统对国家安全、社会秩序和公共利益可能造成损害的程度确定合理的保护等级，并在安全产品的选择和使用上进行检查或控制；在系统运营阶段，国家信息安全监管部门应根据系统的重要程度实施相应的检查、监督或者指导工作。信息系统在建设、运营、报废过程中都需要依据国家管理规范、技术标准或者业务特殊安全需求实施相应的管理，通过法律对相关责任主体设定必要的职责和义务，违反者需承担相应的法律责任。通过法律法规对信息系统生命周期中的每一阶段涉及的安全产品或软件、人、系统实施有效管理制度，通过全过程的安全保护将网络空间安全掌握在可控状态。

4. 信息系统安全现有法律法规体系

当前，我国有关信息系统安全的法律仍在不断发展完善中，不过已经基本形成了《中华人民共和国网络安全法》等专门法律，以及散见于刑法、民法、治安管理处罚法、三大诉讼法等传统法律中的以相关规定为基础的，以各种行政法规、部门规章为支撑的较为完善的法律体系，具体来说包括以下 5 个方面。

(1) 与信息系统安全政策相关的法律法规

没有网络安全就没有国家安全，构筑全方位的网络与信息安全治理体系是我国信息安全保障工作的重中之重。2017 年 6 月 1 日正式实施的《中华人民共和国网络安全法》是全面规范国家信息系统安全监督与管理方面的基础性法律，它与一批法律法规共同组成了我国信息系统安全政策相关的法律体系，列举如下。

- 《全国人大常委会关于维护互联网安全的决定》。
- 《国务院关于大力推进信息化发展和切实保障信息安全的若干意见解读》(国发〔2012〕23 号)。
- 《中华人民共和国国家安全法》。
- 《中华人民共和国治安管理处罚法》。
- 《中华人民共和国计算机信息系统安全保护条例》。
- 《公安机关互联网安全监督检查规定》。

(2) 与信息系统安全刑事处罚相关的法律法规

对于严重威胁信息系统安全，或者具有严重的社会危害性的行为，需要通过刑法进行规制。我国信息系统安全刑事处罚相关的法律法规列举如下。

- 《中华人民共和国刑法》。
- 《关于防范和打击电信网络诈骗犯罪的通告》。
- 《最高人民法院、最高人民检察院关于办理危害计算机信息系统安全刑事案件应用法律若干问题的解释》(法释〔2011〕19 号)。
- 《最高人民法院、最高人民检察院关于办理利用互联网、移动通讯终端、声讯台制作、复制、出版、贩卖、传播淫秽电子信息刑事案件具体应用法律若干问题的解释》(法释〔2004〕11 号)。
- 《最高人民法院、最高人民检察院关于办理利用信息网络实施诽谤等刑事案件适用法律若干问题的解释》(法释〔2013〕21 号)。

（3）与信息系统安全民事侵权相关的法律法规

信息系统安全还广泛涉及民事侵权问题，包括个人信息权、隐私权、软件著作权、专利权、财产权、名誉权、姓名权等。这些侵权行为可能涉及行政处罚和刑事处罚。我国信息系统安全民事侵权相关的法律法规列举如下。

- 《中华人民共和国民法总则》。
- 《中华人民共和国民法通则》。
- 《中华人民共和国侵权责任法》。
- 《最高人民法院关于审理利用信息网络侵害人身权益民事纠纷案件适用法律若干问题的规定》。
- 《最高人民法院、最高人民检察院关于办理利用信息网络实施诽谤等刑事案件适用法律若干问题的解释》（法释〔2013〕21号）。
- 《中华人民共和国物权法》。
- 《中华人民共和国网络安全法》。
- 《全国人民代表大会常务委员会关于加强网络信息保护的决定》。
- 《最高人民法院、最高人民检察院关于办理侵犯公民个人信息刑事案件适用法律若干问题的解释》（法释〔2017〕10号）。
- 《中华人民共和国消费者权益保护法》。

（4）与信息系统安全行政处罚相关的法律法规

对于那些涉及网络的不构成犯罪但行政违法或治安管理违法的行为，通过行政处罚和治安管理处罚的措施予以规制。我国信息系统安全行政处罚相关的法律法规列举如下。

- 《中华人民共和国治安管理处罚法》。
- 《中华人民共和国计算机信息系统安全保护条例》。
- 《计算机信息网络国际联网安全保护管理办法》。
- 《互联网信息服务管理办法》。
- 《中华人民共和国电信条例》。
- 《互联网上网服务营业场所管理条例》。
- 《互联网视听节目服务管理规定》。
- 《电子认证服务密码管理办法》。
- 《电子认证服务管理办法》。
- 《互联网域名管理办法》。
- 《计算机病毒防治管理办法》。
- 《中华人民共和国反不正当竞争法》。

（5）与信息系统安全诉讼程序相关的法律法规

涉及网络的各种诉讼程序均离不开电子数据证据。电子数据的收集、鉴定、审查与判断等与传统证据有很大区别。我国信息系统安全诉讼程序相关的法律法规列举如下。

- 《中华人民共和国刑事诉讼法》。
- 《中华人民共和国民事诉讼法》。
- 《中华人民共和国行政诉讼法》。
- 《全国人民代表大会常务委员会关于司法鉴定管理问题的决定》。
- 《最高人民法院、最高人民检察院、公安部关于办理刑事案件收集提取和审查判断电子数据若干问题的规定》（法发〔2016〕22号）。

10.3.2 我国有关恶意代码的法律惩处

越来越多的新型恶意代码造成的危害已引起世界各国高度重视。各国政府和许多组织纷纷调整自己的安全战略和行动计划，在不断加强技术防治的同时，也积极从法律规范建设和管理制度建设等方面采取措施，打击恶意代码犯罪，加强恶意代码防范。

自20世纪90年代起，我国先后制定了若干防治计算机病毒等恶意代码的法律规章，如《计算机信息系统安全保护条例》《计算机病毒防治管理办法》《计算机信息网络国际联网安全保护管理办法》，以及《网络安全法》等。

这些法律法规都强调了以下两点。

- 制作、传播恶意代码是一种违法犯罪行为。
- 疏于防治恶意代码也是一种违法犯罪行为。

1. 恶意代码相关的法律责任

法律责任是指由于违法行为、违约行为或由于法的规定而应承担的某种不利的法律后果。恶意代码相关的法律责任是指制作、传播和疏于防治计算机病毒等恶意代码的违法行为，由于侵犯了平等主体的人身关系和财产关系，违反了行政管理秩序，扰乱了公共安全及计算机领域的正常秩序，而依法应承担的行政处罚、民事赔偿或刑罚等法律后果。

《中华人民共和国计算机信息系统安全保护条例》《中华人民共和国治安管理处罚法》对有关计算机病毒等的违法行为应承担的行政责任、民事责任和刑事责任做出了具体规定。

知识拓展：行政责任、民事责任和刑事责任

行政责任、民事责任和刑事责任的关系既相互区别又普遍联系，三者共同构成法律责任。

行政责任是指个人或者单位违反行政管理方面的法律规定所应当承担的法律责任。行政责任包括行政处分和行政处罚。

- 行政处分是行政机关内部，上级对有隶属关系的下级违反纪律的行为或者是尚未构成犯罪的轻微违法行为给予的纪律制裁。其种类有警告、记过、记大过、降级、降职、撤职、开除留用察看、开除。
- 行政处罚的种类有警告、罚款、行政拘留、没收违法所得、没收非法财物、责令停产停业、暂扣或者吊销许可证、暂扣或者吊销执照等。

民事责任是指民事主体违反民事法律规范所应当承担的法律责任。民事责任包括合同责任和侵权责任。

- 合同责任是指合同当事人不履行合同义务或者履行合同义务不符合约定所应当承担的责任。
- 侵权责任是指民事主体侵犯他人的人身权、财产权所应当承担的责任。民事责任的责任形式有财产责任和非财产责任，包括赔偿损失、支付违约金、支付精神损害赔偿金、停止侵害、排除妨碍、消除危险、返还财产、恢复原状，以及恢复名誉、消除影响、赔礼道歉等。这些责任形式既可以单独适用，也可以合并适用。

刑事责任是指违反刑事法律规定的个人或者单位所应当承担的法律责任。刑事处罚的种类包括管制、拘役、有期徒刑、无期徒刑和死刑这5种主刑，还包括剥夺政治权利、罚金和没收财产3种附加刑。附加刑可以单独适用，也可以与主刑合并适用。

法律责任具有法律上的强制性，因此需要在法律上做出明确、具体的规定，以保证法律授权的机关依法对违法行为人追究法律责任，实施法律制裁，以达到维护正常的社会、经济秩序的目的。同时也保障个人和单位不违背法律规定的行为不受追究。

（1）危害计算机信息系统安全行为的行政责任

《中华人民共和国计算机信息系统安全保护条例》规定：

第二十三条　故意输入计算机病毒以及其他有害数据危害计算机信息系统安全的，或者未经许可出售计算机信息系统安全专用产品的，由公安机关处以警告或者对个人处以5000元以下的罚款、对单位处以15000元以下的罚款；有违法所得的，除予以没收外，可以处以违法所得1至3倍的罚款。

（2）侵害他人财产和其他合法权益行为的民事责任

《中华人民共和国计算机信息系统安全保护条例》规定：

第二十五条　任何组织或者个人违反本条例的规定，给国家、集体或者他人财产造成损失的，应当依法承担民事责任。

（3）破坏计算机领域正常秩序行为的刑事责任

《中华人民共和国计算机信息系统安全保护条例》规定：

第二十四条　违反本条例的规定，构成违反治安管理行为的，依照《中华人民共和国治安管理处罚法》的有关规定处罚；构成犯罪的，依法追究刑事责任。

《中华人民共和国治安管理处罚法》规定：

第二十三条　有下列行为之一的，处警告或者200元以下罚款；情节较重的，处5日以上10日以下拘留，可以并处500元以下罚款：

（一）扰乱机关、团体、企业、事业单位秩序，致使工作、生产、营业、医疗、教学、科研不能正常进行，尚未造成严重损失的；

（二）扰乱车站、港口、码头、机场、商场、公园、展览馆或者其他公共场所秩序的；

（三）扰乱公共汽车、电车、火车、船舶、航空器或者其他公共交通工具上的秩序的；

（四）非法拦截或者强登、扒乘机动车、船舶、航空器以及其他交通工具，影响交通工具正常行驶的；

（五）破坏依法进行的选举秩序的。

聚众实施前款行为的，对首要分子处10日以上15日以下拘留，可以并处1000元以下罚款。

第二十九条　有下列行为之一的，处五日以下拘留；情节较重的，处五日以上十日以下拘留：

（一）违反国家规定，侵入计算机信息系统，造成危害的；

（二）违反国家规定，对计算机信息系统功能进行删除、修改、增加、干扰，造成计算机信息系统不能正常运行的；

（三）违反国家规定，对计算机信息系统中存储、处理、传输的数据和应用程序进行删除、修改、增加的；

（四）故意制作、传播计算机病毒等破坏性程序，影响计算机信息系统正常运行的。

（4）单位或个人玩忽职守后果严重的刑事责任

《中华人民共和国计算机信息系统安全保护条例》规定：

第十三条　计算机信息系统的使用单位应当建立健全安全管理制度，负责本单位计算机信息系统的安全保护工作。

第二十七条　执行本条例的国家公务员利用职权，索取、收受贿赂或者有其他违法、失职行为，构成犯罪的，依法追究刑事责任；尚不构成犯罪的，给予行政处分。

由上述法律规定可见，依据计算机病毒违法行为造成危害后果的程度，尚不构成犯罪的承担行政责任，构成犯罪的承担刑事责任。

在恶意代码相关的法律责任中，涉及犯罪故意和犯罪过失。

故意制作和传播计算机病毒的犯罪属于犯罪故意。犯罪故意是指行为人明知自己的行为会发生危害社会的结果，而希望和放任这种结果发生的一种心理态度。

疏于防治计算机病毒犯罪属于犯罪过失。犯罪过失是指行为人应当预见自己的行为可能发生危害社会的结果，因为疏忽大意而没有预见，或者已经预见而轻信能够避免，以至于这种危害社会的结果发生的一种心理态度。犯罪过失又可分为疏忽大意的过失和过于自信的过失两种类型。疏忽大意的过失是指行为人应当预见自己的行为可能发生危害社会的结果，却因为疏忽大意而没有预见，以致发生这种结果的心理态度；过于自信的过失是指行为人已经预见到自己的行为可能发生危害社会的结果，但轻信能够避免，以致发生这种结果的心理态度。

恶意代码犯罪的危害行为可以分为作为和不作为两种基本形式。

制作和传播恶意代码是以作为的形式实施的，而疏于防治恶意代码犯罪则往往是通过不作为的形式实施的。不作为并不是指行为人没有实施任何积极的举动，而是行为人没有实施法律要求其实施的积极举动，例如，法律明文规定并为刑法所认可的义务；职务或业务上要求承担的义务；行为人的行为使某种合法权益处于危险状态时，该行为人负有采取有效措施积极防止危害结果发生的义务等。

2. 对恶意代码违法行为的法律制裁

法律制裁是指特定的国家机关对违法者依其法律责任而实施的强制性惩罚措施。法律制裁的目的是强制责任主体承担否定法的后果，惩罚违法者，恢复被侵害的权利和法律秩序。法律制裁是承担法律责任的重要方式。

(1) 对计算机病毒违法行为的行政制裁

计算机病毒违法行为侵犯的是包括计算机领域正常秩序在内的社会管理秩序，是一种行政违法行为。所谓“行政违法”，是指行政相对人不遵守行政法律规范，不履行行政法律法规规定的义务，侵犯公共利益或其他个人、组织合法权益，危害行政法律规范所确立的管理秩序的行为。行政相对人实施了违反行政法律规范的行为，就应当给予处罚。国家公安部依据《中华人民共和国计算机信息系统安全保护条例》制定的《计算机病毒防治管理办法》对各种计算机病毒行政违法行为进行行政制裁做出了具体规定。

1) 对制作、传播计算机病毒行为的行政处罚。《计算机病毒防治管理办法》规定：

第五条　任何单位和个人不得制作计算机病毒。

第六条　任何单位和个人不得有下列传播计算机病毒的行为：

(一) 故意输入计算机病毒，危害计算机信息系统安全；

(二) 向他人提供含有计算机病毒的文件、软件、媒体；

(三) 销售、出租、附赠含有计算机病毒的媒体；

(四) 其他传播计算机病毒的行为。

第十六条　在非经营活动中有违反本办法第五条、第六条第二、三、四项规定行为之一的，由公安机关处以一千元以下罚款。

在经营活动中有违反本办法第五条、第六条第二、三、四项规定行为之一，没有违法所得的，由公安机关对单位处以一万元以下罚款，对个人处以五千元以下罚款；有违法所得的，处以违法所得三倍以下罚款，但是最高不得超过三万元。

违反本办法第六条第一项规定的，依照《中华人民共和国计算机信息系统安全保护条例》第二十三条的规定处罚。

2）对生产商、销售商或服务商不履行规定义务的行政处罚。《计算机病毒防治管理办法》规定：

第七条　任何单位和个人不得向社会发布虚假的计算机病毒疫情。

第八条　从事计算机病毒防治产品生产的单位，应当及时向公安部公共信息网络安全监察部门批准的计算机病毒防治产品检测机构提交病毒样本。

第十四条　从事计算机设备或者媒体生产、销售、出租、维修行业的单位和个人，应当对计算机设备或者媒体进行计算机病毒检测、清除工作，并备有检测、清除的记录。

第十七条　违反本办法第七条、第八条规定行为之一的，由公安机关对单位处以一千元以下罚款，对单位直接负责的主管人员和直接责任人员处以五百元以下罚款；对个人处以五百元以下罚款。

第二十条　违反本办法第十四条规定，没有违法所得的，由公安机关对单位处以一万元以下罚款，对个人处以五千元以下罚款；有违法所得的，处以违法所得三倍以下罚款，但是最高不得超过三万元。

3）对计算机病毒防治产品检测机构的行政处罚。《计算机病毒防治管理办法》规定：

第九条　计算机病毒防治产品检测机构应当对提交的病毒样本及时进行分析、确认，并将确认结果上报公安部公共信息网络安全监察部门。

第十八条　违反本办法第九条规定的，由公安机关处以警告，并责令其限期改正；逾期不改正的，取消其计算机病毒防治产品检测机构的检测资格。

4）对计算机使用单位违法行为的行政处罚。

为了维护公共安全和正常的社会管理秩序，我国一些行政法规和政府规章对于单位和个人的计算机病毒等恶意代码防治义务做出了明确规定。任何疏于管理，不履行恶意代码防治义务的行为都是违法行为。《计算机病毒防治管理办法》规定：

第十九条　计算机信息系统的使用单位有下列行为之一的，由公安机关处以警告，并根据情况责令其限期改正；逾期不改正的，对单位处以一千元以下罚款，对单位直接负责的主管人员和直接责任人员处以五百元以下罚款：

（一）未建立本单位计算机病毒防治管理制度的；

（二）未采取计算机病毒安全技术防治措施的；

（三）未对本单位计算机信息系统使用人员进行计算机病毒防治教育和培训的；

（四）未及时检测、清除计算机信息系统中的计算机病毒，对计算机信息系统造成危害的；

（五）未使用具有计算机信息系统安全专用产品销售许可证的计算机病毒防治产品，对计算机信息系统造成危害的。

（2）对计算机病毒违法行为的刑事制裁

刑事制裁是国家司法机关对犯罪者根据其刑事责任所确定并实施的强制惩罚措施，其目的是预防犯罪。刑事制裁以刑罚为主要组成部分。刑罚是《刑法》规定的，由国家机关依法对犯罪分子适用的限制或剥夺其某种权益的、最严厉的强制性法律制裁方法。由于计算机病毒等恶意代码违法行为的社会危害性极大，又因其主观故意或过失所致，根据我国《刑法》规定必须给予违法行为实施者刑事制裁。

根据我国刑法的罪刑法定原则，法无明文规定不为罪和法无明文规定不处罚，因此，要追究计算机病毒违法行为的刑事责任，必须符合我国《刑法》的明确规定。《刑法》规定：

第十三条　犯罪概念

一切危害国家主权、领土完整和安全，分裂国家、颠覆人民民主专政的政权和推翻社会主义制度，破坏社会秩序和经济秩序，侵犯国有财产或者劳动群众集体所有的财产，侵犯公民私人所有的财产，侵犯公民的人身权利、民主权利和其他权利，以及其他危害社会的行为，依照法律应当受刑罚处罚的，都是犯罪，但是情节显著轻微危害不大的，不认为是犯罪。

故意制作、传播恶意代码的行为和疏于防治恶意代码的行为侵害了正常的社会管理秩序和公共安全，触犯了刑律，一旦这些行为对国家和人民的利益造成的危害达到应受刑罚处罚的程度就构成了恶意代码犯罪。

根据我国《刑法》，恶意代码犯罪行为涉及的具体罪名有非法侵入计算机信息系统罪，为非法侵入、控制计算机信息系统非法提供程序、工具罪，非法获取计算机数据罪，非法控制计算机信息系统罪，玩忽职守罪，重大责任事故罪，重大劳动事故罪。相关规定如下。

第一百三十四条　重大责任事故罪

在生产、作业中违反有关安全管理的规定，因而发生重大伤亡事故或者造成其他严重后果的，处三年以下有期徒刑或者拘役；情节特别恶劣的，处三年以上七年以下有期徒刑。强令他人违章冒险作业，因而发生重大伤亡事故或者造成其他严重后果的，处五年以下有期徒刑或者拘役；情节特别恶劣的，处五年以上有期徒刑。

第一百三十五条　重大劳动安全事故罪

安全生产设施或者安全生产条件不符合国家规定，因而发生重大伤亡事故或者造成其他严重后果的，对直接负责的主管人员和其他直接责任人员，处三年以下有期徒刑或者拘役；情节特别恶劣的，处三年以上七年以下有期徒刑。

第二百八十五条　非法侵入计算机信息系统罪

违反国家规定，侵入国家事务、国防建设、尖端科学技术领域的计算机信息系统的，处三年以下有期徒刑或者拘役。

违反国家规定，侵入前款规定以外的计算机信息系统或者采用其他技术手段，获取该计算机信息系统中存储、处理或者传输的数据，或者对该计算机信息系统实施非法控制，情节严重的，处三年以下有期徒刑或者拘役，并处或者单处罚金；情节特别严重的，处三年以上七年以下有期徒刑，并处罚金。

提供专门用于侵入、非法控制计算机信息系统的程序、工具，或者明知他人实施侵入、非法控制计算机信息系统的违法犯罪行为而为其提供程序、工具，情节严重的，依照前款的规定处罚。

单位犯前三款罪的，对单位判处罚金，并对其直接负责的主管人员和其他直接责任人员，依照各该款的规定处罚。

第二百八十六条　破坏计算机信息系统罪

违反国家规定，对计算机信息系统功能进行删除、修改、增加、干扰，造成计算机信息系统不能正常运行，后果严重的，处五年以下有期徒刑或者拘役；后果特别严重的，处五年以上有期徒刑。

违反国家规定，对计算机信息系统中存储、处理或者传输的数据和应用程序进行删除、修改、增加的操作，后果严重的，依照前款的规定处罚。

故意制作、传播计算机病毒等破坏性程序，影响计算机系统正常运行，后果严重的，依照第一款的规定处罚。

单位犯前三款罪的，对单位判处罚金，并对其直接负责的主管人员和其他直接责任人员，依照第一款的规定处罚。

第二百八十六条之一　拒不履行信息网络安全管理义务罪

网络服务提供者不履行法律、行政法规规定的信息网络安全管理义务，经监管部门责令采取改正措施而拒不改正，有下列情形之一的，处三年以下有期徒刑、拘役或者管制，并处或者单处罚金：

（一）致使违法信息大量传播的；

（二）致使用户信息泄露，造成严重后果的；

（三）致使刑事案件证据灭失，情节严重的；

（四）有其他严重情节的。

单位犯前款罪的，对单位判处罚金，并对其直接负责的主管人员和其他直接责任人员，依照前款的规定处罚。

有前两款行为，同时构成其他犯罪的，依照处罚较重的规定定罪处罚。

按照2017年6月1日起施行的《网络安全法》，因为病毒传播造成严重损失，导致危害网络安全后果的，相关责任人将会受到法律的处罚。

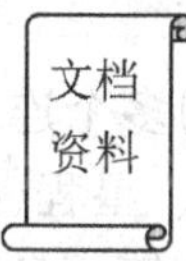

《网络安全法》（自2017年6月1日起施行）
来源：中国人大网 http://www.npc.gov.cn
请访问网站链接或是扫描二维码查看全文。

（3）恶意代码违法行为的民事制裁

民事制裁是由人民法院所确定并实施的，对民事责任主体给予的强制性惩罚措施。我国《民法》规定的承担民事责任的方式包括两种情况：一种是对一般侵权行为的民事制裁；另一种是对违约行为和特殊侵权责任人追究法律后果。在前一种情况下，司法机关通过诉讼程序追究侵权人的民事责任，给予民事制裁。因此，民事制裁一般要由被侵害人主动向法院提起诉讼。由于民事责任主要是一种财产责任，所以民事制裁也是以财产关系为核心的一种制裁，其目的在于补救被害人的损失，其方式主要是对受害人进行财产补偿，如赔偿损失、支付违约金等。

1）恶意代码违法行为侵权的民事责任。我国《民法通则》规定：

第一百一十七条第二、三款　损坏国家的、集体的财产或者他人财产的，应当恢复原状或者折价赔偿。

受害人因此遭受其他重大损失的，侵害人并应当赔偿损失。

第一百二十二条　因产品质量不合格造成他人财产、人身损害的，产品制造者、销售者应当依法承担民事责任。运输者、仓储者对此负有责任的，产品制造者、销售者有权要求赔偿损失。

2）恶意代码违法行为者承担民事责任的方式。我国《民法通则》规定：

第一百三十四条　承担民事责任的方式主要有：（一）停止侵害；（二）排除妨碍；（三）消除危险；（四）返还财产；（五）恢复原状；（六）修理、重作、更换；（七）赔偿损失；（八）支付违约金；（九）消除影响、恢复名誉；（十）赔礼道歉。

以上承担民事责任的方式，可以单独适用，也可以合并适用。

人民法院审理民事案件，除适用上述规定外，还可以予以训诫、责令具结悔过、收缴进行非法活动的财物和非法所得，并可以依照法律规定处以罚款、拘留。

10.3.3　我国有关个人信息的法律保护和管理规范

随着移动互联网等信息基础设施的普及，以及云计算、大数据等新型 IT 技术的演进，催生了更多的复杂应用场景，随之而来的是海量数据的聚合和指数级爆发增长，由此相伴相生了更多新问题，个人信息泄露的事件频发、个人信息黑色产业激增就是其中比较突出的问题，严重威胁公民的隐私和个人信息安全。

技术防范和法律规约是对公民个人信息保护的两个重要途径。本小节主要介绍我国有关公民个人信息保护的法律法规和管理规范。

案例 10-1　Facebook 在 2018 年被曝光了 3 起大型数据泄露事件。3 月，Facebook 首次曝出史上最大数据泄露事件。一家名为“剑桥分析”（Cambridge Analytica）的数据机构被曝擅自利用经由 Facebook 获取的 5000 万用户的个人资料，留档以用于在 2016 年美国总统大选期间定向宣传。这一切都发生在未经用户同意的情况下。9 月，Facebook 再次被曝出因安全系统漏洞而遭受黑客攻击，导致 3000 万用户信息泄露。其中，有 1400 万用户的敏感信息被黑客获取，这些敏感信息包括姓名、联系方式、搜索记录、登录位置等。12 月，Facebook 又因软件漏洞导致 6800 万用户的私人照片泄露。

国内的数据泄露事件也频频发生。2018 年 8 月 28 日，华住酒店集团被曝旗下的多个连锁酒店信息正在暗网出售，受到影响的酒店包括汉庭、诺富特、美居、桔子、全季、星程、宜必思、怡莱、海友等。被出售的信息：华住官网注册资料，包括姓名、手机号、邮箱、身份证号、登录密码等，共 53 GB，大约 1.23 亿条记录；酒店入住登记身份信息，包括姓名、身份证号、家庭住址、生日、内部 ID 号，共 22.3 GB，约 1.3 亿人身份证信息；酒店开房记录，包括内部 ID 账号、同房间关联号、姓名、卡号、手机号、邮箱、入住时间、离开时间、酒店 ID 账号、房间号、消费金额等，共 66.2 GB，约 2.4 亿条记录。数据量之大，涉及的个人信息之齐全，令人咋舌。

1. 公民个人信息的界定

根据《最高人民法院、最高人民检察院关于办理侵犯公民个人信息刑事案件适用法律若干问题的解释》（法释〔2017〕10 号），公民个人信息是指：“以电子或者其他方式记录的能够单独或者与其他信息结合识别特定自然人身份或者反映特定自然人活动情况的各种信息，包括姓名、身份证件号码、通信通讯联系方式、住址、账号密码、财产状况、行踪轨迹等。”

保护公民个人信息本质上就是为了保障根据个人信息所识别出来的每一个具体个人享有的免受侵害而正常生活的权利。

个人信息是一项日益重要的民事权利，我国在刑事、民事、行政法律层面均建立了相应的保护机制。金融、医疗等特殊行业也有特别的法律法规对某些特殊的个人信息提出了更加细致的法律要求。国家还制定了《个人信息安全规范》等标准，对个人信息安全管理提供帮助。这些都体现了国家不断加大保护公民个人信息的力度、严厉打击侵犯公民个人信息行为的趋势。

2. 个人信息保护的法律法规

为加强对公民个人信息的保护，国家先后出台了一系列法律法规，列举如下。

- 《中华人民共和国刑法》(简称《刑法》)。
- 《中华人民共和国网络安全法》。
- 《全国人民代表大会常务委员会关于加强网络信息保护的决定》。
- 《最高人民法院、最高人民检察院、公安部关于依法惩处侵害公民个人信息犯罪活动的通知》(公通字〔2013〕12号)。
- 《电信和互联网用户个人信息保护规定》(中华人民共和国工业和信息化部令第24号)。
- 《最高人民法院、最高人民检察院关于办理侵犯公民个人信息刑事案件适用法律若干问题的解释》(法释〔2017〕10号)。
- 《中华人民共和国民法总则》。
- 《中华人民共和国侵权责任法》。
- 《最高人民法院关于审理利用信息网络侵害人身权益民事纠纷案件适用法律若干问题的规定》。
- 《中华人民共和国消费者权益保护法》。

这些法律法规解释了个人信息的定义，提出了个人信息收集、使用、传输、存储的相关要求，并明确了个人信息泄露后的罚则。下面就向大家介绍其中的主要条款。

(1)《刑法》规定的“侵犯公民个人信息罪”

侵犯公民个人信息罪是2015年施行的《刑法修正案（九)》新增的罪名，规定如下。

第二百五十三条之一　侵犯公民个人信息罪

违反国家有关规定，向他人出售或者提供公民个人信息，情节严重的，处三年以下有期徒刑或者拘役，并处或者单处罚金；情节特别严重的，处三年以上七年以下有期徒刑，并处罚金。

违反国家有关规定，将在履行职责或者提供服务过程中获得的公民个人信息，出售或者提供给他人的，依照前款的规定从重处罚。

窃取或者以其他方法非法获取公民个人信息的，依照第一款的规定处罚。

单位犯前三款罪的，对单位判处罚金，并对其直接负责的主管人员和其他直接责任人员，依照各该款的规定处罚。

根据该条款，侵犯公民个人信息罪的行为表现在实施了出售、提供、窃取或者以其他方法非法获取公民个人信息的行为。

所谓“出售”，是指将自己掌握的公民个人信息以一定价格卖与他人，自己从中谋取利益的行为。

所谓“提供”，是指将自己掌握的公民个人信息，以出售以外的方式提供给他人，以及通过信息网络或者其他途径发布公民个人信息的行为。向特定人提供公民个人信息的，属于一对一的“提供”；通过信息网络或者其他途径发布公民个人信息的，实际是向社会不特定多数人提供公民个人信息，属于一对“多”的“提供”。未经被收集者同意，将合法收集的公民个人信息向他人提供的，也属于“提供公民个人信息”，但是经过处理，无法识别特定个人且不能复原的除外。这里的他人，包括单位和个人。

对于“人肉搜索”案件，行为人未经他人同意，将其姓名、身份信息、住址等个人信息公布于众，影响其正常的工作、生活秩序的，即属于上述向社会不特定多数人提供公民信息的行为，如果达到“情节严重”的标准，可以按照侵犯公民个人信息罪定罪处罚。

所谓“非法获取”，是指以非法的手段、方式获取公民个人信息，一般包括购买、诈骗、贿赂、收受、交换等方式获取公民个人信息，或者在履行职责、提供服务过程中收集公民个人信息。

2017 年 5 月 9 日，最高人民法院、最高人民检察院发布《最高人民法院、最高人民检察院关于办理侵犯公民个人信息刑事案件适用法律若干问题的解释》（以下简称“解释”）及相关典型案例，明确了“公民个人信息”的范围，明确了非法“提供公民个人信息”的认定标准，明确了“非法获取公民个人信息”的认定标准，明确了侵犯公民个人信息罪的定罪量刑标准，明确了为合法经营活动而非法购买、收受公民个人信息的定罪量刑标准，明确了涉案公民个人信息的数量计算规则等长期困扰司法实践的问题。

文档资料

《最高人民法院、最高人民检察院关于办理侵犯公民个人信息刑事案件适用法律若干问题的解释》

来源：最高人民法院网站 http://www.court.gov.cn/fabu-xiangqing-43942.html

请访问网站链接或是扫描二维码查看全文。

(2)《刑法》规定的“拒不履行信息网络安全管理义务罪”

《刑法修正案（九）》还包括了拒不履行信息网络安全管理义务罪，对网络服务提供者的个人信息泄露情形提出量刑标准。规定如下。

第二百八十六条之一　拒不履行信息网络安全管理义务罪

网络服务提供者不履行法律、行政法规规定的信息网络安全管理义务，经监管部门责令采取改正措施而拒不改正，有下列情形之一的，处三年以下有期徒刑、拘役或者管制，并处或者单处罚金：

（一）致使违法信息大量传播的；

（二）致使用户信息泄露，造成严重后果的；

（三）致使刑事案件证据灭失，情节严重的；

（四）有其他严重情节的。

单位犯前款罪的，对单位判处罚金，并对其直接负责的主管人员和其他直接责任人员，依照前款的规定处罚。

有前两款行为，同时构成其他犯罪的，依照处罚较重的规定定罪处罚。

(3)《网络安全法》的相关规定

《网络安全法》对网络运营者提出个人信息保护相关管理要求，规定如下。

第四十条　网络运营者应当对其收集的用户信息严格保密，并建立健全用户信息保护制度。

第四十四条　任何个人和组织不得窃取或者以其他非法方式获取个人信息，不得非法出售或者非法向他人提供个人信息。

第四十五条　依法负有网络安全监督管理职责的部门及其工作人员，必须对在履行职责中知悉的个人信息、隐私和商业秘密严格保密，不得泄露、出售或者非法向他人提供。

《网络安全法》对网络运营者提出个人信息保护相关技术要求，规定如下。

第四十二条　网络运营者不得泄露、篡改、毁损其收集的个人信息；未经被收集者同意，不得向他人提供个人信息。但是，经过处理无法识别特定个人且不能复原的除外。网络运营者应当采取技术措施和其他必要措施，确保其收集的个人信息安全，防止信息泄露、毁损、丢失。在发生或者可能发生个人信息泄露、毁损、丢失的情况时，应当立即采取补救措施，按照规定及时告知用户并向有关主管部门报告。

《网络安全法》明确了网络运营者收集、使用个人信息需经被收集者同意，规定如下。

第二十二条　……网络产品、服务具有收集用户信息功能的，其提供者应当向用户明示并取得同意；涉及用户个人信息的，还应当遵守本法和有关法律、行政法规关于个人信息保护的规定。

第四十一条　网络运营者收集、使用个人信息，应当遵循合法、正当、必要的原则，公开收集、使用规则，明示收集、使用信息的目的、方式和范围，并经被收集者同意。网络运营者不得收集与其提供的服务无关的个人信息，不得违反法律、行政法规的规定和双方的约定收集、使用个人信息，并应当依照法律、行政法规的规定和与用户的约定，处理其保存的个人信息。

《网络安全法》明确了网络安全实名制要求，规定如下。

第二十四条　网络运营者为用户办理网络接入、域名注册服务，办理固定电话、移动电话等入网手续，或者为用户提供信息发布、即时通讯等服务，在与用户签订协议或者确认提供服务时，应当要求用户提供真实身份信息。用户不提供真实身份信息的，网络运营者不得为其提供相关服务。国家实施网络可信身份战略，支持研究开发安全、方便的电子身份认证技术，推动不同电子身份认证之间的互认。

《网络安全法》对关键信息基础设施个人信息出境提出安全评估要求，规定如下。

第三十七条　关键信息基础设施的运营者在中华人民共和国境内运营中收集和产生的个人信息和重要数据应当在境内存储。因业务需要，确需向境外提供的，应当按照国家网信部门会同国务院有关部门制定的办法进行安全评估；法律、行政法规另有规定的，依照其规定。

《网络安全法》规定了个人信息删除权和更正权，规定如下。

第四十三条　个人发现网络运营者违反法律、行政法规的规定或者双方的约定收集、使用其个人信息的，有权要求网络运营者删除其个人信息；发现网络运营者收集、存储的其个人信息有错误的，有权要求网络运营者予以更正。网络运营者应当采取措施予以删除或者更正。

《网络安全法》还对违反个人信息保护规则的行为制定了处罚规定。

（4）特殊行业保护公民个人信息的法律法规

在我国，金融、医疗等特殊行业也有特别的法律法规对某些特殊的个人信息提出了更加细致的法律要求，列举如下。

- 《中华人民共和国邮政法》。
- 《中华人民共和国医务人员医德规范及实施办法》。
- 《中华人民共和国传染病防治法》。
- 《中华人民共和国商业银行法》。
- 《艾滋病监测管理的若干规定》。
- 《旅行社条例实施细则》。

3. 个人信息安全管理规范

(1)《信息安全技术 个人信息安全规范》(GB/T 35273—2017)

全国信息安全标准化技术委员会组织制定了国家标准《信息安全技术 个人信息安全规范》，于2017年12月29日正式发布，自2018年5月1日实施。

《信息安全技术 个人信息安全规范》厘定、阐明了个人信息安全保护领域的诸多重要问题，例如，"个人信息"这一术语的基本定义、个人信息安全的基本要求等，并且突出了个人信息的收集、保存、使用、对外提供等整个生命周期管理的机制。

在目前我国个人信息处理规范相对不足的情况下，可以认为《信息安全技术 个人信息安全规范》的出台在技术性实操层面填补了诸多规则空白，为提升公民意识、企业合规和国家监管水平提供了新的业务参照、新的行为指引。

(2)《互联网个人信息安全保护指南》

为有效防范侵犯公民个人信息违法行为，保障网络数据安全和公民合法权益，公安机关结合侦办侵犯公民个人信息网络犯罪案件和安全监督管理工作中掌握的情况，研究起草了《互联网个人信息安全保护指南》(以下简称《指南》)，供互联网服务单位在个人信息保护工作中参考借鉴。2019年4月10日，《指南》正式发布。

《网络安全法》特别加强和明确了个人信息保护方面的要求，《指南》的业务流程主要要求按照《网络安全法》编制，一些细化要求参考了《信息安全技术 个人信息安全规范》(GB/T 35273—2017)。

《指南》中"个人信息"完全引用了《网络安全法》的定义，但与国家标准《个人信息安全规范》在个人信息之外还界定个人敏感信息不同，《指南》并不涉及个人敏感信息这个概念。这说明，指南提出的要求，是个人信息保护的最低要求。

(3)《App违法违规收集使用个人信息行为认定方法》

2019年11月28日，国家互联网信息办公室、工业和信息化部、公安部、市场监管总局联合制定发布了《App违法违规收集使用个人信息行为认定方法》。

认定方法对"未公开收集使用规则""未明示收集使用个人信息的目的、方式和范围""未经用户同意收集使用个人信息""违反必要原则，收集与其提供的服务无关的个人信息""未经同意向他人提供个人信息""未按法律规定提供删除或更正个人信息功能"或"未公布投诉、举报方式等信息"等方面的违法违规行为予以明确。

该认定方法为认定App违法违规收集使用个人信息行为提供参考，为App运营者自查自纠和网民社会监督提供指引。

10.3.4 我国有关软件知识产权的法律保护

1. 软件的知识产权

按照国家法律的定义，知识产权是权利主体对于智力创造成果和工商业标记等知识产品依法享有的专有民事权利的总称。它是由Intellectual Property翻译而来的，比较流行的"IP经济"一词即来源于此。而知识产权是一个不断发展的概念，其内涵和外延随着社会经济文化的发展也在不断拓展和深化。可以预见，在以科技为第一生产要素的知识经济时代，知识产权必然随着信息的不断产生而拓展保护对象。

通常情况下，软件的知识产权问题主要表现在5个方面：版权（著作权)、专利权、商标权、商业秘密和反不正当竞争。

- 按照国际惯例和我国法律，知识产权主要是通过版权（著作权）进行保护的。因此，公司或个人开发完成的软件应及时申请软件著作权保护，这是一项主要手段。
- 软件公司或软件开发者还可通过申请专利来保护软件知识产权，但是专利对象必须具备新颖性、创造性和实用性，这会使有的产品申请专利十分困难。
- 软件可以作为商品投放市场，因而大批量的软件可以用公司的专用商标，即计算机软件也受到商标法的间接保护，但是少量生产的软件难以采用商标法保护，而且商标法实际上保护的是软件的销售方式，而不是软件本身。
- 软件公司或软件开发者还可运用商业秘密法保护软件产品。

由于以上各种法律法规并不是专门为保护软件所设立的，单独的某一种法律法规在保护软件方面都有所不足，因此应综合运用多种法规来达到软件保护的目的。

2. 我国有关软件知识产权的法律保护

下面分别介绍相关的法律法规。

（1）《计算机软件保护条例》

按照我国现有法律的定义，计算机软件是指计算机程序及其文档资料。软件（程序和文档）具有与文字作品相似的外在表现形式，即表达，或者说软件的表达体现了作品性，因而软件本身所固有的这一特性——作品性，决定了它的法律保护方式——版权法，这一点已被软件保护的发展史所证实。

版权法在我国称为《中华人民共和国著作权法》（下面简称《著作权法》），该法第三条规定，计算机软件属于《著作权法》保护的作品之一。

2001 年 12 月 20 日，中华人民共和国国务院令第 339 号发布了《计算机软件保护条例》，2011 年 1 月 8 日第一次修订，2013 年 1 月 30 日第二次修订。该条例根据《著作权法》制定，旨在保护计算机软件著作权人的权益，调整计算机软件在开发、传播和使用中发生的利益关系，鼓励计算机软件的开发与应用，促进软件产业和国民经济信息化的发展。

（2）《中华人民共和国专利法》

许多国家的专利法都规定，对于智力活动的规则和方法不授予专利权。我国《中华人民共和国专利法》（以下简称《专利法》）第二十五条第二款也做出了明确规定。因此，如果发明专利申请仅仅涉及程序本身，即纯“软件”，或者是记录在软盘及其他机器可读介质载体上的程序，则就其程序本身而言，不论它以何种形式出现，都属于智力活动的规则和方法，因而不能申请专利。但是，如果含有计算机程序的发明专利申请能完成发明目的，并产生积极效果，构成一个完整的技术方案，也不应仅仅因为该发明专利申请含有计算机程序而判定为不可以申请专利。

从计算机软件本身的固有特性来看，它既具有工具性又具有作品性。受《专利法》保护的是软件的创造性设计构思，而受《著作权法》保护的则是软件作品的表达。在软件作品的保护实践中，如果遇到适用法律的冲突，《著作权法》第七条的规定将适用于《专利法》。

（3）商业秘密所有权保护

我国现在没有《商业秘密保护法》，相关保护在其他法规中，如《中华人民共和国保守国家秘密法》（以下简称《保密法》）、《中华人民共和国反不正当竞争法》、《中华人民共和国刑法》等。

商业秘密是一个范围很广的保密概念，它包括技术秘密、经营管理经验和其他关键性信息。就计算机软件行业来说，商业秘密是关于当前和设想中的产品开发计划、功能和性能规格、算法模型、设计说明、流程图、源程序清单、测试计划、测试结果等资料，也可以包括业务经营计划、销售情况、市场开发计划、财务情况、顾客名单及其分布、顾客的要求及心理、同行业产品的供销情况等。对于计算机软件，如果能满足以下条件之一，则适用于营业秘密所有权保护。

1）涉及计算机软件的发明创造，达不到专利法规定的授权条件的。

2）开发者不愿意公开自己的技术，因而不申请专利的。

这些不能形成专利的技术视为非专利技术。对于非专利技术秘密和营业秘密，开发者具有使用权，也可以授权他人使用。但是，这些权利不具有排他性、独占性。就是说，任何人都可以独立地研究、开发，包括使用还原工程方法进行开发，并且在开发成功之后，亦有使用、转让这些技术秘密的权利，而且这种做法不侵犯原所有权人的权利。

在我国可运用《保密法》保护技术秘密和营业秘密。

（4）《中华人民共和国商标法》

目前，全世界已经有 150 多个国家和地区颁布了商标法或建立了商标制度，我国的《中华人民共和国商标法》是 1982 年 8 月颁布的，1993 年进行了修改。

计算机软件还可以通过对软件名称进行商标注册加以保护，一经国家商标管理机构登记获准，该名称的软件即可以取得专有使用权，任何人都不得使用该登记注册过的软件名称。否则就是假冒他人商标欺骗用户，从而构成商标侵权，触犯商标法。

（5）《互联网著作权行政保护办法》

网络已成为信息传播和作品发表的主流方式，同时也对传统的版权保护制度提出了挑战。为了强化全社会对网络著作权保护的法律意识，建立和完善包括网络著作权立法在内的著作权法律体系，采取有力措施促进互联网的健康发展，由国家版权局、信息产业部共同颁布的《互联网著作权行政保护办法》（以下简称《办法》）于 2005 年 4 月 30 日发布，并于该年 5 月 30 日起实施。

《办法》的出台填补了在网络信息传播权行政保护方面规范的空白，其规定的通知和反通知等新内容完善了原有的司法解释，将对信息网络传播权的行政管理和保护，乃至互联网产业和整个信息服务业的发展产生积极影响。

《办法》在我国首先推出了通知和反通知组合制度，即著作权人发现互联网传播的内容侵犯其著作权，可以向互联网信息服务提供者发出通知；接到有效通知后，互联网信息服务提供者应当立即采取措施移除相关内容。在互联网信息服务提供者采取措施移除后，互联网内容提供者可以向互联网信息服务提供者和著作权人一并发出说明被移除内容不侵犯著作权的反通知。接到有效的反通知后，互联网信息服务提供者即可恢复被移除的内容，且对该恢复行为不承担行政法律责任。同时规定了互联网信息服务提供者收到著作权人的通知后，应当记录提供的信息内容及其发布的时间、互联网地址或者域名；互联网接入服务提供者应当记录互联网内容提供者的接入时间、用户账号、互联网地址或者域名、主叫电话号码等信息，并且保存以上信息 60 天，以便著作权行政管理部门查询。

（6）《信息网络传播权保护条例》

《信息网络传播权保护条例》（以下简称《条例》）于 2006 年 5 月 10 日国务院第 135 次常务会议通过，5 月 18 日颁布，自 2006 年 7 月 1 日起施行。

我国《著作权法》对信息网络传播权保护已有原则规定，但是随着网络技术的快速发展，通过信息网络传播权利人作品、表演、录音录像制品（以下统称作品）的情况越来越普遍。

如何调整权利人、网络服务提供者和作品使用者之间的关系，已成为互联网发展必须认真解决的问题。世界知识产权组织于 1996 年 12 月通过了《版权条约》和《表演与录音制品条约》(以下统称互联网条约)，赋予权利人以有线或者无线方式向公众提供作品，使公众可以在其个人选定的时间和地点获得该作品的权利。我国《著作权法》将该项权利规定为信息网络传播权，《条例》就是根据《著作权法》的授权制定的。

根据信息网络传播权的特点，《条例》主要从以下几个方面规定了保护措施。

1）保护信息网络传播权。

2）保护为保护权利人信息网络传播权采取的技术措施。

3）保护用来说明作品权利归属或者使用条件的权利管理电子信息。

4）建立处理侵权纠纷的“通知与删除”简便程序。

《条例》以《著作权法》的有关规定为基础，在不低于相关国际公约最低要求的前提下，对信息网络传播权做了合理限制。

(7)《移动互联网应用程序信息服务管理规定》

国家互联网信息办公室于 2016 年 6 月 28 日发布了《移动互联网应用程序信息服务管理规定》(以下简称《规定》)，自 2016 年 8 月 1 日起施行。出台《规定》旨在加强对移动互联网应用程序（App）信息服务的规范管理，促进行业健康有序发展，保护公民、法人和其他组织的合法权益。

应用程序已成为移动互联网信息服务的主要载体，对提供民生服务和促进经济社会发展发挥了重要作用。与此同时，少数应用程序被不法分子利用，传播暴力恐怖、淫秽色情及谣言等违法违规信息，有的还存在窃取隐私、恶意扣费、诱骗欺诈等损害用户合法权益的行为，社会反应强烈。

《规定》明确了移动互联网应用程序提供者应当严格落实信息安全管理责任，建立健全用户信息安全保护机制，依法保障用户在安装或使用过程中的知情权和选择权，尊重和保护知识产权。

✍ 小结

目前，我国已制定了一系列有关计算机信息系统安全的法律和法规，形成了较为完备的计算机信息系统安全的法律法规体系。对于制止、打击计算机网络犯罪，促进信息技术的发展，发挥了很大的作用。

面对信息技术新的发展，我们要加强计算机信息系统安全保护和信息网络、国际互联网安全保护等法律、法规的贯彻执行，加强执法力度，严厉打击计算机犯罪和计算机病毒制造等非法行为，坚决打击泄露、篡改、破坏信息系统和信息的行为，严厉制裁违法犯罪者。加强对计算机及网络服务提供者的管理，确定安全管理原则和相应的管理制度，对申请提供计算机及网络服务的组织进行严格审查，并要求在运行时按安全规范行事，抵制和取缔不良的信息服务。

我们还要对现行法律体系进行必要的修改和补充，使法律体系更加科学和完善，还应根据应用单位的实际情况制定具体的法律法规。制定的各项法律法规应与现行法律体系保持良好的兼容性，应从维护系统资源和合理使用的目的出发，维护信息正常流通，维护用户的正当权益。

📖 拓展阅读

读者想要了解更多我国网络安全的政策和法律法规，可以阅读以下书籍资料。

[1] 王永全．网络空间安全法律法规解读［M］．西安：西安电子科技大学出版社，2018.
[2] 360 法律研究院．中国网络安全法治绿皮书（2018）［M］．北京：法律出版社，2018.
[3] 杨合庆．中华人民共和国网络安全法解读［M］．北京：中国法制出版社，2017.
[4] 杨合庆．中华人民共和国网络安全法释义［M］．北京：中国民主法制出版社，2017.

10.4 思考与实践

1. 计算机安全管理有何重要意义？安全管理包含哪些内容？

2. 试述 PDCA 模型的主要内容。

3. 本章中介绍的安全标准有哪些类别？有何联系与区别？

4. 什么是网络安全等级保护？为什么说当前网络安全等级保护制度进入了 2.0 时代？

5. 我国对信息系统的安全等级划分通常有两种描述形式，即根据安全保护能力划分安全等级的描述，以及根据主体遭受破坏后对客体的破坏程度划分安全等级的描述。谈谈这两种等级划分的对应关系。

6. 根据我国法律，公民个人信息包含什么内容？我国有哪些主要的法律法规对公民个人信息进行保护？

7. 请谈谈当前物联网和大数据环境下个人信息保护的难点在哪里？

8. 根据我国法律，软件著作权人有哪些权利？在我们的学习和生活中，在我们的周围寻找违反软件著作权的行为。

9. 知识拓展：访问中国网络安全等级保护网（http://www.djbh.net），详细了解国家信息安全等级保护政策和标准内容。

10. 知识拓展：访问以下官方网站，了解我国信息系统安全标准情况，着重了解我国安全等级保护相关的标准。

1）中国标准服务网，http://www.cssn.net.cn。

2）全国信息安全标准化技术委员会网站，https://www.tc260.org.cn。

11. 知识拓展：认真研读以下法律法规。详细了解我国对于计算机犯罪的刑事处罚。

1）《中华人民共和国网络安全法》。

2）《中华人民共和国治安管理处罚法》。

3）《计算机病毒防治管理办法》。

4）《中华人民共和国计算机信息系统安全保护条例》。

5）《计算机信息网络国际联网安全保护管理办法》。

6）《互联网上网服务营业场所管理条例》。

7）《全国人民代表大会常务委员会关于维护互联网安全的决定》。

8）《中国互联网络域名注册暂行管理办法》。

9）《互联网安全保护技术措施规定》。

10）《中华人民共和国计算机信息网络国际互联网管理暂行规定实施办法》。

11）《关于办理利用互联网、移动通讯终端、声讯台制作、复制、出版、贩卖、传播淫秽电子信息刑事案件具体应用法律若干问题的解释（二）》。

12. 知识拓展：认真研读以下法律法规。详细了解个人信息保护的相关条款。

1）《中华人民共和国刑法》（简称《刑法》）。

2）《中华人民共和国网络安全法》。

3）《全国人民代表大会常务委员会关于加强网络信息保护的决定》。

4）《最高人民法院、最高人民检察院、公安部关于依法惩处侵害公民个人信息犯罪活动的通知》（公通字〔2013〕12号）。

5）《电信和互联网用户个人信息保护规定》（中华人民共和国工业和信息化部令第24号）。

6）《最高人民法院、最高人民检察院关于办理侵犯公民个人信息刑事案件适用法律若干问题的解释》（法释〔2017〕10号）。

7）《中华人民共和国民法总则》。

8）《中华人民共和国侵权责任法》。

9）《最高人民法院关于审理利用信息网络侵害人身权益民事纠纷案件适用法律若干问题的规定》。

10）《中华人民共和国消费者权益保护法》。

13. 知识拓展：查阅资料，详细了解计算机软件知识产权保护的相关法律内容。

14. 读书报告：分析国外安全评测标准的发展，谈谈对计算机系统安全评测内容的认识。完成读书报告。

15. 读书报告：我国有关计算机安全的法律法规有哪些？我国法律对计算机犯罪是如何界定的？请访问以下网站了解更多内容，思考在学习和生活中如何规范我们的行为。完成读书报告。

1）中华人民共和国中央人民政府网站的法律法规栏目，http://www.gov.cn/flfg/fl.htm。

2）中国法律信息网，http://law.law-star.com。

16. 读书报告：查阅国家标准《信息安全技术 个人信息安全规范》（GB/T 35273—2017），以及2018年5月25日欧盟颁布的*General Data Protection Regulation*（《通用数据保护条例》，GDPR），并对两者进行分析对比。完成读书报告。

17. 读书报告：访问下列网站链接，阅读案例资料，了解分析这些案例涉及的法律条款。完成读书报告。

1）中华人民共和国最高人民法院：侵犯公民个人信息犯罪典型案例，http://www.court.gov.cn/zixun-xiangqing-43952.html。

2）最高人民检察院：侵犯公民个人信息犯罪典型案例，http://www.spp.gov.cn/spp/zxjy/qwfb/201801/t20180131_362951.shtml。

3）朝阳法院网：范某某、文某非法侵入计算机信息系统、非法控制计算机信息系统罪一案，http://cyqfy.chinacourt.org/public/detail.php?id=2199。

4）中华人民共和国公安部：公安机关发布十个打击网络违法犯罪典型案例，http://www.mps.gov.cn/n2255079/n4242954/n4841045/n4841055/c6249889/content.html。

18. 材料分析：爱尔兰最大的银行——爱尔兰银行总裁迈克·索登于2004年5月29日宣布，由于自己在办公室浏览色情网站的行为违反了公司的有关规定，因此辞去总裁职务，他还对自己给公司带来的不良影响表示道歉。爱尔兰银行的官员表示，公司之所以对浏览色情内容惩罚很重，并不是因为色情内容本身，而是因为色情网站中经常会附带有一些病毒代码。历史上，爱尔兰银行曾经发生过大量客户信用卡账号、个人资料被盗的情况，而在检查中发现，客户资料被盗的情况与员工浏览色情网站并被攻击有关。【材料来源：http://news.qq.com,2004-5-31】

请根据上述材料，谈谈企业或公司应当采取哪些安全管理措施确保公司网络的正常运行。

19. 材料分析：在我国1994年2月18日颁布的《计算机信息系统安全保护条例》中是这

样定义计算机病毒的：“指编制或者在计算机程序中插入的破坏计算机功能或者毁坏数据，影响计算机使用，且能自我复制的一组计算机指令或者程序代码。”

请你谈谈该条例对计算机病毒定义的局限性。

20. 试为所在学院或单位拟定恶意代码防治管理制度。

10.5 学习目标检验

请对照本章学习目标列表，自行检验达到情况。

学习目标		达到情况
知识	了解安全管理的重要性	
	了解安全管理的概念、安全管理的目标及安全管理的要素	
	了解安全管理通常遵循的 PDCA 模式	
	了解安全管理需要遵循的国际和国内主要标准	
	了解我国网络安全等级保护制度	
	了解我国信息安全相关立法情况	
	了解我国针对恶意代码的法律惩处规定	
	了解我国针对公民个人信息保护的法律法规和管理规范	
	了解我国有关软件知识产权保护的法律法规	
能力	能够具有较高的信息安全意识	
	能够具有较高的法律意识	

参 考 文 献

[1] Pfleeger C P, Pfleeger S L. Security in Computing [M]. 5th ed. New Jersey: Prentice Hall, 2015.

[2] Stallings W. Cryptography and Network Security: Principles and Practice [M]. 7th ed. New Jersey: Prentice Hall, 2016.

[3] 方滨兴．论网络空间主权 [M]．北京：科学出版社，2017.

[4] Harris S. CISSP [M]. 7th ed. Columbus: McGraw-Hill Education, 2013.

[5] 张焕国．信息安全工程师教程 [M]．北京：清华大学出版社，2016.

[6] 唐开，王纪坤．基于新木桶理论的数字图书馆网络安全策略研究 [J]．现代情报，2009，29 (7)：89-91.

[7] 张焕国，韩文报，来学嘉，等．网络空间安全综述 [J]．中国科学：信息科学．2016，46 (2)：125-164.

[8] 陈波，于泠．计算机系统安全实验教程 [M]．北京：机械工业出版社，2009.

[9] 陈波，于泠．计算机系统安全原理与技术 [M]．3 版．北京：机械工业出版社，2013.

[10] 陈波，于泠．信息安全案例教程：技术与应用 [M]．北京：机械工业出版社，2015.

[11] 陈波，于泠．防火墙技术与应用 [M]．北京：机械工业出版社，2013.

[12] 卢开澄．计算机密码学：计算机网络中的数据保密与安全 [M]．3 版．北京：清华大学出版社，2003.

[13] Schneier B. Applied Cryptography: Protocols, Algorithms, and Source Code in C [M]. 2nd ed. 北京：机械工业出版社，2014.

[14] 杨榆．信息隐藏与数字水印实验教程 [M]．北京：国防工业出版社，2010.

[15] 段钢．加密与解密 [M]．4 版．北京：电子工业出版社，2018.

[16] Yosifovich P, Russinovich M E, Solomon D A, et al. Windows Internals: Part 1 System architecture, processes, threads, memory management, and more [M]. 7th ed. Redmond: Microsoft Press, 2017.

[17] 卿斯汉，刘文清，温红子．操作系统安全 [M]．2 版．北京：清华大学出版社，2011.

[18] 肯佩斯．生物特征的安全与隐私 [M]．陈驰，等译．北京：科学出版社，2017.

[19] 谢希仁．计算机网络 [M]．7 版．北京：电子工业出版社，2017.

[20] 陆臻，沈亮，宋好好．安全隔离与信息交换产品原理及应用 [M]．北京：电子工业出版社，2011.

[21] 赛尔网络．IPv6 安全探讨与建议 [EB/OL]．[2018-04-13]．https://mp.weixin.qq.com/s?biz=MzAxOTI5OTUwMw==&mid=2650745154&idx=1&sn=28e082685abd4fc5253434930935ba15&chksm=83c2a482b4b52d94c8b9f4621602c601a3fc4707b8395d9379f0b96f47c1cd4cafcdcb37df13&mpshare=1&scene=1&srcid=0414tobE3aFcb8rKVO8srlox#.

[22] 萨师煊，王珊．数据库系统概论 [M]．5 版．北京：高等教育出版社，2014.

[23] 周水庚，李丰，陶宇飞，等．面向数据库应用的隐私保护研究综述 [J]．计算机学报，2009，32 (5)：847-861.

[24] 百度安全实验室．大数据时代下的隐私保护 [EB/OL]．[2017-09-08]．https://www.freebuf.com/column/147115.html.

[25] 师惠忠．Web 应用安全开发关键技术研究 [D]．南京：南京师范大学，2011.

[26] 徐达威．面向恶意软件检测的软件可信验证 [D]．南京：南京师范大学，2010.

[27] 王清．0 day 安全：软件漏洞分析技术 [M]．2 版．北京：电子工业出版社，2011.

[28] 中国网络空间研究院，中国网络空间安全协会．网络安全应急响应培训教程 [M]．北京：人民邮电出版社，2016.

[29] 刘宝旭，马建民，池亚平．计算机网络安全应急响应技术的分析与研究 [J]．2007，33 (10)：128-130.

[30] “计算机与网络安全”微信公众号．网络安全应急预案规范 [EB/OL]. https://mp.weixin.qq.com/s?biz=MjM5OTk4MDE2MA==&mid=2655122930&idx=2&sn=6ae000c62d02d2a598ba6409c03f1799&chksm=bc86681d8bf1e10bb1fb336335211e575580bd7a11d52f979ac22f0d147592b4f192531e8597&mpshare=1&scene=1&srcid=10016SxeRQMcKa1TOWF6vng7#rd.

[31] 全国信息安全标准化技术委员会．信息安全风险评估规范：GB/T 20984—2007 [S]. 北京：中国标准出版社，2007.

[32] 全国信息安全标准化技术委员会．信息安全风险评估实施指南：GB/T 31509—2015 [S]. 北京：中国标准出版社，2015.

[33] 宋言伟，马钦德，张健．信息安全等级保护政策和标准体系综述 [J]. 信息通信技术，2010，(6)：58-63.

[34] NIST. Computer Security Resource Center [EB/OL]. [2019-2-22]. http://csrc.nist.gov/publications.

[35] 周筱赟．侵犯公民个人信息罪概述及相关法律法规汇总：2017 年版 [EB/OL]. [2017-10-23]. http://www.jylawyer.com/special/zongshu/20171023/10985.html.

[36] 王永全．网络空间安全法律法规解读 [M]. 西安：西安电子科技大学出版社，2018.